U0200622

装备科技译著出版基金

空间分布式对地观测系统
Distributed Space Missions for Earth System Monitoring

［意］马尔科·德埃里克（Marco D'Errico） 编著

刘付成　阳光　卢山　刘超镇　等译

国防工业出版社

·北京·

图书在版编目（CIP）数据

空间分布式对地观测系统／（意）马尔科·德埃里克
（Marco D'Errico）编著；刘付成等译．—北京：国防工
业出版社,2018.4

书名原文：Distributed Space Missions for Earth System
Monitoring

ISBN 978 - 7 - 118 - 10824 - 8

Ⅰ．①空… Ⅱ．①马… ②刘… Ⅲ．①卫星探测
Ⅳ．①P412.27

中国版本图书馆 CIP 数据核字（2018）第 041564 号

※

国防工业出版社出版发行

（北京市海淀区紫竹院南路 23 号　邮政编码 100048）
三河市腾飞印务有限公司印刷
新华书店经售

*

开本 710×1000　1/16　印张 36½　字数 730 千字
2018 年 4 月第 1 版第 1 次印刷　印数 1—2000 册　定价 188.00 元

（本书如有印装错误,我社负责调换）

国防书店：(010)88540777　　　发行邮购：(010)88540776
发行传真：(010)88540755　　　发行业务：(010)88540717

《空间分布式对地观测系统》
翻译委员会

刘付成　阳　光　卢　山　刘超镇

张翰墨　刘宗明　曹姝清　徐　帷

武海雷　孙　玥　彭　杨　吴　蕊

译者序

分布式空间任务通过多个航天器协同工作进行对地观察和测量,在有效减少任务风险、降低系统成本方面可以发挥出重大作用,具有极其重要的工程实用价值和战略研究意义。

本书作为业界的权威参考书,重点对采用分布式航天器进行对地观测的任务进行了系统阐述,对空间分布式系统的有效载荷、控制系统、星间通信、地面基站等内容进行了详细介绍,并以典型分布式对地观测任务为实例进行了分析和说明。全书共分为4篇:第一篇介绍分布式系统的雷达载荷;第二篇全面讨论了天基分布式系统所涉及的相对动力学、制导、导航与控制等技术;第三篇重点论述了分布式对地观测任务中的技术难题,包括系统的自主性、导航能力及通信方法相互之间的制约关系;第四篇重点介绍了目前已上天验证和正在研制中的空间分布式对地观测系统。本书最后一章总结了分布式空间系统未来的发展趋势、潜力及风险。

本书是一本贴合工程应用,全面、细致论述分布式系统如何组成和如何在轨实现的著作。目前在航天领域,特别是航天器分布式系统工程研究领域,亟需一本可指导解决实际工程问题,涵盖分布式系统研制过程中自主性、可靠性、协作性等多方面设计因素的著作,这也是译者翻译该书的初衷。本书的翻译团队多年从事航天分布式系统的研究,具备丰富的工程技术经验,也确保了能更准确地理解、掌握、表达作者的研究成果。

在本书的翻译过程中,译者所工作的上海航天控制技术研究所、上海市空间智能控制技术重点实验室对翻译工作提供了大量的支持,同时本书的翻译也受到了国家重点研发计划项目(项目编号:2016YFB0501003)和上海市科技人才计划项目(项目编号:14XD1421400、14QB1401800)的资助,在此表示感谢。

限于译者的水平,翻译过程中难免有疏漏和不妥之处,敬请广大读者批评指正,不吝赐教。

译 者
2018.1

前言

分布式航天器概念最初是在天文和行星际应用中引入的,但随后在地球观测中也提出了该方法。这种趋势掀起了在诸如动力学、通信、遥感和结构及其他领域的研究热潮。最早的研究和提出可追溯到 20 世纪 80 年代,随后在 90 年代公开发表了更进一步的系统研究,其主要表现在动力学方面,也就是在这 10 年中开展了关于分布式航天器更深入的研究,并取得了巨大成就。依靠于 2 颗合作卫星 GRACE(旨在重力测定)、PRISMA(技术验证),一些任务得到了成功实现。Tandem - X(地球观测任务,载有合成孔径雷达干涉仪)代表了空间系统工程的巨大成就。它们将是未来增强型航天任务的雏形。

基于这些研究,人们公认未来的空间系统将利用协同平台来替代当前单片集成电路系统,并且完成其他不可能实现的任务(如那些要求大口径传感器的任务)。这些发展需要在不同层次的设计、实现和操作思想中具有革命性的变化。在有效载荷层面,必须评估将不同卫星上装载的不同载荷单元整合成一个任务有效载荷的能力。另外,新概念(如模块化、自主化、标准化以及即插即用元件)必须探究以获得有效的总线实现,新的分系统(如相对轨道设计、相对导航与控制、卫星互连)必须实行以获取新功能。

尽管分布式空间系统涉及多学科,但研究工作主要集中于特定的主题上。例如,如果一方面相对轨道动力学已经进行了深入研究,且在近 10 多年取得了较大进步,那么另一方面这些重点就会从载荷中单独考虑出来。另外,关于分布式传感器概念已经公开发表过很多结论,但鲜有考虑轨道动力学的相关问题。最后,多卫星系统背后的技术挑战(如测量、定位、通信)仅部分解决和利用。本书努力以截然不同的视角呈现出它的优美状态,并通过不同的试验验证各种表征分布式系统的核心问题,旨在更好地加强系统间的联系。

本书包括 4 篇共 23 章。第一篇主要分析了分布式合成孔径雷达,包括双基和多基雷达。第二篇研究了相对动力学和制导、导航与控制,该部分主要包括 5 章,描述了关于相对轨道的不同论题:设计;确定、维持与控制;测量。通过 3 种不同的导航方式解决了全球定位系统、无线电以及视觉测量的相关问题。第三篇讨论了分布式空间系统的技术挑战,其中分析了分布式方法对自主性、导航以及通信(空—空和空—地)的影响。第四篇介绍了近年来进行的一些任务和研究,分析了分布式概念已经研究和应用到何种程度。这部分涵盖了雷达任务(如 Tandem - X)、重力测定任务(如 GRACE)和技术验证任务(如 PRISMA)。第 23 章为总结,对分布式空间任务方式的未来趋势、潜力和风险表明了作者的观点。

在 IAA 研究团队的策划下,本书由来自 7 个国家和众多机构(大学、研究中心、企业和机构)的 52 位作者合著。来自不同专业领域的众多作者对讨论的话题进行了广泛研究,并反映出不同的观点和可用方法。希望通过我们的努力,可以成功提供一个通用且可融会贯通的技术。

如此庞大团队的合作并不是件易事。衷心感谢所有作者为完成本书所付出的努力与贡献。非常感谢 Springer 全体职员,特别是 Maury Solomon 和 Megan Ernst,对我提出的各种问题、疑问及要求总能找到解决的办法。

最后,我要感谢 Antonio Moccia,在我完成硕士论文后,是他将我带进航天领域。他是走在教育和职业旅途中所有年轻人的榜样,为他们指明了清晰的方向。最后要特别感谢 Rainer Sandau,他介绍我进入 IAA 并融入国际环境中。没有他的帮助、建议和鼓励,我不能策划并合著完此书。

Marco D'Errico
Aversa,意大利

目录

第一篇　分布式雷达探测器

第二篇　相对动力学和 GNC

第三篇 技术挑战

第一篇　分布式雷达探测器

第 1 章　双基合成孔径雷达

Antonio Moccia, Alfredo Renga

摘要　双基合成孔径雷达(SAR)代表了雷达技术中一个活跃的研究和发展领域。此外,双/多基SAR的概念与编队飞行和分布式天基任务紧密相关,这也代表了最新的空间遥感和边境监视技术。本章介绍了双基SAR,特别是比较了其相对于单基SAR的特点、操作和性能。初步介绍了双基SAR图像编队的一些基本概念和双基SAR几何学的主要原理。分析了性能参数,包括几何分辨力、辐射分辨力和双基雷达方程。特别重点强调了评估双基SAR几何关系对图像分辨力效果的分析方法。本章也指出了诸如覆盖区域、时间和相位同步的进一步实现问题。通过对过去的双基雷达和双基SAR试验及计划中星载双基SAR任务的分析能够提供一些必要信息,以了解如何面对以及尽可能地解决目前和未来系统运行中的问题。最后概述了一些利用不同技术和方法的双基SAR科学应用实例。

1.1　绪论

双基合成孔径雷达(SAR)是一种基于频率调制微波信号发射和接收的分布式观测系统。顾名思义,双基SAR的详细定义涉及两个清晰的概念,即双基雷达和合成孔径。

双基雷达是一种发射天线和接收天线分离的雷达。虽然在 1952 年才由 K. M. Siegel 和 R. E. Machol[1]首次提出双基雷达的概念,但是在第二次世界大战前开发的早期试验雷达,实际上是双基类型的,其发射机和接收机分开的距离与雷达—目标间距相当。此外,由于大多数早期雷达试验是利用已有的通信技术,采用连续波(CW)传输且具有非常低的频率(25 ~ 80MHz),通过地基配置来探测飞机。后来,天线收发转换开关[1]的发明允许带有收发天线的雷达系统使用有限持续时间的脉冲,从而产生了单基雷达布局。单基雷达在短时间内成为雷达运行的标准,特别是对于移动平台的使用,如飞机、船舶和移动的地面单位。然而,双基雷达具有几个独特的功能,使它无论是在民用还是国防应用方面都引起了重视:首先,理论上接收机可以做得简单、紧凑和轻量化,不需要雷达发射链路。其次,双基接收机无须暴露位置就能工作,因此它们在战场情况下运行时不会被探测到。此外,它能应对那些对单基照射隐身的情况,其他方向反射的回波不易减少,因此它们可以通过适当的双基接收机进行收集。最后,通过收集共同覆盖区域反射的单基和双基数据可以定量和定性地改善观测目标或场景的特性。最后一个特性则强调双基雷达中发射系统或照射源的两种类型:

(1)合作式,即发射机和接收机是共同设计和开发的,用于完成一般的和特定的任务,如单基和双基数据采集。然而,即使不能进行单基操作,但当照射源提供带有额外时序和导航信息的双基接收机时,如相干处理中发射振荡状态或发射天线相位中心位置和速度等信息,合作系统就能运行。

(2)非合作式,即接收机利用独立的非协同源辐射的电磁信号,称为机会照射源,如全球定位系统(GPS)或广播卫星和电视或无线电塔[2]。在这构架中,也利用了寄生接收机或搭载雷达[1,2]。

就合成孔径而言,作为成像传感器的 SAR 的概念首先是由 Carl Wiley[3] 于 1951 提出的。从根本上说 SAR 是一种线性调频雷达,它利用了接收回波的振幅和相位[4]。因此,通过测量与时延和多普勒频移呈函数关系的反向散射脉冲,产生一个图像,从而确定每个距离—多普勒地形单元的综合反射率。把不同的单元的值组合成二维图像。对于传统的实孔径雷达,合成雷达波束指向平台轨迹的侧面。该天线设计成在沿迹方向有足够宽的波束宽度,使得一个给定的目标或区域可由多个脉冲照射。照射脉冲数对星载 SAR 而言通常是千量级的,在给定目标照射中,天线位置集合构成了系统的合成孔径。航天器的合成孔径长度一般为 3 ~ 7km,航空器的合成孔径长度一般为 60 ~ 100m[4],因此不可能在单一的航空航天系统上实现。在同样的航空或航天平台上带有单个天线、大功率发射机和高灵敏度接收机的单基 SAR 代表了当今成熟的遥感监测系统,它通常广泛地用于商业和科学应用中。

基于这些初步的介绍,双基 SAR 是一种发射天线和接收天线分离的 SAR。同样地,对于多基 SAR,它是基于多个发射和接收天线阵列。航空或空间双/多基雷达的实现涉及多个系统协同使用,很可能运行在不同的地点或平台上,且发射机和接收机之间具有精确的时间同步和天线指向精度以及精确的相对位置测量与控制精度,即实现编队飞行的策略,甚至要考虑到机会照射源。显然,双/多基 SAR 相比单基 SAR 而言要求更高,这是由于编队合成天线要同步不止一个系统。然而,关于 SAR 的以上综述,是每一个经典教材在引入合成孔径概念时(见文献[5,6])或多或少都会做类似介绍的,图 1.1 中复述了双/多基 SAR 编队飞行和天线同步方面的内容。

因此,双/多基 SAR 是和 SAR 一样老的概念,虽然开始没有一个清晰的认识。事实上,甚至单基 SAR 也是一个分布式(多基)系统,至少从图像形成和数据处理的角度来看是如此。

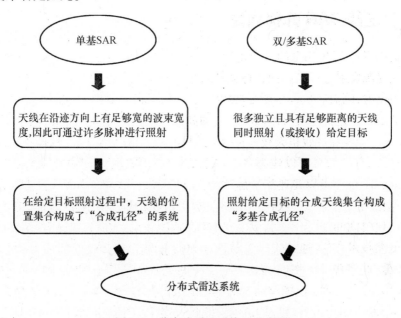

图 1.1　分布式雷达系统 SAR 解释

　　此外,解释 SAR 特性的方式聚焦在双/多基 SAR 概念是如何与本书将编队飞行用于新的星载遥感和监测边界技术紧密相关的。在编队飞行[7]中,事实上,相同或类似的卫星组有共同的传感器或是相辅相成的关系,它们相互通信,分享有效载荷或任务的功能,并以一种或多种方式同步。总之,可以说处理双/多基 SAR 就意味着处理未来的星载(和机载)遥感系统。

　　迄今为止,相关的实施难度制约了双基 SAR 系统的发展,有限的双基经验已在文献[8]中报道。第一次双基 SAR 操作任务是 TanDEM – X[9,10],于 2010 年发射,基于两个低轨卫星近距离编队飞行实现了星载双基 SAR 干涉。然而,鉴于双基 SAR 潜在的大量科学任务和应用任务前景最近对机载和星载双 SAR 的研究逐渐加强,双基 SAR 很可能在不久的将来超过试验水平。

　　本章的结构如下:1.2 节介绍了双基 SAR 成像的基本概念,定义了双基 SAR 几何构型的主要要素。同时,提出了临界基线的概念,用于强调双基数据相干和不相干组合的不同信息内容。1.3 节介绍了性能参数。其中 1.3.1 节详细介绍了一些分析方法用于评估双基 SAR 的几何分辨力影响,而 1.3.2 节分析了辐射度分辨力和双基雷达方程。覆盖、时间和相位同步等进一步的实施问题在 1.3.3 节介绍。过去的双基 SAR 分析(1.4.1 节)和 SAR(1.4.2 节)试验以及已提出的星载 SAR 任务(1.4.3 节)提供了必要的信息,突出了面临的问题和如何潜在地解决目前和未来的操作系统问题。最后,在 1.5 节列举了利用不同技术和方法的几种双基 SAR 的科学应用。

1.2 双基 SAR 几何构型

基本双基 SAR 构型的 3 个元素:发射机或照射源、接收机、目标或观察到的场景。照射源发射一系列朝向目标区域轨迹的频率调制脉冲(图1.2)。这些脉冲从场景中反射,因而产生一系列可被接收机采集的双基回波。一般地,接收机也是一个移动平台。这种配置可以假定为启动和停止近似[11],即在测距信号的传播过程中,发射机天线和接收机天线是停止的,只有接收到回波后才移到下一个位置。根据这一假设,信号可以建为两个独立变量的函数模型,即快时间和慢时间。快时间的时间尺度是以光速扫描脉冲的发送/接收,而慢时间的时间尺度是沿着合成孔径扫描发射机和接收机的连续位置,其速度相对于光速可以忽略不计。那么通过快时间和慢时间函数的发送/接收脉冲序列产生原双基 SAR 图像。利用脉冲压缩技术[4-6],通过使用发射机脉冲频率调制以增强快时间或方位分辨力。就慢时间的多普勒频率调制或者是多普勒记录而言,由于发射机之间存在相对运动,可以追踪到接收机和目标,因而可压缩为快速时间信号。在这样的背景下,正如前言中指出的,双基 SAR 成像和聚焦类似于传统的单基 SAR:尽管不同的关系和模型已经用来进行多普勒压缩和建立传统的几何、地图和图像坐标的快时间和慢时间的关系,但是仍要利用相干处理。事实上,在传统的单基 SAR中,两个方向可以立刻进行分离,即沿迹方向或方位方向,平行于观察场景的平台运动和与之前垂直的垂迹方向。快时间或距离分辨力与垂迹方向相关,慢时间或多普勒分辨力与沿迹方向相关。因此,单基 SAR 图像定义为沿迹部分和垂迹部分。相反,在双基 SAR 中发射机和接收机的相对位置和速度将是完全任意的。在这样的一般条件下,垂迹和沿迹方向都不是严格存在的,因此在1.3 节中介绍新的定义和模型。此外,应特别注意脉冲工作模式已经简化,但是双基操作也考虑到所用的 CW 发射和接收。CW 方案对双基 SAR 成像的影响将在 1.3.3 节讨论。

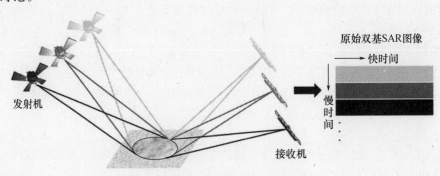

图 1.2　双基 SAR 原始图像编队图

基本双基 SAR 构型可运行在很宽泛的双基几何中。为了区别开那些最显著的方式,需要引入一些几何参数。事实上,双基合成孔径是由发射机、接收机和目标区域之间的相对几何运动确定的,即发射机和接收机的位置 P_{Tx} 和 P_{Rx},发射机和接收机的速度 V_{Tx} 和 V_{Rx},目标位置 r,目标速度 v 以及发射机和接收机的倾斜范围 R_{Tx} 和 R_{Rx}。经典的双基 SAR,文献[1]利用两个参数定义双基几何:基线 B 和双基角 β,B 是从发射机到接收机的矢量,β 是发射机—目标—接收机角。然而,就成像雷达应用而言,需要引入发射机和接收机的入射角,分别为 Θ_{Tx} 和 Θ_{Rx},也要引入发射机面外角 Φ。

图 1.3 中表示了通用的双基 SAR 几何并描述了相对于任意地球固连笛卡儿坐标系的主要相关参数。根据这些参数,可以定义不同的双基 SAR 的几何形状:

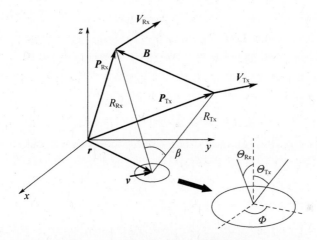

图 1.3　一般双基 SAR 几何形状排列

（1）面内同侧,发射机在接收天线距离高程平面内,并且相对于目标是在同侧,即 $\Phi = 0°$。

（2）面内对边,发射机在接收天线距离高程平面内,但是相对于目标是在对边,即 $\Phi = 180°$。

（3）面外,$\Phi \neq 0°$ 且 $\Phi \neq 180°$。

（4）发射机天底角是 $\Theta_{Tx} = 0°$ 或者接收机天底角 $\Theta_{Rx} = 0°$。

此外,接收机根据视线方向可执行不同的观测。具体来说,当接收天线分别指向平台轨迹侧面、沿平台轨迹直接向前或向后,或以其他方向时,相应的接收机会执行侧视、前视和斜视模式。

基本双基 SAR 构型可以通过不同的方式进行扩展。首先,单基操作可结合双基 SAR[12]使用,即发射机也接收来自目标区域的后向散射回波,因此可以产生同一地区的一对单基－双基图像。这样一个单基－双基 SAR 配置,需要额外设置时间要求:不能使用连续波传输,因为它们会干扰单基接收数据;此外,即使采用脉冲传输方案,单基和双基多普勒带宽必须进行非模糊采样,以使得单基和双基能进行慢时间压缩。如果利用比较接近的单基 - 双基构型(如低轨卫星的编队飞行)是没有问题的,其中单基和双基多普勒记录是相似的,但当发射机的运动特性与接收机的运动特性差异较大时,可能会导致一般的几何形状复杂化(如发射机和接收机在不同高度飞行或者以不同的观测模式工作时)。

更高要求的双基 SAR 配置涉及多个接收机和(或)多个发射机[13]的使用。在这种情况下,单个发射机可以是几个覆盖给定目标区域的双基 SAR 接收机照射源,也可以是多输入多输出(MIMO)的 SAR 架构,该架构可以用更多单基或者非单基的发射机。

从数据开发的角度来看,当采用双基 SAR 配置时,能够生成多个同一区域的双基(或单基 - 双基)图像,有必要以某种方式对这些图像进行比较和融合,从而提高所观察场景的预期特性水平。由于相干 SAR 聚焦,双基 SAR 处理器的输出是一个复杂的图像。因此两个或两个以上的双基 SAR 图像可在幅值和相位上进行比较。当使用幅值和相位时,形成相干合成,而在非相干合成中,只考虑双基数据之间的幅值差异。

显然,只有当数据之间有足够的相位相关性时,可以适当利用相干合成。在双基 SAR 配置中,相位相关度主要取决于接收机之间的距离。在这一问题上,可以引入临界基线概念,即在聚焦的 SAR 图像之间失去完全相关性[14,15]的临界基准值。这意味着,只有接收机之间的距离小于临界基线时,才可以得到相干合成。临界基线的实际值完全取决于所考虑的相干合成的预期应用,例如,沿迹干涉或垂迹干涉(见 1.5.2.1 节和第 2 章)。垂迹干涉的临界基线可以假设为品质因数以推导出临界距离的量级。对于这种应用,临界值对应于相邻分辨力单元间相位差变化为 2π 的基线。根据文献[14,15]研究的模型并拓展到双基 SAR 运行中[9,16],临界基线为

$$B_\perp = \frac{\lambda R_{Rx}}{\Delta r_g \cos \Theta_{Rx}} \tag{1.1}$$

式中:λ 为波长;Δr_g 为双基地面分辨力;符号 $\perp$ 表示由式(1.1)计算的临界基线并不是接收机之间的真实距离,而是沿视线垂直方向的基线分量。

为简单起见,本节只考虑正交临界基线(尽管双基配置一旦确定,就可得到相应实际基线)。此外,注意到对于所有介绍的双基 SAR 的配置,式(1.1)得到的临界基线是很重要的,特别是可以利用式(1.1)计算出临界基线用于:

(1)单基 - 双基 SAR 配置。在这种情况下,基线是单基(发射/接收)传感器和双基(只接收)传感器之间的距离。

(2)双基 SAR 配置。在这种情况下,基线是从相同接收机接收双基回波的所有传感器之间的距离。

图 1.4 介绍了不同双基 SAR 编队,即低地球轨道(LEO)编队、中地球轨道
(MEO)编队、地球同步轨道(GEO)编队的临界基线以及月球基站双基 SAR。所有
这些编队通过垂迹 SAR 干涉(参见文献[13,17,18])可用于地球遥感。从图 1.4
可以直接得出临界基线总是斜距的一小部分的结论。

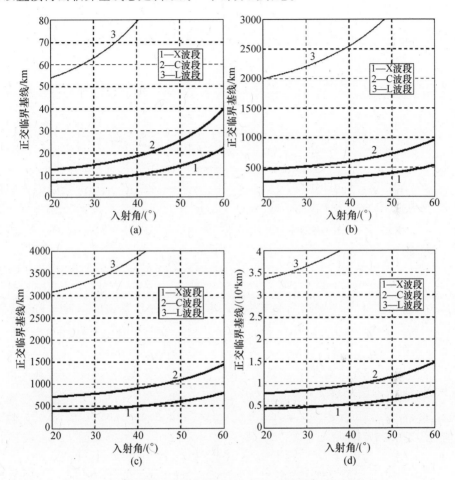

图 1.4 不同双基 SAR 编队的临界基线和波长(3m 地面分辨力,X 波段 $\lambda = 3.1$cm,
C 波段 $\lambda = 5.6$cm,L 波段 $\lambda = 24$cm)
(a)LEO;(b)MEO;(c)GEO;(d)月球基站。

为了保持相位相关,工作基线必须是临界基线的一部分(在文献[9,10]中,为
TanDEM - X 任务选定了 5% ~10% 的值),这意味着对于 LEO 双基 SAR,必须考虑
很近距离的编队(基线低于 1 ~2km)。基线从数百千米增加到数千千米,从 MEO
或 GEO 增加到月球基站双基系统。然而,这些巨大的基线可解释为考虑了相关的
巨大的斜距。其实对于所有介绍过的双基编队来说,图 1.5 都达到了相同的双基
角度:事实上,在任何情况下,双基角度都很小。

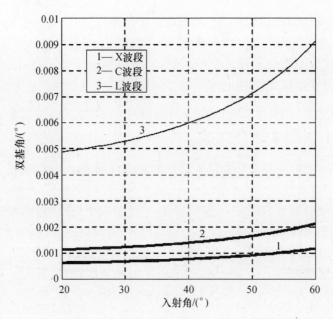

图 1.5　对应于图 1.4 中临界基线(假设 3m 的地面分辨力)的双基角

综上所述,如果相干组合用于不同的应用(如沿迹干涉的移动目标指数(MTI)),那么临界基线就会变化。在这种情况下,基线设置为最大,双基 SAR 就可以探测到最小目标速度。一般来说,速度取决于卫星平台的速度与基线的比值[19]。对于 LEO,有用基线限于数百米[9,10,20],甚至更短的距离对高海拔地区是有意义的。

总之,可以说相干双基组合中,在形成双/多基 SAR 系统的不同接收机之间观测几何能够具有有限的变化。

1.3　系统性能

双基 SAR 性能参数主要取决于预期的应用。例如,在相干组合中,降低相位噪声和偏差的能力是必不可少的。然而,对于所有的成像传感器,一些共同参数可以使其区分开来,达到定义系统性能的目的,最明显的例子是分辨力。

分辨力定义为区分地面近距离目标的能力。具体来说,几何分辨力涉及两个具有相同幅度的一个或多个维度的目标的距离,例如在生成图像中具有相同的亮度。在 SAR 中,这些维数是(倾斜或地面)距离和多普勒[4-6]。另外还有辐射度分辨力,它一般定义为区分 SAR 图像中不同亮度特征目标的传感器的能力,这取决于它们不同的散射特性以及仪器的灵敏度。1.3.1 节介绍了双基 SAR 系统参数对几何分辨力的影响,如采集几何、带宽和积分时间。正如在单基 SAR 中一样,辐射分辨力本质上受信噪比(SNR)和附加的散斑噪声的影响。然而 1.3.2 节中介绍的双基 SAR 几何和双基散射特性也发挥了重要作用。

其他的性能参数涉及定时问题、指向问题和同步问题。部分问题在概念上与单基 SAR 概念类似,如脉冲重复频率选择,而其他则是双基 SAR 系统独有的,例如使用两个不同振荡器产生的低频相位误差,首先是在传输中产生的,其次是在接收中产生的。在 1.3.3 节介绍了基本概念和 SAR 成像的相关影响。

1.3.1 几何分辨力

SAR 采用频率调制信号实现较高的快速时间分辨力,但由于发射机、接收机和目标之间的相对运动,可利用接收信号的多普勒频率调制,来增加慢时间分辨力。在传统侧视单基 SAR 中,快时间对应着区分两个近距离目标的能力,两个近距离目标有不同的倾斜或地面距离坐标。此外,慢时间分辨力由平台速度获得,产生众所周知的方位或沿迹分辨力。如果考虑一个双基 SAR,其中发射机和接收机在相同的高度和速度平行飞行,获得面内无斜视角度观察,那么原理相似。事实上,在上述假设下才可能进行简单的双基 SAR 分辨力计算,因为目标集中在与接收机和目标机[8]相同的高程平面上,因此距离和方位角方向能够明确并形成一个直角。在这种情况下,地面的距离和方位角分辨力分别为

$$\Delta r_{g|\mathrm{Bist}} = \frac{c}{W(\sin\Theta_{\mathrm{Tx}} + \sin\Theta_{\mathrm{Rx}})} \tag{1.2}$$

$$\Delta a_{|\mathrm{Bist}} = l_{\mathrm{Tx}} \frac{R_{\mathrm{Rx}}}{R_{\mathrm{Rx}} + R_{\mathrm{Tx}}} \tag{1.3}$$

式中:c 为光速,W 为调频带宽,l_{Tx} 为发射天线的长度,接收机的入射角在对应的几何侧边必须考虑为负值。

根据这些关系,双基分辨力可以很容易地表示为相应的单基 SAR 分辨力函数

$$\Delta r_{g|\mathrm{Bist}} = \frac{2\sin\Theta_{\mathrm{Tx}}}{\sin\Theta_{\mathrm{Tx}} + \sin\Theta_{\mathrm{Rx}}} \Delta r_{g|\mathrm{Mono}} \tag{1.4}$$

$$\Delta a_{|\mathrm{Bist}} = \frac{2R_{\mathrm{Rx}}}{R_{\mathrm{Rx}} + R_{\mathrm{Tx}}} \Delta a_{|\mathrm{Mono}} \tag{1.5}$$

图 1.6 和图 1.7 表示依据式(1.4)和式(1.5)得到的单基 SAR 分辨力和双基 SAR 分辨力的比值,具体来说,方位分辨力之比涉及利用敏感器高度计算发射机和接收机的斜距:在这里考虑值为 450km,尽管涉及低轨卫星编队时,传感器高度变化对方位分辨力之比的影响可以忽略不计。

在绘制比值的基础上,需要说明一些重要的考虑因素:

(1)相对于单基,发射机更靠近目标的面内同侧的几何形状提高了双基 SAR 地面距离分辨力。

(2)如果接收机更接近目标($\Theta_{\mathrm{Rx}} < \Theta_{\mathrm{Tx}}$),或考虑相反侧的几何形状,那么就会降低双基地面距离分辨力。

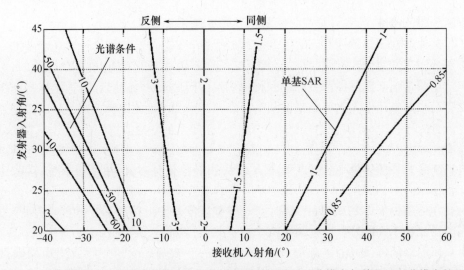

图 1.6　相同高度和相同速度的面内平行轨道配置的双基地面分辨力与单基地面分辨力的比

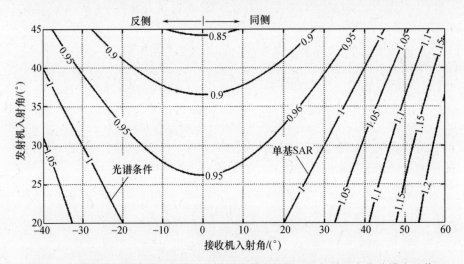

图 1.7　相同高度和相同速度的面内平行轨道配置的双基与单基方位分辨力比值

（3）如果满足频谱观察条件，那么斜距是模糊的，双基地面分辨力也是发散的。

（4）双基 SAR 方位分辨力的变化通常是有限的，如果接收机相比于发射机无论是在同侧还是对侧的几何形状都更靠近目标，那么将获得更好的单基 SAR 方位分辨力性能。

然而，对于任意几何配置的双基 SAR 特性，快时间和慢时间分辨力在不同探测地面区域的转化方式并非无关紧要。在一般情况下，可以通过沿着聚焦图像的特定方向计算脉冲响应宽度（或点扩散函数）来确定每个可能方向的分辨力。但这个计算复杂且耗时很长，而且在任何观测几何下，该方法都不能由推导出的一般方程来调节图像分辨力的特性。在一些显著方向上，点扩散宽度函数的近似解可以由所谓的梯度法[21-23]推导。该方法从以下两方面考虑：

(1) 在双基 SAR 中，距离和方位方向也不严格存在。

(2) 图像的像素可以解释为"等时延"线和"等多普勒"线相交生成的。

在此基础上，该方法提出距离分辨力和多普勒分辨力分别对应与往返时延和多普勒频率变化相关的最小地面距离。时间延迟的梯度方向代表最大的时间延迟变化方向，因此它可表现出最好的快速时间分辨力的方向。这同样适用于多普勒频率的梯度方向，可识别最好的多普勒分辨力方向。由于在快时间中区分近距离目标的能力与传输信号的带宽成反比关系，因此地面分辨力可以表示为

$$\Delta r_g = \frac{1}{W|\nabla t_g|} i_{tg} \tag{1.6}$$

式中：∇t_g 为时延梯度的地面投影；i_{tg} 为 ∇t_g 方向的单位矢量。

此外，在慢时间条件下区分近距离目标的能力与相干积分时间 T 成反比关系，T 为合成孔径时间，所以梯度法估计多普勒分辨力为

$$\Delta a = \frac{1}{T|\nabla f_g|} i_{fg} \tag{1.7}$$

式中：∇f_g 为多普勒频率梯度的地面投影；i_{fg} 为它的单位矢量。根据梯度定义，单位矢量 i_{tg} 和 i_{fg} 分别局部垂直于等距离线和等多普勒线。如果采用以下假设：

(1) 发射机和接收机在连续积分时间里以恒定的速度沿直线飞行。

(2) 地球在图像区域内是平的。

关于在图 1.3 中介绍的符号，时间延迟和多普勒频率的梯度可以分别表示为

$$\nabla t = \frac{1}{c}\left(\frac{R_{Tx}}{R_{Tx}} + \frac{R_{Rx}}{R_{Rx}}\right) = \frac{1}{c}(i_{Tx} + i_{Rx}) \tag{1.8}$$

$$\nabla f = \frac{1}{\lambda}\left(\frac{1}{R_{Tx}}(V_{Tx} - (V_{Tx} \cdot i_{Tx})i_{Tx}) + \frac{1}{R_{Rx}}(V_{Rx} - (V_{Rx} \cdot i_{Rx})i_{Rx})\right) \tag{1.9}$$

其中

$$R_{Tx} = P_{Tx} - r, \ R_{Rx} = P_{Rx} - r$$

由式(1.6)、式(1.8)以及图 1.3 可知，地面分辨力可以写为[22]

$$\Delta r_g = \frac{c}{W\sqrt{\sin^2\Theta_{Tx} + \sin^2\Theta_{Rx} + 2\sin\Theta_{Tx}\sin\Theta_{Rx}\cos\Phi}} i_{tg} \tag{1.10}$$

其中

$$i_{tg} = \left[\begin{array}{c} \dfrac{\sin\Theta_{Tx}\cos\Theta + \sin\Theta_{Rx}}{\sqrt{\sin^2\Theta_{Tx} + \sin^2\Theta_{Rx} + 2\sin\Theta_{Tx}\sin\Theta_{Rx}\cos\Phi}} \\ \dfrac{\sin\Theta_{Tx}\sin\Theta}{\sqrt{\sin^2\Theta_{Tx} + \sin^2\Theta_{Rx} + 2\sin\Theta_{Tx}\sin\Theta_{Rx}\cos\Phi}} \end{array}\right] \tag{1.11}$$

这表示时间延迟梯度指向双基角平分线，所以地面距离方向总是沿平分线的地面投影。正如预期的那样，如果接收机沿发射信号的频谱方向（$\Theta = 180°$，$\Theta_{Tx} =$

Θ_{Rx}),那么地面分辨力发散。在这种情况下,双基角的平分线表示地面的法线,这意味着时间延迟梯度在当地水平面上没有分量。对于多普勒方向 i_{fg} 而言,它是由发射机、目标和接收机之间的相对位置、相对速度和和几何形状确定的,所以只有特殊的双基 SAR 配置,i_{fg} 的方向才可以很容易地与系统动力学相关。例如,在平行轨道相同速度的特定情况下,平面内观测时多普勒方向与速度矢量平行,因此与地面距离方向是垂直的;进一步显著配置是存在的,它们中的一些将在下节分析。

根据梯度法,地面距离和多普勒分辨力完全是以矢量的形式定义的,在一般情况下,地面距离和多普勒方向是不垂直的。因此,像素偏移源于双基观察(图 1.8)。如果地面距离和多普勒方向是正交的,那么可实现最小的像素面积,所以关于该条件的退化可以通过定义 Ω 角度来解释,其中 Ω 是等距线和等多普勒线之间的角度,即

$$\Omega = \arccos(i_{tg} \cdot i_{fg}) \tag{1.12}$$

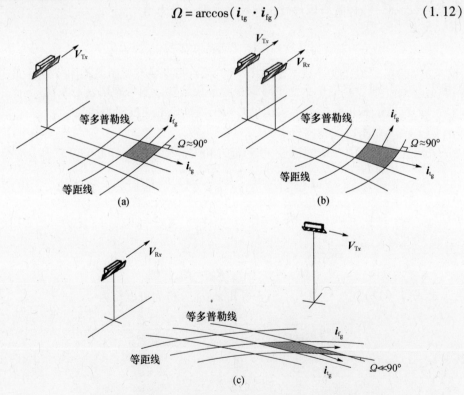

图 1.8　在单基(a)和双基(b)、(c)SAR 中像素偏移效果图

式(1.12)表明,双基方式的实际情况是,地面距离和多普勒分辨力是优良的,但成像能力很差。事实上,如果 Ω 接近 0 或 π,恒定的时间延迟线局部平行于恒定多普勒线。因此,Ω 角、地面距离和多普勒分辨力是表征双基 SAR 几何成像性能的基本参数形式。

上述条件表明,梯度法是以一种简单和直接的方式覆盖一般双基几何的能力来表征的。然而,需要注意的是对于完整性而言,为了从式(1.6)和式(1.7)中得到梯度,相干积分时间里必须要有明确的时刻。此时,计算梯度必须考虑发射机和接收机的位置和速度,这意味着该方法忽略了合成孔径的梯度变化。然而,如文献[22]表明的这种变化是可以忽略的,除非产生很长的合成天线使得合成孔径的目标方位角有明显变化。在这种情况下,必须使用不同的方法[24]。

下面介绍一些例子来指出不同的相对位置和速度对几何分辨力的影响。对这些例子,恒定梯度假设是有效的,因此梯度法可利用积分时间内计算得到的位置和速度[22]。

1.3.1.1 实例:LEO – LEO 双基 SAR

这里双基 SAR 中,发射机和接收机都选择在 LEO 轨道上。在这个框架中,利用编队飞行卫星来描述是很合理的。卫星编队的最简单的例子是发射机和接收机沿着真近点角有细微差别的相同准极点轨道飞行,从而建立地球固连参考坐标系的主从编队。从理论的角度看,这种情况是非常有趣的,因为它可避免像素偏移的影响,即使它是一个轨道面外的配置($\Phi \neq 0°$),下面将要对其讨论。实际上,根据图 1.9(a),当发射机和接收机执行略微斜视的观测,它们的天线指向于由位于基线中点的等效单基传感器在视轴方向观测到的地面区域,这种情况下可以考虑主从编队。

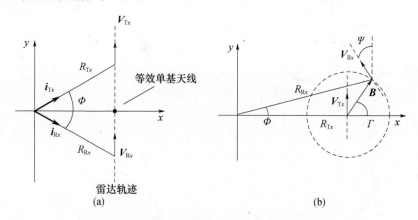

雷达轨迹
(a)　　　　　　　　　　　(b)

图 1.9　低轨 – 低轨双基 SAR 的观测几何
(a)主从配置;(b)通用配置,发射机和接收机在同一非零的 z 坐标轴工作。

事实上,这种情况中,双基矢量的平分线和快时间梯度的地面投影都沿 x 轴。此外,就多普勒梯度而言,其关系为

$$V_{Tx} = V_{Rx} = V \quad R_{Tx} = R_{Rx} = R$$
$$(V \cdot i_{Tx}) = -(V \cdot i_{Rx})$$

即

$$\nabla f = \frac{1}{\lambda}\left(2\,\frac{V}{R} - \frac{V \cdot i_{Tx}}{R}(i_{Tx} - i_{Rx})\right) \tag{1.13}$$

由于 $i_{Tx} - i_{Rx}$ 在平面 yz 内,结果为

$$i_{tg} \perp i_{fg} \Rightarrow \Omega = 90°$$

实际上,地面距离和多普勒分辨力不同于单基条件下,但它们的变化限定在几个百分点,其取决于沿迹距离(图1.10)。

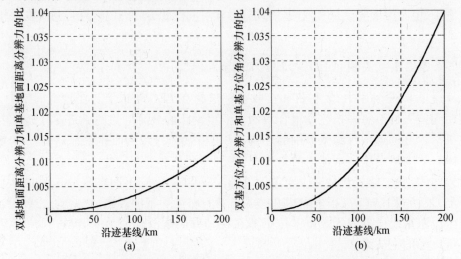

图1.10　对于主从低轨编队(高度为450km,等效单基敏感器的入射角为45°),
作为基线函数的双基和单基地面距离分辨力之比(a)和方位角分辨力之比(b)

除了主从编队例子,一般而言,LEO – LEO 双基 SAR,发射机和接收机的速度会影响多普勒频率的梯度和随之产生的多普勒分辨力和 Ω 角。为了说明其影响,图1.9(b)表示的条件可作为一个参考,该图中,位于同一轨道高度两个 LEO 卫星在沿迹坐标和横向坐标上分离。此外,假定发射机为一个侧视系统(实际上也是采用单传感器作为参考),而双基接收机能够从任意方向收集数据,如图1.9(b)所示,用角度 Γ 模拟不同的沿迹基线分量和横向基线分量。具体而言,Γ 从 0 变到 2π,接收机的位置是绕着发射机转一个圈,其半径由基线的模给出。此外,用角度 ψ 来说明发射机和接收机在飞行方向上的偏差。值得注意的是,关于主从方案,这些几何结构需要选择更复杂的轨道,且一般情况下能提供更多有限的双基覆盖。

图1.11 和图1.12表示地面距离和多普勒分辨力以及得到的 Ω 角的例子。图1.11还表示了对应的平面角。由于基线小于发射机的斜距,相对于 Γ 的异面角的变化是有限的,所以双基地面分辨力接近于发射机工作在单基模式不可达到的分辨力。

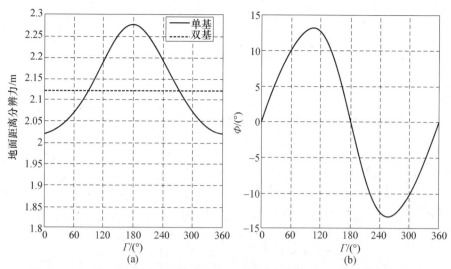

图 1.11　对于所考虑的低轨 – 低轨双基 SAR（高度为 450km，发射机的入射角为 45°，
100km 的基线长度，100MHz 的啁啾带宽）的地面距离分辨力（a）和异面角（b）。
单机分辨力涉及发射机的观测几何

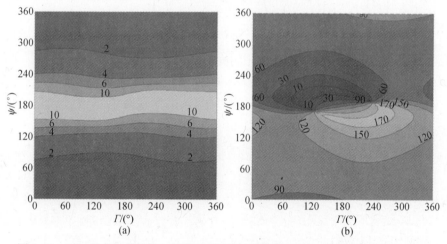

图 1.12　对于所考虑的低轨 – 低轨双基 SAR（高度为 450km，发射机的入射角为 45°，
基线长度为 100km，连续积分时间为 1s），单位是米的多普勒分辨力
（a）和单位是角度的 Ω 角（b）

　　多普勒分辨力和 Ω 角的特性反而更值得关注。从 Γ 独立地来看，当 ψ 接近
180°时，多普勒分辨力会退化。实际上在这种情况下，接收机的速度与发射机的速度
的方向是相反的，因此慢时间压缩可用的多普勒带宽是非常有限的。在图 1.12 中，
轮廓线在 10m 内的区域，多普勒分辨力快速发散。类似的注意事项可适用于 Ω 角：
临界条件满足 ψ 接近 180°，Γ 接近 90°和 270°，即当较大的面外角（高达 10°~15°）建
立时，发射机距离高程面外双基角平分线旋转并接近多普勒梯度方向。

最后,图1.13和图1.14分别给出了较坏和较好观测几何下等距离和等多普勒轮廓的例子。轮廓很好地符合了图1.11和图1.12推导的结果。特别是,图1.13明确表示了即使在优秀分辨力存在的情况下双基几何的重要性:当等距离线和等多普勒线几乎平行时,啁啾带宽与相干积分时间的任何增长对双基性能没有实际作用。此外,值得注意的是1s的积分时间相对于传统的星载SAR已经相当大,如果天线可操控那么就有可能实现。另一方面,图1.14验证了实现令人满意的结果的可能性,即使对于非平行轨迹的情况,从而显示出编队飞行设计是如何与双基SAR严格相关的。

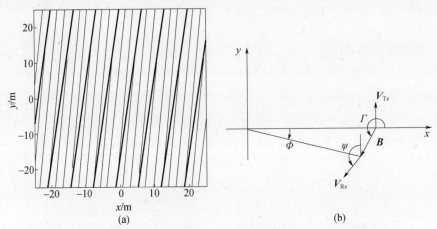

图1.13 $\Gamma = 240°$,$\psi = 150°$和$\Phi \approx -13°$的等距线(细)和等多普勒线(粗)。
在这种情况下,地面距离分辨力和多普勒分辨力分别是2.2m和6.5m

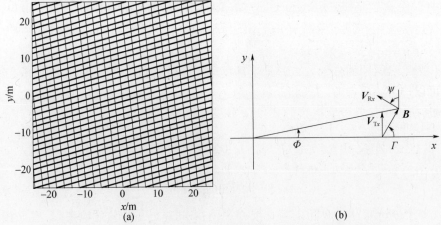

图1.14 $\Gamma = 60°$,$\psi = 60°$和$\Phi \approx 10°$的等距线(细)和等多普勒线(粗)。
在这种情况下,$\Omega \approx 100°$,地面距离分辨力和多普勒分辨力分别是2.1m和1.6m

1.3.1.2 实例:LEO接收机和更高轨道发射机

已有文献提出了高轨发射机结合低轨接收机星座实现重访时间系统性地减

少[13]，特别是在区域范围内。事实上，高轨道卫星，如 MEO 和 GEO，可以很容易地访问较宽的区域；同时，低轨接收机有两方面的优点：

（1）降低在发射中所需的功率，这是由于较高高度单基或双基 SAR 情况下能够减少回波传播路径。

（2）允许系统利用不同于传统单基侧面观测角的几何形状，如向前或向后观测[25,26]。

如果发射机的高度高于 20000km，考虑低轨接收机，结果为

$$\frac{V_{Rx}}{R_{Rx}} \gg \frac{V_{Tx}}{R_{Tx}} \tag{1.14}$$

即接收机的速度斜距比值比发射机的速度斜距比值大 2 个量级。在这种情况下，可以忽略发射机对多普勒梯度的贡献，假设准静态发射机（$V_{Tx} \approx 0$）则可推导出几何分辨力。根据文献[22]的分析，下面的关系可用于侧视及前视的接收机：

$$\Delta a = \begin{cases} \dfrac{\lambda R_{Rx}}{V_{Rx}} \dfrac{1}{T} & (\text{侧视}) \\[3mm] \dfrac{\lambda R_{Rx}}{V_{Rx}\cos^2\Theta_{Rx}} \dfrac{1}{T} & (\text{前视}) \end{cases} \tag{1.15}$$

$$\Delta\Omega = \begin{cases} \pi - \left| \arctan\left(-\dfrac{\sin\Theta_{Tx}\cos\Phi + \sin\Theta_{Rx}}{\sin\Theta_{Tx}\sin\Phi} \right) \right| & (\text{侧视}) \\[3mm] \pi - \left| \arctan\left(-\dfrac{\sin\Theta_{Tx}\sin\Phi}{\sin\Theta_{Tx}\cos\Phi + \sin\Theta_{Rx}} \right) \right| & (\text{前视}) \end{cases} \tag{1.16}$$

其中，四象限反正切值在 [$-\pi, \pi$] 之间，必须用其计算 Ω 角。式（1.15）表明相对于侧视模式，前视模式多普勒分辨力降低了 $1/\cos^2\Theta_{Rx}$，接收机入射角从 0° 变化为 60°，该降低系数对应从 1 升至 4。

为了对图像的分辨力和 Ω 角度进行定量分析，文献[13]中提出的轨道几何形状可以作为一个参考（图 1.15）。它依赖于一个覆盖欧洲纬度的地球静止轨道发射机，所以可以假设发射机的入射角为 50°。此外，在侧视和前视模式下，可以设

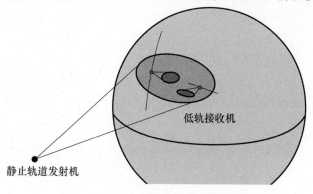

低轨接收机

静止轨道发射机

图 1.15　静止轨道 - 低轨双基 SAR 图

计低轨接收机星座来收集来自任何面外配置($\Phi \in [0°,360°]$)和入射角($\Theta_{Rx} \in [0°,60°]$)的双基数据。

图 1.16 表示地面距离和多普勒分辨力的例子,而图 1.17 所示为侧视和前视接收机的相关 Ω 角。由于该问题的对称性,分析限制为 $\Phi \in [0°,180°]$。正如预期的那样,面外角主要影响地面距离分辨力(对于侧视接收机和前视接收机是相同的)最差值由反侧几何构型获得。对于多普勒分辨力,假设一个恒定的积分时间,增加的偏离角决定了多普勒带宽的减少,与前视几何形状中更相关。

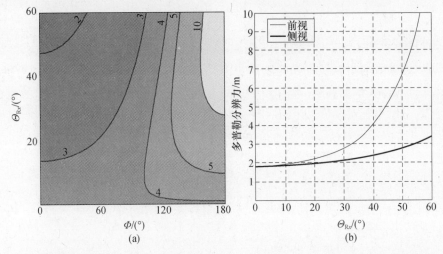
(a)　(b)

图 1.16　对所考虑的静止轨道 - 低轨双基 SAR(接收机高度为 450km,100MHz 的啁啾带宽,
1s 的连续积分时间),单位是米的地面距离等高线(a)和多普勒分辨力(b)

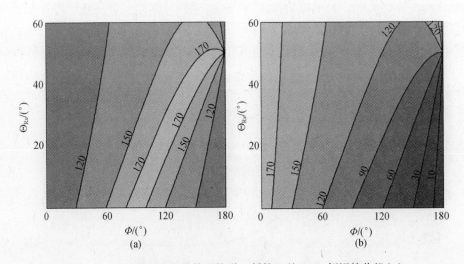
(a)　(b)

图 1.17　对于所考虑的的静止轨道 - 低轨双基 SAR,侧视接收机(a)
和前视接收机(b)的单位为度的 Ω 角

对 Ω 角而言,前向接收机的面内观测不能使用,因为在这种条件下,等距线和等多普勒线是局部平行的。事实上,带有静态发射机的前视接收机,多普勒频率的梯度对准接收机的速度方向,但后者也平行于地面的时延梯度,因为接收机的速度是在普通距离高程面内。面外观察会得到更好的性能,地面的时延梯度方向是在距离高程面外。对面观察适用于侧视接收机,在这种情况下,一般而言,可以得到更好的 Ω 值,唯一的例外是具有较强的面外几何(接近 90°)情况下。

前视接收机的概述特性本质上是模糊几何的直接结果。实际上,左/右的模糊度[26]来自于单基前向几何。因此,只有当发射机能够转动等距线和(或)等多普勒线时[22,25,26],双基条件下才可以消除模糊。相反,侧视 SAR 几何是无模糊度的,因此证明了图 1.17(a) Ω 角所产生的坏值的约束水平。

1.3.2 辐射度分辨力和信噪比

辐射度分辨力可以定义为识别两个目标所需的最低亮度对比。无论如何,这个定义不能用定量的主要 SAR 系统参数的函数形式表示,除非引入具体的 SAR 成像模型。

接收的雷达信号通常是所有贡献的散射体相干叠加,因此在 SAR 图像中的每个像素可解释为矢量,该矢量来自于分辨力单元[4]中个体散射的聚焦返回。这种来自于许多散射体的相干叠加引起一种称为散斑[5]的现象,这是典型的雷达或激光散射,当表面粗糙度与波长相当时就会产生散斑。

SAR 成像散斑现象的主要影响是雷达响应具有统计特性,因此聚焦图像的振幅和相位必定为随机变量。这意味着一般情况下,如果通过 SAR 观测到均匀的区域,振幅和相位的统计分布将导致强度图像的变化,即显示了观测区域的斑点噪声。结果就是,只通过测量 SAR 目标的一个像素[27]来描述辐射是不可能的。根据这一统计方法,辐射度分辨力必须说明两个区域不同的可能性,这两个区域具有两个不同的散斑[27],因此辐射度分辨力可以定量比较强度均值(每单位面积的回波功率) μ 以及从统计角度看可以认定不同的最接近均值 $\mu + s$,其中 s 为图像强度的标准偏差。一般用 dB 作单位,辐射度分辨力最终可以表示为

$$\gamma = 10\lg\left(1 + \frac{s}{\mu}\right) \qquad (1.17)$$

从式(1.17)可以直观理解为什么可以利用多视技术[6]来改善辐射度分辨力。实际上,如果利用 N_L 个视角来产生 SAR 图像,那么可收集更多的样品,从而通过因子 $\sqrt{N_L}$ 减少标准偏差且并不显著地影响均值。

标准偏差 s 包括两个独立的作用,即由散斑和热噪声[5,6]引起的变化,有

$$\gamma = 10\lg\left(1 + \frac{s_{\text{speckle}}}{\mu} + \frac{s_{\text{noise}}}{\mu}\right) \qquad (1.18)$$

为了量化这些比率,必须引入像素的振幅和相位统计分布。通常在单基 SAR

中,相位服从均匀分布,振幅服从瑞利分布,图像强度可以推导为指数分布[5],所以式(1.17)变为

$$\gamma = 10\lg\left(1 + \frac{1}{\sqrt{N_L}}\left(1 + \frac{1}{SNR}\right)\right) \tag{1.19}$$

此即用于计算 SAR 成像的辐射度分辨力的普遍关系。正如预期的那样,如果 SNR 和 N_L 趋于无穷大(无噪声数据),那么辐射度分辨力趋于 0dB。典型的辐射度分辨力要求从 0.5dB 到 4dB,这取决于应用。图 1.18 所示为对于不同次观测,散射系数与辐射度分辨力的例子。如果信噪比为 0dB,单次观测情况下预期的辐射度分辨力为 4.77dB,这意味着需要这一阶的平均回波强度的差值来区分扩展区域。多次观测表征了提高辐射度分辨力的有价值解,但是必须找到一个平衡,这是因为随着观测数目的增加,几何分辨力相应地也会降低[5,6]。

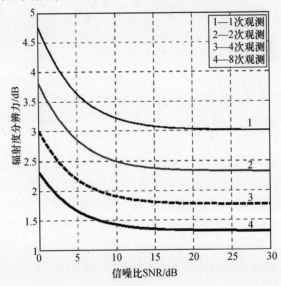

图 1.18   辐射度分辨力随散射系数和观测次数的变化情况

γ 的真实值涉及信噪比的确定,因此需引入双基 SAR 方程。为此提出了不同的表达式[5,28,29]来更方便地证明各种参数的贡献。对文献[28,29]中提出的公式进行轻微修改,结果如下:

$$SNR = \frac{POW_{Tx}\lambda^2 G_{Tx} G_{Rx} \sigma_b^0 T d_c \Delta r_g \Delta a\cos\Phi}{(4\pi)^3 R_{Tx}^2 R_{Rx}^2 k_B T_{noise} F_{noise}} \tag{1.20}$$

式中:POW_{Tx} 为发射功率;G_{Tx} 为发射天线增益;G_{Rx} 为接收天线增益;σ_b^0 为双基散射系数;d_c 为占空比;k_B 为玻耳兹曼常数;T_{noise} 为接收机噪声温度;F_{noise} 为接收机噪声位数。

大多数引入的参数通常用来定义单基 SAR 性能。然而,在双基 SAR 中,必须要注意以下几点:

（1）在双基 SAR 几何中，散射系数的特性比单基情况下更复杂。现今尚不能为自然场景和人工目标的双基散射建立数据库。对于地面散射和海洋散射的主数据库涉及 X 波段的微波测量[30]，是在 20 世纪 60 年代获得的。这项工作寻找出强面外几何（Φ 接近 $90°$ 或 $270°$）情况下向后散射系数的最小值比单基值低 10 - 20dB。此外，对于相对面方向 $10°$ 以内的面外角和相同面方向 $40°$ 以内的面外角，面外值并不是显著不同于面内值，即角度接近面内观测。

（2）占空比定义为发射机脉冲长度和脉冲重复间隔之间的比值。在单基 SAR 中，发射机和接收机同在一处时，通常必须采用非常受限的占空比（低于 0.2）以避免模糊。然而，在双基 SAR 中，原则上占空比是没有限制的，可以利用较大值设置占空比，包括连续发送和接收（$d_c = 1$）[28]的情况。

（3）式（1.20）中的几个参数依赖于发射机，特别是 POW_{Tx}、R_{Tx} 和 G_{Tx}，它们在雷达方程中表示近地球表面的功率通量密度：

$$\rho_{POW} = \frac{POW_{Tx} G_{Tx}}{(4\pi)^3 R_{Tx}^2} \tag{1.21}$$

当考虑机会照射时，这特别重要，参见文献[28]。事实上，可利用 ρ_{POW} 比较不同可用照射装置的性能。

1.3.3　定时、定点和同步

在 SAR 成像中，准确参考时间是必不可少的。当实现单基观测时，使用超稳定局部振荡器定义雷达时间单位。该单位为脉冲持续时间、调制解调设置了参考，并控制发射和接收模式的转换。

在双基 SAR 中，两个分开的系统用于发送和接收，因此必须使用某种同步机制。在一般情况下，可以在不同的层面上解决同步问题，因为不同类型的同步可能需要根据所考虑的双基 SAR 的几何形状和配置。以下 3 个不同的方面能对这个问题进行系统化：足迹匹配，窗口设计以及时间和相位（频率）参考。

1.3.3.1　足迹匹配

足迹匹配涉及发射机照射目标区域以及接收天线朝向同一地面区域的主瓣指向问题。指向精度要求和相关特性严格依赖于预期的执行。特别是如果考虑低轨—低轨双基 SAR，该问题更具挑战性，因为要求发射机和接收机的轨道具有相似速度，足迹尺寸也具有相似的数量级。文献[31]中提出了低轨钟摆编队足迹匹配方法。该方法涉及电子扫描 SAR 天线的坐标使用和沿着卫星轨道不同观察纬度发射机和接收机足迹重叠的姿态机动。为了避免依赖于姿态误差的残差，接收机足迹要比照射区域略大。

相反，在低轨接收机和较高高度发射机的情况下，足迹匹配问题可以利用发射机和接收机之间的高度差。发射机速度较慢，一般情况下用来设计覆盖较大的区域,因此接收机指向要求与单机情况类似。

1.3.3.2　窗口设计

窗口设计是负责保证接收通道的通路跟随发射机的脉冲重复频率(PRF)。在双基 SAR 中,PRF 的选择在概念上与单基情况类似,即必须计算最佳 PRF 以用于适当的多普勒采样带宽和避免 SAR 模糊[4-6]。在开始—停止渐近法的框架内,PRF 的选择主要受需求支配,以避免在距离—多普勒图像中距离和频率混叠。当脉冲重复频率很高时,多个脉冲会同时照射场景的不同部分,就会发生距离混叠:这种情况发生在 PRF 最大值时。此外,根据奈奎斯特采样标准,通过照射区域的多普勒脉宽确定脉冲重复频率的下限。在双基 SAR 中,一阶多普勒带宽为

$$
B_{\mathrm{D}}(r) = \frac{1}{\lambda} \left[V_{\mathrm{Tx}} \cdot \left(\frac{R_{\mathrm{Tx}}\left(\frac{T}{2}\right)}{\left|R_{\mathrm{Tx}}\left(\frac{T}{2}\right)\right|} - \frac{R_{\mathrm{Tx}}\left(-\frac{T}{2}\right)}{\left|R_{\mathrm{Tx}}\left(-\frac{T}{2}\right)\right|} \right) + V_{\mathrm{Rx}} \cdot \left(\frac{R_{\mathrm{Rx}}\left(\frac{T}{2}\right)}{\left|R_{\mathrm{Rx}}\left(\frac{T}{2}\right)\right|} - \frac{R_{\mathrm{Rx}}\left(-\frac{T}{2}\right)}{\left|R_{\mathrm{Rx}}\left(-\frac{T}{2}\right)\right|} \right) \right]
$$

(1.22)

即多普勒带宽是由两个雷达天线发现目标时的初始位置和最终位置确定的。但是,双基 SAR 场景相对于单基 SAR 对应部分,具有两个主要的差异:

(1)发射机和接收机在物理上是分开的,该系统可以在连续波模式下运行,即发射机的频率调制信号是连续的,接收机采集连续的散射信号。在这样一种模式中,失去了脉冲重复频率(PRF)概念。然而,SAR 成像必须满足距离和多普勒聚焦。因为距离聚焦是与发射信号的散射回波互相关的,通过引入一个停止长度[28,32]可以将连续波双基 SAR 转化成通常的脉冲 SAR 系统。该长度是距离互相关性的窗口持续时间。这样,即使考虑连续波模式,也可以引入等效 PRF 作为停止长度的倒数。那么通过传统的 SAR 处理,把来自连续时间窗口的距离压缩数据集中在方位上。时间窗口必须设置为:①允许系统工作在启停方式;②实现非模糊的等价 PRF(等效频率高于处理的多普勒带宽)。最后,值得注意的是,双基 SAR 也可以在部分连续波模式下运行,即发射机是一种脉冲雷达,接收机进行连续数据采集。显然,在这种情况下,发射 PRF 必须对双基数据的多普勒带宽进行调谐。

(2)当正在进行的和随后的脉冲分别得到的回波及期望回波同时返回到天线或者多普勒频谱被天线方位旁瓣得到的模糊信号污染时,SAR 图像的模糊度通常体现在距离和方位域中[6],即在距离或方位坐标中,产生 SAR 图像叠影。当引入时延梯度方向和多普勒频率时,双基 SAR 的距离和方位模糊度存在于快时间域和慢时间域,当引入时延和多普勒频率方向时,在最后的图像中相关重影目标位置取决于发射机、目标和接收机之间的相对几何形状,如 1.3.1 节所观察到的那样。

1.3.3.3　时间参考

发射机和接收机之间共同时间参考的定义在不同程度上影响双基 SAR 的性能,但是对于精确斜距测量,时间同步具有最严格的要求。一小部分压缩脉冲宽度序列的定时精度 Δt 就是一个典型的要求[30]。如果接收机上的超稳定脉冲不能满足这个约束,那么必须提供接收机时钟与发射机时钟周期性匹配的参考信号。可以通过接收机或外部源(如 GPS)产生参考信号,这主要取决于所需要的精度。对这种类型的时间同步问题,接收机时钟的稳定性 q 可以表示为[30]

$$q = \frac{\Delta t}{2 T_{up}} \tag{1.23}$$

式中:T_{up} 为所采用时钟的更新间隔。

相位(或频率)同步问题设置受到额外的更加严密的时间参考精度和振荡稳定性约束。事实上在双基 SAR 中,当解调接收信号时,不能消除低频相位误差,因为信号通常事先由发射机进行了调制,发射机具有不同低频相位误差的不同振荡器[24,33]。值得注意的是,这些误差不影响调制或解调使用相同振荡器的单基 SAR。低频相位误差能够严重影响双基 SAR 成像并显著降低图像质量。事实上,文献[24,33]指出:

(1)发射机和接收机之间的恒定振荡器频率偏移(线性相位误差)导致脉冲响应峰值在距离和相位上的位移。

(2)线性振荡器的频率漂移(二次相位误差)在多普勒方向上会产生加宽并衰减的脉冲响应。如果接收机振荡器利用参考信号,那么在连续积分时间 T 上需要相位稳定性,所需要的相位误差 $\Delta \phi$ 必须低于 $90°$[30],从而产生以下接收机振荡器所需的稳定性:

$$q = \frac{\lambda \Delta \phi}{2 \pi c T} \tag{1.24}$$

(3)随机振荡器的相位噪声会降低所有的图像参数,特别是积分旁瓣比(ISLR)。

相位同步要求可以放宽的特殊条件是存在的。事实上,如文献[34]所述,如果双基采集持续时间较短(最多几秒),并使用高质量的晶体振荡器,那么仅需考虑载波频率中的一个常值载波偏差。该偏差可以从双基原始数据中估计出,然后消除。

1.4　从猜想到概念验证

到目前为止,已经进行了航天器非系统性双基测量,特别考虑到 SAR。实际上,双基观测已通过一个或两个地面固连天线以及有限维度的目标进行了主要应用。鉴于先前概述的双基 SAR 中存在的困难,该状况可以得到解释说明。此外,人们很早就了解双基 SAR 是非常有前途的应用,但只是研究了这些应用的基本原理,并定性地表征了可实现的性能。因此,在卫星遥感中,很难评估双基 SAR 可能发挥的作用,并难以定义和研究可操作的双基系统。无论如何,目前正在开展从猜想到概念验证的转变。

本节说明了双基系统发展的几个阶段,从开始的理论推测和第一次试验到目前的研究结果,更多强调了空间的基础研究和科学应用。

1.4.1 双基雷达

基于地基双基 SAR 测量的大气研究和海洋学应用[36]代表了最早的研究领域[35]。具体来说,在文献[37]中,通过来自短波长电磁折射率湍流指数的布雷格双基散射,证明清新空气风的可观测性。而文献[38]则分析了用于探测诸如雨滴和折射率扰动等气象目标的双基雷达方程的特点。此外,文献[36]介绍了来自于罗兰 A 发射机和一个地基接收机的多普勒频率图结果,显示出探测海浪频谱各向异性跟踪的可能性,因此确定出海浪波长和方向;试验也描述了采用机会照射的早期例子之一。最近,为了获得矢量风[39],已经提出了两个双基或多个多普勒天气雷达的网络。

文献[40]介绍了完全星载双基 SAR 试验的一个例子。使用“和平”号空间站的 L 波段无线电通信链路作为发射机,从地球同步卫星接收来自地球的反射信号。此试验描述了从空间对地球的双基 SAR 无线电定位的第一个例子,所收集的数据也用于大气研究,如用于估计 L 波段大气氧气的吸收系数。

行星研究也利用双基 SAR 测量。其中应用了不同的设置,例如,基于卫星的发射机和基于地球的接收机[41-44]或基于行星的发射机和基于卫星的接收机[45]。已提出的部分行星试验应用包括:

(1)地形、反射率、表面散射、介电常数、表面均方根斜率、月球火星和金星的表面纹理和密度。

(2)基于地球系统无法获得区域和条件下的远程探测。

约在 2000 年,通过机会照射[2]的传播应用,特别是全球导航卫星系统(GNSS)星座概念的应用,重新推动了双基研究和双基技术增长。实际上,利用 GNSS 的固有特性可以克服机会照射的一些重要限制。具体来说,可以利用连续的(在空间和时间)发射、已知且稳定的特性、照射位置和速度的精确信息以及足够处理距离—多普勒的信号调制和编码。然而,可用的信号功率、非选择发射机的载波频率、带宽和偏振仍然是重要的问题,对分辨力、信噪比和信号处理有重要的影响,从而影响潜在的应用。已研究和试验的应用涉及 GPS 反射信号的测量,可用于海况和风速[46-48]的估计以及粗糙的表面特性[49,50]和运动目标的检测,如接近跑道[51]的飞机。大多数试验依靠地面接收机,例如,安装在一座桥边[48]或仪表塔上[50]。然而,自从低轨[52]采集地球 GPS 反射信号的可能性首次验证之后,对于大型观测星载双基低轨接收机的兴趣逐渐增加。事实上,几年后,首次试验性有效载荷在 UK – DMS 卫星[53]上搭载飞行,说明了从海洋 GPS 反射信号处理 C/A 码以获取延时多普勒分布的可行性。最后,欧洲航天局(ESA)[54]开发了双基轨道论证产品,基本目标是使用 GNSS 全带宽的反射信号进行高分辨力海洋测高,但也可以对散射、冰测高、土壤水分和生物量进行评价。

1.4.2 双基 SAR

在 20 世纪 70 年代中期,斯坦福大学和斯克里普斯学院进行了海洋学研究,产生了第一次有记录的双基几何 SAR 试验[55,56]。实现了两个不同的双基配置。第一个试验[55]是利用罗兰 – A 1.95MHz 的导航设施作为发射源,而接收机安装在移动货车上,沿着飞机滑行道、坡道和道路以均匀的速度行驶,连续地处理来自海洋表面的雷达后向散射信号。由于罗兰 – A 是极长的波长,需要 0.8 ~ 2.7km 的很长的合成孔径来达到令人满意的角分辨力。此外,在正交方向仅隔几分钟的连续观察用来提供海浪频谱的多方位高分辨力测量。用船载双基雷达[56]进行第二次试验活动。发射天线被吊在船的桅杆,接收天线安装在靠近船首且距离发射天线约 25m 的位置。两个天线指向海洋表面。通过船的运动来合成约 350m 长的孔径,测量是利用 4 ~ 21MHz 间的 4 个频率进行的。

10 年后,由密歇根环境研究院[57]进行了第一次机载双基 SAR 的测量。沿着已规划好距离的平行轨迹飞行的两个机载 X 波段 SAR,执行了 3 个双基角(2°、40°和 80°)的双基观测。特别是,采集的数据表明,由于集结区域回反射影响的减少,双基 SAR 图像相对于单基 SAR 图像的动态范围减少 10 ~ 20dB。这些试验清楚地证明了双基 SAR 执行中的一些基本问题,如时间和相位同步或天线足迹匹配,而且验证了双基 SAR 的聚焦方法和性能。

在 1990 年年初,美国国家航空航天局喷气推进实验室[58]全面实施了更具挑战性的双基 SAR 配置。使用 C 波段 ERS – 1 卫星作为照射源,美国国家航空航天局(NASA)的 DC – 8 飞机作为接收机,产生双基 SAR 图像。由于发射机速度和接收机速度的巨大差异,当航天器飞跃飞机时,会有一个短暂的突发信号发生,此时便采集了双基数据。尽管只实现了 3s 的数据采集,但该时间跨度对于两个频率标准而言保持相干性已经是足够的时间,因此从卫星直接接收到的线性调频波,记录了它们的回波,可用作双基 SAR 处理的相干参考。SIR – C 作为发射机[59]也进行了类似的试验。

过去 10 年加强了双基 SAR 的研究,不同国家通过不同的实现手段进行了重要的试验活动,即发射机是星载或机载的,接收机是机载的或地面的。表 1.1 列出了 2000 年以来进行的主要的双基 SAR 试验。

表 1.1　2000 年以来所进行的主要的双基 SAR 试验

配　置	机　构	国　家
机载发射雷达/地面接收机	FGAN[60]	德国
	DRDC[61]	加拿大
机载发射雷达/机载接收机	QinetiQ[62]	英国
	DLR/ONERA[63]	德国
	FGAN[64]	德国
星载发射雷达/地面接收机	Politecnico di Milano[32]	意大利
	Cataluna 大学[65]	西班牙
	伯明翰大学[66]	英国
	伦敦大学[67,68]	英国
低轨发射雷达/机载接收机	DLR[34]	德国
	FGAN[25,69]	德国
月球轨道发射雷达和接收机	NASA/ISRO[70-72]	美国/印度

关于机载照射雷达和固定接收机的配置,在此提到两个试验[60,61]。2004 年 5 月,FGAN(应用科学研究机构)[60]进行了双基现场试验:MEMPHIS 雷达工作在毫米波范围并安装在 Transall C-160 上用作发射机,接收机单元安装在现场附近的建筑物屋顶天台。通过侧视和斜视发射机(0°～400°斜视角),实现同侧的几何形状。试验现场包括不同类型的目标:1 个栅栏、4 个球、1 个反射器和 2 个军事运输车辆。由于传输信号的带宽是 200MHz,因此达到了 75cm 的距离分辨力。此外,也有效验证了有效合成孔径的减小会引起横向距离分辨力的降低。

2006 年春[61],加拿大国防研究与发展局(DRDC)进行了带有机载照射雷达和固定接收机的第二个试验。该研究活动旨在演示中高分辨力(小于 1m)的长距离(大于 100km)机载双基 SAR 试验的可行性。本试验利用 CONVAIR 580 C/X-SAR 系统作为发射机,专门开发了紧凑双通道、宽频带 X/C 波段组件作为接收机。DRDC 使用高度稳定的"自由运行"晶体振荡器,以保持系统的简单并减少拦截风险,而不是使用发射机和接收机之间的直接链路来建立相位相干。DRDC 设计了试验装置使得振荡器沿三轴加速度计调整。利用加速度计的输出为振荡器的输入提供一个精确校正电压,飞机运动引起的频率偏移与振荡输入成反比。结果表明了提高多于 20dB 相位噪声的可能性。

2002 年 9 月[62],QinetiQ 进行了完全机载的合成双基 SAR 的演示。该试验采用高发射功率雷达,BAC1-ll 随机搭载,被动 X 波段接收机安装在直升机上。两个平台都运行在聚束模式下,在城市被自然杂波区包围的环境中成像。通过使用一对铯原子钟来实现同步。在很多不同的成像几何形状中记录了数据,其目的是考察和双基影像有关的不同双基角、掠射角和平台速度的影响。通过采集单基

SAR 数据和双基 SAR 数据,突出两个图像散射机制的不同点。例如,70°双基角采集结果表明,人造环境中的回反射效应在单基图像中是更相关的。此外,不同的建筑结构在两个图像中的亮度:在双基情况下建筑的两边更明显,而单基情况下屋顶看起来更明亮。

德国航空航天中心(DLR)和法国国家航天研究中心(ONERA)组织了一些共同的双基机载试验[63],他们的雷达系统分别是 E - SAR 和 RAMSES。这些试验发生在 2002 年 10 月到 2003 年 2 月之间。他们采用两个主要的几何构型进行了飞行。在第一个几何构型中,建立了 30m 的沿迹基线来研究相位同步问题和单通道干涉问题。设计第二个几何构型来获取大双基角的图像。两架飞机平行飞行,相距大于 2km,约在同一高度,建立的双基角高达 20°。没有使用通信链路进行同步,但是采用两个步骤的解决方案以确保精确的定时:首先,起飞前,两个振荡器连接,频率是匹配的,然后在每个采集前,两个 PRF 与来自 GPS 的 PPS(每秒脉冲)信号同步,这就保证了窗口同步。最后,在数据处理链中,修正两个振荡器频率之间剩余差异。在所有的采集中,接收也使用这两个系统,因此对于每个双基图像总是采集一个单基图像。另外,对于每个几何构型,通过 RAMSES 发射或 E - SAR 发射的不同的系统参数可以获取几个数据,如 50MHz 或 100MHz 的带宽。大双基角获得的图像证明了使用双基图像描绘自然表面特征和区别不同陆地覆盖类型的可能性。

2003 年 11 月,FGAN 还进行了全部机载双基飞行活动。发射传感器 AER - II 放置在 Dornier Do - 228 上,接收传感器 PAMIR 放置在 Transall C - 160[64] 上。两个 SAR 传感器工作在 300 MHz 带宽的 X 波段上。通过天线足迹紧密重叠的控制实现并轨双基几何形状。通过 13°~76° 双基角范围的几个图像采集探讨了双基角对采集到的数据的影响,其中没有利用同步链路。最好的地面分辨力约为 0.74m,地面的多普勒分辨力约为 0.35m。

至于带有星载发射机和地面接收机的双基配置而言,意大利米兰理工大学使用单个数字电视频道、20MHz 带宽的 Hotbird - 4 静止卫星和固定在小塔上的地面接收机产生一系列双基 SAR 图像[32]。利用卫星每天较小的运动得到合成孔径。使用商业抛物面天线接收的直接信号作为参考实施聚焦范围。最终在约在 200m ×200m 的面积上可实现的距离和方位分辨力的量级为 10m。

由加泰罗尼亚大学开发的双基 SAR 接收机原型,从 2005 年 9 月到 2006 年 1 月使用 Envisat 卫星和 ERS - 2 作为非合作发射机[65]进行测试。接收机位于 Cataluna 大学信号理论与通信学院的屋顶上。试验的目的是对几个双基固定接收机进行部署和同步完成单通干涉。该原型利用直接信号进行 PRF 提取和啁啾以及多普勒频率估计。在 2005 年 12 月通过综合地形补偿分孔径处理技术生成第一幅双基图像。

伯明翰大学自从 2003 年起,已经在空间—地面双基 SAR(SS - BSAR)领域进行了积极的研究。该研究的主要目的是利用 GNSS 作为机会照射源雷达[66]，通过试验证明 SS - BSAR 的可行性和性能。试验装置包括了一个移动平台（沿迹是27m），平台的外差式天线指向卫星，雷达天线指向所观察到的地面区域。外差天线收集直接的 GNSS 信号用于双基 SAR 图像生成过程中的反射信号同步。使用来自 GLONASS 星座（5MHz 信号带宽）的不同卫星和不同的双基角生成试验双基SAR 图像。因此，对于积分时间高达 45s，可实现 30m 距离分辨力和 1.5m 横向分辨力。此外，已验证了基于 GNSS 卫星广播数据的同步方案。

伦敦大学（UCL）从 2002 年[67,68]开始也进行了具有星载发射机和地面接收机的双基雷达和 SAR 试验。特别是，使用欧洲环境卫星作为机会照射源雷达和一个双通道接收机生成一些图像。多通道接收机进一步试验已开展计划，它们能够执行相位中心偏置天线和时空自适应处理技术来检测运动目标。

2007 年 11 月，DLR 进行了双基 X 波段的试验。TerraSAR - X 作为发射机，DLR 的 F - SAR 用作双基接收机[34]。两个平台的运动轨迹设计成几乎是平行的，可使足迹重叠最大并避免较差的距离分辨力配置。发射天线由方位角控制，对区域进行聚束照射，而 F - SAR 以常规条带模式接收。首选连续的双基 SAR 数据采集来克服回波窗口同步问题。发射机标准的中束入射角约为 55°，接收机则约45°。发射啁啾带宽为 100MHz。可选择高 PRF 来保证双基数据较高的沿迹过采样速率。成像场景的地面范围约 2500m，而该场景的沿迹尺寸对于近距离和远距离分别在 60°~90°之间变化。使用 3 个 X 波段转发器作为地面目标参考以量化聚焦图像质量并对双基数据进行精确同步。足迹重叠时间是受 TerraSAR - X 高分辨力聚焦采集的标准持续时间限制的：因此双基数据大约记录 3.5s。可实现的地面分辨力对于近距离和远距离分别在 2.2m 和 1.7m 之间变化，而地面的多普勒分辨力对于 2.77s 的积分时间而言，产生的值为 0.25~0.39m。可以观察到双基采集的特殊效果，如单基和双基图像之间的不同亮度分布以及转发器失真点目标响应，由于不同的等效斜视角度，因此会具有不同的偏移角度。

FGAN 使用 TerraSAR - X 卫星作为发射机，使用机载 PAMIR 系统作为接收机[69]，进行了各种星载—机载双基 SAR 试验。在 2008 年 6 月进行了第一次试验。实现的双基配置类似于先前 DLR 试验，即平行轨道的 TerraSAR - X 工作在聚束模式，PAMIR 工作在条带模式。这些试验之间的一些差异必须要证明。首先，利用不同的几何形状，发射机的入射角是 47°，接收机的入射角是 70°，因此在场景中心获得约 23°双基角。此外，利用了 150 MHz TerraSAR - X 带宽。最后，一个辅助天线安装在飞机机身上来从发射机上直接收集信号。直接的信号是用来设置接收机的脉冲重复频率，但也确定了发射机和接收机振荡器之间残余的未知频率偏移。第二个试验是在 2009 年初进行的。再次选择了平行轨道，但在这种情况下，合成孔径编队期间，需要操控接收天线波束，同时采用"双滑动聚束模式"来加宽方位场景范围。另外也利用了 TerraSAR - X 300 MHz 发射带宽。聚焦的图像验证了理论几何分辨力和实现的分辨力相符。最后,双基活动过程中,也通过 TerraSar – X 和 PAMIR 收集单基数据。对比聚焦的单基图像和双基图像,可以观察到散射行为和诸如阴影、投影缩减和叠掩等几何影响的显著差异。

在相同研究活动的框架中,2009 年 10 月[25],FGAN 进行了一个额外的星载—机载试验。具体而言,利用聚束 TerraSAR – X 发射并使用安装在 PAMIR 飞机装载台上的后视天线来收集双基回波。事实上,在前视或后视方向的成像条件是相同的。所以试验也证明了具有前视接收机的双基 SAR 的可行性。特别是,如 1.3.1 节所述,由于特殊的观测几何形状,平台不能沿着平行轨道移动,试验明确证明了像素偏移的影响。

2009 年 8 月,NASA 的月球勘察轨道器(LRO)和印度空间研究组织的"月球" –1 航天器尝试进行一个双基 SAR 试验来验证月球南极点[70]永久阴影环形山中存在冰层。"月球"–1 和 LRO 开始执行一个紧凑的 S 波段 SAR。该系统运行在双基模式,其中 LRO 或"月球"–1 发射和接收。试验的主要目的是以大约 5°的双基角测量月球极地地区的圆极化率(CPR)。事实上,地基阿雷西沃单基测量中已经观察了高 CPR 的明显特征,表明可能存在水冰。然而,不同的现象可以解释在单基几何中观测到的高 CPR,如月球风化层的块效应增加[71]。双基 SAR 测量可以用于从这些冰中分离表面粗糙度的影响。但试验中遇到了技术困难[72],"月球"–1 的任务终止了。

1.4.3　已提出的星载任务

过去的几十年中、已经提出了一些星载双基任务的例子。它们大多数的特征是星载辐射源和空中或地面的接收机,但是也存在全是航天任务的一些例子。

20 世纪 80 年代中期,提出了可行性研究[73],描述了用于监控的双基系统,主要致力于战术场景。所提出的解决方案依赖于 L 波段的中轨卫星星座(约 10000km 高度)并结合空中接收机或地面接收机。通过开发星座来实现连续全球覆盖,而双基接收机必须执行常规的搜索和跟踪雷达的功能,也使用 SAR 成像和 MTI 技术。文献[74,75]进一步证明了双基几何的一些特点,提出了 X 波段中轨(约 7000km 高度)卫星照射源星座,通过机载双基接收机实现全球监测。照射源轨道高度的选择要使发射机的速度—距离比与接收机的速度—距离比尽量匹配。在这种方式中,可以适当控制由地面杂波返回引起的多普勒扩频,因此可以显著降低 MTI 模式下单基系统的最小可检测速度。同时也提出了利用同步发射机[76-78]的不同解决方案来减少监控和动目标探测应用中的所需的照射数目。此外大规模利用非合作低轨通信卫星和地面接收机进行船舶和目标探测[79]可理解为减少双基系统空间段复杂度和成本的不同方法。

最近,已经提出了依靠雷达和 SAR 系统的新的完全星载双基任务概念。

就科学双基 SAR 任务而言,已经提出了利用双基 SAR 高度计[80-82]为海洋测量的完全星载系统。具体来说,文献[80]中介绍的低轨星座,能够减少单基高度计星座的访问时间。文献[82]中,介绍了类似的观点,通过配备多波束天线的发射和接收系统来采集单基和双基 SAR 测量数据,达到减少重访时间的目的。

最后,在过去 10 年中,已经发展了一些科学任务概念来实现基于不同低轨卫星编队的双基 SAR 观测。在这个框架中,值得一提的是 BISSAT/SABRINA 任务研究[20,83]、Cartwheel 概念[84]、RADARSAT 2/3 计划[85]和 TanDEM – X 任务[9,10]。这些任务之间存在着相似性和差异性。作为部分任务目标,所有的任务实例旨在从星间近距离采集双基 SAR 图像以应用沿迹或垂迹干涉测量技术(见 1.5.2.1 节)。Cartwheel 和 RADARSAT 2/3 是基于专用的卫星系统,而 BISSAT/SABRINA 和 Tan-DEM – X 的构思是通过增加一个卫星对先前存在的单基 SAR 任务进行补充,实现星载单/双基 SAR 系统。任务阶段具有非常大的基线,长达数百千米,在 BISSAT/SABRINA 任务研究中进行了设计。这些采集能够产生许多单/双基图像,其特征是具有大的双基角(高达 45°),这些采集尝试进行创新的双基 SAR 技术而不是干涉技术(见 1.5.2.2 节)。虽然基线减小,但目前仍计划在 TanDEM – X 任务的最后阶段进行大基线双基 SAR 采集。本书第四篇详述了双基 SAR 星载任务研究和概念的一些显著实例。

1.5 双基 SAR 技术及应用

双基 SAR 潜在的应用取决于同时从一个给定的目标区域收集数据的数量和类型。下面的小节讨论了从一个单一接收平台和从多个接收平台产生图像的情况,并说明了主要应用。对于每种情况,本节都选择了一个很有前途的技术的例子,并详细分析了相关应用。

1.5.1 来自单一接收平台的图像

最简单的双基 SAR 配置中仅能产生来自单一接收平台的图像。但是却可以完成一些有趣的科学应用和实际应用。事实上,双基 SAR 的散射机制[86,87]表现出的许多方面都可以用来提高成像性能。例如,由于双基 SAR 几何形状中减小了反射器的影响,因此实践证明机载 X 波段以 3 个不同双基角[57]能减少 10 ~ 20dB 图像动态范围。既然减少了强反射器信号,那么通过接收机的适当动态范围可使弱信号更加突出。因此,双基 SAR 图像相比于单基 SAR 图像,可以发现更多的细节:这个特性可用于双基观察,针对城市地区增长的程度进行评估和监测,能够达到更好的生物量的评估[8]。此外,对于几种潜在的地面应用,可以使用偏振模式加强双基 SAR 测绘。在这样的背景下,自然介质中的目标检测,如海洋环境,可以通过使用匹配的返回杂波较低[87]的偏振状态来提高。

通过分析和试验已经验证了所介绍的两例双基 SAR 应用。然而,正如已经指出的,并没有双基散射的评估数据库,这意味着双基 SAR 技术及其应用的数量和类型可能会更宽。在这种情况下,工作在单个双基接收机配置的双基雷达系统可以从不同的观测几何和偏振中采集数据,从而测量和表征双基 SAR 散射机制的不同且新颖的方面。

海洋应用也利用双基 SAR 系统实施。观察海面时传统 SAR 图像数据会受到重要的限制。具体来说,在合成孔径编队期间,海浪运动通常会使多普勒分辨力退化为单基 SAR。此外,海浪运动引起散射元真实位置和图像位置之间的移动。将在 1.5.1.1 节介绍能够减少这些限制的双基 SAR 特点。

1.5.1.1 实例:双基 SAR 海洋学

在海洋应用中,双基 SAR 观测的优势是通过对熟知的 SAR 成像海洋运动模型进行描述,可为双基几何提供证据[88]。海洋 SAR 观测的建模为来自粗糙移动表面的散射[89,90]。在静止条件下,海表面高度分布可以表示为(无限)谐波成分之和,每个成分的特征为振幅、相位、角频率和波数或波长。这样的高度分布生成不同尺度的粗糙度,会以不同方式影响雷达观测。在雷达散射理论中,表面粗糙度根据标准偏差和相关长度来表示。尽管从理论角度来看,应考虑连续粗糙度分布(标准偏差和相关长度范围从零到无穷大),但在实际应用和数值研究中成功地采用了离散模型。特别是本节讨论了一种两尺度模型[91]。该模型表示了具有两个不同波总和的海波(图 1.19):

- 短波,即波纹。
- 长波。

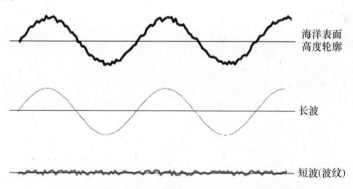

海洋表面高度轮廓

长波

短波(波纹)

图 1.19　表面高度轮廓的两个比例尺的模型图[91]

长波和短波对 SAR 图像有显著地影响。波纹或毛细波包括海洋波分量,它能匹配微波遥感中雷达信号波长所需布雷格共振条件[89]。在这种条件下,海面产生强散射信号,因此 SAR 图像中会出现较亮的像素,这是因为布雷格谐振波产生局部回声,增加了相位。在单基 SAR 几何形状中,雷达信号波长、入射角和毛细波垂迹波长分量之间的关系为:

$$\Lambda_{\mathrm{m}} = \frac{\lambda}{2\sin\Theta_{\mathrm{Tx}}} \tag{1.25}$$

然而在双基几何形状中，也必须考虑接收机的入射角和面外角[88]，有

$$\Lambda_{\mathrm{b}} = \frac{\lambda}{\sin\Theta_{\mathrm{Tx}} + \sin\Theta_{\mathrm{Rx}}\cos\Phi} \tag{1.26}$$

当用约 2cm 波长观察海洋短波时，工作在 45° 入射角的单基 X 波段 SAR 满足布雷格条件。图 1.20 表示双基 SAR 的布雷格谐振海浪组分。可以注意到双基 SAR 可搜集海洋状态的额外信息，因为双基几何中不同海浪组分都带来 SAR 散射。

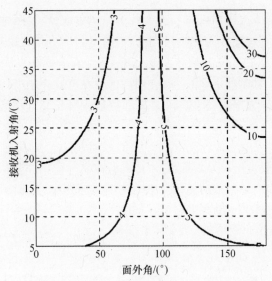

图 1.20　在 45°发射倾角情况下 X 波段双基 SAR 布雷格谐振海浪组分波长
(cm)与接收机指向角的函数关系

就长波散射而言，存在三个主要影响：

(1)倾斜效应，它是纯粹的几何效应。长波产生观察角度的局部变化，即不同的布雷格谐振波，通过雷达成像并依赖于沿长波的位置。

(2)流体动压效应，短波相对于长波的非均匀分布及其运动所引起的截面调制。

(3)轨道运动的影响。

轨道运动波浪内水粒子运动产生的海表面前后和上下运动。这些粒子描述了一个直径等于波高的圆轨道。该运动影响 SAR 图像，条件为[92]

$$\frac{\omega T}{2} \leqslant 1 \tag{1.27}$$

式中：ω 为波的频率。

在这种情况下，轨道运动对 SAR 图像有两个重要影响：速度聚束和加速度拖尾效应。速度聚束是 SAR 特有的伪影，由 SAR 聚焦算法产生。当一个移动的目

标成像时,为固定场景设计的 SAR 聚焦算法会将它的多普勒记录误认为是在不同方位角位置的固定目标。这将导致移动目标在多普勒方向上的漂移,其主要取决于目标的速度。当观察海面时,轨道运动产生的速度分布是不均匀的,所以多普勒位移在成像区域内是变化的:有些地区的像素是聚合的(成束),而其他区域则是清空的。原则上速度聚束可以从 SAR 图像中除去。一般情况下需要非线性技术,必须进行数值迭代[93]。但是,特定的条件下,速度聚束对 SAR 图像具有线性作用,即它可以建模。因此,也由一个线性调制传递函数[88]

$$\mathrm{MTF} = -\frac{C}{H} \tag{1.28}$$

来消除。式中:C 为取决于所观察几何形状的一个参数;H 为海表面高度剖面。当 $C \ll 1$ 时,可以有效利用线性方法。具体而言,可以利用 0.3 的最大值作为边界,以限制线性方法的有效性区域。利用双基 SAR 几何关系可以实现的线性区域比单基条件更宽。事实上,对于平行轨道、面内同侧双基 SAR 构型,文献[88]中已推导出双基和单基情况下参数 C 之比:

$$\frac{C_b}{C_m} = \frac{R_{Rx}}{R_{Tx} + R_{Rx}} \left(1 + \frac{G(\Theta_{Rx}, \Xi)}{G(\Theta_{Tx}, \Xi)} \right) \tag{1.29}$$

式中

$$G(\Theta, \Xi) = \sin^2 \Theta \sin^2 \Xi + \cos^2 \Theta \tag{1.30}$$

其中:Ξ 为海洋波传播方向和平台运动之间的角度。此外,C_b 和 C_m 与海洋状态的主要参数有相同的线性关系,如波长和角频率[88]。

值得注意的是,在提出的同侧几何形状中,C_b 总是大于 C_m。图 1.21(a) 介绍了 C_b 和 C_m 之间的百分比之差,可作为入射角和海浪传播角的函数:事实上,波浪传播角的影响是非常有限的,而且当具有大的距离时,双基配置能提供更宽范围(上浮到 10% ~ 15%)的海浪光谱,线性 SAR MTF 可用于消除速度聚束效应。

轨道运动在海洋表面的聚焦 SAR 图像中也产生拖尾效应,即分辨力单元的失真和方位分辨力的退化,这主要依赖于海洋表面速度的时间变化(加速度)。由于加速度拖尾效应可以解释为瞬时速度变化的结果,因此是时变的速度聚束的结果,双基 SAR 操作相比于单基 SAR 能够减少这种影响。关于平行轨道面内同侧的双基 SAR 配置,双基改进[88]可以量化为 C_b 和 C_m 之比的平方(图 1.21(b))。对于大基线而言,所得到的提升大于 20%,并不受实际海浪传播角的影响。

1.5.2　来自两个平台的图像

如果发射机也是一个单基 SAR,或在利用不止一个双基接收机情况中考虑多基系统,那么可以在同一时间从目标区域得到两个或两个以上的图像。在这种情况下,如 1.2 节所介绍的,接收平台之间的距离成为一个重要的参数。如果基线大于临界值,系统可以定义为大基线双基(LBB)SAR[13,20,83],其中形容词"大"不能确

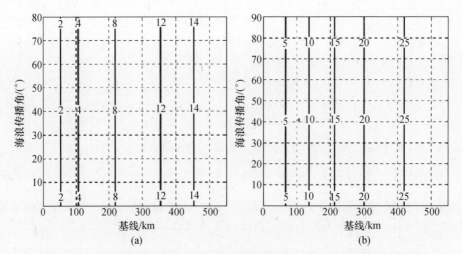

图 1.21　当解决速度聚束(a)和加速度拖尾影响(b)时,改进(在百分比上)
双基几何的线性区域。发射机和接收机都在高度为620km的轨道上运行,
假设发射机的入射角为45°,则双基接收机到目标星的基线比发射机到目标星的基线更近

定一个特定的基线长度,但它简单说明了相位相干性不能用于数据处理和判读。关于这一点,LBB SAR 可解释为与干涉双基 SAR 或双基 SAR 干涉(InSAR)相反,其中相位相干性是强制性的,因而会限制基线小于临界值。

1.5.2.1　相干组合

在双基 InSAR 中,相位相干的开发利用是广泛研究技术和应用的基础:

(1)动目标显示(MTI)的沿迹干涉。沿迹干涉法的操作是在相同的观察几何下基于两个 SAR 图像的采集,但是时间间隔很短。当这完成时,两个图像之间的任何差异来自于场景的变化。特别是,来自同一个目标回波之间的相位差可以用来测量它的径向速度[94]。通过单/多基配置,可以实现沿迹干涉,其中一个天线用于发射[19,95]。在这种情况下,有效的沿迹基线(天线相位中心之间的距离)是天线之间沿迹物理距离的 1/2。

(2)数字高程模型(DEM)生成垂迹干涉和层析成像,垂迹干涉操作是基于来自两个水平或垂直的分离 SAR 天线的信号的相干组合,用来计算每个图像点的相干相位差。相位差直接取决于局部地形[96]。相比于经典单基重复穿越的情况,DEM 生成可以大大受益于双基配置中两个图像的同步采集。事实上,由于观察场景间会产生雷达波长变化,因此时间间隔内采集的干涉测量图像对的解相关会导致性能的大幅降低。此外,由于观察几何的同时性和细微的差异,大气效应[9,98]同样会影响两个双基配置的采集。关于 SAR 层析成像,实现聚焦的三位 SAR 图像[99]技术可克服传统单基 SAR 的约束,其图像表示三维分布场景在二维平面上反射的投影,由斜距和方位方向唯一表示。该技术依赖于沿着高程面内斜距的法线方向的孔径合成。该孔径通过以(略微)不同天底/入射角观察同一区域的几幅 SAR 图像进行处理合成。双/多基 SAR 成像可适当用于体积散射机制的分析,如观察植被区或像雪或冰一样的半透明介质[99],或城市地区[100]的三维成像和监测。

(3)分辨力增强是由于单/双基 SAR 或多基 SAR 图像的相干合成[98,101]。事实上,如果数据之间有视角差异时,可采集地面距离反射率光谱的不同光谱成分。实际上,它们的相干组合产生了更大的信号带宽,因此具有更好的几何分辨力。

在第 2 章介绍相干双/多基 SAR 技术的定量分析,而本章剩余部分主要论述 LBB SAR 或单一接收平台的双基 SAR。

1.5.2.2　非相干组合

本节提出的 LBB SAR 科学应用,利用了单基传感器和双基传感器之间或不同的双基接收机之间观测几何的差异。可能的应用包括:

(1)立体雷达测量。众所周知,在非常不同的视角下,SAR 图像通过利用立体效果可进行三维地形测量。目前立体雷达测量应用仅由重复轨道的单基 SAR 数据实现,即不同时收集数据。单基—双基 SAR 或多基 SAR 立体雷达测量能够避免时间去相关,因而能达到更好的精度(见 1.5.2.2.1 节)。

(2)地形坡度采集。在分辨力单元[102]内,双基散射系数与表面坡度的根均方相关,在此基础上,开发模型来推导双基数据[83]中的地形坡度。

(3)表面粗糙度、介电常数和土壤水分的测量。具有相当大(大约30°)视角差异的单/双基数据将明显有助于反演表面粗糙度和介电常数[89]。事实上,对于非常粗糙的表面,两个双基角的散射系数差值是很小的;对于非常光滑的表面,两个双基角的散射系数差值是很大的(几分贝)。关于土壤水分,已很大程度上研究了它对后向散射单基信号振幅的影响,通过低频(如 L 波段)的雷达操作,很好地确定了反演的有效性,特别是在中等植被覆盖区域。在文献[103]中,已经研究了使用双基 SAR 测量土壤水分的潜力。结果表明,特别是在 C 波段,通过单基测量和双基测量的互补,能强烈提高土壤水分的估计(误差的标准差相对于单基雷达降低到因子 3)。

(4)多普勒分析的速度测量:可利用多普勒中心频率、平台位置速度矢量和双基斜距之间的关系,开发一个程序来计算目标速度沿双基斜距的斜距分量。该技术适用于单基—双基配置和多基配置。最有吸引力的应用是海洋学,可用来产生海浪的速度和方向图[8]。

1.5.2.2.1　实例:双基雷达立体测量

从 SAR 数据获得地形高度存在 4 种不同的技术:倾斜仪、偏振测定法、立体雷达测量和干涉测量法[104]。倾斜仪使用阴影和遮挡区域从单一图像中提取具体目标的相对高度。经过 20 世纪 90 年代中期的良好发展后,SAR 倾斜仪仍然是边缘技术,只有在很难获得地表实况的地方才使用,如外星球场所。偏振测定法允许测量方位斜度,因此可以提供地形高程估计[105]。所选定复杂散射模型的质量(特别是在森林和农业用地)会严重影响该技术,而且需要两个正交通道来生成DEM[106],因此目前只能利用机载数据。基于两个或两个以上SAR图像相干组合的SAR干涉测量法对于广泛地区DEM生成而言,是最为成熟和精确的方法,其将在5.2.1节描述。然而,SAR干涉测量法也有一些主要的缺点。实际上,在估计地貌前,必须进行干涉相位解缠以解决2π模糊度问题。用于相位解缠的不同方法[96]通常无法避免耗时且十分困难。此外,高度估计精度表现出对相位解相关的高敏感性。在森林或山坡地区,相位相干可能很低,而且还可能推导出相位解缠问题的错误解决方案,这往往会导致干涉DEM生成[107]中的偏离误差。最后,达到毫米级[9,10]的相当精确的天线相对定位需要限制DEM误差。部分约束可以通过双基立体雷达测量减少。

经典的立体雷达测量是指通过处理单基图像对来计算地形高程[108],该图像对是同一地区不同视角下采集的。它利用了类似光学摄影中的立体效果,但也有侧视单基SAR的几何形状:地球表面上的点在SAR图像中表现出不同的位移,可作为高度、方位线位置和雷达指向角的函数。地形重建过程是基于目标位置的差分测量(视差),该目标位置在形成立体像对的两个图像中以及在与观察目标位置和高度相关的方程中。通常情况下,目标高度与两次观测间的视差直接相关,视差表示为目标斜距或地面距离的函数,这是雷达图像中的典型垂迹坐标系。事实上,除了InSAR利用相位域数据,而立体雷达测量利用距离/多普勒和振幅测量外,两者都是基于检测两个图像之间相对位移的概念。因此,在计算地形高程方面,立体雷达测量法相对于干涉测量法本质上鲁棒性更强,这是因为其对去相关更不敏感,且不受相位解缠问题的影响。此外,立体雷达测量不像InSAR,并不基于波长尺度运行,因此也降低了相对定位的要求。另外,正是基于波长尺度的运行,SAR干涉测量法提供的高相关区的数据毫无疑问更准确且分辨力更高。

立体雷达测量为了产生高精度DEM生成所必须的立体效果,需要在接收平台间具有较大的距离,这就是只通过单基数据就可实现立体雷达测量应用的原因。到目前为止,低轨上单基数据是沿着单独通道采集,以达到非常大(从数十到数百千米)的垂迹基线。LBB SAR中同时获取了两个(或更多)图像,即没有时间依赖性,所以LBB SAR相对于经典立体雷达测量在精度上有所提高。

单基重复通过采集数据的经验表明,可以利用不同的采集几何形状[109]:同侧和相反侧,大视角和小视角。从几何的角度看,更大的立体交叉角(非常大的基线和相反侧的立体图像对)提供了最佳的结果。实际上,在处理真实世界数据时,相反侧几何形状会产生较大的无线电测量差,因而限制了先前的优势,特别是由于图像之间非同步而导致地形坡度和时间影响的增加。因此,可以得出,在重复通过几何构型中需保证一个5°~10°的最小夹角,可以说在单基雷达测量中DEM精度和采集几何之间没有显著的相关性。

但是在星载双基的情况下,需要进一步考虑:首先,值得注意的是,双基角在双基雷达测量中的作用,与立体交叉角在单基重复通过中的作用一样。依据几何和无线电分辨力,即使在立体重建前,双基图像质量都会受到双基几何很大的影响,因此当为无线电测量 DEM 生成选择双基配置时,必须要考虑采集几何形状对双基图像参数的影响。此外,当采用双基图像形成立体像对时,需要新的关系来确定目标高度,该目标高度是双基测量几何[8]特殊参数的函数,即经典立体雷达测量模型可以专门用于双基配置,但也可以开发新的模型。文献[110]通过星载双基SAR,已经提出并分析了各种模型以进行立体雷达测量地形重建。该模型已明确用于低轨单基—双基观测几何中。此处配置仅作为一个参考,尽管这些方法的基本原理也可用于多基配置,并推导出相关方程。

单基—双基 SAR 立体雷达测量可以利用面内同侧观察几何形状和平行轨道。面内配置降低了几何失真和像素偏移的影响,这些影响通常会在面外双基 SAR 采集里生成。此外,尽管在形成大双基角时同侧的数据采集会受限制,但可使系统减少双基地面分辨力的降级。此外,如果双基传感器更接近于目标,那么它可以利用更强的回波,也能提高多普勒分辨力。最后,低轨编队飞行卫星可以实现稳定的倒立摆结构[83],能使同侧双基几何达到几乎平行轨道的面内条件,从而也降低了维护操作。

如上所述,对双基立体雷达测量而言,没有独特的方法。即使是在任何情况下利用立体效果,两种不同的方法也是有区别的:

(1)基于视差的方法,其原理借鉴了摄影测量学。

(2)真实立体雷达方法,其依靠雷达和 SAR 采集的特点。

基于视差的方法利用了观测间的视差概念,形成立体视觉对[108]。在一般情况下,视差微分 d$\boldsymbol{p}$ 是一个二维矢量,由于观测几何的差异,相同的目标在两幅图像中投射出不同的点,这代表了垂迹和沿迹的位移。因此基于视差方法的高度重建可以由以下方程恢复:

$$h(\boldsymbol{r}) = \boldsymbol{F} \cdot \mathrm{d}\boldsymbol{p} \qquad (1.31)$$

式中:h 为目标 $\boldsymbol{r}$ 的高度,通过所选择的方法,函数 $\boldsymbol{F}$ 依赖于观测几何参数,本质上是发射机和接收机相对于目标的位置和速度[110-112]。基于视差的高度计算依赖于相对测量,即必须定义一个参考面基准,并计算相对于参考面的高度。因此,鉴于在雷达图像中,关于目标地貌位移的绝对视差已经定义,需要从相关数据中获取视差差数,这就要求一个必须可计算的参考视差定义,以推导出目标相对高度[8]。最后,需要一些有限的地面控制点的精确高度信息来评估地形。在平行轨道同侧面内单基—双基几何中,没有斜视角,目标主要集中在一般范围高程面内,所以可以利用标量视差差数,如文献[110]推导了基于视差的重建方程,其中假设为平面地球。

基于视差的方法严重依赖于图像的质量和从图像中提取信息的能力。然而,雷达的内在本质,也是 SAR 的内在本质,能够直接获取斜距和多普勒测量。在此基础上的视差差值可以表示为 SAR 测量的函数,且不能只通过图像处理程序[110]的结果中获得。这种表述的根本重要性在于通过从光学推导方法到真实立体雷达方法的途径。该方法最显著的例子就是是严格的立体 SAR 问题[108]。在单基和双基几何中定义该问题的方程为:

$$R_{Tx} = |\boldsymbol{P}_{Tx} - \boldsymbol{r}| \qquad (1.32)$$

$$R_{Rx} = |\boldsymbol{P}_{Tx} + \boldsymbol{B} - \boldsymbol{r}| \qquad (1.33)$$

$$f_{Tx} = \frac{2(\boldsymbol{V}_{Tx} - \boldsymbol{v}) \cdot (\boldsymbol{P}_{Tx} - \boldsymbol{r})}{\lambda |\boldsymbol{P}_{Tx} - \boldsymbol{r}|} \qquad (1.34)$$

$$f_{Rx} = \frac{1}{\lambda} \frac{(\boldsymbol{V}_{Tx} - \boldsymbol{v}) \cdot (\boldsymbol{P}_{Tx} - \boldsymbol{r})}{|\boldsymbol{P}_{Tx} - \boldsymbol{r}|} \cdot \frac{(\boldsymbol{V}_{Tx} + \boldsymbol{V}_B - \boldsymbol{v}) \cdot (\boldsymbol{P}_{Tx} + \boldsymbol{B} - \boldsymbol{r})}{|\boldsymbol{P}_{Tx} + \boldsymbol{B} - \boldsymbol{r}|} \qquad (1.35)$$

式中:f_{Tx}、f_{Rx} 为单基和双基多普勒中心频率;$\boldsymbol{V}_B$ 为平台之间的相对速度(相对于单基的双基相对速度)。式(1.32)和式(1.33)定义了单、双基范围域,而式(1.34)和式(1.35)则描述了单基和双基多普勒锥体。不同于经典的摄影测量学,三角方程通过把由立体坐标量测仪获得的光学立体重构应用于相应的摄影图像识别的目标,对每个登记数据的图像点推导单基和双基斜距和多普勒质心频率,如在数值摄影图像中那样。关于单基 SAR 测量法,可采用最小二乘法推导目标位置以及目标高度,因此可用于球形或椭球形零起伏地表,并假设了一个静态情况($\boldsymbol{v} = 0$)。在双基几何中有效的方程非常类似于单基重复通过的情况,但本质区别是[110]:在问题的方程组中,引入了基线向量和相对速度,而不是接收机的位置和速度,它能够减小单基情况下目标位置确定中的总体误差,因为编队飞行卫星相对定位和导航可以取得比在单基重复通过算法中采用的绝对导航有更好的精度。最后,值得注意的是,根据向量公式,严格的立体 SAR 问题可以很容易地应用到任何双基和多状态几何中。

基于视差的方法和真正立体 SAR 方法的第一步是图像匹配,即将双基图像的像素与在单基图像中对应的像素联系起来,这样就可以将每个观察目标的单基和双基 SAR 测量(距离/多普勒,地面距离/方位等)结合起来。关于这一点,需要重视的是,正如在 1.3.2 节所述,所用单基—双基系统产生的图像中存在斑点噪声。因此,必须采用适当的模式识别和图像配准算法来保证亚像素的配准精度[109],这对于精确的 DEM 生成是很重要的。图像匹配质量下降是由角度去相关和 SNR 退化引起的。如在文献[110]所述,基于视差方法的特性受图像匹配质量的严重影响。而真正立体雷达方法的特点是具有更强的鲁棒性,因为配准误差只是部分地影响它们的性能。下面的小节在考虑两个低轨编队飞行卫星进行的同侧单基—双基采集的情况下,给出了严格的立体 SAR 问题的误差预算模型的例子,并给出了可实现的高度估计精度。

高度估计精度的误差预算

用于进行误差预算的一般方法是进行高度估计误差的传播。对于任何给定的

重建方法,高度是一系列参数 $S_1, S_2, \cdots, S_n$ 的函数

$$h = h(S_1, S_2, \cdots, S_n) \tag{1.36}$$

如果只考虑随机误差,即假设可以用有限数量的地面控制点来减少系统误差,变量 h 的方差的基本传播为

$$\sigma_{h|\text{TOT}}^2 = \sum_i \left(\frac{\partial h}{\partial S_i}\right)^2 \sigma_{Si}^2 + \sum_{\substack{i,j \\ i \neq j}} \left|\frac{\partial h}{\partial S_i}\frac{\partial h}{\partial S_j}\right| \sigma_{S_i S_j} \tag{1.37}$$

式中:σ_{Si} 为参数 S_i 的不确定度,$\sigma_{S_i S_j}$ 为参数 S_i 和 S_j 之间的互相关,偏导数表示高度对参数不确定性的敏感度。

对于单基—双基严格的立体 SAR 问题,高度重建的函数模型为

$$h = h(P_{\text{Tx}}, V_{\text{Tx}}, B, V_B, R_{\text{Tx}}, R_{\text{Rx}}, f_{\text{Tx}}, f_{\text{Rx}}) \tag{1.38}$$

除了单基和双基斜距以及多普勒质心频率外,所有的参数都可以认为是不相关的。式(1.32)~式(1.35)没有提供高度计算函数模型的显示方程,然而,当观测几何已确定时,由问题方程组可以推导高度时不同参数敏感度的数值。

钟摆编队评估了整个高度估计精度,其单基和双基卫星共用半长轴、偏心、轨道倾角和近地点幅角。然后其余的参数可以选择能够实现双基采集[31]最大化的区域。对于单基传感器[114],假设以意大利 COSMOSkyMed 任务作为参考,并考虑到双基传感器在恒定天底角下工作,覆盖的纬度范围从 5°天底角时约 65°到 20°天底角时约 80°。在第一种情况下,基线的范围为 200~550km,双基角为 7°~27°,而对于 20°的天底角,基线范围为 100~400km,双基角为 2°~14°可获得较短距离。尽管相对轨道运动会产生重要的面外基线分量(达到 50km),但所考虑的钟摆编队建立的双基观测几何形状、很接近面内条件。在这种情况下,V_{Tx}、V_B、f_{Tx}、f_{Rx} 和沿迹基线的高灵敏度是非常有限的,这些参数的误差产生的高度不确定性是可以忽略的。在此基础上,对高度估计精度的误差预算模型可以写为

$$\sigma_{h|\text{TOT}}^2 = \sigma_{P_{\text{Tx}}}^2 + \left(\frac{\partial h}{\partial B_c}\right)^2 \sigma_{B_c}^2 + \left(\frac{\partial h}{\partial B_r}\right)^2 \sigma_{B_r}^2 + \left(\frac{\partial h}{\partial R_{\text{Tx}}}\right)^2 \sigma_{R_{\text{Tx}}}^2$$

$$+ \left(\frac{\partial h}{\partial R_{\text{Rx}}}\right)^2 \sigma_{R_{\text{Rx}}}^2 + 2\left|\frac{\partial h}{\partial R_{\text{Tx}}}\frac{\partial h}{\partial R_{\text{Rx}}}\right| \sigma_{R_{\text{Tx}}R_{\text{Rx}}} \tag{1.39}$$

式中:B_c、B_r 分别为垂迹基线分量和径向基线分量。不确定度 $\sigma_{R_{\text{Tx}}R_{\text{Rx}}}$ 可表示为单基和双基斜距不确定度的乘积[110]。在式(1.39)中,单基敏感器位置的高度灵敏度更值得关注。事实上,根据式(1.37)和式(1.38),对于 $P_{\text{Tx}} = (X_{\text{Tx}}, Y_{\text{Tx}}, Z_{\text{Tx}})$,相关条件应为

$$\sigma_{h|P_{\text{Tx}}}^2 = \left(\frac{\partial h}{\partial X_{\text{Tx}}}\right)^2 \sigma_{X_{\text{Tx}}}^2 + \left(\frac{\partial h}{\partial Y_{\text{Tx}}}\right)^2 \sigma_{Y_{\text{Tx}}}^2 + \left(\frac{\partial h}{\partial Z_{\text{Tx}}}\right)^2 \sigma_{Z_{\text{Tx}}}^2 \tag{1.40}$$

然而可以验证下面的结果[110]:

$$\left(\frac{\partial h}{\partial X_{\text{Tx}}}\right)^2 + \left(\frac{\partial h}{\partial Y_{\text{Tx}}}\right)^2 + \left(\frac{\partial h}{\partial Z_{\text{Tx}}}\right)^2 = 1 \tag{1.41}$$

因此,如果对于单基敏感器的各组成部分,假设具有同样的不确定度,那么可直接得出结论:在单基平台的位置误差仅会在目标高度产生相同的误差(和 SAR 干涉共享的结果[96])。单基天线位置不确定度主要取决于绝对导航系统精度。对于每个位置组成部分,1m 的值与当前 GPS 中等精度导航解算兼容。关于基线,差分 GPS 算法允许计算分米级甚至厘米级精度的动态相对状态,因此对于各基线组成部分可假设 0.5m 的保守值。单基斜距的不确定度与单基斜距分辨力单元的维数 Δr_{Tx} 相关联。考虑量化误差并假设目标的实际斜距在一个小区域内服从均匀分布[110],那么可以推导出合理的表达式:

$$\sigma_{R_{Tx}}^2 = \frac{1}{12}\Delta r_{Tx}^2 \tag{1.42}$$

COSMOSkyMed 条带式地形图产品的特征是最终的地面分辨力为 3~15m,因此对于单视复杂数据的地面距离分辨力和方位角分辨力,假设其值为 3m 和 0.75m。双基斜距不确定度取决于双基斜距分辨力,正如单基斜距分辨力一样也和形成立体像对所需配准过程中产生的误差相关。图像像素 1/10 的值与可实现中到高相关性的区域兼容。因此,双基斜距的不确定度可以计算如下:

$$\sigma_{R_{Rx}}^2 = \frac{1}{12}\Delta r_{Rx}^2 + \left(\frac{\Delta r_{Rx}}{10}\right)^2 + \left(\frac{\Delta a_{Rx}}{10}\right)^2 \tag{1.43}$$

式中:Δa_{Rx} 为双基方位分辨力。用于钟摆构型的双基分辨力可以由梯度法(见 1.3.1 节)很容易地计算出。图 1.22 所示为误差源对高度估计不确定度的影响,也显示出整体高度估计误差(较低的右图)。值得注意的是,双基卫星和低纬度地区小天底角的高度不确定性的轻微增加并不依赖于灵敏度函数的变化,但是它由双基斜距不确定度的增加所引起。事实上,对于非常大的双基角,双基斜距分辨力会下降。

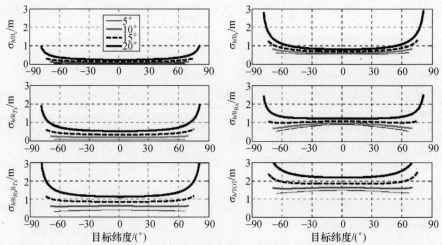

图 1.22　4 个双基天线天底角情况下,目标纬度与高度不确定性影响的函数关系

综上所述,根据目前的分析,单基—双基星载雷达立体测量能够以米级精度测量当地目标地形。当双基敏感器选择较小的天底角时,可以得到最好的结果,因此可以达到长基线,并建立大双基角。值得注意的是,考虑 $5° \sim 10°$ 的双基天底角,高度估计精度几乎是恒定的,即目标高度不会有很大的影响,因此在非常大的区域内可以生成非常精确的 DEM。

参考文献

1. WiIIis NJ (1990) Bistatic radar. In: Skolnik MJ. (ed) Radar handbook. McGraw – Hill, New York

2. Howland PE, Griffiths H D, Baker CJ. (2008) Passive bistatic radar systems. In: Cherniakov M (ed) Bistatic radar: emerging technology. Wiley, Chichester

3. Wiley CA. (1985) Synthetic aperture radar, a paradigm for technology evolution. IEEE Trans Aerosp Electron Syst 21:440 – 443

4. Moccia A. (2010) Synthetic aperture radar. In: Blockley R, Shyy W (eds) Encyclopedia of aerospace engineering. Wiley, Chichester

5. Ulaby FT, Moore RK, Fung AK. (1982) Microwave remote sensing: active and passive. In: Radar remote sensing and surface scattering and emission theory, vol Ⅱ. Addison – Wesley, Advanced Book Program, Reading, MA

6. Curlander JC, McDonough RN. (1991) Synthetic aperture radar systems & signal processing. Wiley, Wiley Series in Remote Sensing, New York

7. Hobish MK. (2001) Satellite formation flying. In: NPOESS remote sensing tutorial, NASA. http://rst. gsfc. nasa. gov/. Latest access on 13th Jan 2012

8. Moccia A. (2008) Fundamentals of bistatic synthetic aperture radar. In: Cherniakov M (ed) Bistatic radar: emerging technology Wiley, Chichester

9. Krieger G, Moreira A et al. (2007) TanDEM – X: a satellite formation for high – resolution SAR interferometry. IEEE Trans Geosci Remote Sens 45(11):3317 – 3341

10. Krieger G, Hajnsek I et al. (2010) Interferometric synthetic aperture radar (SAR) missions employing formation flying. Proc IEEE. 98(5):816 – 843

11. Barber BC. (1985) Theory of digital imaging from orbital synthetic aperture radar. Int J Remote Sens 6(7):1009 – 1057

12. Moccia A, Chiacchio N, Capone A. (2000) Spaceborne bistatic synthetic aperture radar for remote sensing applications. Int J Remote Sens 21(18):3395 – 3414

13. Krieger G, Moreira A. (2006) Spaceborne bi – and multistatic SAR: potential and challenges. IEE Proc Inst Electr Eng – Radar Sonar Navig 153(3):184 – 198

14. Zebker H, Villasenor J. (1992) Decorrelation in interferormetric radar echoes. IEEE Trans Geosci Remote Sens 30(5):950 – 959

15. Rodriguez E, Martin JM. (1992) Theory and design of interferormetric synthetic aperture radars. IEE Proc F 139(2):147 – 159

16. Moccia A, Fasano G. (2005) Analysis of Spaceborne tandem configurations for complementing COSMO with SAR interferometry. EURASIP J Appl Signal Procees 20:3304 – 3315

17. GESS Science Definition Team (2003) GESS: Global earthquake satellite systems. A 20 – year plan to enable earthquake prediction. NASA JPL, California Institute of Technology, Pasadena, CA 400 – 1069

18. Moccia A, Renga A. (2010) Synthetic aperture radar for earth observation from a lunar base: performance and potential applications. IEEE Trans Aerosp Electron Syst 46(3):1034 – 1051.

19. Moccia A, Rufino G. (2001) Spaceborne along – track SAR interferometry performance analysis and mission scenarios. IEEE Tans Aerosp Electron Syst 37(1):199 – 213

20. Renga A, Moccia A, D'Errico M et al. (2008) From the expected scientific applications to the functional specifications, products and performance of the SABRINA mission. In: Proceedings of the IEEE radar conference, Rome, Italy, doi:10.1109/RADAR.2008.4720935

21. Cardillo GP. (1990) On the use of gradient to determine bistatic SAR resolution. Proc Antennas Propag Soc Int Symp 2:1032 – 1035

22. Moccia A, Renga A. (2011) Spatial resolution of bistatic synthetic aperture radar: impact of acquisition geometry on imaging performance. IEEE Tans Geosci Remote Sens 49 (10): 3487 – 3503

23. Zeng T, Cherniakov M, Lang T. (2005) Generalized approach to resolution analysis in BSAR. IEEE Trans Aerosp Electron Syst 41(4):461 – 474

24. Gierull C. (2004) Bistatic synthetic aperture radar. Defence R & D Canada, Ottawa, Technical report DRDC – OTTAWA – TR – 2004 – 190

25. Walterscheid I, Espeter T, Klare J, Brenner A. (2010) Bistatic spaceborne – airborne forward – looking SAR. In: Proceedings of the 8th European conference on synthetic aperture radar, Aachen, Germany, pp 986 – 989

26. D'Errico M, Moccia A, Renga A et al. (2009) Satellite – unmanned airborne systems coopera – tive approaches for the improvement of all – weather day and night operations. ESA contract 22449/09/F/MOS, Final report, Second University of Naples, Aversa, Italy

27. Keydel W. (1992) Basic principles of SAR. In: Fundamentals & special problems of synthetic aperture radar, Advisory Group for Aerospace Research & Development, Neuilly – sur – Seine, France, AGARD – LS – 182

28. Cherniakov M, Zeng T. (2008) Passive bistatic SAR with GNSS transmitters. In: Cherniakov M (ed) Bistatic radar: emerging technology. Wiley, Chichester

29. Walterscheid I, Klare J, Brenner AR, Ender JIIG, Loffeld O. (2006) Challenges of a bistatic spaceborne/airborne SAR experiment. In: Proceedings of the 6th European conference on synthetic aperture radar, Dresden

30. Willis NJ. (1991) Bistatic radar. Artech House, Boston

31. Moccia A, D'Errico M. (2008) Bistatic SAR for earth observation. In: Cherniakov M (ed) Bistatic radar: emerging, technology. Wiley, Chichester

32. Cazzani L, Colesanti C, Leva D, Nesti G, Prati C, Rocca F, Tarchi D. (2000) A ground – based parasitic SAR experiment. IEEE Trans Geosci Remote Sens 38 (5):2132 – 2141

33. Krieger G, Yuonis M. (2006) Impact of oscillator noise in bistatic and multistaric SAR. IEEE

Geosci Remote Sens Lett 3 (3):424 – 428

34. Rodriguez – Cassola M, Baumgartner SV, Krieger G, Moreira A. (2010) Bistatic TerraSAR – X/ F – SAR spaceborne – airborne SAR experiment: description, data processing, and results. IEEE Trans Geosci Remote Sens 48 (2):781 – 794

35. Doviak RJ, Goldhirsh J, Miller AR. (1972) Bistatic radar detection of high altitude clear air atmospheric targets. Radio Sci 7:993 – 1003

36. Peterson AM, Teague CC, Tyler GL. (1970) Bistatic radar observation of long – period, directional ocean wave spectra with Loran A, Science 170:158 – 161

37. Atlas D, Naito K. (1968) Carbone RE Bistatic microwave probing of a refractively perturbed clear atmosphere. J Atmos Sci 25:257 – 268

38. Rogers PJ, Eccles PJ. (1971) The bistatic radar equation for randomly distributed targets. Proc IEEE 59(6):1019 – 1021

39. Wurman J, Heckman S, Boccippio D. (1993) A bistatic multiple – Doppler network. J Appl Meteorol 32:1802 – 1814

40. Pavelyev AG, Volkov AV, Zakharov AI, Krutikh SA, Kucherjavenkov AI. (1996) Bistatic radar as a tool for earth investigation using small satellites, Acta Astronaut 39(9 – 12):721 – 730

41. Parker MN, Tyler GL. (1973) Bistatic radar estimation of surface – slope probability distributions with applications to the moon. Radio Sci 8(3):177 – 184

42. Simpsom RA, Tyler GL. (1982) Radar scattering laws for the lunar surface. IEEE Trans Antennas Propag 30(3):438 – 449

43. Simpsom RA. (1993) Spacecraft studies of planetary surfaces using bistatic radar. IEEE Trans Geosci Remote Sens 31 (2):465 – 482

44. Tyler GL, Howard HT. (1973) Dual – frequency bistatic – radar investigations of the Moon with Apollos 14 and 15. J Geophys Res 78(23):4852 – 4874

45. Tang CH, Boak TIS, Grossi MD. (1977) Bistatic radar measurement of the electrical properties of the Martian surface. J Geophys Res 82:4305 – 4315

46. Fung AK, Zuffada C, Hsieh CY. (2001) Incoherent bistatic scattering form the sea surface at L – band. IEEE Trans Geosci Remote Sens 39 (5):1006 – 1012

47. Zavorotny VU, Voronovich AG. (2000) scattering of GPS signals from the ocean with wind remote sensing applications. IEEE Trans Geosci Remote Sens 38 (2):951 – 964

48. Martln – Neira M, Caparrini M, Font – Rossello J, Lannelongue S, Serra Vallmitjana C. (2001) The PARIS concept, an experimental demonstration of sea surface altimetry using GPS reflected signals. IEEE Trans Geosci Remote Sens 39 (1):142 – 150

49. Zahn D, Sarabandi K. (2000) Simulation of bistatic scattering for assessing the application of existing communication satellites to remote sensing of rough surfaces. Proc IGARSS 4:1528 – 1530

50. Zavorotny VU, Voronovich AG. (2000) Bistatic GPS signal reflections at various polarizations from rough land surface with moisture content. Proc IGARSS 7:2852 – 2854

51. Zavorotny VU, Voronovich AG, Katzberg SJ, Garrison JL, Komjathy A. (2000) Extraction of sea state and wind speed from reflected GPS signals: modeling and aircraft measurements. Proc IGARSS 4:1507 – 1509

52. Lowe ST, LaBrecque JL, Zuffada C, Romans LJ, Young LE, Hajj GA. (2002) First spaceborne observation of an earth – reflected GPS signals. Radio Sci. doi:10. 1029/2000RS002539

53. Gleason S, Hodgart S, Sun Y, Gommenginger C, Mackin S, Adjrad M, Unwin M. (2005) Detection and processing of bistatically reflected GPS signals from earth orbit for the purpose of ocean remote sensing. IEEE Trans Geosci Remote Sens 43 (6):1229 – 1241

54. Martln – Neira M, D'Addio S, Buck C, Floury N, Prieto – Cerdeira R. (2011) The PARIS ocean altimeter in – orbit demonstrator. IEEE Trans Geosci Remote Sens 49 (6):2209 – 2237

55. Teague CC, Tyler GL, Joy JW, Stewart RH. (1973) Synthetic aperture observations of directional height spectra for 7 s ocean waves. Nat Phys Sci 244:98 – 100

56. Teague CC, Tyler GL, Stewart RH. (1977) Studies of the sea using HF radio scatter. IEEE J O-ceanic Eng OE – 2(1):12 – 19

57. Auterman JL. (1984) Phase stability requirements for a bistatic SAR. In: Proceeding of the IEEE national radar conference, Atlanta, pp 48 – 52

58. http://trs – new. jpl. nasa. gov/dspace/handle/2014/33128. Latest access on 13th Jan 2012

59. Martinsek D, Goldstein R. (1998) Bistatic radar experiment, In: Proceedings of the European conference on synthetic aperture radar, Berlin

60. Balke F. (2005) Field test of bistatic forward – looking synthetic aperture radar. In: proceedings of IEEE radar conference, Washington, DC, pp 423 – 429

61. Gierull C. (2006) Mitigation of phase noise in bistatic SAR systems with extremely large synthetic aperture. In: proceedings of the 6th European conference on synthetic aperture radar, Dresden

62. Yates G, Horne AM, Blake AP, Middleton R. (2006) Bistatic SAR image formation. IEE Proc Radar Sonar Navig 153(3):208 – 213

63. Dubois – Fernandez P, Cantalloube H, Vaizan B, Krieger G, Horn R, Wendler M, Giroux V. (2006) ONERA – DLR bistatic SAR campaign: planning, data acquisition, and first analysis of bistatic scattering behavior of natural and urban targets. IEE Proc Radar Sonar Navig 153 (3): 214 – 223

64. Walterscheid I, Brenner AR, Ender J. (2004) Geometry and system aspects for a bistatic airborne SAR – experiment. In: proceedings of the 5th European conference on synthetic aperture radar, Ulm, pp 567 – 570

65. Sanz – Marcos J, Mallorqui JJ, Aguasca A. (2005) First steps towards single – pass interferome – try based on a bistatic fixed receiver SAR system. In: proceedings of the FRINGE, Frascati, Italy

66. Antoniou M, Saini R, Cherniakov M. (2007) Results of a space – surface bistatic SAR image for-mation algorithm. IEEE Trans Geosci Remote Sens 45 (11):3359 – 3371

67. Griffiths HD, Baker CJ, Baubert J, Kitchen N, Treagust M. (2002) Bistatic radar using space-borne illuminators. In: proceedings of IEE International Conference (RADAR 2002), Edinburgh, UK, pp 1 – 5

68. Griffiths HD. (2008) New directions in bistatic radar. IEEE radar conference, Rome, Italy, pp1 – 6

69. Walterscheid I, Espeter T, Brenner AR, Klare J, Ender JHG, Nies H, Wang R, Loffeld O. (2010) Bistatic SAR experiments with PAMIR and TerraSAR – X – setup, processing, and image results. IEEE Trans Geosci Remote Sens 48 (8):3268 – 3278

70. www. nasa. gov/mission _ pages/Mini – RF/news/tandem _ search. html. Latest access on 13th Jan 2012

71. Nozette S. Spudis P, Bussey B et al. (2010) The lunar reconnaissance orbiter miniature radio frequency (Mini – RF) technology demonstration. Space Sci Rev 150:285 – 302

72. www. nasa. gov/offices/oce/apple/ask – academy/issues/volume3/AA _ 3 – 7 _ F _ outside. html. Latest access on 13th Jan 2012

73. Hsu YS, Lorti DC. (1986) Spaceborne bistatic radar – an overview. IEE Proc 133 (F7):642 – 648

74. Chen P, Beard JK. (2000) Bistatic GMTI experiment for airborne platforms. In: The record of the IEEE international radar conference, Alexandria, VA, pp 42 – 46

75. Moore KL, Richards CL, Chen P. (2003) Bistatic radar system using transmitters in mid – earth orbit. US Patent 6614386

76. Ogrodnik RF, Wolf WE, Schneible R, McNamara J, Clancy J, Tomlinson PG. (1997) Bistatic Variants of space – based radar. In: proceedings of the IEEE aerospace conference, Snowmass at Aspen, Co, vol 2, pp 159 – 169

77. Guttrich GL, Sievers WE, Tomljanovich NM. (1997) Wide area surveillance concepts based on geosynchronous illumination and bistatic unmanned airborne vehicles or satellite recep tion. In: proceedings of the IEEE national radar conference, Syracuse, pp 126 – 131

78. Hartnett MP, Davis ME. (2003) Operations of an airborne bistatic adjunct to space based radar. In: Proceedings of the IEEE radar conference, Huntsville, Alabama, USA, pp 133 – 138

79. Cherniakov M, Kubik K, Nezlin D. (2000) Bistatic synthetic aperture radar with non cooperative LEOS based transmitter. Proc IGARSS 2:861 – 862

80. Martln – Neira M, Mavrocordatos C, Colzi E. (1998) Study of a constellation of bistatic radar altimeters for mesoscale ocean applications. IEEE Trans Geosci Remote Sens 36 (6):1898 – 1904

81. Picardi G, Seu R, Sorge SG, Martin – Neira M. (1998) Bistatic model of ocean scattering. IEEE Trans Antennas Propag 46(10): 1531 – 1541

82. Albert G, Zeli C. (1999) Design of bistatic altimetric mission for oceanographic applications. Space Technol 19(2):83 – 96

83. Moccia A, Rufino G, D'Errico M et al. (2001) BISSAT: a bistatic SAR for earth observation. Phase A study – final report, ASI research contract I/R/213/00, University of Naples, Naples, Italy

84. Massonet D. (2001) Capabilities and limitations of the interferometric cartwheel. IEEE Trans Geosci Remote Sens 39 (3):506 – 520

85. Caves R, Luscombe AP, Lee PF, James K. (2002) Topographic performance evaluation of the RADARSAT – 2/3 tandem mission. Proc IGARSS 2:961 – 963

86. Hauck B, Ulaby F, DeRoo FR. (1998) Polarimetric bistatic measurement facility for point and distributed targets. IEEE Antennas Propag Mag 40:31 – 41

87. Airiau O, Khenchaf A. (2000) A methodology for modeling and simulating target echoes with a moving polarimetric bistatic radar. Radio Sci 35(3):773 – 782

88. Moccia A, Rufino G, De Luca M. (2003) Oceanographic applications of spaceborne bistatic

SAR. In: Proceedings of the IGARSS, Toulouse

89. Ulaby FT. Moore RK, Fung AK. (1986) Microwave remote sensing: active and passive – vol Ⅲ: from theory to applications. Artech House. Norwood. MA

90. Alpers W, Ross D, Rufenach C. (1981) On the detectability of ocean surface waves by real and synthetic aperture radar. J Geophys Res 86(C7):6481 – 6498

91. Hasselmann K, Raney RK, Plant WJ, Alpers W, Shuchman RA, Lyzenga DR, Rufenach CL, Tucker MJ. (1985) Theory of synthetic aperture radar ocean imaging: a MARSEN view. J Geophys Res 90(C3):4659 – 4686

92. Alpers W, Rufenach C. (1979) The effect of orbital motions on synthetic aperture radar imagery of ocean waves. IEEE Trans Antenn Propag AP – 27(5):685 – 690

93. Hasselmann K, Hasselmann S. (1991) On the nonlinear mapping of an ocean wave spectrum into a synthetic aperture radar image spectrum and its inversion. J Geophys Tes 96(C6):10713 – 10729

94. Goldstein RM, Zebker HA. (1987) Interferometric radar measurements of ocean surface currents. Nature 328(6132):707 – 709

95. Romeiser R, Runge H. (2007) Theoretical evaluation of several possible along – track InSAR models of TerraSAR – X for ocean current measurements. IEEE Trans Geosci Remote Sens 45(1):21 – 35

96. Rosen PA, Hensley S, Joughin IR. Li FK, Madsen SN, Rodriguez E, Goldstein RM. (2000) Synthetic aperture radar interferometry. Proc IEEE 88(3):333 – 382

97. Li FK, Goldstein RM. (1990) Studies of multibaseline spaceborne interferometric synthetic aperture radars. IEEE Trans Geosci Remote Sens 28(1):88 – 97

98. Massonnet D. (2001) The interferometric cartwheel: a constellation of passive satellite to produce radar images to be coherently combined. Int J Remote Sens 22(12):2413 – 2430

99. Reigber A, Moreira A. (2000) First demonstration of SAR tomography using multibaseline L – band data. IEEE Trans Geosci Remote Sens 38(5):2142 – 2152

100. Fornaro G, Serafino F. (2006) Imaging of single and double scatterers in urban areas via SAR tomography. IEEE Trans Geosci Remote Sens 44(12):3497 – 3505

101. Prati C, Rocca F. (1993) Improving slant – range resolution with multiple SAR surveys. IEEE Trans Aerosp Electron Syst 29(1):135 – 144

102. Khenchaf A. (2001) Bistatic scattering and depolarization by randomly rough surfaces: application to the natural rough surfaces in X – band. Waves Random Media 11(2):61 – 89

103. Pierdicca N, Pulvirenti L, Ticconi F et al. (2007) Us of bistatic microwave measurements for earth observation. ESA/ESTEC contract 19173/05/NL/GLC, University of Rome, Rome, Italy

104. Toutin T, Gray AL. (2000) State – of – the – art of extraction of elevation data using satellite SAR data. ISPRS J Photogramm Remote Sens 55(1):13 – 33

105. Schuler DL, Lee. JS, De Grandi G. (1996) Measurement of topography using polarimetric SAR images. IEEE Trans Geosci Remote Sens 34(5):1266 – 1277

106. Toutin T. (2004) Radarsat – 2 stereoscopy and polarimetry for 3D mapping. Can J Remote Sens 30(3):496 – 503

107. Gelautz M, Paillou P, Chen C, Zebker H. (2003) Radar stereo – and interferormetry – derived

digital elevation models: comparison and combination using Radarsat and ERS – 2 imagery. Int J Remote Sens 24(24):5243 – 5264

108. Leberl F. (1990) Radargrammetric image processing. Artech House, Boston

109. Toutin T. (1999) Error tracking of radargrammetric DEM from RADARSAT images. IEEE Trans Geosci Remote Sens 37(5):2227 – 2238

110. Renga A, Moccia A. (2009) Performance of stereo radargrammetric methods applied to spaceborne monostatic – bistatic synthetic aperture radar. IEEE Trans Geosci Remote Sens 47(2): 544 – 560

111. Renga A, Moccia A. (2009) Effects of orbit and pointing geometry of a spaceborne formation for monostatic – bistatic radargrammetry on terrain elevation measurement accuracy. Sensors 9: I75 – 195

112. Rigling D, Moses RL. (2005) Three – dimensional surface reconstruction from multistatic SAR images. IEEE Trans Image Process 14:1159 – 1171

113. Lillesand TM, Kiefer RW. (1979) Remote sensing and image interpretation. Wiley, New York, pp 283 – 289

114. Italian Space Agency. (2007) COSMO – SkyMed system description & user guide. ASI – CSM – ENG – RS – 093 – A

第 2 章 多基雷达系统

Paco López – Dekker, Gerhard Krieger, Alberto Moreira

摘要 本章详述了分布式多基 SAR 任务设计中的关键要素。首先重点讨论了单/多基线干涉测量技术相关应用领域,获得了所需的航天器距离上限和下限。在 Clohessy – Wiltshire 方程所提供的总体框架中讨论了一些多基编队概念(Carlwheel、Helix 等)。然后介绍了几种典型的多基采集模式(双基、交替双基等),并在一个分布式任务场景中讨论了标准 SAR 模式的特性。在此强调了 ScanSAR 或 TOPS 等多基构型脉冲模式的缺点。介绍了振荡器相位噪声相关理论,紧接着论述了几种相位同步方法。TanDEM – X 这些任务都希望是同步链路,对于大多数高频任务计划以及要求不高或低频系统的 GNSS 或数据驱动方法来说,同步链路都是首选。在本章的最后,详述了三种新的任务,即高端的 Tandem – L 任务、简洁的 Ka 波段 SIGNAL 任务、C 波段低成本可扩展无源的 PICOSAR 任务概念。

2.1 绪论

双基 SAR 严格定义为发射机和接收机是物理分离的系统。多基 SAR 系统则可引申为通过使用多个物理上分离的接收机和(或)发射机,以生成至少两个同步雷达数据集。虽然多基 SAR 这一术语可能让人联想到的是具有单个发射机和多个接收机的系统,但事实上两个分布式雷达系统能够实现多基测量:单基 SAR 系统作为自身和其他只接收子系统的照射源。

多基 SAR 概念在一些方面很有吸引力。从应用的角度出发,发射机和接收机的多组合形式增加了测量空间的维数。例如,TanDEM – X 任务[1]利用多个雷达从单通干涉 SAR 测量(InSAR)中获得了高精确数字高程模型(DEM),从而给 2 维 SAR 数据产品增加了第 3 个维度。从工程的角度来看,多基系统具有吸引力是,因为它们允许将一个复杂的大系统分成一系列小而简单的子系统,从而收集较大部分的散射雷达信号,可有效利用资源。

本章论述了星载 SAR 概念的通用特性,但仅限于编队飞行系统,重点是单基或多基干涉的应用,其目的是为读者提供多基 SAR 系统或任务设计中需要考虑的一些主要方面。在本书第四篇论述了几个多基任务或任务概念的详细案例。

2.1.1　历史展望

在过去的 20 年中,在很多已成功进行且已成为地球观测(EO)系统基本组成单元的星载单基雷达任务基础上,提出了许多多基雷达任务概念。一个具有推动性的想法便是通过获得单通干涉数据来产生全球 DEM。例如,在 20 世纪 90 年代早期,美国 NASA 喷气推进实验室(JPL)提出 TOPSAT 任务概念。两种可实施途径之一是 L 波段编队飞行多基系统,它能提供 30m 水平分辨力 DEM,高程误差为 2 ~ 5m 之间[2]。

随着雷达卫星计划的成功,加拿大国家航天局(CSA)也提出了 KADARSAT - 2/3 C 波段地形测量编队飞行任务计划[3,4],与德国 TanDEM - X 任务有许多共性。在同一时期,法国国家空间研究中心(CNES)提出了革命性的干涉"车轮"概念,它把 3 个紧凑的只接收信息的航天器编队增加到现有的 C 或 L 波段单基任务,如欧空局的 ENVISAT 任务或 JAXA 的 ALOS[5]。

多基成像任务系列起源于上述的德国 TanDEM - X(增加 TerraSAR - X 进行数字高程测量)任务[1],该任务于 2003 年提出,直到 2010 年 6 月 TanDEM - X 卫星发射才实施。它的成功运行证明了多基 SAR 任务的价值和可行性,它能产生 12m 的水平分辨力,且 DEM 的高程精度优于 2m,并成功解决了同步定位和相对定位问题以及与任务相关的导航技术问题。

一个非干涉任务概念则是 TechSat - 21(21 世纪技术卫星)[6],由美国空军研究实验室作为试验系统进行研究的,用于验证使用低成本单一系统的分布式、空间重构雷达。该项目于 2003 年取消。

2.1.2　定义和基本原则

2.1.2.1　单基和双基相位中心

本章反复出现的一条术语是等效相位中心。相位中心本质上是单基 SAR 的概念。对于单基 SAR 而言,相位中心是天线的电中心。雷达到目标的范围定义为目标与雷达相位中心的距离。值得一提的是,移动雷达的脉冲传输和相应的雷达回波接收之间,相位中心的物理位置是变化的。在这种情况下,每个脉冲的等效相位中心位于这两个位置的中点。相同的概念可以扩展到双基 SAR 测量,其等效相位中心大约位于在发射机发送脉冲时的位置与接收机接收到回波位置的中点。

对于合成孔径,等效相位中心取决于目标的位置和 SAR 的处理。在一般情况下,它位于雷达以多普勒频率观测目标并对应于已处理多普勒带宽中心的轨道位置上。对于使用全零多普勒转向法[7]的 SAR 系统,该位置将对应于与雷达轨迹在地心地固(ECEF)坐标系中的垂直方向上观测目标的位置点。

2.1.2.2　多基配置

本章考虑了3种配置类型：

（1）全主动系统由许多原理相同的全雷达系统航天器构成[8]（图2.1，左图）。因此，每个航天器可以获得单基图像或用作记录另一个卫星所发射双基SAR回波信号的被动接收机。多个航天器发射脉冲和接收脉冲也有可能是交织的，这意味着对于 N_s 个航天器，可能的非冗余相位中心的数量为

$$N_p = \frac{N_s \cdot (N_s + 1)}{2} \tag{2.1}$$

由此看出航天器数目和可能的相位中心数目之间有二次方程式关系。因此，多于两个航天器的所有可能的相位中心将需要更复杂和创新的技术，这远超过目前行业水平。全主动配置能提供最大的灵活性和冗余度，这对于具有少量航天器的多基系统来说是有吸引力和成本效益的配置。全主动系统的典型例子是 TanDEM – X[1]。

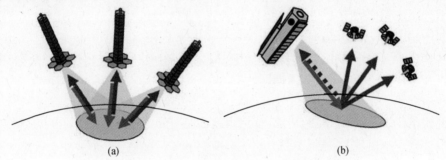

图2.1　完全主动的多基系统示意图。（a）和完整SAR系统作为发射机和小型接收航天器星座的半主动系统示意图（b）。

（2）半主动系统[8]是由单个发射机和很多仅被动接收的系统组成（图2.1(b)）。半自主概念的例子有干涉 Cartwheel 任务[5,9]或 BISSAT 任务[10]，两者对于已存在的单基任务而言，均视为低成本附加项目。严格地说，这种半主动扩展系统对于每个被动航天器都会产生一个带有原有单基数据的双基图像。然而，为安全起见大多数应用（如干涉SAR）只有双基可进行组合，发射机和被动接收机通常距离较远。除了这些机会照射任务外，对于那些一开始就作为多基构建的未来任务来说，半主动结构允许对照射源进行简化，可以只具有发射功能。在这种情况下，可以研究连续波（CW）雷达概念，它允许明显较低的峰值功率要求[11]。

（3）多个单基SAR系统由多个具有分布式敏感器的单基SAR航天器构成[12]。虽然多个单基SAR系统本质上不是多基的，但是它们在系统设计和潜在应用方面具有很多共性。事实上，全主动系统可以很容易地在多个单模式条件下操作，例如，在 TanDEM – X 任务中已经实现了单基方面的操作。

除了这三种典型的配置,显然很多混合组合也是可能的。例如,有两个照射源的半主动配置将使双基相位中心的数量成倍增加。

2.1.2.3 合作系统与机会系统

多基任务可分为合作的或机会的。如干涉"车轮"的机会系统,是使用现有的系统作为机会发射机的单基系统。该系统可以是单基 SAR 系统,但也可以是一种 GNSS 卫星[13]等源类型。机会系统能节约成本,这是因为该系统已经提供了照射源。它们的主要技术缺点或挑战是缺乏明显同步机制。

相反,合作系统从开始设计时就允许多基操作,例如,包括专用同步子系统。

2.1.2.4 慢时间和频率同步

任何多基任务的关键因素是系统同步,这里要区分同步的两个层次:

(1)慢时间同步是指发射脉冲和多接收机采集回波窗的时间对准。该同步需要共同的时间框架。GNSS(GPS)时间的精度足以满足要求,因此,需要在星载导航系统和仪表控制单元(ICU)间建立链路。

(2)相位同步是指雷达子系统所使用的频率源相位的对准,包括本地振荡器(LO)相位和采样时钟。该同步级要比慢时间对准更高,通常需要专用的子系统或使用复杂处理技术。

2.2 应用实例

2.2.1 垂迹干涉测量在地形测绘中应用

单通垂迹 InSAR[14-16]是多基 SAR 系统的最简单应用。随着第二颗 TerraSAR - X 卫星的发射和 TanDEM - X 任务[1]的启动,标志着分布式雷达系统的第一次(仅在著作中)工程应用。

几十年来,垂迹干涉测量法(XTI)已成功应用于地球数字高程模型(DEM)获取任务中,在大多数情况下,单个航天器重复通过时能获得组合数据。在重复通过的情况下,最终误差累积的主要影响是由于时间不相关导致的相干损失:一般来说,雷达散射系数是一个随机过程。为了避免这种相干损失,需要单通干涉测量配置。在航天飞机雷达成像测绘任务(SRTM)[17]中,首次在空间中使用 60m 尾桁提供两个接收天线之间的物理基线。

垂迹 InSAR 是测量地表形貌的强大成熟技术。两个航天器的垂迹干涉成像原理如图 2.2 所示。由于两颗卫星是分离开的,从地层一点到第一颗卫星的距离(r_1)与到第二颗卫星的距离(r_2)相差一个因子 Δr,可以写为

$$\Delta r = B \times \sin(\theta_l - \alpha) \tag{2.2}$$

式中:B 为两个相位中心的垂迹距离;θ_l、α 分别为对目标的下视角和基线水平角。

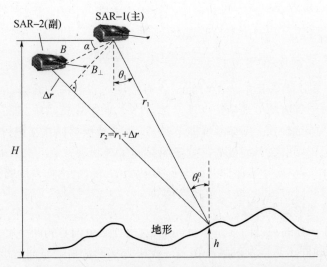

图 2.2 垂迹 InSAR 几何示意图。B 和 $B_\perp$ 分别是垂迹基线和法向分量。

θ_l 和 θ_i^0 分别是视角和入射角。H 和 h 分别是卫星的飞行高度和地形高度。

两个相位中心到目标单元的斜距距离分别是 r_1 和 r_2,差值为 Δr。

由于地球的曲率,观测角小于标称入射角 θ_i^0。对于给定的分辨力单元,距离差转化为干涉相位差,即

$$\phi = n_w \cdot k_0 \cdot \Delta r \tag{2.3}$$

式中:k_0 为与系统的中心频率相关的波数;对于多个单基情况 $n_w = 2$,当接收机共享同一个发射机时,$n_w = 1$。干涉测量的优势基于这一事实:干涉相位的测量能够以小于波长的精度估计距离差,这通常优于雷达距离分辨力几个数量级。

对于一个给定的分辨力单元,与地形高度 h 相关,其相对于基准面干涉相位为

$$\phi = n_w \cdot k_0 \left(B \cdot \sin(\theta_l - \alpha) - \frac{B_\perp}{r_1 \sin\theta_i^0} h \right) \tag{2.4}$$

式中:$B_\perp$ 为正交基线分量。式(2.4)的第一项为系统相位,而第二项反映高度干涉测量灵敏度,其由垂直波数描述,即

$$k_z = \frac{\partial \phi}{\partial h} = n_w \cdot k_0 \frac{B_\perp}{r_1 \sin\theta_i^0} \tag{2.5}$$

或由高度模糊数描述为

$$h_{amb} = \frac{\lambda \cdot r_1 \cdot \sin\theta_i^0}{n_w \cdot B_\perp} \tag{2.6}$$

地形高度的变化引起了 2π 的相位差。

这些表达式表明干涉测量相对于高度的灵敏性,因此最终高度分辨力与两个接收相位中心的垂迹距离是成比例的。有三个因素导致垂迹干涉测量基线存在一个上限。以不同入射角观测分辨力单元则会在干涉测量对间产生几何去相干或者

频谱漂移[18]这是因为分辨力单元在不同位置的散射具有不同的干涉相位。干涉相位差达到完整循环的基线称为临界基线,即

$$B_{\perp,\mathrm{crit}} = \frac{2 \cdot B_{\mathrm{rg}} \cdot \lambda \cdot r_1 \cdot \tan(\theta_i^0 - \zeta)}{n_{\mathrm{w}} c_0} \tag{2.7}$$

式中:B_{rg} 为发射脉冲宽度;ζ 为地距向的局部坡度。当基线达到临界值时,就会有相干损失。使用相对临界值较小的基线限制了几何解耦的效果,这很容易通过在干涉测量采集间选择较小的垂迹距离来实现,或者通过增加系统的脉冲带宽,即距离分辨力来实现,其代价是增加了数据率,降低了系统的灵敏度。在近乎恒定坡度的分布式目标情况中,干涉测量 SAR 处理通常包含一个普通的带通滤波过程,以消除去相干影响,但这也会降低距离分辨力。

第二个限制影响是体散射去相干。与几何去相干类似,由于干涉相位存在不同分辨力单元的散射体,因此出现了体散射去相干。此种情况下不同的是,这些散射体与参考相位中心有相同倾斜距离,但垂直位置不同,因此有不同的仰角。图 2.3 表示一个森林的典型示例[19,20]。

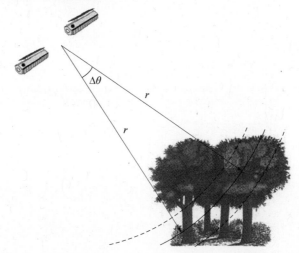

图 2.3　以森林示例的体散射去相干示意图。由于树冠层对于雷达波是半透明的,因因而接收到的雷达信号将包含位于完全相同斜距但有不同的高度的散射中心的贡献

对于层状结构,体散射去相干对整个干涉测量复相干影响可由式(2.8)给出:

$$\gamma_{\mathrm{vol}} = \exp(\mathrm{j}k_z z_0) \frac{\int_0^{h_V} F(z') \exp(\mathrm{j}k_z z') \, \mathrm{d}z'}{\int_0^{h_V} F(z') \, \mathrm{d}z'} \tag{2.8}$$

式中:$F(z)$ 为垂直散射分布;h_v 为体积高度;j 为 $\sqrt{-1}$;z_0 为参考高度。式(2.8)

的第一项表示在参考高度散射中心的干涉相位。体相干项的绝对值总是小于或等于 1。对于平稳分布，γ_{vol} 的幅值是趋于 $k_z \cdot h_V$ 的递减函数，但如果存在垂直不连续或离散层，则可能表现出振荡行为。与几何去相干相反，体散射去相干的效果并不能通过提高系统的分辨力或者使用普通的带通滤波技术来减少。限制其影响的唯一方式是模糊高度数 h_{amb}，其相对于散射体的有效垂直范围是比较大的。

第三个限制是干涉相位以 2π 缠绕，这意味着由多个模糊高度所区分的两个高度会产生相同的测量干涉相位[21]。要解决该模糊性，需要进行相位解缠步骤[22]。相位解缠算法基本上是对像素对间的相位差值进行积分。一般来说，由于这些相位差异也是模糊的，没有唯一解，所以相位解缠成为一种寻找最可能解的方法。为了使相位解缠误差最小化，像素对之间的相位差应小于半个周期，这意味着这些像素之间的高度差应该小于高度模糊数的 1/2。值得注意的是，由于预先已知的地形相位通常会从干涉测量的相位减去，因此这些高度总是相对于参考表面来说的。

例如，图 2.4 表示临界基线和正常基线，对应的高度模糊数分别为 2550m 和 100m，它们对应于 150MHz 脉宽 X 波段系统和 550km 轨道高度时入射角的函数。作为参考，用于 TanDEM-X 任务的典型模糊高度范围为 25 ~ 50m。在这种情况下不选择能够提高地形敏感度的更大基线是为了避免相位解缠误差。

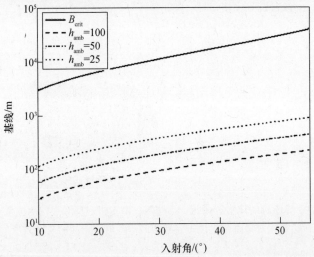

图2.4 临界基线以及分别对应于 25m、50m 和 100m 的模糊高度数的基线，它们都是入射角的函数。该示例考虑在 150MHz 脉宽 X 波段系统、550km 轨道高度条件下进行。

上面讨论的只是垂迹基线的限制，此外还有航天器沿迹距离的限制，目的是接收来自单个发射机的一致干涉回波。对于任意给定的目标，瞬时相对多普勒频移，即每个航天器接收的雷达回波的多普勒频移差，可以近似为[1]

$$\Delta f_D = \frac{v_{sat} \cdot B_{AT}}{\lambda \cdot r} \tag{2.9}$$

式中:v_{sat}为航天器的速度;B_{AT}为沿迹距离(或沿迹基线);r为平均斜距,$r = (r_1 + r_2)/2$。

为了确定相对多普勒频移是否有意义,它必须与有效的多普勒带宽进行比较。如果发射和接收天线有相同的长度(典型的单基条件下),那么有效的多普勒带宽可以近似为

$$B_{D,aval} \approx \frac{2 \cdot v_{ground}}{L} \tag{2.10}$$

式中:v_{ground}为地面速度;L为天线长度。

对于不同长度的天线,有效天线长度L_{eff}为

$$L_{eff}^2 = \frac{L_{tx}^2 + L_{rx}^2}{2} \tag{2.11}$$

很明显,为了接收任何信号,必须把传输天线模式和接收天线模式的覆盖区域重叠,这就需要定义一个天线指向策略。两个最基本的选择如下:

(1)最大增益指向。在这种情况下,操纵接收波束使得发射天线和接收天线方向图最大化的指向地面同一点。这使每个波束的多普勒频谱的功率容量最大化,但是有效的共同多普勒频谱也因此减少 Δf_D。

(2)最大共同多普勒指向。在这种情况下,操纵接收波束来补偿多普勒频谱的主瓣。对于相同的发射和接收天线方向图系统(如 TanDEM – X)来说,可通过对两个接收天线进行相同指向来实现。

图 2.5 为沿迹距离对多普勒频谱影响示意图,该图表示了几种情形下与多普勒(这可以直接解释为多普勒频谱)频率呈函数关系的双路天线方向图。在所有点中,蓝色和红色实线分别对应最大增益优化的主、副方向图,虚线对应着共同多普勒优化方向图,粗线表示 3dB 的多普勒频谱。

第一种情况:图 2.5(a)大致对应于 TanDEM – X,其沿迹分离距离是 2km。显然,当双程方向图进行增益优化时,其结果是共同多普勒带宽会显著损失(考虑有 3dB 带宽)。通过使接收方向图指向相同,可得到相同的多普勒频谱。在这个例子中,代价是大约 0.5dB 的小的双程增益损失。值得一提的是,对于 TanDEM – X,采用只是简单的单程全零多普勒指向。结果是,其中一个方向图(单基模式)相比于其他方向图(双基之一)具有更高的增益,虽然并不是最理想的但却是简单且有鲁棒性的解决方案。

第二种情况:图 2.5(b)说明了如果 B_{AT} 变得太大(TanDEM – X 任务场景中 6km 的情况)会发生的状况。由于增益优化频谱是完全不重叠的,因此对于干涉测量而言是无用的。从共同多普勒优化方向图可以看出:相当大的增益损失(约 5dB);降低了 3dB 多普勒带宽;旁瓣电平相对于主瓣电平非常大地提高而导致更大的方位模糊度。

第三种情况:图 2.5(c)对应一个多基系统,该系统包括一个共用发射机的航天器,该航天器位于两个只接收卫星中第一个卫星的前方 20km,两个只接收卫星

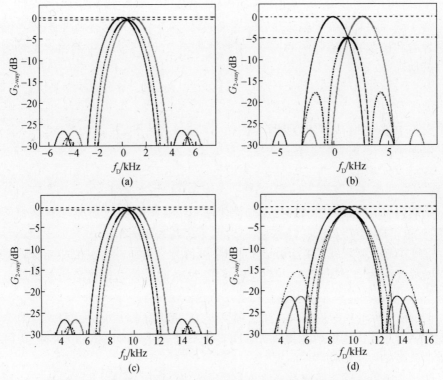

图 2.5 （见彩图）与多普勒频率呈函数关系的双程天线方向图的例子

在所有情况下,蓝色实线和红色实线分别对应最大增益最优主、副方向图。

虚线对应共同多普勒优化模式,3dB 的多普勒频谱用粗线表示。

（a）TanDEM – X 类似的系统,其中 B_{AT} =2km。（b）和（a）一样,但 B_{AT} =6km。

（c）和（a）一样,但独立发射机位于主接收机前方 20km。

（d）和（c）一样,但减少了接收天线长度,变为原来大小的一半（2.25m 而不是 4.5m）。

的距离 B_{AT} =2km。但系统性能接近于 TanDEM – X。发射系统指向零多普勒,两个接收系统拥有一个巨大的共模指向,以使得接收和发射方向图覆盖区重叠,产生较大的多普勒中心。此外,所得到的多普勒频谱实质上与第一个例子相同。

最后一种情况:图 2.5（d）与之前的类似,重要的区别是接收天线的长度（L_{rx}）减少了 1/2,为一个 2.25m 长的天线,而不是原来的 4.5m,这在增益优化双程方向图中有所体现。不同于以前的所有情况,为了得到相同的多普勒频谱,有必要使每个接收天线斜视角显著不同:在这种特殊情况下,斜视角差值为 0.3°,这几乎与单程发射 3dB 的波束宽度一样大。这会降低旁瓣,以及相当大的增益损失（约 2dB,这比参考案例的 0.5dB 更糟）。同时,大多数共同多普勒优化频谱的 3dB 增益主瓣低于优化增益频谱。这表明,在特殊情况下,对于优化增益方向图来说全局干涉测量性能的增益优化模式要优于共同多普勒优化方向图,而且一定有一些全局最优中间解。

如前面的例子,为了使单通基线达到数百米量级,编队飞行多基系统是唯一可行的选择。由于所需的基线与波长成比例,这种分布式任务方案也因采用更低的频率变得更有吸引力。例如,在 TanDEM – L 任务中,基线需要达到数千米以实现所需任务目标。

除了实现所需的大基线外,分布式系统还允许在执行任务中修改基线。例如,在成像任务的第一阶段可以使用较小的基线获得 DEM 的第一次迭代,而不会遇到相位解缠问题。在第二阶段,使用更大基线将允许对 DEM 进行细化。这种策略已用于 TanDEM – X(见第 13 章)。

2.2.2 多基线垂迹干涉

从 2.2.1 节的讨论可直观清晰地知道,多基线单通垂迹干涉系统相对于 Tan-DEM – X 任务中的单基线配置而言,具有更大的价值。虽然最简单的方法是通过降低高度模糊数来迭代处理干涉图,但也有很多把所有可用信息直接融合的方法。这需要对一组 SAR 图像测绘明确估计,这些成对采集的图像在所有情况下都将遇到无法解决的模糊性。

上述的某些技术可以估计多配准干涉图相邻像素之间的相位增量,从而可充分利用基线长度和相位梯度之间的确定性关系[23]。其他技术可以独立地解决每个像素的高度模糊数问题[24],例如在地球坐标系统中使用最大似然方法[25]。这为完全不同成像几何中获得的多高度估计进行融合提供了可能,但也需要每个干涉图像对残余相位的精确信息(更准确地说是残余地形高度)。还有其他的技术把高度确定看作是稀疏矩阵波达方向(DOA)估计,并在非模糊高度估计中[26]应用诸如基于模型的频谱估计技术进行多 SAR 图像的信息融合。大基线干涉获取或许也可以使用共同的多通道处理来减少依斜度而变化的基线解耦的退化问题[27]。

2.2.3 偏振 SAR 干涉测量

InSAR 与偏振测定 SAR[28,29] 的结合产生了偏振 SAR 干涉测定法(PolInSAR)[30,31]。在 PolInSAR 中,把 SAR 偏振测量中偏振信号独特散射特性与垂迹 InSAR 高程估计波达方向测量高度的能力结合起来。例如,森林的树冠在与体积散射相关的雷达回波中产生交叉极化作用。相反,地面回波会显示与粗糙表面相关的单极散射偏振特征以及与树干和地面形成的二面角相关的双极散射偏振特征。

这个例子表明,PolInSAR 的一个主要应用是植被高度估计。值得注意的是,一般而言,这种反演是很重要的。此外,在许多情况下,例如 C 波段、X 波段或者更高频率波段观察到的森林,冠层的信号衰减很大以致使得对地面回波信号的影响低于噪声最低水平。

在实际中,PolInSAR 反演算法从估计的多通道(6×6)协方差矩阵中提取所需要的信息,协方差矩阵是通过对假定均质地区进行空间平均而估计出的。为了获得诸如森林高度的反演,需要通过使用假设的分层模型,推导解析的期望协方差矩阵。最简单的(和强鲁棒性的)模型是地面随机量(RVoG)[20,32]模型,它假设森林模型为均匀地面一定距离上给定厚度的体积散射均匀层。

PolInSAR 反演可极大地从多基线方案中获益[33]。首先,对于不同的植被高度的单基线反演,不同基线将是最佳的。第二,多基线的实用性可估计出比简单RVoG 更复杂的垂直纵断面图。例如,这些纵断面图可由勒让德截断级数描述,因此可利用少量系数进行参数化[34]。三或四个基线似乎足够精确反演平均垂直剖面。

2.2.4 SAR 层析成像

SAR 层析成像[35-38]是 SAR 干涉测量的一个自然延伸。在 SAR 层析成像中,从不同垂迹位置获得的信息可作为稀疏矩阵概念处理,能辨别对应于高程波达方向上相同斜距和方位的信号(雷达回波)。SAR 层析成像可以对半透明体积散射体进行真实三维成像,能用于反演垂直结构,如森林、干燥土壤或冰。

SAR 层析成像概念也适用于非透明的散射体,它可以解决 SAR 成像固有的几何失真问题,如透视收缩以及特别是层叠效应[39,40]。层叠效应问题是指目标相对于传感器的地面距离和高度都不同,但 SAR 系统的斜距可能是相同的,这就要求坡度大于入射角。在人造目标中,层叠效应的影响是普遍存在的,如图 2.6 的例子。在这种情况下,建筑物屋顶散射信号会与地面上的汽车出现在相同的位置,但相对于雷达还是有一个较小的地面距离。在产生的 SAR 图像中,屋顶和汽车将对应相同的分辨力单元(像素)。由于单基线干涉测量采取与高度唯一对应单一有效散射中心的隐式模型,因此在层叠效应条件下,显然会得到不正确的高度转换相位结果。多于两个相位中心的矩阵处理技术(也称波束形成技术)可用于区分两个目标,并得到它们的正确位置。

一些学者利用多次穿越采集技术已验证了天基 SAR 地形测量。如干涉测量应用中,特别是需要多次采集数据来构造层析成像数据集时,时间去相干是重大的挑战。这就限制了那些具有很长相干时间的场景的适用性,例如以非常低频率观察到的城市地区或自然场景(如在 P - 波段)。

除了可以在单次穿越多基构型中消除的时间去相关,第二个挑战是相位中心的分布问题。理想的层析图像结构是不同的有效相位中心在高程上均匀分布的,因此要定期对雷达信号的高程特征进行采样。这些相位中心之间的最佳间距可以通过奈奎斯特采样定理获得。为此,在斜距为 r 处,接收回波信号是有效垂直基线 $B_\perp$ 的函数,其相对于某些参考位置可以写为

$$s_r(B_\perp, r) = C_0 \int \gamma(r, \theta_i) e^{-jn_w k_0 B_\perp \sin(\theta_i - \theta_i^0)} d\theta_i \qquad (2.12)$$

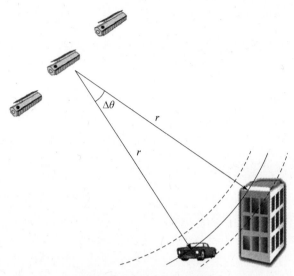

图 2.6 层叠效应示意图

在 SAR 图像中,楼顶上的散射将和汽车一样出现同样的距离
分辨力单元。由于散射中心位于相对于雷达的不同高度角上,因此如果
略微不同位置采集的一些数据是可用,那么可通过使用矩阵处理进行区分。

式中:$\gamma(\cdot)$ 为空间给定点的复杂反射率函数;C_0 为所有影响接收信号幅值的剩余项。位置参数是高度的函数,采用式(2.5)中 k_z 代替 $B_\perp$,降低来自 R 的显式依赖性,得到下列关系:

$$s_r(k_z) = C_1 \int \gamma(h) e^{-jk_z h} dh, ss \tag{2.13}$$

式中:新常数 C_1 包含随变量变化的比例系数。该结果表明了接收信号(为基线/层析成像维度函数)和复杂反射率(为高度函数)之间的傅里叶变换关系。对于一个有效体散射体厚度 h_v,可以解释为一个带宽,文献[42]中给出满足奈奎斯特采样定理的相邻采集间垂直基线,即

$$\Delta k_z \leqslant \frac{2\pi}{h_v} \tag{2.14}$$

依据最小垂迹垂直基线,这意味着

$$b_{\perp,\min} \leqslant \frac{\lambda \cdot r \cdot \sin\theta_i^0}{n_w \cdot h_v} \tag{2.15}$$

垂直分辨力由成像孔径长度给出。因此,对目标分辨力 Δh,最大的基线为

$$k_{z,\max} \geqslant \frac{2\pi}{\Delta h} \tag{2.16}$$

或者,就基线而言,有

$$b_{\perp,\max} \geqslant \frac{\lambda \cdot r \cdot \sin\theta_i^0}{n_w \cdot \Delta h} \tag{2.17}$$

结合这些结果,很容易看出,在典型成像配置中,有效相位中心的数量是由

$$N_{tomo} = \frac{h_v}{\Delta h} \qquad (2.18)$$

给出。这是一个直观的令人满意的结果,表明由此产生的体散射成像中,层析成像样本数应等于独立层析成像分辨力单元数目。但是,从系统设计师的角度来看,该结果可能很容易产生不切实际的相位中心数目。需要强调指出的是层析图像采样数不受接收机数目的限制。相反,它可由发射机和接收机之间的特定组合数目得到。

2.2.5 稀疏层析成像

前面的论述表明,能够进行单次穿越层析成像的可用多基系统需要一个由许多航天器构成的复杂星座。很明显典型解决方案有很多缺点:

(1)系统成本高,即使接收系统是低成本和紧凑的、有很少或根本没有冗余以及小批量生产所带来的部件成本降低,但这类系统成本还是较高。

(2)数据管理。对于单星雷达系统,关键设计约束是星上数据存储性能和数据下载性能。N 个有效相位中心的层析成像系统将 N 倍增加该问题的难度。读者应该注意到使用多基主动构型是很难的。

(3)编队设计与控制。单通层析成像系统需要一个编队来提供所需的相对较小沿迹距离(以保持多普勒质心兼容性)的垂迹基线。虽然可以设计任意复杂结构来满足这些要求,但是增加的每个新卫星会提高编队的控制要求并减少安全冗余。

针对这些问题,显然解决方案需要有较少的相位中心。幸运的是,SAR 层析成像的文献已经提供了各种使用稀疏矩阵技术来处理这些稀疏情况的方法[42-44]。这些方法基本思想是假定只有几个主要散射中心,可理解成点状的散射体(典型城市环境)或生成小于系统成像分辨力角的分布式体散射体。事实上,试验研究表明,层析成像可分离散射中心的数量 N_{sat} 通常是在 3 ~ 5 以下[45],这对于高分辨力 SAR 系统而言是特别准确的。

如果已知散射中心数量,那么可使用诸如 MUSIC 算法的子空间方法或者通过直接匹配算法找出非线性最小二乘(NLS)误差解(直接对非线性问题求逆)获得层析成像[46]。这些方法中,主要挑战是确定相关相位中心数量,可以通过使用先验知识或信息理论准则得到。例如,一些作者[35,46]建议使用 Akaide 信息准则(AIC)[47]估计层析成像数据集的维数(如散射体数目)。如果散射体的数目是已知的或基本可以确定的,则所需成像相位中心数量的范围为

$$N_{tomo} \geq N_{scat} + 1 \qquad (2.19)$$

另一个可行的成像处理方法是采用压缩感知(CS)理论[43-45]。CS 算法能够为层析成像维度提供超高分辨力,如对于给定的最大基线,垂直分辨力要优于式(2.17)所给的,可以减少测量次数并且散射数目不需要先验信息。所需的相位中

心数量取决于层析成像分辨力单元数目、散射体的数量和信噪比。对于 3~5 个散射体而言,15 个相位中心($N_m = 15$)可以提供鲁棒性能。

2.2.6　沿迹干涉测量和动目标指示

沿迹干涉测量[22,48-51](ATI)的基本思想是以给定时间间隔 τ_{ATI}、近乎相同几何构型对某一场景进行重复观察。如果目标是移动的且该运动在视线(LOS)方向有非零部分,那么斜距变化会产生干涉相位,有

$$\phi_{ATI} = 2k_0 \cdot (v_{target} \cdot r_{LOS}) \cdot \tau_{ATI} \tag{2.20}$$

式中:v_{target} 为目标的速度矢量;r_{LOS} 为从 SAR 中心到目标的视线角矢量。

由于干涉相位以 2π 为模缠绕,通常可取 ATI 相位约束区间为 $[-\pi, \pi]$。考虑到覆盖的速度范围,可直接产生所需的时间间隔量级。对于非常缓慢的运动,例如,地形下沉,其时间尺度是天、月,甚至年的量级。这些时间尺度可通过重复通过的干涉手段解决:单个航天器多次通过时的重复观测来获得。对于运动速度快的情况,如车辆或洋流,其时间尺度通常是毫秒到 1/10s 的量级。沿迹干涉中,两个沿迹分离的相位中心在单次通过时就采集两次。时间间隔和沿迹距离或基线,B_{AT} 与 τ_{ATI} 的关系为

$$\tau_{ATI} = \frac{n_w \cdot B_{AT}}{2 \cdot v_{sat}} \tag{2.21}$$

式中:B_{AT} 为相位中心之间的物理距离;通常 ATI 系统使用相同的发射机,则 $n_w = 1$。那么 $B_{AT}/2$ 是等效双基相位中心之间的有效沿迹基线。

类似于 XTI 中的高度模糊数,有必要定义一个非模糊的速度范围 v_{amb},可通过设置 ATI 相位为 2π 并求解速度得到。

图 2.7 表示水平方向非模糊速度范围,它是 L 波段、C 波段、X 波段和 Ka 波段的沿迹基线函数。对于地面移动目标,水平速度可达到 50m/s 以上(高速火车,高速公路上的汽车),v_{amb} 的量级为 100m/s 是合理的设计目标。相关的基线相对较小,例如,C 波段约 10m,X 波段约 5m。原则上,这些短尺度不适用于分布式系统,这就要求采用类似 TerraSAR - X 中双接收天线(DRA)来取代单平台方案。

相反,多基 ATI 系统非常适合于速度在 1m/s 量级的洋流和其他地球物理现象。对于洋流的情况,当考虑最优沿迹基线时,有一个额外的影响需要综合考虑:表面的时间去相干。InSAR 假定所观察到的目标对于所有的探测而言是相同的。由于海洋表面是不断变化的,雷达散射系数不变的假设仅在短时间内是正确的。因此,需要在使 ATI 灵敏度达到最大的长基线及采集间保持相干性的短基线之间进行权衡。这将在 2.4.3 节在 PICOSAR 任务概念背景下进行详细讨论。

2.2.7　几何分辨力和辐射分辨力增强

在 2.2.6 节已经论述了使用多个接收机增加数据额外维度的应用:对于每个

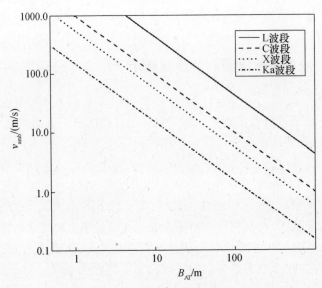

图 2.7　L 波段、C 波段、X 波段和 Ka 波段情况下沿迹基线(B_{AT})
与水平速度模糊性的函数关系

分辨力单元,有两个或更多的可用途径。接下来的两个小节将详述采用分布式多基系统来提高或拓展单通道 SAR 图像质量。因此,通常是由相对较小的航天器构成的分布式系统,合成等效的更大的 SAR 系统。

影响 SAR 数据分析的主要影响因素之一是存在乘性散斑噪声[52-54]。其结果是,在完全分布式的散射条件下,测量多散射中心分辨力单元的雷达截面本质上是一个服从指数分布的随机变量(其标准偏差等于平均值)。为了获得真正的雷达截面的可靠估计,或归一化的雷达截面,必需进行某种平均化。对于使用单通道系统的单次探测,通过对一些相邻像素进行平均,或等价地通过在多普勒频率域和(或)快速时间频率域中将 SAR 图像分为子带宽,然后平均子带宽 SAR 图像的功率,从而获得空间域的平均值。在降低产品分辨力的情况下,多视角过程结果可以更好地估计归一化雷达截面(NRCS)。同时,多视角隐含地假设了场景的平均像素是均匀的。实现高空间分辨力和辐射分辨力的单基方法可提高系统的单视角分辨力。第一种方法是增加发射脉冲带宽,这是容许的频谱分配制度上限,并要求成比例地增加发射功率来保持灵敏性。第二种方法是提高多普勒带宽,这也需要增加发射功率。

另一种提高分辨力(和可用视角数目)的方式是频谱不同部分采样的联合采集(图 2.8)[55,56]。在多普勒域中,需要采集不同多普勒质心图像:当多普勒频谱的共同部分产生干涉信息时,非重叠的部分可以用来提高方位角分辨力。正如 2.2.1 节(图 2.5)已经论述的,一组被动沿迹分离接收机会自然地产生多普勒中心差异。从功率预算的角度看,这是提高分辨力的非常吸引人的方式,因为它就像单基系统一样不需要增加传输波束,因此不需要额外的发射功率来增加分辨力。如果主要的目标是为了提高分辨力,那么不同的多基图像需要是相干的,聚集的多普勒频谱必须是连续的。然而,如果目标是多视角,这两个要求可能会下降。

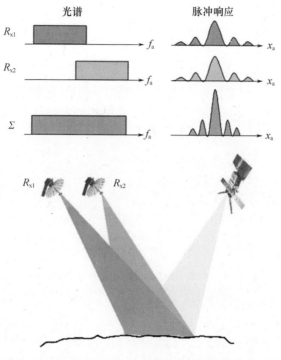

图2.8　被动微卫星编队超分辨力应用。从稍微不同的角度获得的频谱相干组合将可以提高距离分辨力和(或)方位分辨力

也可以在范围域内实现超分辨力。地面距离分辨力可通过雷达脉冲采样由地面频谱部分确定(在波数域)。由文献[18]知,地面距离波数 k_g 与斜距频率相关:

$$k_y = 2 \cdot k \cdot \sin(\theta_i^0 - \zeta) = \frac{4\pi f}{c_0}\sin(\theta_i^0 - \zeta) \tag{2.22}$$

式中:θ_i^0 为标称入射角和 ζ 为地形坡度。

对于单个SAR系统,地面距离分辨力为

$$\Delta y = \frac{2\pi}{\Delta k_y} = \frac{c_0}{2 \cdot \Delta f \cdot \sin(\theta - \zeta)} \tag{2.23}$$

式中:Δy 为脉宽;c_0 为光速。

从式(2.22)可明显知道,改变入射角会改变地面距离波数,因此在垂迹基线方向以不同入射角采集的SAR图像可组合成单一高分辨力图像。再者,一组垂迹方向分离的接收机组成的多基星座将会实现距离超分辨力而无需增加发射功率。

同时,由上述可知为了获得多视角,无需连续地组合不同的图像,这就允许基线在临界基线以上。

可能值得注意的是,当多普勒频谱的不同部分组合是合成孔径概念的自然延伸时,可以理解为一种光学成像过程,地面距离超分辨是斜距分辨力和角分辨力的组合。该组合不太合乎规律,这也是个问题。例如,需要具有很好的地形斜坡先验信息。

2.2.8 非模糊宽测绘带成像

这里将论述最后一个用途:使用多基配置实现高分辨力宽测绘带 SAR 成像(HRWS)。单通道 SAR 系统的传统局限性是分辨力、幅宽和天线尺寸三者的关系。条带模式方位角高分辨力要求较大的多普勒带宽,通常意味着这是一个短的天线(因为最好的可实现的条带式分辨力约为 $L/2$,其中 L 为天线的长度),这反过来要求高 PRF 以避免方位模糊性。高 PRF 意味着一个狭窄的非模糊测绘带,也即在要求抑制距离模糊性的高程中需要一个较宽的天线,以提供较窄的波束。除了在分辨力和幅宽之间进行权衡外,天线面积还有一个更低的界限,事实上在许多 SAR 参考文献[57,58]已研究过。这个界为

$$A = W \cdot L > \frac{4 \cdot v_{\mathrm{sat}} \cdot \lambda \cdot r_{\mathrm{m}}}{c_0} \tan\theta_{i,\mathrm{m}}^0 \qquad (2.24)$$

式中:A 为总的天线面积;W 为天线的宽度;r_{m},$\theta_{i,\mathrm{m}}^0$ 分别为带中心的斜距和标称入射角。

如果可以接受分辨力低于 $L/2$,即降低 PRF,或如果幅宽允许小于非模糊测绘带,该更低的界限可以更宽松[59],那么它是系统设计的良好开端。

对于单通道系统,所给的天线面积和方位分辨力可通过使用诸如 ScanSAR 或 TOPS(逐行扫描的地形观测)[60]的脉冲模式权衡测绘宽度。在这种权衡中,每个方位单元长度的独立分辨力单元数目最好保持为常数①。可以使用聚束模式来提高方位分辨力,这也限制了连续场景长度。这里的平均信息率保持不变,因为增加信息密度的方位 SAR 图像段的后续段没有任何信息可采集。

虽然最小面积约束不能真正地避免性能退化的问题,但是可以通过引入多通道并应用数字波束(DBF)技术使方位分辨力与幅宽解耦[61-63]。直观上看,似乎通过提高分辨力或增加其范围,SAR 系统采集的样本数会随着所产生 SAR 图像独立像素数的增加而增加。DBF SAR 系统使用了如下两个原则之一或组合:

(1)在沿迹方向的接收机矩阵可减少给定多普勒带宽采样所需的 PRF。从波束形成的角度来看,可以通过产生很多方位上的接收窄波实现。奈奎斯特采样定理表明,与窄波束相关的更窄多普勒带宽可允许较低的 PRF。重建过程的可选择

---

① 通常不同模式间不可避免的会存在间隙,这就意味着条带式地图中独立像素数目会降低。

的一种方法为:对每个接收机,可能会形成独立的图像,但由于较低的 PRF,将会受到高方位模糊影响。然后,通过使用 DBF 方法,把这些图像组合起来,将这些模糊的位置空出。

(2)在垂迹方向的接收机矩阵可利用回波到达方向的不同来辨别不同距离方向上的回波。这可以同时采集大量的条带图像子测绘带。在这里,DBF 的关键是距离模糊置零的能力。

DBF SAR 技术会在未来的单基任务计划中扮演重要作用。但是它们也可以在分布式多任务概念中实施[64-67]。该构思无需复杂的大系统,多通道接收机可以分布在大量的小航天器上。

除了明显的实现过程的差异外,单个航天器 DBF 系统与其分布式多基系统之间的主要概念区别是,在第一种情况下,处理一系列有规律的优化空间元素,而第二种情况下,有更多或更少的随机稀疏矩阵。对于固定维数的矩阵 DBF 可使用基于路径的匹配滤波器实现。

然而,对于稀疏矩阵,匹配滤波器在需要抑制的模糊位置处或许会有较大的旁瓣。一个可能的解决方案是使用最大似然(ML)波束发生器,在加性白噪声的情况下,其主要是伪逆接收信号,并在模糊位置处设置为空[67]。虽然基于最大似然估计的 DBF 在信杂(模糊)比(SCR)条件下,具有最好的性能,但是根据接收机的位置,伪逆问题可能是病态的,存在噪声的情况下会导致出现较大的成像伪影。

另一种处理方法是使用最小均方误差(MMSE)估计 DBF。需要注意的是,虽然 MMSE 能避免大噪声引起的伪影,但并没有真正解决该问题。在极大似然估计器产生较大的伪影位置处,MMSE 估计器会使用基于先验假设场景统计值而不是测量值。真正的解决方案是通过引入额外的接收元素对系统扩维以减少病态问题的概率。

与稀疏阵列相关的另一个问题是:元素之间较大的距离使它们对相位误差非常敏感,这对于极大似然方法和 MMSE 处理方法而言,是一个特殊问题。这意味着,多个接收机之间需要非常精确的相位同步/校准,事实上,在多基背景下已经是很复杂的了。同时,HRWS 成像使用分布式系统的吸引力在于该系统可以同时用在一些先前讨论过的干涉或层析成像应用中。

2.3 任务设计

2.3.1 编队选择

本章所考虑的多基系统和应用都采取编队飞行航天器星座。本节论述了几个编队概念。一般来说,重要的设计目标是有很好的控制,且航天器之间有基本恒定的基线。对于沿迹干涉,可以通过将航天器放在同一轨道平面,并且除了小的沿迹距离外具有相同的轨道参数来完成。对于这种配置，唯一且重要的问题是处理随机轨道漂移时，如若不小心可能会导致航天器之间的碰撞。

然而，该简单解决方案在垂迹干涉条件下是不可能的，因为在自然轨道上自由飞行的航天器，要使既不垂直也不平行的垂迹距离保持恒定，燃料消耗必须要保持在合理范围内。自由运动卫星的近距离编队相对运动可以由 Hill 方程近似表示[68]，也称为 Clohessy – Wiltshire 方程[69]，它描述卫星在旋转参考坐标系下的运动[70]。此转换是对卫星动力学特征的微分方程进行线性化。对于未受扰动的开普勒运动和周期为 T_0 的圆参考轨道，Clohessy – Wiltshire 方程的解[71,72]为

$$
\begin{cases}
\Delta r_r(t) = -a \cdot \delta e_i \cos\left(\dfrac{2\pi}{T_0}t - \alpha_i\right) \\[2mm]
\Delta r_t(t) = 2a \cdot \delta e_i \sin\left(\dfrac{2\pi}{T_0}t - \alpha_i\right) + a \cdot \Delta u_i \\[2mm]
\Delta r_n(t) = a \cdot \delta i_i \sin\left(\dfrac{2\pi}{T_0}t - \beta_i\right)
\end{cases}
\tag{2.25}
$$

式中：a 为半长轴；Δu_i 为卫星 i 的相对纬度幅角；幅值 δe_i 和角度 α_i、幅值 δi_i 和角度 β_i 分别定义为相对倾角和相对偏心距向量；变量 Δr_r、Δr_t、Δr_n 分别为卫星径向（垂直）、运动方向（沿迹）和轨道面外方向（横向）的相对运动；$a \cdot \Delta u_i$ 项表示常数沿迹偏移。前两个方程描述了一个（标称）轨道平面上的椭圆，它会产生一个垂直垂迹基线的谐波振荡以及一个 90° 异相、2 倍幅值的沿迹基线谐波振荡。最后一项表示在轨道面外方向独立的谐波振荡。

2.3.1.1　干涉干轮

Massonet 在 1998 年第一次提出了最著名的多基配置之一的干涉车轮[5,73]。车轮编队包括一组只接收的微小卫星，它们沿着小椭圆轨道在同一个轨道面进行近距离编队飞行。在它的基本配置中，所有卫星具有相同的偏心率和相同的半长轴，即在 Hill 方程中 $\delta e_i = \delta e$。由于所有卫星在同一轨道平面（$\delta i_i = 0$），对于所有轨道位置，水平横向位移 Δr_n 消失。为了获得干涉基线，卫星之间的不同近地点幅角会在径向分量 $\Delta r_r(t)$ 之间产生相对相位漂移，这是由于 α_i 的不同。例如，拥有 3 颗卫星的车轮会有相对相移，即

$$
\alpha_3 - \alpha_2 = \alpha_2 - \alpha_1 = 120° \tag{2.26}
$$

图 2.9 的上部表示 $a \cdot \delta e = 450\text{m}$ 的 3 个航天器构型中 Δr_r（垂直轴）和 Δr_n（始终为 0）的例子。注意，只要相对于标称编队没有无补偿的沿迹相对漂移，90° 异相 Δr_t 能保证空间飞行器不碰撞。

图 2.9 的下部表示每种航天器组合的有效垂迹基线和有效沿迹基线，它也表示了（粗线）垂直基线的极值（3 个基线的最大值）和相应的沿迹基线。这种配置的显著特点就是沿轨道的最大基线非常稳定，同时最小的值仅是最大的 13% 以

下。另一个令人满意的特点是,最大垂迹基线总是出现在最小沿迹基线组合中。

干涉车轮是单独的发射卫星。事实上,它是现有的或计划的单基任务的被动附加编队,对原系统的操作没有任何影响。

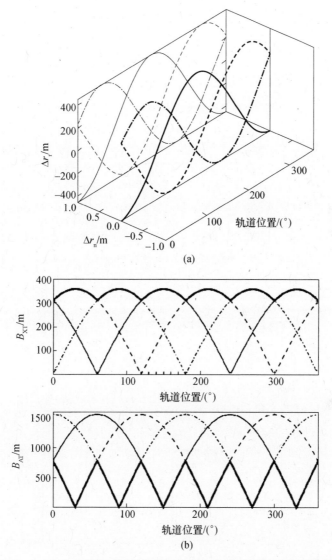

(a)

(b)

图2.9　(a)三航天器干涉车轮构型平均(标称)轨道中相对垂迹偏差与
平均升交角距(u)的函数关系。在垂直于共同轨道面的方向没有偏差。
(b)产生的有效垂迹基线(上)和沿迹基线(下)

2.3.1.2　垂迹钟摆

垂迹钟摆是另一个三被动航天器编队的概念,可以理解为车轮构型的补充

（或相反）。钟摆构型并不使用小椭圆轨道以及调整近地点幅角,而是改变轨道平面,其通过改变轨道倾角和(或)升节点来实现。因此对于 $\delta e_i = 0$ 的钟摆构型,根据式(2.25),在标称条件下沿迹距离是永远不变的。值得注意的是,这迫使每个航天器设置和维持不同的 Δu 值来避免碰撞。图 2.10 表示一个钟摆配置,其中

$$\beta_3 - \beta_2 = \beta_2 - \beta_1 = 120° \tag{2.27}$$

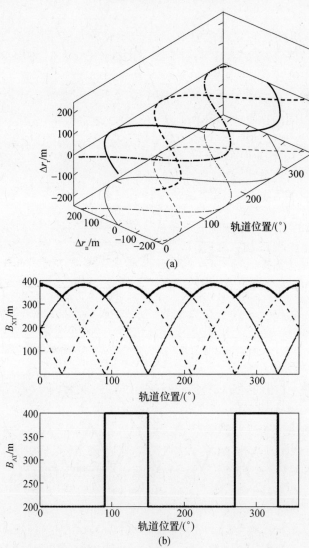

图 2.10 　(a)三航天器垂迹钟摆构型平均(标称)轨道中相对垂迹偏差与平均升交角距
　　　　(u)的函数关系。(b)产生的有效垂迹基线和沿迹基线

根据前面的例子,设谐波振荡的振幅为 $a \cdot \delta i = 250m$。垂迹基线的特性与干涉车轮情况一致但不同的是,该基线是水平的。当入射角小于52°,水平基线相比

垂直基线有更大的有效基线,一般来说,这意味着"钟摆"配置相对于"车轮"配置需要更小的相对运动。

由于该例中沿迹基线是恒定的,因此与最大垂迹基线相关的基线在两个值之间跳跃,其中3个航天器是均匀分布的,连续航天器之间的沿迹距离为200m。最小间距必须足够大以保证编队安全,甚至某些情况下一个或多个航天器必须要进入安全模式。

3颗卫星钟摆配置的缺点是要求卫星轨道倾角稍有不同,这意味着它们的轨道平面稍有不同,因此轨道平面的进动速率也略有不同。特别是,大多数SAR任务中至多一个航天器需要精确倾角以达到太阳同步冻结轨道。编队保持需要一些额外的燃料。最后一个问题可以通过使用3节钟摆式编队来避免,该编队中3颗卫星有相同的轨道倾角和偏心率,但是升交点不同。这会产生一个恒定的基线率,对于多基应用来说是有益的,但缺点是在高纬度地区所有XTI基线往往会消失。

2.3.1.3 CarPe

干涉车轮和垂迹钟摆的概念可以结合成CarPe配置。在这种情况下,两个航天器能有稍微不同的升交点(但轨道倾角相同),第三个具有较小的相对偏心率和近地点幅角,当其他两个航天器垂迹距离消失时,可以使参考轨道偏离最大:

$$\beta_1 = 90°, \beta_2 = 270°$$
$$\alpha_3 = 90° \tag{2.28}$$

图2.11所示为 $a \cdot \delta i_1 = a \cdot \delta i_2 = 450m$ 和 $a \cdot \delta e_3 = 650m$ 的一个例子。这些数字选择也是半任意的,以使垂直和水平基线产生相似的有效垂迹基线。然而,这种有效基线将取决于入射角。这意味着,除了标称的入射角,有效基线范围相比车轮或钟摆配置会有较大的变化。这在图注中进行了说明,当轨道高度为550km时,45°的入射角对应的视角为40.5°。

CarPe编队相对于车轮构型的优势在于它具有相当稳定的垂迹有效基线范围和恒定的沿迹基线,这对于ATI应用来说是有吸引力的。

2.3.1.4 Helix

最后一个编队是(螺旋构型)TanDEM – X任务中的Helix编队[1,71,72]。在这个特殊的情况下,编队由两个航天器组成,且

$$\begin{cases} \delta e_i = \delta e \neq 0 \\ \delta i_i = \delta i \neq 0 \\ \alpha_i = \beta_i = \alpha_{i-1} + \Delta\alpha \end{cases} \tag{2.29}$$

在TanDEM – X的特定情况下,$\alpha_1 = 90°$,$\Delta\alpha = 180°$。该方案具有被动安全性

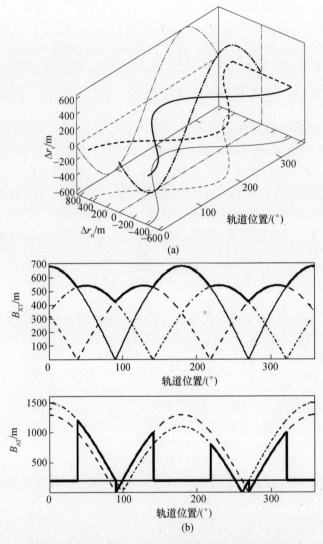

(a)

(b)

图 2.11 三航天器 CarPe 中,作为平均纬度幅角(u)的函数,相对于平均(标称)轨道的相对垂迹偏差(a)。产生的有效垂迹基线和沿迹基线(b)

优势:航天器间总是有垂迹距离,因此可以容忍沿迹漂移而不会增加碰撞危险。

图 2.12 表示相对轨道和由此产生的有效垂迹基线和有效沿迹基线。相对轨道的垂迹投影是一个椭圆,并且从不相交。显然,只有两个航天器时,有效基线为谐振函数的绝对值,这意味着其在每个轨道上有两点处会消失,一次在上升段,一次在下降段。两点处对应的纬度是不同的,这意味着在至少半轨道上所有的位置都可以通过足够大的基线观察到。此外,对于测绘任务来说,可以在不同的任务阶段改变编队参数来优化每个纬度处的基线。

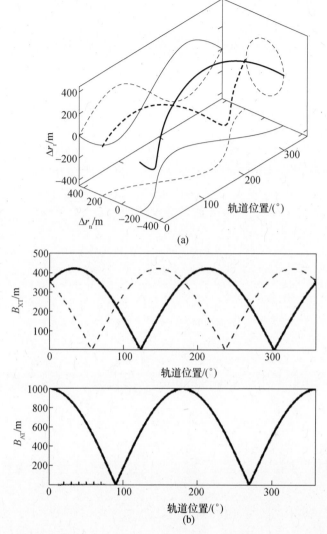

图 2.12　两航天器 Helix 中,作为平均纬度幅角(u)的函数,相对于平均(标称)
轨道的相对垂迹偏差(a)。产生的有效垂迹基线和沿迹基线(b)。虚线表示的
垂迹基线代表对于一个给定的纬度上升/下降段

原则上,考虑 Clohessy – Wiltshire 方程,Helix 概念可以通过取 $\Delta\alpha = \Delta\beta = 360°/N_s$ 扩展到 N_s 个航天器。然而,这意味着轨道倾角较小的变化将导致不期望的升交点相对漂移。一个有趣的选择是可采用多卫星 Helix 配置,其航天器个数为偶数,且

$$\begin{cases} \delta e_{2i} = \delta e_{2i+1} = s_i \cdot \delta e \neq 0 \\ \delta i_{2i} = \delta i_{2i+1} = s_i \cdot \delta i \neq 0 \end{cases} \tag{2.30}$$

这将产生多个同心的 Helix 编队,每个编队可通过因子 s_i 衡量。

2.3.2 操作模式

本节论述了多基系统操作中的主要运行和采集模式。

2.3.2.1 多基模式

多基模式是指多基系统运行时哪颗卫星接收和哪颗卫星发射的问题,这与多基配置类型紧密相关(见2.1.2.2节)。考虑以下模式:

(1)双基模式。沿续 TanDEM - X 任务,可命名为双基模式的是,所有接收卫星采集同一发射机的雷达回波。逻辑上,这是半主动系统进行操作的唯一办法。对于 TanDEM - X 或 TanDEM - L 这类全主动系统,双基模式的定义意味着发射卫星实际上进行了单基 SAR 数据采集。注意到类似的任务概念,单发射机双基模式也是默认的运行模式。

(2)交替双基模式。在这种模式下,将由至少两个发射航天器依次发射脉冲,而所有可用的接收机收集相应的雷达回波。对于两个航天器的系统,也称为乒乓模式。交替双基操作的优势是增加相位中心(与基线)的数量,也可以用于相位同步(见2.3.3.5节)。

交替双基操作的缺点是:为了充分采集方位向的雷达回波(对于给定的期望的方位模糊度),与每个发射机相关的 PRF 必须是恒定的。相对于单发射机双基模式,这意味着总的 PRF 需要乘以可用的发射机数目。一般来说,这将导致距离模糊更高和(或)幅宽降低。

(3)多单基模式。这是一个非双基操作模式,该模式中,完全主动系统中每个航天器获得独立的单基图像。通过引入足够的沿迹距离抑制卫星之间的相互干扰,在这种情况下,可称该方式为追踪单基模式。对于非干涉应用来说,多单基探测也是有用的,在该应用中不同航天器获得完全不同的信息内容。例如,一些航天器可能获得不同部分的多普勒频谱,在这种情况下,可通过雷达波束的不同方位指向抑制相互间的干扰。同样地,在这种模式下,通过使用不同的仰角波束,分布式系统可以同时获得两个独立的条区。

(4)MIMO 模式。多输入多输出 SAR 模式[74,75]的思想是同时使用多个发射机发射正交波形。一个经常忽视的局限是,如果频谱内容是不重叠的,这对于大多数双基应用是无用的(尤其对于干涉应用),那么一维正交波形是唯一可能的。然而,使用数字波束形成系统和多维波形编码[62]时,MIMO 的概念是可能的。因此,MIMO 模式的缺点是增加了接收机的复杂性。尽管有这些限制,对于需要大量相位中心的多基任务来说,MIMO 模式可能是正确的方法。

2.3.2.2 SAR 采集模式

SAR 图像可以在不同模式下获得。标准运行模式是带状的,它使用固定的波束,其方位分辨力可近似为有效双向天线长度的 1/2,有效天线长度 Leff 已在式(2.11)中定义。根据有效单基或双基相位中心的不同沿迹位置,通过瞬时多普勒频率观测给定目标时会有一个偏置:

$$\Delta f_\mathrm{D} = K_\mathrm{a} \cdot \frac{\Delta r_\mathrm{t}}{v_\mathrm{sat}} \tag{2.31}$$

式中:Δr_t 为相位中心的沿迹距离(如在半主动系统情况下,接收机之间的沿迹距离是物理沿迹距离的 1/2);K_a 为多普勒速度。

在条带式探测中,这种瞬时偏移并不一定意味着采集到的多普勒带宽的偏移,它只是意味着给定的多普勒谱分量是在不同时间获得的。正如 2.2.1 节论述的,不同的天线模式可以在几个方面优化,当信噪比最大时会损失公用多普勒带宽,或如果公用多普勒带宽最大时会损失灵敏度。从任务设计者的角度来看,该结果是多个单基相位中心和(或)双基相位中心沿迹传播的上限。

在聚束[76,77] 或滑动聚束模式下,运行一个多基系统也是可能的。在这些模式中,波束绕方位轴旋转,使目标在双向天线波束模式主瓣范围内保持较长一段时间,因此增加了有效的多普勒带宽和系统的方位分辨力。在多基情况下,更容易获得所需的公用多普勒带宽,从而允许相位中心间更大的传播。缺点则是增加了多方向发射和接收模式同步的复杂性。

最后,诸如 ScanSAR[78,79] 或 TOPS[60] 等运行在突发模式下的 SAR 系统,为保证幅宽权衡降低分辨力是很常见的。在这些模式中,指向不同仰角的天线模式下,雷达交替发射脉冲来获得很多子带。仰角波束的时间多路复用表明,合成孔径长度及其有效多普勒带宽会至少减少子带数量一样多的倍数。

图 2.13 所示为双相位中心多基 ScanSAR 采集的多普勒时间图。黑色的线对应于目标多普勒频率历史,该目标位于不同方位位置,如同通过主双基相位中心所看到。而灰色部分对应于同一个目标,但通过跟随相位中心所看到。每对线之间的垂直距离由式(2.30)给出,半主动 X 波段系统的轨道高度为 550km,沿迹距离为 1km。线的斜率表示多普勒速度 K_a。阴影区矩形表示 ScanSAR 脉冲的多普勒时间频率窗口,这清楚地说明了采集的多普勒频率范围取决于目标的位置和双基相位中心。为了产生与多普勒频率分量兼容的多基图像集,Δf_D 必须比脉冲带宽小,有

$$B_\mathrm{burst} = |K_\mathrm{a}| \cdot T_\mathrm{burst} \tag{2.32}$$

不像条带模式,并不能通过优化的转向控制来避免多基 ScanSAR 公用多普勒带宽损失。因此,需要通过约束相位中心之间的距离,使其保持相对较小。类似结论和分析适用于多基 TOPS 的采集。多基宽测绘带突发模式基本上是低效的,因此没有吸引力。

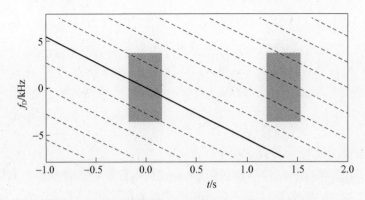

图 2.13　双基 ScanSAR 采集的时间 – 多普勒图。每个相同颜色的线代表在不同
方位的目标。而灰色和黑色分别对应于两个不同的双基相位中心。
阴影部分表示的 ScanSAR 脉冲的时间 – 频率采集窗口。

2.3.3　雷达同步

2.3.3.1　振荡器噪声和相对相位误差

多基系统特有的挑战之一是需要分布式系统的同步[80-83]。这包括时间同步和更苛刻的相位同步,其中时间同步是为了校准采样窗口等,相位同步需要真正的相干系统。任何应用都需要精确的相位同步,旨在通过不同接收机采集的信息能够相干组合。这包括所有的干涉测量应用和层析成像应用,也包括分布式成像方式。

对于使用单个专用发射机和很多被动接收机的分布式系统的某些应用来说,接收机的精确相位同步可能会受到限制。

振荡器的瞬时相位可以写为:

$$\theta_{osc}(t) = 2\pi \cdot f_0 \cdot t + \phi(t) + \phi_0 \tag{2.33}$$

式中:f_0 为中心频率;$\phi(t)$ 为时变相位误差;ϕ_0 为任意相位的常数。

需要指出的是,$\phi(t)$ 是一个非平稳的随机过程,其模型为均值为零的固定项和随机游走项之和,即

$$\phi(t) = \phi_{st}(t) + \phi_{rw}(t) \tag{2.34}$$

对于获得全部的相位误差[84-86]长期演化,随机游走条件是必不可少的。对于任何一个发射机—接收机或接收机—接收机对来说,相对相位差将是两个独立随机过程的差,可以表示为

$$\Delta\phi(t) = 2\pi \cdot \Delta f_0 \cdot t + \phi_{st}(t) + \phi_{rw}(t) \tag{2.35}$$

相对频率项产生线性相位分量,为固定过程分量以及随机游走分量之和。考虑这 3 项及其对多基 SAR 产品的影响。

(1)对于所有目标发射机和接收机之间的未补偿(残余)线性相位误差将引

入一个明显的多普勒,在处理后的图像上会有对应的方位角位移。在 SAR 处理后,每个图像会有与航天器相对沿迹位置成比例的相对相位误差。对于 ATI 或 GMTI 应用,在目标速度估计中误差会存在偏差。对于 XTI 应用,由于航天器之间不可避免会有沿迹距离,因此相位误差可理解为为高度偏差。理论上,由于这些误差,需要两个以上的接收机信号进行融合的应用(如单通成像)会完全受到这些误差的破坏。然而,这在重复穿越层析成像中可描述为典型相位校准问题,可采用基于数据的校准方法解决。

(2)不同接收机之间的剩余线性项将在 SAR 图像之间引入方位向上的相对相位斜率。在许多情况下,可以使用先验信息校准误差。例如,在大多数情况下,会有足够的先验成像知识来消除数字高程模型中错误的方位斜率。

(3)固定项是一种有色随机过程,它的单边带(SSB)功率谱通常由(高达)5 个频率分量的叠加来描述[87],即

$$S_\phi^{\text{SSB}}(f) = \sum_{i=0}^{4} b_i f^{-i} \quad (f > f_c) \tag{2.36}$$

式中:f_c 为需要保持总功率有限的截止频率下限,因此式(2.35)描述了一个适当平稳过程。

高频分量的影响类似于热噪声,会增加虚假的旁瓣电平。较低频率项修改接收信号的表观相位记录,其时间尺度为孔径长度的量级。这将导致 SAR 图像离焦且点目标方位响应加宽以及聚焦目标方位和距离的随机位移。频率分量大于或等于的孔径长度的倒数,$F > 1/T_a$,在聚焦图像和随之产生的干涉图像中,这将导致方位相位调制。

(4)随机游走分量会导致相位误差,其方差随时间线性增加[84],有

$$\sigma_{\phi,\text{rw}}^2(t) = (2\pi f_0)^2 c_{\text{rw}}^2 |t| \tag{2.37}$$

式中:c_{rw} 为表征这一过程的常数,它描述了两个振荡器相对相位的预期无界漂移。

有限时间采集的最实际目的是,可以通过平稳过程误差的低频频谱分量来描述短期漂移。长期漂移的特征是相位偏移,它从采集到采集会随机变化。

在雷达系统中,像在许多通信系统中一样,所有的频率参考都来自一个共同的主振荡器。雷达使用超稳定振荡器(USO)作为参考。通常这些超稳定振荡器在相对较低的频率(在 5 ~ 10MHz 范围值是典型的)下工作。可通过采用锁相合成器、直接数字频率合成器(DDS)和(或)倍频器融合的主频率源得到系统所有方面所需要的更高频率。对于低频相位噪声分量,所有这些方案以相位噪声与合成频率和超稳定振荡器间的比值相乘而结束。其结果是,通过相同的超稳定振荡器技术,振荡器产生相位误差的严重程度与雷达工作频率直接成正比。对于任务设计来说,不同的运行频段可能会产生不同的同步方法。

图 2.14 的例子是典型宇航级超稳定振荡器的单边带相位噪声谱和相应随机过程的两个随机结果之间的差值。表 2.1[82]假定了一个 10MHz 的参考振荡器,并给出了相位噪声水平对应于第一行频率的关系,为达到典型 C 波段运行频率

5.3GHz,第一行频率需乘以 530、表的第二行表示 PHARAO 系统[88,89] 中 5MHz 参考超稳定振荡器的相位噪声要求以理解宇航级 VSO。

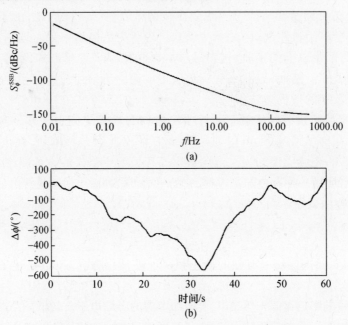

图 2.14 一个典型的星载 10MHz USO 的单边带相位噪声光谱的例子(a)和相应随机过程两个随机结果之间的差,缩放到 C 波段(b)。线性趋势已经消失。

表 2.1 对于宇航级 USO,单边带相位噪声水平(dBc/Hz)的例子

频率	1Hz	10Hz	100Hz	1kHz	10kHz
根据文献[82]的 USO	− 89	− 120	− 146	− 154	− 155
PHARAO USO[88]	− 131	− 147	− 156	− 156	− 156

2.3.3.2　基于专用同步链接的同步

从前面的分析可知在分布式多基雷达任务中,很明确的是需要一些策略实现慢时间的同步和相位不同的子系统的同步。最直接的方法是使用专用的同步链接来交换同步信息。最简单的可能方案是指定一个航天器作为主参考,让它通过无线电频率链接给所有其他航天器分配一个参考同步信号,并使用它修改附属航天器的频率参考相位。调用主频率参考相位 ϕ_1 和 ϕ_i,子系统 i 的振荡器相位,则系统测量的相位差将为

$$\Delta\widetilde{\phi}_{i1}(t) = \phi_i(t) - \phi_1(t) - \frac{2\pi f_{ref}}{c_0} \cdot B_{i1}(t) \qquad (2.38)$$

式中:f_{ref} 为参考频率;$B_{i1}(t)$ 为两个航天器之间随时间变化的物理距离或基线。

由于航天器距离产生相位偏移,通过单向链接可能无法实现绝对的相位同步,除非基线已知是波长足够小的部分。该问题的解决方案是如 TanDEM - X 任务中

一样采用双向链接。返回链接产生的额外相位差方程为

$$\Delta\tilde{\phi}_{1i}(t) = \phi_1(t) - \phi_i(t) - \frac{2\pi f_{ref}}{c_0} \cdot B_{i1}(t) \qquad (2.39)$$

从式(2.38)和式(2.39)可估计卫星之间的物理距离,而当两个方程相减时,基线项会消失。然后振荡器之间的真实相位差可估计为

$$\Delta\phi_{i1}(t) = \frac{\Delta\tilde{\phi}_{i1} - \Delta\tilde{\phi}_{1i}}{2} \qquad (2.40)$$

该表达式隐藏的一个细微处是:因为测量的相位差模是 2π,除以 2 会在得到的相位中产生不希望的模糊值 π。如果交换的信号不是纯粹的正弦信号,例如脉冲信号(如在 TanDEM − X[82] 中),那么可从估计出的脉冲延迟中解决模糊值 π。由于这种模糊问题只对雷达的工作频率有重要影响,因此解决它们的另一种方法是在参考频率使用同步链路,该参考频率是雷达频率的偶数部分。在这种情况下,生成所需雷达参考频率的频率乘法操作可以消除任何 π 差。然而,这种方法需要在新的频率上引入子系统,这会使整体设计复杂化。

假设双向同步链路是相互的,则在两个方向上引起的延迟或相位变化是相同的。链接的执行中必须考虑这个假设,而且在实际中由于硬件组件是不完全相同的,因此它会成为一个限制因素。

接近理想的无线信道也是必须的,即在航天器之间的多通道自由视线路径。在大多数编队飞行计划中,航天器的相对位置会沿轨道改变。因此,有必要在卫星周围放置一批同步天线来覆盖所有方向。例如,在 TerraSAR − X 和 TanDEM − X 中,每个航天器有 6 个同步角天线。

对基于脉冲的同步链路,另一个重要的考虑因素是所需的脉冲重复频率。在 TanDEM − X 中,同步脉冲以规律的雷达脉冲隔行扫描,导致所产生的 SAR 原始数据存在方位角间隙。为了避免在聚焦的 SAR 图像中出现伪影,间隙数量需要尽可能少,这意味着较低的同步脉冲频率。从抽样理论的角度来看这是可能的,因为振荡器的相位噪声是一个低通随机过程。然而,也有必要估算参考频率之间的差异,其在几十或几百赫兹的量级。这可以通过在采集之前使用较高的同步脉冲频率进行频率偏差估计来实现。

同步链路过程的实际实施比式(2.40)的直接应用更复杂。例如,它需要考虑到相位测量不可能同时进行,这就要求它们能插值到一个合适的共同时间基。它也需要考虑到多普勒效应(时变的航天器间的距离)或相对论效应:如果在与地球相关的参考坐标系中进行 SAR 处理,那么在与航天器编队相关的移动参考坐标系中进行同步脉冲测量并计算就会产生小误差。

2.3.3.3　基于 GNSS 的同步

使分布式系统同步的一个普遍方法是使用诸如 GPS 系统或即将运行的"伽利

略"星座的全球导航卫星系统(GNSS)[90,91]。GPS 可驯振荡器对于那些需要很好的长期频率稳定的系统来说是一个通用解决方案。一般来说,GNSS 参考频率有很好的长期稳定性。然而在短期内,相位质量受 GNSS 信号低信噪比限制,这需要很长的积分时间以减少相位噪声。因此,GNSS 可驯振荡器将使用一个高性能的晶体振荡器提供最佳的短期稳定性和低相位噪声,而对于长期频率和相位稳定性而言,则依靠 GNSS 基准。

很明显,在可行的情况下,对于多基系统来说将首选基于 GNSS 的同步。大多数 SAR 航天器包含高性能 GNSS 单元用以定位。对于编队飞行系统,通常 GNSS 也会用于相对位置估计。众所周知,GNSS 接收机需要解算三维位置矢量以及内部时间基准相对于 GNSS 系统参考时间的时间偏移(相位)。同样,差分 GNSS 需要解决三维位置差分向量和相对时间偏移。这意味着,使用差分 GNSS 进行相对位置确定的编队飞行多基系统也自动地提供共同时间参考。利用差分 GPS 载波信号(CDGPS),相对位置估计能达到 1.5mm 量级三维 RMS 误差[92,93],各部分误差范围是 1mm。这意味着长期相对定时误差的量级为 $10^{-3}/3 \times 10^{8} \approx 3 \times 10^{-12}$ s,代表 X 波段均方根误差约为 12°,且 L 波段只有约 1.5°。由该简明的分析可以得出结论,基于 GNSS 的同步对于低频(P 波段、L 波段,或许是 S 波段)多基雷达任务可能足够好,对于高频率的 GNSS 同步本身似乎又不够。

2.3.3.4 多倾视角处理方法

所考虑的最后一个相位同步方法在某种程度上是尝试从获得的雷达数据中估计相位误差。实际上有几种利用雷达回波来校准(或部分校准)相位误差的方法。

第一个是多倾视角处理方法[94,95],它是机载 SAR 重复穿越干涉测量中的一种运动补偿(Moco)技术。在这种情况下,基线误差是航天器惯性导航系统(INS)得到的位置估计误差。这些误差是由于飞行轨迹的高频分量引起的,而高频分量是由湍流或飞行机动所产生。在对应于合成孔径长度积分时间的时间尺度上,这些误差通常比两个振荡器的相对相位差更严重。

在解释多倾视角处理方法前,时变相位误差意味着相对多普勒频移,这将导致聚焦图像的相对方位偏移。由于未补偿干涉图中存在配准误差,方位偏移将引入解相关。事实上,多倾视角处理方法最初是方位配准误差估计技术。

干涉对的多倾视角处理方法遵循以下步骤:

(1)产生对应于不同窄带多普勒谱的很多(N_{sub})子视角主从图像。这些图像具有降低的方位分辨力。因此,方位配准误差产生的相干损失影响较小。

(2)对于每对子视角 SLC 图像,生成相应的干涉图。子视角干涉图像的栈包含相同的地形相位信息,但系统误差是对应于每个视角的光束中心位置,从而对应不同的方位角位置。

（3）计算连续子视角之间的相位差，产生 $N_{sub}-1$ 的双干涉。在这里，抵消了地形相位作用。由此产生的相位是在两波束中心位置相位误差之差，与方位角位置有关相对相位误差的导数成比例关系。

（4）双差分干涉图需要配准，以使每个方位能对应一个波束中心位置（或原始数据位置），而不是对应于相同的地面方位（零多普勒）位置。一旦正确配准后，可以对 $N_{sub}-1$ 双干涉图进行平均化。

（5）可在距离上对双干涉图相位进行平均（在最初 MoCo 应用中，可以利用距离来区分不同的相对运动分量）。

（6）最后一步是对最终得到的估计双差在方位向上进行积分，获得相对于方位角的相位误差估计。数值误差来源于积分过程，因为在该方案中，零均值随机误差会产生随机游走误差分量。然而，由于许多平均是在积分前完成的，因此随之产生的随机游走分量会产生一个非常低频率的误差。显然，不能通过这个过程重新获得恒定误差项。

多倾视角处理方法已经提出并作为 TanDEM - X 任务的一个可行备份方案进行成功测试，以避免同步链路失败等低概率事件[96]。图 2.15 表示在多倾视角相位同步之前（上图）或之后（下图）的干涉相位强度。减去标称平地相位，那么理论上，地形决定剩余条纹。鉴于场景平均高度差和使干涉图平坦的参考高度，低频距

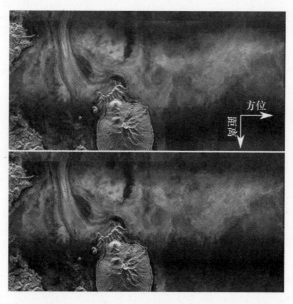

图 2.15 （见彩图）TanDEM - X 在相同强度图像上采集的干涉相位

上部：在相位同步前（较小频率偏移产生的线性相位项已经消除）。底部：使用多斜视处理的相位校正后。在两种情况下，已经去除了标称的平坦地球项。（由 DLR 微波和雷达研究所的卡索拉马克罗德里格斯免费提供）。

离干涉条纹是残余的平坦地表部分。通过比较两个相位图像,可以评估在多倾视角处理后,如何解决方位调制。线性部分去除后,估计的相位误差如图 2.16 所示。

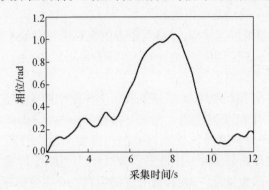

图 2.16　对应于图 2.15 例子中的多斜视相位误差估计

2.3.3.5　交替双基冗余成像

所考虑的第二个和最后一个数据驱动校准方法适用于所有卫星都发射信号的分布式系统。一个例子是 TanDEM - X 的交替双基模式,相当于 RADARSAT - 2/3 地形任务[3,4]所论述的单基和双基同时进行模式(静态 SiMB)。这个概念很简单:由于相互性,在交替双基操作模式中获得的两个(或更多)双基图像,在理论上是相同的,因此也是冗余的。但是,双基图像将被相对振荡器相位误差污染,相位误差对冗余对中两幅图像而言,具有相同的幅值,但符号是相反的。因此,可以直接从原始冗余双基图像之间的相位差进行估计相位误差。需要注意的是,这在概念上等同于专门的同步链接,通过随机时变信道代替接近理想的 LOS 信道。虽然使用这种方法代替专用的同步链路似乎是有吸引力的,但是它有两个明显的缺点:

(1)为了获得真正的冗余双基对,每个星都需要采集足够的多普勒频谱。这意味着系统总的 PRF 比常规采集大概高 2 倍,通常,将降低可实现的幅宽和减少可达到的灵敏度。

(2)数据速率也是重复的。

减轻这些问题的可能途径是两个系统并不发射全脉冲带宽。相反,每个系统可以发射略多于总带宽 1/2,重叠的部分会用作校准。这解决了数据速率和灵敏度(雷达工作周期)的问题。但是,一般来说,它并不能解决高 PRF 问题。

除了上述问题,对于任务而言,考虑交替双基作为默认模式,校准方法需要高度注意以利用产生的多基线数据集。

2.3.4　基线测量和校准

由不同子系统获得数据的所有多基任务概念是相干地组合的,它需要知道航天器相对位置信息,特别是相对垂迹位置信息。虽然在本书的第二篇详细论述相对导航,但是这节简要论述相对位置误差一般要求和影响。在这里,我们可以区分垂直基线误差和视线误差,垂直基线误差即垂直于目标视线(LOS)的相对位置误差分量。在第 5 章中详细论述了通过差分 GNSS 技术,可以以毫米量级精度确定三维相对位置,所以主要问题是基线信息是否足够。

虽然垂直基线决定着给定构型下干涉测量或层析成象的灵敏度,但是小误差也会有轻微的影响。一般来说,垂直基线误差应是实际垂直基线的一小部分。在大多数情况下,使用上述基于 GNSS 的相对位置估计来实现。

相比之下,虽然从灵敏度的角度来看,视线角基线是无关的。但视线角基线误差有很大的影响:一个视线角基线不确定性 ΔB_{LOS} 会导致相位误差,即

$$\Delta\phi = n_w \cdot k_0 \cdot \Delta B_{LOS} = 2\pi \cdot n_w \cdot \frac{\Delta B_{LOS}}{\lambda_0} \tag{2.41}$$

其中,像之前一样,如果使用单个发射机,$n_w = 1$,对于多个单基数据集,$n_w = 2$。从式(2.41)很明显可知,视线角相对位置必须是已知的,且是波长的一小部分。

对于单基线垂迹干涉应用,视线角基线误差会在所产生的 DEM 中引入高度偏差和地面斜坡(通常很小)。对于多基线应用,产生的相位误差使矩阵处理更困难。

2.4 研究例子

本节将论述目前的 3 种多基任务计划,即 TanDEM - L、SIGNAL 和 PICOSAR。读者可以参考本书第四篇详细论述的其他几个任务计划。

2.4.1 TanDEM - L

TanDEM - L[97-99] 是由德国提出的双航天器编队飞行 L 波段 SAR 系统,用于地球监测重点在于动态过程(图 2.17)。最相关的任务目标是监测森林高度和地上生物量的全球总量、由板块构造、侵蚀和人为活动引起的大规模地表测量数据变化、冰川运动观测以及陆地和海洋冰的三维结构变化和海洋表面洋流监测。

监测大陆尺度的动态过程,意味着对幅宽、占空比和数据速率有极高的系统要求。满足这些要求的关键是使用先进数字波束形成(DBF)技术来实现高空间分辨力和宽测绘带的结合。

为了获得森林高度和生物总量,TanDEM - L 依赖于执行单通全极化和干涉测量的能力(PolInSAR)。

2.4.1.1 科学要求

TanDEM - L 的主要任务目标可以分为 3 类:

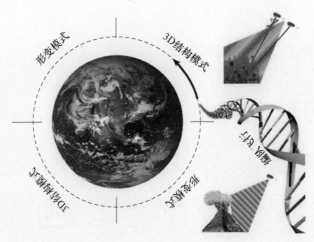

图2.17　TanDEM－L任务依赖于使用一对近距离编队飞行的L波段SAR卫星的系统数据
采集策略。卫星系统在两种基本的数据采集模式下工作：三维结构模式和失真模式。
新的SAR成像技术能频繁地进行高几何分辨力的覆盖

●生物圈(三维植被监测)：森林高度和结构测定；地上森林生物量的全球总量；检测植被扰动和生物量的变化。

●地理/岩石圈(变形测量)：了解地震和火山喷发周期；量化事件的规模；测定和预测事件的概率。

●水文和冰雪圈(结构和变形)：冰结构及其变化的测量；监测土壤水分和地表水的变化；海流和波浪场的动态观察。

表2.2总结了一些最重要应用的基本用户需求。

表2.2　TanDEM－L要求总结

	科学产品	有效范围	产品分辨力/m	产品精度
生物圈	森林高度 地面上生物量 垂直森林结构 下层地形	所有森林区域	50(全球) 20(局部) 100(全球) 50(地区) 50(全球) 20(局部) 50	约10% 约20%(或20t/ha) 3层 <4m
地球/岩石圈	板块构造 火山群 滑坡 地表下沉	所有危险区域 所有地面火山 危险区 市区	100(全球) <20(断层) 20～50 5～20 5～20	1mm/年(5年后) 5mm/周 5mm/周 1mm/年

	科学产品	有效范围	产品分辨力/m	产品精度
低温和水圈	冰川水流	主要冰川	100 ~ 500	5 – 50m/年
	土壤水分	所选区域	50	5 – 10%
	水平面变化	局部	50	10cm
	雪水当量	局部	100 ~ 500	10 – 20%
	冰结构变化	局部	100	>1 层
	洋流	优先区域	约100	<1m/s
全部	数字地形和表面模型	全球	约20(裸露区)	2m(裸露区)
			约50(森林)	4m(植被区)

2.4.1.2 任务概念

TanDEM – L 任务的一个突出方面是使用两个航天器的多基(全主动)配置的系统数据采集方案。这两颗卫星将在两个交替的模式下工作:

• 三维结构模式。在这个模式期间,两个航天器将仅用于获取森林和其他半透明的体积散射的 PolInSAR 测量(冰、沙子等)。

• 变形模式。这依赖于重复通过的 DInSAR 测量。在这种模式下,两个航天器在多个单基方式下操作,使采集测绘带加倍。

对于变形模式,两个主要性能约束因素是时间去相关和大气效应(大气相位屏)。时间去相关可以通过增强分辨力来解决以能够对更多独立视角进行平均,只能通过最大化采集数量来减少空间平滑大气相位误差。为此,提出了一个为期 8 天的重复周期。

正如2.2 节讨论的,结构模式的最优基线依赖于观测到的结构高度(图2.18)。此外,可以结合不同基线采集数据使生物量的估计精度小于10% 。为了解决这个问题,任务计划包括干涉基线的系统变化。能够提供广泛垂迹基线的技术是指利用不同轨道倾角的细微差别所引起的升交点赤经的长期微小变化。图 2.19 说明了赤道处不同轨道倾角偏移下(在北部和南部的轨道匝数上表示为水平基线)水平基线的演变。该图还显示出所需要的 Δv 以引入轨道倾角偏移。Δv 是要求达到轨道修正的脉冲测量量(归一化的单位质量),可直接得到燃料预算和最终的任务寿命。也正如该图说明的,TanDEM – L 主要依靠水平基线,对于较高纬度会产生更小的垂迹基线。为了获得在热带和寒带地区所需的基线范围,TanDEM – L 探测计划将在赤道地区使用双基(两个航天器其中之一作为两者的共同照射源)进行探测,在高纬度地区使用交替双基或多个单基结合进行探测。

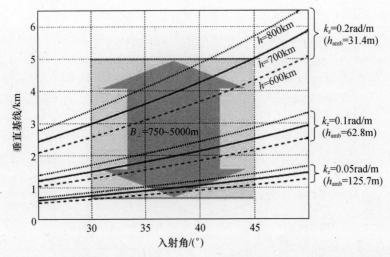

图 2.18　垂直波数和垂直基线（$B_\perp$）之间的关系为入射角和轨道高度的函数

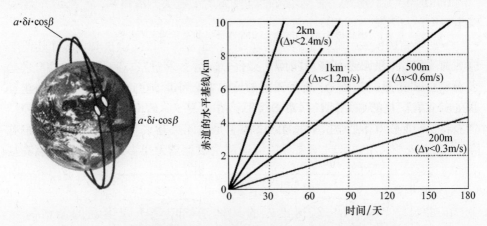

图 2.19　使用轨道倾角稍不同的轨道可实现赤道垂迹基线的系统变化。
轨道倾角偏移会导致升交点的相对漂移

2.4.1.3　系统概念

　　TanDEM-L 系统包含了由数字阵列组成的大型反射面天线,使用接收端扫描（SCORE）[100-102] 获得宽测绘带,但是接收波束带宽窄、增益高。SCORE 利用侧视雷达系统中存在的距离延迟和到达方向之间的一对一的关系,它结合多个子孔径信号使得在每个瞬时窄波束指向期望到达方向的回波。对于高增益天线(用于接收)无需自主地耦合到一个窄条带。窄接收波束具有进一步抗距离模糊的优势。通过把 SCORE 技术和宽发射波束结合,可以建立带有宽扫描带覆盖的高灵敏度的SAR 系统。虽然在发射过程中使用所有馈入元件可以达到更大图像测绘带照射,但是在接收窗口可同时激活少量馈入元件(2~5 个,取决于执行情况)。有源馈电元件位置周期性的变化与来自测绘带回波到达方向的系统变化同步。这个概念的优点是多方面的。首先,对于相同的成像参数而言,使用与数字波束形成相关的大型发射面天线相比于传统 SAR 概念,可减少 3~4 倍的发射功率。第二,在低距离模糊水平[62,98]的高分辨条状模式下,可以达到更宽测绘带(约 350km)。宽扫描带的条状模式下,没有常规 SAR 系统约束的全极化采集是可能的。然而这需要大的数据速率,需要高数据速率下行的先进技术。表 2.3 总结了初步系统参数。

表 2.3   TanDEM - L 的初步系统要求

参 数	值	参 数	值
轨道高度	760km	反射器尺寸	15m(直径)
重访周期	8 天	焦距	10m
轨道倾角	26.3°~46.6°	馈入位置	中心
视角	23.3°~40.5°	馈入元件	24
幅宽	349km	馈入长度	3.43m
地面距离	331~680km	倾斜角	31.9°
发射机功率(平均)	96W	系统损失	1dB
占空比	4%	接收机噪声温度	420K
带宽	85MHz	PRF	2365Hz
偏振	低阶法计算数值积分(线性)	方位角分辨力	10m

2.4.2 SIGNAL

SIGNAL(用于海冰、冰川和全球动力学的 SAR)[103-105]是编队飞行 Ka 波段 SAR 任务,主要目标是准确并反复地估计与质量变化或其他冰川、极地冰盖动态影响相关的地貌和地形信息变化。

2.4.2.1 科学要求

最近的观察表明来自冰川、冰盖以及格陵兰岛和南极冰盖的冰质量损失急剧增加[106]。如果得到证实,这些观察结果可能会导致平均海平面上升到 IPCC 2007 报告预测的两倍。目前的观察结果清楚地表明了冰冻圈对气候变化的敏感性,但是全球气候系统的反应仍没有充分认识。为了增加了解,有必要扩大和改善现有的观测数据。特别是,对于全球水量平衡而言,有必要获得更多的定量数据。以高空间分辨力和时间分辨力详细精确描述三维冰面形貌及其变化的信息是目前缺少的一个关键参数,该关键参数能提高对冰质量平衡的复杂动力学的认识。

SIGNAL 的主要目的是填补全球冰川物质平衡和动力学主要观测方面的空白。任务是解决冰堆积的那些要素:在过去的 10 年中冰川加速减少,因此目前的质量平衡和时间趋势信息有很大的误差:山上的冰川和冰帽以及格陵兰岛和南极冰盖边界区的出口冰川。现在,这个质量平衡可以从 GRACE[107] 或 GOCE[108] 这些重力任务提供的资料中进行研究,它提供了以低空间分辨力(100 ~ 300km 的量级)观测到的冰冻圈绝对质量变化的资料。

因此主要的任务目标定义如下:

(1)减少冰川和冰盖质量平衡的不确定性;

(2)提高格陵兰岛和南极洲出口冰川的质量损耗信息。

第二个任务目标如下:

(1)冰盖高程高度数据的规模缩减;

(2)绘制冰川崩解和冰流运动以支持质量平衡恢复;

(3)支持保护免受与主要质量运动有关的自然灾害;

(4)对于海冰表面参数反演,评估高频高分辨力干涉 SAR 数据的新可能性。

2.4.2.2 任务概念

为了实现这些科学目标,SIGNAL 旨在生成几分米量级的高精度数字高程模型的时间序列。这产生了两个方面的基本任务:

(1)使用 Ka 波段(35 GHz)实现对冰或雪覆盖层的最小渗透以获得真正表面的 DEM。

(2)使用一对编队飞行卫星。这是获得大约 100m 长基线的唯一途径,可以达到所需的高灵敏度和测量稳定性,避免时间去相关的影响。

SIGNAL 的设计是为了获得从 10cm 到 1m 的亚米级高精度,这取决于应用分辨力和所需产品分辨力。对于大多数应用,所需最终产品的空间分辨力(50 ~ 200m)比 TanDEM - X 地形任务的空间分辨力的精度要差。这打开了使用大量视角的机会,一个高分辨力 SAR 系统可以产生中等产品分辨力需求的组合。注意到虽然对系统高分辨力没有强烈需求,但紧凑的系统设计(图 2.20)自然会产生高分辨力。

SIGNAL 是具有至少 5 年寿命的系统测绘任务,将生成感兴趣区域的季节性 DEM。除了它的任务驱动干涉测量能力,SIGNAL 也将是很有能力的系统,可通过使用非相干特征跟踪技术来估计冰川速度。这些技术对于快速流动的冰川特别有意义,而由于时间去相关的影响,相干技术却无法做到。

为了更好地解决主要地形任务要求和测量冰川运动速度问题,该任务将被分为 3 个循环的科学阶段:

(1)DEM 采集阶段目的是获得初始的 DEM。在这一阶段中,垂迹基线将设为约 40m。

图 2.20　SIGNAL 的艺术效果。航天器的初步设计由德国航空航天中心
（DLR）和 Astrium 公司联合进行研究

（2）DEM 跟踪阶段目的是高精度地监测 DEM 变化。在这一阶段中，增加两个航天器之间的距离来实现 10～20m 的高度模糊数。

（3）冰川速度监测阶段。在这期间，其中一个航天器相对于另一个旋转，增加了一倍的空间覆盖率。

2.4.2.3　系统概念

为了提供所需的 SAR 性能，根据数据敏感性、模糊抑制和覆盖范围，SIGNAL 将使用基于反射器的设计并结合诸如 SCORE 的数字波束形成技术。通过同时采集两个子扫描带，其间距约为单个子扫描带宽度（约 25km）的两倍，并运行在如图 2.21 所示多菱形 SCORE 模式[62,109]下，那么总覆盖率可以进一步增加。

在发射中，可能有两种不同的传输馈入配置：

（1）单基跟随（多个单基）操作：在这种情况下，单个反射器需要同时照亮两个子扫描带，它们之间没有间隙。因此，总的发射功率分布在两个扫描带上。

（2）双基操作：每个卫星以全部可用功率照射一条子扫描带，每个 SAR 都接收两个子扫描带。在这种情况下，简化了发射馈入网络。相比于单基操作，发射功率近似为同样 NESZ 的 1/2。

2.4.3　PICOSAR

被动干涉测量海流观测合成孔径雷达（PICOSAR）是多其任务的概念，它包括

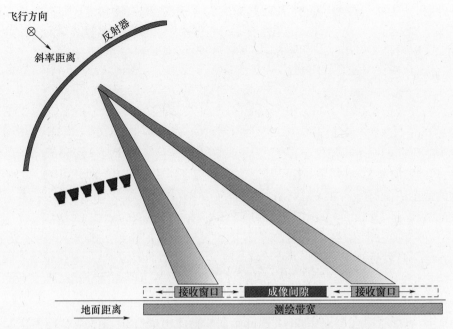

图 2.21 SIGNAL 仪器的双菱形操作,同时在条带模式里成两个条区的像

两个低成本、低功耗并携带被动只接收 SAR 载荷的小航天器。

这两个航天器在一个 Sentinel – 1（S1）[110,111]类卫星附近安全距离内飞行,并使用它作为机会照射源,且通过增加海洋表面洋流测量独特的沿迹干涉来加强。系统的被动特性以及专注于单一应用和单一操作的模式可使用非常符合成本效益的有效载荷设计来实施 PICOSAR,也可以使用紧凑和低成本的微卫星总线。虽然相似任务概念有许多共同点,如干涉 Cartwheel[5,9,112]（见第 14 章）,但由于它致力于使用沿迹干涉进行洋流观测,因此该概念的许多条件是独一无二的。

2.4.3.1 科学要求

海洋表面洋流是由全球风场引起的连续的海水流。由于科里奥利效应,开放的海洋表面洋流往往形成涡旋的大循环模式,它在北半球是顺时针方向旋转,在南半球是逆时针方向旋转。表面洋流对区域气候产生重大影响,例如,北大西洋环流,包括墨西哥湾流,携带温暖的水,因此带有大量的热,往北边沿东北美洲海岸,最终通过北大西洋漂移到西欧。由于表面洋流会影响运输成本,因此也有显著的直接经济影响。测量和监测表面洋流模式的变化对于理解全球海洋气候的相互作用以及全球气候和气候变化是很重要的。

沿海地区的全球综合观测战略（IGOS）沿海主题报告中目标分辨力设定为 3 ~ 10cm/s,水平分辨力设为 300m 以下。

2.4.3.2　任务概念

洋流传统上使用漂流物测量,且在沿海地区利用地基高频雷达测量。单通道 SAR 系统也已使用多年,它可以从多普勒质心异常[1,13]的估计中重新获得表面洋流信息。然而,在沿迹干涉(ATI)的配置中,额外的第二通道可以把一个 SAR 系统转化为高精度高分辨力的表面洋流测绘系统[15,114-16]。ATI – SAR 已通过大量机载系统[117]进行演示,最近也从空间使用 TerraSAR – X 进行了演示。通过使用具有沿迹距离的两个相位中心,ATI 系统获得两个具有完全相同几何形状的场景观察,但经过很短的时间滞后来区分开。这种时间上的滞后与物理距离成正比,与平台的速度成反比。增加的时间滞后会增加表面速度的 ATI 敏感性。然而,对于太大的 ATI 时间滞后,海面的时间去相关降低了最终的性能。

在 PICOSAR 中,两个只接收的卫星通过近距离编队飞行,沿迹距离是 100m 的量级。这种近距离编队将需要自主编队控制,虽然可以添加一个小螺旋来引入一定程度的被动编队安全性,但也导致垂迹基线分量代价增大。如图 2.22 所示,基于安全考虑,两个 PICOSAR 卫星会在距离为 25～100km 的 S1 星座中飞行。

图 2.22　PICOSAR 多基配置的概念视图

在默认的操作模式中,当 S1 运行其波模式[111]时,PICOSAR 将采集数据。在这种模式下,S1 每 100km 采集 20km×20km 照片,入射角在 23°和 36°之间切换。在其最简单的典型模式中,PICOSAR 只会获得单一的入射角,这就可设计成单一固定波束的系统。注意到由于 S1 扫描带明显宽于 20km,PICOSAR 的幅宽可以延伸到约 100km。然而,对于直径在 2m 的圆型反射器天线,20km 的幅宽是很适合的。Sentinel – 1 每次飞过海洋时,约 70% 的时间都在默认的波模式下运行。

图 2.23 表示每个轨道上各接收航天器采集的数据量,对于两个可能的入射角数据量是采集幅宽的函数。对近距离波束,S1 使用较大的脉冲带宽来保持地面距

离分辨力固定在约5m。采集相同扫描带所需的回波窗口长度较短,因此可以对较高的采集速率进行同比例补偿。然而,由于需要采集整个脉冲长度因此会有一个开销。对于近距离波束而言,占据 S1 发射机工作周期12%的比例会导致更大的总开销。对于 $20km \times 20km$ 的范围,每轨的总数据量为 $30 \sim 40GB$ 之间,这是比较宽松的要求。

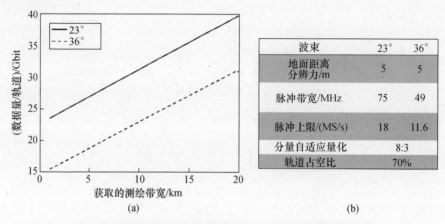

图 2.23 (a)每轨道的数据量是两个入射角所需带宽的函数;
(b)主要采集参数的汇总。

图 2.24 为 PICOSAR 提供了一阶性能分析。尤其是对与 ESA Sentinel – 1 任务编队飞行的 PICOSAR 系统的分析。对相对于基线的速度标准偏差计算来说,根据皮莫二氏频谱[118,119]已经出计算相干时间,风速为 2m/s 和 12m/s 时相干时间分别是 83ms 和 43ms。所考虑的视角数量是256,在距离和方位上得到最终的空间分辨力为 80m。SNR 估计中,对于逆风和侧风情况下 23°入射角以及所有已估计出的风速,利用 CMOD5[120]模型获得归一化雷达截面(NRCS)。另一方面,假设由于相对较小的接收天线(假设直径为 2m 的反射器,更小的天线尺寸虽然性能略差但也可行)导致 Sentinel – 1 损失 5dB,可考虑 – 17dB 的噪声等效散射系数。结果表明,对所考虑的每个风速可选择最佳基线。对于评估的情况中,在 100m 和 300m 之间的有效基线表明速度精度低于预期的 0.1m/s。对于侧风条件,由于该条件下得到的较高 NRCS,因此可获得更好的速度精度。

2.4.3.3 系统概念

和"干涉车轮"情况下一样,PICOSAR 空间段是围绕基于双极化馈入接收机结构的反射器建立的,鉴于 S1 可以水平或垂直偏振发射。双极化馈入和双通道 RF 前端之间的双刀双掷开关以及数字化阶段都将使接收机冗余且可进行试验性双极采集。直径为 1.5m ~ 2.5m 的天线足够满足任务要求。

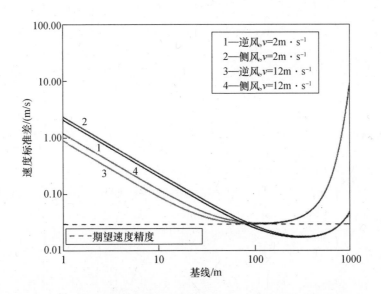

图 2.24　PICOSAR 表面速度不确定性估计(标准差)是不同风速和
方向的沿迹距离函数,两个 PICOSAR 卫星之间相位中心距离
在 100m 量级似乎是可取的

2.4.3.4　PICOSAR 同步

也许,PICOSAR 和类似的任务概念最具挑战性的方面是同步。沿迹干涉的任务性质使得对系统相位误差非常敏感,这将直接转化为速度估计误差。相对于垂迹干涉任务概念,基于相位校准的数据只有很小的空间。为了满足同步化要求,需要使用高质量的 USO 并结合 PICOSAR 航天器之间的直接同步链路。

在 S1 和接收航天器之间的精确相位同步不是必需的,因为对于两个接收机,相位偏移是常见的,因此在 ATI 阶段可以消除。然而,对相对频率信息的精度有很强的要求,因为其他频率偏移会被认为是多普勒频率偏移,这样引入系统偏差。所需的相对频率信息是在 1Hz 的量级,这是 S1 所期望的短期(一个轨道)频率稳定性范围内。利用地面上的采集资料对较长期的相对频率漂移进行校准,这意味着 PICOSAR 可满足其要求,而不必和 S1 直接同步。

2.5　结论

分布式多基雷达任务有广泛的应用。事实上,许多可能的 SAR 应用效益明显,或者甚至要求为分布式系统。最明显的例子是单通干涉应用和多基线或层析成像扩展,这就要求几个量级的基线,它仅能通过两个或更多编队飞行卫星组成分布式 SAR 系统来实现。目前运行的 TanDEM - X 任务已经充分验证了它们的实用性和可行性。

最有吸引力的应用要求设计真正分布式且紧密集成的多基系统,而不是协同运行的独立敏感器的松散组合。在大多数情况下,需要相对紧密和精心的编队设计,它对相对位置信息有严格的要求,必须在运行雷达波长的小部分量级上。同时,该系统对同步要求高,通常包括一个同步链路来作为有效载荷的一部分。

虽然 TanDEM – X 已经开创了由两个几乎相同的航天器构成的全主动系统多基雷达任务时代,但很可能在不久的将来,将发展半主动任务概念。特别是,由于它们较低的边际成本,将有望在近期实现使用 2 个或 3 个紧凑只接收航天器的拓展任务。

参考文献

1. Krieger G, Moreira A, Fiedler H, Hajnsek I, Werner M, Younis M, Zink M (2007) TanDEM – X: a satellite formation for high – resolution SAR interferometry. IEEE Trans Geosci Rem ote 45 (11):3317 – 3341

2. Zebker HA, Farr TG, Salazar RP, Dixon TH (1994) Mapping the world's topography using radar interferometry: the TOPSAT mission. Proc IEEE 82(12):1774 – 1786

3. Girard R, Lee PF, James K (2002) The RADARSAT – 2&3 topography mission: an overview. In: Proceedings of IEEE geosciences and remote sensing symposium (IGARSS), Toronto, Canada, 2002, vol 3, pp:1477 – 1479

4. Caves R, Luscombe AP, Lee PF, James K (2002) Topographic performance evaluation of the RADARSAT – 2/3 tandem mission. In: Proceedings of geosciences and remote sensing sympo – sium (IGARSS), Toronto, Canada, 2002, vol 2, pp:961 – 963

5. Massonnet D (2001) Capabilities and limitations of the interferometric cartwheel. IEEE Trans Geosci Rem ote 39(3):506 – 520

6. Winter JE, Anderson NC (2003) Distributed aperture implementation on the techsat 21 satellites. In: Proceedings of IEEE aerospace conference, Big Sky, Montana, USA, 2003, vol 2, pp 815 – 823

7. Fiedler H, Boerner E, Mittermayer J, Krieger G(2005) Total zero Doppler steering – a new method for minimizing the Doppler centroid. IEEE Geosci Remote Sens Lett 2(2): 141 – 145

8. Krieger G, Moreira A (2006) Spaceborne bi – and multistatic SAR: potential and challenges. IEE Proc Radar Sonar Navig 153(3):184 – 198

9. Amiot T, Douchin F, Thouvenot E, Souyris JC, Cugny B (2002) The interferometric cartwheel: a multi – purpose formation of passive radar microsatellites. In: Proceedings of IEEE international geoscience and remote sensing symposium (IGARSS), Toronto, Canada, 2002, vol 1, pp:435 – 437

10. Moccia A, Rufino G, D'Errico M, Alberti G, Salzillo G (2002) BISSAT: a bistatic SAR for Earth observation. In: Proceedings of IEEE international geosciences and remote sensing symposium (IGARSS), vol 5, pp:2628 – 2630

11. Krieger G, Moreira A (2003) Potential of digital beamforming in bi – and multistatic SAR. In: Proceedings of IEEE international geosciences and remote sensing symposium (IGARSS), vol 1, pp:527 – 529

12. Ithapu VK, Mishra AK (2010) Cooperative multimonostatic SAR: a new SAR configuration for improved resolution. IEEE Antennas Wireless Propag Lett 9:701 – 704

13. Martin – Neira M, Caparrini M, Font – Rossello J, Lannelongue S, Vallmitjana CS (2001) The PARIS concept, an experimental demonstration of sea surface altimetry using GPS reflected signals. IEEE Trans Geosci Remote Sens 39 (1):142 – 150

14. Graham LC (1974) Synthetic interferometer radar for topographic mapping. Proc IEEE 62(6): 763 – 768

15. Goldstein RM, Zebker HA(1987) Interferometric radar measurements of ocean surface currents. Nature 328(6132):707 – 709

16. Rosen PA, Hensley S, Joughin IR, Li FK, Madsen SN, Rodriguez E, Goldstein RM(2000) Synthetic aperture radar interferometry. Proc IEEE 88(3):333 – 382

17. Farr TF, Rosen PA, Caro E, Crippen R, Duren R, Hensley S, Kobrick M, Paller M, Rodriguez E, Roth L, Seal D, Shaffer S, Shimada J, Umland J, Werner M, Oskin M, Burbank D, Alsdorf D (2007) The shuttle radar topography mission. Rev Geophys 45:33

18. Gatelli F, Monti Guarnieri A, Parizzi F, Pasquali P, Prati C, Rocca F (1994) The wavenumber shift in SAR interferometry. IEEE Trans Geosci Remote Sens 32 (4):855 – 865

19. Hagberg JO, Ulander LM, Askne J (1995) Repeat – pass SAR interferometry over forested terrain. IEEE Trans Geosci Remote Sens 33 (2):331 – 340

20. Treuhaft RN, Madsen SN, Moghaddam M, van Zyl JJ (1996) Vegetation characteristics and underlying topography from interferometric radar. Rad Sci 31(6):1449 – 1485

21. Eineder M (2004) Problems and solutions for InSAR digital elevation model generation of mountainous terrain. FRINGE 2003 workshop, Frascati, Italy, vol 550, p 18, June 2004

22. Goldstein RM, Zebker HA, Werner CL(1988) Satellite radar interferometry: two dimen sional phase unwrapping. Rad Sci 23(4):713 – 720

23. Ferretti A, Monti Guarnieri A, Prati C, Rocca F (1997) Multi – baseline interferometric techniques and applications. In: Proceedings presented at the ERS SAR interferometry, Florence, Italy, vol 406, p243

24. Massonnet D, Vadon H, Rossi M (1996) Reduction of the need for phase unwrapping in radar interferometry. IEEE Trans Geosci Remote Sens 34(2):489 – 497

25. Eineder M, Adam N (2005) A maximum – likelihood estimator to simultaneously unwrao, geocode, and fuse SAR interferograms from different viewing geometries into one digital elevation model. IEEE Trans Geosci Remote Sens 43(1):24 – 36

26. Lombardini F, Griffiths HD (2001) Optimum and suboptimum estimator performance for multibaseline InSAR. Frequenz 55(3 –4):114 – 118

27. Fornaro AM, Guarnieri AP, Tebaldini S (2005) Joint multi – baseline SAR interferometry. EURASIP J Adv Signal Process 2005(20):3194 – 3205

28. Durden SL, van Zyl JJ, Zebker HA (1989) Modeling and observation of the radar polarization

signature of forested areas. IEEE Trans Geosci Remote Sens 27(3):290 – 301

29. Freeman A, Durden SL (1998) A three – component scattering model for polarimetric SAR data. IEEE Trans Geosci Remote Sens 36(3):963 – 973

30. Cloude SR, Papathanassiou KP (1998) Polarimetric SAR interferometry. IEEE Trans Geosci Remote Sens 36(5):1551 – 1565

31. Papathanassiou KP, Cloude SR (2001) Single – baseline polrimetric SAR interferometry. IEEE Trans Geosci Remote Sens 39(11):2352 – 2363

32. Lee JS, Cloude SR, Papathanassiou KP, Grunes MR, Woodhouse IH (2003) Speckle filtering and coherence estimation of polarimetric SAR interferometry data for forest applications. IEEE Trans Geosci Remote Sens 41(10):2254 – 2263

33. Papathanassiou KP, Cloude SR, Reigber A, Boerner WM (2000) Multi – baseline polarimetric SAR interferometry for vegetation parameters estimation. In: Proceedings of IEEE international geoscience and remote sensing symposium, Honolulu, Hawaii, USA, vol 6, no 44, pp 2762 – 2764

34. Tora ño Caicoya A, Kugler F, Papathanassiou K, Biber P, Pretzsch H (2010) Biomass estimation as a function of vertical forest structure and forest height: potential and limitations for radar remote sensing. In: Proceedings of the European conference on synthetic aperture radar (EUSAR), Aachen, Germany, pp 901 – 904, June 2010

35. Fornaro G, Serafino F (2006) Imaging of single and double scatterers in urban areas via SAR tomography. IEEE Trans Geosci Rem Sens 44(12):3497 – 3505

36. Reigber A, Moreira A (2000) First demonstration of airborne SAR tomography using multibaseline L – band data. IEEE Trans Geosci Remote Sens 38(5):2142 – 2152

37. Fornaro G, Reale D, Serafino F (2009) Four – dimensional SAR imaging for height estimation and monitoring of single and double scatterers. IEEE Trans Geosci Remote Sens 47(1):224 – 237

38. Tebaldini S (2010) Single and multipolarimetric SAR tomography of forested areas: a parametric approach. IEEE Trans Geosci Remote Sens 48(5):2375 – 2387

39. Lombardini F, Montanari M, GiniF(2003) Reflectivity estimation for multibaseline interferometric radar imaging of layover extended sources. IEEE Trans Signal Process 51(6):1508 – 1519

40. Gini F, Lombardini F, Montanari M (2002) Layover solution in multibaseline SAR interferometry. IEEE Trans Aerosp Electron Syst 38(4):1344 – 1356

41. Zhu XX, Bamler R (2010) Very high resolution spaceborne SAR tomography in urban environment. IEEE Trans Geosci Remote Sens 48(12):4296 – 4308

42. Nannini M, Scheiber R, Moreira A (2009) Estimation of the minimum number of tracks for SAR tomography. IEEE Trans Geosci Remote Sens 47(2):531 – 543

43. Xiao Xiang Zhu, Bamler R (2011) Sparse reconstruction techniques for SAR tomography. In: Paper presented at the 17th international conference on digital signal processing (DSP), Corfu, Greece, pp 1 – 8, 2011

44. Zhu XX, Bamler R (2010) Tomographic SAR inversion by – norm regularization – the compressive sensing approach. IEEE Trans Geosci Remote Sens 48(10):3839 – 3846

45. Budillon A, Evangelista A, Schirinzi G (2011) Three – dimensional SAR focusing from multipass

signals using compressive sampling. IEEE Trans Geosci Remote Sens 49(1):488 – 499

46. Xiao Xiang Zhu, Adam N, Brcic R, Bamler R (2009) Space – borne high resolution SAR tomography: experiments in urban environment using TS – X Data. In: Urban remote sensing event, 2009 Joint, Shanghai, China, pp. 1 – 8, 2009

47. Schwarz G (1978) Estimating the dimension of a model. Ann Statist 6(2):461 – 464

48. Chapin E, Chen CW (2008) Along – track interferometry for ground moving target indication. IEEE Aerosp Electron Syst Mag 23(6):19 – 24

49. Moccia A, Rufino G (2001) Spaceborne along – track: SAR interferometry: performance analysis and mission scenarios. IEEE Trans Aerosp Electron Syst 37(1):199 – 213

50. Gill E, Runge H (2003) Tight formation flying for an along – track SAR interferometer. In: Proceedings of 54th international astronautical federation congress, Bremen, pp 473 – 485

51. Lombardini F, Bordoni F, Gini F, Verrazzani L (2004) MultibaselineATI – SAR for robust ocean surface velocity estimation. IEEE Trans Aerosp Electron Syst 40(2):417 – 433

52. Goodman JW (1976) Some fundamental properties of speckle. J Opt Soc Am 66(11): 1145 – 1150

53. Lee JS (1981) Speckle analysis and smoothing of synthetic aperture radar images. Comput Graph Image Process 17(1):24 – 32

54. Lopez – Martinez C, Fabregas X (2003) Polarimetric SAR speckle noise model. IEEE Trans Geosci Remote Sens 41(10):2232 – 2242

55. Prati C, Rocca F (1993) Improving slant – range resolution with multiple SAR surveys. IEEE Trans Aerosp Electron Syst 29(1):135 – 143

56. Prats P, Lopez – Dekkerp, De Zan F, Wollstadt S, Bachmann M, Steinbrecher U, Scheiber R, Reigber A, Krieger G (2011) Distributed imaging with TerraSAR – X and TanDEM – X. In: Proceedings of IEEE international geoscience and remote sensing symposium (IGARSS), 2011, pp 3963 – 3966

57. Curlander JC, McDonough N (1991) Synthetic aperture radar: systems and signal processing. Wiley, New York

58. Ulaby FT. Moore RK, Fung AK(1986) Microwave remote sensing: active and passive, volume II: radar remote sensing and surface scattering and emission theory. Artech House, Dedham, MA

59. Freeman A, Johnson WT, Huneycutt B, Jordan R, Hensly S, Siqueira P, Curlander J (2000) The 'Myth' of the minimum SAR antenna area constraint. IEEE Trans Geosci Remote Sens 38 (1):320 – 324

60. De Zan F, Monti Guarnieri A (2006) TOPSAR: terrain observation by progressive scans. IEEE Trans Geosci Remote Sens 44(9):2352 – 2360

61. Younis M, Fischer C, Wiesbeck W (2003) Digital beamforming in SAR systems. IEEE Trans Geosci Remote Sens 41(7):1735 – 1739

62. Krieger G, Gebert N, Moreira A(2008) Multidimensional waveform encoding: a new digital beamforming technique for synthetic aperture radar remote sensing. IEEE Trans Geosci Remote Sens 46(1):31 – 46

63. Gebert N, Krieger G, Moreira A(2009) Digital beamforming on receive: techniques and optimiza-

tion strategies for high – resolution wide – swath SAR imaging. IEEE Trans Aerosp Electron Syst 45(2):564 – 592

64. Goodman NA, Stiles JM (2001) The information content of multiple receive operture SAR systems. In: Proceedings of IEEE international geoscience and remote sensing symposium (IGARSS), 2011, vol 4, pp 1614 – 1616

65. Goodman NA, Stiles JM (2002) Synthetic aperture characterization of radar satellite constrllations. In: Proceedings of IEEE international geoscience and remote sensing sympo – sium (IGARSS), Toronto, Canada, 2002, vol 1, pp 665 – 667

66. Goodman NA, Stiles JM (2003) Resolution and synthetic aperture characterization of sparse radar arrays. IEEE Trans Aerosp Electron Syst 39(3):921 – 935

67. Goodman NA, Sih Chung Lin NA, Rajakrishna D, Stiles JM (2002) Processing of multiple – receiver spaceborne arrays for wide – area SAR. IEEE Trans Geosci Remote Sens 40(4):841 – 852

68. Hill GW (1878) Researches in the lunar theory. Am J Math 1(1):5 – 26

69. Clohessy W, Wiltshire R (1960) Terminal guidance system for satellite rendezvous. J Aerosp Sci 270(9):653 – 658

70. Prussing JE, Conway BA (1993) Orbital mechanics. Oxford University Press, USA

71. Moreira A, Krieger G, Mittermayer J (2004) Satellite configuration for interferometric and/or tomographic remote sensing by means of synthetic aperture radar (SAR). US Patent 667788413 Jam 2004

72. D'Amico S, Montenbruck O (2006) Proximity operations of formation – flying spacecraft using an eccentricity/inclination vector separation J Guid Contr Dyn 29(3):554 – 563

73. Massonnet D (1998) Roue interferometrique. US Patent 236910D17306RS

74. Klare J (2008) Digital Beamforming for a 3D MIMO SAR – improvements through frequency and waveform diversity. In: Proceedings of IEEE international geoscience and remote sensing symposium (IGARSS), vol 5

75. Ender JH, Klare J(2009)System architectures and algorithms for radar imaging by MIMO – SAR. In: Proceedings of IEEE radar conference, Pasadena. California, USA, pp 1 – 6

76. Carrara WC, Majewski RM, Goodman RS (1995) Spotlight synthetic aperture radar: signal processing algorithms. Artech House, Boston

77. Mittermayer J, Moreira A, Loffeld O (1999) Spotlight SAR data processing using the frequency scaling algorithm. IEEE Trans Geosci Remote Sens 37(5):2198 – 2214

78. Currie A, Brown MA (1992) Wide – swath SAR. IEE Proc F Radar Signal Process 139(2):122 – 135

79. Monti Guarnieri A, Prati C (1996) ScanSAR focusing and interferometry. IEEE Trans Geosci Remote Sens 34(4):1029 – 1038

80. Krieger G, Cassola MR, Younis M, Metzig R (2005) Impact of oscillator noise in bistatic and multistatic SAR. In: Proceedings of IEEE international geoscience and remote sensing symposium (IGARSS), 2005, vol 2, pp 1043 – 1046

81. Weib M (2004) Synchronisation of bistatic radar systems, In: Proceedings of IEEE international geoscience and remote sensing symposium (IGARSS), Anchorage, Alaska, USA,2004, vol 3,

pp 1750 – 1753

82. Younis M, Metzig R, Krieger G (2006) Performance prediction of a phase synchronization link for bistatic SAR. IEEE Geosci Remote Sens Lett 3(3):429 – 433

83. Lopez – Deller P, Mallorqui JJ, Serra – Morales P, Sanz – Marcos J (2008) Phase synchronization and Doppler centroid estimation in fixed receiver bistatic SAR systems. IEEE Trans Geosci Remote Sens 46(11):3459 – 3471

84. Vannicola V, Varshney P (1983) Spectral dispersion of modulated signals due to oscillator phase instability: white and random walk phase model. IEEE Commun 31 (7):886 – 895

85. Demir A (2002) Phase noise and timing jitter in oscillators with colored – noise sources. IEEE Trans Circuits Syst I, Fundam Theory Appl 49(12):1782 – 1791

86. Demir A, Mehrotra A, Roychowdhury J (2000) Phase noise in oscillators: a unifying theory and numerical methods for characterization. IEEE Trans Circuits Syst I, Fundam Theory Appl 47(5): 655 – 674

87. Rutman J, Walls FL(1991) Characterization of frequency stability in precision frequency sources. Proc IEEE 79(7):952 – 960

88. Candelier V, Canzian P, Lamboley J, Brunet M, Santarelli G (2003) Space qualified 5 MHz ultra stable oscillators. In: Proceedings of the 2003 I. E. international frequency control symposium and PDA exhibition jointly with the 17th European frequency and time forum, pp 575 – 582

89. Guillemot P, Dutrey J – F, Vega J – F, Chaubet M, Chebance D, Sirmain C, Santarelli G, Chambon D, Laurent P, Rousselet M, Locke C, Ivanov E, Tobar M, Potier T (2004) The PHARAO time and frequency performance verification system. In: Proceedings of the 2004 I. E. international frequency control symposium and exposition, Montreal, Canada, pp 785 – 789

90. Wang W – Q (2009) GPS – based time & phase synchronization processing for distributed SAR. IEEE Trans Aerosp Electron Syst 45(3):1040 – 1051

91. Wen – Qin Wang (2008) Baseline estimation in distributed spaceborne interferometry SAR systems. In: Proceedings of 2008I. E. aerospace conference, Big Sky, Montana, USA, pp 1 – 8

92. Montenbruck O, Leung S (2005) Real – time navigation of formation – flying spacecraft using global – positioning – system measurements. J Guid Contr Dyn 28(2):226 – 235

93. Kroes R, Montenbruck O, Bertiger W, Visser P (2005) Precise GRACE baseline determina – tion using GPS. GPS Solutions 9(1):21 – 31

94. Reigber A, Prats P, Mallorqui JJ (2006) Refined estimation of time – varying baseline errors in airborne SAR interferometry. IEEE Trans Geosci Remote Sens Lett 3(1):145 – 149

95. Prats P, Scheiber R, Reigber A, Andres C, Horn R (2009) Estimation of the surface velocity field of the Aletsch Glacier using multibaseline airborne SAR interferometry. IEEE Trans Geosci Remote Sens 47(2):419 – 430

96. Rodriguez – Cassola M, Prats P, Lopez – Dekker P, Krieger G, Moreira A (2010) General Processing Approach for Bistatic SAR Systems: description and Performance Analysis. In: Proceedings of the European conference on synthetic aperture radar (EUSAR), pp 998 – 1001,

June 2010

97. Moreira A, Hajnsek I, Krieger G, Papathanassiou K, Eineder M, De Zan F, Younis M, Werner M (2009) Tandem – L: monitoring the Earth's Dynamics with InSAR and Pol – InSAR. In: Proceedings of the international workshop on applications of polarimetry and polarimetric interferometry (Pol – InSAR), Frascati, Italy, p 5, January 2009

98. Krieger G, Hajnsek I, Papathanassiou K, Eineder M, Younis M, De Zan, Prats P, Huber S, Werner M, Fiedler H, Freeman A, Rosen P, Hensley S, Johnson W, Veilleux L, Grafmueller B, Werninghaus R, Bamler R, Moreira A (2009) The tandem – L mission proposal: monitoring earth's dynamics with high resolution SAR interferometry. In: Proceedings of 2009 I. E. radar conference, Pasadena. California, USA, pp 1 – 6

99. Moreira A, Krieger G, Younis M, Hajnsek I, Papathanassiou K, Eineder M, De Zan F, (2011) Tandem – L: a mission proposal for monitoring dynamic earth processes. In: Proceedings of IEEE international geoscience and remote sensing symposium (IGARSS) Vancouver, Canada. pp 1 – 4, July 2011

100. Krieger G, Gebert N, Younis M, Bordoni F, Patyuchenko A, Moreira A (2008) Advanced Concepts for Ultra – Wide – Swath SAR Imaging. In: Proceedings of 2008 7th European con – ference on synthetic aperture radar (EUSAR), pp 1 – 4

101. Freeman A, Krieger G, Rosen P, Younis M, Johnson W, Huber S, Jordan R, Moreira A (2009) SweepSAR: beam – forming on receive using a reflector – phased array feed combination for spaceborne SAR. In: Proceedings of 2009 I. E. radar conference, Pasadena. California, USA, pp 1 – 9

102. Younis M, Huber S, Patyuchenko A, Bordoni F, Krieger G (2009) Performance companson of reflector – and planar – antenna based digital beam – forming SAR. Int J Antennas Propag 2009: 1 – 3

103. Villano M, Moreira A, Miller H, Rott H, Hajnsek I, Hajngek Bamler R, Lopez – Dekker P, Boerner T, Zan FD, Krieger G, Papathanassiou KP (2010) SIGNAL: mission concept and performance assessment. In: Proceedings of 2010 8th European conference on synthetic aperture radar (EUSAR), Aachen, Germany, pp 1 – 4

104. Börner T, De Zan F, López – Dekker F, Krieger G, Hajnsek I, Papathanassiou K, Villano M, Younis M, Danklmayer A, Dierking W, Nagler T, Rott H, Lehner S, Fügen T, Moreira A (2010) Signal: SAR for ice, glacier and global dynamics. In: Proceedings of IEEE geoscience and remote sensing symposium (IGARSS) 2010, Honolulu, 2010

105. López – Dekker P, Börner T, Younis M, Krieger G (2011) SIGNAL: a Ka – band digital beam – forming SAR system concept to monitor topography variations of ice caps and glaciers. In: Proceedings of advanced RF sensors and remote sensing instruments (ARSI), Noordwijk, The Netherlands, pp 1 – 10, September 2011

106. Pritchard HD, Arthern RJ, Vaughan DG, Edwards LA (2009) Extensive dynamic thinning on the margins of the Greenland and Antarctic ice sheets. Nature 461(7266):971 – 975.

107. Tapley BD, Bettadpur S, Watkins M, Reigber C (2004) The gravity recovery and climate experiment: Mission overview and early results, Geophys Res Lett 31, L09607, doi: 10.1029/

2004GL019920, http://www. agu. org/pubs/crossref/2004/2004GL019920. shtml.

108. Klees R, Koop R, Visser P, van den IJssel J (2000) Efficient gravity field recovery from GOCE gravity gradient observations. J Geodesy 74(7 –8):561 –571

109. Younis M, Bordoni F, Gebert N, Krieger G (2008) Smart multi –aperture radar techniques for spaceborne remote sensing. In: Proceedings of IEEE international geoscience and remote sensing symposium (IGARSS), Boston, Massachusetts, USA, 2008, vol 3, pp 278 –281

110. Rostan F, Riegger S, Pitz W, Torre A. Torres R (2007) The C –SAR instrument for the GMES sentinel –1 mission. In: Proceedings of IEEE international geoscience and remote sensing symposium (IGARSS), Barcelona, Spin, 2007, pp 215 –218

111. Snoeij P. Attema E, Davidson M, Duesmann B, Floury N, Levrini G, Rommen B, Rosich B (2010) Sentinel –1 radar mission: status and performance. IEEE Aerosp Electron Syst Mag 25 (8):32 –39

112. Fjortoft R, Souyris J –C, Gaudin J –M, Durand P, Massonnet D (2004) Impact of ambiguities in multistatic SAR: some Specificities of an L –band interferometic cartwheel. In: Proceedings of IEEE international geoscience and remote sensing symposium (IGARSS), Anchorage, Alaska, USA, 2004, vol 3, pp 1754 –1757

113. Chapron B, Collard F, Ardhuin F (2005) Direct measurements of ocean surface velocity from space: Interpretation and validation. J Geophys Res 110, C07008, doi: 10.1029/ 2004JC002809, http://www. agu. org/pubs/crossref/2005/2004JC002809. shtml

114. Romeiser R, Thompson DR (2000) Numerical study on the along –track interferometric radar imaging mechanism of oceanic surface currents. IEEE Trans Geosci Remote Sens 38(1): 446 –458

115. Romeiser R, Hirsch O (2001) Possibilities and limitations of current measurements by airborne and spaceborne along –track interferometric SAR. In: Proceedings of IEEE international geoscience and remote sensing symposium (IGARSS), Sydney, Australia, 2001, vol 1, pp 575 –577

116. Romeiser R, Breit H, Eineder M, Runge H (2002) Demonstration of current measurements from space by along –track SAR interferometry with SRTM data. In: Proceedings of IEEE international geoscience and remote sensing symposium (IGARSS), Toronto, Canada, 2002, vol 1, pp 158 –160

117. Romeiser R (2005) Current measurements by airborne along –track InSAR: measuring tech –nique and experimental results. IEEE J Ocean Eng 30(3):552 –569

118. Pierson WJP Jr, Moskowitz L (1964) A proposed spectral form for fully developed wind seas based on the similarity theory of S. A. Kitaigorodskii. J Geophys Res 69(24):5181 –5519

119. Fung A, Khim Lee A (1982) A semi –empirical sea –spectrum model for scattering coefficient estimation. IEEE J Ocean Eng 7(4):166 –176

120. Hersbach H, Stoffelen A, de Haan S (2007) An improved C –band scatterometer ocean geophysical model function: CMOD5. J Geophys Res 112:18

第二篇　相对动力学和 GNC

第 3 章　相对轨道设计

Marco D'Errico,Giancormine Fasano

摘要　本章提出了一种轨道相对运动分析模型,重点强调了编队设计的应用。首先描述了基于第一 Hill 公式(圆轨道、近距离的卫星)的相对运动模型,考虑了主星的轨道偏心率和轨道摄动。特别是,在文献中深入考虑了各种方法中 J2 项的摄动影响。文献也回顾了小偏心率和大偏心率问题,进一步介绍了小偏心率(10^{-3}量级)主星来模拟近距离编队和远距离编队问题,该编队是典型的对地观测任务,例如,近距离为几十千米量级,远距离数百千米量级。最后,介绍了设计应用并推导出相对轨迹。例如,从所要求高度测量的不确定性并考虑不同的参考几何形状("摆","车轮"等)情况下推导了 SAR 干涉测量的相对轨道,也分析了用于 SAR 成像和大基线双基 SAR 应用的相对轨道。

3.1　绪论

编队飞行是平台之间满足特定任务的相对运动。因此,合理的相对轨道动力学建模是保证分布式任务的关键。Hill 方程[1-3]是在月球研究领域发展起来的,是全球范围内第一个相对轨道运动的方程,后来又独立地由 Clohessy 和 Wiltshire 重复提出,并经由许多其他学者发展用于交会对接研究领域(如文献[5-7])。从这个角度看,编队飞行是相当老的主题,因为从早期载人航天项目到空间交会对接技术发展都已经进行了研究。

在过去的几十年中,出现了一些新的任务想法,这些想法预见了多航天器系统在整个寿命周期中以紧密或松散状态工作。任务持续时间使现代编队飞行不同于交会任务,这就产生完全不同的需求,包括相对于以往的模型[8]相对运动规划需要进一步细化。

因此,基于圆参考轨道、较小的相对距离和球形地球假设,通过微分方程的线性化逐步完善了近圆轨道的相对运动描述[1-4]。特别地,开普勒动力学下近似值是主要的误差源,使该方法在长时间内是无法使用的。J2 势能是低轨的主要摄动,因此随后将介绍不同的方法来体现它。例如,vadali 等[9]和 Wiesel[10]研究了线性时变系数微分方程,而 Schweighart 和 Sedwick[11]发现圆参考轨道的一组常系数方程与 Hill 方程形式相似,但能够获得地球扁率的影响。值得注意的是,只有后者的模型中表现出了解析解。最近,Halsall 和 Palmer[12]探讨了低轨近圆摄动的相对动力学。在文献[13 – 16]中,显著的研究成果是完成了任意偏心率参考轨道条件的确定。一些进行的研究包括在平根空间的分析。例如,Schaub 和 Alfriend[17]定义了 J2 不变的轨道,Schaub 等[18]分析了编队控制。此外,Schaub[19]研究了经典轨道根数空间的问题,该问题假设所有轨道根数的微分必须很小,但是相对运动没有显式时间表示。最后,Fasano 和 D'Errico[20]在经典的平均轨道根数空间中研究了能够提供相对运动轨迹显示时间表示的模型。

当选择或研究一个动态模型时,总是需要权衡完整性和复杂性,而轨道设计显得尤为关键。复杂的模型考虑了更现实的运动描述,其优势是定义并考虑了许多现实中存在的摄动标称轨迹。因此,控制真实运动在标称轨迹附近所需的作用力是最小的。另一方面,较强的建模复杂性会破坏模型实用性,这是因为很难通过解析或半解析方法(通过广泛的参数分析)探讨所有的设计可能性。例如,经典轨道设计中,对于完整的地球观测任务,目前的设计实践是基于相对简单的分析模型进行轨道初步设计,通过一系列更复杂的数值工具进行验证,其中分析模型包括最相关的摄动(例如,J2 长期摄动用于太阳同步或回归轨道,J2 和 J3 长期摄动用于冻结轨道)。这种模型通常使用经典的平均轨道根数,因为尽管存在缺点(在特殊条件下会奇异),但是它们会为设计结果提供直接的物理和几何解释。

对于相对运动轨迹设计,一个普遍的观点是 CW 模型很大程度上不适用于现代编队设计,因为它们不能获得相对 J2 摄动和随之而来的相对漂移。如果使用CW 模型设计相对轨迹,实际上相对轨道控制将应对(并进行推进)J2 微分摄动。这种不相称的过程将相当于在开普勒动力学下设计地球轨道,在其他摄动条件下,通过轨道控制设计来改变升交点和近地点的进动。尽管如此,到目前为止,没有标准编队设计准则进行过评估并达成一致,可能是因为在过去 10 年中,大量文献成果主要致力于编队控制,而不是编队设计。在此领域,第一个重要贡献是由 Schaub 和 Alfriend[17,21]提出的。他们提出了 J2 不变相对轨道概念,即通过获得副星和主星轨道根数的差值(半长轴、偏心率和轨道倾角)来抵消升交点赤经和纬度幅角的相对漂移。分析表明,当用于近极轨道(倾角接近 90°)和近圆轨道时(偏心率接近 0),这种概念或许有一些临界点。事实上,在这种情况下,所需的倾角差通常会对偏心率差产生更高要求,这反过来会导致更大的相对运动轨迹。

为了描述卫星的相对运动,卫星通常定义为主星和副星。这个词隐含着相对运动分析是一个副星相对于主星而言的。卫星的地球轨道定义在地球惯性参考坐标系下(图3.1),而相对运动建模需要定义主星参考坐标系。最典型的选择是 Hill 参考坐标系,该坐标系是严格定义的主星圆轨道:原点为主星质心,y 轴沿速度矢量方向,x 轴沿半径方向,z 轴垂直于角平面(与角动量构成右手参考坐标系)。该定义可以很容易地推广到主星椭圆轨道,需要保持原点、x 轴和 z 轴的定义不变,y 轴在轨道面内,位置投影沿着主星速度矢量,与其他两个轴构成右手坐标系。Hill 参照系不应与广泛的 LHLV 坐标系混淆,因为 $x_{LHLV} \parallel -y$,$y_{LHLV} \parallel -z$ 和 $z_{LHLV} \parallel -x$。为了限制随角速度运动而变化以及与速度矢量呈可变角随 y 轴而变化的参考坐标系的复杂性,有时引入半径为主星半长轴的虚拟卫星用于描述主星和副星的局部运动。

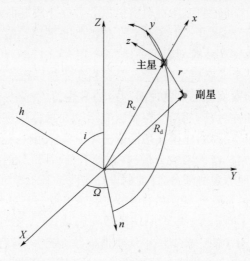

图3.1 Hill 参考坐标系(xyz)下描述副星(在地球惯性参考坐标系 XYZ 的位置 R_d)相对于主星(位置 R_c,轨道倾角 i;升交点赤经 OMG,角动量 h;线节向量 n)相对运动的(r)几何形状和参考坐标

在这样的背景下,当"绝对"运动是已知的(函数 $R_c(t)$ 和 $R_d(t)$),则相对动力学描述包含在广义 Hill 参考系下副星相对主星相对位置的推导过程中。相反,当设计编队时,该问题是在 $R_c(t)$ 和期望(依赖于应用程序的)$r(t)$ 的基础上获得 $R_d(t)$。当然,如标准轨道设计中所熟知的,"期望"的 $r(t)$ 需要与地球重力场作交换,与自然力抗争是不符合成本效益的。相对运动模型根据研究中使用的是 Hill 参考坐标下的笛卡儿坐标还是轨道参数微分,大致可以分为两类(但也已经提出了一些混合的方法)。如果一方面非常难以给出一般的表达式,另一方面编队设计利用第二个模型包含经验逻辑规则,那么笛卡儿坐标模型更适合于控制问题。

接下来3.2节将论述小偏心率主星轨道编队设计问题,而在3.3节概述了大偏心率轨道研究工作。值得注意的是,3.2节涵盖了 Schaub 所定义的两类问题[19],即近圆轨道和小偏心率轨道。

3.2 相对轨迹建模:小偏心率轨道

小偏心率轨道的相对运动特别适用于分布式空间系统。从应用的角度,它们大多需要圆或近圆轨道;在典型的远程遥感任务中,偏心率大多数是 10^{-3} 量级,通常用来设置实现太阳同步和(或)冻结轨道[22]。另外,从动力学角度来看,小偏心率编队的相对运动轨迹具有一些简单的功能,随着偏心率的增大,这些特点逐渐丢失。最后,从数学角度来看,偏心率的指数级数为一阶时,运动描述可以极大地简化。当涉及轨迹设计时,这些方面变得更加重要。

相对轨迹建模的关键点与卫星之间的距离(基线)相关。作为经验法则,如果相对距离为绝对轨道半长轴的 1/1000 量级,很可能要考虑忽略高阶影响下的线性化问题。要仔细权衡模型的复杂性与模型的适用性,这在设计意图中体现得尤为明显。具体而言,在典型的低轨地球观测任务中,"近距离编队"的特点是基线约为几千米量级,但"大型编队"的基线预期为几百千米。即使在低偏心率的情况下,大编队需要包括适当运动模型的二阶项。在以下的章节里将分别介绍近距离编队和大编队。

3.2.1 近距离编队

小偏心率和圆/准圆轨道上的近距离编队动力学文献数量巨大,这里考虑对编队设计师最有用的论文和研究方法。正如绪论中介绍的,描述副星相对于主星的最简单模型也被称为 Clohessy – Wiltshire 方程(HCW)[1-4],其相对位置和相对速度坐标由 Hill 方程表示。HCW 方程是基于中心引力场是唯一的外部力、主星是开普勒圆轨道、主星和副星之间距离较小的假设。它们可以通过建立主星相对于副星的动力学方程,之后对主星位置的重力加速度进行线性化。在典型条件下,HCW 建模误差随时间增加,这是由于潜在的一些假设。可以推导出 Hill 方程的微分形式:

$$\begin{cases} \ddot{x} - 2n\dot{y} - 3n^2 x = 0 \\ \ddot{y} + 2n\dot{x} = 0 \\ \ddot{z} + n^2 z = 0 \end{cases} \tag{3.1}$$

式中:n 为主星的开普勒平均运动。

通过这些线性常系数微分方程可以得到解析解,这些解考虑了所有项:

$$\begin{cases} x(t) = (\dot{x}_0/n)\sin(nt) - (3x_0 + 2\dot{y}_0/n)\cos(nt) + 4x_0 + 2\dot{y}_0/n \\ y(t) = (2\dot{x}_0/n)\cos(nt) + (6x_0 + 4\dot{y}_0/n)\sin(nt) - (6nx_0 + 3\dot{y}_0)t - 2\dot{x}_0/n + y_0 \\ z(t) = (\dot{z}_0/n)\sin(nt) + z_0\cos(nt) \end{cases}$$

$$\tag{3.2}$$

相对运动的主要特点可从上面的解中直接得到。首先,相对运动轨迹是平面轨迹,它在径向/横向平面的投影是 2×1 的椭圆,即固定偏心率的椭圆。所有振荡项都以轨道频率,特别是当z坐标表现为简谐振荡时,径向坐标出现偏移,y坐标表现出偏差和长期线性漂移。值得注意的是沿迹漂移与径向偏差直接成正比。

在 HCW 模型框架中,如果满足下式,可以获得稳定的相对运动:

$$\dot{y}_0 = -2x_0 n$$

如果根据轨道参数及其微分方程对相对轨迹进行描述,那么可以更好地认识该特性由来。

在文献中发现一些推导近距离编队条件下描述相对运动方程的方法:例如,Schaub[19]从笛卡儿希尔坐标和轨道根数微分[23]之间的线性映射[23]开始,Fasano和 D'Errico[20,24]、Vadali 等[25]根据轨道参数的微分,首次建立精确相对运动方程,并应用了一系列的简化假设。

我们先考虑主星在圆轨上移动的情况。

下面符号中下标"D"指副星,而主星参数不使用下标;下标"b"表示副星和主星参数之间的差值。

不同的方法都是基于所有轨道参数微分都非常小的假设,即$\delta a/a$、$\delta\Omega$、δi、$\delta e(e_D)$和$\omega_D + M_{D0} - u_0$都是远小于 1 的。u_0代表所计算的主星近点角相对于升交点(主星的初始纬度幅角)的初值。下面的u一般代表平纬度幅角,即$u = c + M$。

根据开普勒动力学下,主星的真近点角作为独立变量,Schaub[19]提出了轨道参数的相对运动方程:

$$\begin{bmatrix} x \\ y \\ z \end{bmatrix} \approx a \begin{bmatrix} \dfrac{\delta a}{a} - \delta e\cos(v) \\ 2\delta e\sin(v) + \delta\omega + \delta M_0 + \delta\Omega\cos i - \dfrac{3}{2}(v - v_0)\delta a \\ \sqrt{\delta i^2 + \sin^2 i \delta\Omega^2}\cos(\omega + v - \phi) \end{bmatrix} \tag{3.3}$$

式中

$$\phi = \arctan\left(\frac{\delta i}{-\sin i\delta\Omega}\right) \tag{3.4}$$

在同样的条件下,方程可以写成显含时间的形式,在这种形式下很容易地包含地球扁率条件(Fasano,D'Errico[24]):

$$\begin{bmatrix} x \\ y \\ z \end{bmatrix} \approx a \begin{bmatrix} \dfrac{\delta a}{a} - \delta e\cos(M_{D0} + \dot{M}_D t) \\ 2\delta e\sin(M_{D0} + \dot{M}_D t) + (\omega_{D0} + M_{D0} - u_0) + \delta\Omega_0\cos i + (\delta\dot{u} + \delta\dot{\Omega}\cos i)t \\ -(\delta\Omega_0 + \delta\dot{\Omega}t)\sin i\cos(\omega_{D0} + M_{D0} + \dot{u}_D t) + \delta i\sin(\omega_{D0} + M_{D0} + \dot{u}_D t) \end{bmatrix}$$

$$\tag{3.5}$$

在开普勒动力学中,式(3.3)与式(3.5)在一阶是一致的,式(3.5)和 HCW 方程式(3.2)是一致的。通过这些方程组的比较,为 HCW 的由来提供了证据。

(1)径向偏移是由于半长轴的差异引起的。

（2）面内谐波振荡与副星的轨道偏心率呈线性相关关系（$\delta e = e_{\mathrm{D}}$）。

（3）沿迹偏移取决于（平）纬度幅角的初始差异。

（4）垂迹振荡可以通过升交点赤经或轨道倾角之差起作用，后者允许在两极达到最大分离距离，在赤道上达到最小分离距离，相反前者是一圆形的。

（5）一般（包括地球扁率的影响）沿迹漂移是由于 $\delta \dot{u}$ 和 $\delta \dot{\Omega}$ 的微分作用，后续将对这些术语作进一步讨论。

根据轨道参数方程显然可知，相对于近地点（平近地点）的面内运动是定相的，而相对于升交点（纬度幅角）的面外运动也是定相的。因此，只要忽略（开普勒动力学）近地点进动或使近地点进动无效，则平面内和平面外的振荡会有相同的频率。

现在考虑主星在偏心率很小的近圆轨道上不移动的相对运动方程。从应用的角度看，这意味着标称轨道偏心率为 10^{-3} 量级（例如太阳同步冻结轨道[22]），其与偏心率相关项可以进行线性近似。

文献[24]和 Vadali 等[25]提及到一个有趣的方面，在低偏心率近距离编队条件下，虽然平近点角和近地点幅角中的微分应该很小，但是平近点角和近地点幅角并不一定小。

在显含时间形式中，可以推导方程[20]：

$$
\begin{bmatrix} x \\ y \\ z \end{bmatrix} \approx a \begin{bmatrix} \dfrac{\delta a}{a} - \delta e \cos(M_0 + \delta M_0 + \dot{M}_{\mathrm{D}}t) + 2e \sin\left(\dfrac{\delta M_0}{2}\right) \sin\left(M_0 + \dot{M}_{\mathrm{D}}t + \dfrac{\delta M_0}{2}\right) \\ 2\delta e \sin(M_0 + \delta M_0 + \dot{M}_{\mathrm{D}}t) + 4e \sin\left(\dfrac{\delta M_0}{2}\right) \cos\left(M_0 + \dfrac{\delta M_0}{2} + \dot{M}_{\mathrm{D}}t\right) + \\ \delta(\omega_0 + M_0) + \delta\Omega_0 \cos i + t(\delta\dot{u} + \delta\dot{\Omega}\cos i) \\ -(\delta\Omega_0 + \delta\dot{\Omega}t)\sin i \cos(\omega_{\mathrm{D}0} + M_{\mathrm{D}0} + \dot{u}_{\mathrm{D}}t) + \delta i \sin(\omega_{\mathrm{D}0} + M_{\mathrm{D}0} + \dot{u}_{\mathrm{D}}t) \end{bmatrix} \tag{3.6}
$$

Vadali 等[25]推导了类似的方程，面内项采用不同的方式，垂迹坐标系中带有某些二阶项。

$$
\begin{bmatrix} x \\ y \\ z \end{bmatrix} \approx a \begin{bmatrix} \dfrac{\delta a}{a} + \left[(e_{\mathrm{D}}\sin\delta M)\sin M + (e - e_{\mathrm{D}}\cos\delta M)\cos M\right] \\ \delta u + \delta\Omega\cos i - e(e_{\mathrm{D}}\sin\delta M)\,] + 2[\,-(e - e_{\mathrm{D}}\cos\delta M)\sin M + (e_{\mathrm{D}}\sin\delta M)\cos M] \\ \delta i \sin u_{\mathrm{D}} - \sin i\,\delta\Omega\cos u_{\mathrm{D}} - \dfrac{3}{2}e(\delta i \sin\omega_{\mathrm{D}} - \sin i\,\delta\Omega\cos\omega_{\mathrm{D}}) \end{bmatrix}
$$

$$\tag{3.7}$$

比较式（3.6）和式（3.5）中的面内项可知新的一阶谐波项出现在径向坐标和迹向坐标中，这是由于卫星之间存在平近点角的差异，且主星偏心率是线性相关的。例如，考虑到迹向坐标，这种振荡的振幅为 $4e \sin\dfrac{\delta M_0}{2}$，而相对于 δe 的其他谐波的相位差为 $\dfrac{\pi}{2} - \dfrac{\delta M_0}{2}$。因此，有必要强调的是与 δe 引起的振荡不同，δM 影响谐波运动的振幅和相位(相对于近地点)。当卫星之间存在较小的异常差时,δM 相关项就是高阶的,因此可以忽略不计。

因此,平面内的运动是两个在矢径和沿迹坐标上谐波振荡的组合,如果考虑一个虚拟参考点在圆形轨道上运动,除偏心率以外的(当然时间和真近点角也除外)其他所有的轨道参数和主星相同,那么就可以进行图形化的解释。图 3.2 描述了主星和副星相对于虚拟平台的运动。由于参考点的一阶 Hill 参考坐标与主星的 Hill 参考坐标是对准的,因此可以很容易地找出两个谐波的作用。

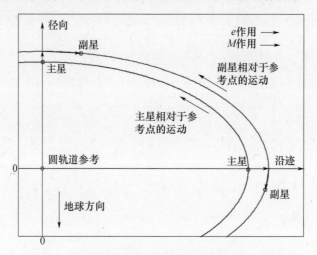

图 3.2 当主星在低偏心率的轨道上运动时,对面内
相对运动的不同作用的图形解释

式(3.6)也表明副星的近地点位置是如何影响面内运动相对于垂迹振荡的定相:例如,图 3.3 表示如果主星的近地点位于 $0°$、$45°$ 和 $90°$ 时会发生什么,偏心率之差与升交点赤经之差相结合。修改面内和面外振荡的相对相位可以改变 xz 和 yz 的投影,该投影可以是椭圆的、圆的、线性的,而相对轨迹总是位于沿着垂迹方向[26]轴的椭圆柱的表面。

考虑平均轨道参数和地球扁率的长期影响,编队设计者特别感兴趣的是绝对和微分 J2 对相对轨迹的影响。

由文献[27]可得

$$\dot{\Omega} = -\frac{3}{2}J_2\frac{R_{\oplus E}^2}{p^2}\dot{M}\cos i \tag{3.8}$$

$$\dot{\omega} = \frac{3}{2}J_2\frac{R_{\oplus E}^2}{p^2}\dot{M}\left(2 - \frac{5}{2}\sin^2 i\right) \tag{3.9}$$

$$\dot{M}_p = \frac{3}{2}J_2\frac{R_{\oplus E}^2}{p^2}n\ \sqrt{1 - e^2}\left(1 - \frac{3}{2}\sin^2 i\right) \tag{3.10}$$

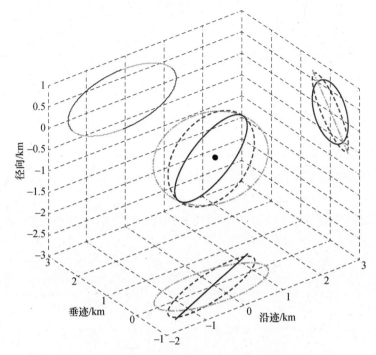

图 3.3　对于 $e=0.001, a=7000\text{km}, \delta e=1\times10^{-4}, \delta\Omega=0.005°$,

选择两个不同近地点(0°,45°,90°)的编队的

三维相对运动和坐标面的投影

　　如果由式(3.9)计算得到的近地点进动率是不为零的,那么面内运动和面外运动的相位将会改变。因此,即使没有微分的影响,也要修改地面上看到的相对轨迹。

　　该结论首先由 Sabol 等[28] 探索性给出圆轨道编队,然后由 Schweighart 和 Sedwick[11]、Fasano 和 D'Errico[24]、Vadali 等[25] 给出。如上所述,在其他方面,径向运动和沿迹运动相对于近地点是定相的,而垂迹运动相对于交叉节点是定相的,一般地,面外坐标和面内坐标将随时间发生振荡。D'Amico 和 Montenbruck[29] 也注意到这些影响,即相对偏心率矢量旋转。

　　在其他情况下,两个频率的差异也强调相对轨迹不仅依赖于平均轨道参数之差,而且依赖主卫星的的绝对参数。因此,控制副星和主星之间的平均轨道参数之差并不意味着相对轨迹不变,而只是意味着单轴坐标不会发生漂移。

　　对于微分的影响,基于设计目的,很有用的是把长期微分变化率表示为由 δa、δe 和 δi 构成的如下所示的线性函数(由文献[19,20]修改的):

$$\begin{cases} \delta\dot{\Omega} = C_{\Omega,a}\dfrac{\delta a}{a} + C_{\Omega,e}\delta e + C_{\Omega,i}\delta i \\[3mm] \delta\dot{u} = C_{u,a}\dfrac{\delta a}{a} + C_{u,e}\delta e + C_{u,i}\delta i \end{cases} \tag{3.11}$$

式中

$$
\begin{cases}
C_{\Omega,a} = \varepsilon n \dfrac{7}{4}\cos i \\[2mm]
C_{\Omega,e} = -\varepsilon n \dfrac{2e}{1-e^2}\cos i \\[2mm]
C_{\Omega,i} = \dfrac{1}{2}\varepsilon n \sin i \\[2mm]
C_{u,a} = C_{u,a,\mathrm{kep}} + C_{u,a,\mathrm{J2}} = -\dfrac{3}{2}n - \dfrac{7}{8}\varepsilon n \left[\left(5 + 3\sqrt{1-e^2}\right)\cos^2 i - \sqrt{1-e^2} - 1 \right] \\[2mm]
C_{u,e} = \varepsilon n \dfrac{e}{\sqrt{1-e^2}}\left[\cos^2 i \left(\dfrac{5}{\sqrt{1-e^2}} + \dfrac{9}{4}\right) - \dfrac{1}{\sqrt{1-e^2}} - \dfrac{3}{4} \right] \\[2mm]
C_{u,i} = \varepsilon n \sin(2i)\left(-\dfrac{5}{4} - \dfrac{3}{4}\sqrt{1-e^2} \right)
\end{cases}
\tag{3.12}
$$

和

$$
\varepsilon = 3J_2 \left[\frac{R_{\mathrm{eq}}}{a(1-e^2)} \right]^2 \tag{3.13}
$$

分析不同条件下典型近圆轨道的数量级是有用的。因为 $\varepsilon = O(10^{-3})$，然后有 $C_{\Omega,a} = C_{\Omega,i} = O(10^{-3}n)$，$C_{\Omega,e} = O(10^{-6}n)$，$C_{u,a} = O(n)$，$C_{u,i} = O(10^{-3}n)$。

当然，由于包含开普勒项，$C_{u,a}$ 是最大的系数。在沿迹坐标方面，残余 δa 意味着在每个轨道中沿迹漂移为 $-3\pi\delta a$ 量级，该条件是在式(3.3)中明确引用的。偏心系数是最小的，如果主星在圆形轨道上该系数是无效的。在实际中，这意味着偏心率之差确实有很小的微分影响。

节点进动速度和平均角速度明显依赖于 δi，主星的轨道倾角决定 $C_{\Omega,i}$，$C_{\Omega,a}$，$C_{u,i}$ 的相对权值。事实上，在近极轨道的情况下，进动速度对于轨道倾角是非常敏感的，而 $C_{\Omega,a}$，$C_{u,i}$ 趋于零。

轨道设计师可使用式(3.6)和式(3.11)～式(3.13)两部分。首先，对非 J2 不变的编队条件下编队稳定性的量化估计是可能的，另一方面，该系数可帮助轨迹设计师通过利用地球扁率影响，获取修改相对轨迹的最有效的方法。

这次论述中考虑到平均轨道参数和J2项的长期影响。当然，实际编队动力学也是由短周期和长周期的影响[29]引起的。当处理编队控制时通常需要考虑进这影响，分析方法能够映射密切参数与对应的平根[8,26,29]。另一方面，也值得注意的是，根据平均轨道参数估计相对运动不同于非线性关系的平均相对运动[30]。然而在实际中，这些影响可以作为高阶项来考虑，在编队设计阶段通常可以忽略。

整理相对运动方程为相对运动的几何参数设计提供支撑，具体地，式(3.6)可以写为

$$\begin{bmatrix} x \\ y \\ z \end{bmatrix} \approx \begin{bmatrix} x_{\text{off}} + A_x \sin(\dot{M}_D t + \varphi_x) \\ y_{\text{off}} + 2A_x \cos(\dot{M}_D t + \varphi_x) + t \cdot y_{\text{dr}} \\ A_z(t) \sin[\dot{u}_D t + \varphi_z(t)] \end{bmatrix} \qquad (3.14)$$

其中

$$\begin{cases} x_{\text{off}} = \delta a \\[2mm] A_x = a \sqrt{\left[\delta e + 2e \sin^2\left(\dfrac{\delta M_0}{2}\right)\right]^2 + \left[e\sin(\delta M_0)\right]^2} \\[3mm] \varphi_x = \arctan\left(-\dfrac{\delta e + 2e \sin^2\left(\dfrac{\delta M_0}{2}\right)}{e\sin(\delta M_0)}\right) \\[3mm] y_{\text{off}} = a\left[\delta(\omega_0 + M_0) + \delta\Omega_0 \cos i\right] \\[2mm] y_{\text{dr}} = a(\delta\dot{u} + \delta\dot{\Omega}\cos i) \\[2mm] \quad = a\left[C_{u,a}\dfrac{\delta a}{a} + C_{u,e}\delta e + C_{u,i}\delta i + \left(C_{\Omega,a}\dfrac{\delta a}{a} + C_{\Omega,e}\delta e + C_{\Omega,i}\delta i\right)\cos i\right] \\[3mm] A_z(t) = a\sqrt{\delta i^2 + \left[(\delta\Omega_0 + \delta\dot{\Omega}t)\sin i\right]^2} \\[2mm] \quad = a\sqrt{\delta i^2 + \left\{\left[\delta\Omega_0 + \left(C_{\Omega,a}\dfrac{\delta a}{a} + C_{\Omega,e}\delta e + C_{\Omega,i}\delta i\right)t\right]\sin i\right\}^2} \\[3mm] \varphi_z(t) = \arctan\left\{-\dfrac{\left[\delta\Omega_0 + \left(C_{\Omega,a}\dfrac{\delta a}{a} + C_{\Omega,e}\delta e + C_{\Omega,i}\delta i\right)t\right]\sin i}{\delta i}\right\} \end{cases} \qquad (3.15)$$

利用与 HCW 方程相互关系也可以推导(在 HCW 假设下)初始相对位置和相对速度条件与初始轨道参数微分之间的一阶关系。特别地,在开普勒圆(主星)轨道假设($\dot{M}_D = \dot{u}_D = n_D = \sqrt{\dfrac{\mu_\oplus}{a_D^3}}$)条件下,从式(3.2)和式(3.6)可得到下面的关系:

$$\begin{cases} x_{\text{off}} = \delta a = 4x_0 + 2\dfrac{\dot{y}_0}{n} \\[3mm] A_x = a\delta e = \sqrt{\left(\dfrac{\dot{x}_0}{n}\right)^2 + \left(3x_0 + 2\dfrac{\dot{y}_0}{n}\right)^2} \\[3mm] \varphi_x = -\dfrac{\pi}{2} \\[3mm] y_{\text{off}} = a\left[\delta(\omega_0 + M_0) + \delta\Omega_0 \cos i\right] = -2\dfrac{\dot{x}_0}{n} + y_0 \\[3mm] y_{\text{dr}} = a\delta\dot{u} = C_{u,a,kep}\delta a = -\dfrac{3}{2}n\delta a = -(6nx_0 + 3\dot{y}_0) \\[3mm] A_z = a\sqrt{\delta i^2 + (\delta\Omega_0 \sin i)^2} = \sqrt{z_0^2 + \left(\dfrac{\dot{z}_0}{n}\right)^2} \\[3mm] \varphi_z(t) = \arctan\left\{-\dfrac{\delta\Omega_0 \sin i}{\delta i}\right\} = \arctan\left\{-\dfrac{z_0 n}{\dot{z}_0}\right\} \end{cases} \qquad (3.16)$$

3.2.2 大编队

在典型的低轨地球观测任务情况下,大编队的基线为数百千米,因此需要二阶模型。轨道参数的方法仍然可以用于相对运动分析。下面[20]需要考虑对初始条件做适当的假设。

在近距离编队条件下,基本的假设是 $\delta a,\delta\Omega,\delta i,\delta e(e_D)$ 和 $\omega_D+M_{D0}-u_0$ 都比较小。

然而,如果二阶项中必须包括描述的轨迹,那么对于不同的轨道参数而言,所考虑的近似幅值的量级必须是不同的。事实上,开普勒和 J_2 重力场谐波(包括在模型中)不会在短时间内破坏编队。因此,半长轴是最关键的参数,因为其变化会改变开普勒平均运动和 J_2 项影响(升交点和近地点的进动速率以及扰动的平均运动)。因而,值得注意的是,如果考虑近圆轨道,轨道倾角是 J_2 的主要影响参数,而偏心率正如(3.12)论证的有轻微的影响。此外,J_2 影响不依赖于近地点幅角、平均近点角和升交点赤经。该问题可以从另一个角度进行分析。J_2 的微分影响使升交点、近地点和平均近点角发生漂移,$\delta\Omega$、$\delta\omega$ 和 δM 的绝对值随着时间而增加。如果模型不允许 $\delta\Omega,\delta\omega$ 和 δM 足够大,那么在相对短的时间可能就是无用的。因而,半长轴的无量纲微分($\delta a/a$)必须设计成最小的参数,而所有其他参数微分较大些,δi 为两者之间。

基于这些考虑,可以作如下假设:

- 对于 $\delta\Omega,\omega_{d0}+M_{d0}-u_0,\delta \dot{u}t=\delta(\dot{M}+\dot{\omega})t$,只保留其线性和二次项。
- 对于 δi 只保留线性项。
- 除了包含 $\delta a/a$ 项以外,还考虑到由两个轨道参数微分乘积所产生的全部混合项。

考虑到这些假设,Fasano 和 D'Errico 推导了下面方程组[20]:

$$
\frac{x}{a}\approx\frac{\delta a}{a}-\delta ecos(M_{D0}+\dot{M}_Dt)+2esin\left(\frac{\delta M_0}{2}\right)sin\left(M_0+\frac{\delta M_0}{2}+\dot{M}_Dt\right)
$$

$$
+e(\delta\dot{M}_Dt)sin(M_0+\dot{M}_Dt)-\frac{(\delta u_0)^2}{2}-\frac{(\delta \dot{u}t)^2}{2}-\delta u_0\cdot\delta\dot{u}t
$$

$$
-e_D(\delta u_0+\delta\dot{u}t)2sin(M_{D0}+\dot{M}_Dt)-\delta\Omega cosi \qquad (3.17)
$$

$$
\cdot[\delta u_0+\delta\dot{u}t+2e_Dsin(M_{D0}+\dot{M}_Dt)]+\left(-\frac{\delta\Omega^2}{2}+\frac{\delta\Omega^2}{4}sin^2i\right)
$$

$$
-\frac{\delta\Omega^2}{4}sin^2icos\xi+\frac{1}{2}\delta\Omega\delta isinisin\xi+[2esin(M_0+M_Dt)]
$$

$$
\cdot(\delta u_0+\delta\dot{u}t+\delta\Omega cosi)
$$

$$\frac{y}{a} \approx \delta u_0 + \delta \dot{u}t + \delta\Omega\cos i + 2\delta e \sin(M_{D0} + \dot{M}_D t) + 4es\sin\left(\frac{\delta M_0}{2}\right)$$

$$\cdot \cos\left(M_0 + \frac{\delta M_0}{2} + \dot{M}_D t\right) + 2e(\delta \dot{M}t)\cos(M_0 + \dot{M}_D t) \tag{3.18}$$

$$- e_d(\delta u_0 + \delta \dot{u}t)\cos(M_{D0} + \dot{M}_D t) - \delta\Omega\cos i e_d \cos(M_{d0} + \dot{M}_D t)$$

$$- \frac{1}{2}\delta\Omega\delta i \sin i + \frac{\delta\Omega^2}{4}\sin^2 i \cdot \sin\xi + \frac{1}{2}\delta\Omega\delta i \sin i \cos\xi$$

$$\frac{z}{a} \approx -\delta\Omega\sin i \cos\psi + \delta i \sin\psi - \delta\Omega e_D \sin i$$

$$\cdot \left[\frac{1}{2}\cos(2M_{D0} + \omega_{D0} + \dot{M}_D t + \dot{u}_D t) - \frac{3}{2}\cos(\omega_{D0} + \dot{\omega}_D t)\right]$$

$$+ \delta i e_D\left[\frac{1}{2}\sin(2M_{D0} + \omega_{D0} + \dot{M}_D t + \dot{u}_D t) - \frac{3}{2}\sin(\omega_{D0} + \dot{\omega}_D t)\right] - \frac{\delta\Omega^2}{2}\sin i \cos i \sin i \sin\psi$$

$$\tag{3.19}$$

式中：$\delta\Omega$ 为真实值，即 $\delta\Omega = \delta\Omega_0 + \delta\dot{\Omega}t$，

$$\xi = \omega_{D0} + M_{D0} + u_0 + 2\dot{u}_D t \tag{3.20}$$

$$\psi = \omega_{D0} + M_{D0} + \dot{u}_D t \tag{3.21}$$

基于这些方程，阐述以下所考虑的因素：

（1）二阶项在坐标上基本都有耦合效应。在一阶模型式（3.6）中，δa、δe、$\delta\omega$、δM 明确出现在 x 和 y（平面坐标）中，而除了 $\delta\Omega$ 导致沿迹偏移和线性漂移以外，$\delta\Omega$ 和 δi 只出现在横向坐标中。平面运动与垂迹坐标是独立的，这和 Hill 微分方程是一致的。如二阶模型所表示的，当卫星间距离增大时，所有坐标会耦合。另一方面，由于之前所做的假设，δa 只在径向坐标上作为偏差出现。

（2）长期项也出现在二阶径向坐标中。

所有的坐标是不同时间函数之和：常值偏差、线性项和二次项、由于近地点进动产生的长期振荡以及具有常幅值或时变幅值的其他周期项。对于后者，需要注意的是 x 和 y 中出现的一些项，其频率是轨道周期（式 3.17 和式 3.18）的两倍。

• 在典型条件下，式（3.17）、式（3.18）和式（3.19）中，并不是所有的项都是同一量级的，一些项可以忽略。例如，如果相对轨迹在 J2 影响下变化是"慢"的（几十个轨道在百分比上无明显位置偏差），那么或许可以忽略所有包含长期因素的二阶项。

3.3　相对轨迹模式：任意偏心率的椭圆轨道

Alfriend 等[26] 概述并比较了一些椭圆参考轨道相对运动模型，这些模型基本上是基于选择的独立变量进行分类的。特别是，Melton 的模型[31] 是在与主星相关

的笛卡儿坐标系和圆柱坐标系的基础上发展的。相对位置表示为时间的函数,按偏心率的幂进行展开。另一个相对运动模型把真近点角作为独立变量,是基于前者独立发展的,研究者包括 Lawden[32]、de Vries[33]、Tshauner 和 Hempel[7]。Carter[13]补充并发展了后面的这些模型,发现了 Lawden 方法的新形式,并成功地用于消除真近点角奇异。此外,Yamanaka 和 Ankersen[34]发现了 Lawden 方程另一个独立的解。

Inalhan 等[35]重建了两个偏心轨道的相对动力学,确定了齐次方程(开普勒动力学)的解,其与 Lawden/Carter 的解是一致的。他们还分析了一组初始条件来保证相对轨迹是周期性的。第一次提出的条件与著名的能量相等(如半长轴)要求是一致的,这也是 HCW 方程的明确结果。此外,Inalhan 等也提出采用不同条件来避免相对漂移,这取决于 4 个常数的设置。最后,仿真结果表明,对平面内的漂移,忽略主星偏心率(10^{-3}量级)的影响要大于忽略 J2 微分摄动的影响。仿真的轨道倾角是 52°,这可以部分地解释上面的结果。

Ketema[36]也提出了一种用于两个椭圆轨道之间开普勒相对运动分析的模型。方法的特点在于定义了一组在主星近焦点参考坐标系下副星的相对轨道参数,而通过数值求解得到了依赖于真近点角和时间的时间相依性。如果该方法需要展开,那么需要知道 J2 项对一组新的轨道参数的影响。

Lane 和 Axelrad[37]提出了一种以时间为独立变量描述相对运动的几何方法,该方法是基于 Broucke[38]以前的推导。所提出的方法是基于相对运动的描述,该相对运动是主星的真近点角的函数,o 是轨道参数的微分,都假定为小量。介绍该方法可用于设计典型编队(共轨、跟随、共轨/垂迹),与 3.2 节介绍的过程类似。建立开普勒动力学的相对运动模型,使模型在短时间内是精确的。

Schaub[19]用轨道参数的微分和主星的真近点角来表示副星相对于主星的相对位置,轨道参数微分由偏心率和近地点表示,其目的是避免出现奇异。Schaub[19]为任意(小)偏心率的主星轨道提供了相对运动模型(在 3.2 节论述的)。因此,选择主星和副星之间的真近点角之差作为第六个相对参数,对于能量相同的轨道而言,该变量是常值。模型时间相依性或轨道参数微分可以充分纳入到 J_2 影响中。

Sengupta 和 Vadali[39]的分析是在主星 LHLV 参考坐标系的曲线坐标下开展的,拓展了 Sengupta 等[40]之前的研究工作,说明了 Lawden 方程解和轨道参数微分方法解的关系。他们广泛分析了主星偏心率的影响,证明了其对于 HCW 方程经典解会产生很多变量:①振荡频率高于轨道频率;②垂迹相对轨迹会扩大和沿迹相对轨迹会收缩;③相位移动;④相对于 LHLV 参考坐标系原点的相对轨迹中心会发生位移。

总之,任意偏心率的主星轨道增加了相对运动描述和开普勒动力学描述的复杂性。因此,简化相对运动模型并允许直接设计过程的问题仍在争论中,而 Schaub[19]可能提供了最好选择。然而,由于当前绝大多数分布式地球观测任务概念是利用低偏心率轨道,因此该局限性也限制了其当前的实际影响。

3.4 相对轨迹设计

3.4.1 SAR 干涉测量法

正如第 1 章和第 2 章详细描述的,单次跨轨干涉[41,42]建立在两个天线上,一个发送回波信号,两个都能接收回波信号(在每次脉冲时,可从一个天线切换到另一个天线进行发送),并允许一个建立观察区域的三维模型。

决定观测几何和产生数字高程模型(DEM)可实现性能的基本编队参数称为"有效基线",这是基线矢量在雷达观测方向的法向投影(图 3.4)。

给定雷达观测角 θ,有效基线是垂直(沿着 x 轴,径向)基线和水平(沿着 z 轴,垂迹)基线的线性组合($|x\sin v - z\cos v|$)。

有效基线的选择通常需要权衡最大重建精度和高度模糊数[42],因此取决于雷达波长。高度模糊数是指干涉整平后产生 2π 干涉相位变化对应的海拔高度差。事实上,虽然大基线要考虑更高的高度测量灵敏度,但是空间相关性决定了其具有较大的相位测量噪声,而且高度模糊减小,这是一个缺点,特别是在陡坡区。

对于给定的系统参数和有效基线,测高精度和高度模糊数与雷达波长大致成比例。对此图 3.5 中明确显示了,其中考虑了 X 波段、C 波段和 L 波段的 SAR(主星用于发射/接收,而副星只接收)。在文献[43,44]中,采用测高精度模型,其他的参数假设为真实值(海拔 600km,信噪比为 15dB,4 次观测,雷达距离分辨力 5m)。

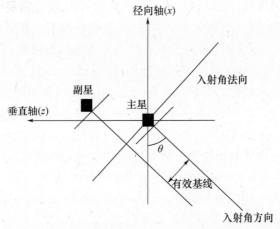

图 3.4 评估有效基线的几何形状(经许可,转自施普林格科学商业媒体
B. V. 2009 施普林格出版的文献[20])

值得强调的是,在评价测高精度时,只考虑了相位噪声。斜距不确定性、基线组成和姿态也会影响测高精度,但这里并不考虑,因为它们依赖于导航系统。然

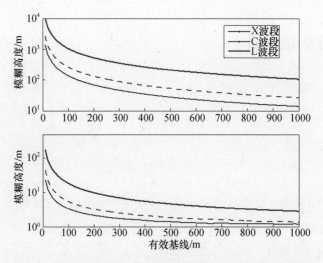

图 3.5　SAR 干涉测量中的基本性能参数是有效基线的函数

而,必须指出的是,若基线提供了非常精确的估计(毫米级),则主要误差源是相位噪声影响。

基于该预算类型,通常可以确定一个有效基线"最优"值(或者更具体地说是一个可接受范围),而轨道设计的目的是在规定的地区实现该基线范围。事实上,取决于几何构型轨道运动会产生连续变化的有效基线和实现给定性能的不同纬度范围。因此,必须设计和调整不同的候选编队几何形状来确保有效基线性能和轨道的稳定性。

对于小偏心率轨道(图 3.6)的近距离编队动力学,首先需要注意的是,具有零偏移的两个正弦振荡(一般频率略微不同)必须结合起来。事实上,在径向坐标产生漂移是不现实的,因为该漂移在短时间内会导致编队不稳定。因此,对于任何选择的轨道参数,有效基线是具有正弦趋势的时间函数。设计师的自由度包括与纬度有关的振荡幅值和相位。如果通过 δi 设计垂迹部分,其缺点会产生不希望的垂迹不稳定性式(3.12)。因此,水平运动必须借助 $\delta\Omega$ 获得,这将致使有效基线随雷达天底角从赤道(最大)到极点(零)发生变化。另外,可以在升轨阶段和降轨阶段获得同样的趋势。由于副星绕平行于垂迹轴的方向进行振荡,这个编队通常称为"钟摆"。通常,基于安全原因也可以预测沿迹坐标偏移,它可由 δM(或 $\delta\omega$)得到。这两个轨道可以有一些(共同的)不影响相对运动的偏心率。

如果 $[B_{min} \quad B_{max}]$ 是有效基线的要求范围,那么从图 3.6 可知 $\delta\Omega$ 最大,有用轨道部分可计算为

$$a\delta\Omega sin i cos\vartheta = B_{max} \tag{3.22}$$

在纬度覆盖范围内,这种类型的编队并不能在高纬度地区实现所需的基线。该影响的例子见图 3.6。

114

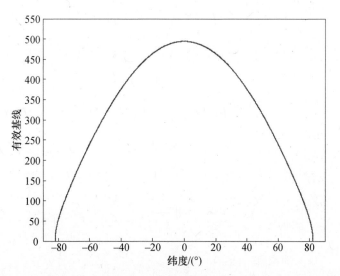

图 3.6　钟摆编队(考虑 COSMO/SkyMed 为主星轨道, $\delta\Omega = 4.9 \times 10^{-3}$)
的有效基线是纬度的函数

另一种选择是仅利用垂直振荡,可以通过 δe 或主星偏心率非零的 δM 和 $\delta\omega$ 的反向差值来实现。此外,实现所需有效基线范围的轨道部分可以进行最大化。例如,如果选择偏心率差分,可以得出:

$$a\delta e\sin\vartheta = B_{max} \tag{3.23}$$

同时,如果利用平近点角和近地点幅角(用于小偏心率轨道)的差,有

$$2ae\sin\left(\frac{\delta M_0}{2}\right)\sin\vartheta = B_{max} \tag{3.24}$$

在这两种情况下,相对于近地点,运动的相位是变化的。因此,纬度的趋势取决于近地点幅角,近地点进动可修正纬度范围。这种类型编队通常称为"车轮"[45,46],相对运动轨迹是在 2×1 的 Hill 方程的平面椭圆(图 3.7)里,而有效基线趋势是纬度的函数,如图 3.8 所示两个不同的近地点幅角。

如果考虑基于 δe 的"车轮",会观察到一个很有趣的现象,当近地点幅角是90°时,同一个有效基线的趋势是在轨道的上升段和下降段实现的,这与"钟摆"是互补的:有效基线在两极是最大的,而在赤道上为零。然而当近地点在中纬度时(45°),则在不同的轨道相位上可实现不同的趋势,所有可达到的纬度可通过相对小的有效基线百分比变化来覆盖。

最后,垂直振荡和水平振荡是耦合的。由于水平运动必须要通过升交点赤经之差来获得近地点幅角和偏心率、δe、δM 和 $\delta\omega$ 的选择决定垂直运动和两个振荡的相对相位,这反过来会影响有效基线的纬度趋势和径向/垂迹平面的轨迹形状。遥感轨道通常选择近地点为90°的太阳同步冻结轨道[22],如果这样的话,那么利用偏心率的细微差别以及近地点和平近点角的无差异性可获得相对于水平运动相位

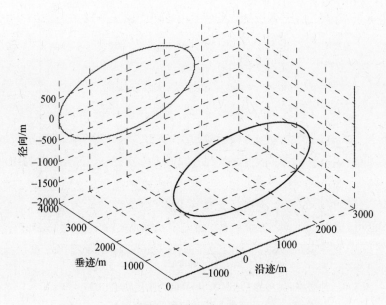

图 3.7　车轮编队坐标平面的三维相对轨迹和投影

差为 90° 的垂直振荡。这意味着径向—垂迹平面的轨迹是椭圆形的,其主轴方向与坐标轴是一致的,半短轴和半长轴分别线性依赖于 $\delta\Omega$ 和 δe。该编队通常称为"螺旋",已应用子 TanDEM－X 任务中(见第 13 章)。螺旋编队的特点是径向/垂迹轨道平面的距离从不为零。这表明卫星之间的基线完全没有沿迹距离,其优势是满足避免碰撞和减少编队控制要求。

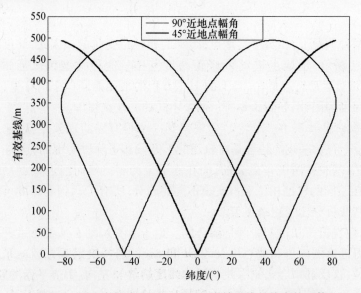

图 3.8　两个车轮编队(基于 δe)的有效基线是纬度的函数

那么对于"车轮"情况下近地点幅角为中间值,如果能够正确选择升交点赤经之差和偏心率,那么所有的纬度会遵循类似的有效基线。

有效基线可表示为时间的函数:

$$B_{\text{eff}} = a|x\sin\vartheta - z\cos\vartheta| \approx a| -\delta e\cos(M_0 + \dot{M}_\text{D}t)\sin\vartheta +$$

$$(\delta\Omega_0 + \delta\dot{\Omega}t)\sin i\cos(90° + M_0 + \dot{u}_\text{D}t)\cos\vartheta| \qquad (3.25)$$

鉴于 $\dot{M}_\text{D}$ 和 $\dot{u}_\text{D}$ 之间的差异是 $\dot{\omega}_\text{D}$(幅值小于 $\dot{M}_\text{D}$ 三个数量级),B_{eff} 是幅值不同、90°相移且频率非常接近的两个余弦之和,因此,B_{eff} 近似为正弦曲线的绝对值,其振幅由公式 $a\sqrt{\delta e^2\sin^2\vartheta + (\delta\Omega\sin i\cos\vartheta)^2}$ 给出,而相位与可实现的最大有效基线的纬度相关。如果振幅能够达到最大基线上限,那么能够实现所需有效基线范围的轨道部分可达到最大。第二个条件,如果半长轴和半短轴的比等于天底角的正切,那么可在中间纬度上得到最大有效基线,以约为 30% 最大有效基线变化就可观察到所有纬度(图 3.9 和图 3.10)。

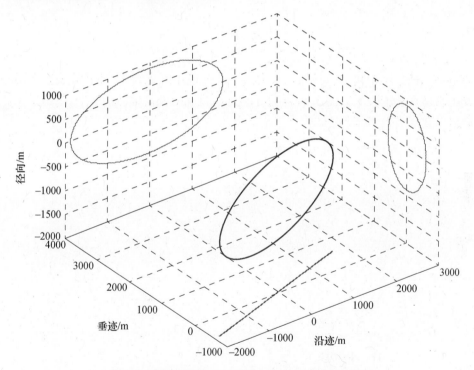

图 3.9 螺旋编队坐标平面的三维相对轨迹和投影

所述编队之间的重要差异是近地点进动的影响。在"钟摆"条件下,近地点进动对纬度覆盖或编队几何构型没有影响,然而对"车轮"编队,近地点进动会改变实现所给性能的纬度带,而不改变相对轨迹。最后,在螺旋的情况下,近地点进动会改变有效基线值和纬度相关性。事实上,如果近地点远离 90°,会减少在径向——

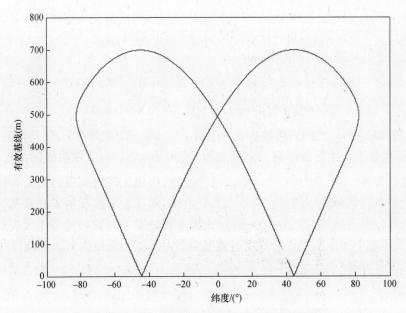

图 3.10　螺旋编队的有效基线是纬度的函数

垂迹平面的最小距离,且对于 $\omega=0°$ 或 $\omega=180°$ 最小距离为零,即螺旋编队下不相交的轨道优势消失了。图 3.11 描述了近地点进动对螺旋编队的影响,指出了相对轨迹变化和有效基线趋势。

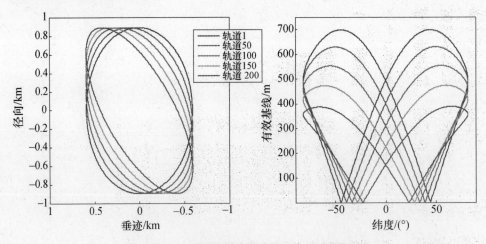

图 3.11　(见彩图)螺旋编队近地点进动的影响

(经 Springer Science + Business Media B. V. © 2009 Springer Published.[20] 许可转载)

表 3.1 总结了所描述编队的不同特征。之前考虑的干涉要求和编队几何形状可同时用于轨迹设计的例子中。

118

表 3.1　不同编队几何形状的特征

表 3.1　不同编队几何形状的特征

编队几何形状	轨道参数差	J2 恒定	维度覆盖	碰撞风险	近地点进动影响
钟摆式	$\delta\Omega$(避撞时为 δM)	是	高纬地区有效基线为零	与沿迹常值基线有关	无
车轮式	Δe(且/或 $\delta M = -\delta\omega$、$e\neq 0$)	是(如果 $\delta e = 0$)	取决于近地点幅角	当垂直距离为零时仅与沿迹基线有关	纬度覆盖变化
螺旋式	$\delta\Omega$ 和 δe	否	如果 $\Omega = 90°$,最大有效基线变化率30%就可覆盖全部纬度	轨道没有交叉,沿迹上没有距离	相对轨迹、有效基线最大值以及其与纬度关系的变化

假设对于 1m 量级高精度要求和高度模糊大于 20m 的要求,COSMO/SkyMed 作为主轨道,从类似于图 3.5 的预算中,对于不同的带宽可得到如表 3.2 中的有效基线距离。那么从式(3.23)、式(3.24)和式(3.25)可以计算出所需的 3 个带宽轨道参数的差值,结果如表 3.2 所列。

表 3.2　SAR 干涉测量的最优编队几何形状例子

波段	有效基线范围/m	高度精度范围/m	模糊高度范围/m	钟摆式	车轮式	螺旋式
X	400~700	0.97~1.24	21.5~36	$\delta\Omega = 6.9\times 10^{-3}$ ($\delta M = 8\times 10^{-3}$)	$\delta e = 1.8\times 10^{-4}$	$\delta\Omega = 4.9\times 10^{-3}$ $\delta e = 1.3\times 10^{-4}$
C	700~1300	0.99~1.3	21.5~39.5	$\delta\Omega = 1.3\times 10^{-2}$ ($\delta M = 8\times 10^{-3}$)	$\delta e = 3.4\times 10^{-4}$	$\delta\Omega = 9.1\times 10^{-3}$ $\delta e = 2.4\times 10^{-4}$
L	2800~5000	1~1.3	22~39.5	$\delta\Omega = 5.0\times 10^{-2}$ ($\delta M = 8\times 10^{-3}$)	$\delta e = 1.3\times 10^{-3}$	$\delta\Omega = 3.5\times 10^{-2}$ $\delta e = 9.1\times 10^{-4}$

3.4.2　SAR 成像

SAR 成像是一种实现聚焦的三维 SAR 图像[47]技术,它依赖于孔径合成技术,该孔径合成是沿着与倾斜平面斜距方向的法线方向,即仰角方向。对同一区域收集的(稍微)不同的天底/入射角(第 2 章)的多个 SAR 图像进行适当的处理来合成孔径。由于孔径合成过程非常依赖于统一的数据采样[47,48],因此需要采用适当的重采样技术[49]来估计均匀间隔网格的一组采样数据和使用大量非均匀样本的性能退化情况。双/多基 SAR 可利用准确的基线获得适当的成像数据并不受时间去相关的影响,时间去相关会降低重复通过场景下的性能。星载 SAR 层析成像目前是一个开放的研究课题,科学界正在研究相关权衡的定量分析。

在垂迹干涉测量中,有效基线是 SAR 成像的基本几何参数。事实上,接收机必须沿着成像孔径的区间对有效基线进行采样(图 3.12)。

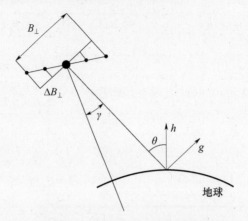

图 3.12　双基 SAR 敏感器(小点)与单基 SAR(大点)
协同的卫星编队的层析成像几何

利用已发表文献[48,50]中的数学模型和图 3.12 中描绘的场景原理,定义 λ 为波长,R_0 为斜距,θ 为局部入射角(仅在式(3.26)~式(3.29)中),可通过所需的高分辨力 Δh 确定最大有效基线:

$$B_\perp = \frac{\lambda R_0 \sin\theta}{\Delta h} \tag{3.26}$$

而卫星之间的距离受避免成像重建过程中出现模糊所限制。因此,如果 H 是所需的确切高度,它必须满足

$$\Delta B_\perp = \frac{\lambda R_0 \sin\theta}{H} \tag{3.27}$$

H 和 Δh 也决定了在单通情况下所需卫星数量:

$$N = 1 + \frac{B_\perp}{\Delta B_\perp} = 1 + \frac{H}{\Delta h} \tag{3.28}$$

重要的是,注意到 SAR 成像是利用所接收信号的相干和。因此,最大有效基线也受保持信号间相位相干性的限制[46,51,52]:

$$B_\perp \leqslant \frac{\lambda R_0}{2\cos\theta \Delta r} \tag{3.29}$$

式中:Δr 为地面分辨力。

将这些要求转化为编队设计框架时,得出结论:基本要求是在给定的时间间隔里对有效基线进行统一采样,只要该间隔满足式(3.29)即可。

在 3.4.1 节的相同论证中,使用不同编队类型,如多"车轮",多"摆"和多螺旋编队(及其组合)。由于一阶有效基线是 $\delta\Omega$("钟摆")、δe("车轮")或者 $\delta\Omega$ 和 δe

（如果 $\delta\Omega/\delta e$ 是常值（螺旋））的线性函数，在所有的情况下，可以在沿轨道的所有纬度通过轨道参数差值的适当缩放来进行均匀采样。当然，在垂迹干涉的情况下，不同编队类型的区别在于纬度覆盖范围和避撞方面。

例如，假设 X 波段的工作频率，5m 的雷达分辨力和 30°天底角，轨道高度为 600km，主星轨道倾角为 97.79（太阳同步），主星轨道偏心率为 10^{-3}。那么，从成像角度而言，要假设 5m 的垂直分辨力和 30m 的垂直尺寸。从式（3.26）、式（3.27），得出结论：2400m 的有效基线需要在 6 个 400m 的时间间隔采样，这样在一个单通情况下需要 7 个接收孔径。

在多"钟摆"的情况下，假设最优观测的几何构型需要在赤道上，从式（3.6）可得出以下结果：

$$\delta\Omega = K \frac{\Delta B_\perp}{a\cos\theta\sin i}(K = [-3, -2, -1, 1, 2, 3]) \tag{3.30}$$

经分析第二部分等于 $K \times 0.0038°$。由于基线在两极为零，成像重构精度在高纬度地区消失了。此外，必须选择适当的沿迹偏移量来减少碰撞危险。图 3.13 表示了有效基线的趋势和平面外坐标的行为，其假设其中一个接收机作为主星（在编队的中心），仅有 3 个副星（由于对称）。

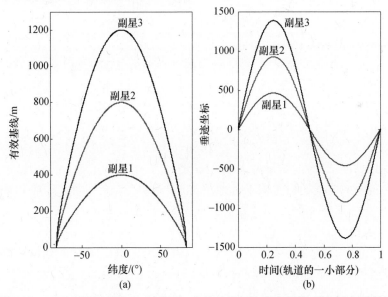

图 3.13　对于多钟摆编队（3 个副星），有效基线是纬度的函数，横向坐标沿轨道

考虑基于偏心率略有差异的多"车轮"编队，根据式（3.6），所需偏心率微分可以计算为

$$\delta e = K \frac{\Delta B_\perp}{a\sin\theta}(K = [-3, -2, -1, 1, 2, 3]) \tag{3.31}$$

可得出 $\delta e = K \times 1.15 \times 10^{-4}$。

有效基线是纬度的函数,它依赖于近地点幅角。如果近地点是90°,可以得到如图3.14所示趋势。

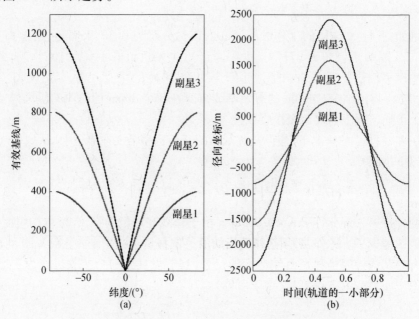

图3.14 多车轮编队(3个副星)的有效基线和径向坐标

在多螺旋结构编队情况下,对有效基线进行均匀采样,沿着轨道所有观测纬度达到同样的成像精度是可能的。事实上,假设垂直振荡和水平振荡之比等于雷达天底角 θ 的正切值作为首要条件,那么 $\delta\Omega$ 和 δe 可以从进一步的条件中计算:

$$\sqrt{\delta e^2 \sin^2\theta + \delta\Omega^2 \sin^2 i \cos^2\theta} = K\frac{\Delta B_\perp}{a}(K = [-3, -2, -1, 1, 2, 3]) \quad (3.32)$$

在所考虑的情况下,它的结果为 $K \times 5.7 \times 10^{-5}$。

获得的有效基线趋势类似于近地点为45°的多"车轮",而在径向和垂迹振荡之间有90°相位差时,碰撞风险减到最小(图3.15和图3.16)。

近地点进动对成像观测几何的影响是非常有趣的。此外,多"钟摆"几何构型和纬度覆盖不受近地点进动的影响。在多"车轮"的情况下,编队几何形状不受影响,虽然编队具有保持相同有效基线区间的均匀采样能力,倘若通过编队控制来抵消微分影响,会改变纬度覆盖范围。相反,在多螺旋情况下,虽然能够保持各纬度的均匀采样,但是不仅会改变纬度覆盖变化,而且会改变最大可实现有效基线。如果为了减少卫星平台个数而考虑混合重复/单通场景,那么需要接受时间去相关的缺点,这些都是重要的考虑因素。在这种情况下,为了优化不同编队段,地面轨迹的重复周期需要和近地点进动同步,但是需要妥善解决最终的编队几何变化和基线采样。此外,绝对轨道控制性能是不同编队通道下保证采样均匀性的关键因素。

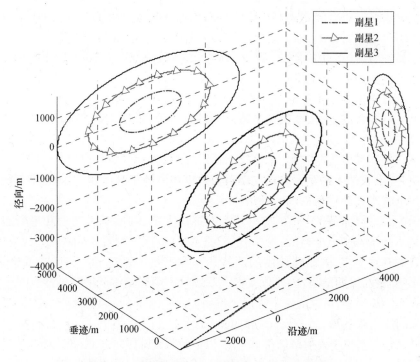

图 3.15　多螺旋编队（3 个副星）的三维几何形状

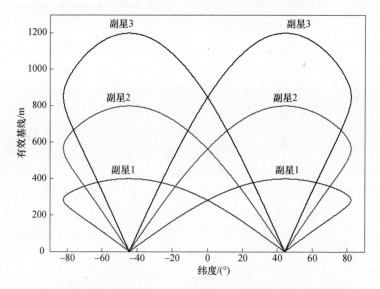

图 3.16　对于多螺旋编队（3 个副星），有效基线是纬度的函数

3.4.3　大基线 SAR

大基线的双基 SAR 数据是在角度变化较大条件下采集的，用于获取在雷达截

面不相关信息。这意味着需要轨道参数的差异比较大。然而,一方面两个卫星必须分离距离很大,另一方面被动接收机必须能够收集分散的雷达信号。因此,它必须位于靠近发射雷达的仰角平面。此外,在大多数情况下,相对于较小的相对位移的干涉配置类型而言,卫星距离大意味着较大的相对轨道运动。因此,适当的指向来维持沿着轨道两个雷达刈幅的重叠,是额外所需的特性。

另一点要考虑的是,在轨道参数差异较大时,轨道摄动可产生不同影响,因此会需要一个难以实现轨道控制。顺着这条线的推理,虽然容易实现平近点角微分,但是从信噪比和姿态/指向角考虑较大的沿迹距离是不利的。

此外,由于产生的重大差动气动阻力效应和沿迹相对运动,因此几乎不能通过较大的垂直距离获得所需的双基角。

因此,沿迹(水平)分离是唯一可能的解决方案,利用基本变量获得所需的双基角是不同于升交点赤经的。这一选择的主要缺点是:沿轨道的基线会改变,在轨道极点的基线为零,因而高纬度的双基几何构型是不稳定的。另一方面,由于 Ω 不会影响 J2 的长期结果,因此可获得大基线且不会影响编队的稳定性。

在实际应用中,可以由一个钟摆式编队实现大基线的双基 SAR。其中 $\delta\Omega$ 取决于最大的所需双基角,而 D'Errico 和 Moccizi[53] 在文献中介绍,可以设置 δM 使得在赤道处接收卫星位于发射机仰角平面内,以最大限度地减少姿态/指向要求。换句话说,δM 是用来弥补沿迹偏移 $\delta\Omega cosi$(见式(3.18))和发射机的最终偏航操纵机动。

该编队是 J_2 不变的,如果正确选择偏心率和倾角,近地点位于90°,可以满足发射机和接收机的太阳同步冻结轨道条件。然而,两个轨道在两极相交,避撞是基于沿迹偏移的控制。

对于螺旋编队,一个额外的(小)偏心率微分可用于分离轨道和在轨道两极引入残余垂直基线。那么 J_2 不变性丢失了,但微分作用(见式(3.12))是非常小的,且不需要明显推力损耗就可消除。

例如,考虑轨道高度为 600km 的太阳同步圆形轨道上的发射卫星,该卫星天底角为常值 42°,对接收卫星其天底角变化范围是区间[5°,23°],采用文献[53]的模型,图 3.17 为 $\delta\Omega$ 和 δM 的趋势图。此外,可以选择偏心率微分量级为 1×10^{-4}(近地点位于90°)来确保两极处约 1km 的安全分离距离。

二阶方程式(3.17)~式(3.19)可以用来推定相对轨迹。特别是,如图 3.17 所示,考虑到升交点赤经和平近点角的量级为1°,评估不同项的数量级,在第一级近似可以忽略大多数的影响,从而获得

$$\frac{x}{a} \approx -\delta e cos(M_{D0} + \dot{M}_D t) - \frac{\delta\Omega^2}{2} + \frac{\delta\Omega^2}{4}sin^2 i - \frac{\delta\Omega^2}{4}sin^2 i cos(\omega_{D0} + M_{D0} + u_0 + 2\dot{u}_D t)$$

$$(3.33)$$

$$\frac{y}{a} \approx 2\delta e sin(M_{D0} + \dot{M}_D t) + \delta u_0 + \delta\Omega cosi + \frac{\delta\Omega^2}{4}sin^2 i \cdot sin(\omega_{D0} + M_{D0} + u_0 + 2\dot{u}_D t)$$

$$(3.34)$$

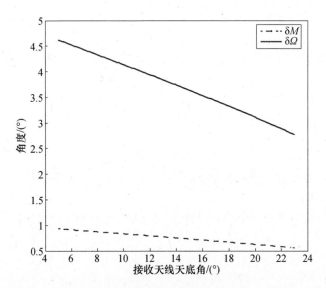

图 3.17　在大基线双基 SAR 编队中,平近点角和升交点赤经的
微分是接收机天底角的函数

$$\frac{z}{a} \approx -\delta\Omega \sin i \cos(\omega_{D0} + M_{D0} + \dot{u}_D t) \tag{3.35}$$

特别地,式(3.33)清楚地表明偏心率微分的作用是为了避免在轨道两极上径向距离为零的情况。

在干涉的情况下,垂迹坐标轨道频率进行振荡,同时对平面坐标起作用的主要项的频率是轨道频率的两倍。径向坐标和迹向坐标产生偏移,前者取决于 $\delta\Omega$,后者取决于偏航姿态机动。图 3.18 所示(沿轴尺度不同)为产生三维相对运动轨迹和坐标平面的投影,该图通过选择 23°的接收机天底角($\delta\Omega = 2.77°$,$\delta M = 0.56°$,$\delta e = 1.4 \times 10^{-4}$),并由上面的例子得到(图 3.17)。不同的振荡频率组合产生不同于诸如 SAR 干涉情况下近距离编队的运动模式。编队的几何形状可产生稳定的大基线双基 SAR 编队,作为纬度的函数可生成常值趋势的双基角。

研究"动态"的大基线编队也很有趣,其中以可控制的方式修改相对运动轨迹来获得具有不同双基角 SAR 采集。如文献[54,55]所示,确保任务可行性的基本概念是利用 J2 微分对任务优势的影响。根据式(3.12),可以通过在轨道倾角施加一个变化来实现微分节点漂移。这也会造成面内的漂移,一般而言,该漂移不同于姿态/指向要求的最小化。为了消除该缺点,可以设计两种解决方案:第一个是在周期平面内施加修正来保持最优的沿迹距离;第二个则基于一个 δa。事实上,需要指出的是,考虑到式(3.12)的系数数量级,由于沿迹漂移对半长轴微分的高灵敏度,沿迹运动可以用一个非常小的 δa 进行微调(几米量级),且不会对相对轨迹几何形状产生显著影响。因此,除了建立所需 δa 的机动外,对于沿轨相对位移的

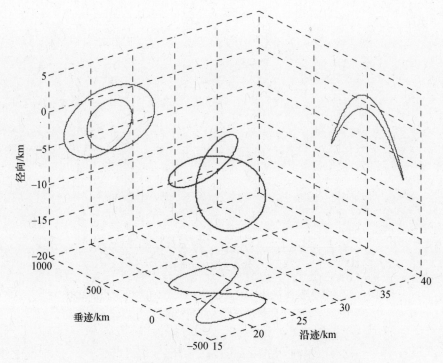

图 3.18　大基线双基 SAR 编队的三维相对轨迹和投影

控制来说没有额外的燃料开支。

最后,如果在标称条件下,近地点幅角等于 90°,偏心率微分可再次用于在轨道两极处产生安全距离。所获得的漂移双基编队可以利用 J2 微分影响以受控的方式来修改观测几何。

如果 J_2 微分影响可线性化为式(3.11)、式(3.12)和式(3.13),那么所需要的轨道参数微分可以通过简单的解析关系进行计算。

事实上,假设所需的节点漂移为 $\delta\dot{\Omega}_{req}$,最优平面漂移可以计算为[54]

$$\delta\dot{u}_{req} \approx K_{req}\delta\dot{\Omega}_{req} \tag{3.36}$$

式中:K_{req} 为 1 阶系数。

忽略 J_2 对偏心率的影响,倾角和半长轴的微分可以通过求解线性系统进行计算:

$$\begin{cases} \delta\dot{\Omega}_{req} = C_{\Omega,a}\dfrac{\delta a}{a} + C_{\Omega,i}\delta i \\[2mm] \delta\dot{u}_{req} = C_{u,a}\dfrac{\delta a}{a} + C_{u,i}\delta i \end{cases} \tag{3.37}$$

事实上,鉴于系数的数量级(见 3.2.1 节),得到 $\dfrac{\delta a}{a} \approx O(10^{-3}\delta i)$,方程近似解

如下:

$$\begin{cases} \delta i \approx \dfrac{\delta \dot{\Omega}_{\mathrm{req}}}{C_{\Omega,i}} \\[3mm] \dfrac{\delta a}{a} = \dfrac{\delta \dot{u}_{\mathrm{req}} - C_{u,i}\delta i}{C_{u,a}} \end{cases} \tag{3.38}$$

例如,图 3.19 表示了时间跨度为 2000 个轨道(仅有 J2 影响)的漂移双基编队相对坐标随时间演化过程,该过程始于 SAR 干涉($\delta a \geqslant 10\mathrm{m}$,$\delta i \approx 0.1°$)螺旋近距离编队。

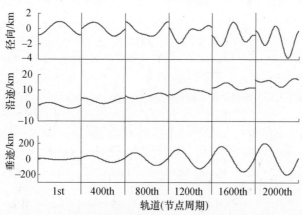

图 3.19　缓慢漂移双基编队相对运动的各分量
(经施普林格科学 + 商业媒体公司 2010 年施普林格出版的文献[55]许可转载)

3.5　结论

编队设计对简单有效的相对运动模型有很强的需求。在过去的 10 年中,相对运动模型相对于初始 Hill 公式已经在两个主要领域有了很大的改进:轨道偏心率影响和 J2 的影响。事实上,在世界各地的研究工作中已经产生了许多相对模型,这些模型依赖于线性轨道参数微分,在最终的形式中有许多相似之处。现在,可设计更有效的模型,特别是针对近距离(相距几千米)编队问题和小偏心率问题。大编队(相距几百千米)需要额外的二次项,这将导致应用困难且完全通用的复杂模型。事实上,该模型已用于一些特殊的情况。对于主星是大偏心率的情况,由于满足需求的设计参数的复杂性和固有难度,它们对编队设计的有效应用尚有疑问,但也已对该相对运动模型进行了研究。

同样还有相对运动模型如何获得不同的动力学影响,且对于大量影响作用能够直接建立相对轨迹成分和轨道参数之间的因果关系:偏移、轨道频率振荡和多轨道频率振荡等。正如之前指出的,这种可能性在编队设计上有积极的作用。特别是,事实表明可以得到 SAR 干涉测量的所需轨迹特征,并利用相对运动模型确定所需的轨道参数微分,选择最适当的相对运动轨迹形状。这种方法也适合 SAR 层析成像。此外,对于双基 SAR 应用来说,二次项对设计大型编队也是有效的。

参考文献

1. Hill CW(1878) Researches in the lunar theory. Am J Math 1(1):5 – 26

2. Hill CW(1878) Researches in the lunar theory. Am J Math 1(2):129 – 147

3. Hill CW(1878) Researches in the lunar theory. Am J Math 1(3):245 – 260

4. Clohessy WH, Wiltshire RS(1960) Terminal guidance system for satellite rendezvous. J Aerosp Sci 27(9):653 – 658

5. London HS(1963) Second approximation to the solution of the rendezvous equation. AIAA J 1(7): 1691 – 1693

6. Anthony ML, Sasaki FT(1965) Rendezvous problem for nearly circular orbits. AIAA J 3 (9): 1666 – 1673

7. Tshauner J, Hempel P(1965) Rendezvous zu einem in Elliptischer Bahn Umlaufenden Ziel. Acta Astronaut 11(2):104 – 109

8. Schauh H, Junkins JL (2003) Spacecraft formation flying. In: Analytical mechanics of space systems. AIAA, Reston, pp 593 – 674

9. Vadali SR, Alfriend KT, Vaddi S (2000) Hill's equations, mean orbit elements, and formation flying of satellites. In: The Richard H. Battin astrodynamics conference, College Station, TX

10. Wiesel WE (2002) Relative satellite motion about an oblate planet. AIAA J Guid Contr Dyn 25 (4):776 – 785

11. Schweighart S, Sedwick R(2002) High fidelity Iinearized J2 model for satellite formation Flight. AIAA J Guid Contr Dyn 25(6):1073 – 1080

12. Halsall M, Palmer PL (2007) Modelling natural formations of LEO satellites. Celest Mech Dyn Astron 99(2):105 – 127

13. Carter TE (1998) State transition matrices for terminal tendezvous studies: brief survey and new examples. AIAA J Guid Contr Dyn 21(1):148 – 155

14. Gim D – W, Alfriend KT (2003) State transition matrix of relative motion for the perturbed noncircular reference. AIAA J Guid Contr Dyn 26(6):956 – 971

15. Gim D – W, Alfriend KT (2005) Satellite relative motion using differential equinoctial elements. Celest Mech Dyn Astron 92(4):295 – 336

16. Sengupta P, Vadati SR, Alfriend KT (2007) Second order state transition for relative motion near perturbed, elliptic orbits. Celest Mech Dyn Astron 97(2):101 – 129

17. Schaub H, Alfriend KT (2001)J2invariant orbits for spacecraft formations. Celest Mech Dyn Astron79:77 – 95

18. Schaub H; Vadali SR, Alfriend KT (2000) Spacecraft formation flying control using mean orbit elements. J Astronaut Sci 48(1):69 – 87.

19. Schaub H (2004) Relative orbit geometry through classical orbit element differences. AIAA J Guid Contr Dyn 27(5):839 – 848

20. Fasano G, D'Errico M (2009) Modeling orbital relative motion to enable formation design from application requirements. Celest Mech Dyn Astron 105(1 – 3):113 – 139

21. Alfriend KT, Schaub H (2000) Dynamic and control of spacecraft formations: challenges and some solutions. J Astronaut Sci 48(2 – 3):249 – 267

22. Vallado DA(2003) Fundamentals of astrodynamics and applications, 2nd edn. Microcosm, Inc. , EI Segundo, 2001

23. Schaub H, Alfriend KT(2002) Hybrid Cartesian and orbit element feedback law for formation flying spacecraft. J Guid Contr Dyn 25(2):387 – 393

24. Fasano G, D'Errico M(2006) Relative motion model includingJ_2: derivation and application to INSAR. In: 2006 I. E. aerospace conference, Big Sky, MT, USA, March 2006. DOI:10. 1109/ AERO. 2006. 1655771

25. Vadali SR, Sengupta P, Yan H, Alfriend KT(2008) Fundamental frequencies of satellite relative motion and control of forntations. J Guid Contr Dyn 31(5):1239 – 1248

26. Alfriend KT, Vadali SR, Gurfil P, How JP, Breger LS (2010) Formation flying. Butterworth – Heinemann, Oxford, pp 103 – 112

27. Chobotov VA (ed) (2002) Orbital mechanics, 3rd edn. AIAA. Reston

28. Sabot C, Burns R, McLaughlin CA (2001) Satellite formation flying design and evolution. J Spacecraft Rockets 38(2):270 – 278

29. D'Amico S, Montenbruck O (2006) Proximity operations of formation flying spacecraft using an eccentricity/inclination vector separation J Guid Contr Dyn 29(3):554 – 563

30. Sengupta P, Vadali SR, Alfriend KT(2008) Averaged relative motion and applications to formation flight near perturbed orbits. J Guid Contr Dyn 31(2):258 – 272

31. Melton RG (2000) Time – explicit representation of relative motion between elliptical orbits. J Guid Contr Dyn 23(4):604 – 610

32. Lawden DF(1963) Optimal trajectories for space navigation. Butterworths, London

33. de Vries JP(1963) Elliptic elements in terms of small increments of position and velocity components. AIAA J 1(11):2626 – 2629

34. Yamanaka K, Ankersen F (2002) New state transition matrix for relative motion on an arbitrary elliptical orbit. J Guid Contr Dyn 25(1):60 – 66

35. Inalhan G, Tillerson MJ, How J (2002) Relative dynamics and control of spacecraft formations in eccentric orbits. J Guid Contr Dyn 25(1):48 – 59

36. Ketema Y (2005) An analytic solution for relative motion with an elliptic reference orbit. J Astronaut Sci 53(4):373 – 389

37. Lane C, Axelrad P (2006) Formation design in eccentric orbits using linearized equations of relative motion. J Guid Contr Dyn 29(1):146 – 160

38. Broucke RA (2003) Solution of the elliptic rendezvous problem with the time as independent variable. J Guid Contr Dyn 26(4):615 – 621

39. Sengupta P, Vadati SR(2007) Relative motion and the geometry of formations in Keplerian elliptic

orbits. J Guid Contr Dyn 30(4):953 – 964

40. Sengupta P, Vadali SR, Alfriend KT (2004) Modeling and control of satellite formations in high eccentricity orbits. J Astronaut Sci 52(1):149 – 168

41. Gens R, van Genderen JL (1996) SAR interferometry – issues, techniques applications. Int J Rem Sens 17:1803 – 1835

42. Bamler R, Hartl P (1998) Synthetic aperture radar interferometry. Inverse Probl 14:R1 – R54

43. Li FK, Goldstein RM (1990) Studies of multibaseline spaceborne interferometric synthetic aperture radars. IEEE Trans Geosci Rem Sens 28(1):88 – 97

44. Moccia A, Vetrella S (1992) A tethered interferometric synthetic aperture radar (SAR) for a topographic mission. IEEE Trans Geosci Rem Sens 30(1):103 – 109

45. Massonnet D (2001) Capabilities and limitations of the interferometric cartwheel. IEEE Trans Geosci Rem Sens 39(3):506 – 520

46. Moccia A, Fasano G (2005) Analysis of spaceborne tandem configurations for complementing COSMO with SAR interferometry. EURASIP J Appl Signal Proces 2005(20):3304 – 3315

47. Reigber A, Moreira A(2000) First demonstration of SAR tomography using multibaseline L – band data. IEEE Trans Geosci Rem Sens 38(5):2142 – 2152

48. Richards JA (2009) Interferometric and tomographic SAR. In: Remote Sensing with imaging radar. Springer, Berlin/Heidelberg, pp 209 – 215

49. Fornaro G, Serafino F (2006) Imaging of single and double scatterers in urban areas via SAR tomography. IEEE Trans Geosci Rem Sens 44(12):3497 – 3505

50. Renga A, Fasano G (2011) Analysis of formation geometries for multistatic SAR tomography. Internal note, Department of Aerospace Engineering, University of Naples "Federico II"

51. Rosen PA, Hensley S, Joughin IR, Li FK, Madsen SN, Rodriguez E, Goldstein RM(2000) Synthetic aperture radar interferometry. Proc IEEE 88(3):333 – 382

52. Krieger G, Moreira A, Fiedler H, Hajnsek I, Werner M, Younis M, Zink M (2007) TanDEM – X: a satellite formation for high – resolution SAR interferometry. IEEE Trans Geosci Rem Sens 45 (11):33 17 – 3341

53. D'Errico M, Moccia A (2003) Attitude and antenna pointing design of bistatic radar formations. IEEE Trans Aerosp Electron Sys 39(3):949 – 960

54. D'Errico M, Fasano G (2008) Design of interferometric and bistatic mission phases of COSMO/SkyMed constellation. Acta Astronaut 62(2 – 3):97 – 111

55. D'Errico M, Fasano G (2010) Relative trajectory design for bistatic SAR missions. In: Sandau R, Roeser H – P, Valenzuela A(eds) Small satellite missions for earth observation. Springer, Berlin/Heidelberg, pp 145 – 154

第 4 章 编队构型建立、保持与控制

Srinivas R. Vadali, Kyle T. Alfriend

摘要 本章介绍了用于编队初始化、维持和重构的连续控制方法和脉冲控制方法。对于二体的圆参考轨道,基本脉冲控制方案是基于相对运动的可用状态转移矩阵而发展的。在微分轨道元素和笛卡儿/曲线坐标系中,介绍了编队传播和控制模型。可以方便地通过平均轨道根数和它们的长期漂移速度来模拟 J_2 项摄动影响。论述了通过修改相对轨道初始条件 J_2 项摄动的方法。举例说明了多脉冲最优编队初始化机动和卫星间燃料平衡概念等。

4.1 绪论

邻近航天器在无摄动的等周期二体轨道下保持闭合的相对轨迹,构成编队。距离较近的编队可分别通过 Clohessey – Wiltshire(CW)[4]方程和 Tschauner – Hempel(TH)[10,19]方程的周期解来描述,其中两方程分别对应着圆参考轨道和椭圆参考轨道。这些经典方法构成了编队构型设计和控制方法的基础。为了解决几何非线性和摄动的无模型影响,需要修改这些经典方法。

方程需适应持久的摄动而不能与控制行为相反。因此,编队几何构型要尽量接近实际物理显示的自然解。本章介绍一种卫星编队几何构型描述并介绍建立该构型所需要的初始条件。特别地,提供了适应 J_2 项摄动的平均轨道根数微分方程,简要讨论了用于编队建立、保持和重构的连续控制和脉冲控制方法。

4.2 圆轨道编队几何构型

卫星(副星)在圆参考轨道(主星,真实的或虚拟的)的相对运动可通过 CW 方程描述

$$\ddot{x} - 2n\dot{y} - 3n^2 x = 0 \tag{4.1}$$

$$\ddot{y} + 2n\dot{x} = 0 \tag{4.2}$$

$$\ddot{z} + n^2 z = 0 \tag{4.3}$$

式中:n 为平均运动角速度;x,y,z 分别为径向、沿迹和垂迹。

CW 方程数值解的矩阵描述为

$$x(\theta) = \mathbf{\Phi}(\theta)x(0) \tag{4.4}$$

其中状态矢量为 $x = [x,y,z,\dot{x},\dot{y},\dot{z}]^{\mathrm{T}}$,状态转移矩阵(STM)为

$$\mathbf{\Phi} = \begin{bmatrix} 4-3\cos\theta & 0 & 0 & \dfrac{\sin\theta}{n} & \dfrac{2(1-\cos\theta)}{n} & 0 \\[2mm] -6(\theta-\sin\theta) & 1 & 0 & -\dfrac{2(1-\cos\theta)}{n} & \dfrac{4\sin\theta-3\theta}{n} & 0 \\[2mm] 0 & 0 & \cos\theta & 0 & 0 & \dfrac{\sin\theta}{n} \\[2mm] 3n\sin\theta & 0 & 0 & \cos\theta & 2\sin\theta & 0 \\[2mm] -6n(1-\cos\theta) & 0 & 0 & -2\sin\theta & -3+4\cos\theta & 0 \\[2mm] 0 & 0 & -n\sin\theta & 0 & 0 & \cos\theta \end{bmatrix} \tag{4.5}$$

变量 $\theta = nt$ 是轨道参考角,或相当于无量纲的时间。通过选择满足下式的初始条件,来消除状态转移矩阵中的长期项,即

$$\dot{y}(0) = -2nx(0) \tag{4.6}$$

作为式(4.6)的应用,CW 方程的周期解描述为

$$x = \rho_x \sin(\theta + \alpha_x) \tag{4.7}$$

$$y = \rho_y + 2\rho_x \cos(\theta + \alpha_x) \tag{4.8}$$

$$z = \rho_z \sin(\theta + \alpha_z) \tag{4.9}$$

式中:ρ_x、ρ_z 为沿着各自方向运动的幅值;α_x、α_z 为相应的相位角;参数 ρ_y 确定沿迹偏差或平均相隔距离;

可通过选择适当的幅值和相位角来形成相对轨迹并确定方位相对轨迹。对于 $\alpha_x = \alpha_z$ 的特殊例子,径向距离和垂迹距离是同相位的,例如,它们同时通过零点。另一方面,如果 $\alpha_x = \alpha_z \pm \dfrac{\pi}{2}$,径向距离和垂迹距离是最大异相;一个是极值,而另一个是零。在沿迹偏离和参数 ρ_y 不确定条件下,选择反相位对于避免碰撞而言是完美的。

在 y—z 平面内,当地水平面投影圆轨道(PCO)可通过选择

$$\alpha_x = \alpha_z, \rho_y = 0, \rho_z = 2\rho_x \tag{4.10}$$

得到。

相似地,选择下面的参数

$$\alpha_x = \frac{\pi}{2} + \alpha_z, \rho_y = 0, \rho_z = \rho_x \tag{4.11}$$

得到 x—z 平面的 PCO。设置 $\rho_y = \rho_z$ 可以得到 x—y 椭圆编队。

虽然式(4.7)~式(4.9)仅在 CW 模式的理想条件下是正确的,但是该方程为编队提供了一种初步设计方法,可进行修改以适应摄动要求。CW 状态转移矩阵在脉冲推力应用中,也证明是有用的。

4.3　基于 CW 方程的脉冲控制编队构型建立

从同一个火箭上发射的多个卫星常会进入到同一条轨道,沿着参考轨道以某些度数分离,会形成一条线或主从构型。卫星之间的分离距离或相位角可通过调相初始化或编队构建来改变。本节论述基于 CW 状态转移矩阵和脉冲推力的初步编队构建问题,优先选择脉冲次数和应用时间。

4.3.1　平面椭圆编队初始化[①]

在同一条线上的编队卫星可以通过径向和切向的一系列轨道机动,初始化为 x—y 平面的椭圆,假设在同一条线上的 CW 方程的状态向量为 $x(0) = [0, y(0), 0,0,0,0]^T$。对于需要考虑的平面例子而言,忽略状态向量的垂迹部分。

4.3.1.1　单径向脉冲

方程式(4.4)~式(4.6)所选择的初始条件表明,采用单径向脉冲实现期望编队的条件为

$$
\begin{bmatrix} 0 \\ y(0) \\ 0 \\ 0 \end{bmatrix} + \begin{bmatrix} \dfrac{\sin\theta}{n} \\ \dfrac{-2(1-\cos\theta)}{n} \\ \cos\theta \\ -2\sin\theta \end{bmatrix} \Delta v = \rho_x \begin{bmatrix} \sin(\alpha_x + \theta) \\ 2\cos(\alpha_x + \theta) \\ n\cos(\alpha_x + \theta) \\ -2n\sin(\alpha_x + \theta) \end{bmatrix} \tag{4.12}
$$

式(4.12)满足 $\alpha_x = 0, \Delta v = n\rho_x, y(0) = 2\rho_x$。因此,在施加脉冲后,卫星会立即形成 $x-y$ 椭圆所需要的初始条件,但要严格限制椭圆的半长轴为 $y(0)$。由于推力的限制,如果 $y(0)$ 很大,一次点火或许难以满足要求,可以考虑通过持续时间较短的多次点火来实现。

4.3.1.2　双切线脉冲

通过一次切线脉冲无法实现期望的初始化。双切线脉冲应用所产生的约束,第一次是在初始点,第二次是在参考轨道角 θ 后,即

---

① 原书只有 4.3.1 节。

$$\begin{bmatrix} 0 \\ y(0) \\ 0 \\ 0 \end{bmatrix} + \begin{bmatrix} \dfrac{2(1-\cos\theta)}{n} \\ \dfrac{4\sin\theta - 3\theta}{n} \\ 2\sin\theta \\ -3 + 4\cos\theta \end{bmatrix} \Delta v_1 + \begin{bmatrix} 0 \\ 0 \\ 0 \\ \Delta v_2 \end{bmatrix} = \rho_x \begin{bmatrix} \sin(\alpha_x + \theta) \\ 2\cos(\alpha_x + \theta) \\ n\cos(\alpha_x + \theta) \\ -2n\sin(\alpha_x + \theta) \end{bmatrix} \tag{4.13}$$

满足式(4.13)的参数为

$$\alpha_x = \frac{-\theta}{2} \tag{4.14}$$

$$\Delta v_1 = -\Delta v_2 = \frac{ny(0)}{3\theta} \tag{4.15}$$

$$\rho_x = \frac{2\sqrt{2(1-\cos\theta)}}{3\theta} y(0) \tag{4.16}$$

虽然 α_x 和 ρ_x 不是独立的,但 θ 和 $y(0)$ 的功能是独立的。再者,$\rho_x < 2y(0)$,对于小量 θ,脉冲量级非常大。对于特殊条件 $2\rho_x = y(0)$,$\theta \approx 2.55$,总脉冲大小 $|\Delta v| = 0.523n\rho_x$。

4.3.1.3 三切线脉冲

假设 3 个脉冲之间,时间间隔是固定的,例如,对于 $\theta = \pi$,在第三次机动后的终端状态可以表示为

$$x(2\pi) = \boldsymbol{\Phi}^2(\pi) \begin{bmatrix} 0 \\ y(0) \\ 0 \\ \Delta v_1 \end{bmatrix} + \boldsymbol{\Phi}(\pi) \begin{bmatrix} 0 \\ 0 \\ 0 \\ \Delta v_2 \end{bmatrix} + \begin{bmatrix} 0 \\ 0 \\ 0 \\ \Delta v_3 \end{bmatrix} \tag{4.17}$$

如前所述,本例只考虑状态转移矩阵的平面部分。对于 $\theta = \pi$ 的状态转移矩阵的计算得到以下约束:

$$\begin{bmatrix} \dfrac{4\Delta v_2}{n} \\ y(0) - \dfrac{3\pi(2\Delta v_1 + \Delta v_2)}{n} \\ 0 \\ \Delta v_1 - 7\Delta v_2 + \Delta v_3 \end{bmatrix} = \rho_x \begin{bmatrix} \sin\alpha_x \\ 2\cos\alpha_x \\ n\cos\alpha_x \\ -2n\sin\alpha_x \end{bmatrix} \tag{4.18}$$

上面的方程满足 $\alpha_x = \pi/2$ 或 $\alpha_x = 3\pi/2$,并且,有

$$\begin{bmatrix} \Delta v_1 \\ \Delta v_2 \\ \Delta v_3 \end{bmatrix} = \begin{bmatrix} \dfrac{ny(0)}{6\pi} - \dfrac{1}{8}\rho_x n\sin\alpha_x \\ \dfrac{\rho_x n}{4}\sin\alpha_x \\ -\dfrac{ny(0)}{6\pi} - \dfrac{1}{8}\rho_x n\sin\alpha_x \end{bmatrix} \tag{4.19}$$

第二次脉冲与 $y(0)$ 无关,当 $2\rho_x = y(0)$ 时,所需的总冲量 $|\Delta v| = 0.5n\rho_x$。

可在文献[11]中找到大量基于 CW 方程的配置方案实例。在 4.9 节会简要论述最优机动的方法。

4.4 基于微分轨道要素的编队描述

经典轨道根数包括:

a——半长轴

e——偏心率

i——轨道倾角

Ω——升交点赤经(RAAN)

ω——近地点幅角

M——平近点角

下面定义纬度幅角 $\theta = \omega + f$。对于近圆轨道,常用非奇异元素 $q_1 = e\cos\omega$、$q_2 = e\sin\omega$、平纬度幅角 $\lambda = \omega + M$ 来代替 e、ω 和 M。

在文献[5,7,20]的曲线坐标描述中,可以用微分轨道要素表示相对运动变量:

$$x = \delta r \tag{4.20}$$

$$y = r_0(\delta\theta + \delta\Omega\cos i_0) \tag{4.21}$$

$$z = r_0(-\sin i_0 \delta\Omega\cos\theta_0 + \delta i\sin\theta_0) \tag{4.22}$$

式中:δ 为变量的微分;$(\cdot)_0$ 为与参考轨道有关的变量,例如,r_0 为主星的半径。

在曲线坐标系中,两个卫星半径之间的差值表示径向距离;y 为在主星轨道平面内,沿着假想的半径为 r_0 的圆轨道,从主星到副星半径矢量的弧长值;同理,z 为到副星半径矢量的沿迹弧长。

在曲线坐标系中,CW 模型忽略了某些非线性影响而得到了线性化模型。

通过比较式(4.21)和式(4.22)与式(4.8)和式(4.9),可以得到轨道根数微分与 CW 参数之间的关系:

$$\delta i = \frac{\rho_z}{a_0}\cos\alpha_z \tag{4.23}$$

$$\delta\Omega = -\frac{\rho_z\sin\alpha_z}{a_0\sin i_0} \tag{4.24}$$

$$\delta q_1 = -\frac{\rho_x}{a_0}\sin\alpha_x \tag{4.25}$$

$$\delta q_2 = -\frac{\rho_x}{a_0}\cos\alpha_x \tag{4.26}$$

$$\delta\lambda = \frac{\rho_y}{a_0} - \delta\Omega\cos i_0 \tag{4.27}$$

通过式(4.25)~式(4.27),可以得到以下经典轨道根数微分方程:

$$\delta e = \delta q_1\cos\omega_0 + \delta q_2\sin\omega_0 \tag{4.28}$$

$$\delta\omega = \frac{1}{e_0}(-\delta q_1\sin\omega_0 + \delta q_2\cos\omega_0) \tag{4.29}$$

$$\delta M = \delta\lambda - \delta\omega \tag{4.30}$$

这些方程可为编队构型建立提供初始条件。通常它们不是相对运动方程的解。

4.5　考虑 J₂ 摄动影响的编队初始化

可以通过平均轨道根数的微分来描述 J_2 摄动的编队初始化约束。平均轨道根数可以通过密切轨道根数的一次正则变换得到[3]。在 J_2 的影响下,平根 a、e 和 i 都保持不变,平根 Ω、ω 和 M 是线性变化的,其角度的长期变化率为

$$\dot{M} = n\left[1 - J_2\left(\frac{3R_e^2}{4a^2\eta^3}\right)(1-3\cos^2 i)\right] \tag{4.31}$$

$$\dot{\omega} = -nJ_2\left(\frac{3R_e^2}{4a^2\eta^4}\right)(1-5\cos^2 i) \tag{4.32}$$

$$\dot{\Omega} = -nJ_2\left(\frac{3R_e^2}{2a^2\eta^4}\right)\cos i \tag{4.33}$$

$$\dot{\lambda} = n - nJ_2\left(\frac{3R_e^2}{4a^2\eta^4}\right)\left[\eta(1-3\cos^2 i) + (1-5\cos^2 i)\right] \tag{4.34}$$

式中:R_e 为地球赤道半径;$\eta = \sqrt{1-e^2}$,角度的变化率取决于 3 个参数 a、e 和 i。

如果编队卫星的角度变化率不匹配,卫星编队将发散。通常,不可能通过选用 3 个参数 δa、δe 和 δi[1,14]而使 3 个主要的微分角度变化率:$\delta\dot{M}$、$\delta\dot{\omega}$ 和 $\delta\dot{\Omega}$ 同时为零。消除垂迹漂移的条件是 $\delta\dot{\Omega} = 0$,而消除沿迹漂移的条件是 $\delta\dot{\lambda} + \delta\dot{\Omega}\cos i = 0$[22]。消除沿迹漂移的条件可以简化为关于 δa 的条件[1]:

$$\delta a = -0.5J_2 a_0\left(\frac{R_e}{a_0}\right)^2\left(\frac{3\eta_0+4}{\eta_0^4}\right)\cdot\left[(1-3\cos^2 i_0)\frac{q_{10}\delta q_1 + q_{20}\delta q_2}{\eta_0^2} + \sin 2i_0\delta i\right]$$

$$\tag{4.35}$$

式(4.23)~式(4.27)和式(4.35)对相对轨道的初始化是必不可少的。例如,考虑如下主星平均轨道根数的 $y-z$ PCO 初始化,有

$$\begin{cases} a_0 = 7092\,\mathrm{km}, e_0 = 0, i_0 = 70° \\ \Omega_0 = 45°, \omega_0 = 0°, M_0 = 0° \end{cases} \tag{4.36}$$

图 4.1 介绍了相对轨道 $\rho_z = 1\,\mathrm{km}$，几个不同 α（ $= \alpha_x = \alpha_z$）值和主星 50 个轨道。

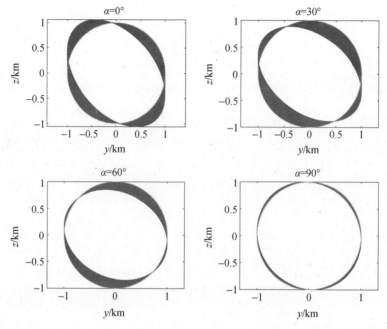

图 4.1 对于不同 d(0) 值的无控 PCO(显示 50 个轨道)

虽然沿迹运动对每一种情况都是有界的,但垂迹漂移却不是有界的。此外,由于平面内和平面外的频率不对称,产生相对轨道进动,其中进动速度取决于 α。

文献 [24] 表明,相对运动的平面内的频率是 $\dot{M}_0$,垂迹频率为

$$n_z = \dot{M}_0 + \dot{\omega}_0 - \frac{\sin i_0 \delta \dot{\Omega} \delta i}{\delta i^2 + (\sin i_0 \delta \Omega(0))^2} \tag{4.37}$$

除了近地点的旋转速度,垂迹频率也依赖于微分节点进动速度。有趣的是,α_z 也受 J_2 影响,有

$$\dot{\alpha}_z = \frac{-\sin i_0 \delta \dot{\Omega} \delta i}{\delta i^2 + (\sin i_0 \delta \Omega)^2} \tag{4.38}$$

在近圆轨道编队中,与轨道倾角和初始相位角有关的匹配条件为[13,24]

$$i_0 = \arcsin\left(\sqrt{\frac{4}{5 + 2\cos^2 \alpha_z(0)}}\right) \tag{4.39}$$

式(4.39)只有在短期内是有效的,因为在其推导过程中做了一些假设。对于

$\alpha_z(0) = 90°$和$270°$,两个临界倾角分别是$i_0 = 63.43°$和$116.57°$。对于$\alpha_z(0) = 0°$和$180°$,倾角值分别为$i_0 = 49.11°$和$130.89°$。如图4.2所示,对于不同倾角,四频率匹配y—z PCO满足式(4.39)。为了使频率相匹配的相对轨道与经典CW方法相适应,需要相对小的控制力来消除J_2的进动影响。

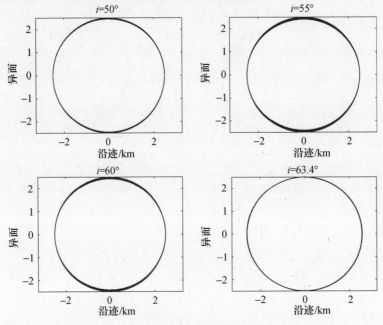

图4.2　不同轨道倾角频率匹配的相对轨道

4.6　编队构型保持的连续控制

本节介绍连续控制的编队保持问题。在文献[23,24]中,考虑到J_2摄动,修改CW方程为

$$\ddot{x} - 2\dot{M}_0\dot{y} - 3\dot{M}_0^2 x = -3n_0^2\delta a + u_{x_c} \tag{4.40}$$

$$\ddot{y} + 2\dot{M}_0\dot{x} = u_{y_c} \tag{4.41}$$

$$\ddot{z} + \dot{M}_0^2 z = -2n_0\dot{\omega}_0 z - 2\rho_z(0)kn_0\sin i_0^2\sin\lambda_0\cos\alpha_z(0) + u_{z_c} \tag{4.42}$$

式中

$$k = -1.5J_2\left(\frac{R_e}{a_0}\right)^2 n_0 \tag{4.43}$$

u_{x_c}、u_{y_c}、u_{z_c}分别为沿各自轴的控制加速度。

如果用$\dot{M}_0$来代替n,某种程度上这些是和CW方程类似的。径向和垂迹的强迫项是δa、$\rho_z(0)$和$\alpha_z(0)$的函数。这种模式可近似地对由倾角微分引起的微分交点进动进行解释。式(4.38)表明:由于存在 J_2 项,α_z 是时变的,ρ_z 也是时变的。

图 4.3(a)简单描述了主星在轨道升交点的理想的 8 星 y—z PCO 编队。卫星 1 和卫星 5 有最大的 δi 和 $\delta\Omega = 0$,而卫星 3 和 7 有最大的 $\delta\Omega$ 和 $\delta i = 0$。对于近圆轨道,排除 J_2 的微分影响所需的燃料主要是由 δi 决定。因此,相比于卫星 3 和卫星 7,卫星 1 和 5 将需要更多的燃料。一种编队维持方法(类似候鸟的飞行模式)要求每个卫星的相位角发生缓慢的时间变化,由 $\alpha = \alpha(0) + \dot{\alpha}t$ 确定,其中 $\dfrac{\dot{\alpha}}{n_0}$ 是 $O(J_2)$。结果,在随后主星穿过升交点处时,编队出现回归,如图 4.3(b)中灰色的小圈子。

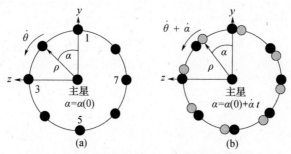

图 4.3 当主星在升交点,$\alpha = \alpha(0)$ 的 PCO 编队(a)和
当主星在升交点,$\alpha = \alpha(0) + \dot{\alpha}t$ 的 PCO 编队(b)

4.6.1 燃料最小化及平衡

在编队中相同卫星之间的燃料平衡具有共同的弹道系数,消除了不同气动阻力的扰动。在下面的论述中,假定径向推力是内力,在文献[24]应用中已证明该推力是无效的。在没有径向推力时,一个轨道周期内,均方控制加速度均值为

$$\mathscr{J} = \frac{n_0}{2\pi}\int_0^{2\pi/n_0}(u_{yc}^2 + u_{zc}^2)\mathrm{d}t \qquad (4.44)$$

在编队中,考虑数目无穷多的卫星,其 $\alpha(0)$ 均匀分布,每个卫星的平均燃耗为

$$\mathscr{J}_{\text{Formation}} = \frac{n_0}{4\pi^2}\int_0^{2\pi/n_0}\int_0^{2\pi}(u_{yc}^2 + u_{zc}^2)\mathrm{d}\alpha(0)\mathrm{d}t \qquad (4.45)$$

可用后面的参考轨迹评估编队维持燃耗代价,特别是缺少径向控制参考轨迹的设计:

$$x_r(t) = 0.5\left[1 + \frac{0.5(\dot{\omega}_0 + \dot{\alpha})}{n_0}\right]\rho(0)\sin(\lambda_0(0) + \alpha(0) + (\dot{\lambda}_0 + \dot{\alpha})t) \quad (4.46)$$

$$y_r(t) = \rho(0)\cos(\lambda_0(0) + \alpha(0) + (\dot{\lambda}_0 + \dot{\alpha})t) \qquad (4.47)$$

$$z_r(t) = \rho(0)\sin(\lambda_0(0) + \alpha(0) + (\dot{\lambda}_0 + \dot{\alpha})t) \tag{4.48}$$

控制输入需要实现参考轨迹,同时满足式(4.40)～式(4.42):

$$u_{y_c} \approx -0.5\rho(0)n_0(\dot{\omega}_0 + \dot{\alpha})\cos(\lambda_0(0) + \alpha(0) + (\dot{\lambda}_0 + \dot{\alpha})t) \tag{4.49}$$

$$\begin{aligned} u_{z_c} \approx &-2n_0\dot{\alpha}\rho(0)\sin(\lambda_0(0) + \alpha(0) + (\dot{\lambda}_0 + \dot{\alpha})t) \\ &+ 2\rho(0)kn_0\sin^2 i_0\cos(\alpha(0))\sin\lambda_0 \end{aligned} \tag{4.50}$$

由所得的参考控制加速度计算积分式(4.45),得

$$\mathscr{Y}_{\text{Formation}} = (\rho n_0)^2\left[\frac{1}{8}(\dot{\omega}_0 + \dot{\alpha})^2 + 2\dot{\alpha}^2 + k^2\sin^4 i_0 - 2\dot{\alpha}k\sin^2 i_0\right] \tag{4.51}$$

对上式进行最小化,$\dot{\alpha}$ 满足

$$\dot{\alpha} = \frac{1}{17}(-\dot{\omega}_0 + 8k\sin^2 i_0) < 0 \tag{4.52}$$

式中:k 通过式(4.43)给出。

4.6.2　控制律设计

基于稳态线性二次调节器(LQR)方法和没有摄动的 CW 模型设计编队维持控制律。在 y 轴和 z 轴的反馈控制中增加了由式(4.49)和式(4.50)得到的前馈控制项:

$$\begin{bmatrix} u_y \\ u_z \end{bmatrix} = \begin{bmatrix} u_{y_c} \\ u_{z_c} \end{bmatrix} - K\begin{bmatrix} x - x_r \\ \dot{x} - \dot{x}_r \end{bmatrix} \tag{4.53}$$

式中:K 为 LQR 增益矩阵;$x = \begin{bmatrix} x & y & z \end{bmatrix}^T$。由式(4.46)～式(4.48)得到参考位置矢量 x_r。

从主星的一组平均轨道根数出发,可通过式(4.23)～式(4.27)和式(4.35)得到每个副星的初始平均轨道根数。卫星的平根可以通过文献[7]中的方法转成相应的密切轨道根数,密切轨道根数可以转换为惯性位置矢量和速度矢量获得数值积分过程中所需要的初始条件。首先,采用文献[21]中介绍的变换方法,从卫星的惯性状态可以得到相对位置和相对速度状态。其次,通过滤波[17]来消除相对位置和速度状态的短周期振荡,然后控制律反馈由式(4.53)给出。

文献[24]考虑了 1km、PCO 构型、初始相位角为 $0°\sim90°$ 的 7 颗卫星编队。假设主星是 $a_0 = 7100\text{km}$,$i_0 = 49.11°$ 的圆轨道。在这个例子中,$\dot{\alpha}_{\text{opt}} = -2.07°/$天。控制权矩阵是对角的,输入为 $[1,1]/n_0^4$;位置坐标下状态权矩阵也是具有单位权值的对角阵,对速度误差来说是 n_0^{-2}。

图 4.4 表示采用基于反馈控制器的平根编队维持代价,该控制器包括燃料平

衡和燃料失衡两种情况,可通过对式(4.44)的每个卫星进行评估得到编队维持代价。平衡代价曲线互相靠近,它相比于失衡代价曲线有一个较小的平均坡度。燃料平衡的编队维持总代价是 $8.49 \times 10^{-5} \mathrm{m}^2/(\mathrm{s}^3 \cdot$ 年$)$,相对而言,保持每个卫星的 $\alpha(0)$ 为常值的编队维持总代价是 $1.59 \times 10^{-4} \mathrm{m}^2/(\mathrm{s}^3 \cdot$ 年$)$。

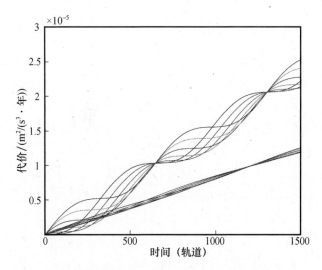

图 4.4　(见彩图)有和没有 α 情况下燃耗代价随时间变化,
其中 $i_0 = 49.11°$,1500 个轨道

可选择虚拟中心的燃料平衡编队维持方法[18],考虑到每个卫星携带的总的燃料和编队燃料消耗的平均水平,在每一个卫星上按相应比例施加控制。携带最少燃料的卫星设计为无控主星,其余的卫星要进行编队维持控制。在文献[16]中介绍了一种用于编队控制的方法,该方法通过可控的李雅普诺夫函数方法来建立所需要的平根微分方程。

4.7　考虑 $\mathbf{J}_2$ 影响的高斯变分方程

高斯变分方程(GVE)提供了一个简单的模型,可用于多脉冲轨道修正问题的计算。这些方程最初来自于摄动条件下密切轨道根数的传播,可由式(4.31) ~ 式(4.33)[2,15]得到的长期平根变化率进行扩展,从而提供了一种平均轨道根数传播的近似方法。修正的 GVE 为

$$\dot{oe} = A + Bu \tag{4.54}$$

式中:轨道根数的矢量 $oe = [a \quad e \quad i \quad \Omega \quad \omega \quad M]^\mathrm{T}$;外部控制矢量 $u = [u_x \quad u_y \quad u_z]^\mathrm{T}$,

$$
A = \begin{bmatrix}
0 \\
0 \\
0 \\
-nJ_2\left(\dfrac{3R_e^2}{2a^2\eta^4}\right)\cos i \\
-nJ_2\left(\dfrac{3R_e^2}{4a^2\eta^4}\right)(1-5\cos^2 i) \\
n\left[1-J_2\left(\dfrac{3R_e^2}{4a^2\eta^3}\right)(1-3\cos^2 i)\right]
\end{bmatrix} \tag{4.55}
$$

$$
B = \begin{bmatrix}
\dfrac{2a^2 e\sin f}{h} & \dfrac{2a^2 p}{hr} & 0 \\[2mm]
\dfrac{p\sin f}{h} & \dfrac{(p+r)\cos f+re}{h} & 0 \\[2mm]
0 & 0 & \dfrac{r\cos\theta}{h} \\[2mm]
0 & 0 & \dfrac{r\sin\theta}{h\sin i} \\[2mm]
\dfrac{-p\cos f}{he} & \dfrac{(p+r)\sin f}{he} & \dfrac{-r\sin\theta\cos i}{h\sin i} \\[2mm]
\dfrac{\eta(p\cos f-2re)}{he} & \dfrac{-\eta(p+r)\sin f}{he} & 0
\end{bmatrix} \tag{4.56}
$$

式(4.54)中 A 在很短的时间内不会明显影响轨道机动的计算。在下降段的轨道根数传播是很简单的,3 个角度变量是关于时间的线性函数。在一个脉冲的应用时间内,轨道根数是需要跳跃的,由下式给出:

$$
\Delta oe = B\begin{bmatrix} \Delta v_x \\ \Delta v_y \\ \Delta v_z \end{bmatrix} \tag{4.57}
$$

式中: $[\Delta v_x, \Delta v_y, \Delta v_z]^{\mathrm{T}}$ 为脉冲矢量。

如果时间是独立的变量,开普勒方程的解满足椭圆轨道的上述要求。

4.7.1 圆轨道编队构型控制的高斯方程[①]

对于平均圆参考轨道,由 J_2 引起的漂移率对偏心率微分影响可以忽略不计。平均微分非奇异轨道根数漂移的一阶近似[1]为

---

① 原书只有 4.7.1 节。

$$\begin{cases} \delta\dot{a} = 0 & (4.58\mathrm{a}) \\[2mm] \delta\dot{i} = 0 & (4.58\mathrm{b}) \\[2mm] \delta\dot{\Omega} = \left(\dfrac{\partial\dot{\Omega}}{\partial i}\delta i\right)t & (4.58\mathrm{c}) \\[2mm] \left\{\begin{matrix}\delta\dot{q}_1 \\ \delta\dot{q}_2\end{matrix}\right\} = \begin{bmatrix}\cos(\dot{\omega}_0 t) & -\sin(\dot{\omega}_0 t) \\ \sin(\dot{\omega}_0 t) & \cos(\dot{\omega}_0 t)\end{bmatrix}\left\{\begin{matrix}\delta q_1 \\ \delta q_2\end{matrix}\right\} & (4.58\mathrm{d}) \\[2mm] \delta\dot{\lambda} = \left(\dfrac{\partial\dot{\lambda}}{\partial i}\delta i + \dfrac{\partial\dot{\lambda}}{\partial a}\delta a\right)t & (4.58\mathrm{e}) \end{cases}$$

其中假设初始时间是 $t=0$，并且

$$\begin{cases} \dfrac{\partial\dot{\lambda}}{\partial i} = -6J_2\left(\dfrac{R_e}{a_0}\right)^2 n_0 \sin 2i_0 & (4.59\mathrm{a}) \\[3mm] \dfrac{\partial\dot{\lambda}}{\partial a} = -\dfrac{3n_0}{2a_0} & (4.59\mathrm{b}) \\[3mm] \dfrac{\partial\dot{\Omega}}{\partial i} = \dfrac{3}{2}J_2\left(\dfrac{R_e}{a_0}\right)^2 n_0 \sin i_0 & (4.59\mathrm{c}) \end{cases}$$

脉冲应用时间的跳跃条件为

$$\begin{cases} \Delta(\delta a) \approx \dfrac{2}{n_0}\Delta v_y & (4.60\mathrm{a}) \\[3mm] \Delta(\delta i) \approx \gamma\cos\theta_0\Delta v_z & (4.60\mathrm{b}) \\[3mm] \Delta(\delta\Omega) \approx \dfrac{\gamma\sin\theta_0}{\sin i_0}\Delta v_z & (4.60\mathrm{c}) \\[3mm] \Delta(\delta q_1) \approx \gamma\sin\theta_0\Delta v_x + 2\gamma\cos\theta_0\Delta v_y & (4.60\mathrm{d}) \\[2mm] \Delta(\delta q_2) \approx -\gamma\cos\theta_0\Delta v_x + 2\gamma\sin\theta_0\Delta v_y & (4.60\mathrm{e}) \\[2mm] \Delta(\delta\lambda) \approx -2\gamma\Delta v_x - \gamma\sin\theta_0\cos i_0\Delta v_z & (4.60\mathrm{f}) \end{cases}$$

式中：$\gamma = \sqrt{a_0/\mu}$。

可以用式(4.58)和式(4.60)表示平均圆形轨道涉及的控制问题。

4.8 Gim – Alfriend 状态转换矩阵

Gim – Alfriend 状态转移矩阵(GA STM)递推 J_2 影响下的相对状态(位置和速度矢量)，本方法包括平均轨道根数微分方程和密切轨道根数微分方程之间的转换。曲线状态向量 $\boldsymbol{x} = [x, \dot{x}, y, \dot{y}, z, \dot{z}]^{\mathrm{T}}$ 由下式推导

$$\boldsymbol{x}(t) = \sum(t)\boldsymbol{\phi}(t, t_0)\sum{}^{-1}(t_0)\boldsymbol{x}(t_0) \tag{4.61}$$

式中：$\sum(t)$ 为相对于瞬时密切非奇异微分轨道根数向量 $\delta oe(t)$ 的转移矩阵；$\phi(t,t_0)$ 为相对平根 STM。非奇异轨道根数矢量定义为 $oe(t)=[a,\theta,i,q_1,q_2,\Omega]^T$。$\sum(t)$ 和 $\phi(t,t_0)$ 的元素源自文献[1,7]。

GA STM 是一种递推分析方法，因此，相对于数值积分方法计算更快。一般来说，它比平均 $-J_2-$ 扩维 GVE 方法更精确。当然，相对运动预测最精确的方法是对单个卫星运动方程的数值积分结果进行差分。

4.9　燃料最优控制

在本节中，一次脉冲推力近似用于燃料最优编队控制中。如果每个脉冲矢量是由单个推力器产生的，而该推力器在卫星的姿态控制下指向期望的方向，则适当的性能指标为

$$\mathscr{J}_1 = \sum_{j=1}^N \parallel \Delta \boldsymbol{v}_j \parallel = \sum_{j=1}^N \sqrt{\Delta v_{xj}^2 + \Delta v_{yj}^2 + \Delta v_{zj}^2} \tag{4.62}$$

式中：N 为推力数目。

另外，如果一个脉冲矢量的标量部分是独立产生的，那么适当的代价函数为

$$\mathscr{J}_2 = \sum_{j=1}^N |\Delta v_{xj}| + |\Delta v_{yj}| + |\Delta v_{zj}| \tag{4.63}$$

如果各脉冲表示如下[9]，则可以简化式（4.63）的最小化问题。

$$\Delta v = \Delta v^+ - \Delta v^- \tag{4.64}$$

式中：Δv^+ 和 Δv^- 的约束条件为

$$0 \leqslant \Delta v^+ \leqslant \Delta v_{max} \tag{4.65a}$$

$$0 \leqslant \Delta v^- \leqslant \Delta v_{max} \tag{4.65b}$$

式中：Δv_{max} 为最大脉冲幅值。

上面表示的性能指标可以写为

$$\mathscr{J}_2 = \sum_{j=1}^N (\Delta v_{xj}^+ + \Delta v_{xj}^- + \Delta v_{yj}^+ + \Delta v_{yj}^- + \Delta v_{zj}^+ + \Delta v_{zj}^-) \tag{4.66}$$

由此可知，每个脉冲解将会从 Δv^+ 或 Δv^- 变到零得到。

脉冲应用时间和 Δv 的幅值/方向成为最优化的自由参数。例如，双脉冲机动计算需要确定 6 个脉冲要素（每次脉冲包括 3 个要素）、两个脉冲应用时间和一个最后的边界区间，总共 9 个参数。虽然最优转移所需的脉冲数量事先是未知的，但是对于大多数建立的轨道机动而言，2~4 次脉冲就足够了。卫星之间的避撞和推力实现误差的补偿是重要的因素，本章不考虑。

4.9.1　编队构型建立和重构

本节介绍一个编队建立/重构问题的实例。燃料最优控制问题用公式 $\aleph_2$ 来

进行性能测量。仿真模型是基于地球惯性坐标系（ECI）J_2 项摄动方程的数值积分。相对运动变量转换为主星中心旋转可视化坐标系，在文献[1]中给出转换过程。假设主星是不控的，初始的经典平根为

$$oe_0 = [7,100\text{km} \times 05\ 60°\ 00\ 0]^T \tag{4.67}$$

假设副星在主星轨道上，但相对距离为 1km。因此，所有的平根微分均为零，此外 $\delta M = \rho_y/a_0$，其中 $\rho_y = 1\text{km}$。副星经初始化为 $\rho = 2\text{km}$ 和 $\alpha = 0$ 的 $y - z$ PCO，可以通过式（4.27）和式（4.35）给出其约束。表 4.1 介绍了脉冲幅值的最优计算方法和从 SNOPT[6] 软件包中得到的应用时间（t_j）。不用径向推力来解决四脉冲问题可以减少 50% 的平面推力。

表 4.1 编队确立的结果

脉冲	径向/（m/s）	沿迹/（m/s）	垂迹/（m/s）	J_2/（m/s）	t_j 轨道
2	$\begin{bmatrix} 0.812 \\ -0.243 \end{bmatrix}$	$\begin{bmatrix} 0 \\ -0.002 \end{bmatrix}$	$\begin{bmatrix} 0 \\ -2.007 \end{bmatrix}$	3.065	$\begin{bmatrix} 0 \\ .5 \end{bmatrix}$
4	0	$\begin{bmatrix} -0.072 \\ 0 \\ 0.263 \\ -0.193 \end{bmatrix}$	$\begin{bmatrix} 0 \\ -2.007 \\ 0 \\ 0 \end{bmatrix}$	2.535	$\begin{bmatrix} 0.238 \\ 0.5 \\ 0.762 \\ 1.239 \end{bmatrix}$

主要通过径向和垂迹脉冲实施 2 脉冲机动，而忽略沿迹脉冲。半个轨道周期把两个脉冲分开。该问题的解决方案是不唯一的。在文献[1]中提供了使用式（4.54）的一个类似例子。由于采用了轨道传播模型，两种结果有细微的区别。图 4.5 提供了副星相对运动轨迹的两种用于识别脉冲位置的方法。在图 4.5(a) 中，两次脉冲机动过程中，径向的最小距离为 0.7km。在图 4.6 中，四脉冲机动使两颗卫星之间维持了较高的裕度。

编队重构是一种初始化的特殊情况。在文献[26]中介绍了一个基于式（4.60）分析方法的双脉冲 PCO 重构问题例子。一般来说，J_2 不会明显地改变一个或两个轨道机动的执行结果，可以通过二体模型估计脉冲幅度和机动时间。但是，从一个 J_2 模型到另一个等效仿真模型获得的脉冲数据可能会产生不可预料的结果。因此，在实践中，不能过分强调它，在近距离接近到其他卫星的机动过程中，需要仔细规划并精确执行。在文献[1]第 11 章和文献[8,12]第 12 章中，涉及非标称推力性能和导航误差的应用仿真。

4.9.2 编队构型保持

长期的编队构型保持和卫星间的燃料平衡是一个具有挑战性的问题，特别是对于脉冲控制。对于平均圆轨道，文献[25]中提出了基于式（4.60）的每轨两次脉

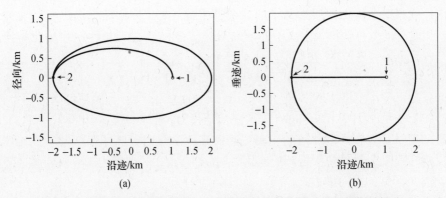

图 4.5　建立 $y-z$ PCO,其中 $\alpha=\alpha(0)$ 开始于两次脉冲机动的同轴编队

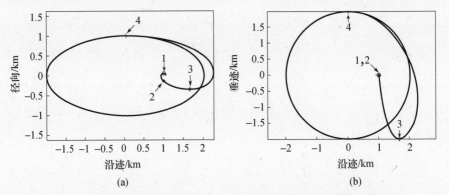

图 4.6　建立 $y-z$ PCO,其中 $\alpha=\alpha(0)$ 开始于四次脉冲机动的同轴编队

冲的轨道方案。通过平面和垂迹动力学解耦的分析,得到脉冲大小和脉冲施加时间。计算的结果用于选择下面主星的非奇异平根:

$$\begin{cases} a_0=7092\text{km},\theta_0=0\text{rad},i_0=70° \\ q_{10}=0,q_{20}=0,\Omega_0=45° \end{cases} \tag{4.68}$$

选择 $\rho=1\text{km}$ 的参考 $y—z$ PCO,该 PCO 由式(4.7)~式(4.9)得到。没有燃料平衡时,最大垂迹和面内脉冲需求分别为41(m/s)/年和6(m/s)/年。由于在这个例子中垂迹控制部分占主导地位,它可用来确定燃料平衡的 $\dot{\alpha}$。对于满足值为 $\alpha(0)$ 的均匀分布,并对应于上面所选择的主星平根的 $y—z$ PCO, $\dot{\alpha}\approx-2.723°$/天。面内和面外的脉冲部分组合成一个单脉冲,每一次脉冲可应用在半轨道周期的间隔中,且性能评估函数 $\aleph_1$ 适用于这个问题。

图 4.7 为 $\alpha(0)=0$ 的卫星脉冲,各卫星的平均燃料消耗为25.8m/(s·年),接近于最大垂迹和面内控制代价的平均值。图 4.8 表示 PCO 编队半径误差,由于 J_2 项影响,PCO 半径的最大误差约为3m。在文献[25]中,如果主星每 10 个轨道周期施加 1 次脉冲,则误差上限会增加到40m。

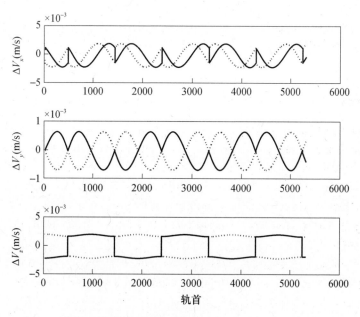

图 4.7　编队保持的脉冲分量,其中 $\alpha(0)=0$ 和 $\dot{\alpha}=-2.723°/$天

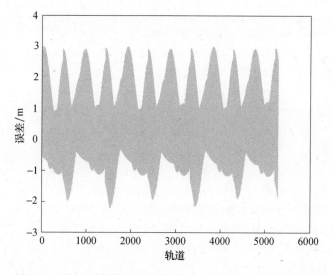

图 4.8　PCO 的径向误差,其中 $\alpha(0)=0$ 和 $\dot{\alpha}=-2.723°/$天

4.10　结论

本章介绍了一种基于直角坐标/曲线坐标和轨道根数微分方程的圆形轨道和椭圆轨道的编队的几何描述,通过修改无摄动编队的初始条件来适应 J_2 影响。讨

论了用于编队建立、编队重构和编队维持的连续控制和脉冲控制方法,还包括多脉冲和燃料最优机动。编队维持也是卫星燃料平衡的概念,本章的重点是平根的使用和 J_2 摄动适应性研究。

参考文献

1. Alfriend KT,Vadali SR,Gurfil P,How JP,Breger LS (2010) Spacecraft formation flying:dynamics, control,and navigation. Elsevier astrodynamics series. Elsevier,Amsterdam/Bos – ton/London

2. Breger L,How J (2005) J2 – modified GVE – based MPC for formation flying spacecraft. In: Proceedings of the AIAA GNC conference,AIAA,San Francisco,CA. AIAA – 2005 – 5833

3. Brouwer D(1959) Solution of the problem of artificial satellite theory without drag. Astron J 64:378 – 397

4. Clohessy WH,Wiltshire RS(1960) Terminal guidance system for satellite rendezvous J Aerosp Sci 27:653 – 658,674

5. Garrison JL,Gardner TG Axelrad P (1995) Relative motion in highly elliptical orbits. Adv Astron Sci 89(2):1359 – 1376. Also Paper AAS 95 – 194 of the AAS/AIAA Space Flight Mechanics Meeting

6. Gill PE,Murray W,Saunders MA(2008) User's guide to SNOPT version 7:software for large scale nonlinear programming. Department of Mathematics/University of California,San Diego/La Jolla, CA,pp 92093 – 920112

7. Gim DW,Alfriend KT (2003) State transition matrix of relative motion for the perturbed noncircular reference orbit. J Guidance Control Dyn 26(6):956 – 971

8. How JP,Tillerson M (2001) Analysis of the impact of sensing noise on formation control. In: American control conference(ACC),Arlington,VA

9. Kumar R,Seywald H (1995) Fuel – optimal station keeping via differential inclusions. J Guidance Control Dyn 18(5):1156 – 1162

10. Lawden DF (1963) Optimal trajectories for space navigation. Butterworths,London

11. McLaughlin CA, Alfriend KT, Lovell TA (2002) Analysis of reconfiguration algorithms for formation flying experiments. In:International symposium on formation flying missions and technologies,Toulouse

12. Montenbruck O,D'Amico S,Ardaens JS,Wermuth M (2011) Carrier phase differential gps for leo formation flying – the prisma and tandem – x flight experience. In:Paper AAS 11 – 489,AAS astrodynamics specialist conference,Girdwood,AK

13. Sabatini M,Izzo D,Bevilacqua R (2008) Special inclinations allowing minimal drift orbits for formation flying satellites. J Guidance Control Dyn 31(1):94 – 100

14. Schaub H,Alfriend KT(2001) J_2 invariant relative orbits for formation flying. Celest Mech Dyn Astron 79(2):77 – 95

15. Schaub H,Junkins JL (2003) Analytical mechanics of space systems. AIAA education series. American Institute of Aeronautics and Astronautics,Reston

16. Schaub H,Vadali SR,Junkins JL,Alfriend KT (2000) Spacecraft formation flying using mean orbital elements,J Astron Sci 48(1):69 – 87

17. Sengupta P, Vadali SR, Alfriend KT (2008) Averaged relative motion and aoolications to formation flight near perturbed orbits. J Guidance Control Dyn 31(2):258 – 272

18. Tillerson M, Breger L, How JP (2003) Distributed coordination and control of formation flying spacecraft. In: Proceedings of the IEEE American control conference, Denver, CO, pp 1740 – 1745

19. Tschauner JFA, Hempel PR (1956) Rendezvous zu einemin elliptischer bahn umlaufenden ziel. Astronautica Acta 11(2):104 – 109

20. Vadali SR (2002) An analytical solution for relative motion of satellites. In: Proceedings of the 5th dynamics and control of systems and structures in space conference, Cranfield University, Cranfield

21. Vadali SR, Schaub H, Alfriend KT (1999) Initial conditions and fuel – optimal control for formation flying of satellites. In: Proceedings of the AIAA GNC conference, AIAA, Portland, OR. AIAA 99 – 4265

22. Vadali SR, Alfriend KT, Vaddi SS(2000) Hill's equations, mean orbital elements, and formation flying of satellites. Adv Astron Sci 106: 187 – 204. Also Paper AAS 00 – 258 of the Richard H. Battin Astrodynamics Symposium

23. Vadali SR, Vaddi SS, Alfriend KT (2002) An intelligent control concept for formation flying satellite constellations. Int J Nonlinear Robust Control 12:97 – 115

24. Vadali SR, Sengupta P, Yan H, Alfriend KT (2008) Fundamental frequencies of satellite relative motion and control of formations. J Gudiance Control Dyn 31(5):1239 – 1248

25. Vadali SR, Yan H, Alfriend KT (2008) Formation maintrnance and reconfiguration using impulsive control. In: AISS/AAS astrodynamics specialists meeting, Honolulu, HI. Paper No. AIAA – 08 – 7359

26. Vaddi SS, Alfriend KT, Vadali SR, Sengupta P (2005) Formation establishment and reconfig – uration using impulsive control. J Gudiance Control Dyn 28(2):262 – 268

第5章 基于 GPS 的相对导航

Oliver Montenbruck, Simone D'Amico

　　摘要　　全球定位系统(GPS)测量是低轨协同编队飞行卫星相对位置确定的一种主要技术。类似于陆地中的使用,相对导航得益于高水平的共同误差对消。此外,双差载波相位模糊度的整数特性可用在载波相位差分 GPS(CDGPS)中。这两个方面能够确保比单个航天器导航达到更高的相对精度。下面介绍了星上 GPS 接收机,使用单频和双频测量的相对导航所涉及的动力学和测量模型并讨论了实时或离线应用估计方案。实际上,从 TanDEM – X 和 PRISMA 任务中获得的飞行数据已经证明,载波相位差分实时导航可以达到厘米级精度以及毫米级的基线确定精度。

5.1　绪论

　　最初全球定位系统(GPS)只用作军事用途,在很长一段时间内是军事导航和授时普遍存在和必备的工具[1]。随着 GPS 应用范围的不断扩大,汽车导航定位、飞机网络同步着陆等都受到 GPS 系统的支持。然而,GPS 系统并不局限于在地球表面附近使用。在至少 1500km 轨道高度都可以获得相似的信号覆盖,因此大部分低轨卫星都可以使用,从而为空间 GPS 导航开辟了一条新的思路。

　　从 20 世纪 80 年代利用 GPS 进行试验以来,GPS 就被证明在卫星轨道确定与控制方面有着巨大的优势,尤其是在自主性要求较高的在线需求方面,因此产生了一系列的星上 GPS 接收机,而且事实上大部分发射的低轨卫星都配备了 GPS 接收机或者用于星上控制或者用作科学仪器。GPS 卫星对高轨目标的跟踪还存在一定的挑战,GPS 在空间应用中日益增长的需求产生了为下一代 GPS 卫星专用空间服务空域的定义。

　　编队飞行无疑取决于多航天器相对运动的精确信息以获取和保持预定的编队构型。对于单星的导航,绝对导航定位精度能通过 GPS 的时间系统(星上实时处理相对于地面离线处理)、硬件能力(单频接收机相对于双频接收机)以及融合处理技术获得 10 ~ 5cm 的绝对定位精度。另一方面,GPS 也可应用在相对导航领域,采用载波相位差分 GPS 可以获得毫米级精度(图 5.1)。GPS 被广泛地应用于测量、监测以及测地学,同样也应用于空间编队卫星任务[3]。

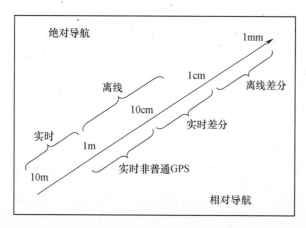

图 5.1　采用绝对和相对的定位方法所获得的 GPS 导航精度

大致说来,保持一种给定尺寸的编队要求具有 10 倍于高的控制精度[4],这就要求导航精度又是一个 10 倍的提高。一些松散的编队卫星能够通过单星绝对轨道确定结果进行控制,但是 100m 距离以内的紧凑型编队则明显需要相对导航技术。

显然,基于 GPS 的导航早期用于低轨的编队飞行任务。在低轨,用户卫星可以同时观测到多颗 GPS 卫星,尽管后续主要集中在低轨应用,但是面向大椭圆轨道和地球静止轨道的编队卫星同样对基于 GPS 的相对导航有需求。由于受 GPS 卫星可见度的影响,在这些轨道上能达到的性能指标要远低于低轨。

下面的章节从星载 GPS 技术的讨论出发,首先介绍了能被用于星载编队飞行的接收机,接下来介绍了基于 GPS 轨道确定的基本理论和模型,对编队飞行的实时相对导航以及对基线的精确确定方面的内容会进一步展开。各个章节都使用了 PRISMA 和 TanDEM－X 编队任务的飞行数据,以解释说明载波相位差分 GPS 相对导航在星载和地面应用的当前状况。

5.2　星载 GPS 接收机

5.2.1　星载 GPS 技术

星载 GPS 接收机的基本功能和陆地、航空接收机的功能是一样的,它的设计必须适当考虑接收机运行中的高信号动态特性以及更多不利环境[6]。接收机的信号跟踪很大程度上可以通过匹配适应的核心接收机软件进行处理,航天设备的环境鲁棒性也是需要考虑的内容,以及一些专用工程和资格标准也已经由相关航天机构[7]和卫星厂商进行了制定。这一章主要关注星载 GPS 接收机对热真空、振动、过载、电离辐射以及单粒子效应的对抗能力。除了这些标准中提到成本驱动测试与资格条件,具有相应资格的电子元器件比起现有水平消费电子器件,通常并不十分强大而且需要大量资源(质量、功耗)。除了技术问题之外,还需严格按照国家和国际出口法则[8,9]以降低用于军事目的的星载 GPS 接收机滥用的风险。GPS接收机可以在 18km(60000 英尺)的海拔高度以及高于 515m/s(1000n mile/h)的速度运行,运行的轨道高度有严格限制。

因为在空间的持续使用,所以接收机的组成部分(基带处理器、CPU、存储器、功率模块)会受空间辐射的影响。辐射会导致长时间的效应,如器件逐渐老化、单粒子效应中的单粒子翻转(SEU)和单粒子锁定(SEL)。长时间效应主要是由电子器件的电离总剂量(TID)引起的。在低轨道(如几百千米),能够承受大约 10krad 的电离总剂量,长时间任务的可靠性需要更高的限制。较大的电离总剂量会导致功率的消耗和最后装置的失效。单个器件或整个电路板的灵敏度都需要经过 Co60 的放射测试。商用现货(COTS)GPS 接收机的电路板的测试能够承受的电离总剂量为 50~15krad[10],这就证明其在低成本微纳卫星任务中的可用性。

单粒子效应是在半导体材料中的自由电荷临时组建形成单独的高能量微粒,它会引起数据跳变和软件错误从而影响 GPS 接收机的正常功能。更严重的是,它可能会引起短路(通过寄生晶体管)导致多余热量的释放并且会对芯片造成永久的损坏。但是,所有的剂量效应都可以通过外部屏蔽有所减少。在充分的航天级设计中,需要采用诸如硅晶绝缘体(SOI)技术等的特殊制造过程,以获取耐辐射元器件。存储部分会通过硬件或软件的误差探测和校正代码给予更好的保护。对于集成通信 GPS 接收机并没有混合这些特点,自锁效应保护可以看作防止毁灭性损害的最小保护。根本上讲,自锁效应保护可以看成一种快速的电子熔断器,当它探测到不正常不正确电流的存在时,可以快速切断电源。一个合适的自锁效应保护的设计和它的可行性主要依赖于使用的接收机的设计。除了正常的电源消耗,由电离总剂量引起的电流增加、浪涌电流以及存储在电容器中的能量都需要考虑。对于空间电子器件的单粒子锁定(单粒子翻转)测试只能在大型的加速器实验室中进行而且可能包含重离子和质子放射(见文献[11])。到目前为止,电路板级别的单粒子锁定测试只在很少一部分接收机上面做过测试(如 DLR Phoenix 接收机[12]和 Javad Triumpg 接收机[13])以说明结合特定的能量供应和自锁电路保护用来验证各自设备的可靠性。

另外,除了辐射,当在空间选择一台 GPS 接收机进行使用时,环境因素也需要考虑,但是通常并不十分关键。除此之外,各部件的除气作用,在发射过程中的振动和由于温度和热真空所产生的效应也需要被考虑。卫星上温度范围为 -30℃ ~ 60℃意味着对电子器件也是如此,所以在硬件设计的时候必须考虑所能承受的温度范围。

除了空间环境对硬件产生影响,轨道平台的特定条件也会对信号跟踪和导航软件产生影响。即使在低轨上接收机的信号水平和陆地或是气球上接收机的信号水平是一样的,但是卫星的高速运动和信号会遭遇显著的视线速度和加速度。同样,特定任务,非最佳的 GPS 天线方位可能会影响 GPS 接收机对信号的跟踪与捕获能力。考虑到信号动态特性,低轨卫星可能会遇到最大至 45kHz 的多普勒频移,这对于传统连续信号搜索方法会导致大约 10min 的冷启动时间[14]。现在的接收机利用具有大规模平行相关器或者傅里叶变化处理[15]的专用快速采集单元,即使在高动态环境下也能达到充分的采集性能提升。一个成功案例就是,国际空间站上进行的 ACES 试验所选择的 Javad Triumph 接收机在低轨上冷启动定位时间达到 60s 以内。

在飞行试验仿真中对导航和控制的使用需求,需要着重考虑所使用的 GPS 接收机编码和载波相位测量的高精度。通常,单频的接收机可以获得 0.5m 或更优的伪距测量精度,载波相位的测量可以达到 1mm 的精度。双频测量情况中,电离层组合会放大 3 倍的误差,这会给单个航天器带来稍微偏紧的余量设计。为了防止系统的测量误差,采用一种三阶锁相环(PLL)来跟踪 C/A 码信号的载波相位,而低阶的辅助环路通常用来进行编码跟踪以及跟踪其他信号。此外,为编队飞行任务设计的卫星 GPS 接收机在编队测量上需要特别注意。鉴于低轨卫星的轨道速度,即使只有 1μs 的时间延迟都会造成 7mm 的位置误差,这在导航上是不能容忍的。一部分空间接收机[16]已经能够识别时间偏移。在信号仿真器测试中需要进行充分的接收机校准。

当相对导航精度需要毫米级别时,需要两台接收机形成差分测量(5.3.1 节),同样强制测量时间同步至大约 0.1μs。在接收机中自动转换为 GPS 周秒时间。另外,同步性能可以部分通过内外插值来实现。但是尽管这样,物理测量时间最多只能区分 1ms。能够自由授时的接收机需要高度稳定的振荡器以及大量的后期处理以获得同步测量。

最后,GPS 的天线系统和在卫星上的安装位置也会影响精度需求。为了在差分载波相位测量中获得高精度的卫星相对导航,必须使用一种扼流圈天线。否则天线的多路径效应会给相位测量系统带来几厘米的偏差。即使使用扼流圈天线,在测地空间任务中也观测到了高达 10mm 的相位中心变化,这就要求进行专用的地面和在轨飞行校准[17,18]。

关于在低轨编队飞行应用中的 GPS 接收机所需要的频段和信号,可以考虑单频和双频接收机而且在实际任务中都已经成功使用。最终的选择要根据编队维度、目标精度以及可用(技术和财政)预算。显然,双频接收机可以严格排除大气层延迟误差而且获得更高的绝对导航精度(5cm 水平)。另外,在较短基线的不同观测情况下大气层延迟误差被有效消除[19]。考虑太阳运动和精度需求,单频接收机可以用于相距几千米卫星的相对轨道确定,并能够达到亚厘米级的相对导航精度。关于载波相位整周模糊度解算,双频接收机通过两套独立的载波相位测量系统能够提供额外的优势。例如,它可以明确表达宽巷组合,其呈现出 86cm 的较大有效波长且因此考虑到了一种非常简单的模糊度解算。然而,具有短基线和中等基线的编队飞行任务中单频和双频模糊度解算间的权衡利弊也是未来研究的内容,而且得经过对最近发射的 PRIS-MA 和 TanDEM – X 任务(详见 21 章和 13 章)中的飞行数据充分分析才可能得出最终结论。

尽管一系列新的 GPS 信号和新的全球卫星导航系统(GNSS)现在涌现出来,但它们对未来编队飞行任务所产生的影响还有待评估。显然,新的民用信号(如 GPS 的 L2C,GPS 的 L5,或者"伽利略"E1 和 E5)实用性将最终取代在 L1 和 L2 频段加密的 GPS P(Y)码信号的半无码跟踪,且测量噪声更小。同样,许多研究者都认为,采用三角载波测量(GPS 的 L1/L2/L5 或者 Gailileo 的 E1/E6/E5)能够为差分导航应用提供更高的模糊度解算精度(如文献[20])。然而,这些新信号在何时和达到何种可具体化的潜在优势以及保证 GNSS 星座和信号中具有稳定的测量和处理质量所需的广泛研究,现在还尚不明确。

5.2.2 接收机

正如"GPS 世界"杂志年度回顾中所述,在世界范围内超过 70 个制造厂商提供了大约 500 种不同种类的 GPS 接收机模型[22]。与接收机单元的数量以及整个市场容量相比,尽管考虑到有限的潜在客户,供应商的数量显得仍然很大,但星载 GPS 接收机也建立了一个小众市场。从文献[23]可知,在 2007 年到 2016 年间有 480 颗低轨卫星需要发射,最终将会导致对空间 GPS 接收机的需求约为每年 50 个。星载 GPS 接收机市场化需求较小以及其较高的专用性同时还有一些附加测试和限制功能导致其造价较高,一个约为 10 万 ~100 万欧元。各种公司和研究机构都采用商用现成品(COTS)以降低成本。

在欧洲,ESA 已经通过 AGGA 相关器芯片持续支持和推进双频接收机在空间应用中的独立发展。先进 GPS/GLONASS 专用集成电路(AGGA)(版本 0)最早于 1993 年—1995 年间由英国利兹大学导航学院研发。在 ESA 主动资助下,该芯片已经发展到了版本 2,近期应用在 GRAS 以及 MetOp 和 GOCE 的拉格朗日接收机中,且也将会应用在即将进行的 SWARM 和 Sentinel 任务中。版本 2 后继产品,下一代 AGGA –4 芯片将会支持新的信号(GPS L2C&L5,"伽利略"O/S),并提供更多通道(30 ~36)以及内嵌 32 位的 LEON 微处理器。

目前,单频和双频接收机在空间任务中的具体使用可见表 5.1 和表 5.2。空间 GPS 接收机和商用型 GPS 接收机都包含在内。迄今为止,除了在国际空间站任务中作为 ACES 有效载荷的 Javad Triumph 接收机,目录中的接收机还没有一个能够支持对"伽利略"系统信号的跟踪。

表 5.1　在空间应用的单频 GPS 接收机

制造厂商（国家）	接收机	通道	天线接口	功耗，重量	辐射剂量/10Gy	任务，参考文献
欧洲宇航防务集团（德国）	MosaicGNSS	6 - 8 C/A	1	10W,1kg	>30	SARLupe,TerraSAR - X[25].TanDEM - X,(Aeolus)
通用电力（美国）	Viceroy	12 C/A	1 ~ 2	4.7W,1.2kg	15	MSTI - 3,Seastar,MIR[26].Orbview,Kompsat - 1
萨里卫星技术有限公司（英国）	SGR - 07 SGR - 10/20	12 C/A 2/4 ×6 C/A	1 2/4	1.6W,0.5kg 6.3W,1kg	>10 >10	Deimos - 1,UK - DMC - 2 PROBA - 1,UOSat - 12, BILSAT,AISAT - 1[27]
泰雷兹阿莱尼亚宇航公司（意大利和法国）	Tensor TopStar 3000	9 C/A 12 - 16 C/A	1 ~ 4 1 ~ 4	15 W,4kg 1.5W,1.5kg	100 >30	Globalstar,SAC - C,ATV[28] Demerter,Kompsat - 2[29]
德国宇航中心（德国）	Phoenix - S	12 C/A	1	0.9W＊, 20g＊	15	Proba - 2[14], PRISMA[30], X - Sat(TET,FLP)
诺泰尔公司（瑞典）	OEMV - 1	14 C/A	1	1.0W＊, 25 g＊		RAX[3] (CanX - 4/5,NEOSSat)

注：计划任务中的接收机单机板的物理参数用星号（＊）表示

表 5.2　在空间应用的双频 GPS 接收机

制造厂商（国家）	接收机	通道	天线接口	功耗，重量	辐射剂量/10Krad	任务，参考文献
喷气实验室（美国）/波利公司（美国）	BlackJack/IGOR	16 ×3 C/A,P1/2	4	10W,3.2/4.6kg	20	GRACE,Jason - 1/2,COSMIC, TerraSAR - X[16,17],TanDEM - X
瑞格公司（瑞士）	POD Receiver	8 ×3 C/A,P1/2	1	10W,2.8kg		(SWARM,Sentinel - 3)[32]
萨博公司（瑞典）	GRAS/GPSOS	12 C/A,P1/2	3	30W,30kg		METOP[33]
泰雷兹阿莱尼亚宇航公司（意大利和法国）	Lagrange TopStar 3000 G2	16 ×3 C/A,P1/2 6 ×2 C/A,L2C	1 1	30W,5.2kg	20	ENEIDE[34],Radarsat - 2, Oceansat - 2,GOCE PROBA - 2[35]

制造厂商 （国家）	接收机	通道	天线 接口	功耗,重量	辐射剂量 /10Krad	任务,参考文献
波利公司 （美国）	Pyxis POD	16 – 64 C/A, P1/2,L2C,L5	1 ~ 2	20W,2kg		研发中
欧洲宇航防务 集团(德国)	LION	32;GPS,GAL	1			研发中
贾瓦德公司 （美国/俄罗斯）	Triumph DG3TH	216;GPS, GAL,GLO	1	2.5W*, 100g*	10	(ISS/ACES)[13]
诺泰尔公司 （瑞典）	OEM4 – G2L	12 × 2 C/A,P2	1	1.5W*, 50g*	6	CanX – 2,(CASSIOPE)[36]
撒波泰波公司 （比利时）	PolaR × 2	16 × 3 C/A,P1/2	1(3)	5W*, 120g*	9	(TET)[16,37]

注:计划任务中的接收机单机板的物理参数用星号(＊)表示

除了已列出的接收机,镶嵌 GNSS、IGOR 和"凤凰"接收机目前也用于编队飞行任务(图5.2)。其他的接收机(如 Viceroy 和 Tensor 接收机)已经用 MIR 空间站和国际空间站的近程交会任务的相对导航中。

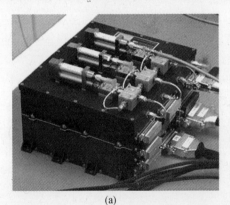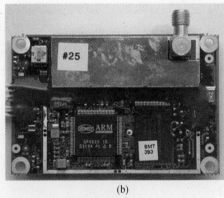

(a)   (b)

图 5.2　编队飞行任务中的星载 GPS 接收机范例

（a）TerraSAR – X/TanDEM – X 任务中的 IGOR 双频接收机;

（b）PRISMA 任务中的 Phoenix GPS 接收机。

5.3　GPS 轨道确定方法

每一个 GPS 接收机都可以独自进行导航解算,空间应用中单独导航滤波或者轨道确定过程需要处理 GPS 原始测量数据以达到更高的精度和鲁棒性。本节介绍了处理过程的基本概念,并描述了相关模型和算法。

5.3.1 观测类型与测量模型

GPS 接收机提供了两种能用于导航的基本测量类型:伪距和载波相位测量[1,38]。这两种方法都能够提供卫星到接收机的距离信息但是在精度和特殊处理需求上有所差异。

伪距(或编码)测量主要是通过比较 GPS 信号传输所需的时间(本地接收机时间和 GPS 卫星时)与光速相乘从而获得的结果。如果所有的时钟都和 GPS 时间严格一致,则伪距值趋向于理想的真实值。实际上,伪距比几何解算多了时钟的偏移。另外,信号的传播时间也受到大气延迟、电离层和对流层的影响。对于在轨运行飞行器,不受后者影响,所以伪距为

$$\rho = |\boldsymbol{r} - \boldsymbol{r}_{GPS}| + c\delta t - c\delta t_{GPS} + I \tag{5.1}$$

式中:$\boldsymbol{r}$、$\boldsymbol{r}_{GPS}$ 为用户和接收机天线的位置;δt、δt_{GPS} 为接收机和卫星时钟与 GPS 时间之间的偏移;I 为电离层路径的延迟。在这个等式中忽略了多路径和接收机噪声这样的测量误差。

载波相位测量主要是比较卫星载波相位与接收机复制的载波相位之间的相位差。GPS 卫星和接收机在任意时刻上的变化都会导致接收信号和拍频的多普勒频移。相位(或积分多普勒)随着时间的推移会导致一个距离的变化(但不是绝对距离)。为方便起见,载波相位的测量量被选取来匹配不同的伪距。鉴于此,载波相位的测量方式既可以用距离单元 φ 表示,也可以用周期 $\boldsymbol{\Phi}$ 表示。它们都随波长因子 λ 而变化,可建模为

$$\varphi = \lambda\boldsymbol{\Phi} = |\boldsymbol{r} - \boldsymbol{r}_{GPS}| + c\delta t - c\delta t_{GPS} + I + \lambda A + \lambda\Psi \tag{5.2}$$

式中:A 为一个(无量纲的)相位模糊度,取决于跟踪初始阶段载波相位测量分配的初始值。最后一项描述了相位缠绕,表示由发射和接收天线瞄准方向与视线方向之间的时变旋转角度 ψ 所引起的观测载波相位变化[39]。

类似于伪距,载波相位模型包括了两个时间偏移项,这是由于测量的相位随着 GPS 卫星和接收机时钟的集成频率误差变化而变化。比较式(5.1)和式(5.2)可以发现电离层传播会导致载波相位的变化,同电离层路径延迟影响伪距测量相比具有同等大小,但方向不同。产生这种差别的原因是电离层是一种电荷等离子区,在这个区域里信号调制的群和相位速度会受到相反行为的影响[38]。既然电离层延迟随信号频率 f 负二次方变化而变化,那么可以通过将 LI 和 L2 载波频率的伪距测量(或者同样载波相位)的无电离层线性组合消除,即

$$\rho_{IF} = \frac{f_{L1}^2}{f_{L1}^2 - f_{L2}^2} \cdot \rho_{L1} - \frac{f_{L1}^2}{f_{L1}^2 - f_{L2}^2} \cdot \rho_{L2} \tag{5.3}$$

对于单频率接收机,无电离层线性组合可以通过伪距和载波相位的算术均值获得,即

$$\rho_{\text{GRAPHIC}} = \frac{1}{2}(\rho + \varphi) \tag{5.4}$$

这就是著名的 GRAPHIC(群和相位电离层校正)测量方法[40]。

Lear 针对轨道飞行器电离层路径延迟提出了一种过程模型[41]。如果忽略垂直电离层电子浓度(VTEC),单独伪距测量的延迟可以表述为垂直路径延迟:

$$I_0 = 0.162\text{m} \cdot (f_{\text{L1}}^2/f^2) \cdot (\text{VTEC}/10^{16}\text{e}^-/\text{m}^2) \tag{5.5}$$

和描述随海拔 E 变化而变化的路径延迟的映射函数 $m(E)$

$$m(E) = \frac{2.037}{\sqrt{\sin^2 E + 0.076} + \sin E} \tag{5.6}$$

的乘积 $I = I_0 \cdot m(E)$。这个模型常用在仿真中,但在基于 GPS 的轨道粗确定和相对导航中也有应用[19,42]。

由于单个航天器的轨道确定会受到很多误差源的影响(GPS 轨道和时钟误差,未建模大气延迟、天线相位中心变化和多路径),因此足够短基线的相对导航通常需要更高标准的常见误差消除。最明显的就是当接收机-接收机差分观测工作方式时,可建模如下:

$$\begin{cases} \Delta\rho_{AB} = \rho_B - \rho_A = \Delta \left| \boldsymbol{r} - \boldsymbol{r}_{\text{GPS}} \right|_{AB} + c\delta t_{AB} + \Delta I_{AB} \\ \Delta\varphi_{AB} = \varphi_B - \varphi_A = \Delta \left| \boldsymbol{r} - \boldsymbol{r}_{\text{GPS}} \right|_{AB} + c\delta t_{AB} - \Delta I_{AB} + \lambda \Delta A_{AB} + \lambda \Delta\psi_{AB} \end{cases} \tag{5.7}$$

式中:$\Delta(\cdot)_{AB} = (\cdot)_B - (\cdot)_A$ 为航天器 B 和 A 的不同量的单差(SD)。

只要卫星时钟偏差作用能够立即消除,对于较短距离下 GPS 卫星星历误差产生的影响就能大大较少。类似情况也存在于差分电离层路径延迟中,对于 1km 或更短距离内它通常被忽略掉。如果两台接收机天线保持对发射信号 GPS 卫星具有相同的姿态,那么在短基线情况下就不会出现差分相位缠绕作用,但是对于具有显著不同天线方向的航天器来说这些必须考虑进去[43]。然而这同样也表明有限数量的常用跟踪 GPS 卫星,因此要避免应用在严格相对导航要求的任务中。

除了接收机之间的差,星间差 $\nabla(\cdot)^{ij} = \nabla(\cdot)^j - \nabla(\cdot)^i$ 可用来消除卫星的时钟偏差。忽略差分电离层延迟和相位缠绕,最终双差(DD)主要取决于 GPS 卫星和两个接收机的相对几何:

$$\begin{cases} \nabla\Delta\rho_{AB}^{ij} = \Delta \left| \boldsymbol{r} - \boldsymbol{r}_{\text{GPS}} \right|_{AB}^{ij} \\ \nabla\Delta\varphi_{AB}^{ij} = \Delta \left| \boldsymbol{r} - \boldsymbol{r}_{\text{GPS}} \right|_{AB}^{ij} + \lambda \nabla\Delta A_{AB}^{ij} \end{cases} \tag{5.8}$$

在载波相位测量情况中,观测模型通常包含相位的相位模糊度,它事先并不知道但必须作为数据处理部分进行确定。当模糊度是浮点型的数时,一般来说,对于一个适当设计的 GPS 接收机来说,模糊度双差显示出整数特性[43]。一旦已知双差模糊度的实数解 $\nabla\Delta A_{AB}^{ij} = N_{AB}^{ij}$,载波相位测量就可有效的转化为毫米级噪声的伪距,因此可用来获得高精度差分位置。

理论上,毫无疑问可以通过双差编码比较和相位测量(式(5.8))以及取最近整周模糊度:

$$N_{AB}^{ij} = \left[\frac{1}{\lambda} (\nabla\Delta\varphi_{AB}^{ij} - \nabla\Delta\rho_{AB}^{ij}) \right]_{\text{round}} \tag{5.9}$$

然而实际中需要一些更先进的方法以获得鲁棒模糊度,特别是在大基线导致那些不可忽略的电离层路径延迟的情况中。在文献[38,44]中包含了特殊的线性组合和普通的搜索技术。

通过双频测量模式,L1 和 L2 载波相位可形成一种宽巷组合:

$$\varphi_{\text{WL}} = \frac{f_{L1}}{f_{L1} - f_{L2}} \cdot \varphi_{L1} - \frac{f_{L2}}{f_{L1} - f_{L2}} \cdot \varphi_{L2} \tag{5.10}$$

由于具有较大的有效波长 $\lambda_{\text{WL}} = c/(f_{L1} - f_{L2}) \approx 0.86\text{m}$,通过取整进行宽巷模糊度 $N_{\text{WL}} = N_{L1} - N_{L2}$ 的确定(式(5.9))相比于单独使用 L1 和 L2 载波测量方式,对噪声不太敏感。一旦宽巷模糊度已知,相关联的窄巷模糊度 $N_{\text{NL}} = N_{L1} + N_{L2}$ 以及最终的单独 L1 和 L2 载波相位模糊度就可通过载波相位测量方式进行确定。采用现代化 GPS 和新的"伽利略"系统中即将应用的 3 种信号频率,通过甚长有效波长形成额外的宽巷组合(从 L2 和 L5 或者 E6 和 E5 测量),能够拓展宽巷化技术。

在另外一种模糊度解决方案中,对于更大测量时间段内相对天线位置的调整问题中,双差模糊度通常认为是未知的。经过线性化后,可以利用标准最小二乘法来找到相对位置和浮点值双差模糊度,它能最小化观测值和建模测量值间的残差。然而,实际上方案中要求允许的模糊度限制于整数值。这种类型的混合实数/整数问题已经采用了不同的搜索方法,其中最小二乘模糊去解耦调节法(LAMBDA;文献[45])是最常用的方法并广受应用。它是基于对搜索空间的整数保存变换。在明显相关性中,它能有效确定最优模糊度,这种情况经常在双频处理中遇到。此外,LAMBDA 方法提供了一种验证估计模糊度的算法构架。

在航天器编队飞行背景中,很多作者都采用 LAMBDA 方法和相关变量进行仿真研究[46,47]和实际飞行数据处理过程[48,49]。该应用的潜在约束来自于大量的模糊度参数(通常每 24h 1000 个),这对于低轨卫星来说需要处理大批轨道确定数据,可能会占用大量计算时间。因此其他一些研究者都偏好于传统的宽巷/窄巷模糊度解决方法[50,51],并考虑进行星载实时应用[52]。此外 M. L. Psiaki 针对航天器相对导航研究了在卡尔曼滤波/平滑器中限制整周模糊度过去状态数量的方法,以在保持近似最优估计下最大的减少计算时间[53]。

5.3.2　动力学模型

对于地球近圆轨道上的紧密编队来说,两个航天器间的相对运动可以很方便地采用著名的 CW 方程来描述[54]。除了摄动,相对运动可以分解到(周期加线性)平面内运动和垂直平面的谐振荡[55]。作为单纯笛卡儿公式的替代方案，相对轨道要素可以用来描述 CW 方程的解算，它有利于结合地球椭圆摄动并可拓展大沿迹距离下相对运动模型的实用性[56,57]。为了克服未扰动 CW 方程约束简化问题，学者们针对椭圆轨道[58,59]以及不同类型轨道摄动[60-63]情况做出了大量努力，研究了更加复杂的相对运动模型。由于提供的解析轨道模型能够更好的分析相对运动的基本特性，且为编队设计和控制器设计提供了良好基础，因此在基于 GPS 的相对导航中要求更加精确的数学模型以达到较高的测量精度。

因此，通常都是通过相关与时间 t、位置 r 和速度 v 呈函数关系的加速度 $a(t, r, v)$ 的精确模型将单个卫星轨迹分别处理，并非增加相对距离间的差分加速度。将编队中每颗卫星运动方程进行积分，对由其获得的轨迹作差，最终得到相对运动：

$$\begin{pmatrix} \Delta \boldsymbol{r}_{AB} \\ \Delta \boldsymbol{v}_{AB} \end{pmatrix} = \begin{pmatrix} \Delta \boldsymbol{r}_{AB} \\ \Delta \boldsymbol{v}_{AB} \end{pmatrix}_0 + \int_{t0}^{t} \begin{pmatrix} \boldsymbol{v}_B \\ a_B(t', \boldsymbol{r}_B, \boldsymbol{v}_B) \end{pmatrix} \mathrm{d}t' - \int_{t0}^{t} \begin{pmatrix} \boldsymbol{v}_A \\ a_A(t', \boldsymbol{r}_A, \boldsymbol{v}_A) \end{pmatrix} \mathrm{d}t' \quad (5.11)$$

或者沿着参考卫星运动方程对单个加速度进行作差并积分：

$$\begin{pmatrix} \boldsymbol{r}_A \\ \boldsymbol{v}_B \\ \Delta \boldsymbol{r}_{AB} \\ \Delta \boldsymbol{v}_{AB} \end{pmatrix} = \begin{pmatrix} \boldsymbol{r}_A \\ \boldsymbol{v}_B \\ \Delta \boldsymbol{r}_{AB} \\ \Delta \boldsymbol{v}_{AB} \end{pmatrix}_0 + \int_{t0}^{t} \begin{pmatrix} \boldsymbol{v}_A \\ a_A(t', \boldsymbol{r}_A, \boldsymbol{v}_A) \\ \Delta \boldsymbol{v}_{AB} \\ a_B(t', \boldsymbol{r}_B + \Delta \boldsymbol{r}_{AB}, \boldsymbol{v}_B + \Delta \boldsymbol{v}_B) - a_A(t', \boldsymbol{r}_A, \boldsymbol{v}_A) \end{pmatrix} \mathrm{d}t$$

$$(5.12)$$

每一颗单独卫星都会受到不同类型的重力和非重力影响，这些都需要被考虑到轨道模型中。关键因素(大致按重要性排序)包括地球的非球面引力场、空气阻力、日月摄动、太阳光压、固态地球和海洋潮汐、相对摄动和地球反照率。相关模型在航天动力学著作中都有记载，读者可参阅相关书籍和文献来获取更多信息(见文献[55,64]及其索引文献)。

重力通常可以用高精度的物理模型来描述。因此，特殊应用中的模型选择完全依赖于精度要求和计算复杂度间的权衡。当 GPS 精确轨道确定工具中考虑了全部摄动[65-68]时，实时、星载导航系统通常需要进行显著简化[69,70]。与此相反，非重力模型很大程度上受到有限的物理条件(如空气密度[71]或者反射的地球辐射)以及卫星表面/本体特性(阻力系数、反射率和吸收率等)的有限信息约束。

尽管存在力学建模限制，但为了获得较高的总导航精度并充分利用 GPS 测量的几何因素，文献[72]中引入了简化动力学轨道确定的概念。此处预先建立的动力学模型中潜在的不足通过经验加速度进行补偿，该加速度沿着其他可调整参数进行估计。为了进行更直观的物理解释，通常建立一个沿径向方向(R)、沿迹方向(T)和法线方向(N)的坐系以描述这些经验加速度。地球低轨道科学试验卫星基于 GPS 精确轨道确定,通过最小二乘批处理轨道确定系统,每隔 6 ~ 15min 调整分段连续 RTN 加速度值[67,73]。与此相反,经验加速度值最好被当作指数相关的随机量以进行连续估计[67,70,72]。

轨道机动是一种特殊的非重力"摄动",它需要在轨道确定过程中被考虑进去。和试验确定的加速度一样,RTN 坐标系是平面内或异面机动描述的一种自然选择。对于一般模型,尽管在整个点火期间实际推力器系统可能使用脉宽调制和变化的净推力,但可以假设推力是常值。当轨道机动在单星运动任务中很少进行时(每周一次或是每月一次),紧密编队保持会导致较频繁的机动(从每个轨道周期内几次点火到准连续的推进)。尽管实际推力器或是速度增量的一些先验信息是可得的(例如机动规划或是在线加速度计),但是在导航过程中还是需要考虑一些不确定因素。这些不确定因素可以通过在连续导航过程中适当增加过程噪声或者将机动状态与估计参数矢量严格结合起来[74-77]。

5.3.3 数值积分

在文献(见文献[64,78]和里面的参考文献)中提出了卫星轨道模型中使用的大量数值积分方法并比较了每一种方法的优劣。同样,没有一种特殊的方法对于所有的问题都是理想的,而且方法的选择很大程度上依赖于特殊应用的需求。

一种粗略而简便的方法就是,在没有中间状态更新或者力模型不连续(如机动)情况下,对大圆弧轨道上卫星的轨道运动进行积分时,高阶次的方法能提供最好效率(根据计算开销,相对于精度)。多步方法提供的额外优势在于轨道内插值可以很容易地从预先计算数据中获得,这就可以从要求的输出步长中解耦出积分器步长大小。通用 Adams – Bashforth – Moulton 方法支持变阶和变步长,它适用于大多数的轨道力学问题,这种方法已由 Shampine 和 Gordon[64,79] 改进。该方法在 GHOST 软件中用于基于 GPS 的精确轨道确定[80]。在其他的软件包中也成功应用了很多可选择的多步法或者分配法。

如果所要求的时间步长仅是轨道周期的很小一部分,那么相比较而言,更宜采取低阶的方法。这种情况通常应用在实时导航系统中,其中滤波器状态更新的时间间隔为 1 ~ 30s。测量更新之后,轨迹积分必须以新的状态矢量重新开始,这对于高阶积分方法来说效率十分低下。这种情况下,我们选用经典的四阶龙格 – 库塔(RK4)方法,该方法结合易用性具有合理的短周期的精度。对于状态矢量

$$y(t) = \begin{pmatrix} r(t) \\ v(t) \end{pmatrix} \tag{5.13}$$

和时间 t 时初始状态,给定微分方程 $y = f(t, y(t))$。$t + h$ 时刻可近似由下式解算:

$$y(t+h) \approx \eta(t+h) = y(t) + \frac{h}{6}(k_1 + 2k_2 + 2k_3 + k_4) \tag{5.14}$$

式中

$$\begin{cases} k_1 = f(t, y(t)) \\ k_2 = f(t + h/2, y(t) + hk_1/2) \\ k_3 = f(t + h/2, y(t) + hk_2/2) \\ k_4 = f(t + h, y(t) + hk_3) \end{cases} \tag{5.15}$$

文献[81]中最早提出了另一种方法,该方法结合了基本的 RK4 方法和理查森外推法,构造了五阶积分方法,它比任何现有五阶 RK 方法所需推导计算更少。给出初始值 $y(t)$, $t+h$ 和 $t+2h$ 时刻近似得出的 η_1^h 和 η_2^h 可以从步长为 h 的两个连续 RK4 步骤中求得。此外步长为 $2h$ 的 RK4 单步可以得出独立的近似 η_2^{2h} 。考虑到 RK4 方法的误差随着步长的 4 次幂增长,可以利用 $t+2h$ 时刻两种算法的差进行一个虚构零步长的推算。这就会在 $t+2h$ 时刻得到一个五阶近似算法:

$$y(t+2h) \approx \eta_2^h + \frac{\eta_2^h - \eta_2^{2h}}{2^4 - 1} \tag{5.16}$$

结合状态向量 $y_i = y(t+ih)$ 以及从单独积分步长中得到的 $f_i = f(y_i)$,可以建立一个五次厄密多项式

$$\begin{aligned} y(t+\theta h) = d_0(\theta) y_0 + d_1(\theta) h f_0 + d_2(\theta) y_1 \\ + d_3(\theta) h f_1 + d_4(\theta) y_2 + d_5(\theta) h f_2 \end{aligned} \tag{5.17}$$

其中系数为

$$\begin{cases} d_0 = \frac{1}{4}(\theta - 1)^2 (\theta - 2)^2 (1 + 3\theta) \\ d_1 = \frac{1}{4}(\theta - 1)^2 (\theta - 2)^2 \\ d_2 = \theta^2 (\theta - 2)^2 \\ d_3 = (\theta - 1)\theta^2 (\theta - 2)^2 \\ d_4 = \frac{1}{4}\theta^2 (\theta - 1)^2 (7 - 3\theta) \\ d_5 = \frac{1}{4}(\theta - 2)^2 \theta^2 (\theta - 1)^2 \end{cases} \tag{5.18}$$

它能在整个时间间隔 $[t, t+2h]$ 内获得精确插值。这种方法已经成功多次应用于单星或是多星的实时导航系统中[76,77,82,83],在不约束积分器和滤波更新间隔的情况下它能够进行密集的轨迹输出。

5.3.4 估算

数学轨道模型和 GPS 的测量模型相结合可以在给定初始条件和模型参数条

件下获得测量的预报。通过比较实际观测模型和测量模型的不同,可能需要对假设参数进行修正以获得航天器位置和相关参数的最优估计。目前已经发展了很多估计方法,可以分为批量估计和连续估计。基于它们的特性,批量最小二乘法主要用于后处理过程,通过大量的数据采集处理来找到测量量的最优拟合。相比之下,递推估计算法主要应用在实时系统中,它能够在每一个测量时刻提供估计瞬时状态向量的新估计。

使用 GPS 观测值的批处理最小二乘轨道确定方法的显著特点在于运用大量的估计参数。在 24h 数据段以 30s 采样间隔处理时,精确调整时钟偏差的需求会导致每个航天器产生约 3000 个未知量。当模糊参数的数量从最少 500 到多达 1000(取决于处理的频率数量和数据中遇到的大量相位间断)时,轨道确定中每个航天器需要考虑经验加速度以及其他 500 个参数。幸运的是,标准方程的维数可以通过时间参数的预消除来显著减少。最后,标准方程可以分成时间参数和非时间参数(如动力学和模糊参数)。与时间偏差参数有关的标准矩阵分块是正对角阵,因此可直接转置且允许标准方程中这些参数进行形式消除(见文献[84])。简化系统就会有更少的维数且能以合理的计算工作量进行解算。为了获得更精确的相对导航(或"基线确定"),不同研究学者通过 Bernese[50]、EPOS – OC[85] 和 ZOOM[51] 软件包采用批处理估计策略。此处,编队飞行中每个航天器无电离层 L1/L2 载波相位组合的轨迹参数和浮值模糊度的确定类似于单颗卫星精确轨道确定。其后,GPS 卫星和编队飞行航天器之间的双差模糊度通过宽巷/窄巷技术来解算。那么固定模糊度就可看作最终轨道确定步长中的额外约束,它将重新调整(相对)轨迹和任何未解算的模糊参数。

连续估计方法对于以瞬时编队几何方式要求持续信息的星载导航系统来说是非常重要的。然而,由于该方法减少了那些需要同时调整的模糊参数数量并固定了当前跟踪通道的数量,因此这种方法同样适用于离线处理,见文献[48,49]。在讨论相对导航应用中估计参数的不同选择之前,先简要回顾扩展卡尔曼滤波的概念(EKF,文献[86]),这种方法最著名并且广泛应用于连续估计方法。在相对导航应用中讨论估计参数设置的不同之处之前,为了完整性,我们提及 sigma 点或无迹卡尔曼滤波(UKF)等可供选择的滤波概念,它们在近年来越来越受到重视[87-89]。这些方法与 EKF 相比,在非线性情况下其鲁棒性更强而且收敛性也有提高。然而,从实际飞行数据得出的经验来看,在适当精度动力学模型和密集 GPS 测量情况下,EKF 设计非常适合且有效的用于低轨卫星 GPS 相对导航中。

扩展的卡尔曼滤波是一个递推的估计方法,由时间更新和测量更新组成。它从估计状态向量 y_i^+ 和 t_i 时刻协方差开始进行。状态向量的元素包含了航天器的位置、速度,还有其他一些可调整的力和测量模型参数,并通过 t_{i+1} 时刻进行更新。当使用更简单模型(假设恒值或是指数阻尼)进行力学模型系数、时间参数和模糊度递推时,新的位置和速度从运动方程的数学积分中获得。根据递推估计状态 $\boldsymbol{y}_{i+1}^-$,计算状态转移矩阵 $\boldsymbol{\Phi}_{i+1} = \partial \boldsymbol{y}_{i+1} / \partial \boldsymbol{y}_i$,然后就可获得递推状态的协方差

$$\boldsymbol{P}_{i+1}^- = \boldsymbol{\Phi}_{i+1} \boldsymbol{P}_i^+ \boldsymbol{\Phi}_{i+1}^{\mathrm{T}} \tag{5.19}$$

式中:上标"$-$"代表递推数量;"$+$"代表测量处理后获得的改进估计。

此外,状态递推中的统计不确定性也要考虑进去,主要通过在式(5.19)的右侧增加过程噪声矩阵 $\boldsymbol{Q}_{i+1}$。这就是完整的时间更新步骤。

通过卡尔曼滤波器的测量更新,在新时刻的精确状态量估计可以从诸如实际观测量 $\boldsymbol{z}_{i+1}$ 和模型测量量 $\boldsymbol{h}(\boldsymbol{y}_{i+1})$ 之差的残差中计算获得:

$$\boldsymbol{y}_{i+1}^+ = \boldsymbol{y}_{i+1}^- + \boldsymbol{K}_{i+1} \cdot (\boldsymbol{z}_{i+1} - \boldsymbol{h}(\boldsymbol{y}_{i+1}^-)) \tag{5.20}$$

卡尔曼增益为

$$\boldsymbol{K}_{i+1} = \boldsymbol{P}_{i+1}^- \boldsymbol{H}_{i+1} \cdot (\mathrm{cov}(\boldsymbol{z}_{i+1}) - \boldsymbol{H}_{i+1} \boldsymbol{P}_{i+1}^- \boldsymbol{H}_{i+1}^{\mathrm{T}})^{-1} \tag{5.21}$$

式中:$\boldsymbol{H}_{i+1} = \partial \boldsymbol{h}(\boldsymbol{y}) / \partial \boldsymbol{y}|_{i+1}$ 表示从测量空间到状态向量空间的残差,考虑了测量的协方差和递推状态。结合预报状态和测量的信息在测量量更新下可以获得递减的状态向量协方差:

$$\boldsymbol{P}_{i+1}^+ = (1 - \boldsymbol{K}_{i+1} \boldsymbol{H}_{i+1}) \cdot \boldsymbol{P}_{i+1}^- \tag{5.22}$$

随后卡尔曼滤波在下一拍继续时间更新和测量更新。

上面的式子描述了 EKF 的通用形式,有一些方面需要进一步注意:首先,协方差更新方程式(5.22)易受数字误差影响而且滤波方程的数学稳定变量(如 UD 分解)对于有限算术精度来说是必须的。其次,滤波器的"调整",如测量权重的最优选择、先验协方差和处理噪声,在实际飞行数据中可能面临相当大的挑战。利用真实的数据进行软件仿真或是硬件闭环仿真,可以提供一个良好开端,但在实际的应用中需要考虑滤波再调整设置。为了提高滤波器在环境不确定性中的鲁棒性,F. D. Busse[91] 提出了一种自适应滤波来进行编队飞行的相对导航。最后,需要注意的是高精度相对导航离线处理使用的扩展卡尔曼滤波[48,49]。不同于批量最小二乘处理,EKF 状态估计随时间处理过程中仅取决于过去的观测值。在离线的导航情况下,滤波器可能被用于处理之前和之后的数据,且可以通过每一拍权重均值获得平滑数据[84]。滤波器/平滑器解决方案与单独的解决方案相比可以获得更高的精度和鲁棒性而且不受初始状态降级的影响。

除了特殊的滤波概念的使用,在进行导航系统时也要考虑滤波估计参数集。不同作者提出了很多不同的选择,下面重点讨论最重要的一些方面。从根本上讲,滤波器可能由下面的参数类型组成:

• 需要考虑的飞行器位置和速度 $\boldsymbol{y} = (\boldsymbol{r}, \boldsymbol{v})$。

• 动力学模型相关参数,如阻力系数 C_{D} 和辐射压力系数 C_{R}、经验加速度 a_{cmp} 或机动速度 Δv。

• 接收机时钟偏移 $c\delta t$。

• 单频或是双频载波相位测量的模糊度参数 A。

• 电离层通道路径延迟 I（对于双频处理）或者一种普通的垂直路径延迟 I_0（对于单频处理；参考式（5.5）、式（5.6））。

这里面绝大多数参数可以被当作绝对量（如涉及单个航天器）或是相对量（如编队飞行中相对参考航天器的各自参数差）进行处理，并且各描述间可以严格相互转换。如5.3.2节所示，相对运动模型精度难以保证，这就要求每个航天器各自进行轨迹递推。不考虑动力学模型，在滤波器中只考虑相对位置和速度以保持状态参数维持在最小的量级。如文献[91-93]和文献[48]所提出的这些"只有相对运动"滤波器，通过使用编队中所有航天器的绝对状态矢量达到完全相对称处理，如在文献[76,77,94]和文献[49]所述。当相对动力学先验信息以适当和相应方式合并后，两种方法都十分合理且能产生一致结果。例如，相比于编队飞行中每个航天器绝对运动的经验加速度，几乎一样的航天器在编队中的相对经验加速度受到的约束更加严格。类似情况也存在紧密编队电离层路径延迟约束中，其关于相对量采用参数化处理。此外，对不同的接收机时钟偏差参数不相关且有关公式在单个偏差估计上也无优势可言。

总而言之，假设每个接收机都有代表性的12个跟踪通道，那么就需考虑少至18个参数[92]，多至80个参数[49]。由于每一个滤波步骤中都涉及大量具有滤波状态维度的矢量—矩阵运算，测量更新的计算开销可能会超出轨迹递推和时间更新段。具有严格实时要求的星载导航系统对于最优参数集的选择需要特别注意。显然没有一种特殊的方法能够兼顾所有的应用需求，因此必须在精度、鲁棒性和计算效率之间寻求平衡。

5.4　任务结果

5.4.1　相对运动任务

运用差分GPS进行相对导航早已应用在不同的交会任务和先验性试验中。

在1995年的9月，在航天飞机的STS-69飞行中首次进行了相对导航的试验。航天飞机上安装了洛克威尔-科斯林（Rockwell-Collins）3MB GPS接收机，真空尾迹屏罩设备（Wake Shield Facility，WSF）自由飞行器中安装了JPL的Turbo-Rogue接收机。然而设想的实时导航验证并没能如期进行，数据经过离线预处理，并通过四伪距测量验证了10~100m级别相对导航的可行性[95]。

作为欧洲自动转移飞行器（ATV）交会任务先驱计划（ARP）的一部分，在1996到1998期间一共做了3次飞行试验。在1996年的11月、12月期间，航天飞机STS-80飞行任务进行了飞行试验1（FD1），自由飞行的航天飞机运载卫星（SPAS）上安装了9通道的Laben Tensor GPS接收机，航天飞机上安装了6通道的Tans Quadrex接收机。GPS数据记录用于地面分析，但因具有不规则采样所以不能直接双差[96]。接下来在文献[97]中,采用 CW 轨道模型进行相对导航滤波处理可以获得 8m 的位置精度和 3cm/s 的速度精度。后面两次飞行试验(FD2、FD3)分别为 1997 年 5 月的 STS-84 和 1997 年 9 月到 10 月 STS-86,航天飞机飞往俄罗斯的 MIR 空间站任务中。航天飞机上 Laben 接收机中以及 MIR 空间站 MOM-SNAV 载荷的 Motorola Viceroy 接收机获取的数据都在星上进行了记录,后期通过地面进行解算[98]。

基于 ARP 项目试验,基于 GPS 的实时导航系统在 ATV 自主接近国际空间站(ISS)过程中得到了应用。该系统用于 30~0.3km 范围内的接近导航中[28],并在 2008 年 4 月"儒勒·凡尔纳"ATV 首次飞行中得到资格认证。基于 CW 动力学模型,以相对导航滤波(RGPS)方法处理来自于 ATV 上 9 通道 Laben Tensor GPS 接收机和国际空间站上俄罗斯 12 通道的 ASN-M 接收机的数据。除了伪距或者编码相位数据外,滤波充分利用了多普勒或载波相位测量,以提高速度信息。与采用 GPS 接收机定位信息滤波方法的飞行控制监控系统相比,ATV 的 RGPS 达到了 10m 和 2cm/s 的精度[99]。

早在 ATV 项目的 10 年前,日本 ETS-Ⅶ任务于 1998 年 8 月首次进行了基于 GPS 导航自主接近的在轨飞行验证。2.5t 的追踪航天器和 0.4t 的目标卫星上都安装了一个 6 通道的 GPS 接收机,该接收机能够提供大约 7m 的伪距精度和相对的精度能够达到 1.5cm。相比于后处理轨迹,通过差分伪距和载波相位滤波方法可以达到 10m 和 3cm/s 的相对位置和速度精度。这能够满足远距离接近 150m 范围要求的 21m 和 5cm/s 要求。通过结合载波相位测量离线处理可以进一步达到 5m 和 1cm/s 的精度[101]。

然而,上述结果仍然低于差分 GPS 导航载波相位测量的潜在精度,但是它们在当时技术条件下代表了通往更加先进系统和更大成就道路上的里程碑意义。

5.4.2　精确基线确定

在很多编队飞行任务中为了达到科学任务的目的或者评估实时导航和控制性能,需要两航天器之间进行精确并随后重建的相对运动。本节对 TanDEM-X 等 SAR 干涉测量任务的严格精度要求进行明确表述(见第 13 章)。TanDEM-X 的主要目标是通过垂迹干涉来获得全球数字高程模型(DEM)[102]。

在这里,两个航天器同时采集到的复值 SAR 图像可组合成干涉图像并由此可推导出地形高度。该处理过程中,两个 SAR 天线之间相对位置的视向分量(或"基线")必须以尽可能高的精度已知。若 X 波段波长只有 3cm,SAR 的入射角大约 30°,那么 1mm 的视向分量基线误差将分别在垂直和水平 DEM 上产生 1m 和 2m 的偏差[103]。

早在 GRACE 任务中就已经验证了基于 GPS 测量的精确基线重建的可行性(见第 19 章)。在 450km 轨道高度、相距大约 200km 的两颗 GRACE 卫星在太空形成了一个巨大的坡度仪[104]。通过以 10μm 精度测量两星间距离变化,该任务能够对地球重力场和其随时间变化情况进行详细研究。尽管 GRACE 上主要使用 K 波段测距系统,但卫星上采用高等级多频 GPS 接收机以进行精确轨道确定和授时[105]。作为任务中的一部分,JPL 经常需要对每颗卫星的轨道进行厘米级精度的确定。但是这些都会产生一定的普通误差,由绝对轨迹差分得到的相对位置相比于星间 K 波段高精度测量来说也会有 $10 \sim 20 mm (1\sigma)$ 的误差[84]。早期利用双差载波相位模糊度的整周特性进行完全差分轨道确定,这将在沿迹方向产生几毫米的基线估计精度[106],TU Delft、JPL 以及伯尔尼大学的研究人员在后期甚至达到了小于 1mm 的指标(图 5.3)。由于 GRACE 卫星间距离较大,电离层路径延迟不能消除,因此需要对 L1 和 L2 的模糊度进行严格解算以达到同等精度的相对导航方法。在文献[48]中,双频模糊度解决成功率大约为 85%。

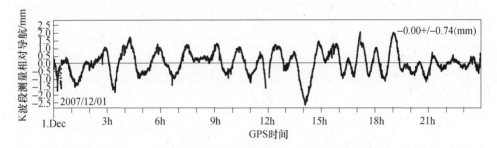

图 5.3 2007 年 12 月一天采样时间内 GRACE 卫星 GPS 距离精度与
基于 GHOST 软件 FRNS 基线处理模块的 K 波段测距值的对比

2005 年进行了一次短距离航天器相对导航概念评估,当时 GRACE 主星和从星相互交换以平衡 K 波段天线表面氧化侵蚀[57]。在 11 月 10 日两航天器之间以小于 10km 的距离保持了大约 12h,因此可以进行研究短基线情况下的差分电离层延迟以及通过单频载波相位差分 GPS 进行精确相对导航的首次飞行验证。当使用 Lear 映射函数式(5.6)以及可调 VTEC 参数对微分电离层路径延迟进行建模时,接近段采用单频方案(相对于多频而言)可以获得优于 2mm(3D rms)精度。在最终相遇时,除了单独载波相位测量具有的低噪声水平外,高达 98% 的模糊度固定速率也有助于进行单频过程。

然而,K 波段雷达不能测量 GRACE 卫星之间的绝对距离,仅能测出距离变化。因此,它仅能用来估计基于 GPS 基线确定的精度而不能估计出精确度,同时不能提供任何与径向和垂迹部分相关的特性。不同研究机构得到的 GRACE 基线产品的内部对比表明,单独基线方案系统偏差有可能多至几个毫米[18]。虽然这些偏差的类型最终也没能弄清楚,但它们的存在表明在远大于所要求精度的波段内运行的微波测量系统所具有的固有局限性。

即使 GRACE 任务本身并没有要求精确的相对导航精度,但是它依然为那些基于最大精度 GPS 基线产品的 SAR 干涉测量任务铺平了道路。从 GRACE 数据处理过程中获得的关键经验包括从 C/A 码跟踪(而不是半无码 P(Y)跟踪)中进行的低噪声载波相位测量以及通过 GPS 天线经验相位模式校正所达到的提升[17,18,50]。

　　TanDEM – X 项目从 GRACE 的 GPS 数据处理直接积累了经验。TerraSAR – X/TanDEM – X 卫星编队配有高级别的双频 GPS 接收机,该接收机由德国地球科学研究中心(GFZ)捐助。该任务所选取的 GPS 掩星接收机(IGOR;图5.2)是对早前很多其他科学任务中采用的 BlackJack 接收机进行商业改造而得。该接收机以 15cm 和 0.7mm 的均值噪声水平为 TerraSAR – X 卫星和 TanDEM – X 卫星提供伪距和载波相位测量,或者,等同于对接收机—接收机单差具有 21cm 和 1mm 的均值噪声水平(图5.4)。除了精确的轨道和基线确定,GPS 接收机也被用作大气探测的无线电科学仪器。靠近地球边缘 GPS 卫星的这类无线电掩星测量可以对对流层的温度和密度剖面进行重建,并为全球天气模型提供关键输入[107]。

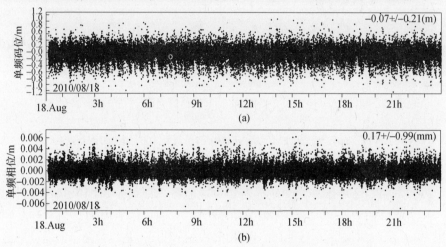

图 5.4　使用 TerraSAR – X/TamDEM – X 上的 IGOR 单频
接收机所获得的测码伪距和载波相位

　　TanDEM – X 任务中要求达到 1mm(1D rms)的基线精度,以避免单个 DEM 倾斜和漂移同时保证无瑕疵镶嵌。对于整个任务性能来说,从精确基线产品的关键性角度出发,基线生成通常都是在 GFZ 和 DLR/GSOC 进行的。由不同算法和工具链生成两种解决方案能够保证最大的独立性且有利于基本的一致性检查。此外,合成基线产品可以通过对单独方案加权均值得到,于是就可用于 DEM 生成中[108]。

　　由于缺乏独立的测量系统,不能提供一个真实的参考,因此独立生成方案的内部比较为评估 TanDEM – X 基线产品的质量提供了重要途径。举例来说,图 5.5 展示出了在两个航天器仍然相距 20km 的任务初期,以单频和双频处理方式分别生成两种基线产品的差异。除 1~2mm 的系统偏差外,这两种方案表现出高度的一致性。这些可以部分归因于相位模式失真在双频方案中得到校正,但在单频处理中则没有校正。

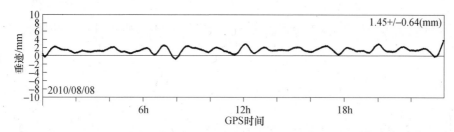

图 5.5　在 TamDEM – X 的编队任务中垂迹方向基线的单频和双频解算值的差异

文献[109]中已经比较了由不同机构生成的 TanDEM – X 基线产品。其中获得了两个不同方案中每一轴向 0.5 ~ 1.0mm 标准偏差,但是类似大小的系统偏差同样也可确定出。这些偏差反映出不同处理方法的效果,且与 GRACE 任务初期观测到的偏差处于同等量级。

除了两个航天器由 GPS 得到的相对运动的偏差,干涉 SAR 处理过程也同样受到 SAR 天线相位中心和仪器延迟的不确定性的影响。为了评估所有系统明确偏差关于测量仪器相位的累积影响,TanDEM – X 任务中需要经常对已知高度剖面的平坦目标点进行特定的校准数据采集。通过对 SAR 干涉测量中得到的未校准原始 DEM 进行对比,系统偏差可以确定并修正。文献[103]公开的初始测试显示,残余偏差在几个毫米级,这在任务前期预料级别中。但是,为达到统一的系统标准,要求不同观测模式中校准数据采集进行组合分析。

与配备有高级双频 GPS 接收机的 TerraSAR – X/TanDEM – X 卫星不同,PRIS-MA 任务(第 21 章)完全依赖于 GPS 相对导航单频测量。作为实时应用的补充(见 5.4.3 节),从 Phoenix(凤凰) GPS(图 5.2)原始测量得到的两颗 PRISMA 卫星(Mango 和 Tango)基线在地面经过重建,以便能够为评估其他传感器和编队控制性能提供参考[110]。通过伪距和载波相位测量的无电离层 GRAPHIC 组合(参考式(5.4)、文献[67]),每颗卫星的绝对轨道可以首先在简化动力学轨道确定模型中进行确定。随后精确的基线重建利用能够处理单差编码和载波相位测量的扩展卡尔曼滤波/平滑器,解决双差模糊度问题。滤波器建立在文献[84]前期研究工作基础上,但特别适用于单频测量。在相对轨道确定软件的该模式下,可以调整垂直路径延迟和 L1 唯一模糊度而非通道式电离层路径延迟和 L1/L2 模糊度。

所述差分载波相位测量呈现出 6mm 的后适配残差水平,这明显超过前期任务试验中通过凤凰 GPS 测量系统从信号仿真试验平台得到的 2mm 值[111]。这一较高误差主要缘于 GPS 天线相位模式失真信息的缺失以及 TANGO 卫星姿态信息的简化。平稳任务阶段在(近)天顶指向 GPS 天线和有限推力活动下,载波相位模糊度能被固定到整数值的成功概率可达 95%。与此相反,在轨道和姿态机动较大情况下,处理过程恢复为唯一的模糊度浮点解。

在没有真实参考的情况下,仅有些许机会来评估 PRISMA 基于地面相对轨道确定的质量。在任务初期会有一次这样的机会,此时两个航天器仍然以紧密结构运行。尽管 TANGO 天线视场受到部分阻挡,但通过利用模糊度固定,估计基线可达到优于 1cm 3D rms 精度的理论值水平。在模糊度浮点解情况下,精度有所下降为 5cm 3D rms[110]。

在明确的实验过程中,两颗卫星的距离可以分别通过 PRISMA 上的编队飞行无线电射频传感器(FFRF;见章节 21 和 6)来测得。除了能够反映不完整系统校准的系统偏差外,FFRF 测量结果与 GPS 获得的距离值一致,噪声水平低于 1cm[112],这就验证了两个测量系统都具有良好的全面性能。

5.4.3   实时导航

基于载波相位差分 GPS 的精确相对导航首次验证是在 PRISMA 编队飞行任务中(第 21 章)。GPS 相对导航系统采用 DLR 的凤凰接收机,是 PRISMA 卫星上主要的编队飞行传感器。它的主要目标是在全任务过程中连续提供准确、可靠的相对位置和速度信息。Mango 航天器相对导航状态用于编队保持、被动相对轨道重构以及强迫运动轨迹准连续控制等多种试验情况下相对于 Tango 的自主运动控制。如果没有更高技术就绪水平的相对导航系统,相对 GPS 也就代表着 PRISMA 编队的安全模式传感器。特别是 Mango 上使用了 GPS 相对导航以支持故障检测隔离与恢复(FDIR)功能,如相对运动监视和避撞。PRISMA 上 GPS 导航双重冗余对系统设计提出较高要求,这是因为最终精度取决于精确控制要求,但是安全模式要求的是鲁棒性和可靠性。

为了达到这些目标,PRISMA 量身定制了 GPS 硬件/软件系统的设计[76,77,113]。Mango 和 Tango 所用冗余冷备份架构是一样的。它是基于两个单频(L1)凤凰 GPS 接收机和两个被动 GPS 天线,天线位于航天器本体结构上相反侧以达到近乎全向 GPS 覆盖。在任何时候都是仅有一个天线在运行,但是可以选择所期望的 GPS 天线自主星载运行或者通过地面遥测使用。Tango 测量值通过超高频(UHF)的星间链路发送给 Mango,并与 Mango 测量值一起使用导航软件处理,该软件集成在基于 FPGA 的 LEON - 3 Mango 星载计算机上,主频为 24MHz。估计方法采用通常的扩展卡尔曼滤波来得出两个卫星的绝对状态,这就需要考虑到在没有外部相对状态情况下绝对和相对导航间的相关性。由于 GRAPHIC 数据类型和单差载波相位测量的连续处理(第 5.3.1 节),普通 GPS 卫星可见度并不是用来估计编队相对状态的先决条件。对于没有天顶指向天线的旋转航天器来说,相对导航解算可以通过无差自由电离层测量值单独处理得到。

2010 年 6 月 15 日,PRISMA 卫星由"第聂伯"火箭在俄罗斯亚斯内发射场发射升空。两颗卫星以发射构造组合在一起,然后被释放送入预定的晨 - 昏轨道,轨道的平均高度 757km,偏心率 0.004 和倾角 98.28 度。PRISMA 于 2010 年 6 月 17 日成功进行发射和早期操作过程,并进入为期 57 天的长时间试运行阶段。该阶段主要是仔细检验星载设备、必要的星载功能以及诸如姿态、速率估计和 GPS 导航等导航算法的校准。在大部分试运行阶段，PRISMA 仍是一个组合航天器，Tango 航天器与 Mango 航天器装配在一起的。然而，该阶段最后主要进行 Tango 航天器从 Mango 航天器上分离（2010 年 8 月 11 日）和随后的 GPS 相对导航标定活动（从 2010 年 8 月 16 日起为期 5 天）。参考文献［30,110］中给出了 GPS 导航系统从初始到最终试运行阶段的飞行结果。

所采用的校准过程将遥测数据流中可利用的实时星载导航估计和后处理精确轨道确定产品结合起来（第 21 章），并包括三个基本步骤。首先导航飞行软件会在地面重复进行并输入星上接收的相同数据。为达到该目的，凤凰接收机产生的本地信号、Mango 和 Tango 航天器姿态估计以及从加速度计得到的机动增量 delta－v 都会在星上记录并遥测下传。一旦飞行软件回放的数据输出与星载结果匹配，就可以进行调整过程，其中相比于精确轨道确定来说为提升飞行软件整体性能，如测量标准偏差、状态参数预估标准偏差、数据编辑域等专用 EKF 参数需要修改。校准过程的第三和最后一步则是将最新得出的 EKF 参数上传到航天器上。这种方法有助于提高频繁数据间隙、航天器安全模式下翻滚等一些不利情况下导航软件的鲁棒性。此外，对于新飞行软件版本发布及其上传导致的两次异常间的导航软件行为，回放过程都可以进行严格分析和调试。

对于 PRISMA GPS 相对导航来说，发射前进行大量的数学和硬件在环试验的完整结果［113］以及飞行过程中的校准过程产生了三种可能结构，每个都由正常性能、频繁喷气以及鲁棒性能的专用设置给定。由于在轨取得了满意的结果，因此发射前所选择的标准性能和频繁推力配置在试验和确认阶段并没有改变。相比于标准性能，频繁的推力设置在伪距和载波相位测量中采用大约 10 倍高的标准偏差。这就降低了测量的权重并增加了力学模型的信任度，从而提供为 EKF 提供更多的动力学特性。考虑到每 30s（EKF 采样时间）进行一批 GPS 测量以及 1N 推力器以每隔 2 分 10 秒的典型速率进行频繁轨道控制，这种方法就不难理解了。这些被认为是导航滤波器的极端条件，通过实时最低限度数量的观测值进行状态扩展以估计 ΔV 机动。

另一方面，鲁棒性能是飞行试验阶段的一个显著成果。经在轨验证，在不破坏绝对经验加速度估计的情况下，完整描述 EKF 并不能使共轨道航天器间相对经验加速度的约束达到期望水平（见第 5.3.4）。一些偶然阶段中，通常为期 20 分钟时间内会有频繁且持续的数据差异，凤凰接收机已经关闭以减少会引起单粒子效应的辐射风险，这时滤波设计中的固有缺陷就能明显表现出来（见第 5.2）。标准性能设置的应用会导致经验加速度的大量估计，它在递推期间作为力存在因而降低了导航精度。2010 年 8 月校准阶段期间，导航滤波在地面进行的复现和调整表明，在偶然情况下，以降低绝对导航精度为代价，经验加速度以约 100 倍小的标准偏差和噪声能够提供所要求的鲁棒性。其结果是，鲁棒 EKF 设置已经取代正常性能设置，并作为星载默认遥测指令，通常应用在数据差异、航天器翻滚等情况下以及一般安全模式活动中。

试运行阶段的圆满完成以及实时导航滤波器参数的统一为 PRISMA 任务的开展铺平了道路。在写这篇文章的时候,近一年主要的实验都没有中断并成功进行。对相对运动的监测、避免碰撞、编队保持与重构以及强迫运动控制等自主任务,星载导航方案提供了可信赖的信息。在星间链路范围内,也就是几乎 0(两星相结合)约 30km(迄今所取得最大的分离距离)的范围内,基于 GPS 的相对导航已被证实可用于所有编队飞行中。在文献[114 - 116]中给出了 PRISMA 中不同试验过程中获得的 GPS 导航结果。

图 5.6 星载 GPS 相对导航径向误差典型代表图,分别为具有近天顶指向天线的松散和紧密轨道控制过程(图 5.6(a)和(b)),以及 Mango 航天器小角度和大角度倾斜旋转过程(图 5.6(c)和(d))。垂线代表轨道控制机动。

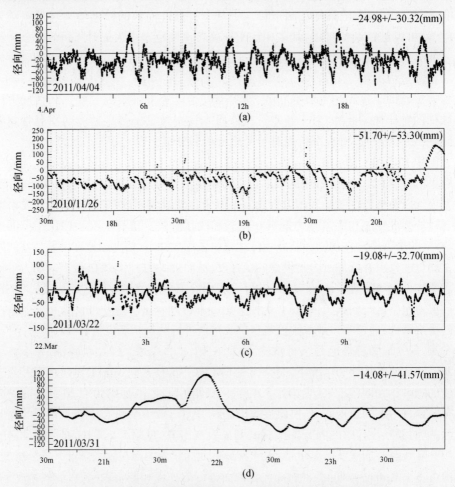

图 5.6　松散和密集轨道控制运动中使用近天顶指向的天线

(图(a)和图(b))在径向方向上的典型星载 GPS 导航系统的误差,并且是在 Mango 航天器存在小角度和大角度转动(图(c)和图(d))情况下(垂直方向表示了轨道控制的运动)

图 5.6 描述了通过与后同步精确轨道确定对比获得的星载导航误差。为了说明 PRISMA 整个任务期间导航系统性能,选择了四个不同的时间段。

首先,2011 年 4 月 4 日进行了为期 24h 的稀疏轨道控制活动。这里设置了常规性能参数,GPS 天线处于近天顶指向,同时航天器在沿迹方向上比较松散的保持 10mm 间距。其次,2010 年 11 月 26 日进行了超过 3h 的密集轨道控制活动。这里采用频繁推力设置,GPS 天线处于近天顶指向,航天器在受力方向上保持 10~20m 间距内。第三,2011 年 3 月 22 日进行了超过 12h GPS 天线围绕天顶方向具有 ±30°周期倾斜振荡的模式。这里采用了常规性能设置,并且 Mango 航天器在相对椭圆运动中一直指向 Tango 航天器,相对椭圆运动中心位于 500m 平均沿迹距离和径向及垂向 200m 振幅振荡处。最后,2011 年 3 月 31 日进行了超过 3.5h 的 Mango 缓慢滚转 360°的俯仰运动,其中应用了鲁棒性设置,且航天器每次轨道周期一次旋转期间(约 0.06(°)/s)只使用一个 GPS 天线。

表 5.3　典型的基于 GPS 的星上相对导航精度,表的第一、二行是松/
紧组合轨道机动情况,表的第三、四行是小/大角度转动情况

操作场景(状态)和导航系统的应用	相对位置/cm(3D)			相对速度/(mm/s)3D		
	平均值	标准差	均方根	平均值	标准差	均方根
松散轨道控制(2011 年 4 月 4 日)通用配置设置	5.00	2.00	5.39	0.13	0.15	0.20
紧密轨道控制(2011 年 11 月 26 日)连续推力设置	8.78	3.89	9.61	0.69	0.58	0.90
小角度转动(2011 年 3 月 22 日)通用配置设置	5.49	2.39	5.99	0.14	0.14	0.20
大角度转动(2011 年 3 月 31 日)鲁棒设置	6.83	2.94	7.44	0.08	0.04	0.09

为简单起见,图 5.6 只给出了径向上实时导航精度,具有最大误差。但是为了完整性,表 5.3 列出了三维相对位置和速度误差的统计数据。

在大多数遇到的情况中,相对位置和速度的整体性能分别优于 10cm 和 1mm/s (3D,rms)。导航误差估计主要取决于机动执行、姿态估算误差、多路径以及相位模式失真。如在试运行阶段所发现的,在 Mango 航天器大姿态运动期间相对导航精度不会降低[30]。由于缺少地平面图,位于太阳能电池板末端的 GPS 天线对来自于天线背部的信号特别敏感,并且能提供近乎全向的覆盖。尽管以负仰角跟踪时信号具有较低的噪声比,Mango 和 Tango 上的 Phoenix 接收机提高了相对导航的精度,如发射前进行的系统性能试验所预计的,导航精度并不由 GRAPHIC 数据类型的米级噪声决定。

5.5 结论

基于 GPS 的相对定位是一项有用的技术,可用于分布式传感器的地球系统监测中。特别是在飞行任务中,通常被认为能够提供新的或增强的科学方法。差分GPS 能够以适当的成本下提供高精度的相对与绝对导航精度。

过去十年中所进行的深入细致的研究已经证明了,地球低轨航天器高精度相对导航应用载波相位差分技术的可行性。载波相位测量噪声比伪距测量噪声要低两到三个量级,特别是在编队飞行的应用上,其得益于高水平的常见误差消除。如果与严格的轨道动力学模型正确地结合,差分载波相位在后处理和实时应用中能够达到毫米至厘米级的定位精度。

由于一个合适相对导航系统的实用性是成功进行编队飞行任务的前提条件,因此本章介绍了设计和发展过程中需要仔细考虑的三个关键方面:GPS 硬件、估计方法和飞行试验。

众多供应商提供了很多星载 GPS 接收机,其中一些目前用在编队飞行任务中或者用在近程相对导航中。这包括高端项目所用的航天级双频硬件以及技术验证所使用商用货架产品的低成本小型化接收机。

一些先进空间应用中,在特定的地面或星载轨道确定过程需要对 GPS 原始测量值进行处理,以获得相比于接收机导航算法能达到更高的精度和鲁棒性。为此介绍了基本的处理概念,包括观测类型、相关的动力学模型以及可用估计方案。

最后,总结了前期实验以及交会和编队飞行任务中所获得的关键飞行结果。虽然最初在 20 世纪 90 年代不同国家交会项目通过飞行试验验证了 GPS 相对导航能达到米级精度,但是充分发挥差分载波相位技术的潜能足足花了十多年。当然,可以在以后的硬件闭环仿真中通过使用 GPS 信号模拟器达到更好的性能,但其实是在 GRACE 任务之后才证明了共轨航天器之间相对位置可以达到毫米级精度的可行性。

尽管全部系统偏差的分析与消除仍是一个巨大挑战,但 TanDEM – X 卫星作为在轨运行的第一个 SAR 干涉测量卫星,其三维基线确定到目前可以达到 1 ~ 2mm 的地面一致性。此外,PRISMA 卫星已经验证了实时相对 GPS 能达到高技术就绪等级,该任务是通过使用厘米级精度 GPS 相对导航作为主要传感器基于定期自主控制进行相对运动的。

鉴于大范围的轨道运行以及编队飞行任务,单一的导航系统将永远无法满足所有的功能和性能要求。事实上,差分 GPS 通常受限使用在地球低轨道上的合作任务中,而对于非合作目标逼近、深空编队飞行以及干涉测量太空望远镜则使用单独的光学或者无线电传感器。然而,GPS 已经考虑在高轨任务甚至月球导航中使用,尽管距离地球很远会面临严重的性能约束。

参考文献

1. Kaplan ED, Hegarty CJ (eds) (2006) Understanding GPS – principles and applications, 2nd edn. Artech House, Boston/London

2. Bauer FH, Morrau MC, Dahle – Melsaether ME, Petrofski WP, Stanton BJ, Thomason S, Harris GA, Sena RP, Parker Temple L Ⅲ (2006) The GPS space service volume. ION – GNSS – 2006, Fort Worth, 26 – 29 Sept 2006

3. Corazzini T, Robertson A, Adams JC, Hassibi, A, How JP(1997) GPS sensing for spacecraft formation flying. ION – GPS – 1997, Kansas, Sept 1997

4. Fehse W (2003) Automated rendezvous and docking of spacecraft. Cambridge University Press, New York

5. Kelbel D, Lee T, Long A, Carpenter R, Cramling C (2001) Evaluation of relative navigation algorithms for formation – flying satellites using GPS. In: Proceeding of the 2001 flight mechanics symposium. NASA CP – 2001 – 209986, Greenbelt, 19 – 21 June 2001

6. Space Engineering – Space Environment(2008) ECSS – E – ST – 10 – 04C. European cooperation for space standardization, Noordwijk, 15 Nov 2008

7. Collaboration website of the European cooperation for space standardization. http://www. ecss. nl. Last accessed 8 July 2012

8. Council Regulation(EC) No. 428/2009 of 5 May 2009 setting up a Community regime for the control of exports, transfer, brokering and transit of dual – use items. European Commission, Brussels (2009). http://trade. ec. europa. eu/doclib/docs/2009/june/tradoc_143390. pdf. Last Accessed 8 July 2012

9. US Department of State, Directorate of Defense TradeControls(2011) International Traffic in Arms Regulations. http://www. pmddtc. state. gov/regulations_laws/itar_official. html. Last accessed 8 July 2012

10. Renaudie C, Markgraf M, Montenbruck O, Garcia – FernandezM (2007) Radiation testing of commercial – off – the – shelf GPS technology for use on low earth orbit satellites. RADECS 2007. In: Proceedings of 9th European conference radiation and its effects on components and systems, Deauville, 10 – 14 Sept 2007

11. VirtanenA(2006) The use of particle accelerators for space projects. EPS Euroconference XIX nuclear physics divisional conference. J Phys: Conf Ser 41: 101 – 114. DOI: 10. 1088/1742 – 6596/41/1/008

12. Zadeh A, Santandrea S, Landstroem S, Markgraf M (2010) DLR Phoenix GPS receiver radiation characterisation campaign proton irradiation testing at PSI – June 2010 test report. TEC – SYV/81/2011/REP/SS, ESA/ESTEC, Noordwijk, 8 Feb 2011

13. Helm A, Hess M – P, Minori M, Gribkov A, Yudanov S, Montenbruck O, Beyerle G, Cacciapuoti L, Nasca R (2009) The ACES GNSS subsystem and its potential for radio – occultation and reflectometry from the International Space Station. In: 2nd international colloquium on scientific

and fundamental spects of the Galileo program, Padua, 14 – 16 Oct 2009

14. Markgraf M, Montenbruck O, Santandrea S, Naudet J (2010) Phoenix – XNS navigation system on-broad the PROBA – 2 spacecraft – first flight results. Small satellites systems and services – the 4S symposium, Madeira, Portugal, 31 May – 4 June 2010

15. Winternitz LMB, Bamford WA, Heckler GW (2009) A GPS receiver for high – altitude satellite navigation. IEEE J Sel Top Signal Process 3(4):541 – 556. doi:10. 1109/JSTSP. 2009. 2023352

16. Montenbruck O, Garcia – Fernandez M, Williams J (2006) Performance comparison of semicode-less GPS receivers for LEO satellites. GPS Solutions 10:249 – 261. doi:10. 1007/s10291 – 006 – 0025 – 9

17. Montenbruck O, Garcia – Fernandez M, Yoon Y, Schön S, Jäggi A (2009) Antenna phase center calibration for precise positioning of LEO satellites. GPS Solutions 13(1):23 – 34. doi:10. 1007/s10291 – 008 – 0094 – z

18. Jäggi A, Dach R, Montenbruck O, Hugentobler U, Bock H, Beutler G (2009) Phase center modeling for LEO GPS receiver antennas and its impact on precise orbit destermination. J Geodesy 83 (12):1145 – 1162. doi:10. 1007/s00190 – 009 – 0333 – 2

19. van Barneveld P, Montenbruck O, VisserP (2008) Differential ionosphreic effects in GPS based navigation of formation flying spacecraft. In: Proceedings of 3rd international symposium on formation flying, missions and technology, ESA/ESTEC, Noordwijk, 23 – 25 Apr 2008

20. Julien O, Cannon ME, Alves P, Lachapelle G (2004) Triple frequency ambiguity resolution using GPS/Galileo. Eur J Navig 2(2):51 – 57

21. Van der Marel H (2010) Combining GNSS signals – bias and calibration issues. IGS analysis workshop, Newcastle. June 28 – July 1, 2010

22. GPS World Receiver Survey. GPS World. Jan 2012, 1 – 23

23. García – Rodríguez A (2008) Onboard radio navigation receviers. Technical Dossier – Euro – pean Space Technology Harmonization, TEC – ETN/2007. 65, 16 Apr 2008

24. Roselló Guasch J, Silvestrin P, Aguirre M, Massotti L (2010) Navigation needs for ESA's earth observation missions. In: Sandau R, Röser H – P, Valenzuela A (eds) Small satellite missions for earth observation – new developments and trends. Springer, Berlin, Heidelberg, pp 457 – 466. doi: 10. 1007/978 – 3 – 642 – 03501 – 2_41

25. Montenbruck O, Yoon Y, Ardaens J – S, Ulrich D (2008) In – flight performance assessment of the single frequency Mosaic GNSS receiver for satellite navigation. In: Proceedings of 7th international ESA conference on guidance, navigation and control systems, ESA WPP – 288, Tralee, 2 – 5 June 2008

26. Föckersperger S, Hollmann R, Dick G, Reigber C (1997) On board MIR: orienting remote images with MOMSNAV. GPS World 8:32 – 39

27. Ebinuma T, Rooney E, Gleason S, Unwin M (2005) GPS receiver operations on the disaster monitoring constellation satellites. J Navig 58:227 – 240

28. Pinard D, Rrynaud S, Delpy P, Strandmoe SE (2007) Accurate and autonomous navigation for the ATV. Aerosp Sci Technol 11:490 – 498

29. Hwang Y, Lee B – S, Kim J, Jung O – C, Chung D – W, Kim H (2010) KOMPSAT – 2 orbit deter-

mination status report. AIAA 2010 – 8260; AIAA guidance, navigation, and control conference, Toronto, 2 – 5 Aug 2010

30. D'Amico S, Ardaens J – S, De Florio S, Montenbruck O, Persson S, Noteborn R(2010) GPS – based spaceborne autonomous formation flying experiment (SAFE) on PRISMA: initial commissioning. AIAA/AAS astrodynamics specialist conference, Toronto. 2 – 5 Aug 2010

31. Spangelo S, Kleshy A, CutlerJ(2010) Position and time system for the RAX small satellite mission. AIAA – 2010 – 7980, AIAA/AAS astrodynamics specialist conference, Toronto, 2 – 5 Aug 2010

32. Sust M, Carlström A, Garcia – Rodriguez A(2009) European spaceborne dual frequency GPS receiver for science and earth observation. ION – GNSS – 2009, Savannah, GA, 22 – 25 Sept 2009

33. Montenbruck O, Andres Y, Bock H, van Hellepute T, van den Ijssel J, Loiselet M, Marquardt C, Silvestrin P, Visser P, Yoon Y (2008) Tracking and orbit determination performance of the GRAS instrument on MetOp – A. GPS Solutions 12(4):289 – 299. doi:10. 1007/s10291 – 008 – 0091 – 2

34. Zin A, Landenna S, Conti A, Marradi L, Di Raimondo MS(2006) L1/L2 Integrated GPS/WAAS/EGNOS Receiver. ENC – GNSS – 2006 – The European Navigation Conference, 8 – 10 May 2006, Manchester, UK.

35. Serre S, Mercier F, Garcia A, Grondin M, Boyer C, Favaro H, Gerner J – L, Issler J – L(2010) First In – orbit Results of the L2C – L1C/A GPS receiver on board the PROBA – 2 microsatellite. ION – GNSS – 2010. Portland, Oregon, 22 – 24 Sept 2010

36. Langley RB, Montenbruck O, Markgraf M, Kang CS, Kim D(2004) Qualification of a commercial dual – frequency GPS receiver for the e – POP platform onboard the Canadian CASSIOPE spacecraft. NAVITEC'2004, Nooedwijk, The Netherlands, 8 – 10 Dec 2004

37. Markgraf M, Renaudie C, Montenbruck O(2008) The NOX payload – flight validation of a low – cost dual – trequency GPS receiver for micro – and nano – satellites. Small satellites systems and services – the 4S symposium, Rhodes, Greece, 26 – 30 May 2008

38. Misra P, EngeP(2006) Glabal positioning system (GPS): signals, measurements and performance. 2nd edn. Ganga – Jamuna, Lincoln

39. Wu JT, Wu SC, Hajj GA, Bertiger WI, Lichten SM(1993) Effects of antenna orientation on GPS carrier phase. Manuscr Grodaet 18:91 – 98

40. Yunck TP(1993) Coping with the atmosphere and ionosphere in precise satellite and ground positioning. In: Valancd – JonesA (ed) Environmental effects on spacecraft trajectories and positioning. AGU Monograph, Washington, DC

41. Lear WM(1987) GPS navigation for Low – Earth orbiting vehicles. NASA 87 – FM – 2, Rev. 1, JSC – 32031, Lyndon B, Johnson Space Center, Houston, TX

42. Tancredi U, Renga A, GrassiM(2010) GPS – based relative navigation of LEO formations with varying baselines. AIAA/AAS astrodynamics specialist conference, Toronto, 2 – 5 Aug 2010

43. Psiaki ML, MohiuddinS(2007) Modeling, analysis, and simulation of GPS carrier phase for spacecraft relative navigation. J Guid Contr Dyn 30(6):1628 – 1639. doi:10. 2514/1. 29534

44. Hofmann – Wellenhoff B, Lichtenegger H, CollinsJ(2001) GPS: theory and practice, 5th edn. Springer, New York

45. Teunissen PJG(1995) The least – squares ambiguity decorrelation adjustment: a method for fast

GPS integer ambiguity estimation. J Geodesy 70 (1 – 2):65 – 82. doi:10. 1007/BF00863419

46. Cox DB, Brading JDW (2000) Integration of LAMBDA ambiguity resolution with Kalman filter for relative navigation of spacecraft. Navig:J ION 47(3):205 – 210

47. Mohiuddin S, Psiaki ML (2005) Satellite relative navigation using carrier – phase differential GPS with integer ambiguities. AIAA guidance, navigation, and control conference, San Francisco, 15 – 18 Aug 2005

48. Kroes R, Montenbruck O, Bertiger W, Visser P(2005) Precise GRACE baseline determination using GPS. GPS Solutions 9:21 – 31. doi:10. 1007/s10291 – 004 – 0123 – 5

49. Wu S – Ch, Bar – Sever Y. E (2006) Real – time sub – cm differential orbit determination of two low – Earth orbiters with GPS bias fixing. ION GNSS 2006, Fort Worth, TX, 26 – 29 Sep 2006

50. Jäggi A, Hugentobler U, Bock H, Beutler G(2007) Precise orbit determination for GRACE using undifferenced or doubly differenced GPS data. Adv Space Res 39: 1612 – 1619. doi: 10. 1016/j. asr. 2007. 03. 012

51. Laurichesse D, Mercier F, Berthias JP, Broca P, Cerri L(2009) Integer ambiguity resolution on un-differenced GPS phase measurements and its application to PPP and satellite precise orbit determination. Navig:J ION 56(2):135 – 149

52. de Ruiter A, Lee J, Ng A, Kim Y(2008) Orbit determination and relative positioning techniques for JC2Sat – FF. In:Proceedings of the 3rd international symposium on formation flying, missions and technology, ESA/ESTEC, ESA SP – 654, Noordwijk, The Netherlands, 23 – 25 Apr 2008

53. Psiaki ML(2010) Kalman filtering and smoothing to estimate real – valued states and integer constants. J Guid Contr Dyn 33(5):1404 – 1417

54. Clohessy WH, Wiltshire RS (1960) Terminal guidance system for satellite rendezvous. J Aerosp Sci 270:653

55. Vallado DA(1997) Fundamentals of astrodynamics and applications. McGraw – Hill, New York

56. Schaub H – P (2002) Spacecraft relative orbit geometry description through orbit element differ-ences. In:14th US national congress of theoretical and applied mechanics, Blacksburg, 23 – 28 June, 2002

57. Montenbruck O, Kirschner M, D'Amico S, Bettadpur S(2006) E/I – vector separation for safe switching of the GRACE formation. Aerosp Sci Technol 10(7):628 – 635

58. Tschauner J, Hempel P(1965) Rendezvous zu einem in Elliptischer Bahn Umlaufenden Ziel. Astronaut Acta 11:104 – 109

59. Yamanaka K, AnkersenF(2002) New state transition matrix for relative motion on an arbitrary elliptical orbit. J Guid Contr Dyn 25(1):60 – 66. doi:10. 2514/2. 4875

60. Gim D – W, Alfriend KT(2001) The state transition matrix of relative motion for the perturbed non – circular reference orbit . Paper no. 01 – 222, AAS/AIAA space flight mechanics meeting, Santa Barbara, Feb 2001

61. Carter T, Humi M(2002) Clohessy – Wiltshire equations modified to include quadratic drag. Jguid Contr Dyn 25(6):1058 – 1063

62. Schweighart SA, Sedwick RJ (2002) High – fidelity linearized. J2 model for satellite formation flight. J Guid Contr Dyn 25(6):1073 – 1080

63. Hamel JF, De LaFontaine J (2007) Linearized dynamics of formation flying spacecraft on a J2 - perturbed elliptical orbit. J Guid Contr Dyn 30(6):1649 - 1658. doi:10. 2514/1. 29438

64. Montenbruck O, Gill E (2000) Satellite orbits - models, methods and applications. Springer Verlag, Heidelberg

65. Dach R, Hugentobler U, Fridez P, Meindl M(2007) Bernese GPS software version 5. 0 - user manual. University of Bern, Jan 2007

66. Rowlands D, Marshall JA, McCarthy J et al (1995) GEODYN system description II, vol 1 - 5. Hughes STX, Greenbelt

67. Montenbruck O, van Helleputtr T, Kroes R, Gill E (2005) Reduced dynamic orbit determination using GPS code and carrier mwasurements. Aerosp Sci Technol 9 (3): 261 - 271. doi: 10. 1016/j. ast. 2005. 01. 003

68. Spriger T(2009), NAPEOS Mathematical Modles and Algorithms. DOPS - SYS - TN - 0100 - OPS - GN, Issue 1. 0, Nov. 2009, ESA/ESOC, Darmstadt

69. Goldstein DB, Born GH, AxelradP (2001) Real - time, autonomous precise orbit determination using GPS. Navig:J ION 48(3):155 - 168

70. Montenbruck O, Ramos - Bosch P (2008) Precision real - time navigation of LEO satellites using global positioning system measurements. GPS Solutions 12(3):187 - 198. doi:10. 1007/s10291 - 007 - 0080 - x

71. Vallado DA, Finkleman D (2008) A critical assessment of satellite drag and atmospheric density modeling. AIAA - 2008 - 6442, AIAA/AAS astrodynamics specialist conference, Honolulu, Hawaii, 18 - 21 Aug 2008

72. Wu SC, Yunck TP, Thornton CL(1991) Reduced - dynamic technique for precise orbit determination of low Earth satellites. J Guid Contr Dyn 14(1):24 - 30

73. Jäggi A, Hugentobler U, Beutler G (2006) Pseudo - stochastic orbit modeling techniques for low - Earth orbiters. J Geodesy 80(1):47 - 60. doi:10. 1007/s00191 - 006 - 0029 - 9

74. Montenbruck O, Hauschild A, Zangerl F, Zsalcsik W, Ramos - Bosch P, Klein U(2009) Onboard real - time navigation for the sentinel - 3 mission. ION - GNSS - 2009, Savannah, USA. 22 - 25 Sept 2009

75. Montenbruck O, Wermuth M, Kahle R(2010) GPS based relative navigation for the TanDEM - X mission - first flight results. ION - GNSS - 2010 conference, Portland, Oregon, 21 - 24 Sept 2010

76. D' Amico S, Gill E, Garcia - Fernandez M, Montenbruck O (2006) GPS - based real - time navigation for the PRISMA formation flying mission. 3rd ESA workshop on satellite navigation user equipment technologies, NAVITEC' 2006, Noordwijk, 11 - 13 Dec 2006

77. D' Amico S, Ardaens J - S, Montenbruck O(2009) Navigation of formation flying spacecraft using GPS: the PRISMA technology demonstration. ION - GNSS - 2009, Savannah, USA, 22 - 25 Sept 2009

78. Montenbruck O, Gill E (2001) State interpolation for on - board navigation systems. Aerosp Sci Technol 5:209 - 220. doi:10. 1016/S1270 - 9638(01)01096 - 3

79. Shampine LF, Gordon MK (1975) Computer solution of ordinary differential equations. Freeman and Comp., San Francisco

80. Wermuth M, Montenbruck O, van Helleputte T (2010) GPS High precision Orbit determination software tools (GHOST). 4th international conference on astrodynamics tools and techniques, Madrid, 3 – 6 May 2010

81. Hairer E, Nφrsett SP, Wanner G (1987) Solving ordinary differential equations I. Springer, Berlin – Heidellberg/New York

82. Gill E, Montenbruck O, Kayal H (2001) The BIRD Satellite Mission as a milestone towards GPS – based autonomous navigation. Navig: J ION 48(2) :69 – 75

83. Montenbruck O, Markgraf M, Santandrea S, Naudet J, Gantois K, Vuilleumier P (2008) Autonomous and precise navigation of the PROBA – 2 spacecraft. AIAA 2008 – 7086, AIAA astrodynamics specialist conference, Honolulu, Hawaii, 18 – 21 Aug 2008

84. Kroes R (2006) Precise relative positioning of formation flying spacecraft using GPS. Ph. D. thesis, TU Delft

85. Zhu S, Reigber Ch, König R (2004) Integrated adjustment of CHAMP, GRACE, and GPS data. J Geodesy 78 :103 – 108. doi:10. 1007/s00190 – 004 – 0379 – 0

86. Brown RG, Hwang PYC (1992) Introduction to random signals and applied Kalman filtering, 2nd edn. Wiley, New York

87. Julier SJ, Uhlmann JK (2004) Unscented filtering and nonlinear estimation. IEEE Trans Autom Contr 92(3) :401 – 422. doi:10. 1109/JPROC. 2003. 823141

88. Ilyas M, Lim J, Lee JG, Park CG (2008) Federated unscented Kalman filter design for multiple satellites formation flying in LEO. International conference on control, automation and systems, Seoul, Korea, 14 – 17 Oct 2008

89. Pardal PCPM, Kuga HK, Vilhena de Moraes R (2011) Robustness assessment between sigma point and extended Kalman filter for orbit determination. In: 22nd international symposium on spaceflight dynamics, Sao Jose dos Campos, Brazil, 28 Feb – 4 Mar 2011

90. Bierman GJ (1977) Factorization methods for discrete sequential estimation. Academic, New York.

91. Busse FD, How JP, SimpsonJ (2002) Demonstration of adaptive extended Kalman filter for low earth orbit formation estimation using CDGPS. In: Proceedings of ION – GPS – 2002, Portland, OR, 24 – 27 Sept 2002

92. Leung S, Montenbruck O (2005) Real – time navigation of formation – flying spacecraft using global positioning system measurements. J Guid Contr Dyn 28(2) :226 – 235

93. Roth N, Urbanek J, Johnston – Lemke B, Bradbury L, Armitage S, Leonard M, Ligori M, Grant C, Damaren C, Zee R (2011) System – level overview of CanX – 4 and CanX – 5 formation flying satellites. 4th international conference on spacecraft formation flying missions and technologies, St – Hubert, Quebec, 18 – 20 May 2011

94. Ebinuma T, Bishop RH, Lightsey G (2001) Spacecraft rendezvous using GPS relative navigation. In: AAS 01 – 152, 11th annual AAS/AIAA space flight mechanics meeting, Santa Barbara, CA

95. Park YW, Brazzel JP Jr, Carpenter JR, Hinkel HD, Newman JH (1996) Flight test results from real – time relative global positioning system flight experiment on STS – 69, vol 104824, NASA technical memorandum. National Aeronautics and Space Administration, Washington, DC

96. Moreau G, Marcille H (1997) RGPS postflight analysis of ARP – K flight demonstration. 12th international symposium on spaceflight dynamics, Darmstadt, Germany, ESA SP – 403, 2 – 6 June 1997, pp 97 – 102

97. Highsmith D, Axelrad P (1999) Relative state estimation using GPS flight data from co – orbiting spacecraft. ION – GPS – 1999, Nashville TN, 14 – 17 Sept 1999

98. Moreau G, Marcille H (1998) On – board precise relative orbit determination. 2nd European symposium on global navigation satellite systems, Toulouse, France, 20 – 23 Oct 1998

99. Cavrois B, Personne G, Stramdmoe S, Reynuad S, Narmada Zink M (2008) Two different implemented relative position/velocity estmations using GPS sensors on – board – ATV. 7th ESA conference on guidance, navigation and control systems, Tralee, Ireland, 2 – 5 June 2008

100. Kawano I, Mokuno M, Kasai T, Suzuki T (1999) First autonomous rendezvous using relative GPS navigation by ETS – VⅡ. ION – GPS – 1999, Nashville TN, 14 – 17 Sept 1999

101. Kawano I, Mokuno M, Miyano T, Suzuki T (2000) Analysis and evaluation of GPS relative navigation using carrier phase for RVD experiment satellite of ETS – VⅡ. ION – GPS – 2000, Salt Lake City, Utah, 19 – 22 Sept 2000

102. Krieger G, Moreira A, Fieldler H, Hajnsek I, Werner M, Younis M, Zink M (2007) TanDEMX: a satellite formation for high resolution SAR interferometry. IEEE Trans Geosci Rem Sens 45(11): 3317 – 3341. doi: 10. 1109/TGRS. 2007. 900693

103. Wermuth M, Montenbruck O, WendlederA (2011) Relative navigation for the TanDEM – X mission and evaluation with DEM calibration results. 22nd international symposium on spaceflight dynamics, Sao Jose dos Campos, Brazil, 28 Feb – 4 Mar 2011

104. Tapley BD, Bettadpur S, Watkins M, Reigber C (2004) The gravity recovery and climate experiment: mission overview and early results. Geophys Res Lett 31(9): L09607

105. Bertiger W, Bar – Sever Y, Desai S, Dunn C, Haines B, Kruizinga G, Kuang D, Nandi S, Romans L, Watkins M, Wu S, Bettadpur S (2002) GRACE: millimeters and microns in orbit. In: Proceedings of ION – GPS – 2002, Portland, Oregon, pp 2022 – 2029, 24 – 27 Sept 2002

106. Svehla D, Rothacher M (2004) Formation flying of LEO satellites using GPS. EOS Trans. AGU, 85 (47), Fall Meeting Supplement Abstract SF53A – 0735. American Geosciences Union 2004, San Francisco, 13 – 17 Dec 2004

107. Wickert J, Arras Ch, Beyerls G, Heise S, Jakowski N, Rothacher M, Schmidt Th, Stosius R (2009) Scientifc use of GPS signals in space. 7th IAA symposium on small satellite for eath observation, Berlin, 4 – 8 May 2009

108. Montenbruck O, Wermuth M, Kahle R (2010) GPS based relative navigation for the TanDEM – X mission – first flight results. ION – GNSS – 2010 conference, Portland, Oregon, 21 – 24 Sep 2010

109. Jäggi A, Montenbruck O, König R, Wermuth M, Moon Y, Bock H, Bodenmann D (2012) Inter – agency comparison of TerraSAR – X and TanDEM – X baseline solutions; Advances in Space Research 50(2): 260 – 271. doi: 10. 1016/j. asr. 2012. 03. 027

110. Ardaens JS, D'Amico S, Montenbruck O (2011) Final commissioning of the PRISMA GPS navigation system. 22nd international symposium on spaceflight dynamics, Sao Jose dos Campos, Brazil, 28 Feb – 4 Mar 2011

111. Montenbruck O, Delpech M, Ardaens J – S, Delong N, D'Amico S, Harr J (2008) Cross – validation of GPS and FFRF – based relative navigation for the PRISMA mission. 4th ESA workshop on satellite navigation user equipment technologies. NAVITEC'2008, ESA/ESTEC, Noordwijk, ESA WPP – 297, 10 – 12 Dec 2008

112. Grelier T, Guidotti P – Y, Delpech M, Harr J, Thevenet J – B, LeyreX(2010) Formation flying radio frequency instrument: first flight results form the PRISMA mission. NAVITEC, 2010, Noordwijk, The Netherlands, 8 – 10 Dec 2010

113. D'Amico S, De Florio S, Ardaens J – S, Yamamoto T(2008) Offline and hardware – in – the – loop validation of the GPS – based real – time navigation system for the PRISMA formation flying mission. 3rd international symposium on formation flying, missions and technology, ESA/ESTEC, Noordwijk, 23 – 25 Apr 2008

114. D'Amico S, Ardaens J – S, Larsson R(2011) In – flight demonstration of formation control based on relative orbital elements. 4th international conference on spacecraft formation flying missions and technologies. St – Hubert, Quebec, 18 – 20 May 2011

115. Larsson R, Noteborn R, Bodin P, D'Amico S, Karlsson T, Carlsson A (2011) Autonomous formation flying in LEO – seven months of routine formation flying with frequent reconfigurations. 4th international conference on spacecraft formation flying missions and technologies, St – Hubert, Quebec, 18 – 20 May 2011

116. Larsson R, D'Amico S, Noteborn R, Bodin P(2011) GPS navigation based proximity operations by the PRISMA satellites – flight results. 4th international conference on spacecraft formation flying missions and technologies, St – Hubert, Quebec, 18 – 20 May 2011

第6章 基于无线电频率的相对导航

D. Maessen，E. Gill，T. Grelier，M. Delpech

摘要 针对空间分布式系统,相对位置和速度需使两星的几何关系保持在一定范围内。这些信息可以通过基于射频(RF)信号的自主相对导航系统获得。本章对这样的设计方案进行详细的介绍。由于所有基于 RF 的相对导航系统都是基于 GNSS 技术,因此讨论仅限于该技术。导航是通过测量卫星之间的距离(速率)并结合相对动力学模型和卫星之间的数据通信,得到卫星之间相对状态的在线估计。获得精确无误的测量值需要平稳的信号设计来最大限度地减少测量误差,同时需考虑多址接入和编队安全。硬件引起的测量误差应尽量最小化并且硬件(自)校准在空间中应该获得令人满意的性能。本章提供了一个特殊系统—FFRF 的详细设计、测试和性能。

A/D	模/数转换
AC	交流电
ADCS	姿态确定和控制系统
AFF	自动编队飞行
AFRL	美国空军研究实验室
AMP	放大器
APL	应用物理实验室
ASIC	专用集成电路
BCS	二进制码符号
BER	误码率
BOC	二进制偏移载波
BPF	带通滤波器
BPSK	二相移相键控
CBPSK	双相移相键控
CCNT	星座通信和导航收发机
CDMA	码分多址
CLT	交联收发器
COTS	商用现成的
CW	CW 方程

DLL	延迟锁环
DSP	数字信号处理器
DSSS	直接连续扩频
EKF	扩展卡尔曼滤波器
FDIR	故障检测隔离和恢复
FDMA	频分多址
FFRF	编队飞行的无线电频率
FPGA	现场可编程门阵列
GNC	导航制导与控制
GNS	GPS 导航系统
GNSS	全球导航卫星系统
GPS	全球定位系统
GRACE	重力恢复和气候试验
GRAIL	重力恢复和内部实验室
GSFC	戈达德太空飞行中心
IAR	整周模糊度
IF	中频
IRAS	星间测量与警报系统
ITU	国际电信联盟
JHU	约翰·霍普金斯大学
JPL	喷气推进实验室
KBR	K 波段测距
LGRS	月球重力测距系统
LNA	低噪声放大器
LOS	视线方向
LPT	低功耗收发器
LVLH	本地垂直本地水平(坐标系)
M2inT	微型多功能综合终端
MCS	多级编码传播符号
MCXO	微型计算机补偿晶体振荡器
MLS	最大长度序列
MMS	磁层多尺度
NCLT	纳卫星交联收发器
NCO	数字控制振荡器
OBC	星载计算机
OCXO	恒温晶体振荡器
PLL	锁相环

PPS	脉冲/每秒
PRISMA	先进的技术在太空中的试验研究
PRN	伪随机噪声
PSWF	扁长椭球波函数
PVT	位置速度,时间
QPSK	正交相移键控
RelNav	相对导航
RF	无线电频率
RFE	RF 前端
RTC	实时时钟
RTN	径向—切向—法向
RTU	远程终端单元
Rx	接收机
SOC	正弦载波偏移
SPTC	斯坦福伪距收发交联
SW	SAW 滤波器
TC	遥控
TCXO	温度补偿型晶体振荡器
TDMA	时分多址
TEC	电子总含量
TH	TH 方程
TPF	类地行星发现者
TM	遥测
TT&C	遥测跟踪和控制
Tx	发射机
UHF	超高频
XO	晶体振荡器
YA	雅马哈 – 艾坑

6.1 前言

因为编队对相对导航和控制精度要求严苛,基于无线电 RF 的相对导航通常被认为是测量链的第一环节,为下一环节提供相对粗略的导航信息。下一环节通常是一种干涉式激光测量系统。基于 RF 的相对导航系统有两点特殊的需求,分别为全天域覆盖性和鲁棒性。相对导航可以通过两种方式实现:①使用外部系统如 GNSS 或跟踪站来确定绝对的状态再作差分;②在编队单颗卫星上使用的系统,并且只能够提供相对信息。本章讨论后一种方法。引言部分介绍了这样一个相对导航系统的需求、其基本原理,在本章的剩余部分介绍其架构。

6.1.1 必要性

第 5 章阐述了通过使用差分 GNSS 测量可以获得地球轨道卫星编队飞行高精确的相对导航。但是对于一些任务,此类型相对导航并不能够充分地获得所要求的性能。这些可以是要求极其精确相对导航的任务,或者是任务的轨道高度在整个任务过程中或是特定时间内比那些 GNSS 星座的轨道高度更高。此外,也需要有一种辅助系统可以作为相对 GNSS 的备份或是用于校正。

6.1.2 基本准则

相对导航解算出一组参数的估计值,这足以定义在某一个阶段两个航天器的相对状态。如图 6.1 所示,这种估算方法使用了物理测量、绝对和相对动力学模型。

这里,物理测量包括发射机和接收机之间大量的 RF 距离(速率)测量量。从图 6.1 可以看出,相对姿态估计作为相对状态估计器的输入,如果测量量不能像 GNSS 那样从外部系统中获得,那么需要该信息把测量量从它们的本地参考坐标系转换到同向旋转或惯性参照系中。相对姿态信息可以通过对平台的惯性姿态差分获得,由它们的姿态确定与控制系统(ADCS)或者是通过使用多个发射机和接收机提供足够数量的姿态信息(图 6.1 中虚线),此外,相对测量和相对姿态估计的准确的时间标记是必不可少的,以产生一个准确的相对的状态估计。

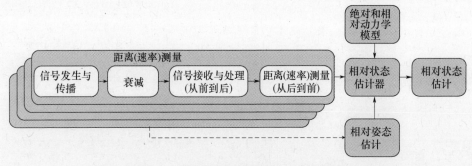

图 6.1　基于无线电频率的相对导航准则

6.1.3 本章结构

本章的结构如下:①讨论了使用本地产生的测距信号进行相对导航的整体概念;②描述了信号和硬件级的系统设计;③给出了系统设计和仿真结果的范例;④进行了总结并对未来系统的改进进行了展望。

6.2 相对导航

相对导航的主要目的是为了确定在某一个时间的两个航天器的相对状态(如相对位置和速度)。本节研究的重点是应用于编队卫星相对导航的通用方法。本节首先讨论作为相对状态估计输入条件的观测任务的性质和模型,具体相对状态估计方法将在第二篇进行详细介绍。

6.2.1 观测模型

基于 RF 的相对导航,测距信号是用来衡量两个对象之间距离或速率的。在目前的讨论中,将主要聚焦在距离测量值上,因为这些信息更适合相对导航。距离变化率测量值可以定为附加的测量量。下面先介绍基本距离(速率)测量技术,并列出了实现高测距精度所需处理的典型误差源。下一步,使用测码或测相观测量搭建测量量模型。从这些测量信息中,我们可以构建距离和时钟偏差估计。如果安装有多个接收天线,可根据其测量距离的差构成角度测量量。

6.2.1.1 相对位置确定法则

当使用 RF 信号直接估计两个点之间的距离时,需要两种基本测量量,即时间(需要知道信号反射时间 t_{T_X})和载波相位频移(需要知道信号反射时相位)。距离变化的直接估计可以通过测量的多普勒频移来获得(需要发射机频率 f_{T_X})。式(6.1)、式(6.2)和式(6.3)分别提供了时间测量、相位测量以及多普勒测量的基本关系:

$$r_\tau = c\tau = c\Delta t = c(t_{R_X} - t_{T_X}) \tag{6.1}$$

$$r_\varphi = \frac{\lambda}{2\pi}\Delta\varphi = \frac{\lambda}{2\pi}(\varphi_{R_X} - \varphi_{T_X}) = \frac{c}{2\pi f}(\varphi_{R_X} - \varphi_{T_X}) \tag{6.2}$$

$$\dot{r} = -c\frac{\Delta f}{f_{T_X}} = c\frac{f_{T_X} - f_{R_X}}{f_{T_X}} \tag{6.3}$$

式中:r 为距离;$\dot{r}$ 为距离变化率;Δ 为差值;c 为光在真空中的速度;τ 为间隔时间;λ 为载波波长;φ 为载波相位;f 为频率;下标 R_X 和 T_X 为接收机和发射机。

这些观测量可以使用单向或双向测距信号来获取。前一种方法,发射机安装在一个平台上,将测距信号发送到不同的平台上进行接收和处理。后一种方法,所述的发射机将信号发送到另一平台,在这里它被反射(雷达)或接收,放大,以不同的频率(转发)再次发送并且最后在原传输平台上接收和处理。如果采用双向测距的方法,从式(6.1)~式(6.3)中获得的结果需要拆分为两个来获得平台之间的距离(速率)。注意,如果使用转发器,在转发过程中的二次传输延迟必须是已知和长期稳定的。此外,为了获得精确的结果,在信号传播期间两航天器之间相对运动需要加以考虑。这不是由式(6.1)、式(6.2)及式(6.3)来完成。相位测量可以用于构建高精度的距离和角度测量,在6.2.1.3节中会详细介绍。

对于所有的测距方法,测量值都受到误差的影响,空间相对导航系统最主要的误差如下:

(1)电离层(如果存在的话):在此色散介质中的自由电子引起调制 RF 信号的载波相位的前移(更短的测量距离)和群(代码)延迟(更长的测量距离)。它的影响与频率的平方成反比。通过使用多个频率测量,并以线性方式增加,形成一个"合成"无电离层测量,所产生的误差是可以消除的。如果这些是不相关的信号频率,那么其他误差源的影响在增加。另外,电子总含量(TEC)的变化信息可以用来减轻单个频率测距系统所产生的影响。如果从同一卫星的不同接收机天线的测量结果求差,则此误差被消除。

(2)多径效应:这种现象是由于接收了所期望信号的反射的复制信号。因为通过反射行进的路径比直接路径长,多径信号相对于上述的直接信号有所延迟。此外,多径信号的信号功率比直接信号的功率小。然而由于反射是接收卫星的结构造成的,延迟非常小(纳秒级别),因此很难从直接信号中分离。目前,只能通过校准来减轻影响,在6.4.3节有进一步的阐述。

(3)接收机硬件的热噪声:这是电流或电压随机变化的结果,由热产生的电子的随机运动引起的。热噪声可以通过降低电路的温度来减轻。

(4)接收分辨力:由于使用数字设备,测量精度受接收机设备(例如,相关器的间隔,模拟到数字的量化误差)的接收分辨力限制。

(5)接收机误差:信号在天线、模拟硬件(射频和中频(IF)滤波器,低噪声放大器(LNA),混频器)和数字化处理传输中会产生延迟。这将导致一个人工测距偏差,必须进行校准。然而,由于温度的差异和元器件老化,这种偏差不是恒定的,系统必须能够在轨道上进行自校准。阻抗不匹配引起的硬件的多路径也必须防止。

(6)相缠绕:一个圆极化天线的相位直接取决于天线相对于所述信号源的方位。其结果是所观察到的载波相位依赖于发射和接收天线的相对方位以及它们之间的视线方向。更改接收天线的方向可改变参考方向和测量相位。类似地,发射天线方位的改变,发射天线电磁场方向也发生改变,并且随后影响接收机天线。最后导致测量相位发生改变。如果一个或两天线旋转,该相变的累积称为相位缠绕,另外,接收天线的转动导致载波频率的明显变化。其与正常多普勒频移不同,在正常多普勒频移中,相位缠绕与载波频率无关,并且不影响测距调制的群延迟。偏振引起的频移有时也称为旋转多普勒。

(7)RF 信号的干扰:在空间中基于 RF 的相对导航主要受自身干扰。根据所选择的卫星间链路多址方案,这种干扰可以在带内或带外。当所接收的信号具有类似功率电平,并且彼此正交时,接收机能够轻易地获得正确的信号。只有当干扰信号的功率电平大于期望信号的功率电平时,才会存在这样的可能性,即接收机不

188

能锁定所期望的信号,因为它是"淹没"在干扰噪声中。在 PRISMA 任务中遥测(TM)和遥控(TC)信号也受卫星间链路干扰,采用了适当的滤波器解决该问题[2]。

（8）天线相位中心定位:由于天线的真实相位中心会从它的几何中心偏移,这是精确距离测量的一个显著误差源。天线相位中心定位还是关于指向角(方位角高低角)的函数,如果有任何显著相对运动,相位中心定位会随之改变。与卫星质心相关的天线位置的不确定性对误差的影响更大。因此,为减少此误差,广泛的校准是必要的。

（9）相对时钟漂移:对于 GNSS,应用于编队卫星的通常时钟具有不可忽略的相对时间漂移且不能主动同步,这将导致不可忽略的单向测距误差。这种偏差可以用一个附加的距离测量值来估计,这在 6.2.1.2 节将进一步阐述。

6.2.1.2　编码和载波观测量

编码和载波观测值都是相移测量值,因为它是未知的并且没有额外的信息,不确定在发射机和接收机之间有多少完整的周期,因此它本质上是模糊的。模糊度不存在的唯一情况是编码和载波周期要比待测量的距离长。其他情况下,需要额外的信息来解决模糊度问题。对于任意带有测距编码的调制信号,由于载波相位观测值周期较短,因此其比编码观测值测距精度更高。因此更希望解决载波相位的模糊度问题。典型的相位测量精度是 $0.1\,\mathrm{rad}(1\delta)$ [3],从而导致对于 $100\,\mathrm{m}$ 的编码波长,测量精度为 $1.6\,\mathrm{m}$,$2.2\,\mathrm{GHz}$ 载波频率（S 波段）测量精度大约 $2.2\,\mathrm{mm}$。不幸的是,很难解决载波相位测量的模糊度,这在 6.2.2.3 节将简要介绍。在此,假设这种模糊度是已知的。

对于单向测距的空间系统,由于发射机和接收机中的时钟非同步,相对时钟偏差的存在会增加测距误差。因此,需要解决这种误差。解决方法是使用两个测距量,一是从平台 A 到平台 B,另一种从平台 B 到平台 A。这种方法称为双单向测距,是基于 RF 的相对导航常见的做法。在这一章的其余部分将这种方法用于星间测距。根据文献[4],下面是双单向测距的相位测量部分:

$$
\begin{aligned}
\varphi_A^B(t_1) &= \left| \varphi_A(t_1) + \delta\varphi_A(t_1) \right| - \left[\varphi_B(t_1 - \tau_1) + \delta\varphi_B(t_1 - \tau_1) \right] + E_A \\
\varphi_A^B(t_2) &= \left| \varphi_B(t_2) + \delta\varphi_B(t_2) \right| - \left[\varphi_A(t_2 - \tau_2) + \delta\varphi_A(t_2 - \tau_2) \right] + E_B
\end{aligned} \tag{6.4}
$$

式中:$\varphi_A^B(t_1)$、$\varphi_B^A(t_2)$ 为 $t_1 - \tau_1$ 和 $t_2 - \tau_2$ 时刻发射的信号,接收机 A 和 B 在 t_1 和 t_2 时刻分别得到的相位测量值。上式包括接收到的相位 $\varphi(t)$ 和基准相位 $\varphi(t - \tau)$ 之差;由于振荡器的不稳定所带来的相位噪声 δ_4;包括电离层延迟、多路径信号、硬件引起的噪声等总误差项 E。信号传播时间或者飞行时间,用 τ 表示。

式(6.4)相加和相减得到了真正的相位差估计 $\Delta\varphi$ 和时钟偏差 $\Delta\delta_\varphi$ 如下:

$$
\hat{\Delta\varphi} = \frac{\varphi_A^B(t_1) + \varphi_B^A(t_2)}{2} = \frac{\Delta\varphi_1 + \Delta\varphi_2}{2} + \frac{\Delta\delta\varphi_1 - \Delta\delta\varphi_2}{2} + \frac{E}{2} \tag{6.5}
$$

$$\hat{\Delta\delta\varphi} = \frac{\varphi_A^B(t_1) - \varphi_B^A(t_2)}{2} = -\frac{\Delta\delta\varphi_1 + \Delta\delta\varphi_2}{2} + \frac{\Delta E}{2} \qquad (6.6)$$

式中

$$\Delta\varphi_1 = \varphi_A(t_1) - \varphi_B(t_1 - \tau_1), \Delta\varphi_2 = \varphi_B(t_2) - \varphi_A(t_2 - \tau_2)$$

$$\Delta\delta\varphi_1 = \delta\varphi_A(t_1) - \delta\varphi_B(t_1 - \tau_1), \Delta\delta\varphi_2 = \delta\varphi_B(t_2) - \delta\varphi_A(t_2 - \tau_2)$$

$$E = E_A + E_B, \Delta E = E_A - E_B$$

如果 $t_1 \approx t_2 = t, \tau_1 \approx \tau_2 = \tau$，并且如果在传播过程中振荡器的不稳定可以忽略（也就是 $\delta\varphi(t - \tau) = \delta\varphi(t)$），上式可以简化为

$$\hat{\Delta\varphi} = \frac{\varphi_A^B(t) + \varphi_B^A(t)}{2} = \Delta\varphi + \frac{\Delta E}{2} \qquad (6.7)$$

$$\hat{\Delta\delta\varphi} = \frac{\varphi_A^B(t) - \varphi_B^A(t)}{2} = \Delta\delta\varphi + \frac{\Delta E}{2} \qquad (6.8)$$

在文献[5]中提出了一种当 $t_1 \neq t_2$ 时基于时钟偏差和漂移来降低距离误差的方法。

天线之间的实际伪距 ρ 由式(6.7)确定的相位和整周模糊度 N 组成。对于测码伪距的整周模糊度，N 能通过对测距信号的发射时刻数据来确定。若这是已知的，相位测量可以乘以信号波长 λ 转换为米，再除以 2π 得到伪距 ρ 的估计值：

$$\hat{\rho} = \frac{\lambda_{\text{code}}}{2\pi}\hat{\Delta\varphi} + \lambda_{\text{code}}N \qquad (6.9)$$

同样地，时间偏差 Δt 可以估算为

$$\hat{\Delta t} = \frac{\lambda_{\text{carrier}}}{2\pi c}\hat{\Delta\delta\varphi} \qquad (6.10)$$

另外，上面没有区分编码和载波观测值，可以收集所有非振荡器相关的通用误差项 E。相同的方法可应用于多普勒测量以估计出距离变化率和相对时钟漂移。混合误差相对于时钟偏差估计所带来的影响较小，但是仍然对伪距估计影响显著。这些误差的影响可以通过6.2.1.1节中所涉及的技术进行处理。

6.2.1.3　视线方向观测

两颗卫星之间非常粗略的初始视线方向可以通过使用基于编码的伪距观测和接收信号的能量水平获得。这就需要知道在发送端初始功率水平和接收天线视线角度导致增益的变化。所得的视线估计精度通常都是几十度。当两个天线之间进行相位测量，那么可构建一个更精确的相对于发射机的天线基线视线方向观测模型。如图6.2所示，较远处的发射机信号（虚线）到达天线1和2。路径偏差 d（灰色虚线）和天线基线长度 b（黑色箭头）是已知的，视线角 θ 为

$$\theta = \arcsin\left(\frac{d}{b}\right) \qquad (6.11)$$

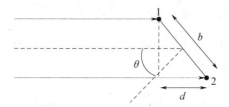

图 6.2 视线方向描述

使用第三根天线,可以得到第二个 LOS 角度。这些角度可以生成一个整体 LOS 矢量,因此可以获得发射机在本地坐标系中的方向。增加距离测量量可以估计出发射机在接收卫星本地坐标系中的位置。

这种方法的困难之处在于,为得到高精度的视线角,路径差需要使用载波相位测量来确定。既然只有相位进行了测量,d 中载波的整周数一般是未知的。来自 ADCS 的相对姿态信息不能来解决模糊度问题。因此,在视线角和测距上存在一个整数模糊度的问题。载波信号的长波长能够解决潜在的模糊度问题,但随后的相位测量是相对不准确的,导致视线估计不佳。在 6.2.2.3 节处理了整周模糊度的问题。

6.2.2 相对状态估计

本节主要详细介绍两个编队飞行的卫星所涉及的相对状态的估计问题。首先简要地介绍典型状态的估计。接着,介绍常用的在本地坐标系下动力学模型描述的相对运动。然后,为了提高导航精度,介绍了在载波相位测量中使用的多种用于解决整周模糊度的方法。最后,简单介绍估计算法。

6.2.2.1 状态向量组成

卫星相对状态的估计方法取决于不同的测量方式。这些测量量可以来自基于 RF 的相对导航系统,也可通过其他敏感器提供(在这里不考虑 GNSS 敏感器)。我们首先讨论仅依靠 RF 的相对导航系统测量的状态估计。然后讨论使用不同的敏感器进行状态估计的情况。

假设使用的参数是直角坐标系下的,相对状态向量包含至少 3 个状态量 x、y、z 描述相对位置 $r = (x,y,z)^{\mathrm{T}}$,用 3 个状态量 $\dot{x}$、$\dot{y}$、$\dot{z}$ 来描述相对速度 $v = (\dot{x},\dot{y},\dot{z})^{\mathrm{T}}$,$\Delta t$ 描述相对时钟偏差。除了这 7 个"基本"的状态,还有 3 个状态量来形容非模型(经验)的相对加速度 a_x、a_y、a_z 可用于改善估计结果。对于所有的载波信号,相位测量的整周模糊度 N 是高精度估计所需要的。视线偏差 Δx_{LOS} 和 Δy_{LOS} 以及距离偏差 Δr 也是必不可少的,因为这些在校准后仍然会存在。此外,如果动力学模型允许,差分大气阻力系数 ΔC_{D} 也可以估算出来。相对时钟偏移 Δi 的估计也可以改善相对导航结果。根据所处的轨道高度,还可以估计电离层路径延时 I。因此,对于两星编队,基于 RF 相对导航系统的状态量可以达到 18 个(假设双频测距系统)。

相对位置和速度以及视线偏差的估算需要相对姿态的估计,用于从体坐标系转换到本地轨道坐标系。对于视线偏差来说这是必要的,因为这些都依赖于相对姿态。如果两颗卫星都配备有多个发射机和接收机,或如果有两个以上的卫星编队而且信号能够在所有卫星之间发送和接收,那么基于 RF 的相对导航系统可以估计卫星的相对姿态[6]。如果不是这种情况,相对姿态必须通过卫星的绝对姿态差分进行估计。为了提高估计器对机动的反应能力,需要 3 个状态量来充分估计所有的 ΔV,这些状态量的估计需要在线加速度信息。

6.2.2.2 相对动力学模型

两颗卫星的相对运动通常在本地参考轨道坐标系中描述。这种坐标系通常有很多命名,但是其中本地垂直本地水平(LVLH)、径向—切向—法向(RTN)和 Hill 坐标系是最普遍的。这类坐标系的方位随着时间改变,可以通过参考坐标系初始时刻的以地球为中心的惯性位置向量 R 和惯性速度向量 V 推算而得。参考坐标系如图 6.3 所示。径向方向的单位向量 e_R、切线/沿迹方向 e_T、法向/交叉方向 e_N 计算如下:

$$e_R = \frac{R}{\|R\|}, e_T = e_N \times e_R, e_N = \frac{R \times V}{\|R \times V\|} \tag{6.12}$$

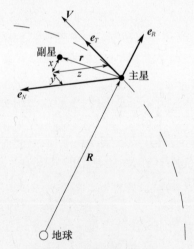

图 6.3　本地轨道坐标系

在本节中,对两种相对运动的线性相对动力学模型进行了介绍。这两种模型假设稳定的,也就是开普勒相对运动,两个航天器之间距离较小,在当地轨道坐标系中描述相对运动。每种模型都采用共同的解决方案。

第一个相对运动模型假设在圆轨道上,这就是著名的 CW 方程,根据文献[7]

状态空间表达式为

$$\dot{\boldsymbol{x}}(t) = \begin{pmatrix} \dot{x}(t) \\ \dot{y}(t) \\ \dot{z}(t) \\ \ddot{x}(t) \\ \ddot{y}(t) \\ \ddot{z}(t) \end{pmatrix} = \boldsymbol{A}\boldsymbol{x}(t) = \begin{pmatrix} 0 & 0 & 0 & 1 & 0 & 0 \\ 0 & 0 & 0 & 0 & 1 & 0 \\ 0 & 0 & 0 & 0 & 0 & 1 \\ 3n^2 & 0 & 0 & 0 & 2n & 0 \\ 0 & 0 & 0 & -2n & 0 & 0 \\ 0 & 0 & -n^2 & 0 & 0 & 0 \end{pmatrix} \begin{pmatrix} x(t) \\ y(t) \\ z(t) \\ \dot{x}(t) \\ \dot{y}(t) \\ \dot{z}(t) \end{pmatrix} \quad (6.13)$$

式中:一点和两点分别表示对时间的一阶导数和二阶导数;x 为径向方向,y 为迹向方向,z 为轨道法向;n 为轨道平均角速度,$n = (\mu/a^3)^{1/2}$,μ 为地球引力系数,a 为轨道的半长轴。

由于系统矩阵 $\boldsymbol{A}$ 是不随时间变化的,CW 方程的近似解析解可以利用下面的状态转移矩阵 $\boldsymbol{\Phi}_{CW}(t,t_0)$ 计算,有

$$\boldsymbol{x}(t) = e^{A(t-t_n)}\boldsymbol{x}(t_0) = \boldsymbol{\Phi}_{CW}(t,t_0)\boldsymbol{x}(t_0) = \{t_0 = 0\}$$

$$= \begin{pmatrix} 4-3c_{nt} & 0 & 0 & s_{nt}/n & 2(1-c_{nt})/n & 0 \\ 6(s_{nt}-nt) & 1 & 0 & 2(c_{nt}-1)/n & 4s_{nt}/n-3t & 0 \\ 0 & 0 & c_{nt} & 0 & 0 & s_{nt}/n \\ 3ns_{nt} & 0 & 0 & c_{nt} & 2s_{nt} & 0 \\ 6n(c_{nt}-1) & 0 & 0 & -2s_{nt} & 4c_{nt}-3 & 0 \\ 0 & 0 & -ns_{nt} & 0 & 0 & c_{nt} \end{pmatrix} \begin{pmatrix} x(0) \\ y(0) \\ z(0) \\ \dot{x}(0) \\ \dot{y}(0) \\ \dot{z}(0) \end{pmatrix}$$

$$(6.14)$$

式中:$c_{nt} = \cos(nt)$,$s_{nt} = \sin(nt)$。

从式(6.14)可以看出,首先,平面内的运动与平面外的运动是解耦的,而且迹向运动随着时间线性漂移,除非两颗卫星的半长轴是相等的。或者,CW 方程的积分常数相当于一组相对轨道根数,可以用 $t=0$ 时刻的相对轨道要素描述 CW 方程的近似解析解,这比线性方程更直观。此种方法超出了本书的研究范围,可以参阅文献[8,9],文献中对其进行了深入讨论。

第二种相对运动模型以椭圆轨道为参考,采用 TH 方程[7]

$$\begin{cases} \bar{x}'' = \dfrac{3}{k}\bar{x} + 2\bar{y}' \\ \bar{y}'' = -2\bar{x}' \\ \bar{z}'' = -\bar{z} \end{cases} \quad (6.15)$$

式中:$(\cdot)'$ 和 $(\cdot)''$ 分别为对于真近点角 f 的一次和二次微分。

相对坐标系已通过系数 $k = 1 + e\cos f$ 归一化,其中 e 表示轨道偏心率。过去已经研究出了一些对 TH 方程的求解方法,但我们采用 Yamanaka 和 Ankersen(YA)提供的解决方案,这种方案是相对简洁、容易编程并且适用于偏心率 $0 \leq e < 1$ 的轨

道。YA 状态转移矩阵 $\boldsymbol{\Phi}_{YA}(t,t_0)$ 可以表示为 $\boldsymbol{\Phi}_{YA}(t,t_0) = \boldsymbol{\Phi}(f)\boldsymbol{\Phi}^{-1}(f_0)$，其中 $\boldsymbol{\Phi}(f)$ 和 $\boldsymbol{\Phi}^{-1}(f_0)$ 表示如下：

$$
\boldsymbol{\Phi}(f) = \begin{pmatrix} s & 2-3esI & 0 & c & 0 & 0 \\ c\left(1+\dfrac{1}{k}\right) & -3k^2I & 0 & -s\left(1+\dfrac{1}{k}\right) & 0 & 0 \\ 0 & 0 & \cos f & 0 & 0 & \sin f \\ s' & -3e\left(s'I+\dfrac{s}{k^2}\right) & 0 & c' & 0 & 0 \\ -2s & -3(1-2esI) & 0 & e-2c & 0 & 0 \\ 0 & 0 & -\sin f & 0 & 0 & \cos f \end{pmatrix} \tag{6.16}
$$

$$
\boldsymbol{\Phi}^{-1}(f_0) = \frac{1}{\eta^2} \times \begin{pmatrix} -3s\dfrac{k+c^2}{k^2} & 0 & 0 & c-2e & -s\dfrac{k+1}{k} & 0 \\ 3k-\eta^2 & 0 & 0 & es & k^2 & 0 \\ 0 & 0 & \eta^2 c_f & 0 & 0 & -\eta^2 s_f \\ -3\left(e+\dfrac{c}{k}\right) & 0 & 0 & -s & -\left(c\dfrac{k+1}{k}+e\right) & 0 \\ -3es\dfrac{k+1}{k^2} & \eta^2 & 0 & -2+ec & -ec\dfrac{k+1}{k} & 0 \\ 0 & 0 & \eta^2 s_f & 0 & 0 & \eta^2 c_f \end{pmatrix}
$$

$$(6.17)$$

状态向量表示成 $\bar{x} = (\bar{x},\bar{y},\bar{z},\bar{x}',\bar{y}',\bar{z}')^{\mathrm{T}}$，在式(6.16)和式(6.17)中，$c=k\cos f$，$s=k\sin f$，$c_f=\cos f$，$s_f=\sin f$，$I=\dfrac{\mu^2}{h^3}(t-t_0)$，$\eta=\sqrt{1-e^2}$，$h$ 为轨道角动量。值得注意的是，如果 $e=0$，$\boldsymbol{\Phi}_{YA}(t,t_0)=\boldsymbol{\Phi}_{CW}(t,t_0)$[10]。

6.2.2.3 整周模糊度解决方案

如之前讨论的那样，要获得最准确的星间距离估计，LOS 或相对姿态要求是载波相位测量值，因为这些比编码测量更准确。对于角度参数，该载波相位测量值需要在同一卫星接收天线之间进行差分。这部分的难点是测量相位差代表了几何构型组合(远处发射机所期望的 LOS)和仪器偏差，包括整周模糊度。如果几何构型保持固定，这两部分对相位测量值和视线角确定的影响是不可区分的。为了分离差分相位的两个组成部分，下面详细介绍可采用的两种整周模糊度解决(IAR)方法。第一种方法在所述测距信号中有效地增加了额外的信息，可以解决整周模糊度问题，而第二种方法依赖于两星之间相对的几何关系变化，以区分这两种组成部分。

第一种整周模糊度解决方法使用具有不同频率的多个信号，允许通过单个信号相位测量值的线性组合进行相位测量值的重构。这里的目标是形成多个(如果可能)宽巷信号。它们的波长 λ_{WL} 比原始信号长得多。这些长波长的整周模糊度信号相较短波长的信号更容易计算。因此。如果使用测距信号 S1 和 S2 的频率为 $f_{S1} = 2.25\,GHz$（$\lambda_{S1} = 13.3\,cm$）和 $f_{S2} = 2.1\,GHz$（$\lambda_{S2} = 14.3\,cm$），相位测量分别为 φ_{S1} 和 φ_{S2}。宽巷波长 λ_{WL} 和宽巷相位测量 φ_{WL} 为

$$\begin{cases} \varphi_{WL} = m_1 \varphi_{S1} - m_2 \varphi_{S2} \\ \lambda_{WL} = \dfrac{c}{m_1 f_{S1} - m_2 f_{S2}} \end{cases} \tag{6.18}$$

式中：$m_1, m_1 \in \mathbf{N}$。选择 $m_1 = m_2 = 1$，所以 $\lambda_{WL} = 2m \gg \lambda_{S1} \ \lambda_{S2}$。

有两个频率 S1 和 S2 意味着两个线性无关宽巷 WL1 和 WL2 组合。还可以采用第三种频率 S3 来使线性无关的宽巷组合的数目增加到 3 个。另外，由于宽巷测量精度 σ_{WL} 可以记作 $\sigma_{WL} = ((m_1 \sigma_{S1})^2 + (m_2 \sigma_{S2})^2 + \cdots + (m_N \sigma_{SN})^2)^{1/2}$，一般来说，$m$ 应保持很小的值[11]。

现在这样选择测距信号的频率：不同的宽巷组合的波长逐渐减小（$\lambda_{WL1} > \lambda_{WL2} > \cdots > \lambda_S$），测距信号 S 的载波相位整周模糊度可以通过递推的方式来解决。例如，假设要在距离测量量上移去载波相位整周模糊度，开始时利用足够长的平均时间内的更精确的载波相位测量平滑处理明确但相对不准确的基于编码的伪距测量。当光滑伪距的精度 $\sigma_{\rho,smoothed}$ 比最长宽巷信号波长的 1/2 要好时，即 $\sigma_{\rho,smoothed} < \frac{1}{2}\lambda_{WL1}$，这个宽巷信号的模糊度问题可以可靠地解决。这种明确的宽巷信号随后被当作伪距测量并且利用平滑载波相位测量值，直到其精度比下一个宽巷信号波长的 1/2 更好 $\left(\sigma_{WL1,smoothed} < \frac{1}{2}\lambda_{WL2}\right)$。这个递推过程一直持续到发射信号的载波相位为止。

当通过相对导航系统的使用需求选择信号的频率，需要在 λ_{WL} 和 λ_{WL} 与 λ_S 的差值间寻求一个适当的平衡：较大的 λ_{WL} 会给宽巷信号的整周模糊度问题解决提供较高的置信水平，但会导致 λ_{WL} 与 λ_S 之间差值比较大，这使得难以高可信度地解决信号 S 的模糊度问题。在 6.3.1.1 节中将详细讨论有效频率约束进一步限制了系统的设计，并且当使用的信号频率的数量增加时，系统的复杂性也随之增加。

适用于机动航天器的基于 RF 的相对导航传感器的一个应用实例是自主编队飞行（AFF）传感器。它利用特殊的"超 – BOC"（二进制偏移载波）信号，如图 6.4 所示。该信号除了有一个由测距信号进行调制的中心载波信号，两个内部通道用于数据的缓慢调制，还有两个未调制外部通道。首先，利用编码测量确定的伪距可获得约 0.5m 轨道确定精度，然后，紧密编队飞行利用载波频率形成 7.5m 波长的宽巷（WL1）信号，这样编码测量可以用来解决宽巷的模糊度。第二种 1m 长的宽巷（WL2）通过最外面的两个通道组成，非模糊的 WL1 现在用于解决 WL2 的模糊度问题。最后，非模糊的 WL2 用来解决载波相位本身的相位模糊度[12]。

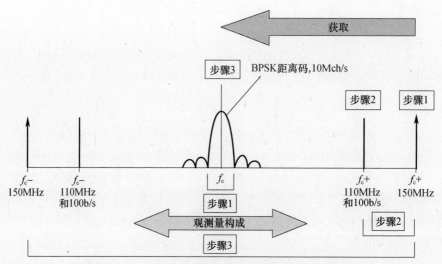

图 6.4　超二进制偏移载波激励信号结构和处理步骤

　　第二种方法利用了这样一个结论:在相对几何关系中精确已知的变化,导致测量量的变化是可预测的。由于多路径引起的偏差和天线相位中心定位是关于 LOS 的函数,几何变化最好不要影响 LOS,但是它的改变会给沿着 LOS 矢量方向的卫星间的距离带来实际的或显著的变化。如果用的是圆极化信号,星间距离的明显变化可以通过让卫星绕发射天线的视线轴方向旋转来获得。不同接收天线测得的载波相位的变化是不同的,并且是关于 LOS 的函数。这就可以从 LOS 整数搜索空间和正整数选择中排除一些选项。

　　自然地,整周模糊度解决方案可能采用一种任意机动的方法,因为机动要求宝贵的时间(通常是分钟)、能源,并且每当接收失锁的信号时需要重复。对于由几颗卫星构成的小型编队还是比较好管理的,但并不适用于数十颗编队卫星。编队无线电频率仪器(FFRF),它可以支持最多 4 颗卫星的编队,采用混合方法:它使用可形成宽巷的两个独立信号并且允许级联的方式。但由于多路径偏移,这种策略不会总是产生足够高的置信水平,以保证准确的整周模糊度。因此,使用卫星旋转初始化 IAR 程序来解决 LOS 的模糊度。在 6.4.2 节中对 FFRF 程序进行准确阐述。

　　总结来说,IAR 被广泛认为是基于 RF 的高精度相对导航中最具挑战性的部分,这主要是由于存在各种测量偏差导致的,其中信号多路径可能是最大的问题。例如,天线间载波相位测量的差分消除相关噪声源(如时钟误差、电离层折射影响),但会放大不相关的噪声源(如多路径)。此外,如果不仔细设计和校准,即使在天线间测量值差分后,由于天线间仪器偏差的不同仍会导致残留偏差。

6.2.2.4 估算

相对状态的实时估计通常采用降维的动力学方法,使用高精度的测量连同增加了待估计经验加速度的动力学模型配合来解决动态模型的缺陷。通过使用两颗卫星的(平滑)码和载波测量,采用一种连续的滤波器如扩展卡尔曼滤波(EKF)进行相对和(或)绝对轨道确定和预测。由于文献中已经有大量篇幅讲解卡尔曼滤波实现的方法,其涉及的算法在这里不作详细介绍。值得注意的是,如果是双单向测距,双单向进行的测量仅适用于实际单向测量发生后一段时间,因为测量数据需要在两星之间进行传播。因此,实时的在线执行,需要滤波器的更新:如果要获得较高的精度,测量延迟必须传递给 EKF 所用到的参考时间中,还需要考虑到相对动力学。

只有在卫星间的距离测量被用作 EKF 输入的情况下,相对轨道估计可以采用下面的方法:如果一个相对动力学模型用于估计器(如 CW、YA),那么相对状态建立在当地的轨道坐标系下,通常采用 Hill 坐标系。为了能够把测量距离和角度从本体系转换到 Hill 坐标系,该卫星自身的方向相对于 Hill 的转换必须是知道的。因此,不仅是卫星姿态,Hill 坐标系的方向也必须在线获得。后者只有在两颗星中至少一颗的绝对轨道已知的情况下才能知道,因为 Hill 是关于绝对轨道参数的函数。这些信息原则上可以由卫星自身确定,在没有全球导航卫星系统测量的情况下,需要配备高保真的动态模型和精准的姿态传感器。因此,实际上它更倾向于从地面上传这些信息。

相对状态的估计可以集中完成或分布完成,这取决于编队卫星的数量和期望的精度:如果所有的测量量收集与处理都在一个大滤波器中进行,这种解决方式比利用有限信息的局部解决方案的精度要更高。集中式方法的缺点是:运行滤波器的卫星需要较大的处理能力(因为矩阵运算,如矩阵乘法和矩阵求逆会出现状态的三次幂),而且要求能够及时与其他所有卫星进行通信以完成控制指令的分发。此外,在集中式方法中,如果只有一颗卫星能够获得整个编队的相对状态估计,这颗卫星对于编队而言就是单点故障,对于整个任务也是单点故障。可以通过设计多颗这样的复杂卫星来解决这个问题,这些卫星可以假设自己是"主星",但这些卫星复杂性的增加会带来成本的增加。

6.3 系统设计考虑的因素

完整编队系统设计利用 RF 信号的相对导航还存在多方面的设计挑战和需要考虑的因素,这体现在信号层面及硬件层面上。

6.3.1 信号设计考虑因素

编队卫星之间的星间链路,必须使两星能够实现测距与通信,从而可以进行相对导航。为了能够提高频谱效率并减少卫星的复杂性,在单一的信号中集成了两种功能。本小节论述了信号的可用频率、多径访问因素、测距信号设计和数据调制。应当注意的是当前讨论的范围不包括网络协议。

6.3.1.1 有效频率

RF 频带受国际通信联盟（国际电联）规范。表 6.1 列出了波段为 1 ~ 100GHz 的可用于基于 RF 的星间链路的频段。频率选择还受遥测频率、跟踪和指令系统（TT&C）频率的影响。当这些频率并不能进行频谱分离时就需要额外的滤波器。应当注意，由于超高频（UHF）频段的传播损耗较低，在没有高精度需求的情况下，它是星间测距的首选。但是为了获得所需的频率配置，需要进行设置的改变。相反，高频波段具有更高的测距精度和较低的多路径误差，但是需要更多传输功率来补偿增加的自由空间损耗，减少有效的 C/N_0，最终使得整个通信系统更复杂。

表 6.1　基于 RF 星间链路的可选波段

波段	S	Ku	Ka	W
频率范围/（GHz）	2.025 ~ 2.110	13.75 ~ 14.3	22.55 ~ 23.55 25.25 ~ 27.5	59 ~ 64
	2.200 ~ 2.290	14.5 ~ 15.35	32.3 ~ 33.4	65 ~ 71

6.3.1.2 多路径访问处理

精确的星间测距要求利用多路径访问技术来防止相互干扰。多路径访问的基本形式是频分多址（FDMA）、码分多址（CDMA）和时分多址（TDMA）。也可以使用它们的混合形式。FDMA 和 CDMA 允许同一时间在多个平台进行测距信号的发送和接收，从而避免了使用 TDMA 时对进程调度的需求。不足之处是，当距离较近平台发射的高功率信号淹没了远处平台发射的信号时，可能发生远近效应。如果高功率信号是由平台自身产生的，这个问题是特别严重的，这被称为自干扰，很难采用硬件解决方案（滤波器、内部闭环）完全消除。受多颗卫星组成的整个编队、复杂的硬件设计、国际电联约束影响，FDMA 还需要宽频率带宽。

TDMA 的使用不会导致远近干扰的问题，但如果大幅改变平台之间的间隔距离会产生影响。在这种情况下，不同时间间隙间的保护频带必须足够大，以防止近处平台在其时间片段内已经开始发射后，远处平台的信号才到达。然后，在两个平台的双单向距离测量之间留有较大的时间间隔，会导致存在一个比较大的时钟漂移从而得到不准确的结果。另外，为了防止需要经常重新捕获信号，接收机要能够调节确定的通道防止指定给该通道的发射机静默。不过，如果 TDMA 占空比太长，时钟将偏移出延迟锁定环（DLL）的捕捉范围，而且信号需要重捕，除非提供的数据在动态补偿跟踪环[14] 是允许的。TDMA 面临的最大挑战是时间最大同步误差，其等于测距信号传播时间（例如，当距离小于 3km 时，误差小于 10μs）。在小规模编队中通常优选 TDMA 的多址接入(2~4颗卫星),因为它的硬件系统不是太复杂。文献[12]提出了对传统的 TDMA 不同步问题的一些解决方案,而且能保证在很长一段时间后所有卫星仍能够相互接收。这些方案中消除了不同步的影响,但是未能消除远近效应(虽然自身的影响是排除的)。

一旦编队卫星的数目大于5颗就需要采用多路径访问的混合形式。一种通用的做法是应用 FDMA 和 CDMA[15]的组合。编队中小星簇卫星的测距信号使用相同的频段,采用 CDMA 手段实现频谱分离。星簇间的频谱分离采用 FDMA 来实现。多址的选择也受任务需求的影响。有时候,半双工(TDMA)就足够了,但具有挑战性的任务要求全双工。

6.3.1.3　测距信号设计

基于 RF 的星间测距通常依赖于信号的调制技术,即直接序列扩频(DSSS),也可用于 GNSS 信号。因此,编队飞行卫星测距信号设计受益于这一领域所做的工作。DSSS 使用周期的高速率伪随机噪声(PRN)波形来传播宽频带的载波调制的低速率数字信号,即使当信号功率远低于噪声基底,也可以降低其他信号的干扰影响并进行信号采集。PRN 波形可用于粗糙的距离测量,即通过将本地产生的复制波形与接收到的 PRN 波形相关联。用来产生一个周期的伪随机波形的比特序列称为伪随机序列或代码。分配给每一个发射机独自的 PRN 码并使用具有低互相关性的 PRN 码,从而允许在接收机上辨识出发射机并进行基于 CDMA 的操作。

利用 DSSS 距离信号进行测距包括两个步骤。第一,利用一个码元的步长、代表性的频率范围和固定步长,在频率和时间上对整个 PRN 码进行粗略二维搜索,通过与本地复制信号匹配来寻找测距信号。一旦信号被获取,跟踪相位开始,利用 DLL 维持锁定信号,并且获得码相位的精确测量值,同样利用相关性,锁相环(PLL)用作测量载波相位并加到 DLL 上。PLL 通过信号中的同相 I 和积分单元 Q 组成一个相位向量。由于最初并不知道信号中的数据信息,必须有一个主 PLL 回路对信号中包含的数据进行提取。

对于编码测距,在6.2.1.2节中介绍的相位测量能够通过发射机上同一时间的编码提供的信息解决模糊性问题。这个主要是通过在同一个载波上对信号调制实现的。那么,编码相位测量可以当作时间延迟测量来处理。新的 GNSS 信号中有一种信号成分包含了一个 PRN 码和数据(数据部分),另一种信号成分仅包含了 PRN 码(先导部分)。后者有更长的积分时间和更高的精度。两种成分的组合信号具有相同的功率水平。

PRN 波形之间转换的最小时间间隔称为码片周期 T_c,PRN 波形的一部分可称为一个码片或传播符号,而且码片周期的倒数称为码率 f_c。这种传统的码片调制使用的是二进制相移键控(BPSK),由于其传播图形是矩形的,通常称为 BPSK-R。近年来,BOC 信号和它们的衍生物(交替 BOC(altBOC)、组合 BOC(CBOC)、复合

BOC(MBOC),有它们自己的方式来实现全球导航卫星系统例如伽利略和 GPS,但并不涉及星间测量。通过使用伪随机扩频码生成的正弦波载波和幅值为 1 的方波辅助载波的调制产生了 BOC(m,n)信号。参数 m 表示副载波频率和参考频率(通常为 1.023MHz)之间比率,n 表示编码频率和参考频率之间的比值。因此,BOC(10,5)表示 10.23MHz 的副载波频率和 5.115MHz 的编码频率。

对于测距信号,码片脉冲设计受实际硬件的限制。由于测距精度取决于硬件重现传播波形的能力,因此倾向于使用简单的数字式方法产生信号。未来应用可以采用的传播符号类型是二进制编码信号(BCS)、复合型传播信号(MCS)、组合 BPSK(CBPSK)、正弦载波偏移量信号(SOC)、长辐波函数(PSWF)[16]。图 6.5 描述了 BPSK – R 和 BOC 的调制准则。

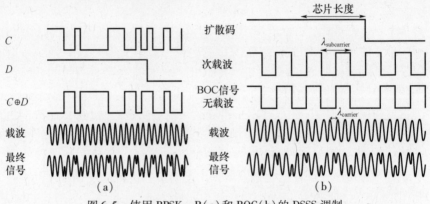

图 6.5　使用 BPSK – R(a)和 BOC(b)的 DSSS 调制
(图(a)"C"是编码;图(b)"D"是数据。)[17]

测距信号的码片速率影响测距精度,对于相同脉冲类型,高码片速率带来更加尖锐的自相关峰值,从而产生高精度的编码测距,如图 6.6 所示。这以牺牲更大的信号带宽为代价。这种脉冲类型同样也影响自校正功能。如图 6.6 所示,采用矩形脉冲的 BOC(1,1)与 GPS 的 C/A 码相比,其自相关峰值更尖锐,尽管它们的码片速率是一样的。不过,BOC 信号的相关函数具有侧极值,并不是矩形脉冲所需要的,导致接收机可能锁住错误峰值(如多路径),这会影响信号获取和跟踪的鲁棒性。

文献[18,19]证明,基于克莱美 – 罗低带宽理论,为了获得最好的码位测距精度,信号能量应尽可能集中在信号的频带边缘。这样,对于一个期望的码位测距精度,所需要载波噪声比(C/N_0)可增加(或实际上是减少)几个 dB[18]。因此,到目前为止使用的码片脉冲类型,BOC 调制要比 BPSK – R 调制更好。同时获取和跟踪的鲁棒性也必须加以考虑,这意味着自相关函数的侧极值必须尽可能加以限制。BPSK – R 相比于 BOC 具有明显的优势。信号波段的限制和频谱分离也是编队飞行测距信号设计中的重要影响因素,这依赖于编队飞行中的多路径处理技术。例如,如果使用 FDMA,为避免大范围波段或复杂滤波器的设计,波段限制则是至关

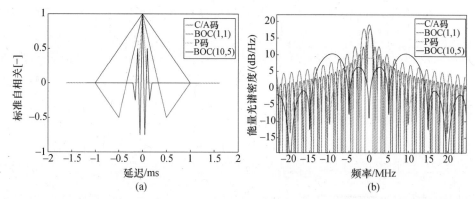

图 6.6 （见彩图）GPS C/A、GPS P(Y)、BOC(1,1) 和 BOC(2,1) 码的标准自相关和能量光谱

重要的。但是,当使用 TDMA 时就不必过于关注。

对于电流的设计,多路径是一个重要的的限制因素。在这方面重要的参数是多路径到直接信号功率的比率、直接路径和多路载波相位差、多路径延迟和信号频率。可以通过使用小的相关器间隔、大型预相关带宽(为了获取尽可能多的信号能量)和高码片速率(尖锐的相关峰值)来减轻多路径的有害影响。对于卫星,多路径延迟是由卫星结构引起的,由于卫星的尺寸大多都是米级量级的,因此多路径延迟是纳秒量级。不幸的是,在该方面,对于不同的脉冲形状和码片速率,编码和载波多路径误差几近相同,所以不同的信号设计将很难解决这个问题。在空间中多路径抑制的校准将在 6.4.3 节详细介绍。

PRN 码,顾名思义,编码设计模拟白噪声,但实际上是确定性的。最著名的例子是由 Gold 设计用于 GPS 的 C/A 码的一组代码[20]。其中,Gold 码有 1023 块芯片,并具有非常好的互相关特性,能够追踪同一时刻传送来的多路代码,传输比为 C/N_0。较长的代码将逼近白噪声,表现出更好的互相关特性。另外方面,由于覆盖较小的搜索空间可以快速获取,短代码自相关性较好,这就是 GPS 采用短 C/A 码的原因。和长 P 码一样,最初并不用于实际定位。该策略也被应用于卫星测距仪[21]。这种策略的缺点是必须要做一段较长时间的搜索,以获得较长的代码。为了减少搜索时间,已经开发了分层码,通过短的二级代码调制出初级代码,从而产生很长的组合代码。允许用户首先快速获取初始码然后快速转换到追踪较长码。一些 PRN 代码应用实例是最大长度序列(MLS,是现在 GNSS 系统使用的大部分代码的基础)、卡西米码、韦尔码和随机记忆码[22]。

6.3.1.4 数据调制和比特误差

自主①编队飞行要求编队卫星之间实现数据分发。导航数据例如相对距离、

---

① 本章中“自主性”是指系统(编队)用于编队星间相对状态制导、导航与控制(GNC)的所有信息都是由系统自身获得。因此,编队 GNC 并不需要外部信息(如 GNSS 测量、遥控指令)。

速度、姿态和时间信息是实现编队控制目的所必不可少的。工程数据,如卫星的健康信息也应该相互交换,从而可以发现故障,隔离和恢复(FDIR)。甚至是在主星将所有数据传送到地面站这样的拓扑结构中,科学的数据也可能要在卫星间分发。导航数据的数量和传播频率与任务的性质紧密相关。对于具有高定位精度和紧密控制窗口的近距离紧密型的编队卫星(间隔距离小于1km),导航数据的广播频率可以是秒级的甚至是连续的[23]。根据分布式任务的需求,数据传输速率可从低要求的千比特/秒到富有挑战性的兆比特/秒之间变化。

传统上使用BPSK在PRN码的顶端进行数据调制,那么,由于数据比特的宽度不能小于代码周期,否则会导致处理过程的失败,所以可达到的数据速率受到限制。此外,当数据位至少是几个代码周期的宽度时,采集过程会变得容易,因为这允许更长的积分时间,从而有更高的C/N_0。然而,当单独的数据和导频信道被使用,这种论点也就不存在了。应注意的是FFRF仪器执行数据调制与传统的GNSS信号不一样,因为它使用四相PSK(QPSK)对它的两个测距信号中的一个进行调制。它在同相通道上调制PRN码,导航和工程数据调制在积分通道上,从而部分消除数据位的宽度限制(这仍然受限于数字硬件的数据调制能力)[13]。

当然,所发送的数据应该被分配到已知长度的帧和子帧,以使接收机能够覆盖所有信息。连续固定的顺序零位前导,允许使用奇偶位校验解决同步性以及科斯塔锁相环固有的180°相位模糊。子帧的长度、每个子帧中包含的数据和子帧的顺序取决于许多因素,这些因素不在这里考虑范围之内。数据可能被细分成独立的子帧,可以是时间数据、测量数据、绝对位置和(或)姿态数据、航天器的健康状况、指令和有效载荷数据。为了减少所需要的发送功率,但同时仍然可以获得低误码率(BER)的编码数据,可以使用卷积编码。

除了这些情况,当从卫星发送的信号具有恒定的功率时,也就是总的传输功率不随时间变化,这是很有益的。这样,信号振幅不包含所发送的信息并且所发送的信号的幅度变得不那么重要。这是理想的信号特性,因为它允许使用高效"C级"类功率放大器[17]。

6.3.2 硬件设计考虑因素

基于RF的相对导航系统对卫星上使用的硬件有特殊的要求。自然地,对相对导航系统本身的硬件也有要求,同时卫星的设计也受到影响。此外,信号产生和处理的精度取决于星上时钟的质量。所有这些方面将在下面小节进行探索。

6.3.2.1 卫星设计

基于RF的相对导航系统主要影响卫星的布局设计。不属于相对导航系统的突出组件,例如太阳能电池板和TTC天线,应进行优选定位,从而使得多路径和

RF 射频干扰对其影响降到最低。如果需要星上具有高度自主性,相对导航系统本身的天线安装应获得 4π 弧度视场。这主要为了当卫星的相对位置是未知的时候,可以实现从"太空迷失"情况安全过渡到编队构型建立和最终的编队构型保持。不过,这可能会导致需要大量的天线:在陆地行星发现者(TPF)任务中,天线布局非常复杂,这是因为巨大的热防护结构导致卫星的构型特殊,每个卫星上总共有 16 个天线[12]。

权衡天线波束宽度(天线增益)与天线数量:为了减少多路径对接收机的影响,并且降低发射天线对发送功率的需求,天线波束必须窄(高增益)。不过,为了能覆盖全天域会增加天线数量。Purcell 等在文献[6]中研究了一个圆形波束,它具有偏离轴向 45° 或 50° 的大致恒定的增益和在较大的角度下具有尖峰。在编队中这个结果满足要求,这些卫星通常以特定的方式彼此面对并且测量系统的布局也是专门设计的。因此,在具有小角度偏移的指定方向需要最高精度和最大的 C/N_0。如果其中一颗卫星不处于其期望的位置,则编队构型无法形成或者会消失。那么,"离群"卫星的位置和航向并不需要具有最高的精度,因为卫星并没有形成期望的构型,这样 C/N_0 的一些损失是可以容忍的。

最后但同样重要的,卫星平台应提供机械和热稳定的环境,从而获得最精确的测量。GRACE(重力恢复和气候试验)任务发挥到了极致,在载波相位测量中整个卫星设计达到了微米级的精度(约 10^{-4} 周期)[24]。

6.3.2.2　无线电收发信号设计

基于 RF 相对导航的"心脏"是无线电收发,用来传输产生的 RF 信号和对接收的 RF 信号进行处理。频率基准、本地振荡器和频率合成器产生高频和低频信号,用于生成和处理期望的射频信号。接收机部分包含有 RF 前端和 DSP,RF 前端对接收到的信号经过滤波、下变频和数字化处理,数字处理器利用数字信号执行代码和相位测量。发射部分产生和调制 PRN 码和基带数据,前端的一个高频率的载波器进行调制,再通过一个放大器,最终传输到天线。收发机设计的难点是,对于每个发射链,发送的载波和码位相位要求是一致的(为了编码测量的载波辅助平滑)。同样,对于每个接收链也是一样,本地振荡器信号和接收信道的数字时钟也要求是高度一致的。取决于系统集成度的水平,收发机还可以包含处理部分,能处理各种任务如相对状态估计和发射功率控制。如果系统集成的水平较高,相对导航系统所需的大多数高水平处理由卫星的导航、制导与控制(GNC)系统执行。收发信机的设计如图 6.7 所示,这个特定的设计用来产生和接收前面讨论过的"超 - BOC"的信号。

该 DSP 可以通过现场可编程门阵列(FPGA)来实现,价格便宜而且允许在轨修改,或应用一种专用集成电路(ASIC),它比 FPGA 性能更高,但是比较昂贵。传统的来说,比较倾向于使用 ASIC。但现今也有商用的抗辐射高稳定的 FPGA,可以

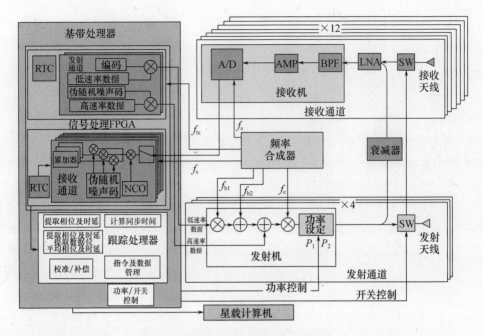

图 6.7　TPF 任务中敏感器的硬件构成[12]

Tx = 发射机	RTC = 实时时钟	PN = 伪随机噪声	Rx = 接收机
A/D = A/D 转换	AMP 二放大器	BPF = 带通滤波器	SW = 锯齿滤波
LNA = 低噪声放大器	NCO = 数字控制振荡器		

在性能方面与 ASIC 相媲美。

　　当编队中有许多卫星,并且如果编队选择多址接入技术,发射机可以应用适合的功率控制来减少功率消耗。由于需要设计编队以满足两个最分散的平台之间的测距精度和数据 BER 的要求,那么所有其他平台之间的 C/N_0 将高于所需的值,因此效率较低。如果 C/N_0 可由接收机测量并传播到发射机,那么发射机可以通过传播期望的相对运动信息,用最少的功率预测出需要产生多大的输出功率来获得所需的 C/N_0。但是根据功率控制的结果,有必要动态地调整编码和相位跟踪环路。这是接收到的信号功率不同和数据速率需求变化的结果。即使通过功率控制,功率控制方法的初始化和初始信号捕获要求能够将信号采集环路调整到接收功率水平。此外,由于固有的发射效率低下,可通过以最小所需功率水平传输来显著地节省功耗[15]。通常,简单地设置一个可用的低功率和一个高功率装置。

　　内部校准是必要的,以补偿卫星由热、电、机械变形所产生的偏差。通过反馈一些发射信号到接收机以建立一个几何距离测量量,其中只包含硬件的延迟,从而可以内部校准。该测量值是从真实的量程测量中减去硬件引起的延迟。从图 6.7可以看出,发射信号部分衰减并反馈给接收机。值得注意的是,自身所生成的信号频率和接收到的信号频率应该是相似的,因为在这两个信号受到的仪器影响是相同的,因此,自校准会获得最好的结果。

如果所有的卫星在同一时间发射和接收,卫星传输的部分信号将不可避免地进入到同一颗卫星自身的接收机中,并且接收机前端可能会饱和或淹没对方的信号。两种纠正方法可用来解决这个问题,而不借助于 TDMA 手段[6]:

- 频率分离:所有卫星传播频率的间隔很大,这样一个合适的滤波器可以阻挡大部分自身信号。
- 主动消除:所接收的信号与自身的复制信号是相关的。该结果被用来控制一个加入了接收信号的"反自身"组成的振幅和相位,这有效地消除了不想要的输入。这会增加接收机的复杂性,但是很有效。

相对导航系统的设计应考虑到,在复杂多路径、不同的天线相位样式以及卫星不稳定性(热学,电学,机械)等情况下,都应该允许在轨重新校准。因此,通过地面计算生成并在线存储的用于精确测量的多路径校正表,应当在在轨重新校准后更新。此外,设计应具有可扩展性,以满足各项任务的要求,并降低成本提高效益。

6.3.2.3 时钟的稳定性

在 6.2.1.2 节提到过,如果需要准确的导航方案,星上时钟的稳定性是一个非常重要的因素。它还可以使用秒脉冲(PPS)为其余的卫星提供时间信息。由于时钟漂移,PPS 的频率也会随时间漂移。需要注意的是,如果卫星使用的绝对时间基准有非常严格的要求,相比于测距系统,时钟稳定性对 PPS 的最大误差的要求更加严苛。振荡器的短期稳定性不仅对于信号传播中相对时钟漂移的限制很重要,而且也能保证对小 PLL 噪声带宽有较好 PLL 跟踪特性,这是减少热噪声误差的一个必要条件[25]。

石英晶体振荡器(XO)是现在非 GNSS 卫星上时间保持的标准,下面的讨论限定于只使用该类型的时钟。频率源稳定性的描述从输出电压是 $V(t)$ 的振荡器开始,$V(t)$ 表达式如下[25]:

$$V(t) = (V_0 + \varepsilon_V(t))(\sin(2\pi f_0 t + \delta\varphi(t))) \tag{6.19}$$

式中:V_0,f_0 分别为标称幅度和频率,相应的误差为 $\varepsilon_V(t)$ 和 $\delta\varphi(t)$。在式(6.19)中正弦函数的参数等于瞬时相位的 $\varphi(t)$。输出电压的幅度误差在实际中并不是问题,因为可以通过使用一个限幅环节来减小误差。时钟频率模型表达式为[26]

$$f(t) = f_0 + \Delta f + (t - t_0)\dot{f} + \tilde{f}(t) \tag{6.20}$$

式中:f_0 为标称频率;Δf 为频率偏差或偏移;$\dot{f}$ 为频率漂移;$\tilde{f}$ 为随机频率误差;t_0 为参考基准时刻。在 t_1 时刻(不考虑正负号)时间误差为

$$\Delta t(t_1) = \Delta t(t_0) + \frac{\Delta f}{f_0}(t_1 - t_0) + \frac{\dot{f}}{2f_0}(t_1 - t_0)^2 + \int_{t_0}^{t_1} \frac{\tilde{f}(t)}{f_0} dt \tag{6.21}$$

两个自由运行时钟之间的差分(6.21)提供了 t_1 时刻的相对时间误差。双单

向测距使用距离和多普勒测量,可以得到公式中常值线性项的测量值。式(6.21)的前三项表示系统误差,最后一项代表随机频率波动,它的大小取决于环境影响和时效。它们的表征形式采用方差和自相关函数。Allan 方差通常用于测量随机过程的时钟时间保持能力,Allan 方差定义为

$$\sigma_y^2(\tau) = \frac{1}{2}\langle(y_{i+1} - y_i)^2\rangle \qquad (6.22)$$

式中:y_i 为时间 τ 内振荡器相对频偏的平均测量量($y = \Delta f/f_0$);$(y_{i+1} - y_i)$ 为连续测量量 y 的差分。理论上$\langle \bullet \rangle$表示$(y_{i+1} - y_i)^2$ 的时间均值。随机过程的性质与相对频移测量量有关,相对频移随着平均间隔 τ 变化,并且 Allan 方差可以实现全覆盖。Allan 方差的平方根称为 Allan 偏差 $\delta_y(t)$。在间隔 τ 之后的时钟均方根误差可近似为 $\tau\sigma_y(\tau)$。

影响频率稳定度的重要因素是温度、时间(老化和短期稳定性)、线电压和预热。在表 6.2 中提供了一些典型振荡器补偿技术的性能。其他影响振荡器频率的因素是驱动能量、重力、晃动、振动、靠近振荡器的物理电磁信号、回描和磁滞现象[28]。仪器的线电压特性是由提供能量的交流电变化引起的。预热是温度变化的一个特例,随振荡器开机直至稳定工作点的温度上升而引起。对于温度补偿预测振荡器(TCXO)来说,具有预热特性可能不是很明显,而实际上通常是不确定的。不过任何仪器操作时都会产生一定的热量。这种热量使晶体周围的温度升高,因此导致频率的变化。从表 6.2 中可以清楚地看出,振荡器的稳定性对于温度的波动非常敏感。由于质量对于温度变化可提供一定的惯性,因此它是有益的,这就使得振荡器的小型化比较困难。

表 6.2　振荡器的比较

	TCXO	MCXO	OCXO
精度^a/年[-]	2×10^{-6}	5×10^{-8}	1×10^{-8}
老化/年[-]	5×10^{-7}	2×10^{-8}	5×10^{-9}
温度稳定性[-] (范围,℃)	5×10^{-7} ($-55 \sim +85$)	3×10^{-8} ($-55 \sim +85$)	1×10^{-9} ($-55 \sim +85$)
Allan 偏差[-]($\tau = 1$s)	1×10^{-9}	3×10^{-10}	1×10^{-12}
尺寸/cm³	10	30	$20 \sim 200$
热启动时间/min	0.03(至 1×10^{-6})	0.03(至 2×10^{-8})	4(至 2×10^{-8})
功耗/W(在最低温度)	0.04	0.04	0.6
估价(美元)	$10 \sim 100$	< 1000	$200 \sim 2000$

注:表的前 4 行用频率误差比值 $\Delta f/f_0$ 表示;上标 a 包含环境效应

没有任何补偿手段的一个标准晶体振荡器由于稳定性太低而不能用于空间相对导航。因为温度对振荡器的频率稳定度有重大影响,大部分补偿设计重点

在于尽可能地限制由温度变化带来的频率变化。在 TCXO 中,从温度传感器(热敏电阻)的输出信号用于产生一个校正电压,它可应用于晶体网中的可变电压电抗(变容二极管)。该电抗变化产生的频率变化与由温度变化引起的频率变化大小相等且相反。换句话说,电抗变化可以补偿晶体频率随温度的变化。在控制晶体振荡器(OCXO)中,晶体单元和其他振荡器电路的温度敏感元器件是保持温度恒定的。制造出的晶体具有频率随温度变化的特性,在恒温箱中其斜率是零。当晶体完全暴露在超出最高温度 15 ~ 20℃ 的工作点时,振荡器可达到最好的稳定性。一种特殊类型的补偿型振荡器是微型电子补偿晶体振荡器(MCXO)。MCXO 克服了限制 TCXO 稳定性提高的两个主要因素:温度测定和晶体单元的稳定性。取代了晶体单元外部的温度计,如电热调节器,MCXO 采用了一种更精确的"自我温度感应"方法:两种模式的晶体组成了双模式振荡器。通过两种方式的组合,使得所产生的拍频是温度的单调(并且近似线性的)函数。晶体可以检测自己的温度。为了减少频率相对于温度的变化,MCXO 采用数字补偿技术:在一个执行周期内进行脉冲删除,在另一个周期进行补偿频率的直接数字合成。不同于 TCXO,在 MCXO 中,晶体的频率并不"牵引",从而允许使用高稳定度的晶体单元[29]。

对于相对导航来说,振荡器的短期稳定性是最重要的参数。在该方面,OCXO 胜过所有其他的基于石英的晶体振荡器。不过。其尺寸和功率要比 TCXO 或是 MCXO 大得多。因此,如果振荡器测量噪声不会主导整个导航系统精度,TCXO 或 MCXO 会是更好的选择。

6.4 系统范例和性能

在过去的二十几年,很多基于 RF 的相对导航系统用于各种分布式系统的任务中。不过大多数的任务并没有发射,因此这种技术在轨经验累积较少。本节将首先简要介绍没有进入空间在轨运行的系统。然后,将讨论唯一的进行了实际飞行的系统:FFRF。不能够提供孤立的相对导航解决方案的系统在这里不作考虑,例如,在 GRACE 任务中的 K 波段系统(KBR)或者在重力恢复和内部实验室(GRAIL)任务的月球重力测距系统(LGRS)。典型的测试和验证方法在这里也将介绍。最后,在轨性能、对 FFRF 的必要的约束也会介绍。

6.4.1 没有飞行继承性的系统

下面这个清单罗列了没有飞行继承性的基于 RF 相对导航系统。所有这些系统都是在美国开发并且是基于 GPS 技术。

- 自主编队飞行(AFF):AFF 敏感器由美国 JPL 开发并基于 Turbo Rogue GPS 接收机研制。AFF 最早是用于已停止运行的深空 -3(DS -3)任务、已停止运行的

空间技术 –3(ST –3)任务、已停止运行的星空任务、推迟的 TPF 任务(TPF 是由于预算削减推迟于 2007 年)。AFF 也称为采集传感器。

• 星群通信和导航传输(CCNT):JPL 还基于 AFF 传感器研发了 CCNT。它是为 ST –5 任务开发的。不过虽然 ST –5 任务在 1996 年 3 月 22 日到 1996 年 6 月 29 日成功在轨飞行,但是在 ST –5 任务中并没有 CCNT。

• 交联收发器(CLT):CLT 是由美国的约翰·霍普金斯大学应用物理实验室(JHU APL)基于航天级星载 GPS 导航系统(GNS)进行开发。CLT 的改进产品,NanoSAT CLT(NCLT)计划 2004 年在 ION –F 任务中试飞,该任务由 3 所大学联合研制,提交了 3 次飞行准备,但该计划没有执行。

• 低功率收发器(LPT):从 1998 年秋天开始,美国航天局戈达德航天飞行中心(GSFC)和美国 ITT 公司的先进工程和科学组织(原斯坦福大学电信)联合对 LPT 进行研究。后期 LPT 被选作在 XSS –11 卫星上使用时,美国空军研究实验室(AFRL)也加入了对 LPT 的研究行列。最初,LPT 不是要作为相对导航传感器,因为它不能生成自己的测距信号。它是一个模块化的、可重新编程、能够基于 GPS 数据自主导航的收发器。在其发展的后期阶段,增加了卫星星间测距能力。1998 年—2006 年 LPT 已经发展了三代,并已在空间站(2003 年)、XSS –11 任务(2005 年)、TacSat –2 卫星(2006 年)上飞行过,但并没有作为相对导航传感器使用。第四代小型多功能综合终端或 M2inT(也称微型收发器或 MINT)也计划要开发,但是目前尚没有实质的 M2inT/MinT 硬件开发出来。

• 恒星测距:恒星测距是由位于美国加利福尼亚索拉纳海滩的 AeroAstro 公司开发的。开发资金来源于 AFRL。它是专门为纳型和微型卫星开发的,并打算在美国空军研究实验室已经取消的 TechSat 21 任务中飞行(2003 年取消)。

• 星间测距和警报系统(IRAS):目前美国航空航天局戈达德空间飞行中心正在对 IRAS 开展研究,它主要是用于磁层多路径任务(MMS),计划于 2014 年发射。它由弱信号 GPS 导航接收机和具备 S 波段测距能力的收发器组成。

• 斯坦福伪交联收发器(SPTC):SPTC 在世纪之交由美国斯坦福大学开发。它是利用商业现成产品(COTS)设计的,如调制解调器、L1 伪码器、GPS 接收机(微电子 GP2000)。针对 SPTC 没有具体的任务。

• 相对导航(ReINai –DDF)敏感器:ReINav –DFF 传感器从美国 DARPA 获得资助目前由美国 Tethers Unlimited 公司(TUI)开发。针对该 ReINav –DDF 传感器没有具体的任务,实际上它没有数据是公开可用的。

6.4.2 具备飞行经验的系统

目前,唯一具有实际飞行经验的基于 RF 的相对导航系统是 FFRF(编队飞行无线电频率)。FFRF 由 TAS –法国、TAS –西班牙和 GMV 开发,是由 TOP-STAR3000 的 GPS 接收机衍生而来。FFRF 传感器在瑞典 2010 年 6 月发射的

PRISMA 任务中已经完成了飞行测试和验证。预期 FFRF 将被 ESA 和 CNES 用作未来 FF 任务的第一阶段，像 PROBA – 3 和达尔文（Darwin）。FFRF 传感器被设计成可为多达 4 颗卫星提供相对定位（测距和视线测量），可用于 10m 到 10km 的测量距离。在每颗卫星上，它包括一个射频终端和多达 4 组天线。一组天线可以是 3 个一组，包括一个接收/发射（Rx/Tx）主天线和两个只接收从天线（3 个一组是为了视线计算需要），或单接收/发射天线（只允许测距）。使用多天线基带和 TDMA 测序，每个终端发送和接收在两个 S 波段载波频率（S1 = 2275 MHz 和 S2 = 2105MHz）调制的 GPS 的 C/A 导航信号[30]。

卫星间测距依赖于双向测量，以解决平台的相对时钟漂移。首先，测距是基于没有模糊度的 C/A 码信号，能达到米级精度。其次，使用载波相位测量只要能够获得该信号的模糊度（$\lambda_{S1} = 13.2cm$），就可以达到厘米级的精度。同样地，视线测量是从 3 个天线中两个之间的载波相位差得到，如果去除信号模糊度可以达到优于 1°的精度。

对于距离的载波相位模糊度解决方案依赖于双频信号，允许产生较大的波长合成信号（宽巷，$\lambda_{WL} = 176cm$）。实际上该过程从去除视线的模糊度开始，为了摆脱因潜在的方向误差而导致的多路径影响。当 LOS 达到最高的确定精度（小于 1°），可以补偿/减轻误差，并且可以通过代码滤波解决宽巷模糊度问题。最后一个步骤包括随着时间的推移过滤所述宽巷数据，来降低载波相位波长的不确定性，最后实现最高测量精度（1cm）。目前的设计，FFRF 传感器无法通过自身消除视线的载波相位模糊度。模糊度的消除需要飞行器沿大致垂直于天线底座的方向进行旋转。通过处理 FFRF 信号，并使用卫星姿态信息，该模糊度可以通过约 50°旋转之后去除。

FFRF 终端由以下硬件组成，见图 6.8b：射频前端（或 RFE）、发射机的射频模块、接收机射频模块、数字处理单元、DC/DC 和 OXCO 单元。除了 RF 滤波器（Rx 和 Tx）可单独调节外，所有模块集成在一起。对于 PRISMA 任务来说，两个卫星上的 FFRF 终端是不同的（不同 RFE 和接收单元），因为它们具有不同的天线配置（追踪星 Mango 配备唯一的 3 个一组天线。而目标星 Tango 携带 3 个单独的接收/发射天线）。终端的质量为 7kg 和 9kg，而功耗为 23 ~ 30W。

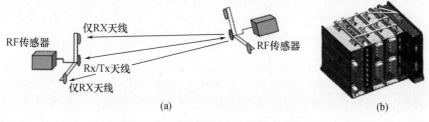

(a)   (b)

图 6.8　FFRF 测距原理（a）和终端结构（b）

FFRF 传感器以 1 Hz 的频率提供的两种度量信息：①射频信号的原始数据，如基于代码的伪距、载波相位、来自各终端和时钟偏差的载波相位差值；②位置、速度、时间（PVT）和伴随卫星的视线。每个终端负责从 FFRF 原始测量中计算出相对 PVT（当 IAR 完成后，数据代表大多数几何关系的测量值）。星载计算机（OBC）的 GNC 软件中应用了基于扩展卡尔曼滤波器的高层次滤波功能而且构成了相对导航功能的主要部分。PVT 软件利用特定的信号平滑技术算法和 GNC 系统额外提供的辅助数据相结合的方法去除信号模糊度。该辅助数据包含两方面：①航天器姿态四元数，以解决视线模糊度（这需要卫星的旋转）；②用于信号采集和导航的相对位置数据：允许在传感器上电或跟踪丢失后，射频信号采集加速。

6.4.3　测试和验证

FFRF 传感器的测试和验证方法在下面进行详细介绍。其他相对导航传感器的例子也会提供，但与 FFRF 所做的测试和验证方法非常相似。因此，与前面所叙的一样，后面的章节将致力于 FFRF 的研究，这一节的研究对象同样限定为 FFRF。

在地面试验中实现对全部操作距离的测试是非常具有挑战性的，有以下几个原因：①需要提供长距离范围的移动性；②地面测试计算引起的多路径效应需要避免；③必须提供性能描述的参考测量值。一个行之有效的办法是在空中飞行器上应用 FFRF 传感器，如热气球或配备不同 GPS 的直升机，来消除由地面引起的多路径效应。一个更加低成本的解决方案是执行下面两个连续的步骤：

• 通过特殊的 FFRF 传感器特性搭建一个高精度模型：传感器的测量在暗室中进行，为了确定由于多路径效应引起的残留偏差，也包括内部路径延迟的不确定性和天线相位中心的位置——收集到的数据允许建立一个准确的 FFRF 传感器数值模型（RF 信号发生器中姿态与偏差的映射关系）。

• 基于高精度模型仿真的广泛确定：通过使用数字模拟器模拟的射频导航系统包括 PRISMA 卫星和环境的真实模型、校正后的 FFRF 传感器模型和 GNC 算法——导航特性贯穿整个动力学和几何范围。

传感器特性依赖于安装无线电的典型卫星工程模型（操作和辐射测试）。这两个卫星放在 20m 的暗室，暗室配备了反射体用来生成平行的无线电—电子学射线，如图 6.9 所示。随着信号衰减，无线电反射体可以模拟远距离相对构型。每颗卫星安装在机械臂上扫描超过半球的姿态，从而测量其精确的偏差图形。这一阶段还允许关键条件的特性描述（信号获取条件，IAR 的成功率）。之后，由数字 RF 信号/数据处理仿真器和实际传感器算法组合的 FFRF 传感器模型，通过误差反馈进行更新。

RF 导航验证已经在两种类型的仿真环境中执行。

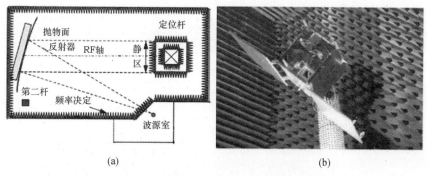

图 6.9　CNES 无回音暗室(a)和 PRISMA
任务(Mango)卫星的无线电电子学模型(b)

- 在 Matlab / Simulink 环境中实现的数值仿真,其中包括 PRISMA 各组成的高精度模型、空间环境和 FFRF 传感器。这种灵活和高效的计算仿真器致力于通过包括蒙特卡罗测试的广泛测试,对整个运行范围的性能进行评估。

- PRISMA 航空电子测试平台是专门为卫星的飞行软件验证提供的一个真正的实时环境。这个测试台由具有完整数据处理体系的卫星航空电子设备组成。有一些设备真实存在,缺少的设备由与远程终端单元(RTU)交互的仿真器来代替。Simulink 模型搭建的 FFRF 传感器集成在航空电子测试平台上,带有与数据处理系统和卫星仿真器的接口。这种配置允许在动态条件下和在与所有关键组件联系的情况下验证导航软件(通过 Simulink 模型的自动编码建立)。该试验的目的是在数学仿真之后验证并识别全部功能特性,从而提高保真度。

最终的性能通过飞行试验进行验证。它依赖于每颗星 GPS 接收机提供的参考测量量,它们是在地面上进行后期处理,可达到最高的相对位置精度,获得几毫米的三轴位置精度,这与验证目标是一致的。

6.4.4　获得的性能

FFRF 传感器可达到的性能在下面会详细说明。整个射频导航系统的性能直接取决于在 FFRF 传感器初始化阶段解决模糊度的能力。在暗室中进行的特性测试已经允许验证 IAR 处理的成功率,并判定潜在的残留误差的水平:

- 通过旋转机动解决视线的模糊度对于多路径效应具备很强的鲁棒性,即使初始偏差高达 80°(成功率 = 100%)。

- 相反地,距离模糊度的解决方案对于残留的电子学误差和多路径非常敏感,会产生较低的成功率。半波长倍数的残留偏移误差可高达 80cm。

除了错误的 IAR 产生的距离误差,FFRF 传感器还会受到传导和辐射的误差影响,在 30°锥角情况下的误差数值如表 6.3 所列。

表 6.3　FFRF 在 30°锥角情况下传导和辐射误差

FFRF 测量	距离/mm	视线方向/mm
传导	1.5	1.6
辐射(1σ)	4	6
总量	5.5	7.6

可达到的导航性能非常依赖于轨道环境。低地球轨道(LEO)可达到最佳性能,因为轨道力学在笛卡儿分量之间产生的强耦合会加快扩展卡尔曼滤波收敛。这种耦合也提供了误差估计的可能性,包括由于位置不确定(天线安装偏差或相位中心模型)带来的近似常值的 LOS 偏差以及多路径误差。在 PRISMA 轨道环境(700km 高度圆形轨道)中近似固定构型下的典型结果如表 6.4 所列。该结果是经过收敛之后(6000s)一个轨道周期的统计值(平均值、标准偏差)计算给出的。

表 6.4　FFRF 的相对导航误差

FFRF 测量	距离/m	300	1.000	3.000	6.000	9.000
沿迹方向/m	均值	0.023	0.010	0.166	0.393	0.684
	标准差	3×10^{-4}	2.4×10^{-3}	9×10^{-4}	0.004	0.013
垂迹方向/m	均值	0.03	0.046	0.131	0.220	0.030
	标准差	0.050	0.335	1.792	6.824	16.524
径向/m	均值	0.001	1.2^{e-4}	0.002	0.004	0.006
	标准差	6.9×10^{-3}	8.8×10^{-3}	0.011	0.022	0.036

沿迹方向结果显示了因未补偿的电离层传播误差导致的距离精度下降(可能 80cm 偏差,由于距离的 IAR 误差也必须加入到计算中)。在轨道平面内的估计是非常有效的,在 1km 以下精度优于 1cm。相反地,在垂迹方向由于缺乏动力学耦合,滤波器收敛速度慢得多,并且误差达到几千米。幸运的是,在短距离内精度可以得到极大的提高,300m 内可达到 5cm 的精度。

6.5　总结和结论

本节简单总结这章讨论的问题,然后给出了一些结论,还对未来的发展重点提出一些建议。

6.5.1　总结

对于空间分布式系统,需要相对位置和速度信息使得卫星能够保持相对几何关系。这可以通过使用基于 GNSS 的相对导航来实现,但同样也希望实现一个基于射频信号的自主相对导航系统。这些信号被用来测量卫星之间的距离(速率),

可与相对动力学模型相结合,以及卫星之间数据交换,对卫星的相对位置和速度在线估计。

这个过程由于具有挑战性的环境和硬件限制充满困难。信号设计应考虑到可靠和明确的距离测量以及数据交换。当系统由很多卫星组成,多址条件变得重要,因为这些信号不应彼此干涉但又必须在同一时间高速处理,从而保证相对较高的导航精度和安全性。

硬件必须足够坚固以适应空间严苛的环境,而且同时在轨道上需具有灵活性和适应性。硬件引起的测量偏差应最小化,由于距离测量本质上是信号飞行时间的测量,线上时钟必须稳定。为了在空间获得令人满意的结果,这些设备必须进行地面校准。在过去的20年,已经开发出能够在空间自主进行基于RF的相对导航系统。但到目前为止,空间中这些系统的实施是非常有限的。

6.6 小结

本章对使用局部生成RF测距信号的相对导航的整个概念进行了讨论,RF测距信号也称为直接序列扩频(DSSS)信号。通过这些信号能够测量得出在载波信号顶端调制的代码的相位偏移,或发射机和接收机之间的载波信号自身的相位偏移。如果在发射机和接收机之间代码或载波的整周期数是已知的,相位移动可以转换为距离。这对代码测量来说微不足道,但对于载波相位测量却很难。这种技术也在基于GNSS信号的位置确定中成功应用。星间自主相对导航和利用GNSS信号的位置确定的不同之处在于,后者在GNSS卫星和用户之间仅需要发送单向信号,然而星间自主相对导航通常需要双向信号或双单向信号发送到卫星之间进行交换。用于相对状态估计的动力学模型通常是线性相对运动的模型,如Clohessy – Wiltshire或Tschauncr – Hernpel,绝对运动模型有时也应用。适用于相对导航的估计器是扩展卡尔曼滤波(EKF)。可以根据系统要求,进行集中滤波或分布滤波。

测距信号本身的设计首先受到可用频率的限制。此外,对于多卫星系统,多址接入解决方案须防止信号干扰,并保证数据的实时交换(如测量、星务、指令和控制)。对于编码信号,存在许多可选择项,包括传输码类型和长度、传输符号形状和宽度、数据比特宽度、数据调制类型和误差校正的编码类型。

硬件设计必须保证多路径和硬件偏差最小化。同时,如果系统是完全自主的,相对导航传感器应具有4π的球面视野。这将导致在天线增益和天线总数之间进行权衡。即使是在元件老化的情况下,用来生成和接收测距信号的收发器应该有一个稳定的参考源,并且能够复制测距信号。最后它也需要有低质量和低功耗。依赖于系统集成的程度,该收发器还可以要求处理测量量(平滑),甚至进行一些评估。

在过去的 20 年,主要是美国进行了多个相对导航传感器的设计和开发。但是,只有一个传感器 FFRF(编队飞行射频)已经在太空运行。这些系统中的大部分是修改的 GPS 接收机,提供大致厘米级的相对导航精度,质量几千克。为了确定因为多路径和硬件的测量延时导致的误差,进行了强制性的测试和验证。整个系统的仿真,优选使用飞行硬件,也是很有必要的,既为了增强系统性能的置信水平,也是为了较早的检测错误/问题。

6.6.1　未来趋势

可以采用许多种方法来提升基于 RF 的相对导航系统的性能。下面列出了在未来可以深入发展和研究的一些领域。

(1) 基于 RF 的相对导航系统设计应充分利用现代化的 GNSS 信号处理经验。为了提高性能,可以探索研究新方法,例如新的传播符号类型(如 BOC)、有向导和数据成分的信号、分层码。

(2) 载波相位整周模糊度必须通过测距信号本身来解决。不再需要几何变化来解决整周模糊度的问题,这对于包含很多卫星的系统是不可行的。对于这一点,为 AFF 传感器设计的"超 – BOC"信号是一个很好的起点。

(3) 多路径短时延是目前测量偏差的重要来源并可能导致整周模糊度处理失败,应尽可能消除。例如通过使用多路径限制的天线,或通过智能信号设计和(或)经过软件进行检测。

(4) 目前相对导航设备最大限度地利用全球定位系统。不过诸如基于超宽带(UWB)信号的设计或主动目标的雷达,已经在很多年前就开展了研究,但是也应该探寻系统的改进。

(5) 为了大量卫星能保持在自主空间系统的优势,如互联网协议和可以容忍延迟的网络等陆地网络解决方案应开展探索工作。

此外,未来自动编队需要高数据速率,这应该在未来的设计中进一步推进。同时,抗辐射的高密度 FPGA 允许从模拟转向数字设计的变化,这对于任务扩展/适应来说可进行在轨大量重新编程(如不同的信号波形)。设计还应当模块化以支持各项特殊任务需要。

参考文献

1. Fehse W (2003) Automated docking and rendezvous of spacecraft. Cambridge University Press, Cambrige, UK

2. Lestarquit L, Harr J, Grelier T, Peragin E, Wilhelm N, Mehlen C, Peyotte C (2006) Autonomous formation flying sensor development for the PRISMA mission. In: Proceedings of IONGNSS 19th intermational technical meeting of the Satellite Division of the Institute of Navigation, Fort Worth, TX,

USA, 25 – 26 Sep 2006

3. Montenbruck O, Gill E(2005) Satellite orbits – models, methods, and applications, 1st edn. Springer, Berlin/Heidelberg

4. Kim J, Lee S(2009) Flight performance analysis of GRACE K – band ranging instrument with simulation data. Acta Astronaut 65:1571 – 1581. doi:10. 1016/j. actaastro. 2009. 04. 010

5. Winter J, Harlacher M, Draganov A, Schuchman D, Haas L(2003) Evolution of the low power transceiver for microsatellites. AIAA space 2003, Long Beach, CA, USA, 23 – 25 Sep 2003

6. Purcell G, Kuang D, Lichten S, Wu S – C, Young L(1998) Autonomous formation flying(AFF) sensor technology development. 21st annual AAS guidance and control conference, Brecknenridge, CO, USA, 4 – 8 Feb 1998

7. Alfriend KT. Vadali SR. Gurfil P, How JP, Breger LS(2010) Spacecraft formation flying – dynamics, control and navigation, 1st edn. Butterworth – Heinermann, Kidlington

8. D' Amico S(2010) Autonomous formation flying in low earth orbit. Ph. D. dissertation. Delft University of Technology, Delft

9. D' Amico S(2005) Relative orbital elements as integration constants of Hill' s equations. Technical note TN 05 – 08, Version 1. 0, DLR GSOC, 15 Dec 2005

10. Yamanaka K, Ankersen F(2002) New state transition matrix for relative motion on an arbirtary elliptical orbir. J Guid Contr Dyn 25:60 – 66. doi:10. 2514/2. 4875

11. Jung J(2000) High integrity carrier phase navigation using multiple civil GPS signals. Ph. D. dissertation, Stanford University, Palo Alto

12. Tien JY, Purcell Jr GH, Srinivasan JM, Young LE(2004) Relative sensor with 4π covrage for formation flying missions. 2nd international symposium on formation flying missions & technologies, Washington, DC, 14 – 16 Sep 2004

13. Bourga C, Mehlen V, López – Almansa J – M, García – Rodríguez A(2002) A formation flying RF subsystem for DARWIN and SAMAT – 2. 1st international symposium on formation flying missions & technologies. Toulouse, 29 – 31 Oct 2002

14. Stadter PA, Asher MS, Kusterer TL, Moore GT, Watson DP, Pekala ME, Harris AJ, Bristow JO (2004) Half – duplex relative navagation and flight autonomy for distributed spacecraft system. In: Proceedings of the 2004 I. E. aerospace conference, Big Sky, 6 – 13 Mar 2004, pp 565 – 573

15. Stadter PA, Heins RJ, Chacos AA, Moore GT, Kusterer TL, Bristow JO(2001) Enabling distributed spacecraft systems with the crosslink transceiver. In: Proceedings of the AIAA Space 2001 conference and exhibition, Albuquerque, 28 – 30 Aug 2001

16. Avila – Rsdriguez. J – A. Wallner S, Hein GW, Eissfeller B, Irsigler M, Issler J – L(2007) A vision on new frequencies, signals and concepts for future GNSS systems, In: Proceedings of the IONGNSS 20th internatinal technical meeting of the Satellite Division of The Institute of Navigation, Fort Worth, TX, 25 – 28 Sep 2007

17. Borre K, Akos DM, Bertelsen N, Rinder P, Holdt Jensen S (2007) A software – defined GPS and Galileo receiver – a single – frequency approach. Fig. 2. 2. Ch 2, p 20 and Fig. 3. 3. Ch 3. p 38. Birkäuser

18. Giugno L Luise M(2005) Optimum pulse shapingfor delay estimation in satellite positioning. In:

13th European signal processing conference. Antalya. 4 – 8 Sep 2005

19. Antreich F. Nossek JA. Issler J – L(2008) Systematic approach to optimum chip pulse shape design. In: 3rd CNES/ESA workshopon GNSS signals and signal processing, Toulouse. 21 – 22 Apr 2008

20. Gold R(1967) Optimal binary sequences for spread spectrum multiplexing. IEEE Trans lnf Theory 13:619 – 621. doi:10. 1109/TTT. 1967. 1054048

21. Zenick R, Kohlhepp K(2000) GPS Micro navigation and communication system for clusters of micro and nanosatellites. In: 14th AIAA/USU conference on small satellites, Logan, UT, 21 – 24 Aug,2000

22. Hein G, Avila – Rodriguez J-A, Wallner S(2006) The Galileo code and others. Inside GNSS, Sep 2006, pp 62 – 74

23. Sun R, Macssen D, GuoJ, Gill E(2010) Enabling inter – satellite communication and ranging for small satellites. 4S symposium, Funchal, 30 May – 4 June 2010

24. Dunn C, Bertiger W, Franklin G, Harris I, Kruizinga G, Meehan T, Nandi S, Nguyen D, Rogstadt T, Brooks Thomas J, Tien J(2002) Instrument of GRACE: the instrument on NASA' s GRACE mission: augmentation of GPS to achieve unprecedented gravity field measurements. In: Proceedings of the ION GPS 15th international technical meeting of the Satellite Division of the Institute of Navigation, Portland, OR, 24 – 27 Sep 2002

25. Kaplan ED, Hegarty CJ(eds) (2006) Understanding GPS – principles and applications, 2nd edn. Artech House, Norwood

26. Misra P, Enge P (2006) Global positionmg system: signals, measurements, and performance, 2nd edn. Ganga – Jamuna Press, Lincoln

27. Vig JR(2008) Quartz crystal resonators and oscillators for frequency control and timingapplications – a tutorial. Rev 8. 5. 3. 9. http://www. icee – uffc. org/ freq ucncy _control/teaching/vig/vig3 _ liles/frame. htm. Accessed 26 Oct 2011

28. Hewletl Packard(1997) Fundamentals of quartz oscillators. Application note 200 – 2, Electronic counters series

29. Vig JR(1992) Introduction to quartz frequency standards. SLCET – TR – 92 – 1 Rev 1. http:// www. oscilent. com/esupport/TeehSupport/ReviewPapers/IntroQuartz/vigcateg. htm. Accessed 23 Dec 2010

30. Grelier T, Guidotti P – Y, Delpech M, Harr J, Thevenct J – B, Leyre X(2010) Formation flying radio frequency instrument, first flight results from the PRISMA mission. In: 5th ESA workshop on satellite Navigation Technologies(NAVITEC), ESA ESTEC, Noordwijk, 8 – 10 Dec 2010

第 7 章　基于视觉的相对导航

Domenico Accardo, Giancarmine Fasano, Michele Grassi

摘要　视觉相对导航是编队飞行卫星相对导航领域中的关键技术。利用视觉系统可以实时提取协同飞行卫星的相对位置和姿态(在机器视觉学科中,通常称为"位姿")。视觉信息可以用于维持或者改变编队的几何构型。影响视觉系统设计和开发的关键是复杂变化的照明条件和在敏感器视场中其他天体所引起的杂散光干扰。这要求实施有效的图像处理技术和算法,这样才能实现鲁棒性、精确性和可靠性的姿态确定。本章对基于视觉的相对导航技术涉及的敏感器技术和算法进行了概述,并介绍了已对这些技术进行在轨飞行测试的太空任务。

7.1　绪论

本章介绍了与编队飞行卫星相对导航视觉系统有关的敏感器、技术、方法和算法。

视觉相对导航是编队飞行卫星相对导航中的一个关键技术,特别是为了实现科学或技术示范和验证的特殊任务,所选择卫星相对轨道会导致它们接近情况下,视觉相对导航尤为重要。

视觉系统可以是被动的或主动的,在最后阶段采用激光测距仪照射安装在追踪星上具有一定几何形状的反射器。在这方面,已提出几种解决方案,其中有些已经进行过飞行测试,它们将会在本章中进行介绍。

从基于视觉导航的角度来看,跟踪的卫星可以是合作的或是非合作的。在前者的情况下,它通常配备有 LED(发光二极管)或反射器,可以在摄像头视场(FOV)中具备特定的照明条件或其他天体(主要是地球和太阳)干扰情况下,很容易地通过追踪星上的相机进行成像。在后者的情况下,采用能够提取跟踪卫星特征的技术和算法,诸如二值化、轮廓图和边缘检测,可以建立综合信息用于确定相对位姿(位置和姿态)。这些技术和算法将本章中进行说明。

关于姿态估计,可以使用一些技术和算法计算从所述图像中提取的合成信息的姿态。这些技术可大致分为单目和三维(3D)。前者在仅有角度估计误差的基础上进行相对导航,而后者还使用由立体视觉系统或是激光测距仪提供的测距信息。进一步,姿态估计还可基于相对动力学建模及最优滤波技术进行提升。这些技术也将在本章进行叙述。

本章的结构安排如下:第一部分为基于视觉的相对导航敏感器和技术的概述,并提供了已经完成或仍在飞行试验中的空间飞行任务的详细说明。第二部分描述了图像处理技术和算法,用于提取敏感器参考坐标系下所选目标的位置信息。第三部分重点介绍在视觉系统提取综合信息的基础上,实现相对姿态估计的算法和方法。

7.2 任务、敏感器和技术

本部分概述了用于视觉相对导航技术的敏感器和技术,并详细介绍了已经在太空任务中验证的飞行技术。

目前,还没有具有特定科学目标的编队飞行任务搭载过相对导航视觉系统,虽然在公开文献中视觉导航已经作为下一代编队飞行任务的关键技术。因此,为了对正在发展的敏感器和技术进行定量分析,我们分析了过去空间任务中已经测试的自主相对导航技术,这些任务包括交会、对接、接近飞行、编队飞行。下面我们将描述这些任务和计划:

- 微卫星技术发展计划,以空军研究实验室(AFRL)为首进行。
- 工程试验卫星,由日本国际空间发展机构(NASDA)开发。
- 自主交会技术(DART)验证,由 NASA 开发。
- 轨道快车(OE),由美国国防高级研究计划局(DARPA)和 NASA 开发。
- PRISMA,以瑞典航天局为首,获得德国航天局(DLR)、法国航天局(CNES)和丹麦技术大学(DTU)支持。

上述所有任务旨在测试飞行的自主导航、制导与控制(GN&C)技术,通过使用两个伴同飞行的卫星和单目视觉(可携带或不携带激光测距辅助)来提取相对导航状态。为了方便读者,表 7.1 和表 7.2 总结了上述任务相关的主要综合信息,在下面章节会详细介绍,表 7.1 提供了任务状态、目标和卫星/轨道参数。表 7.2 提供了所采用敏感器、导航测量参数和精度的综合信息。

表 7.1 飞行任务一览表

任 务	目 的	情 况	卫 星
ETS - 7	验证在轨服务任务中的自动交会对接技术	1997 年 11 月 28 日发射,1998 年 7 月到 8 月进行测试,任务成功完成	追踪星和目标星发射在 550km、35°轨道倾角的既定轨道

任 务	目 的	情 况	卫 星
XSS-10/XSS-11	试验自主交会与接近飞行中的 GN&C 关键技术	2003 年发射,2005 年成功完成了飞行测试	两颗卫星:一颗 Delta Ⅱ 第二级(XSS-10),另一颗是 Minotaur Ⅰ 上面级(XSS-11)
DART	试验未来在轨服务的自主交会技术	2005 年 4 月 15 日发射,持续时间为 24h,因为星间碰撞,任务部分成功	追踪星是在 650km、97.7° 倾角的轨道,目标星是已在轨运行的 MULBCOM 卫星(1999 年)
OE	试验未来在轨服务的自主交会对接技术	2007 年 3 月 9 日发射,星间距从几米到几百千米,任务成功	ASTRO(追踪星)和 EXTSat(目标星),在 492km、46° 倾角的轨道
PRISMA	验证未来编队和交会任务中的自主 GN&C 技术	2010 年 6 月 5 日发射成功,现在仍然在轨运行	Mango(追踪星,40kg)、Tango(目标星,40kg),在 700km 的太阳同步轨道

表 7.2　飞行任务技术方向和结果综合一览表

任 务	敏 感 器	相对导航观测/技术	结 果
ETS-7	追踪星上安装了 RVR(交会雷达)、PXS(接近相机敏感器),在目标星上安装了 CCR(角反射器)和 PXS 的靶标	RVR 测量最终接近段的视线角和与目标的距离,PXS 确定在对接过程中的 6 自由度相对位置	RVR:22cm(距离),0.02°(视线角) PXS:<5cm(位置),<0.4°(姿态)
XSS-10/XSS-11	在 XSS-10 上安装了 CCD 相机,在 XSS-11 上安装了 CCD 相机和雷达	从 XSS-11 的 CCD 相机上获得基于质心信息的相对导航。在 XSS-11 的 LIDAR 上获得距离和视线信息	
DART	在追踪星上安装 AVGS(先进视频制导敏感器),包括雷达二级管和 CCD 相机,目标星上装有已知构形反射器	焦平面反射器位置处理,能提供 1km 距离的视线信息(点模式)。在 300m 的追踪模式获得 6-DOF 的相对位置和姿态	

任　务	敏　感　器	相对导航观测/技术	结　果
OE	窄视场相机（远距离处理）、宽视场相机（近距离处理）、红外相机（夜间不可见情况处理）、AVGS 近程段处理	相对距离和视线信息（从相机和雷达）。在最终接近段通过波音 VisSTAR 软件采集和独立解算姿态。用 AVGS 采集 4 个非共面目标信息	Vis‑STAR:姿态精度为分度 AVGS：±7cm（测距），±0.01（视线角），±0.4°（俯仰角/偏航角），±0.15°（滚转角）
PRISMA	飞行验证过的星载相机技术 μ‑AGS（先进恒星罗盘），4 台相机用于远距离和近距离	远距离确定视线。在近程接近段通过观测合作目标的 4 个点获得相对姿态信息。通过跟踪和对特征的在线三维模型获得非合作目标的相对姿态信息	VBS:3 角秒（视线方向），<1°（合作模型）、<5°（非合作模型）

表中一些任务已经对可用于未来在轨服务平台和任务的先进技术进行了测试,目前已经广泛的认识到了它们的重要性[1]。此外,这些任务中有关敏感器、技术、方法和算法与编队飞行密切相关,因为接近/分离和近距离飞行都是与编队飞行应用相关的阶段,其中很多卫星都是近距离飞行或者需要进行编队飞行机动。

值得注意的是,除了表 7.1 和表 7.2 中所述,欧空局(ESA)在接下来几年可能进行的其他在轨技术论证项目如下:

● Proba‑3,作为未来 ESA 任务中的先驱者,其目的是论证编队飞行技术和方法的精度[2]。

● SMART‑OLEV,由欧盟管理[3],其目的是发展一个在轨服务系统来延展GEO 通信卫星的任务寿命。

● 德国轨道服务任务(DEOS),由德国宇航中心负责,主要目的是验证抓捕一个非合作滚转卫星的技术。

简单起见,在下面的章节中不会报道 DART 任务,因为安装在 DART 上的敏感器与已经在轨道快车上验证成功的敏感器是同一款(除了在软件上有一些小修改),而轨道快车会在下面进行详细介绍。另外由于两个卫星的碰撞,DART 任务并不完全成功。

7.2.1　微纳卫星技术发展项目

AFRL 建立了微纳卫星技术发展项目(XSS 系列的飞行验证)来测试未来空间任务中的新技术。在这个框架下,XSS‑10 和 XSS‑11 目的是发展和验证自主交会、接近飞行中在轨导航、制导和控制的关键技术和可操作性。特别是,1997 年开始并在 2003 年 1 月发射的 XSS - 10 项目,是已取消的克莱门Ⅱ项目的继任者。在轨由 Delta Ⅱ第二级发射微纳卫星构成并展示了环绕第二级的半自主操作,以此论证了相对导航、接近操作和相关实时通信技术,以及对一个空间已有目标(RSO)的检查和追踪。XSS - 10 装备了一个可见光相机、一个 GPS 接收机和一个惯性测量单元(IMU)、一个小型星敏感器、一个用于地面链路的接收应答机和相对导航和接近操作的软件(关于此项目的详细描述能够在 www. aerospace - technology. com/projects/xss -10microsatellite/中找到)。XSS - 10 任务的一个特殊目标是绕飞操作(通过使用预置观测点)和验证基于可见光成像、相对位置和惯性位置/姿态信息条件下相对于 RSO 的位置保持能力。主要目标是验证采用星上可见光 CCD 传感器捕获和跟踪空间目标的能力,这是基于从相机拍摄 RSO 预置观测点图像中所提取的质心信息。具体而言,GN&C 软件通过组合相机拍摄的 RSO 图像并利用基于相对运动 CW 方程的星上相对状态递推器来更新相对状态,同时在设计好的观测点跟踪 RSO。通过定点机动将 RSO 质心与相机的视场中心(FOV)重合:偏离的中心的大小表示为相对状态估计误差。GN&C 软件使用这个质心位置信息,以更新在每个点处的相对状态。XSS - 10 所拍摄 Delta Ⅱ二级的图像可以在网站 www. globalsecurity. org/space/systems/xss. htm 中获得。

XSS - 11 在 2005 年 4 月 11 日搭载于米诺陶运载火箭上发射。在完成米诺陶Ⅰ上面级系统检查后,微纳卫星成功地验证了对箭体的交会和接近操作。它完成了超过 75 周环绕运载火箭运动。XSS - 11 号载有用于角速度和角加速测量的 IMU,粗太阳敏感器完成对太阳的捕获,可见光相机系统用来恒星探测和目标成像,并有扫描光检测和测距仪(LIDAR)来确定相对距离和角度测量。

7.2.2　工程试验卫星

1997 年,日本国家宇宙开发事业团(NASDA)进行了工程试验卫星(ETS - Ⅶ)的飞行试验来验证在轨自主协同飞行技术、交会对接和近距离飞行操控等未来航天任务的可行性。该任务由两颗卫星组成,"Hikoboshi"(追踪卫星)和"Ori-hime"(合作目标卫星),搭配在 H - Ⅱ火箭上,发射到 550km、35°倾角的轨道[7]。在试验过程中,追踪星释放目标然后漂移至最远 9km 距离。随后,执行交会操作使追踪星返回接近目标并执行对接操作[8]。这个试验展示了最早的基于视觉导航技术的两颗卫星的在轨自主相对导航。

为了执行针对目标的相对导航任务,追踪星上安装了 GPS 接收机、交会激光雷达(RVR)、可见接近操作敏感器(PXS)、惯性基准组件(IRU)和地球传感器组件(ESA)。目标卫星是合作的,它配备了 RVR 角形反射器(CCR)和 PXS 标志器用于追踪星相对导航。对传感器和相关标志器进行设置,以便每个传感器可以区分自己的标记集。同时其内部安装了一个 GPS 接收机,它的数据传输到追踪星上用来相对导航,两颗卫星之间通过星间链路直接通信[9]。

安装在两个卫星上的传感器允许执行 3 种不同的相对导航模式,模式的选择依赖于星间距离[9,10]。特别是,GPS 适用距离超过 500m。此外,对于短距离段(表 7.3)两个卫星之间的相对导航采用了视觉导航技术。

表 7.3　ETS – Ⅶ 视觉导航段和敏感器

阶　段	相对导航距离/m	主要导航敏感器	观　测　量
最终接近段	500 ~ 2	RVR	相对距离/视线角
对接段	2 ~ 0.5	PXS	相对姿态

具体来说,RVR 用作最后接近阶段(500 ~ 2m)相对导航的主传感器。传感器的指标见表 7.4[9,10],其用来测量与目标的相对距离和视线角(LOS)(目标方位角和高低角)。RVR 光学头部包含一个近红外激光二极管,它能发射 810nm 波长的脉冲光,锥角为 85°。光束从目标角反射器反射到 RVR 光学头部,头部中二维 CCD 阵列对其成像。然后执行图像处理算法,通过估计发射光束在 CCD 平面上的质心,计算出该目标的方位角和高低角。另外,可以使用雪崩光电二极管(APD)的数据,通过计算发送和接收光束的相位差来获得相对距离。在轨 RVR 精度与指标符合很好并与 GPS、PXS 和地面的测试数据一致[9,10]。特别是在轨数据与地面测试数据(两颗卫星为组合构型)符合很好,测距精度 2cm 和视线角精度 0.1°,距离随机误差为 5mm 和视线角随机误差小于 0.01°(3σ)[11]。

表 7.4　ETS – Ⅶ RVR 精度说明

测量范围	测量相对距离:0.3 ~ 660m
	距离测量的视场角:±3°
	可测量视线角范围:±4°
	相对测量姿态最大角度:15°
	相对测量最大速度:1m/s
	视线角最大角速率:0.5(°)/s
测量精度	测量距离:
	偏差 = 10/60cm(对应最短/最远距离)
	随机误差(3σ) = 0.6/22cm(对应最短/最远距离)
	视线角:0.05°(偏差),0.02°(随机误差,3σ)

对接过程中(2 ~ 0.5m)相对导航采用接近传感器,包括追踪星上的 CCD 相机和 LED 阵列,以及目标星上的三维标志(微型倾斜 CCR)。LED 阵列以 30°锥角范围发射可见光(640nm)脉冲。目标星上的标志包括 7 个圆形标记,中心标志位于对称分布成两组的其他标志的后面(图 7.1)。相对姿态通过在相机焦平面标志物的成像来确定。具体来说,中央标志和 3 套中的一个用来确定相对距离。俯仰和偏航旋转可通过中央标志的位置进行检测,这是因为它和其他的标志不共线。滚动通过两边标志之间的基线向量旋转进行检测。相对位置由基线长度(纵轴)和

基线中心在焦平面的位移(横轴)的变化进行估计。表 7.5 介绍了 PXS 精度[9,10,12]。PXS 在轨精度要优于指标要求[9,10]。具体来说,在轨与地面试验的测量数据一致(两颗卫星为组合构型),测距精度为 2cm 和视线角精度为 0.1°,距离随机误差约 5mm 和视线角随机误差小于 0.01°(3σ)[11]。文献[13,14]对两颗卫星进行了解释说明并配有相对导航敏感器和反射器的图片。

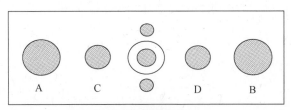

C/D——最小距离段标志
A/B——最大距离段标志

图 7.1　PXS 标志外形示意

表 7.5　ETS – Ⅶ PXS 主要特征参数

相对位置精度	偏差:<22cm(X),<50cm(Y,Z)
(在 10m 的最大距离)	随机误差(3σ):<5cm(X),<1cm(Y,Z)
相对姿态精度	偏差:$<1.1°$(滚动角),$<0.85°$(俯仰,偏航)
(在 2m 的最大距离)	随机误差(3σ):$<0.4°$(滚动,俯仰,偏航)

7.2.3　轨道快车

轨道快车是 DARPA 和 NASA 联合研制的计划。任务的主要目标是执行第一次自主组件交换和第一次燃料加注,以及自主交会对接。它必须验证自主交会、逼近飞行、对接和在轨服务的相应技术。两颗卫星以组合构型发射:Astro 卫星(自主空间运输机器人操作飞行器,追踪星)由波音公司开发,NextSat(下一代维修卫星原型机,目标星)由波尔航天公司开发。2007 年 5 月 5 日在美国空军太空试验计划 STP – I 中,搭载阿特拉斯 5 型火箭发射。两颗卫星分离后经过距离的变化进行接近、交会和对接(AR&D)操作[15]。飞行试验在 46°倾角、492km 的轨道上持续了约 3 个月。关于系统的介绍可以在网站 boeing. net/bds/phantom_works/orbital/oe_029. html 上找到。

Astro 搭载了自主交会和采集敏感器系统(ARCSS),该系统包括针对 NextSat 卫星的相对导航光学敏感器。具体来说,可参照图 7.2,其有两套光学传感器:一套是波音公司开发的,由 3 个成像传感器和 1 个激光测距仪组成(安装于一个共同的光学平台),另外一套由 AVGS 组成,它是 DARPA 为 DART 任务开发的。两星分离时两套系统在 GN&C 系统中使用。NextSat 则安装了 AVGS 和 ARCSS 所需的标志。

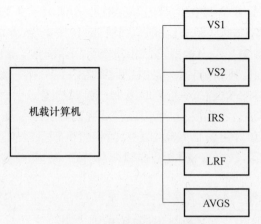

图 7.2　ARCSS 组成示意图

更多的细节如下,第一套敏感器包括:二个固定焦距的相机,一个用于远距离成像的的窄视场(6.5°)相机(VS1),一个用于中短距离成像的宽视场相机(约 40°)(VS2)和一个长波红外成像仪(IRS)用于连续感知和检测 NextSat 卫星的热量。照明灯在约 24m 时开始提供对目标的照明。窄视场相机可以探测并获取约 200km 的目标卫星信息,这时它是一个点光源,通过确定它的方向来进行跟踪操作。宽视场相机从距离约 100km 处开始工作,而红外摄像机工作距离约为 24km,还能提供在日食和复杂照明情况下的背景信息。

激光测距仪(LRF)从距离目标约 10km 处开始提供额外的测距信息[16]。

从 ARCSS 获取的可用传感器数据通过基于视觉的软件处理,用来实现跟踪、测姿和测距(Vis – STAR)进而确定方向、距离和目标的相对姿态。具体来说,在较远的距离时,只有方向和距离可以计算。相反,在较近的距离时(从 500m 开始),目标图像变得足够大,使得 Vis – STAR 可以从被动成像(轮廓跟踪系统)独立的计算姿态、距离(从激光测距仪)和方向。通过将获取的图像与预先保存在计算机中对 NextSat 卫星在不同的角度拍摄的图像进行校正达到姿态确定。边缘跟踪技术用于区分模糊姿态。在每个旋转轴可得到分度精度。Vis – STAR 能够以可视和红外数据系统工作[16]。

ARCSS 还包括从 DART 任务继承的 AVGS(除一些软件的变化和微小修改)[14],它由马歇尔太空飞行中心开发。这是一个近场接近导航传感器(±8° FOV),能够计算 300m 范围内的六自由度(相对位置和姿态)状态。它展示了之前概念的发展。视频制导传感器(VSG)在 STS – 87(1997 年)和 STS – 95(1998)任务中成功试验飞行。具体来说,AVGS 具备更好的性能和远距离运行能力[15]。

AVGS 组合了能够发射红外激光束的激光测距仪,它对 NextSat 卫星上安装的两套后反射目标进行照明(参见图 7.3):4 个长距离目标(LRT),通常情况下从小于 10m 到约 100m 可观测,和 4 个短距离目标(SRT),通常情况下从对接到最远大约 30m 可观测。图 7.3 中,中间的 SRT 与其他是不共线的,大约离结构平面 20cm。这些目标覆盖了不同跟踪距离,并且是对其焦平面上的角反射器进行处理,而不是对成像目标的整体形状进行处理[17]。以这种方式可以计算接近走廊(最后 200m 前捕获段)中近距离段相对姿态、距离和方向。尽管 DART 任务可能因没有在闭环中使用 AVGS 而失败了,但 AVGS 在聚焦模式下收集到了有价值的方向数据,在文献[17]中有所展示。

AVGS 依赖于波长为 800nm 和 850nm 的两套激光二级管,一个反射镜、一个定焦固定状态的相机,图像是通过目标卫星上一个已知标志的角反射器而得,图像捕获电子学器件和一个数字信号处理器将视频数据转换到姿态信息。两套

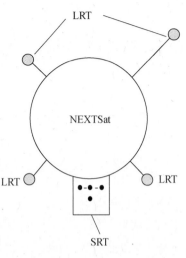

图 7.3 在 NEXTSat[17] 上 AVGS 的 SRT 和 LRT 的安装示意图

不同波长的激光装置启动时不同步(5Hz),偏移相差 0.1s。波长 800nm 的激光被安装在角反射器上的滤波器吸收,而另一个波长的激光通过滤波器并且反射回敏感器焦平面上成像。所捕获的目标图像帧频为 10Hz:一幅图像只有背景没有 CCR,另一张包含背景信息和 CCR。两幅图像相减保留了 CCR,这样可在多种距离和光照条件下能够轻易地对其进行探测[15]。相对距离、方向(方位角和高低角)和姿态可以通过结合已知目标信息的数据采用逆向投影算法对二维图像处理得到。

在轨使用 AVGS 两种跟踪模式(跟踪包括 LRT 和 SRT)所得的飞行试验的结果,对应距离范围变化约为 10~30m,这就表明传感器的性能。两种跟踪模式下的飞行结果是通过比较两个姿态计算获得,计算是通过跟踪 LRT 和 SRT 独立实现。根据传感器指标,距离标准偏差大约 0.07m,方位角和高低角角标准偏差小于 0.01°,俯仰角和偏航角噪声低于 0.4°,滚动噪声小于 0.15°[15]。为了方便读者,性能总结见表 7.6。在同一表中还涉及相关组合构型情况下的飞行结果(距离约 1.22m),完整报告见文献[15]。

表 7.6 AVGS 双跟踪模式和组合构型结果(1σ)

参数	双跟踪模式	组合构型
	噪声结果	噪声结果
相对测量距离/m	0.07	0.0025
方位角 – 高低角/(°)	0.01	0.005
俯仰/偏航/(°)	0.4	0.12
滚动角/(°)	0.15	0.04

7.2.4　PRISMA 计划

PRISMA 由瑞典国家航天局资助,旨在测试空间编队飞行和交会技术。这个计划同时也获得了 CNES、DLR 和 DTV 的支持。任务的主要目标是论证自主 GN&C,具体涉及合作编队飞行、导引和交会、接近操作及末端逼近和撤离[18]。任务由两颗卫星(该系统说明在网站 www. spaceportsweden. com/about – prisma. aspx 中找到)组成,Mango(主星)和 Tango(目标星)。Mango 大约重150kg,其 3 轴稳定,具有三维全向 ΔV 操作能力,通过使用一组星上传感器围绕目标执行一系列机动。Tango 是一颗 40kg 的卫星,配备了一个简单的 3 轴磁力矩器姿态控制系统,但其没有轨道控制和机动能力。它可以与主星通过 450Hz 星间链路进行通信。两颗卫星于 2010 年 6 月以组合构型发射,作为第二级有效载荷通过第聂伯号火箭发射到 98°倾角 700km 轨道高度的太阳同步轨道[18-20]。

Mango 搭载的各种传感器用来测量与 Tango 的相对距离。具体来说,根据两个卫星之间的不同距离执行下面的相对导航试验:

- 差分 GPS。用于大于 30m 距离。
- 视觉导航。用于 500km 到约 10m 距离。
- 基于无线电的导航。用于 30km 到 3m 距离[18-20]。

在此着重介绍用于相对导航的视觉传感器。安装在 Mango 上的视觉传感器由 DTV 设计和开发[21]。在 PRISMA 任务中其作为一种多范围距离跟踪和交会传感器已得到验证。为此,它用于导引和交会试验,接近和最终接近/撤离操作过程(表7.7)。

表 7.7　Prisma 视觉导航测试阶段和主要传感器

阶段	测试	模式/主要传感器
10 ~ 100km	接近和交会	远距离模式:远场相机,视场角和距离确定
5 ~ 100m	近距离操作	近距离模式:近场相机,合作/非合作目标姿态确定
0 ~ 5m	最终交会和撤离	近距离模式:合作目标姿态确定

第一个试验的目的是评估基于视觉传感器识别目标的能力,其目标可为远至 500km 的非恒星物体,并且通过一些自主接近操作序列追踪最短距离低于 10m 的目标。第二个试验的主要目标为评估在轨服务、检查和装配任务中的传感器性能。在该试验中,传感器特性的测试是通过将目标配置为合作模式,如配备发光二极管,或配置为具有变化姿态和速率的非合作模式[18]。

基于视觉的传感器已开发为 μ – 高级恒星罗盘(μASC)扩展模块,它为一个完全自主高精度 CCD 星敏感器平台,可作为 1 ~ 4 个相机头部单元的主机[21,22]。用于 PRISMA 的视觉传感器配备有两个相机单元:一个用于远距离操作(距离目标 100m 以外);一个用于近距离操作(从约 500m 近到几厘米)。

这种设计允许进行上述试验。远距离相机是一个标准的相机头部,基本上是一个星敏感器。事实上,距离较远的目标可看作一个点光源,就像天上的恒星。

通过图像处理技术,传感器可从恒星背景中分离出目标,从而确定方向,精度约为 $3''$[22]。如果卫星间距离变小(达到约100m),目标变得更大更亮,那么无法检测恒星。然后,传感器只提供到目标的距离和方向。当在聚焦平面上的目标图像足够大时(距离小于100m),传感器开始使用短距离的相机确定相对于目标的姿态,这种相机的特点是具备可调节的焦距、光圈以及电子快门,从而能够在近距离操作。

关于近距离的姿态确定,如先前所述,目标可以是一个合作目标,也可以是一个非合作目标。在第一种情况下,可以通过对目标上安装的共面 LED 成像所得独特不对称非共线图案而计算出相对位置与姿态,预计相对位置能够达到厘米级的精度,三轴姿态精度能够优于 $1°21'$。通过对透视4点问题的解决方法来进行姿态确定[21,22],这将在以下章节中进行描述。在第二种情况下,通过使用目标特征跟踪和搜索严格转换将获取的图像与存储在卫星上的三维目标模型匹配来确定相对姿态和相对位置[22]。在这种情况下,相对导航解决方案预计将不太准确并且更依赖于照明条件。具体来说,预计位置精度约差10倍和姿态精度约差5倍。

7.3　图像处理算法和技术

本节主要展示了基于星载电子光学相机所获取的图像信息而普遍用于估计两个航天器之间相对位姿的图像处理技术和算法。在参考模型中,相机配备了图像成型系统,包括光学透镜以及图像阵列探测器。该探测器是由若干个基本敏感单元组成,这些单元称为像素,以行和列组成于矩形阵列内。每个像素能够输出一个信号,该信号正比于预设曝光时间内撞击像素表面且在相机光谱波段内的光子能量。当然,这个信号受噪声影响,噪声由几个来源决定,包括暗电流、光子噪声和固定模式噪声[23]。噪声水平取决于整个图像成型系统的质量。

在像素尺寸有限的成像系统中的每一个像素可测量矩形立体角等特定瞬时视场(IFOV)中的能量,这些视场集成为整个视场(FOV)。这是最普遍的相机构型。在不常见的衍射限图像系统中,IFOV 通过光学衍射模糊点的尺寸来确定,它比单个像素要大。一些技术已经用来制造阵列图像探测器如电荷耦合器件(CCD)和互补金属氧化物半导体(CMOS),用于可见光和近红外波段,而微测辐射热计可用于热红外波段[23]。值得特别注意的是对于空间电子光学系统需要选择一个合适的光电探测器,因为它们对输入的其他波段的电磁波也非常敏感,如 X 射线。这种其他波段的输入会引起空白像素导致不希望的图像处理性能的退化[24]。

通常,这里描述的图像处理技术在相机光谱波段上是独立的。尽管当波长移至近红外时,相机是作为一个辐射能量感应器工作,而不是一个分散能量传感器。其结果是,因为它用于视觉波段,所以得到的图像更趋近于热图,而不是散射图。

7.3.1 假设

在本节,图像的类型可以认为是灰度图像,即图像在每个像素都是数字化的输出,关联为从白色到黑色的不同灰阶值。彩图在这一节不做考虑,因为在基于视觉的空间相对导航的可参考资料中并没有发现使用彩色波段相机的情况。彩色图像需在图像探测阵列上添加拜尔滤波器可以依次通过红色、绿色和蓝色波段[25]。全彩色图像都是通过拜尔模式图像进行逆马赛克处理。实际上,入射光线的光谱分布信息对于图像目标识别是有用的,但是它不影响从背景图像中选择感兴趣的像素处理。灰度图像通常可通过彩色图像中3个邻近像素的亮度进行平均获得。

事实上,图像的数字化意味着每个像素测量的电压值通过采样、量子化和编码处理。

对于一幅二维图像,空间和时间采样必须考虑。空间采样意味着每个像素的测量电压都与它的中心位置相关。时间采样意味着测得的像素强度与其曝光间隔内的具体时间相关。

量化作用的结果使每一个像素连续的测量值等价为一个从最暗即黑色到最亮即白色的离散值。如果与光强度相关的离散分布为均匀分布,这样可应用"线性量化"。但在很多情况下,采用与光强度相关的对数分布来增加最暗发光值下的阶数[26]。一幅图像的灰度分辨力由可表示不同灰阶的 L 数来表示。通常,在一个CPU 中由存储的信息位数 N 来决定。下面的表达式表述了 L 和 N 的关系:

$$L = 2^N \tag{7.1}$$

灰度图像是由曝光期间入射到像素表面的光强度相关的整数值 $I_{i,j}$ 阵列组成。其结果为:数字图像是3个积分过程的作用结果:

(1) 光谱积分,即 $I_{i,j}$ 正比于探测器响应光谱波段的光谱积分。

(2) 空间积分,即 $I_{i,j}$ 正比于入射像素表面的每个点的光强的空间积分。

(3) 时间积分,即 $I_{i,j}$ 正比于探测器曝光时间。

在实际系统中,噪声的影响和畸变的影响必须考虑。这些影响的详细讨论可以在文献[23]中找到。主要有环境畸变和光学畸变。前者由环境条件决定,如地球大气的温度、湿度或有雾天气以及外层空间的 X 射线和宇宙射线,特别是 X 射线能引起不需要的空白像素现象[24]。光学畸变是光学像差决定的,光学像差是在制造镜片时的缺陷所造成的。畸变的影响是图像中的直线变化为曲线。最常见的像差畸变类型是枕形失真和筒形失真[23]。值得一提的是,镜头玻璃的透明性因空间辐射剂量而降低。为此,需要适当地对玻璃进行掺杂,以减少变黑[24]。

最后,光电探测器的噪声必须加以考虑。这里主要考虑两个噪声源[23]:

(1) 随机噪声又称为散粒噪声。从名称中可看出,此噪声由随机粒子运动产生,如光子或电子的随机运动,单个粒子可通过泊松分布或散粒分布建模。而当粒

子的数量变得足够大时,不论光子或电子整体效果都可通过高斯分布的方法进行建模。它可分为以下两种:

- 光子噪声,由光子的随机运动确定。这种类型的噪声是由于入射光子不是由成像的物体和背景产生,而是由其他来源产生。
- 暗电流,由光电探测器内部读出电子随机运动确定。

(2)固定模式噪声。即在整个阵列中,每个像素都有一个固定模式的偏差噪声。

标称的光电探测器噪声在量化过程中一般在第一个量化灰阶内。实际上,一些其他问题也会导致性能下降,例如在发生热效应和静电效应时会增加噪声水平。

7.3.2 图像处理算法的通用形式

图像处理技术,旨在从电子光学相机拍摄的包含目标 S 的单独图像中提取目标 S 的信息。图 7.4 显示图像处理算法的典型流程图。它接受输入一个灰度图像,返回 p 个可探测的图块。对于组成像素集的每个 $r_k = 1, \cdots, q_k$,每个图块由图块标志符 $O_k(k = 1, \cdots, p)$ 以及一系列 q_k 像素坐标 $x(i, j)_{k,l}$ 组成。如果顺利的话,一旦图像处理执行后,至少有一个图块可以在图像中检测出来。如果检测到多个图块,就必须采取适当的策略来找出有多少图块 O_k 能和目标 S 进行联系。总地来说,在每一种情况下必须要有特定的策略。一些通用的对目标 S 的辨识是通过对所探测到的图块的大小和几何不变量的分布进行推导得出的[27]。同样,如果采用热像仪或者相机的话,图块的热特性或颜色特性可以用来实现对目标 S 辨识的目的。因为现有用于目标探测的图像处理技术没有一个是完美的,因此总会产生残差。如果图像处理未能检测到图像中实际存在的目标对象,那么就需要遗漏检测方案。相反地,如果当与目标 S 与图块 O_k 关联时出现错误匹配,即图块 O_k 不是 S 的真实形象,那么也需要进一步处理。

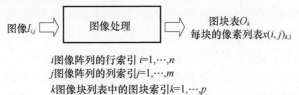

i 图像阵列的行索引 $i=1, \cdots, n$
j 图像阵列的列索引 $j=1, \cdots, m$
k 图像块列表中的图块索引 $k=1, \cdots, p$
r_k 块 k 像素列表中的像素索引 $r_k=1, \cdots, q_k$

图 7.4 图像处理算法的典型流程

3 类主要的图像处理方法可用以解决上述任务,如:

(1)通过二值化和标记的图像分割。该算法将多个像素组成的像素集识别为图块。每一个图块都和一个选定的识别符或标志符关联,以便对其进行有效的分析并与目标 S 关联。图块由二值化和标记的方法进行选择。

(2)通过边缘检测和标记的图像分割。在这种情况下,算法以像素"边缘"识别,"边缘"指测量出的与周围像素数字化亮度斜率比分配的阈值大。所有探测的边缘都与图块相关联。

（3）基于模式匹配的图像分割。这种图像处理技术需要一个或多个关于搜寻目标 S 的图片模板,其分辨力与相机分辨力相同,并储存在存储器中。目标 S 的位置通过寻找获取的图像和模板图像间最大相关性的像素来实现。

显而易见,第一种算法比第三种算法的识别性能差,但是在计算负荷上其速度却要快得多。边缘检测介于两者之间,因为它具有平均的目标识别性能和计算负荷。对于特定应用的解决方案应该是多方面的折中考虑。

如图 7.5 所示的图片为图像处理技术应用的参考范例。其是通过分辨力为 1280×800 像素的商业相机在一个黑暗背景下拍摄成的灰度图像。

图 7.5　为了测试图像处理算法,相机拍摄的一幅范例图像

7.3.3　二值化

灰度图像通过二值化变换转换为二值图像,即每幅图像中每个像素由一个二进制值给定,其转化规则如下:

（1）与图像背景相关联的所有像素的二进制值都被设置为 0。

（2）与图块相关联的所有像素的二进制值都被设置为 1。

为了正确地分离背景和图块,需要对图像的灰阶数值分布进行统计分析。图 7.6 显示了参考图像的灰阶分布直方图。大量的像素是灰阶数值为 $60 \sim 160$。这些像素表示背景像素。该图像中的背景似乎划分为两个不同的高斯分布组合:第一个均值大约为 80,而第二个均值大约为 130。实际上,这种情况是由于两个图像子区域的背景照度不同。在这种情况下,背景灰度的值相当高,并且未以最优形式实现量化。二值化是通过在直方图中分离两个区域来实现的,如背景像素区域和图块像素区域。它通过确定平均值 μ 和数值分布的标准偏差 σ 来进行。较低的阈值 t_1 和较高的阈值 t_2 的计算公式为

$$t_1 = \mu - k\sigma, \quad t_2 = \mu + k\sigma \tag{7.2}$$

如果由式（7.2）确定的 t_1 的值小于 0,那么就必须设置为 0,如果由式（7.2）确

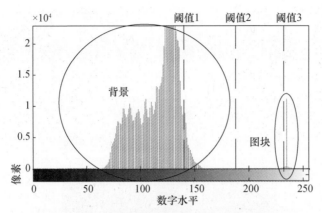

图 7.6　具有 3 个阈值的图像范例数字水平分布柱状图

定的 t_2 的值比最大值 t_{max} 大,则 t_2 必须设置为 t_{max}。

常数 k 是增益,在确定二值化过程中起到了关键作用。通常设置为 $k = 1.2$ 或者 $k = 2$,但在典型的操作条件下通过对获得的图像进行合适的统计分析后也可以对该值进行设置[28]。事实上,较小的 k 值会产生一个让一些背景像素被错误分类为图块像素的阈值,如图 7.6 中的"阈值 1"。同样,较大 k 值会产生一个让一些图块像素被错误地归类为背景像素的阈值,如图 7.6 中的"阈值 3"。一个合适的 k值必须能使像素有一个正确的选择,如"阈值 2"。图 7.7 表示了对示例图像采用上述不同阈值进行二值化处理的效果。

7.3.4　标记

标记是一种用于确定在图像中检测图块总数的一个操作。它和每一个图块的像素集相关联。它输入为二进制图像,并返回一个整数矩阵,其大小和图像阵列相同。在这个矩阵中每个像素都和一个整数相关联,这个整数代表了第 i 个图块。这个操作是通过扫描二值化处理期间整幅二进制图像的全部行列信息来实现的。每当遇到一个二进值为 1 的新像素,则在整数矩阵中检查其相邻像素。如果其中有一个像素已经关联到一个图块,那么被选的像素也与同一个图块相关联。若周围像素没有一个与图块有关联,则计数器增加一个,并且产生的值将关联到整数矩阵所选像素上。一个特别需要引起注意的为 U 形图块。事实上,如果从图像顶部到其下部进行扫描时,U 形的两个垂直线条在开始时会与不同图块关联。但无论如何,在 U形图块的底部至少一个像素,其中有两个被设置为不同索引值的相邻像素。当这种情况发生时,两个索引中的一个将被取消,相应的像素索引值设置为另一个的值。

当完成标志后,便获得了图块 O_k 的列表,并可对 S 进行检测,如果存在,可通过它的几何特征进行推断分析,如它的尺寸或是图像不变量分布[27]。

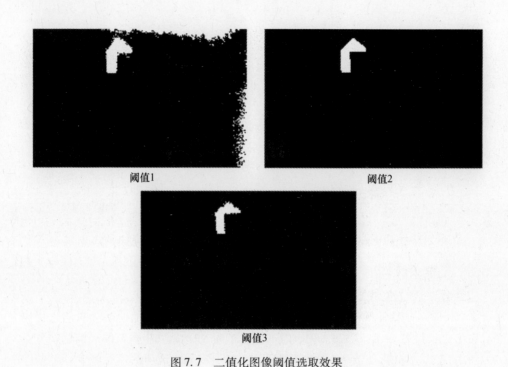

阈值1　　　　　　　　　　　阈值2

阈值3

图 7.7　二值化图像阈值选取效果

7.3.5　边缘检测

如果一个图像具有复合背景,由于目前没有找到合适的阈值选择策略,因此对其进行标准二值化处理,其结果并不令人满意,可能会存在误报或是漏检。而边缘检测技术是对该问题的一个合适的解决方案。

边缘检测其背后的概念是搜索那些与相邻像素的数字水平斜率大于给定阈值的像素。目前已有两种策略用来寻找较大数字水平斜率的像素:①查找区域内最大的数字水平一阶导数;②查找区域内过零点的数字水平二阶导数。

在图像中的数值导数估计是由图像的滤波变换实现的,其通过使用合适的掩码 M 进行数值卷积实现,例如一个方阵,奇数阶 $d>2$。卷积的二维数组结果 R_{ij} 为

$$R_{ij} = \sum_{a=-c}^{+c} \sum_{b=-c}^{+c} (M_{a+c+1,b+c+1} \cdot I_{i+a,j+b}) \tag{7.3}$$

式中:如果其中的下标比 1 少,$I_{i+a,j+b}=0$,并且 $c = \dfrac{(d-1)}{2}$。

边缘的二值阵列或是边缘图像的 T_{ij} 可以通过以下法则获得:

(1)与边缘相关联元素 T_{ij} 的二进制值必须设置为 1。

(2)其他的元素的二进制值必须设置为 0。

考虑式(7.3),边缘图像 T_{ij} 的估计可以通过式(7.4)获得,即

$$T_{ij} = \begin{cases} \begin{cases} 1\,(R_{ij} \geqslant d_t) \\ 0\,(R_{ij} < d_t) \end{cases} (a)\ \text{查找第一次推导最大值} \\ \begin{cases} 1\,(R_{ij} \leqslant d_t) \\ 0\,(R_{ij} > d_t) \end{cases} (b)\ \text{查找第二次推导零值} \end{cases} \tag{7.4}$$

式中: d_t 为合适选取的正边缘检测阈值。同时一些技术已经用来推导矩阵 M 的表达式。当一阶导数需要估计时,例如情况(a),文献[26]公布了 Prewitt 和 Sobel 解决方案。Prewitt 采用的 M 为

$$M_{\text{hor,Prewitt}} = \begin{bmatrix} -1 & -1 & -1 \\ 0 & 0 & 0 \\ 1 & 1 & 1 \end{bmatrix}, \quad M_{\text{vert,Prewitt}} = \begin{bmatrix} -1 & 0 & 1 \\ -1 & 0 & 1 \\ -1 & 0 & 1 \end{bmatrix}$$

$$M_{\text{diag1,Prewitt}} = \begin{bmatrix} 0 & 1 & 1 \\ -1 & 0 & 1 \\ -1 & -1 & 0 \end{bmatrix}, \quad M_{\text{diag2,Prewitt}} = \begin{bmatrix} -1 & -1 & 0 \\ -1 & 0 & 1 \\ 0 & 1 & 1 \end{bmatrix} \tag{7.5}$$

式中: $M_{\text{hor,Prewitt}}, M_{\text{vert,Prewitt}}, M_{\text{diag1,Prewin}}$ 和 $M_{\text{diag2,Prewitt}}$ 是用来检测的矩阵 M 的表达式,分别对应了垂直、水平、左对角线、右对角线边缘。式(7.3)需要进行 4 次传递以分析检测所有类型的边缘。

Sobel 采用的 M 为

$$M_{\text{hor,Sobel}} = \begin{bmatrix} -1 & -2 & -1 \\ 0 & 0 & 0 \\ 1 & 2 & 1 \end{bmatrix}, \quad M_{\text{vert,Sobel}} = \begin{bmatrix} -1 & 0 & 1 \\ -2 & 0 & 2 \\ -1 & 0 & 1 \end{bmatrix}$$

$$M_{\text{diag1,Sobel}} = \begin{bmatrix} 0 & 1 & 2 \\ -1 & 0 & 1 \\ -2 & -1 & 0 \end{bmatrix}, \quad M_{\text{diag2,Sobel}} = \begin{bmatrix} -2 & -1 & 0 \\ -1 & 0 & 1 \\ 0 & 1 & 2 \end{bmatrix} \tag{7.6}$$

式中: $M_{\text{hor,Prewitt}}, M_{\text{vert,Prewitt}}, M_{\text{diag1,Prewin}}$ 和 $M_{\text{diag2,Prewitt}}$ 是用来检测的矩阵 M 的表达式,分别对应了垂直、水平、左对角线和右对角线边缘。

Previtt 和 Sobel 掩码的主要不同在于中心区域的值2。这个值考虑到了图像光滑并对边缘检测有所提升[26]。因为这个原因,并且它们的计算负荷是一样的,所以 Sobel 相较于 Prewitt 使用得更多。图 7.8 给出了通过 Sobel 掩码在示例图像上的边缘检测结果。对于情况(b)这类过零二阶导数的边缘检测,则使用拉普拉斯掩码,为

$$M_{\text{Laplacian}} = \begin{bmatrix} 1 & 1 & 1 \\ 1 & -8 & 1 \\ 1 & 1 & 1 \end{bmatrix} \tag{7.7}$$

先进的边缘检测技术,例如,Canny 开发的技术,因为需要图像处理和后期的二值化分析,比较占计算机资源。但当图像复杂时,它却能获得较好的结果[26]。

在检测各图块中对目标 S 的搜索可以使用二值化同样的方法。在这种情况

图 7.8 对范例图像采用 Sobel 掩码滤波的边缘检测

下,当进行识别之前检测到封闭边缘界线以包含内部区域全部像素,可以应用像素区域填充算法[26]。

7.3.6 基于模式匹配的相关性处理

当图像中噪点比较多时,甚至边缘检测算法都已经不能确保足够的性能水平。如果增加的计算负荷能够接受,就需要采用基于图像处理技术的相关性技术。

模板匹配要求一幅或多幅目标 S 的样本图像 w_{hk},即模板,储存在图像处理 CPU 内存中。模板图像 w_{hk} 是矩形二维阵列,有 h_{max} 行和 k_{max} 列。显然,w_{hk} 的尺寸要比 I_{ij} 要小,为了找出目标 S 在图像中的位置,与 I_{ij} 和 w_{hk} 关联的 C_{ij} 为

$$C_{ij} = \sum_{h=1}^{h_{max}} \sum_{k=1}^{k_{max}} (w_{h,k} \cdot I_{i+h,j+k}) \tag{7.8}$$

式(7.8)总和必须限制在 I_{ij} 内。如果和超过了 I_{ij} 的限制,可以用 0 来填充。式(7.8)与式(7.3)类似。主要的不同是 w_{hk} 相对于 $\boldsymbol{M}$ 的维度,其决定了计算数量的显著增长。

对于那些包含目标识别的情况,目标 S 位于局部最大值 C_{ij} 大于所选择阈值 t_{corr} 的像素处。如果在图像中只有一个 S 是期望的,那么它就和全局最大值 C_{ij} 相关,在这种情况下,它超过了 t_{corr}。值得注意的是由式(7.8)所确定的相关值 C_{ij} 对光强度的变化比较敏感。因为这个原因,标准的相关系数 γ_{ij} 为

$$\gamma_{ij} = \frac{\sum\limits_{h=1}^{h_{max}} \sum\limits_{k=1}^{k_{max}} (w_{h,k} - \bar{w}) \sum\limits_{h=1}^{h_{max}} \sum\limits_{k=1}^{k_{max}} (I_{h,k} - \bar{I}_{i+h,j+k})}{\sqrt{\sum\limits_{h=1}^{h_{max}} \sum\limits_{k=1}^{k_{max}} (w_{h,k} - \bar{w})^2 \sum\limits_{h=1}^{h_{max}} \sum\limits_{k=1}^{k_{max}} (I_{i+h,j+k} - \bar{I}_{i+h,j+k})^2}} \tag{7.9}$$

式中:$\bar{w}$ 为掩码平均值,$\bar{I}_{i,j}$ 为与 w 相同区域中 $I_{i,j}$ 的平均值。γ_{ij} 在 $[-1,1]$ 间隔内取值,而且在像素上的最大值包含在与模板最相似的 I_{ij} 内。就像式(7.8),像素上目标 S 位于最大值 γ_{ij} 大于所选择阈值 t_r 的像素外。

图 7.9 通过对图 7.5 中样本使用标准相关系数方法,展示了用于测试模板匹配算法的模板范例。图 7.10 展示了等高线图。在这种情况下,最大化校正的位置

严格在物体的中心像素。

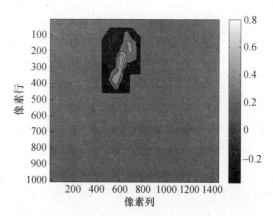

图 7.9　对图 7.5 中目标 S
进行相关处理的模板图像

图 7.10　通过对图 7.9 中的样本图像和模板进行
模板匹配确定的相关系数等高线图

值得注意的是,相关匹配对物体的缩放比例和旋转较敏感。如果已知缩放比例或是旋转量,那么可采用一种合适的模板转换可以获得校正的效果。特别是,缩放校正要求模板的空间再次采样,而旋转需要通过旋转矩阵对模板线性转换。当缩放比例或者旋转量未知时,这种校正会更困难。

一种先进的模板匹配可以通过连续模板匹配[29]来实现。这种技术在第一幅图像上对物体的识别要使用上面提到的一种技术。下一帧图像通过将上一帧图像提取的矩形窗口作为模板进行处理,上一帧图像包含对物体位置识别中最大边界检测。这种技术允许以低速跟踪旋转或是缩放目标,速率要低于系统的图像处理速率。

7.3.7　计算资源记录

当选择了一种合适的图像处理程序,就需要知道占用的计算资源,因为当采用一种明确的 CPU 时,需要的处理时间就能够预测。这在实时应用时是非常必要的。当前算法的首要一般准则总结如下:

- 需要二值化计算数量约为 I_{ij} 大小;
- 需要边界提取的计算数量约为约为 M 大小的 I_{ij} 倍;
- 相关性模板匹配的计算数量约为 γ_{ij} 大小的 I_{ij} 倍。

7.4　姿态确定技术与算法

就如绪论介绍的一样,本节重点关注编队卫星基于星载光学系统所提取的综合信息进行相对位置和姿态估计的算法和方法。

总地来说,在地面机器人和虚拟现实领域关于视觉姿态估计和相关技术已经得到了广泛的发展。

当把这些技术进行宇航应用时,在轨视觉环境特性就起到了关键的作用。实际上,在轨大气环境的缺失和丰富的背景环境都可能会对太阳光线产生影响,产生了高对比度。当场景的对比度超过了相机的动态范围,图像就会缺失部分数据。结构和航天器通常松散的覆盖了反射性物质(箔)或是无特征的隔热覆盖层。这种表面当经历太阳直射和机载灯光照射时,会产生阴影和镜面,这对于相机成像和视觉系统造成一定的影响[30]。而且,航天级硬件近实时运行的需求对姿态估计过程的计算量具有严重要求。

下面简要讨论一些方法和算法,它们已经在空间进行过应用或是正准备在未来空间应用。

在进行这些细节描述之前,非常有必要进行简单介绍,基于视觉的系统只适用于最多几十米近距离对姿态进行完整(6 自由度)估计。那么,关于自主姿态估计技术较多用于交会对接。为了与本文保持一致,在此所讨论卫星平台系统除了经典的"主星"和"副星",也称作"追踪星"和"目标星"。在较远的距离,激光测距系统能够提供距离测量,并且光学敏感器可以提供高精度的角度信息,然后就能够提供相对姿态的估计信息。

在这种架构下,对仅有角度信息的相对导航的潜力和限制值得讨论。

在文献[31]中讨论了仅有角度信息的相对导航可观测性准则,并且能够直观解释。基本上,紧密的编队可以用 Hill 方程进行线性描述[32],相对位置和速度并不能够通过仅有角度的测量进行确定,因为对于给定初始条件角度测量并不唯一。例如,两个副星在椭圆轨道上进行迹向/沿迹跟踪,而主星在圆轨道上,无论它们和主星的距离如何均产生相同的角度测量(图7.11)。

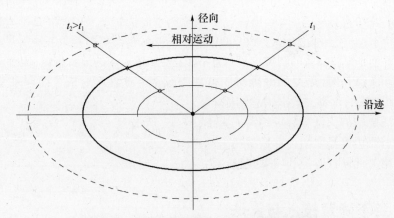

图 7.11   在同一角度测量的不同相对轨道范例

然而,如文献[33]所描述,仅有角度测量可以用来确定一些相对运动的几何问题,如相对轨道的类型。另一方面,如果经过校准的推进机动对相对运动来说并不沿着视线方向,那么它能够用于获得距离观测[34]。当然,在这种情况下位置和速度估计基于角度测量的动力学滤波。另外,这种方法在交会对接阶段比在编队飞行任务中使用得更多。

姿态估计技术可按一些分类准则进行分类。首先,可以分为基于模型技术和不基于模型技术,这取决于是否知晓追踪物体的先验信息[35]。不基于模型的技术(见文献[36])因为在编队飞行任务中较少应用所以在这里不进行讨论。

在目标已知的情况下,人造目标(标志)、自然特性或是表面数据可以用于姿态估计处理的输入。

作为经验法则,基于在轨目标卫星标志的合作技术通常依赖于更多的直接解析或半解析方法,它是基于迭代的方法,并且通过不同的计算权重预测不同的阶段,而基于模型的技术通常更复杂。

此外这类技术大致可分为单目和三维的。前者进行相对导航是基于仅有角度的估计,后者是基于立体视觉或附加激光设备提供的三维信息。后者是本节进行讨论的通用设计。

7.4.1 单目技术

对于所有基于特征点的单目技术的通用理论架构就是 n 点透视(PnP)问题,这是一个基于目标上几个已知点的二维图像进行目标相对于相机三维位置和方位确定的问题[37]。

解决方案存在性和唯一性的一般条件已经在文献中开展过广泛的讨论,直观的来说,也依赖于特征点的数量[37-39]。

对于单点和两点有很多解决方法,两点解决方法有一定的限制。应用中比较感兴趣的是三点不共线存在有限的一些方法(最多4种)。4个非共面(3个非共线)的情况存在有限多个解,而4个共面(3个非共线)情况存在唯一解。最后,5个点的解决方案是模糊的,6个点具有唯一解决方案。实际中解决方案依赖于特征点的布局以及视觉敏感器的几何位置。需要注意的是解决方案对不可避免的敏感器不确定性的灵敏性以及因此产生的姿态估计的实际精度依赖于特征点的几何布局。

基于这些条件,有很多数学方法来解决该问题[40]。为了清楚的说明,文献[41]提供了一些 NASA 视觉导航敏感器的细节,后来发展为 ANGS 并在 PRISMA 任务中用于短距离合作模式。

首先考虑如图 7.12 所示通过相机拍摄的 3 个不共线的特征点。

在图像处理和特征点提取之后,中心像素坐标可以通过相机固有模型转换为视线单位矢量,并通过校准获得[42]。传统的针孔照相机模型如图 7.13 所示(没有考虑光学畸变)。

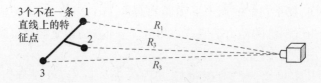

图 7.12 单目相机 3 个不在一条直线上的点的几何问题

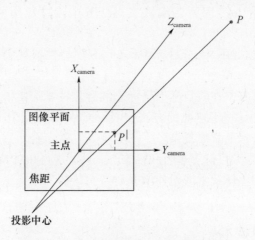

图 7.13 针孔相机模型(不考虑光学畸变)

首先,每一对单位向量之间夹角的余弦通过矢量的点积获得;然后,运用余弦定理推导出到每个点距离的 3 个非线性方程组:

$$l_{12}{}^2 = R_1{}^2 + R_2{}^2 - 2R_1R_2\cos\vartheta_{12} \qquad (7.10)$$

$$l_{23}{}^2 = R_2{}^2 + R_3{}^2 - 2R_2R_3\cos\vartheta_{23} \qquad (7.11)$$

$$l_{13}{}^2 = R_1{}^2 + R_3{}^2 - 2R_1R_3\cos\vartheta_{13} \qquad (7.12)$$

式中:l_{ij} 为点 i 到点 j 的距离,可由目标的几何关系得到;R_i 为从相机到点 i 的距离;θ_{ij} 为向量 $\boldsymbol{i}$ 和向量 $\boldsymbol{j}$ 之间的夹角。

式(7.10)、式(7.11)和式(7.12)组成了一套 3 个耦合的非线性方程组,并且 R_1、R_2、R_3 都是未知的,可以通过非线性根求解器计算得到,例如牛顿—拉斐逊方法[43]。

一旦未知的距离计算得到,它们可用于相对姿态确定。尤其是,TRIAD 算法[44]可采用相对向量 $\underline{R}_{12} = \underline{R}_1 - \underline{R}_2$ 和 $\underline{R}_{23} = \underline{R}_2 - \underline{R}_3$ 作为输入,这在目标参考坐标系中是已知的(已知几何形状),并且在相机参考坐标系也是已知的(通过距离向量计算)。一旦相对姿态已知,目标航天器质心位置可以通过一个简单的几何等式在相机参考坐标系中计算得出:

$$\boldsymbol{r}_{CM}^{CRF} = \boldsymbol{r}_i^{CRF} - \boldsymbol{M}_{TRF \to CRF}\boldsymbol{r}_{P_i}^{TRF} \qquad (7.13)$$

图 7.14 中 CRF 表示相机参考坐标系;TRF 表示目标参考坐标系;$\boldsymbol{M}_{TRF \to CRF}$ 为相对姿态转换矩阵;i 为特征点;$\boldsymbol{r}_{P_i}^{TRF}$ 为在 TRF 下计算得到的质心到

特征点 i 的向量,相对位置计算精度可以通过对所有检测到的特征进行平均得到提高。

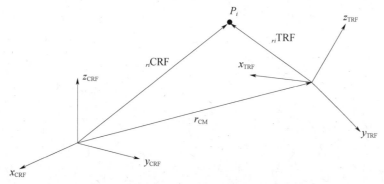

图 7.14　用于相对位置向量计算的参考坐标系

如果在图像中超过 3 个目标,那么对于距离和姿态来说是超定的。实际上,对于相机到特征点之间距离的不同解决方案可以计算之后取平均值。从相对姿态视线方向,可以使用 QUEST 算法进行最小二乘优化,该方法是由沃赫拜提出的[45,46]。

事实上,在 3 个特征点的情况,当特征点平面垂直于相机视线时会产生奇点[34]。此外,非共面构型使得对微小旋转更加敏感[37,41]。因此,在实际应用中,至少有 4 个特征点来确保稳定的姿态估计。

例如,在 AVGS 系统中,使用 4 个非共面反射器[47],这意味着 4 个独立的角度估计是可行的。

同样,在单目解算中,PRISMA 试验(短距离合作目标模式)中应用的解决方案是基于共面 5 个 LED,并且 5 个灯在目标卫星的每个面板上进行了独特的非共线安装[21]。姿态估计过程是基于 4 点共面的问题,如上所述,允许通过例如 Abidi 和 Chandra 提出的特殊的方案进行处理[47]。因此,通常可生成多种姿态结果然后取均值,该问题的几何描述如图 7.15 所示。

如前所述,输入的数据是对应于特征点的单位向量在相机坐标系下的分量。该解决方案基于 4 个点和相机中心平面延伸成 4 个个具有相同基准面和相同高度人的四面体。高度 h 是指基平面到相机中心的距离。

考虑基线三角形 $\triangle P_1 P_2 P_3$(图 7.15),它的面积可以通过 Heron 公式得到,即

$$A_1 = \frac{1}{4}\sqrt{(s_{12}^2 + s_{13}^2 + s_{23}^2)^2 - 2(s_{12}^4 + s_{13}^4 + s_{23}^4)^2} \qquad (7.14)$$

式中:s_{ij} 为两点 P_i 和 P_j 之间的距离。

然后,对于每个四面体,它的体积都可以通过面积乘以高度 h 的 1/3 获得,或者通过形成四面体矢量延伸成的平行六面体的 1/6 获得。

那么

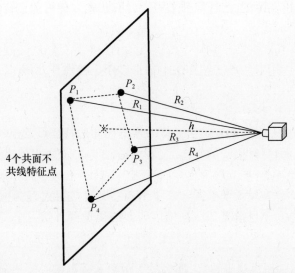

图 7.15 单目相机对 4 个共面不共线的点成像的几何问题

$$V_1 = \frac{1}{3} A_1 h = \frac{1}{6} | \boldsymbol{P}_1 \cdot (\boldsymbol{P}_2 \times \boldsymbol{P}_3)| = \frac{1}{6} R_1 R_2 R_3 | \boldsymbol{u}_1 \cdot (\boldsymbol{u}_2 \times \boldsymbol{u}_3)| \qquad (7.15)$$

式中:R_i 为距离(未知);u_i 为相关的单位向量,通过图像计算得到。

将这些关系式应用于不同四面体中并组合形成一个等式则可以用 R_1 的函数表示距离 R_2、R_3、R_4,即

$$R_2 = \frac{B_3 A_3 F_2}{A_3 B_4 F_1} R_1 \qquad (7.16)$$

式中:B_i 为在 CCD 上三角形投影面积的两倍(通过单位矢量 u_i 获得),而且 F_i 是从相机中心到 CCD 投影点之间的距离(从镜头畸变和相机焦距校正过的像素坐标中计算得到)。

在一些数学解算之后[21,47],对每个距离 R_i 可通过 6 个不同的等式获得,并且可以求均值。

值得注意的是,这种方法假设目标点和目标点投影之间的参考关系是事先已知的。一般情况下,LED 独特非对称布局将得到唯一解,其中求解 R_i 的 6 个方程式将产生类似的结果。

一旦获得距离信息,相对姿态和位置的计算可以按之前的方法计算得到(例如,通过 QUEST 算法获得相对姿态,通过代数关系获得相对位置)。

另一种基于特征点和视线信息的相对姿态估计通用方法在 Junkins 相关视觉导航研究中提到[48],它是基于红外信标和位置传感二极管技术的相对导航系统。在所考虑的系统中,至少 4 个测量量通过非线线迭代高斯最小二乘法用于共线方程。相对姿态采用罗德里格参数模型[49]。

迭代过程的初值采用相对位置和姿态的初始估计。基于此,可以预测信标的

角度位置,并给出实际的测量量,残差可以计算出来。然后通过线性化的测量模型和二次残差的最小化进行校正。这个过程是迭代收敛的。

该算法的有趣之处在于它除了提供收敛的相对导航估计还提供了误差协方差阵的估计,这在使用卡尔曼滤波算法中非常有用。特别是,协方差的估计是每一步迭代中最优差分计算的一部分。这个步骤是独立于视线矢量方向的,但是不同方式也会影响最终测量的协方差。

从几何学的观点来看,姿态估计算法依据已知的特征点,这些特征点通常是安装在目标卫星上的高对比度的标志。当然,这限制它们只能在合作目标的情况下使用。此外,对其中一个或多个目标的检测失误都会导致视觉系统的失败。

使用自然特征和对象模型能够以复杂姿态估计处理过程为代价,不再受这些约束限制尤其是在单目情况下。在单目和三维视觉两种情况下,基于模型的姿态估计依赖于对自然特征的检测,例如线检测或是面检测,并且用已知模型特征去匹配,在两个阶段通常采用不同的算法,即姿态确定(或获取)、姿态细化和跟踪。初始的姿态获取是计算过程中最重要的阶段。在单目视觉模式,可使用不同的技术例如主动外观模型[50,51]、鲁棒分析/特征跟踪[52]或者姿态同步和通信(软件 – POSIT)[53]。

举一个例子,外观模型中的主要思想是参数学习功能,它能够覆盖一个目标可能的外观。即,如果我们能够学到如何通过改变一套参数来分析任何一个想要的物体的外观,那么我们就能够在观测外观(当前图像)和期望外观(模型)中找到一个完美的匹配。这个信息可以用于识别目标的姿态[50]。

轨道环境中有可能存在阴影、镜面反射和背景特征,使得处理过程非常难并且有时在单目模式中可靠性降低。因此,模型通常是由线条组成[54],其对姿态和照明变化具有较好稳定性,边缘特征是用于图像处理中的主要特征。

当给出一个初始的姿态估计后,进入姿态跟踪阶段(其中也包括姿态精细化处理),随后的姿态估计是基于最快的算法。对于单目系统,边缘信息再次成为主要跟踪的特征,采用非线性化优化处理过程,能够在预测模型边缘和图像中提取的边缘之间提供最好的对准。这个处理过程中的一些例子是虚拟视觉伺服架构[55],并且是迭代加权最小二乘形式[35,56]。

7.4.2 三维空间技术

三维姿态估计方法利用了激光测距仪和(或)立体视觉系统提供的距离信息。和单目技术的情况一样,一些方法是基于基准标志提供的特征点,而一些技术是采用自然特征和已知模型。这些方法虽然如此相似,但三维视觉最主要的优势是提供了一个更大的操作范围,并针对轨道上的视觉环境挑战具有更好的鲁棒性。

当使用人工标记时,算法的输入信息直接由相机参考坐标系下三维坐标提供。那么,就如文献[57]所示并用先前介绍的类似方法,可以确定相机参考坐标系下的相对向量R_{ij},并且通过 QUEST 方法估算出相对姿态。随后,可以计算出相对转换的代数关系。

基于模型的方法,使用三维模型的可用信息(密集的或分散的)能够更容易地恢复姿态信息。从概念上讲,姿态估计还是包含初始姿态获取阶段以及接下来的姿态精细化处理和跟踪。然而,和单目系统相比在这两个阶段使用了不同的数字技术。

姿态确定可以描述成对目标姿态空间的搜索,并且可以看成一个模版集匹配问题。目标卫星的模型作为一组立体像素模板,每一个对应一种可能的姿态。在一个模板中,每个像素用一个二进制数值表示,表明该区域是空的或是被占用。像素网格的分辨力必须在姿态确定精度和姿态搜索空间的大小之间进行权衡(如姿态获取处理过程中的内存占用和计算负担)。姿态估计方法的目标是在三维感知数据和目标可能姿态相关的像素模板之间进行最大化的校正。在几何探测方法[30,58]中,所有整套模板组成一个二进制决策树。每一个叶子节点代表小部分的模板。每一个内部节点代表一个单独的像素,并且有两个分支,“真”和“假。

该子树的“真”分支包含节点模板像素子集。相反,该子树的“假”分支不含节点模板像素子集。采用一种几何探测策略对任一图像位置处的树进行遍历,能够有效地确定与模板的良好匹配关系。

为了能够提高效率和可靠性,在进行几何探测方法之前计算一些自由度可以降低搜索空间的维数。例如,卫星具有非常明显的长轴和短轴,或可识别的特点,能够非常可靠地提取出来,用于解决一些位置的模糊度问题。

至于姿态跟踪,一种通用的算法是迭代最近点算法 ICP[59,60]。该算法是迭代处理一组点和其他组分别最近点之间的最小距离。ICP 算法的执行可以按照如下步骤进行[60]:

(1)选择模型和数据集之间的最近点(第一组数据与初始姿态估计相关);

(2)抑制异常值;

(3)匹配数据点和模型之间几何配准计算。这样做是为了减少两组数据的均方差,如文献[61]所示方法;

(4)应用几何配准的数据;

(5)迭代直到收敛为止。

7.4.3　动力学滤波技术

至于其他的相对导航传感器,基于视觉的测量值能够用于动力学滤波体制中来滤掉传感器噪声,增加数据速率,改善测量缺失情况下的数据可靠性,并且能够使用多传感器数据融合。

基于卡尔曼滤波的算法通常用在这个体系架构中并且能够嵌入姿态跟踪算法中[35]。鉴于直角坐标系和视线测量坐标系中的非线性关系,例如扩展卡尔曼滤波等次优方法用于距离信息缺失的情况。

特别当考虑到与其他信息源的传感器信息融合时,或有必要处理测量信息损失情况时,动力学模型的选择就尤为重要。关于位置和速度估计,Hill 方程可以有效地用于短距离近圆轨道并且有相对较大的测量速率的情况[57],同时姿态动力学方程必须包含动力学模型以提供相对姿态滤波[62]。当然,更复杂的相对运动模型对某些测量信息缺失情况会有更好的鲁棒性。

通常要考虑的是,由于视觉系统提供的测量是在体坐标系下进行,所以需要进行测量转换并需要在模型中引入姿态不确定性,例如修改测量方差矩阵,如文献[57]所述。

一个动力学滤波的例子如图 7.16 所示,其展示了 5m 半径圆形编队下蒙特卡罗仿真输出结果(平均值加减一个标准偏差),并比较了——基于 Hill 方程的扩展卡尔曼滤波(蓝色,10Hz)和立体视觉处理(黑色,0.1Hz)得到的相对位置估计误差,假设相对于追踪星的姿态确定误差为 $0.01°(1\sigma)$,这与中/高精度姿态传感器相一致。

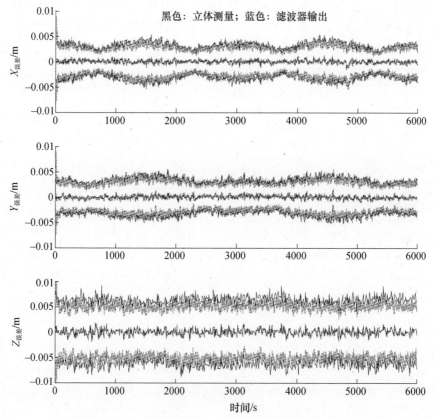

图 7.16　(见彩图)0.1Hz 立体辅助频率、0.01Hz 姿态测量误差时 EKF 性能(10Hz)[5]

动力学滤波器提供了视觉信息与其他不同系统如差分 GPS 融合处理的数学架构。在本节中，即使在没有 GPS 修正的相对导航中远距离的视线测量也非常有用，这依赖于先验距离测量值集合进扩展卡尔曼滤波等非线性滤波器中。

7.5　总结和未来发展趋势

在本章中描述了基于视觉的相对导航的探测器、技术和算法，特别强调在过去或当前空间任务中已经经过飞行验证的传感器和技术。特别是，所有考虑的任务都依赖于两个航天器编队飞行或交会对接来测试自主 GN&C 技术。两个卫星中的一个装备了相机，在某些情况下也装备了激光器用来确定另一颗卫星的相对位置和姿态，另一颗卫星安装了特殊的表面反射器或 LED 装置，能够被视觉系统所捕获。

如 ETS － Ⅶ和轨道快车等成功的任务已经验证了当两颗卫星距离较近时采用实时的视觉系统进行高精度姿态确定的可能性，可以应用于在轨服务的末端逼近和对接阶段以及保持较近距离的编队飞行中。从近来的 PRISMA 任务的飞行结果中看出基于视觉系统的近距离相对导航是一项吸引人的技术，因为它是自主的、可靠的、小型化的，并且功耗、尺寸、质量都较小。

在不久的将来，很可能机器人在轨服务的应用将强势推动非合作方法的发展，能够识别卫星自然特征从而避免对目标卫星总线的需求。同时，相对导航技术的发展可能带来更加紧密的集成和融合，例如将其他信息源如差分 GPS 融合到基于视觉的测量之中。这也将能够更好地面对在轨视觉环境的挑战。

参考文献

1. On－orbit Satellite Servicing Study, Project Report, NASA, Oct 2010

2. Villien et al (2008) Formation flying guidance navigation and control design for science missions. In: Proceedings of the 17th world congress the international federation of automatic control, Seoul, Korea, July 6－11, 2008

3. Kaiser C et al (2008) Simulation of the docking phase for the SMART－OLEV satellite servicing mission international symposium on artificial intelligence, robotics and automation in space 2008, Hollywood, USA, Feb 26－29, 2008

4. Sellmaier F et al (2010) On－orbit servicing missions: challenges and solutions for spacecraft operations 2010 conference, Huntsville, Alabama, USA, AIAA 2010－2159

5. Davis TM, Melanson D (2005) XSS－10 mico－satellite flight demonstration. First Annual Space Systems Engineering Conference, Atlanta, Georgia (USA), Nov 8－11, 2005 Paper no. GT－SSEC. D. 3

6. Woffinden DC, Geller DK (2007) Navigating the road to autonomous orbital rendezvous. AIAA J Spacecraft Rockets 44(4):898–909

7. Kasai T et al (1999) Results of the ETS–7 mission–rendezvous docking and space robotics experments. In: Proceedings of the 5th in ternational symposium on artificial intelligence, robotics and automation in space, ESTEC, Noordwijk, The Netherlands, 1–3 June 1999(ESASP–440), pp 299–306

8. Visentin G, Didot F (1999) Testing space robotics on the Japanese, ETS–V II satellite, intesting space robotics. ESA Bull 99:61–65

9. Mokuno M et al (2004) In–orbit demonstration of rendezvous laser radar for unmanned autonomous rendezvous docking. IEEE Trans Aerosp Electron Syst 40(2):617–626

10. Mokuno M, Kawano I(2011) In–orbit demonstration of an optical navigation system for autonomous rendezvous docking. AIAA J Spacecrafts Rockets 48(6):1046–1054

11. Kawano I et al(2001) Result of autonomous rendezvous docking experiment of engineering test Satellite–V II. AIAA J Spacecraft Rockets 38(1):105–111

12. Oda M, Kine K, Yamagata F, (1995) ETS–V II–a rendezvous docking and space robot technology experiment satellite. In: Proceeding of 46th international astronautical congress, Oct 1995, Norway, pp 1–9

13. Ueno H et al (2002) NASDA perspective on unmanned on–orbit servicing–projects and prospects, 1st bilateral DLR–CSA workshop on on–orbit servicing of space infrastructure elements via automation and robotics technologies, Cologne, Germany, Nov 24–26, 2002

14. http://www. jaxa. jp/projects/sat/ets7/index_e. html

15. Pinson RM er al(2008) Orbital express advanced video guidance sensor: ground testing, flight results and comparisons, AIAA guidance, navigation and control conference and exhibit, 18, Honolulu, United States, 18–21 Aug 2008

16. Weissmuller T Leinz M(2006) GN&C technology demonstrated by the orbital express autonomous rendezvous and capture sensor system. In: 19th annual AAS guidance and control conference, Breckenridge, Colorado(USA), Feb 4–8, 2006

17. Heaton AF et al(2008) Orbital express AVGS validation and calibration for automate rendezvous. In: AIAA guidance, navigation and control conference and exhibit, Honolulu, United States, 18–21 Aug 2008

18. Persson S er al (2005) PRISMA–demonstration mission for advanved rendezvous and formation flying technologies and sensors. Paper IAC–05–B56B07. In: Proceedings of 56th international astronautical congress, Fukuoka, Japan, Oct 17–21, 2005

19. Nilsson F et al(2007) Autonomous rendezvous experiments on the PRISMA in orbit formation flying test bed. In: Proceedings of 3rd international symposium on formation flying, missions and technologies, Noordwijk, The Netherlands, 23–25 Apr 2008(ESA SP–654, June 2008)

20. Bodin P et al (2009) PRISMA: an in orbit test bed for guidance, navigation, and control experiments. J Spacecraft Rockets 46(3):615–623

21. Benn M Jorgensen JL(2008) Short range pose and position determination of spacecraft using a μ–advanced stellar compass. In: Proceedings of 3rd international symposium on formation flying, missions and technologies, Noordwijk, The Netherlands, 23–25 Apr 2008(ESA SP–654, June 2008)

22. Jorgensen JL Benn M(2010) VBS – the optical rendzvous and docking sensor for PRISMA. Nordic-Space, (ISSN:0805 – 7397), pp. 16 – 19, http://www. nordicspace. net

23. Holst GC (2000) Electro – optical imaging system performance, 2nd edn, JCD Publishing, Winter Park

24. Jφrgensen JL(1999) In – orbit performance of a fully autonomous star tracker. SAO/NASA astrophysics data system, http://adsabs. harvard. edu/full/2000ESASP. 425. 103J. Accessed 15 Dec 2011

25. Bayer BE(1976) Conlor imaging array. US patent 3,971,065(1976)

26. Gonzalez RC, Woods RE (2008) Digital image processing, 3rd edn. Peason International, Upper Saddle River

27. Alferez R, Wang Y – F(1999) Geometric and illumination invariants for object recognition. IEEE Trans Pattern Anal Mach Intell. doi:10. 1109/34. 771318

28. Pratt WK(1991) Digital image processing, 2nd edn. Wiley Interscience, Mountain View

29. Sako H, Whitehouse M, Smith A, Sutherland A, (1994) Real – time facial – feature tracking based on matching techniques and its applications. Pattern Recognition, 1994, vol 2 – conference B: Proceedings of the 12th IAPR international conference on computer vision and iamge processing, Jèrusalem, Israel, Oct 1994

30. Jasiobedski P, Grenspan M, Roth G, (2001) Pose determination and tracknig for autonomous satallite capture. In: Proceedings of 6th international symposium on artificial intelligence, robotics and automation in space, Montréal, Québec, Canada, June 2001

31. Woffinden DC, Geller DK(2009) Observability criteria for angles – only nacigation. IEEE Trans Aerosp Electron Syst 45(3): 1194 – 1208

32. Hill GW(1878) Researches in the lunar theory. Am J Math 1(3): 245 – 260

33. Schmidt J, Lovell T(2008) Estimating geometric aspects of relative satellite motion using angles – only measurements. In: Proceedings of AIAA/AAS astrodynamics specialist conference and exhibit, Honolulu, Hawaii, Aug 18 – 21, 2008

34. Woffinden DC, Geller DK(2007) Relative angles – only navigation and pose estimation for autonomous orbital rendezvous. J Guid Contr Dyn 30(5): 1455 – 1469

35. Kelsey JM, Byrne J, Cosgrove M, Seereera S, Mechra RK, (2006) Vision – based ralative pose estimation for autonomous rendzvous and docking. In: Proceedings of IEEE aerospace conference 2006, Piscataway

36. Tomasi C, Kanade T(1992) Shape and motion from image streams under orthography: a factorization method. Int J Comput Vision 9(2): 137 – 154

37. Yuan JS – C(1989) A general photogrammetric method for determining object position and orientation. IEEE Trans Robot Autom 5(2): 129 – 142

38. Fishler MA, Bolles RC(1981) Random sample consensus: a paradigm for model fittings with applications to image analysis and automated cartography. Commun ACM 24(6): 381 – 395

39. Wolfe WJ, Mathls D, Sklair CW, Magee M(1991) The perspective view of three points. IEEE Trans Pattern Anal Mach Intell 13(1): 66 – 73

40. Haralick RM, Lee C – N, Ottenberg K, Nolle M(1994) Review and analysis of solutions of the three

point perspective pose estimation problem. Int J Comput Vision 13(3):331–356

41. Calhoun PC,Dahney R(1995)Solution to the problem of determining the relative 6 DOF state for spacecraft automated rendezvous and docking. Proc SPIE 2466:175. doi:10. 1117/12. 211505

42. Camera Calibration Toolbox for Matlab. http://www. vision. caltech. edu/bouguetj/calib_doc /. Accessed 11 Dec 2011

43. Press WH(1986)Numerical recipes. Cambridge University Press,New York,pp 269–272

44. Lemer GM(1978)Three–Axis Attitude Determination. In:Wertz JR(ed)Spacecraft attitude determination and control. D. Recidel Publishing Co. ,Dordrecht,pp 420–428

45. Shuster MD,Oh SD(1981)Three–axis attitude determination from vector observations. J Guid Control 4(1):70–77

46. Wahba G(1965)A least squares estimate of satellite attitude. Prblem 65. 1. SIAM Rev 7(3)Jul 1965,p 409

47. Abidi MA,Chandra T(1990)Pose estimation for camera calibration and landmark tracking. In: Proceedings of IEEE international conference on robotics and automation 1990,vol 1,Cincinnati, 13–18 May 1990,pp 420–426

48. Crassidis JL,Alonso R,Junkins JL(2000)Optimal attitude and position determination from line–of–sight measurements. J Astronaut Sci 48(2–3):391–408

49. Schaub H,Junkins JL(2003)Analytical mechanics of space systems,1st edn,AIAA Education Series. American Institete of Aeronautics and Astronautics,Washington,DC

50. Mittrapiyanuruk P,DeSouza GN,Kak AC(2004)Calculating the 3D–pose of rigid objects using active appearance models. In:Proceedings of the international conference in robotics and automation,2004,New Orleans

51. Abbast S,Mokhtarian F(2001)Affine–similar shape retrieval:application to multiview 3–D object recognition. IEEE Trans Image Process 10(1):131–139

52. Black MJ,Jepson AD(1998)EigenTracking:robust matching and tracking of articulated objects using a view–based representation. Int J Comput Vision 26(1):63–84

53. David P,DeMenthon DF,Duraswami R,Samet H(2002)Softposit:simultaneous pose and correspondence determination. In:Procceedings of 7th ECCV, vol III, Copenhagen, Denmark, May 2002,pp 698–703

54. Antonie P,Eric M,Keyvan K(2011)Vision–based space autonomous rendezvous:a case study. In:Proceedings of IEEE/RSJ international conference on intelligent robots and systems(IROS), 2011,San Francisco,25–30 Sep 2011,pp 619–624

55. Comport AI,Marchand E,Pressigout M,Chaunmette F(2006)Real–time markerless tracking for augmented reality:the virtual visual servoing framework. IEEE Trans Vis Comput Grapg 12(4): 615–628

56. Drummond T,Cipolla R(2002)Real–time visual tracking of complex structures. IEEE Trans Pattern Anal Mach Intell 24(7):932–946

57. Fasano G,Accardo A,Grassi M(2009)A stereo–vision based system for autonomous navigation of an in–orbit servicing platform. In:AIAA Infotech@ Aerospace 2009,Seattle,USA,ISRN–10: 1–56347–971–0,Apr 2009

58. Greenspan MA, Boulanger P(1999) Efficient and reliable template set matching for 3D object recognition, 3DIM99: Proceedings of the 2nd international conference on 3 – D digital imaging and modeling, Ottawa, Canada, Oct 4 – 8, 1999, pp 230 – 239

59. Besl PJ, McKay HD(1992) A method for registration of 3 – D shapes. IEEE Trans Pattern Anal Mach Intell 14(2):239 – 256. doi:10. 1109/34. 121791

60. Abraham M, Jasiobedski P, Umasuthan M(2001) Pose determination and tracking for autonomous satellite capture. In: Proceedings of 6th international symposium on artificial intelligence, robotics and automation in sapce, Montréal, Québec, Canada, June 2001

61. Horn BKP(1987) Closed = form solution of absolute orientation using unit quaternions. J OptSoc Am 4(4):629 – 642

62. Aghili F, Kuryllo M, Okouneva G, English C(2010) Robust vision – based pose estimation of moving objects for automated rendzvous and docking. In: Proceedings of international conference on mechatronics and automation(ICMA), Xi' an, China, 2010, 4 – 7 Aug 2010, pp 305 – 311

第三篇 技术挑战

第 8 章 自主性

Claudio Iacopino，Phil Palmer

摘要 由于自主协同工作的多航天器任务具有很大的科学和工程优势,因而成为近10年来的研究热点。这种趋势增加了对任务规划与调度系统的需求,该系统能够协调不同的航天器并对其分配任务。因此,需要采用一种能够联合地面段与空间段自主方案的新方法来处理这类新层次的复杂性问题。本章组织如下:8.1 节介绍了空间任务采用自主方案的目的;8.2 节概述了空间操控中自主性的应用,明确了任务规划与调度系统作为分布式任务中最关键部分是本章的重点;8.3 节分别给出了单平台和分布式平台下任务规划与调度系统应用相关技术现状;8.4 节分析了时下分布式任务中最流行的一种技术——多智能体系统,本节并没有对该技术的所有方面——铺展开来,着重讲述了与自组织系统、自启发方式以及能够为分布式任务提供有前景优势的技术有关的这些新趋势所面临的挑战。

8.1 绪论

近10年来对涉及多航天器的空间任务研究兴趣正快速增加。它们对单个庞大整体航天器起到了很多关键科学推动力:信号分离(如大型合成孔径)、信号空间覆盖率(如多点传感)以及信号整合(如数据融合)[14]。除此之外,分布式任务在工程上也具有很大的优势:增加可靠性和可扩展性、经济效益以及诸如网格、云计算或者自组织等具有在群卫星应用潜力的新计算技术的应用。分布式任务必然成为航天事业发展的新趋势。事实上,多平台系统已经在通信、GPS 和气象学中得到广泛应用,但是直到近些年它在地球观测和太空探索中的前景才逐渐显现出来。

据市场情报集团(Market Intel Group,MiG)研究报告,尽管经济不景气,但未来10年中地球观测领域仍将以每年16%的速率递增。这是由于卫星的微型化及相应花费的减少能够为众多终端用户提供使用卫星数据的机会。全球环境与安全监视计划(Global Monitoring for Environment and Security,GMES)做出了典范,它为国际应急提供全球成像数据。这种情况下,欧洲航天局(ESA)用于执行地球观测任务的5个航天器("哨兵"-1~"哨兵"-5)需要与其他现有和(或)计划中的欧洲航天局、欧洲气象卫星组织(EUMETSAT)、其他国家科研机构或者拥有自然灾害监测星座的萨里卫星技术有限公司(Surrey Satellite Technology Ltd,SSTL)之类的私营企业进行合作。

分布式空间任务通常通过不同的名称来识别,如星座、集群、蜂群等。第一类是传统的星座方式,为实现最大覆盖率,卫星都是稀疏的分布且不要求航天器间精确定位。这种方式通常用在地球观测、通信、GPS以及气象应用中。集群则是航天器间特意紧密结合以增加感知能力。在这种集群下,为避免航天器碰撞且能维持构型,必须对编队飞行动力学、精确姿态确定和控制系统进行研究。蜂群卫星这一术语和集群卫星较为相似,但蜂群的概念意味着更多的航天器以及更小更廉价的平台。

8.1.1 纳卫星

关于纳卫星的一个很好例子当属先驱"萨里纳星应用平台"SNAP-1号,该卫星于2000年由萨里空间中心发射,重6.5kg。SNAP-1号用以验证广域地球成像及编队飞行技术,与一颗稍大些的微卫星清华-1号一同发射。因此早在10年前,SNAP-1号就已经证明了纳卫星平台的有效性和可实现性。更为重要的是,由于它采用商用现成技术(COTS),整个任务在当时仅花费了200万美元。其他更近期的纳卫星包括Microlink-1号(使用冗余LEON处理器及20Gbit EDAC SDRAM)和欧空局的Munin卫星(由TI公司的TMS320C50驱动)。因此在未来任务中,即使是低功耗的微型纳卫星也能够组成功能强大的机载计算机,只是增加了些功耗。然而令人遗憾的是,这种趋势并没能在依赖于天线和无线电分系统的通信技术中应用,这给纳卫星带来了极大的挑战。

值得我们深思的是,立方体卫星(CubeSat)平台作为一种标准化航天器构型已经被世界各地航天研究者采用。立方体卫星介于皮卫星和纳卫星之间,体积为标准的10cm×10cm×10cm,质量在1kg以内。但是,对共计3kg重量的立方体结构可以多达3个立方体。STRaND任务便属于此类结构,它是一个全功能卫星,将用于验证一系列诸如智能手机之类的先进太空技术。世界各地的研究人员致力于研究受质量和功耗约束下可兼容的商用现成技术,因此在这点上,实际的平台和载荷可在现有成功发射基础上进行高度定制。很显然,这类型平台的可用计算功率和通信能力是具有很大挑战性的约束条件,必须经过细致评估。

8.1.2 自主性

自主性概念愈发受到重视,特别是与分布式空间任务相关领域。日益增长的任务显示出自主性应用在任务操作一些方面中的可行性和优势。如下列出了该现象的一些主要原因:

● 任务操作花费的降低。空间任务的一个重要但却又经常被忽略的花费便是地面控制的持续费用。它能占到每年单位成本的 5% 左右,即使是那些普遍使用的相对简单的体系结构。这是由于航天器控制需要占用地面站人员大量的资源。因此,该部分费用占据了任务操作中很大一部分费用。

● 效益/科学回报。操作任务的一个主要目的就是确保资源使用的最大化效益并避免闲置。由于通信延迟及可能的故障,如果没有一定的自主性,则不能保证达到该任务目的。

● 鲁棒性。具有在非正常条件下(如故障情况)仍能保持可接受性能的能力。

● 适应性。能根据外界环境变化改变运行状态。这一概念使面向目标的操作(Goal – oriented Operation[20])成为可能。该操作仅能获取航天器状态的部分信息,适应性新方法能够传递要实现的高级目标和期限,而非在每一瞬时都发送低级指令。

● 响应性。应对环境变化如突发事件下的快速响应特性。

● 复杂问题处理。自主性是计算处理分布式约束满足和分散优化等诸多复杂问题所必须的。这些问题涉及相互作用和维度,具有动态、进化和高度复杂性。

● 实现新任务计划。未来空间任务,如快速响应地球观测星座或者执行探索任务的卫星蜂群,都将具有高度自主性。

自主性可以实现更加复杂和鲁棒性任务,同时也减少了控制器的工作量,使得控制器能够处理更多的航天器且在面向目标操作下能够避免信息超负荷。上述优势对传统空间任务来说意义重大,但对于分布式任务来说则是十分必要,因为任务操作执行的复杂性及附加的平台都显著增加。

8.2　空间任务的自主性

早在 10 年前,NASA 就提出了将自主性方法逐步应用到空间任务中的路线图[56]。这种愿景见证了近 10 年中将要实现的如下步骤:独立星载自主性试验、地基自主性、星载自主性(自动化分系统、AOCS)、高级航天器自主性(飞行导航、防撞、规划和故障检测、隔离与控制 FDIR)以及航天器编队自主性(分布式任务)。本节将简短叙述空间操作中自主性的应用,重点在任务规划与调度部分,这也是分布式任务中最关键的一个方向。

8.2.1　自主性概念

自主性来源于希腊单词 autonomia,该单词本意是随心所想的自由生活。自主性普遍用于自主、自治成立的条件或品质。这一概念用科学术语表达就是不依赖于外部控制。在计算机科学中,自主性概念是紧密和人工智能领域联系起来的,在智能体理论(Agent theory)等研究分领域自主性成为重要元素。智能体是真正定义的一个自主性实体,它具有感知并作用于环境以实现目标的能力。自主性在理论上与含有智能体技能的智能化概念无关。高度复杂的智能体可能要比一个无人使用下能独立运行的简单已定义智能体的自主性要弱一些。在实际情况中,实现一个系统自主性是一件非常有挑战性的任务,因为它要面对各种现实条件下的不确定性,这意味着智能软件的发展。在如航天器等复杂系统中,自主化水平与软件的智能化水平息息相关。一个已定义的智能体在其全部功能中都应该具有自主性,但实际上系统可呈不同程度的自主性或者智能性,这依赖于无外部控制作用下的运行状态。在空间部分,自主性技术影响更多的领域当属空间操作,因为它涉及有人参与操作的外部控制。由于所涉及的系统和功能数目较多,因此通常将自主性讨论分为几个部分。下面列出了自主性在空间操作中的应用:行星车导航、GNC、信号处理、维护与监视以及任务规划。

• 行星车导航。随着将行星车送往月球和火星的任务量日益增多,行星车导航也受到极大的关注。这种情况下,自主性涉及跟踪与路径规划技术。NASA 的"勇气"号和"机遇"号火星车通过使用 4 组立体相机以及惯性车轮运动反馈验证了自主导航技术。任务取得空前的成功,它可以支持后期软件模块上传以验证目标跟踪和全局路径规划等附加能力。这些模块属于 CLARAty 架构的一部分,CLARAty 是一种可重复使用的机械臂软件架构,它能支持多种机械臂平台且集成了先进的机械臂功能[45]。

• GNC。近年来,一些任务成功验证了日益复杂 GNC 系统下的自主性方案。其中覆盖了 PROBA – 1[54] 和 PROBA – 2[42] 这类单个航天器的轨道保持任务到 PRISMA[8] 这类两航天器间的交会(对接)任务。此外,一系列关于多任务编队飞行的研究也在进行。

• 信号处理。空间任务特别是地球观测任务获取的数据量逐渐增多。星载有效内存和处理能力也随之增强,但下行带宽却不易扩展。可采取一种主要方法便是在下行传输前进行数据压缩[41]。这减少了所需带宽但计算量却十分庞大。通过采用先进星载功能如目标识别、弱数据剔除如云图以及对有特殊目标特征的多光谱带宽选择等方式,自主性可以直接降低下载数据量。最后两种功能已分别在"地球观测"一号中实现。类似的情况也存在于行星探测中,其下行带宽并不能足够传输行星车采集的数据。NASA 的一个项目,星载自主科学调查系统(Onboard Autonomous Science Investigation System,OASIS),旨在精心选择那些有高度科学价值的数据进行下传。

• 监控和故障检测隔离与重构。地面监控和故障检测隔离与重构(Fault Detection Isolation and Recovery,FDIR)是操作任务中重要的环节,其涉及数千组遥测数据。如此大量数据对下行带宽以及故障和异常情况下的分析及响应速度都提出了较高要求。实际上遥测数据分析是一项精细且费时的过程,且涉及不同分系统遥测数据间的相关性分析以及周期异常情况下时间尺度相关性分析。挑战一方面来自于地面分析工具的提高,另一方面则是推动星载系统的发展,在特定异常情况下仅能下载遥测数据。近期的一个例子就是 PROBA - 2 任务[42]。

● 任务规划与调度。任务规划是至关重要的过程,因为它能使用最有效的方式规划和调度航天器的状态以增加科学回报率。它能处理高度复杂的问题(轻易处理非确定性多项式困难问题(NP - Hard))。如此情况下,操作人员就能找出可用方案。在操作研究及自主规划与调度等更普遍的领域中已经发展出一系列方法和技术,用一种更有效的方式处理这些问题。

其中一些方法都是相当成熟的,但分布式任务未来面临新的挑战,特别是对于 GNC 和任务规划方面,它们更多是受平台多样性影响的。因此本章主要关注于这些方面,特别是任务规划,GNC 将在其他章节重点展开。

8.3 任务自主规划与调度

航天器操作的规划与调度在不违背系统规则或约束且能优化有效资源下从一组高级科学和工程目标中产生一系列航天器指令。鉴于复杂性以及功耗,早期任务规划的职责保留在了地面站部分。减少操作代价以及增加效益等诸多明显优势促进了其在航天器中的应用。但是,单个航天器并不足以处理整个复杂的系统,特别是在分布式任务中。Funase[23] 和 Damiani[17] 提出了责任分散的方案:在地面部分完成高级别任务分布与分配进程,在空间部分完成低级别局部再规划和调度。后续章节首先给出了地面和星载自主性应用分开的单平台方案,然后探讨了多平台系统的研究。Moylan 和 Atkins[43] 重点研究了单平台 P&S(规划与调度)系统的特征及差异。

8.3.1 单平台

为解决空间中任务规划与调度问题已经研究出一些高度复杂的方案。NASA 在 1990 年为哈勃太空望远镜设计了 SPIKE 调度系统[35]。它开展了长期调度研究,典型的约为期一年。SPIKE 已经在一系列任务中得到应用,大多数都属自主性任务,且现在正被设计用于将来的詹姆斯瓦特太空望远镜系统中[26]。一个更先进的计划是 ASPEN(自主调度与规划环境)[11],由 NASA JPL 的人工智能团队开发。ASPEN 是一种可重构框架,包括定义应用域的约束规则建模语言、约束管理系统、一组生成计划的搜索策略、代表计划优先权的语言及计划/调度可视化图形接口。航天器信息分为七级编码:运行状态、参数、参数相关性、时序约束、保存、资源及状态变量。ASPEN 采用一个局部的、早期约定的、迭代的搜索算法以优化目标函数。它已经应用在"深空"1 号(DS - 1)和"地球观测"1 号(EO - 1)等一些任务中,用以产生可在星上更改的基准方案。另一个计划则是 ESA 的 APSI,旨在通过自主规划与调度技术创建一个软件框架以提高任务规划支持工具开发的经济性和适应性。APSI 中,一个给定的问题可用状态变量、一致性特征、域理论、同步性和规则集合来表述。APSI 框架基于时序方式。内核由 5 个不同的推理抽象层组成:用户层、解算层(分解目标)、域管理层(维护决策网络)、组件层及时间层。最后一层管理时间网络。这些方式的有效性已经在一些研究中得到验证,这些任务涵盖了"火星快车"等探索任务到"国际伽马射线天体物理实验室"Integral 和 XMM - 牛顿等天文任务[52]。另一个是火星探测"漫游者"号(MER)任务中,MAPGEN 系统应用在地面部分中。

星载自主任务规划主要用于对单个航天器具有修改和维护动态规划的能力。目前,在一些任务中已经取得了可喜的成果,如 NASA 的 DS - 1[44],它于 1998 年发射并带有 RAX - PS 系统[37]。这是第一个在几天内能够完全自主运行的任务:系统规划部分能够译出来自地面部分的高级目标。这些计划被发送到多线程执行模块中,在这里它们译成能够被飞行系统执行的指令。最后,诊断和恢复机制监控执行情况,如果有必要,也要监控故障触发恢复过程。规划系统本身存在于一个基于时间数据库约束的搜索引擎操作中。航天器约束条件被编写成由状态变量和时间表组成的域模型。域相关试探法用来加速搜索。2000 年,NASA 发射的 EO - 1验证了 ASE 结构,它具有新型的再规划系统 CASPER[38]。该系统实现了连续规划,增加了系统的反应性。在异常情况下,它能够在几秒钟内修复一个规划而以前的系统 RAX - PS 需要几个小时。这种优点归功于一种迭代修复的技术,该规划方法能够反复修正现有计划的缺陷,直到找出一个很好的规划。CASPER 试图通过将异常引入当前规划来解决问题。RAX - PS 则结合约束递推方法采用了反向链接细化搜索技术。相比之下,CASPER 使用局部搜索来逐步完善当前规划。欧洲航天局在 2009 年发射的演示验证任务 PROBA - 2[25]也注重增加星载自主性,星体与地面站间的通信只有数据的下载及观测清单的上传。另外,FDIR 能够处理大量的异常。一些理论研究已经在 UK - DMC 等任务中得到开展,NEAT 结构通过进化算法能够进行连续的自主规划[9]。表 8.1 总结了两种不同典型范例的好处。

表 8.1 地面自主性与星载自主性的优点比较

地面自主性	星载自主性
CPU 可用功率	环境适应性
软件适应性	处理数据无延迟
测试过程不影响任务	减少地面通信
短周期内操作员与专家互动交流	
更低的软件开发成本	

一个需要考虑的关键因素是决策所需信息的可用性。而且,所选择的设计典范也应取决于这些信息的位置。例如,如果要求系统对故障能有更快的响应,那么

星载自主性就不应该是主要方向;如果要求系统对用户要求能够更快的响应,那么地面部分就不应该处理复杂问题。通常这两种情况都会要求,因此,自主性需要解决地面段或者空间段两者中其一。对单个航天器研发的方案并不一定能移植到分布式任务中。本质上讲,分布式任务中的任务规划引入了一种新的复杂性元素:航天器间的协调机制。这完全取决于卫星间的链接及受限于能源的计算能力。合适的确定地面部分和空间部分间的责任分属对未来空间任务来说是一个重大挑战。

8.3.2　多平台系统

多平台系统已经在通信、GPS 及气象中大量应用。然而,在这些卫星中很少采用分布式且不要求协调能力。全新挑战来自于 3 个主要方向:

- 用于遥感或天文目的的簇群或蜂群卫星。
- 用于太空探索的蜂群卫星。
- 地球观测星座。

第一种情况中,信号分离和信号空间覆盖率是最主要的优点。但是,为避免航天器碰撞以及维持构型必须对精确姿态确定和控制系统下的编队飞行动力学进行研究。未来天文任务的研究实例:双卫星干涉测量任务 NASA ST3、探测引力波的四面体编队任务 ESA LISA、寻找类地太阳系外行星的 ESA DARWIN 任务。其他则是一些研究太空气象的构想蓝图;一个更加雄心勃勃的计划当属 2011 年 7 月开始的 QB 50。它计划研发一个由 50 组双立方体卫星组成的网络,这些卫星分布在数百千米的轨道上且携有相同的传感器,用以研究电离层(90 ~ 320km)的关键组成。这种情况下,所面临的的挑战主要是相对导航,因此本章对此并不作进一步介绍。

在太空探索中,与地面间进行频繁和定时通信并不可行。因此航天器间的协调问题需要自主进行。一项具有挑战性的探索任务是自主纳米技术蜂群(ANTS),它旨在通过数千个皮卫星(小于 1kg)组成的蜂群对太阳系进行探索[16,32]。目前,多航天器间的星载任务规划与调度仍是首要前提,且处于理论研究阶段。一个实例便是共享活动和协作模型[15],其中航天器以智能体建模并与其他直接联系用以分配其间的工作。如控制系统 D - SpaCpanS[50] 和 NASA Tech-Sat21[6] 已经显示出一个等级规划结构对于过多的通信及运算来说也许是个很好的权衡。这种情况的缺点就是卫星间的刚性结构作用。一项有挑战性的任务是三角卫星(3CS)[12],3 个大学纳卫星具有科学试验数据验证、快速再规划、鲁棒执行和异常检测能力,但是由于火箭发射过程出现问题导致任务失败。最近的研究工作主要是通过多智能体模式对整个系统进行建模[2,3,30]。特别是 ESA DAFA(自主性分布式智能体)任务研究了空间系统中使用分布式智能体的优点[46]。它验证了两种不同情况:一个是全球环境与安全监视系统(GMES);另一个则是"火星巡视探索"系统[1]。考虑到当前 NASA 行星车的研究,类似的研究工作已在开展[21]。Trip 和 Palmer 采取的方式非常有趣,他们采用一种间接通信系统来减少通信系统开销[55]。由于自身的协作过程所产生的通信和计算开销确实是一个主要问题,科研人员对此做出了许多研究。因此需要根据特殊情况来细致考虑协作模式。Van der Host[57]公开了一种对集中和分布式规划进行折中的方法以协作不同的航天器。其中需要考虑的一个关键因素是通信链路的开销。在航天器探索任务情况中,开销太大或者延迟都是不可接受的。这是星载自主性将要普遍采纳的情况。这些情况的主要挑战是卫星间通信系统对平台协作的要求。后续将在其他章节讨论这些方面。

　　地球观测星座任务也是本书的重点,主要的目标是有效地满足用户社区。由于通信链路并不是起决定作用的资源,因此可以在地面段产生并上传到整个星座。不确定性水平很低且在故障情况下这种方式并不排斥自主规划能力。因此,在这种情况下对自主性的需求便从星体转移到地面段。一些自主性操作的例子已进行空间验证,其中之一是协作任务 TerraSAR/TanDEM – X[39],虽然没有进行资源优化但它实现了自主调度的基本功能。真正的大挑战是同时进行协调与优化。目前,许多的研究重点在地球观测方向[18,29,48],特别是灾难管理的情况[49,59]。大多数研究者都试图减小协作方面并变为优化问题,用经典技术解决,如贪婪算法[48,59]、回溯法[29]或者简单的启发式算法[18]。这些情况中要么没有达到有效的方案要么将问题最小化(减小航天器数目)。另外,这些工作并没有考虑动力学问题本身。这种情况就是一个动力学问题。在 GMES 或者 CHARTER 系统中,ESA 用于地球观测的 5 个航天器(Sentinel – 1 ~ Sentinel – 5)都需要与其他现有和(或)计划中的 ESA、欧洲气象卫星组织(EUMETSAT)及其他国家机构或者具有灾难监视星座、快眼(RapidEye)星座的 SSTL 等私人公司的任务进行协作。设计的方案需要对来自用户社区的要求能够快速响应。DAFA 任务的验证旨在基于协调模式和协商智能体通过多智能体结构解决这些问题。然而主要的缺点仍然是不可扩展性与复杂性。

　　下面将着重于研究协作建模以及任务控制方面所需的技术,特别是在地球观测情况中。如上述所述,该情况下的目标是研发一种具有快速响应、动态环境适应性及不同航天器可扩展性的系统。这项研究技术就是多智能体模式,它似乎是满足这些要求的最具潜力的方法。

8.4　分布式系统技术:多智能体系统

　　多智能体系统(AMS)是一项汇集多学科技术与理论的广泛领域。它最早是用于解决网络或 Internet 等分布式环境下的通信问题。目前,多智能体系统不仅在通信与协作目的中使用,同样在自然模拟系统(Agent 建模)中得到应用,如计算建模和基于仿真的设计。在如下情况中它似乎是一种快捷的方法[54]：

- 对一个集中智能体太大的问题。
- 由自主交互部分组成的团体问题。
- 信息来源或者专业知识的空间分布。
- 性能提升(计算效率、可靠性、可扩展性、鲁棒性、可维护性、响应度、复杂性)。

为达到同一个目的,许多不同的机制可以用来共同协作多智能体。这些方法通常与智能体能力密切相关,涵盖了反应式到协商结构[22]。反应式智能体具有相对简单的交互规则,但整个系统所表现出的行为显示了用来解决全局目标的复杂性。协商方法通过提前详细规划智能体的个体行为来描述。规划可以集中或者分布,但智能体局限于以协商方式操作来满足任务目标。本质上,该范围的两端可以描述为通过一个高度规划方式(协商)或者并不依赖一个瞬时自发方式(自适应性)执行任务。自适应方式非常适合不确定性动态问题。它最适合于描述具有复杂动态相互作用大量实体的自然复杂系统,但是通常它不如协商方式有效而且可能导致未预料到的和不稳定的系统行为[36]。协商方式需要大量的处理能力解决规划建立的所有规则,而且通常产生更加复杂的方案,但是并不能应对动态问题。考虑到上述优点,MAS 似乎成为多航天器情况下的最好选择。如前面所提到的,航天器自主系统最主要的工作主要集中在模式研究下。然而,几乎所有的已应用的协商技术都是以协商规划和再规划方式例证的。这种选择的原因主要是协商结构能够提供较高的可靠性。任务规划是关键环节,它要求对系统输出和性能有较高置信水平。从另一方面,这种方式的局限性很大程度上能够满足分布式平台的要求。自适应结构能够满足这些要求,且在新的通信模式和控制技术支撑下能够达到应用于实际中的合适可靠性程度。

关于 MAS 的不同量纲分析和设计已经超出了本章的讨论范围。本节着重讲述了自适应结构的挑战以及它们怎样被应用于分布式平台。

8.4.1　自组织和涌现

自适应多智能体系统的关键环节是由系统所提供的自组织和涌现行为。在由大量实体所组成的蜂群中,局部简单行为组合的结果能够在系统层面引起突发复杂的行为,能够产生意料不到的结果。细胞或者组织是星群结构的几种常见例子。传统的还原论观点试图通过组成部分的控制规则解释一切事情,但对于这些现象产生的原因不甚了解[24]。这种不足在面临复杂性增加问题的工程等领域变得至关重要。Holland 声称多个非智能体的集合经常要比单个智能体更加适合[33]。当一个智能体变得更加敏捷,它的功能和复杂性就会降低。

文献对自组织和涌现并没有给出专门的定义而且它们之间的差异也很模糊。很多作者也试图阐述这种差异并提供精确的分类,如 Prigogine 通过耗散结构辨别出现[27],Gabbai 或 MullerSchloer 则更多的关注于工程方面。Hills[31] 总结涌现的概念为"总体大于各部分的总和"。De Wolf 和 Holvotet[19]也提及这种观点，并定义了一个自组织系统，其在没有内部或外部控制（鸟群模式、雪花等）的情况下能够表现出系统层面的结构或模式。涌现的概念并不能归因于由相对简单交互作用多样性所引起且不能被这些交互作用（天气、生活、思想）总和所减少的系统属性。实际上，自组织和涌现是严格相关联的概念，尽管在某些情况下它们可能以单独现象出现。后续中这两个术语都将无差别使用，除非特殊要求。

如前所述，自组织是智能系统所需输入的理想特性，能够处理分布式空间任务中的高度不确定性和动态环境。

8.4.1.1　涌现设计

自组织系统设计面临的挑战则是没有一种系统性的方法能够对给定的顶层宏观行为制定所要求的个体层面行为。目前，涌现理论仍远未达到。研究者们已试验出一些会导致自发现象的机制。如 Serugendo 在文献[51]所描述的那样，这些方法可分为 4 类：

• 合作。集体行为涌现是非合作状态的局部合作与局部处理的结果。在 AMAS 理论中[7]，智能体能够识别出实效合作（NCS）。NCS 的局部处理旨在增加适应性。难点在于要详细列出可能导致实际系统不可行的所有 NCS。

• 强化。智能体行为的动态修改进行强化，如奖励或者惩罚。这种方法主要集中在单个智能体而非整个系统的适应性技能。

• 直接交互。与局部交互耦合的广播和局部化的基本原则[48,58]。此处的优点便是能够准确得知突发行为的结果。然而，它仅适用于有限数量的任务，如立体图模式编队、拓扑智能体布局，它们的简单全局平衡状态（模式）能够进行线性化建模。

• 间接交互。仅与环境的交互。协同机制是最流行的模式，它已成功应用到一些复杂任务中，如自发模式形成、合作和管理。尽管由于非线性作用它不太可能会对系统行为产生直接控制，仅是对结果有统计置信区间，但是它的实现具有鲁棒性以及简单有效性。

自组织系统的研究重点将转移到经典 AI 上来。传统意义上的重点主要关注于智能体增长，而现在自发特性的关键环节在于不同智能体间的通信机制。鉴于规划和可扩展性、鲁棒性和自适应性等复杂任务，尽管要应用到保守的空间操控任务中还需要验证可靠性和有效性，但协同机制似乎仍然最具有前景，因此需要对自发行为的分析与控制建立明确的方法。

8.4.2　协同机制

协同机制术语是由法国生物学家 Grasse 在 20 世纪 50 年代提出的[28]。它来源于希腊单词"stigma"（符号）和"ergon"（工作），意为通信机制怎样基于环境中的踪迹。环境中的信息形成一个能够支撑多智能体协调激励活动的域。类似技术通常应用在生物分布分散系统中,如昆虫生活领域通常假设了信息素的形状。考虑到信号是否由多智能体处于环境中的特殊标记(如信息素)组成,也就是所谓的基于标记的协同机制,或者多智能体是否基于方案的当前状态建立活动,也就是 sematectonic(环境改变的)协同机制[47],那么就有可能区分两种重要的协同机制类型。最具代表性的例子当属蚂蚁觅食过程,这就是基于标记的协同机制。蚂蚁沿路寻找食物安置信息素,同时它们在返回路途也安置信息素直到找到食物。这些信息素影响着后续的蚂蚁能够沿着相同的路径。然而,只有最短路径才能有最强的信息素分布,因为它才有最少的到达时间。这样一个简单的启发式能够允许蚂蚁们集中大部分时间沿着最短路径。这属于一个基于正反馈的自催化现象。它实际上代表了一种集体自发问题的解决策略。

从工程角度出发,协同机制代表了许多颇具吸引力的优点:

- 简单:系统通过有限认知能力的简单自适应智能体形成。
- 可扩展性:它允许简单智能体不用直接通信就能协调合作。
- 鲁棒性:对于一些个体的损失,系统的性能是具有鲁棒性的。
- 环境一体化:鉴于智能体合作中环境的明确作用,环境的动态特性在影响系统的同时在受其影响。

由于其具有这些优点,协同机制已经变成了两个平行研究领域的核心:智能蜂群和生态系统。智能蜂群主要针对分散的自然的或智能的自组织集中行为[3]。一方面,它研究了蚂蚁觅食、黄蜂分化、白蚁筑巢等自然模型;另一方面,它将这些模型应用到许多任务中:优化、聚类、任务分配、网络路由等。其结果是一个广泛的算法,旨在重新利用智能系统自然模型的关键特性。术语元启发式表示能够形成通用算法框架的一组算法概念。

一个并行的方法将智能蜂群直接应用到多智能体系统中,Parunak 和 Bruckner 将其称为人工生态系统[7],目的是为工业强度提供实际工程方案。综合生态系统方法并不是应用实际的社会动物协调机制,而是试图捕捉生物系统的基本逻辑。Bruckner 介绍了怎样通过信息素域建立专业化生产系统,这里的工业机器和工作部件属于多智能体,它们像蚂蚁一样通过信息素通信。受数字信息素启发,Tripp 和 Palmer 为一群卫星开发了星载协作系统[55]。作者说明了协同机制如何有效地减少计算和通信开销。这所采用的结构中,地面段创建向航天器所有任务广播的环境,并带有一些额外的高级集聚信息、反馈/前馈以及航天器的先验信息。航天器与地面段的通信包括任务的执行、反馈以及未来的意向、前馈。使用广播的系统具有天然的可扩展性和抗破坏性,尽管主要的缺点是对任务完成或干扰缺乏足够的保障。

可以得出的结论是,这些研究领域都是建立在积极的模式基础上,智能体通过信息素的方式分享经验。主要的不同就是范围:智能蜂群专注于纯粹的优化,而生态系统侧重于协调。在分布式系统中,这些概念是严格互联的,因此它们的经验需要结合。

8.4.3 技术挑战

前面的章节引入了任务规划的一个新概念:自组织多智能体系统。虽然已经开发出一些应用,主要使用协作方法,但仍存在很多问题。本节将讨论分布式空间任务等真实严格情况下这些技术应用所面临的主要挑战。

8.4.3.1 方法论原则

由于 MAS 传统的做法并不包含自适应环节,因此不适用于设计自发系统。尽管一个明确的设计方法相当必要的,但直到目前相关文献所涉甚少。一些作者建议使用自然模型作为智能体协调的模式。这些模型已经成功解决了一些问题,但通常很难使它们符合具体问题要求。另一个方向是从这些自然模型外推模式设计。设计模式对于经常发生的问题是一个可使用的方案,它们帮助理解并形成自组织的基本程序块,但不能解释应当怎样把它们放在一起。进化设计是一种截然不同的方法,自然选择推动设计过程。很显然,全局行为的进化需要基于仿真设计等特定的技术。

8.4.3.2 方法论技术

在过去几年,计算机技术的进步为通过仿真对系统变量进行全面测试提供了可能。仿真设计是智能体建模广泛域中的一部分,用于将 MAS 描述成动态系统。仿真设计正受到越来越多的关注,且用于 MAS 仿真的工具和方法正在快速增长。这些工具在图形接口和统计分析的支持下为系统设计提供了更多的灵活性。非常有意义的是进化计算也用到仿真设计中。进化计算已经在很多的应用包括设计中得到成功验证。在 MAS 中,每一个个体代表一个特定的 MAS。难点在于要给每个个体评估健康值。通过仿真对一组设定问题的特定 MAS 进行评分以选择最优的个体。平行领域——进化群机器人学也面临同样的问题。机器人控制器反映了机器人的行为,制定出解决协同任务的方法。智能神经网络机器人控制器便是一项很有意思的工作,它用于竞争游戏团队演化行为中,如同步、协调、避障。该领域证明了健康度函数所表示进化压力的重要性,它迫使进化朝着更好的方向发展。在复杂问题的情况下,要想清楚地描述进化压力是非常困难的。用特定进化计算进行自发设计似乎为时尚早。进化算法能够适用于微进化,但对在竞争中起显著作用的宏进化并不足够。因此可推断,自组织系统的设计过程仍然缺少明确的指导准则,导致设计者们要在大量判定中抉择。仿真设计和它的进化扩展是一个功能强大的工具,但是仍然需要试差过程,这需要耗费大量的时间计算资源。即使是在地面段,计算资源也依然有限。将这些系统描述为动态系统可能会产生有趣的结果。该类型的描述也许能够建立非线性动态模型,它能够描述系统的自发过程且能够确定相对平衡点。但是这些研究还为时过早。

8.4.3.3 可控自发过程

自组织系统的目标不仅是为了自我组织同时也是为了产生解决工程问题的结构。控制自发过程的观点似乎是无稽之谈，但是事实上它仍然处于初期阶段。然而它在工程应用中十分重要，而且在空间操作中也是一个关键的问题。Parunak 第一个提出该问题并给出了两种可能的方法：特定的多智能体或者塑造系统包络[51]。关于第一个，一些项目已经说明了如何提升系统的可靠性，例如自主化计算领域已经促进了管理架构的发展，这里的管理架构是一个特定的组件，它能够负责控制全局动态并通过全局参数进行干预。类似的就是生物计算机的方法，其中的观测器/控制器架构是通过一个称为观测器的组件负责的。但是这两种方法都受到质疑，因为它们将通常的集中控制环节引入到由定义确定分散的架构中。其他一些研究者则表明通过一些不同行为的多智能体对全局动态进行建模是可能的，这些智能体称为反智能体，它们通过负反馈作用来禁止标准智能体的活动。

塑造系统包络的方法让我们想起了建立非线性动态系统模型的方法以及通过混沌动力学来描述行为。通过这种方式进行直接控制和塑造平衡点是有可能的。这种方法可以十分强大但是可能导致很难应用到实际系统中。到目前为止，该方向上公开的成果仅涉及蜂群、蚂蚁群落等能够描述为混沌系统的自然系统。

8.4.3.4 混合体系结构

另外一个比较有前景的技术就是相同群体协商与适应智能体的结合。一些文献中已经介绍过混合方法，但是尚不成熟。此处的挑战主要是能合适地利用两种模式的优势：协商智能体适用于以高效的方式利用一个已明确定义的问题，而自适应多智能体由于其具有快速的推理和规划能力更适用于动态环境中的探索问题。如果这两种功能能够完美的结合那么就可提供相当灵活和强大的方案。这样一个系统可被用来监测瞬时未知事件（如火灾发生探测），但需要在局部（航天器）及全局（星座）两者之一具有良好的反应能力。这种二元性体现在更广泛的综合优化竞争适应性中。分布式空间应用所要求的适应性能并不仅局限于再规划中，它们也关系到一种更加普遍的能力以根据环境来改变全局行为。问题是通常来讲，一个软件越是灵活和适应，也就越难高效和优化。无关于选定的具体技术（如多智能体），有必要对这种权衡进行评估：高级自适应性同时确保即使在动态和不确定环境中进度也总是有效和已优化的。

8.5 结论

分布式任务显示出自主性方案所面临的新挑战。它们需要快速响应、适应动态环境以及可扩展到不同的航天器。现在很多先进的技术都能满足这些要求，但它们需要进一步的开发以达到适当的可靠性。计算机技术的发展为这些先进技术提供了可能性,甚至是纳卫星组成的多平台系统。

确定的方案是由地面段和卫星间任务规划活动所共享的。当一个航天器规划自己的图像采集时刻时,地面段负责整个星座的协调工作[30]。为避免全局碰撞,地面段的自主性也是必须的,它能监控并为星载自主性提供支持。而当航天器敏感到突发事件时,星载自主性也是必要的以增加航天器的应对活动。找到地面段和空间段共享责任的平衡点是未来任务的一项重要挑战。

尽管技术上存在挑战,但最大的挑战仍然来自人们。自主性和明确面向目标的操作减少了人们的底层操作,得到了高层次的航天器状态。让这种转变可接受是一项挑战性内容。它可以通过一些能够展示目标、计划及计划执行状态的工具来完成。它们必须能够显示出计划与系统采取的任何纠正措施之间的差值。它们必须聚集底层指令并将其总结为单个事件,以允许同一遥感中进行数据挖掘。人们的操作要转变为监督者并需要一个强大的工具来完成任务。

第二大挑战是理念体系。航天领域特别是操作对新方法要有一定的弹性,因为它们不能冒失败的风险。这种情况下问题就从确定性转变为不确定性,如果未来是分布式任务的天下,那么就必须面对这些问题。当然,从当前刚性和不灵活的保障方法转变为更加反应的和概率的系统中来,要建立这么一个理论体系还需要些时间,实际上,创建一条实现该过程的路线图便是挑战之一。

参考文献

1. Amigoni F,Brambilla A,Lavagna M,Blake R,Le Duc I,Page J,Page O,de la Rosa Steinz S,Steel R,Wijnands Q(2010)Agent technologies for space applications:the DAFA experience. In:International conference on Web intelligence and intelligent agent technology(WI – IAT),2010 IEEE/WIC/ACM,Toronto,Canada,vol 2. IEEE Computer Society Washington,DC,pp 483 – 489

2. Barreiro J,Jones G,Schaffer S(2009)Peer – to – peer planning for space mission control. In:In Aerospace conference,2009 IEEE,Big Sky,Montana,USA,pp 1 – 9

3. Blum C(2008)Swarm intelligence:introduction and applications. Springer,Berlin

4. Bonnet G,Tessier C(2007)Collaboration among a satellite swarm. In:Proceedings of the 6th international ioint conference on autonomous agents and multiagent systems,Honolulu,HI,USA,p 54

5. Bomstein B,Thompson D,Chien S,Bue B,Tran D,Castano R(2011)Efficient spectral endmember detection and scene summarization onboard the EO – 1 spacecraft. In:AI in Space workshop,international joint conference in artificial intelligence,JICAI – 11,Barcelona

6. Bresina JL,Morris PH(2007)Mixed – Initiative planning in space mission operations. AI Mag 28 (2):23

7. Brueckner S(2000)Return from the ant. synthetic ecosystems for manufacturing control. PhD thesis,Humboldt – Universität zu Berlin

8. Carnell M, Schetter T(2002) Comparison of multiple agent – based organizations for satellite constellations(Techsat21). J Spacecr Rockets 39:274 – 283

9. Capera D, George J, Gleizes MP, Glize p(2003) The AMAS theory for complex problem solving based on self – organizing cooperative agents. In: Proceedings of the twelfth IEEE international workshops on enabling technologies: infrastructure for collaborative enterprises, 2003. WET ICE 2003, Linz, Austria, p 383

10. Carlsson A, Noteborn R, Larsson R, Bodin p(2010) PRISMA operational concept: servicing a variety of experimental teams for teh flight demonstration of formation flying technologies. In:61st international astronautical congress, small satellite missions symposium, Prague, Czech Republic

11. Carrel AR, Palmer PL(2005) An evolutionary algorithm for near – optimal autonomous resource management. In: ' i – SAIRAS 2005 ' _the 8th international symposium on artificial intelligence, robotics and automation in space, München, Germany, vol 603, p 25

12. Castano R, Estlin T, Gaines D, Castano A, Chouinard C, Bomstein B, Anderson RC, Chien S, Fukunaga A, Judd M(2006) Opportunistic rover science: finding and reacting to rocks, clouds and dust devils. In: Proceedings of 2006 IEEE aerospace conference, Big Sky, Montana, USA

13. Chien S, Rabideau G, Knight R, Sherwood R, Engelhardt B, Mutz D, Estlin T, Smith B, Fisher F, Barrett T, Stebbins G, Tran D(2000) ASPEN – automated planning and scheduling for space mission operations. In: IN SpaceOPS, Toulouse, France

14. Chien S, Engelhardt B, Knight R, Rabideau G, Sherwood R, Tran D, Hansen E, Ortiviz A, Wilklow C, Wichman S(2002) Onboard autonomy software on the three comer sat mission. In: Proceedings of the SpaceOps 2002 conference, Houston, Texas, USA

15. Chien S, Sherwood R, Tran D, Cichy B, Rabideau G, Castano R, Davis A, Boyer D(2005) Using autonomy flight software to improve science return on earth observing one. J Areospace Comput Inf Commun 2:196 – 216

16. Clement B, Barrett A(2004) Coordination challenges for autonomous spacecraft. Appl Sci Multiagent Syst 10:7 – 26

17. Clement BJ, Barrett AC, Schaffer SR(2004) Argumentation for coordinating shared activities. In: 4th international workshop on planning and scheduling for space, Darmstadt, Germany

18. Curtis SA, Rilee ML, Clark PE, Marr GC(2003) Use of swarm intelligence in spacecraft constellations for the resource exploration of the asteroid belt. In: Proceedings of the 3rd international workshop on satellite constellations and formation flying, Pisa, Italy

19. Damiani S, Verfaillie G, Charmeau MC(2005) An earth watching satellite constellation: how to manage a team of watching agents with limited communications. In: Proceedings of the fourth international joint conference on autonomous agents and multiagent systems, Utrecht, The Netherlands, pp 455 – 462

20. De Florio S(2006) Performances optimization of remote sensing satellite constellations: a heuristic method. In: International Workshop on Planning and Scheduling for Space, Baltimore, MD, USA

21. De Wolf T, Holvoet T(2005) Emergence versus self – organisation: different concepts but promising when combined. Eng Selforgan Syst 3464:1 – 15

22. Dvorak D, Ingham M, Morris JR, Gersh J(2007) Goal – based operations: an overview. In: AIAA

infotech, Rohnert Park, CA, USA

23. Estlin T, Chien S. Castano R, Doubleday J, Gaines D, Anderson RC, de Granville C, Knight R, Rabideau G, Tang B(2010) Coordinating multiple spacecraft in joint science campaigns. In: International symposium on space artifical intelligence, robotics, and automation for space(i – SAIRAS 2010), Sapporo, Japan

24. Ferber J(1998) Multi – agent systems: an introduction to distributed artificial intelligence. Addison – Wesley, Harlow

25. Funase R. Nakasuka S(2005) Cooperation between onboard executive and planner on ground and its demonstration on remote – sensing nano – satellite PRISM. In: 8th international symposium on artificial intelligence, robotics and automation in space, Munich, Germany

26. Gabbai J, Yin H. Wright W, Allinson N(2005) Self – organization, emergence and multi – agent systems. In: International conference on neural networks and brain, 2005. ICNN&B'05, Beijing, China, vol 3, PP 24 – 1863

27. Gantois K, Santandrea S, Teston F, Strauch K, Zender J, Tilmans E, Gerrits D(2010) ESA's second in – orbit technology demonstration mission: Proba – 2. Esa Bull Eur Space Agency 144: 22 – 33

28. Giuliano ME. Hawkins R, Rager R(2011) A status report on the development of the JWST long range planning system. In: IWPSS – international workshop on planning and scheduling for space. ESOC, Darmstadt, Germany

29. Glansdorff P, Prigogine I(1971) Thermodynamic theory of structure, stability and fluctuations. Wiley – Blackwell, New York

30. Grandjean P, Pesquet T, Muxi A, Charmeau M(2004) Wnat on – board autonomy means for ground operations: an autonomy demonstrator conceptual design. In: SpaceOps, Montreal, Canada

31. Grasse P(1960) The automatic regulations of collective behavior of social insect and "stigmergy". J Psychol Norm Pathol 57: 1 – 10

32. Grasset – Bourdel R, Verfaillie G, Flipo A(2011) Building a really executable plan for a constellation of agile earth observation satellites. In: IWPSS – international workshop on planning and scheduling for space, ESOC, Darmstadt, Germany

33. Grey S, Radice G(2010) Design and testing of an autonomous multi – agent based spacecraft controller. In: 61st international astronautical congress(IAC 2010), Prague, Czech Republic

34. Hillis WD(1988) Intelligence as an emergent behavior; or, the songs of eden. Daedalus 117(1) 175 – 189

35. Hinchey MG, Rash JL, Truszkowski WF, Rouff CA, Sterritt R(2005) Challenges of developing new classes of NASA self – managing missions. In: Proceedings of the 11th international conference on parallel and distributed systems, 2005, Phoenix, AZ, USA, vol 2

36. Holland JH(1999) Emergence: from chaos to order. Basic Books, New York

37. Hollister GS(2011) Military space requirements markets and technologies forecast – 2012 – 2017. Tech. rep., Market Info Group LLC

38. Van der Horst J, Noble J(2010) Distributed and centralized task allocation: when and where to use them. In: Self – adaptive networks(SAN) workshop, IEEE international conference on self adaptive

and self – organising systems(SAS02010) , Budapest , Hungary

39. Johnston MD , Miller GE (1994) Spike: intelligent scheduling of hubble space telescope observations. Intell Sched pp 391 – 422

40. Jones M (2009) Artificial intelligence: a systems approach. Jones and Bartlett , Sudbury

41. Jonsson AK , Morris PH , Muscettola N , Rajan K , Smith B (2000) Planning in interplanetary space: theory and practice. Artif Intell Plan Syst pp 177 – 186

42. Knight S , Rabideau G , Chien S , Engelhardt B , Sherwood R (2001) Casper: space exploration through continuous planning. Intell Syst IEEE 16 (5) :70 – 75

43. Lenzen C , Worte M , Mrowka F , Geyer M (2011) Automated scheduling for TerraSAR – X/TanDEM – X. In: IWPSS – international workshop on planning and scheduling for space , ESOC , Darmstadt , Germany

44. Mamei M , Vasirani M , Zambonelli F (2005) Self – organizing spatial shapes in mobile particlei: the TOTA approach. Engineering Self – organising systems. Springer , Berlin/Heidelberg , pp 138 – 153

45. Martinez – Heras JA , Donati A (2011) Making sense of housekeeping telemetry time series. In: AI in space: intelligence beyond planet earth – interantional joint conference in artificial intelligence , IJCAI – 11. Barcelona , Spain

46. Montenbruck O , Markgraf M , Naudet J , Santandrea S , Gantois K , Vuilleumeier P (2008) Autonomous and precise navigation of the PROBA – 2 spacecraft. In: AIAA/AAS astrodynamics specialist conference and exhibit , Honolulu , HI , USA

47. Moylan G , Atkins E (2006) Research trends in autonomous Space – Based planning and scheduling. In: International workshop on planning and Scheduling for space – IWPSS , Baltimore , MD , USA

48. Muscettola N , Nayak PP , Pell B , Williams BC (1998) Remote agent: to boldly go where no AI system has gone before. Artif Intell 103 (1 – 2) :5 – 47

49. Nesnas I (2007) Claraty: A collaborative software for advancing robotic technologies. In: Proceedings of NASA science and technology conference , Adelphi , MD , USA

50. Ocon J , Rivero E , Sanchez Montero A , Cesta A , Rasconi R (2008) Multi – agent frameworks for space applications. In: Spaceops 2010 , Huntsville , AL , USA

51. Parunak HV (2003) Making swarming happen. In: Proceedings of swarming and network enabled C4ISR , Tysons Comer , VA , USA

52. Parunak HV , Brueckner SA (2004) Engineering swarming systems. Methodol Softw Eng Agent Syst 11 :341 – 376

53. Pralet C , Verfaillie G , Olive X (2011) Planning for an ocean global surveillance mission. In: International workshop on planning and scheduling for space (IWPSS) 2011 , ESOC , Darmstadt , Germany

54. Raghava Murthy DA , Kesava Raju V , Srikanth M , Ramanujappa T (2010) Small satellite constellation planning for disaster management. In: International astronautical federation , Prague , Czech Republic

55. Richards R , Houlette R , Mohammed J (2001) Distributed satellite constellation planning and scheduling. In: Proceedings of the fourteenth international florida artificial intelligence research society conference , Key West , FL , PP 68 – 72

56. Schoeberl M, Bristow J, Raymond C (2001) Intelligent distributed spacecraft infrastructure. In: Earth science enterprise technology planning workshop, Pasadena, CA, USA, PP 23 – 24

57. Serugendo GD, Gleizes MP, Karageorgos A (2006) Self – organisation and emergence in MAS: an overview. Informatica 30(1) :45 – 54

58. Steel R, Niezette M, Cesta A, Fratini S, Oddi A, Cortellessa G, Rasconi R, Verfaillie G, Pratet C, Lavagna M, et al (2009) Advanced planning and scheduling initiative: MrSPOCK AIMS for XMAS in the space domain. In: The 6th international workshop on planning and scheduling for space, IW-PSS – 09, Pasadena, CA, USA

59. Sycara K(1998) Multiagent systems. AI Mag 19(2) :79

60. Teston F, Baınsley M, Settle J, Vuilleumier P, Santandrea S (2003) PROBA: an ESA technology demonstration mission with earth imaging payload. First year of in orbit results. In: 4th IAA symposium on small satellites for earth observation, Berlin, Germany, vol 11

61. Tripp H, Palmer P(2010) Stigmergy based behavioural coordination for satellite clusters. Acta Astronaut 66(7 – 8) :1052 – 1071

62. Underwood CI, Crawford M, Ward JW(2001) A low – cost modular nanosatellite based on commercial technology. In: Proceedings of the 12th annual AIAAIUSU conference on small satellites. SSC98, Logan, UT, USA, vol 4

63. Viroli M, Casadei M, Omicini A(2009) A framework for modelling and implementing self – organising coordination. In: Proceedings of the 2009 ACM symposium on applied computing, Honolulu, HI, USA, pp 1353 – 1360

64. Wang P, Tan Y (2008) Joint scheduling of heterogeneous earth observing satellites for different stakeholders. In: SpaceOps 2008, Heidelberg, Germany

第 9 章　相对导航

Nadjim Horri, Phil Palmer

摘要　卫星编队可用于执行当前及未来的各种太空任务,包括在轨监测、SAR 测量、磁层观察和重力测量。在合作卫星编队的情况下,近期一些太空任务相对导航中差分 GPS、无线电和光学导航技术已验证为一种可行方法。对小卫星来说在有限的电能和计算资源条件下,未来的挑战包括 6 自由度的精确相对导航与定位。本章介绍了相对导航的需求及其在空间中的应用,同时对未来卫星编队相对导航中面临的软硬件挑战也进行了描述。

9.1　绪论

在对接、在轨服务、非合作卫星监视以及大多编队飞行等不同应用中,空间任务对相对导航的需求逐渐增多。日益广泛的空间任务都涉及卫星编队飞行技术,包括在轨监测、SAR 测量、重力测定及各种科学应用。这些编队飞行任务现在多采用小卫星技术,这是因为几年来小卫星的性能得到了不断提高,开发和发射成本相对低廉。

然而,卫星编队飞行的需求也正在迅速发展且越来越有挑战性。不同任务面临的相对导航技术挑战也不相同。

例如,在 SAR 干涉测量任务中,主要的挑战来自于通过传统的姿态和轨道控制系统(AOCS)硬件及双频 GPS 接收机实现非常精确的定位与指向[1]。

在监测任务中,精确度要求虽然很重要但不至那么严格。对当前监测任务来说面临的主要挑战是在小卫星上有限的能源和计算资源下能够提供持续可靠的相对导航信息。在近距离卫星编队飞行中,重点通常是相对位置信息而非绝对位置信息,这意味着需要特定的相对导航软件。这些任务中的相对位置确定需要特殊的相对导航传感器[3]。

在未来的卫星编队任务中,相对姿态控制也需要满足系统要求。一般而言,卫星编队飞行需要自主制导、导航与控制[5-7],这意味着减少了对地面通信的依赖,更多的重点放在卫星自身链路中,特别是在近程编队飞行中卫星将需要具备自主防撞能力。

相对导航的关键技术是 GPS /GNSS 接收机、RF 收发机和光学导航传感器。

由瑞典空间公司研发的 PRISMA 任务则配备了全部的 3 种类型传感器[2,3,8]。近年来提出了一种基于脉冲星的新技术但尚未进行飞行验证[9]。已在行星着陆器中使用的其他类型的传感器,如激光雷达,也可被用在某些中远程相对导航任务中。未来的编队飞行任务需要多种相对导航传感器组合使用。因此,这就需要一种算法能够进行不同类型传感器间的数据融合。

多卫星编队需要具备故障检测、隔离与恢复能力以应对不同的情况,如性能退化甚者编队多卫星中某颗失效,这种情况就可能导致处于自主跟踪状态的卫星意外碰撞。防撞控制是自主轨道控制软件的一部分,我们将在 9.5.3 节讨论。

本章结构如下:9.2 节介绍了相对导航技术,9.3 节描述了相对导航精确度要求,9.4 节讨论了姿态控制的重要性,9.5 节和 9.6 节分别介绍了相对导航软件方面的挑战及硬件限制。

9.2　相对导航传感器

不同类型的绝对和相对导航传感器需要符合任务主要目标的要求,同时也要符合任务阶段要求。

一些试验或者相对导航技术都是在分离前始于相同轨道上的卫星上进行的,未来的任务可能将会在不同入轨的卫星上进行。这种情况下,第一轨道机动包括了卫星目标轨道分配,采用速度增量可将卫星移动到停泊轨道[10]。地球轨道通常采用 GPS 方案。该阶段并不依靠相对导航传感器。当卫星进入视场且(或)进入通信范围时激活相对导航传感器,之后根据任务阶段分别进入不同的相对导航和控制模式[3,10]。

对数千米到数十米范围内的自主编队飞行阶段,GPS 是相对轨道测量的首选传感器。远场相机光学导航也能配合 GPS 接收机完成该距离内自主接近等目标。

从 100m 开始的近距离高精度接近操作过程,当首要任务是在轨监视或对接时,GPS 通常配合近场光学导航相机。在超近程(米级),近场光学导航传感器(ONS)在对接操作中通常是唯一的测量手段[4]。射频收发机主要用于避撞和其他轨道机动中[3]。表 9.1 总结了这些不同情况。

表 9.1　卫星编队不同 GNC 模式下的相对导航技术

相对 GNC 模式	描述	距离	关键传感器
自主编队飞行	超远距离卫星接近目标轨道	数千米远到数十米	GPS
寻的	卫星接近并进入视野	数千米到数米	ONS/GPS
精确 3D 操作	相对轨道和(或)姿态机动	100m～数米	GPS/ONS
避撞/瞬态阶段	自主避撞,安全模式	数千米～数百米	RF/GPS
最终接近	交会与对接	0～数米	ONS

9.2.1　GNSS 技术

GNSS 技术可能是绝对导航和相对导航任务中最常用的手段。首先将 GNSS 作为相对导航使用的是日本双星 ETS - Ⅶ 编队飞行任务,然后是 Snap - 1 和"清华" - 1 的编队保持试验、DART 任务、EO - 1。最新的就是已进行在轨对接验证的"双星编队轨道快车"任务[11]和 ESA 的 ATV 任务。日本卫星 Ikaros 进行了一次有限时间内在轨监视太阳帆板展开任务,PRISMA 已验证过多种不同的相对轨道控制任务,它们都具备自动避撞功能。

多频 GPS 接收机需要考虑到最高精度,但是对于除 SAR 干涉测量外的大多数相对导航应用来说,每个卫星上的单频接收机已足够用。卫星的位置可彼此间传送。在双星编队中,目标星通常会将 GPS 测量数据发送给追踪星,从而修正相对运动。差分 GPS 最初是为地面接收机研究的技术,现在空间应用中也被证明是一种有效的方式,特别是与相对定姿精度相关的内容。然而 GNSS 仅能应用于地球轨道航天器。

9.2.2　射频技术

RF 技术能够用于地球轨道卫星和行星际航天器相对导航方案中,尽管在地球轨道上射频收发机也会使用到 GPS 测量粗值。PRISMA 任务上配备的 FFRF 传感器已经进行过一次成功试验[4]。接收机使用 S 波段双频类 GPS 信号。它被确信适用于中间阶段如帆板展开、轨道机动以及特别是避撞,它也被用来光学测量的过渡过程。它传送出一个粗糙但明确的伪距(比正常模式的 GPS 信号精度低 1/10)以及一个精确但模糊的载波相位。它代表了交叉跟踪精度的局限性。PRISMA 任务通过 GPS 接收机修正偏差。通常来说,射频收发机应该与其他传感器配合使用。

9.2.3　光学导航传感器

光学导航传感器主要用于在轨监测及对接任务中。远程(大于 10m)和近程成像(小于 10m)一般由不同类型相机来完成。远场相机通常基于星敏感器技术。这种情况就需要一种光学导航软件(见 9.5.1 节)。在接近操作或者最终逼近段有许多实际问题要解决,包括推力器点火产生的羽流,它对姿态估计算法精度影响很大。

9.3　相对导航精度要求

相对导航精度的技术规格对整个卫星编队任务设计来说是非常重要的,它直接关系着卫星系统和分系统设计。这些要求主要由应用决定。

9.3.1　高精度相对定位任务

TanDEM－X 双基 SAR 干涉测量任务由 2007 年 6 月和 2010 年 6 月发射升空的双星组成,它能够产生 SAR 数字高程地图,并达到了史无前例的 2m 垂直精度。这要求双星基线达到 1mm 的精度,这同样是空前的。根据计划安排该任务已经进行了为期 6 个月的试验,并开始从相距 20km 的双星上传送 SAR 图像。从相对导航前景看,由近距离(通常数百米)保持双星产生的数字高程地图将会是下一个里程碑节点。该阶段将会在今年晚些时候开始进行。

为满足高精度要求,TanDEM－X 开发了精确的基线确定软件,它基于前馈—反馈滤波平滑器。滤波器能够以 1m 精度处理电离层自由伪距和载波相位测量,这就要求 GPS 卫星可见和单差载波相位测量,需要可观测的 GPS 卫星具有足够高的精度。相对姿态和轨道设计也因此变得极其重要以增加可观测到的 GPS 卫星可用性。

某些科学任务要求具有很高的相对精度以维持较大的基线。其中一个例子便是激光干涉引力波探测(LISA)卫星编队任务,它由地球相同轨道上呈等边三角形构型的 3 颗卫星组成,用来检测引力波。这就需要使用精确的相对导航以维持 3 颗卫星激光镜间保持一个较小的偏差角。

9.3.2　中等位置精度任务

对某些应用来说可能仅需要中等的精度要求,但对于特定的技术约束,要维持这样的精度并非易事。

在监视任务中,对位置信息要求并不高,但相对轨道需要精心规划以确保监视或者相对操作期间卫星保持定位要求。PRISMA 任务中,绝对和相对位置精度分别达到了 2m 和 0.5m。然而对微小卫星来说机载计算能力有限,要实时保持这样的精度很有难度。PRISMA 上的机载计算机具有抗辐射能力但处理能力有限。如星上轨道确定数据更新周期仅为 30s,但由于精确地轨道模型,实时相对定位精度可能达到亚米级。

另一个编队飞行的例子是重力测量任务,它不需要较高精度的相对位置信息。姿态控制精度要求与中等分辨力地球观测卫星处于一个量级。然而姿态图像应该是平滑稳定的。该情况下面临的挑战主要是,当重力和干扰力矩作用卫星上数千秒时,需要卫星在 20km ±500m 距离上保持典型的松散编队飞行[12]。

9.4　相对姿态控制要求

这些系统的相对轨道控制已经开展了广泛研究,但编队飞行多卫星相对姿态控制却相对很少。接下来介绍两个相对姿态控制任务的例子,它们也许需要引起特别关注。

9.4.1 多卫星相对姿态控制

未来的一些应用需要多卫星编队飞行。随着编队飞行中卫星数量的增多,要求姿态和轨道机动的次数也随之增多,包括多卫星相对轨道重构机动以及姿态协同控制,这些卫星需要通过保持在各自的视野范围内来同步姿态以维持编队阵型。卫星间的通信是必须执行的。为达到该要求,卫星必须同时具有更快的响应和更高效的功率。因此,这就需要在不增加姿态确定和控制系统(ADCS)功耗负担的前提下增加卫星的敏捷性与指向精度。方法之一就是在给定的能耗下在输出力矩方面研发更高效的小型执行机构。在此背景下,控制力矩陀螺似乎在未来小卫星技术验证任务中颇有价值。另一方面则是研究有限计算资源下的先进控制方法,如最优控制。

姿态协同控制方法可以在集中层下基于最近邻跟踪法进行集中控制,或者分散控制。目前的趋势是分散控制方法[13],在不分层或者分多层次以及无整个编队全局信息需求的情况下,编队中的每个卫星与邻近卫星进行相互作用。对协同姿态控制来说,未来分散控制技术面临的挑战之一便是在有限能源下维持一致同步状态以及编队保持目标。这就要求最优控制技术具有很小的实现复杂性。

9.4.2 在轨监视相对姿态控制

姿态控制软件对于未来的监视任务来说是十分重要的。特别是为增加相对导航质量,相对导航模式,如 PRISMA 任务中所采用的,应该通过相对姿态控制模式来完成。

在监视任务中,假设保持在传统的 2:1 椭圆相对轨道上,相对姿态控制模式可能仅是惯性或者对地定向目标分配的最简单情况,以确保目标处于追踪星的视野内。在对地定向模式中,追踪星可能配有相机指向于轨道坐标系(LVLH)下对地 90°偏转的逆切线方向[5]。

然而如果某些任务阶段要求追踪星精确指向目标星,那么就必须要求相对控制模式以达到相对指向目标[5]。PRISMA 任务并未使用该功能,它依靠精心选择的相对轨道并保持传统的姿控模式如对日和对地定向。

当多卫星编队仅要求卫星间保持一个最小视野范围,两卫星监视任务的复杂度较低但应考虑到目标的精确指向。

9.4.3 姿态控制对相对轨道确定的影响

最后两部分着重强调了编队保持中光学导航或者星间通信所用相对定向的重要性。有时很容易忽略姿态控制对轨道确定精度的直接作用,特别是在基于 GNSS 的导航任务中。实际中,可见 GPS 卫星的数目依赖于卫星的姿态,它对 GPS 定位精度有直接影响。当天线指向当地天顶方向时,在轨卫星能达到最大可见性,它通常处于对地定向模式。然而该要求与其他一些目标如对日定向、目标跟踪及其他科学模式是相矛盾的。

当 GPS 天线偏离天顶方向时,接收机自动通道分配算法仍然会假设一个天顶方向用于可见卫星的算法。因此,当姿态偏离天顶方向将引起接收机忽略掉可见卫星,占用自由通道并尝试获取视野范围外的卫星。当需长时间保持高精度位置时,该问题就会变得很棘手。精心的任务设计可以解决该问题。通道分配计划也有助于解决实际天线视轴方向问题[14]。Can – X 纳卫星任务中曾提出一种技术,让追踪星的滚动速率饱和,因其发现当旋转速率最大时可见 GPS 卫星的数量会急剧下降[15]。

9.5 软件挑战

9.5.1 基于光学成像的相对姿态估计

光学导航传感器需要专用软件从目标星的有效成像中获取估计或者相对位姿信息。目前的方法主要包括目标卫星的特征存储及与从图像提取的特征比对以确定姿态估计。这种方法要求事先知道被监视卫星的信息,而且对于给定的计算要求还面临着精度的问题[4]。

萨里航天中心提出了一种可选方案,它对目标星建模为椭球体或者球状体而不是存储目标星的任何特征。在成像平面上,围绕目标绘制椭球体的 2D 投影,它为一个最小有界椭圆。椭圆的参数可以用来估计姿态甚至相对方位信息[16]。

9.5.2 基于 GPS 或者 RF 传感器的相对轨道确定算法

通过差分 GPS 得到的相对位置通常是基于最小二乘模糊去耦调节法(Lambda),在大多数任务中该方法已被证明有效。然而在 PRISMA 任务中试验了很多有挑战性的内容,包括大角度机动和频繁的相对轨道机动会引起通常跟踪GPS 卫星数量的快速减少。Lambda 轨道确定方法(具有模糊度解算)不适用于这些情况。作为补救,无轨道机动期间采用了前馈—反馈扩展卡尔曼滤波,而且轨道机动期间模糊度整合为卡尔曼滤波的状态向量。这种方法具有鲁棒性但却降低了精度,因此仅用在模糊度解算不能正常工作的情况下。这就表明频繁轨道和姿态机动的任务需要更先进的轨道确定算法。RF 技术与 GPS 轨道确定类似,但每个RF 单元也可作为一个发射机。这种情况下,从 GPS 粗捕获码获取的是一个粗糙的伪距测量,在更好的载波相位测量之前,它对发射机频率进行调制通常是 S 波段。多频 RF 发射机的使用让模糊度解算成为可能。

相对轨道确定背景下的一个研究和发展领域是传感器融合。未来相对导航任务极有可能依赖于多种相对位置测量传感器。传感器融合能够产生更高精度的相对运动估计,特别是当从不同类型传感器得到的信息互补的情况下。基于扩展卡尔曼滤波(EKF)的估计算法面临着多速率测量的问题,特别是大多数精确传感器都有重要的二阶项,这可能会误导估计甚至发散,因此一些通常替代 EKF 的算法如无迹卡尔曼滤波值得考虑[17]。需要注意的是,传感器融合也可以是相对运动测量与绝对惯性测量的组合。

9.5.3 自主相对导航

传统上卫星导航和轨道控制都是集中在地面段进行,由操作员发送指令来进行轨道机动及其他关键任务。在未来卫星编队中,协同相对导航任务完全集中在地面站可能会变得相当复杂且存在风险。作为替代方案,卫星需要更加自主性且能通过星载相对导航软件自主修正它们的位置。

9.5.3.1 自主轨道控制使能技术

星载自主性解决方法可以依赖于星间通信或者跟踪预先设置好的轨迹。许多卫星任务已经验证了不同的星载自主性使能技术。例如,萨里航天中心和 Microcosm 合作研制的 Uosat – 12 就使用了自主跟踪预先设定的轨迹。DLR 发射的 Proba – 2 卫星和 BIRD 微卫星已经验证了使能技术,它应用于计算机系统故障和姿态异常以及其他有限越出参数的机载管理系统中[18]。CNES 发射的 DEMETER 微卫星验证了一些自主轨道机动内容,而 PRISMA 任务在 MANGO 和 TANGO 卫星间进行了自主接近操作。考虑到卫星编队任务要求水平,这些技术将不得不在多卫星编队中进行试验。

9.5.3.2 自主 FDIR 和避撞

故障检测、隔离与恢复(FDIR)软件通常用于分系统故障管理中,但避撞也应成为未来任一卫星编队 FDIR 系统的一部分。PRISMA 通过 RF 相对导航传感器在轨验证了自主避撞技术。

对于涉及接近操作或者密集编队的任何任务,避撞都是十分重要的技术。轨道快车[11]和 ATV 任务都已成功验证了自主对接技术,然而其他一些验证交会能力的任务包括 DART 和 ETS – Ⅶ都发生了异常:在 ETS – Ⅶ任务中,安全模式包括了预先设计的机动可以将追踪星移至距离目标星 2.5km 远处,但仍然发生了异常;在 DART 任务中,一个异常引起了额外的燃料消耗且可能因此发生了碰撞。这些例子都表明,避撞和通常的 FDIR 软件所包含的额外安全模式非常有助于未来涉及接近操作或者在轨监视任务的执行[20]。自主进行 FDIR 已经提出使用该技术的多智能体[6]。近期基于被动安全策略(无喷气)和主动安全策略研究出很多避撞的方法,它们所受约束较少但要求具有实时故障检测能力。该领域最近的研究主要集中在燃料最优安全策略上[7,21]，但是也要考虑到计算约束。文献[21]中，鉴于重构机动并不会影响编队中的其他卫星，提出了一种连续且基于分段计算的优化方案。对比于解决全局优化问题的传统有限元方法，该方法所需时间大大减少。

9.6 硬件限制

产品设计时需要考虑选择商用化成品（COTS）部件还是抗辐射航天零部件，通常需要在系统和分系统高性能需求以及卫星可靠性间做出折中，使能技术通常必须是可靠的以及功率高效的。接下来将讨论影响小卫星机载相对导航可靠性和性能的关键设备。

9.6.1 GPS 接收机选择

地球轨道中，GPS 接收机是轨道确定最常用的传感器。诸如基于 RF 技术的其他传感器通常都是和 GPS 接收机配合使用的，为在轨校准提供了方法。大多数小卫星使用单频接收机。例如，PRISMA 任务中使用的 GPS 接收机并不具有足够的抗辐射能力。这种情况下，当 GPS 接收机关闭时，在飞越南大西洋期间，由于其不具有抗辐射能力因此不能进行测量。PRISMA 任务中也曾报出 GPS 接收机每15 天发生一次锁定。对所有航天任务来说，这种相对频繁的数据中断是不允许的，这就要求研究抗辐射 GPS 接收机。

9.6.2 处理能力选择

处理器的选择是权衡可靠性与性能的另一重要元素。由 FAST – D 和 FAST – T 两颗卫星组成的中 – 荷快速编队任务选择了性能，以满足相对导航高灵敏度的要求。FAST 团队选择了强大的 Intel 原子处理器（2GH），它具有相对较低的功耗（2.5W）。关于处理能力，这款处理器大大超过了航天级产品 LEON3FT，比如它最高至 4MFLOPS（兆浮点运算每秒）。处理器不具有故障容错能力，那么就要靠故障容错软件来解决，这就带来额外开销。这并不完全等同于航天设备，但却能很大程度上减少航天硬件使用所带来的花费和性能损失。

另一方面，PRISMA 团队选择了高可靠性的航天 LEON 3 处理器，它能允许高达 20 MFLOPS，而且机载软件也设计在该相对有限处理能力下。然而，光学导航传感器（完全自主）、GPS 接收机（使用 ARM7 微控制器）甚至是无线电频率 FFRF 传感器都研发了它们自己的处理单元。

未来开发更加可靠的 COTS 处理器和数据处理分系统以及（或者）飞行验证处理器性能的增强都面临挑战。

9.6.3 新型的推进技术

PRISMA 任务中使用的 MEMS 微推进分系统旨在提供较小但高精度和持续的推力,它能极大增加轨道控制精度。由于燃料箱的泄漏,该微推进系统最终失败。更多传统的肼推进器用来进行相对轨道控制试验,但微推进技术还需要在可靠性方面进一步发展以满足未来任务精确相对轨道控制的要求。面临挑战之一就是高效微推进技术的研究。在微卫星中,传统推进器仍然是要求提供足够量级的推力,而微推进系统则主要用于相对 GNC 模式下高精度轨道控制中。具有变推力能力也是一个重要期望特性,而且需要应用到反馈控制策略。

9.6.4 纳卫星局限性

未来计划的一些卫星编队任务,如 CanX、QB - 50 都是由纳卫星甚至是皮卫星组成的。基于当前技术,这些卫星的姿态确定和控制系统(ADCS)能力有限,使得协同姿态控制等问题面临较大挑战。为增加有限的 ADCS 能力,一些使能技术如三轴控制微飞轮等目前正在开展研究。另一个挑战则是基于 MEMS 技术为同等级卫星开发微型推进器。在光学导航功能中如此小的尺寸也有限制,其中 GNSS 作为相对导航数据的主要来源。在纳卫星编队中,诸如绳系卫星等其中的常规概念较少,主要关注于特定的应用,特别是要求卫星维持紧密阵型编队时。

9.7 结论

相对导航应用中已经验证了一些技术,包括差分 GPS 和光学导航。然而,鉴于自主性、相对位置和相对姿态控制要求的提高,未来卫星编队需要对当前相对制导、导航与控制技术作进一步研究。这些任务要求在满足系统层面约束下具有更高的测量可靠性、不同类型传感器的数据融合以及更高的自主性。多卫星编队同样需要更高的处理能力,目前这些是利用 COTS 技术和更高的姿态控制能力。

感谢 在此十分感谢萨里航天中心飞行动力学组 Luke Sauter 提供的建议,特别是避撞技术相关内容。

参考文献

1. D'Amico S, Montenbruck O(2010) Differential GPS: an enabling technology for formation flying satellites. In: Sandau R, Röser H - P, Valenzuela A(eds) Small satellite missions for earth observation: new developments and trends. Springer, Berlin

2. De Florio S, D'Amico S, Ardaens J - S(2010) Flight results from the autonomous navigation and

control of fotruation flying spacecraft on the prisma mission. In: Proceedings of the 61st international astronautical congress, Prague, Czech Republic

3. Larsson R, Noteborm R, Chasset C, Bodin P, Karlsson T, Carlsson A, Persson S, (2010) Flight results from SSC's GNC experiments within the prisma formation flying mission. In: Proceedings of the 61st international astronautical congress, Prague, Czech Republic

4. Terui F, Ogawa N, Oda K, Uo M (2010) Image based navigation and guidance for approach phase to the asteroid utilizing captured images at the rehearsal approach manuscript template and style guide. In: Proceedings of the 61st international astronautical congress, Prague, Czech Republic

5. Hoirri NM, Kristiansen K, Palmer PL, Roberts RM (2012) Relative attitude dynamics and control for a satellite inspection mission, Acta Astronautica 71:109 – 118 March 2012

6. Mueller JB, Surka DM (2001) Agent – based control of multiple satellite formation flying. In: Proceedings of the 6th international symposium on artificial intelligence & robotics & automation in space, Canadian Space Agency, St – Hubert, Canada, 18 – 22 June 2001

7. Breger L, How JP (2008) Safe trajectories for autonomous rendezvous of spacecraft. J Guid Contr Dyn 31(5):1478 – 1489

8. D'Amico S, Montenbruck O, Larsson R, Chasset C (2008) GPS – based relative navigation during the separation sequence of the prisma formation. In: Proceedings of the AIAA guidance, navigation and control conference and exhibit, Honolulu, Hawai, 18 – 21 Aug 2008

9. Lan S, Chen X, Zhang JZ, Shi X, Xu G (2009) Intersatellite range determination using muhidetectors observation of pulsars. In: Proceedings of the 7th IAA symposium on small satellites for earth observation, Berlin, Germany, May 2009

10. Wertz JR, Bell R (2003) Autonomous rendezvous and docking technologies – status and prospects. In: Proceedings of the SPIE AeroSense symposium, space systems technology and operations conference, Orlando, FL, 21 – 25 April 2003

11. Ogilvie A, Allport J, Hannah M, Lymer J (2008) Autonomous satellite servicing using the orbital express demonstration manipulator system. In: Proceedings of the 9th international symposium on artificial intelligence, robotics and automation in space, Hollywood, USA, 26 – 29 Feb 2008

12. Cesare S, Parisch M, Sechi G, Canuto E, Aguirre M, Massotti L, Silverstrin P (2009) Satellite formation for a next generation gravimetry mission. In: Proceedings of the 7th IAA symposium on small satellites for earth observation, 4 – 8 May 2009

13. VanDyke MC, Hall CD (2006) Decentralized coordinated attitude control within a formation of spacecraft. J Guid Contr Dyn 29(5):1101 – 1109

14. Hauschild A, Markgraph M (2009) Accuracy dependency of the GPS navigation solution on the attitude of LEO satellites. In: Proceedings of the 7th IAA symposium on small satellites for earth observation, Berlin, Germany, 4 – 8 May 2009

15. Johnston – Lemke B, Zee RE (2010) Attitude manoeuvring under dynamic path and time constraints for improved GPS coverage of formation flying nanosatellites. In: Proceedings of the 61st international astronautical congress, Prague, Czech Republic

16. Wokes S, Palmer PL (2010) Perspective reconstruction of a spheroid from an image plane ellipse. Int J Comp Vision 3(5):369 – 379

17. Virgili LP(2006) Design and evaluation of navigation and control algorithms for spacecraft formation flying. Ph. D. thesis, University of Barcelona Spain

18. Kayal H, Barwald W, BrieR K, Gille , Halle W, Montenbruck O, Montenegro S, Sandau R, Terzibaschian T(2003) Onboard autonomy and fault protection concept of the bird satellite. In: Proceedings of the international conference on recent advances in space technology, Istanbul, Turkey, 20 – 22 Nov 2003

19. Prat G, Maisonobe L(2009) Monitoring the ATV rendez – vous and docking with ISS: a challenge in tern of frame transformations dealing. In: Proceedings of the 21st international symposium on spaceflight dynamics, Toulouse, France, Oct 2009

20. Hoffmann GM, Gorinevski D, Mah RW, Tomlin CJ, Mitchell JD(2007) Fault tolerant relative navigation using inertial and relative sensors. In: Proceedings of the AIAA guidance, navigation and control conference and exhibit, Hilton Head, South Carolina, 20 – 23 Aug 2007

21. Sauter L, Palmer P(2011) An onboard semi – analytic approach to collision – free formation reconfiguration. IEEE Trans Aerosp Electron Syst, pending publication

22. Maessen D, Guo J, Gill E, Gunter B, Chu QP, Bakker G, Laan E, Moon S, Kruijff M, Zheng GT (2010) Conceptual design of the FAST – D formation flying spacecraft. In: Small satellite missions for Earth observation: new developments and trends. Springer, Berlin

第10章 分布式卫星通信系统

Klaus Schilling, Marco Schmidt

摘要 为协调完成高效全面的性能,分布式移动传感器系统不同组件间信息的交流是至关重要的。本章详细介绍了由一些卫星和地面站组成网络节点的特殊情况。每个卫星通过通信系统协调各自部分自主功能来实现联合观测。空间段中自组织活动必须集成遥操作并处于地面站监管控制下。有关合适的通信设计方法是本章的中心话题。

10.1 绪论

分布式卫星系统必须在空间段网络中进行数据交流,以便通过适当的协作进行观测任务,同样当与地面站失去联系时亦是如此。例如,当分布式仪器指向同一目标观测区域并后续进行数据融合时。此外,尽管存在干扰,相关导航传感器数据也将交换以协调完成观测任务。通过典型的低带宽通信链路,数据采集具有实时修正反应能力,以增加基于传感器网络的卫星获取观测数据的质量。

在无线电通信服务中,卫星系统在低轨的组网为通信链路提供了颇具吸引的能力,由于与地面通信距离较短,因此它使用的资源最少。问题是,重要的轨道动力学会影响链路拓扑结构,而且使得数据传递过程建立可靠星间卫星通信变得复杂。多普勒效应甚至是相对论效应的修正对高效的通信性能来说是十分必要的。

尽管单个卫星的资源有限,但通过将不同网络获取的数据组合,卫星协同提供了较高的性能效果,特别是当分布式系统由小卫星组成时。实现新型分布式航天系统概念的技术难点是需要在空间段卫星合作型协作以及卫星和地面段间都具有高效和鲁棒性通信(见第11章)。接下来对有关数据交换方法的讨论将是重点内容。

10.2 典型场景要求

分布式卫星系统预期能应用在鲁棒性低带宽通信系统、空间天气和地球观测[1]。本书第1章和第2章介绍了一些和SAR天线有关的例子。由50颗小卫星组成的 QB50 任务[2]，在高空大气中进行了空间气象的原位多点观测。由于低密度层的积聚噪声效应限制了测量，因此高空大气层很难在地面观测，但在低密度层的上空却可以通过工具穿透观测。鉴于卫星在有限的生命周期内观测范围仅为90～300km（对应于数小时到一个月的生存周期内，考虑到大气粒子的减速作用），昂贵的传统卫星很少布置在如此高度。这就为小卫星编队填补该方面知识空白打开了机会之门。

对于多点观测，获取不同分布式传感器间的基线距离、导航相关数据交流、观测以及卫星状态等信息是十分必要的，以便建立适合的重新构型。在星座中，所有的通信和协调都是通过地面站进行的。在与地面联系期间，为避免观测数据受到噪声或者漂移效应影响而降级，需要建立星间直接链路以确保在轨自重构能力。

10.3 分布式系统通信概念

通信与遥操作基础结构为建立分布式卫星系统提供了关键要素。组网系统由一些卫星和地面站组成，本节主要讲述数据在其中交流的高效组织方法。在地面分布式应用中，互联网协议 TCP/IP 成为确立的标准，而且为得到进一步发展做出了相当大的努力。得益于地面技术发展，将这些技术转移到空间环境中是颇具吸引力的。空间数据系统咨询委员会（CCSDS）正在推动空间相关的网络标准（http://www.ccsds.org/）。特别是包括了对重大延迟及高量级噪声的适应性。基于IP 方法的最大好处就是可以在不需要转换协议下，很方便地将卫星数据转移到地面网络。

10.3.1 集中/分散网络结构

网络结构可以是集中到服务器的集中方式[3]，或者是分散到自组网（ad-hoc）的方式[4]。这两种方式间的方案如"嵌入式星拓扑"[5]，特别适合于有限移动节点的高度确定行为。地面环境中典型网络结构如下：

● 完全集中。很多无线产品支持这种结构（IEEE 802.16，IEEE 802.11a/b/g）。两个节点间彼此交换数据需要通过另一个中心节点中继转发（如基站、接入点）。

● 蜂窝系统。它可看作集中系统的一般化。当一个移动终端从一个单元变化到另一个单元时，相互连接的基站形成单元中心节点并提供软交接。典型的产品就是 GPRS。

● 自组网络。每个节点都具有相似的权利并不依赖于特定的基础结构。

在编队飞行集中网络结构中，一颗卫星作为接入点（AP）提供服务，其他卫星作为客户端。这种已被广泛接受的结构对 AP 故障很敏感。因此必须持续地对 AP 功能进行监听，一旦发生故障就需要将 AP 功能转移到到另一颗卫星上。这就要求 AP 频繁的广播"存在"信号。卫星间的所有通信都是通过 AP 中继，例如，相邻客户端通信就会引起通道效率低下。当通信距离线性增加时,功率消耗呈指数增长,因此在集中系统中能源利用率是很低的。

蜂窝系统也会出现类似的问题,而且它设计成大量客户端,远超过当前分布式卫星预期的大小。

在 ad – hoc 网络分散方法中,并没有 AP 用于控制媒体访问或者确保数据结构到达目的地,这减少了硬件要求但增加了软件开发难度。包括 MANET(移动 ad – hoc 网络)、VANET(车载 ad – hoc 网络)或者 WAN(无线传感网络)在内的地面方案都充分建立起来,但仍需适应空间使用。多次反射特性减少了通信距离及相关能源要求。

10.3.2　互联网协议(IP)

首次在太空进行的互联网协议(IP)试验是于 1999 年 NASA 的 UoSat – 12 任务。完全在 TCP/IP 协议堆栈上进行的首批任务之一便是 2003 年由 NASA 和伯克利空间科学实验室发射的 CHIPsat 任务。2005 年发射的皮卫星 UWE – 1(伍兹堡大学试验卫星),其主要科学目标就是优化 IP 参数以适应标准的空间环境[6,7]。UWE – 1 携有在微控制器上进行的机载数据处理系统 μ – Linux。一个集成的适当的 IP 堆栈有助于相关无线电通信试验。IP 和更高级层协议(如 TCP、UDP)的优势是全球通用的,这就产生了一个完全测试可靠的协议堆栈以及使用 IP 接口的广泛应用。UWE – 1 通信使用商用无线电收发器,通常它都是无线电业余爱好者通过分封无线电采集数据的工具。主要的试验是关于 AX. 25 和更高级协议层的交叉层优化内容,以及关于 HTTP 和 TFTP 等应用层协议(图 10. 1)。

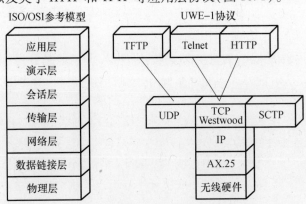

图 10. 1　UWE – 1 机载 ISO/OSI 参考模型层的具体实现,
这里对比了个别传输层选择

TCP/IP 协议堆栈一个很大的缺点是辨识空间条件下 TCP 协议的性能问题。由于 TCP 协议是为地面互联网开发使用的,因此当发生堵塞时,防堵塞算法会降低传输速率。这种行为是网络通信量超负荷时地面互联网 TCP 所必须的特性。

地面互联网中的堵塞状态意味着数据包的丢失。在卫星通信中,这种情况是完全不同的:数据包的丢失通常会引起传输错误,尽管 TCP 会对此作出反应并降低传输速率。因此,精心选择通信协议是非常重要的。可选择的一种办法是用 UDP 替代 TCP,UDP 是一种无连接传输协议。这种情况下应用层必须提供机制保证数据包的正确接收。另一种方法是使用 TCP 扩展协议,它能解决典型的 TCP 问题。

UWE - 1 试验结果显示,IP 通信是可行的,但需要采取不同的优化措施以确保卫星和地面站间具有高效的通信,特别是 UWE - 1 通信链路中较高的误包率(PER)影响了 AX.25 协议的性能。测量的 PER 值如图 10.2 所示,该值是在一定置信区间描述的,距离的变化显示有必要对通信链路进行额外冗余设计以提高 AX.25 和 IP 间的结合。进一步的无线电通信冗余可以通过硬件或者软件算法产生,以解决空间环境大噪声影响所带来的误差速率问题。

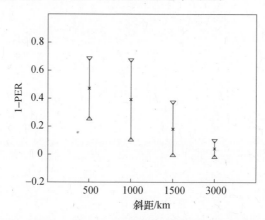

图 10.2　UWE - 1 中 AX.25 无线电链接测定的误包率(PER)

10.3.3　移动 ad - hoc 网络(MANet)

为在地面应用中实现稳健网络通信,人们开展了大量研究工作。移动 ad - hoc 网络(MANet)将一些智能体(agents)组合进自组织通信网络。当拓扑结构错误或者变化时,它具有初始化并重构功能。因此,在卫星编队中,当出现较高的动力学和链路干扰时,通信路径中的可靠重构能力通过使用一些空间和地面段的智能体就可增加鲁棒性。接下来的章节将会分析相关的路由选择方法。

为描述 MANet 在移动系统中的性能,伍兹堡大学基于 WLAN(IEEE 802.11)建立了验证和试验设备,系统由一些移动机器人以及固定站作为节点(图 10.3)[8]。

在该试验设备中,为未来空间应用 MANet 准备的试验已经完成了重新路由性能的内容。为移动系统开发的典型 ad - hoc 路由协议与移动车辆隐形传态情况对比如下:

(a)   (b)

图 10.3　不同动力学下的移动传感器系统网络

- 反应式协议,如 ad - hoc 中的按需距离矢量路由协议(AODV)或动态资源路由选择(DSR)。
- 先验式协议,如最优链路状态路由协议(OLSR)。
- 混合协议,如移动 ad - hoc 优化路由协议(BATMAN)。

先验式协议希望节点能够频繁地发送信息,这就增加了功耗,而反应式协议要求在建立数据流前有一定的启动时间。

测试台在运行期间记录了邻近点、路由要求、潜在路由、链接花费和跳数(一个典型例子是关于改变发射拓扑结构的往返时间,如图 10.4 所示)。随之产生的包流特性,如包损率、路由重建时间、包间隔到达时间、网络拓扑及带宽都可以估计出来。不同节点得到的文件并不同步(关于时间或事件)。通常默认的参数需要适应于特定的情况以达到合理的性能。

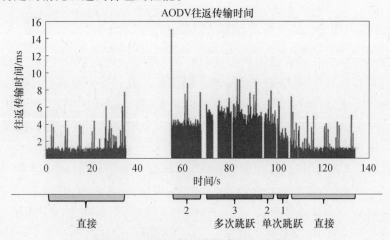

图 10.4　改变发射拓扑的典型往返时间,
图中可以明显看出路由重建所引起的较大发射干扰

性能测量被证明是对噪声作用十分敏感的,因此必须强制进行仔细的设置准备以生成相当的结果。未来 MANet 在空间使用时,协议对空间环境特殊性的适应过程也是需要研究的。

与之前使用的特定协议不同,表10.1 给出了试验运行期间网络拓扑改变的情况下大量包损率以及重新路由的最大时间,这些特性需要在通信链路设计中进行考虑,而且针对特殊的空间环境需要校准可能的参数。

表 10.1　对不同协议调谐参数设置下试验运行性能对比

协议	包损率/%	重新路由的最小时间/s	重新路由的最大时间/s
DLSR	32.6	5.0	<21.6
DSR	28.8	2.0	<40.4
BATMAN	16.0	0.8	<26.2

10.3.4　可延迟网络

在没有持续网络连接下,不同节点需要设计可延迟或者可中断网络(DTN)[9,10]。由于有限的无线电范围或者掩星效应以及链接拓扑的动态变化,链接中断对于空间应用来说是很常见的,而且对于不同的轨道卫星,距离是最常见的因素。因此,DTN 是空间技术的一个研究热点[11,12]。在这些情况下,标准 MANet 不能使用,因为它们首先尝试建立一个完整的路由然后传递数据。在 DTN 中采用了"存储转发"的概念,数据逐步的传递到可用节点并最终期望到达目标节点。为保证成功率,信息需要复制。这就会产生大量的通信量以及局部存储器需求。不过,尝试将 MANet 和 DTN 优势组合的混合方法也在研究中[13]。

束协议提供了一些标准(如 RFC 4838 和 RFC5050),协议中定义一系列持续数据块为束,并作为覆盖网络(图 10.5)通过端点标志符[12]的命名方法运行。关于此方面,在极端情况甚至是行星际互联网的概念也进行了研究[14]。

10.3.5　基于网络的分布式卫星控制

对于精确观测任务,不同卫星上的设备实时指向同一观测区域,为协调它们必须建立网络控制。因此,通过星间链路,控制环节是闭环的。问题是,在面向事件的行为中,通信链路的信息是以数字并封包的形式传递的,而控制通常是基于持续的实时信息输入或者至少是通过固定采样时间采集的数据。在非时间苛刻情况中,遥测数据和遥控指令数据可以延迟到规定水平再执行,而实时情况仍是一个需要深入研究的内容。

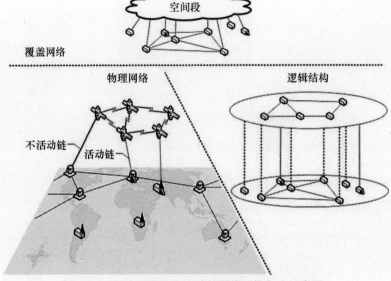

图 10.5　集成空间段和地面段覆盖网络方法示意图，
考虑了可用物理网络结构和提取的逻辑结构

10.4　结论和未来趋势

从组合多负载功能的大型航天器转移到分散、分布式小卫星系统,为协调如此高动态传感器网络,通信系统面临很大挑战。地面网络已经取得了大量的研究成果,从传感器网络到云计算网络,而空间环境相关技术仍处于初始阶段。一些基本概念可以直接转移应用,但是特殊的空间特性像由节点较高的相对速度引起的中断、延迟变量等需要增加适应性。未来空间实现自组织传感器网络需要进一步研究组合通信和控制方法,特别是时间要求苛刻的情况。该领域的突破能促进传感数据融合基础的提高,以使观测数据达到较高的分辨力和精度。

致谢　十分感谢伍兹堡大学计算机科学和远程信息技术中心公司的合作者们,他们在 UWE – 1 和 UWE – 2 卫星任务中对相关内容进行了数年的研究发展。

参考文献

1. Schilling K,Garcia – Sanz M,Twiggs B,Sandau R(2009)Small satellite formations for distributed surveillance:system design and optimal control considerations. NATO RTO Lecture Series SCI – 209

2. Muylaert J(2009)An international network of 50 double cubesatsfor multi – point,in – situ,long duration measurements in the lower thermosphere and for re – entry research. QB 50 workshop, Brussels. https:// www. qb50. eu/project. php

3. Knoblock EJ, Wallett TM, Konangi VK, Bhasin KB(2001) Network configuration analysis for forma- tion flying satellites. In: Proceedings of IEEE aerospace conference, Big Sky, Montana, PP 2/991 – 2/1000

4. Sidibeh K, Vladimirova T(2006) IEEE 802. 11 Optimisation techniques for inter – satellite links in LEO networks. In: Proceedings of 8th international conference advanced communication technology, Phoenix Park, Korea, pp 1177 – 1182

5. Clare LP, Gao JL, Jennings EH, Okino C(2005) A network architecture for precision formation flying using the IEEE 802. 11 MAC protocol. In: Proceedings of IEEE aerospace conference, Big Sky, Montana, pp 1335 – 1347

6. Schilling K(2006) Design of pico – satellites for education in system engineering. IEEE Aerosp Electron Syst Mag 21:9 – 14

7. Schmidt M, Zeiger F, Schilling K(2006) Design and implementation of in – orbit experiments on the pico – satellite UWE – 1. In: Proceedings of the 57th international astronautical congress, Valencia, Spain, IAC – 06 – E2. 1. 07

8. Zeiger F, Krämer N, Schilling K(2008) Parameter tuning of routing protocols to improve the perform- ance of mobile robot teleoperation via wireless ad – hoc networks. In: Proceedings of the 5th interna- tional conference on informatics, automation and robotics(ICINCO 2008) , Funchal, Madeira

9. Fall K(2003) A delay – tolerant network architecture for challenged internets. In: Proceedings of ACM SIGCOMM 2003, Karlsruhe

10. DTN Ref. Implementation. http://www. dtnrg. org/wiki/Code

11. Jenkins A, Kuzminsky S, Gifford KK, Holbrook M, Nichols, K, Pitts L(2010) Delay/disruption – tolerant networking: flight test results from the international space station. In: IEEE aerospace con- ference 2010, Big Sky, Montana

12. Wood L et al(2008) Use of the delay – tolerant networking bundle protocol from space, Conference paper IAC – 08 – B2. 3. 10. 59th international astronautical congress, Glasgow

13. Ott J , Kutscher D, Dwertmann C (2006) Integrating DTN and MANET routing, SIGCOMM' 06 workshop 2006, Pisa

14. Krupiarz CJ, Jennings EH, Pang JN, Schoolcraft JB, Seguí JS, Torgerson JL(2006) Spacecraft data and relay management using delay tolerant networking. In: SpaceOps 2006 conference, Rome, Italy, AIAA 2006 – 5754

第11章 分布式卫星地面站网络系统

Marco Schmidt, Klaus Schilling

摘要 太空任务通常分为空间部分和地面部分,本章重点研究地面站网络。特别是高度分布式地面站网络为分布式卫星系统的运行提供了新的机遇。并提出了实际网络的概念,讨论了地面站网络领域研究面临的新挑战。

11.1 绪论

分布式卫星系统应用领域非常广泛,如可用于提高对地观测任务中的空间和时间分辨力。本书中大量地讨论了多卫星系统的优点。然而,能够解决这样一个分布式空间任务的操作过程是非常重要的。很明显,单一任务中一些空间飞行器的运行需要更复杂的操作过程。它包括许多附加的任务,例如通过规划与调度来协调科学观察或联系窗口。卫星数量的不同将直接决定任务功能的拓展性及时耗性。

多卫星系统技术当前水平是从地面上单独控制每一个卫星,即星座。相关方面的例子很多,例如"集群"2号卫星的任务通过分别单独控制 ESOC 任务中的4颗卫星。铱星通信卫星和 GPS 导航卫星同样组成星座。在今后的任务中将包含大量的空间飞行器,这将需要在卫星任务操作方面付出更大的努力。克服这样的难题当前有两种解决方案,一种是通过在空间中发射更多自主性卫星,因此不是所有卫星都需同时工作。另一种则可使用高度分布的地面站网络来有效地操作分布式空间段。近几年出现了低成本地面站网络的新概念,这也能够反映出地面段中分布式卫星方法。它特别适用于大量卫星的运行中。这些低成本的接收站具有类似结构体系,因此与大多数小卫星平台一致。另外,对于大卫星操作来说,高度分布式地面系统提供了新阶段。低成本地面站天线系统设计在特定频段,利用商用货架产品(COTS)实现信号的处理。通过这种方式,一个地面网络就有可能同时操作多颗卫星,这对以往多卫星运行来说并不能实现。但是考虑到卫星和地面系统互操作性,现有的资源可以结合简单的手段来充分利用其分布特性。对于分布式空间段与分散连接地面站相结合方式来说,目前面临的主要挑战则是智能化网络。

相比之下,典型的地面站通常包含一个较宽频谱的专用硬件,这会限制特定类型卫星任务或种类的使用。在分布式系统运行阶段,这些专用的地面站不能任意组合。虽然目前分布式空间任务中分布式智能与控制领域的相关概念特别引人注目,但遗憾的是只有其中一些可转换到传统地面站中。

本节中主要介绍传统地面站和低成本地面系统架构之间的差异:一方面,二者在拓扑结构上不同,它在许多方面影响着卫星的操作过程;另一方面,它们在使用组件的类型方面有显著的差异。最后指出了在未来分布式太空任务中地面系统面临的技术挑战。尤其是需要建立高度分布的地面站网络,该网络可以用于大量卫星的操作中。11.2节中详细介绍了当前地面站网络项目,并阐述了多卫星操作的任务要求,如协调和调度。本章最后概括了高度分布地面站领域的未来发展趋势。

11.1.1 传统地面站

从首次太空任务开始,由一些实体组成并进行各部分间信息相互交换的地面段就已经可以认为是网络化。太空时代初期,为达到更好的覆盖范围或增加冗余,就已经开始聚合不同站点了。ESA ESTRACK系统是“传统”或“经典”方法的典型代表,该系统由9个地面站相结合组成一个网络,它在20世纪70年代初已经开始运行。另外,NASA也较早地进行了将不同的站相结合组成网络,并于1958年成立了深空网络(DSN)[1]。

在讲述传统地面站方式之前,首先要说明关于地面站分类的一重要方面:文献通常将地面部分分为任务控制和地面站网[2,3]。任务控制主要在控制中心(任务控制中心(MCC)、航天器操作控制中心(SOCC))进行,并负责任务规划和任务操作,如监控和指挥航天器。地面站网络由不同的地面站组成,可以处理信号的接收和发射、轨道跟踪等。任务控制和地面站网络不仅在逻辑上划分,也常常在地理上彼此区分。这里所提到的典型地面站由一些接收站组成,包括不同类型的天线以及相应的硬件设备。代表性地面站是魏尔海姆(Weilheim,ESTRACK系统的一部分)地面站,包含了6个6~30m长的不同天线,以完成深空任务及近地任务。所以,传统意义上地面站作为卫星和任务控制中心间的连接点,是一个由大量卫星通信设备组成的复杂系统。传统地面站网络只包含少量的且高度定制的站点,用以支持空间任务的广阔频谱。相反,在小卫星项目中,地面站更倾向于作为访问单颗卫星的单一实体,此处的地面站通常仅由一个天线系统和相应的与单个近地球轨道卫星(LEO)通信的设备组成(对比11.1.2节)。

ESTRACK系统可用来说明一个大型地面站网络的整体组织结构。更具体地说,就是阐述一个典型地面站的体系结构,例如卫星接收站。11.2节介绍了地面站网络相关内容。ESTRACK系统核心地面网络由当前位于澳大利亚、非洲、欧洲和南美洲的9个地面站组成。自1968年以来,ESTRACK系统完成了60多项任务。ESTRACK 系统的地面站包含许多高度定制化的站点。因此,用于深空任务和地球同步卫星的专用站一般不可以互相替换。ESTRACK 系统采用直径 35m 的专用天线完成深空任务,用 15m 直径天线完成近地任务。频带范围从 S 波段到 Ka 波段[4],因此 ESTRACK 系统可完成各类任务,但专用站完成特定类型的任务需要经过请求。

一个典型的 LEO 卫星通信地面站通常由以下几个单元组成:天线系统、发射和接收设备以及遥测、跟踪和控制(TT&C)设备;天线系统涵盖不同尺寸的直径,主要由大型抛物面天线实现信号的接收(尺寸大小取决于一些因素,关键是要能为空间任务链路预算提供必要的增益)。接收和发射电磁波的设备包括低噪声放大器(LNA)、高功率放大器(HPA)和高低变频器。对于遥测和遥控使用的基带设备,它的任务是载波捕获、跟踪和解调、数据处理和测距。每一站都是由广谱的设备和部件组成,并构成了一个复杂的设施。如上所述,单个地面站往往连接到一个更大的地面站网络中,然后将其连接到一些控制中心(MCC 和 SOCC)和数据网络上。

这些地面站上所使用的设备和组件通常不是商业现货供应产品(COTS),它们必须满足高质量要求以及常见的空间相关标准。因此,专门的硬件设备可能会非常昂贵。此外,正如前面提到的,对于低轨卫星来说,一个单一地面站只能提供有限的覆盖范围。为了增加对低轨卫星任务的覆盖面,其他地面站需要纳入网络。然而,即使对于一个单一地面站,也需要大量冗余以达到任务的高度可效性。因此,冗余设备(接收机、发射机、测控设备、计算机等)是必不可少的,以避免数据的丢失。在许多情况下,一旦出现任何故障就必须需要第二个地面站来接管。因此,传统的地面站是一个复杂的系统,包含了各种设施、设备和组件。操作和维护这样一个系统是很有难度的,专门的运行成本不容小觑。当然,并不是每颗卫星的任务都需要一个专用的地面站网络,航天机构建立的网络会同时用于多种任务。因此,传统的地面站网络对付费用户是开放的。运行一个巨大的地面站网络的预算很大一部分来自于设施费。如此,通常跟踪 1h 的平均成本为 300 ~ 450 欧元[4]。

乍一看,"传统"和"低成本"地面站方法显得十分相似,都含有卫星跟踪和接收设备,不过下一节将指出二者存在的显著差异。

11.1.2 低成本接收站

低成本地面站这一术语可能有点误导,但需要重点指出的是,小卫星项目中接收站与传统地面站系统在性能和体系结构方面是有差异的。因此,术语"低成本地面站"是用于强调与传统方式的差异。低成本意味着这些站不是由高质量的标准组件构成,而是由商业货架产品(COTS),即无线电设备、调制解调器等组成。其他学者把这样的站点作为广播电站或学术地面站。因此,人们必须对地面站术语的使用进行斟酌:地面站经典术语描述的是一个包含宽频谱专门系统的复杂系统,在小卫星项目中该术语是指一个用于控制单个卫星的单一实体。低成本地面站与传统分立共用系统定义不同,它包含与卫星通信的所有组件,即天线、收发器、跟踪硬件、数据分布系统等。任务控制中心和地面站之间没有明显区别。此外,在此讲述的地面站通常仅由一个天线系统及相应的用于与低地球轨道单个卫星通信的设备所组成。所有这些站都具有非常类似的架构并包含相似类型的天线。它们都采用性能相当的信号处理硬件组件。

之所以学术地面站的体系结构都非常相似是由于它们通常被设计用于小卫星通信链路中。考虑到有限的质量和功率预算及指向能力受限,主要采用 UHF 和 VHF 发射机作为通信使用。所使用频段为 70cm 和 2m,这是业余无线电频段的一部分,需在国际业余无线电联盟(IARU)的监督下进行。更高的频带,例如 S 波段,将在小卫星发展过程中的下一阶段进行,但目前仍很少使用。

这当然影响低成本地面站的体系结构:UHF 和 VHF 的硬件组件是商用的,许多地面站是由低成本的商业货架产品建立的。通常使用无线电收发机和终端节点控制器(TNC)组件,它们连接到简单的桌面计算机(如文献[5,6]中的体系结构所述),该标准计算机通常连接到互联网进行数据交换。另外,还需要各种天线和合适的跟踪系统。控制天线和无线电设备有多种软件解决方案(开源及专有的)。维尔茨堡大学的一个地面站原理图如图 11.1 所示。

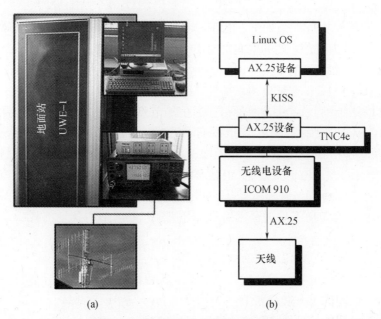

图 11.1　维尔茨堡大学的低成本地面站

学术网络的地面站通过互联网连接,即互联网协议(IP)用于网络层,传输层上传输控制协议(TCP)或用户数据报协议(UDP)的使用取决于上层应用程序。网络中的每个地面站都可以视为联系范围内卫星的一个访问节点。通常在同一时间只有一个通信链路可以链接到一个卫星上。目前,IP 只能实现地面站计算机之间的数据交换,并不能实现通信卫星与遥远地面站之间的端到端通信。

用于地面站和卫星之间数据交换的主要协议是 AX.25[7],它符合 HDLC ISO 3009 标准协议。AX.25 来源于 X.25 协议,能满足业余无线电爱好者社区的特殊需要。它用作分组无线电模式的数据链路层协议。一个附加到每一帧的 2 字节的校验位能够实现错误检测,终端节点控制器(TNC)设备中损坏的数据包会默认丢弃。

很多地面站通过软件调制解调器代替终端节点控制器。这样便能够更有效地控制无线链路且能更好地实现损坏数据的后处理。AX.25 可作为小卫星的标准通信协议,即一切主要的地面接收站网络项目均支持 AX.25。然而,从长远来看,出于兼容性考虑可能会迁移到CCSDS协议。

11.1.3 技术挑战

过去几年,计算能力的巨大发展给地面段带来大量革新,这也意味着给地面站带来了技术挑战。同时鉴于数字信号处理或者网络控制的新发展,也为其提供了新的方法。因此,对于多卫星系统运行来说,本节指出了地面段所面临的特殊技术挑战和影响。

上面提到的多卫星系统、分布式卫星系统和卫星网络 3 个名词是可以互换使用的,都是用来描述在一般的空间段使用一个以上的空间航天器来实现相同的目标。编队、星群和集群的定义是用于区分不同的拓扑结构或卫星控制策略。除了空间段,地面段也是太空任务的一部分。简单看来,一个分布式系统是由一个卫星和一个地面站组成,二者通过两个相互通信的节点实现联系。但考虑到更一般的情况,指的是多卫星系统与地面站网络间的通信。因此,人们可以识别两种不同的分布式系统,一个在空间,另一个在地面上,二者密切相关(图 11.2)。当讨论多卫星系统时,这一观点有时被忽略,但地面部分的拓扑结构在遥测和遥控方面起着重要的作用。由于卫星在自身轨道上的运动,使得地面站和卫星之间的通信链路变化频繁。这增加了对卫星网络的运营难度,因而精心策划的规划和调度是必要的。

本部分重点强调低成本地面站网络所面临的挑战,即具有大量网络节点的松散耦合电台。相应的基础设施已经可用;许多地面站是在小卫星项目中建立的。这些站进行联网的第一步已经在进行中(见 11.2 节中 GENSO 与 GSN 的比较)。为了实现高效智能的多卫星系统的运行,这些难题都是亟需解决的。

由于拓扑结构、体系结构和要求的不同,有必要区分传统的和低成本的地面站网络方法。考虑到卫星群和编队极有可能实现低成本设计,大量的网络节点可以用来实现新的运行理念。未来包括数十个太空飞行器的任务场景需要基于分布式

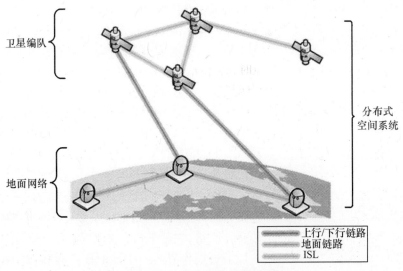

图 11.2 分布式航天器系统

系统控制的最新发展来实现高效操作运行。

当前面临的主要挑战之一是协调和控制现有的但非常庞杂的地面站网络。如上所述,目前的地面站网络主要是由松散耦合的且由多种多样的 COTS 组件组成的电台实现。即使总体结构是相似的,也就是每个站都包含相同的功能实体,如无线电设备和调制解调器,但每个实体单独实现起来可能会非常不同:例如,卫星信号的调制通常是由硬件设备终端节点控制器(TNC)实现,同时软件调制解调器渐渐流行并可取代终端节点控制器。特别是软件设置是低成本的且可以利用商业或自开发的应用程序。当前,面临的挑战是以这样的一种方式将个体站组合使得整个网络能够有效地操作多卫星系统。然而,由于每个站属于一个独立的研究机构,在一定程度上限制了其能达到的深度,特别是协调这样一个松散耦合的硬件系统将非常困难。因此,必须确保地面站能深度处理进而可以从分布式特性中充分获益。

非常关键的一点是建立分布式太空任务的通信协议标准,目前卫星和地面站之间主要采用的是保守的点对点链接。成功验证的地面网络、强大的自配置和可靠的通信网络可以广泛应用。目前还没有一个令人满意的解决方案,也没有一项用于多跳网络空间通信的协议接口。虽然 IP 协议栈证明了其地面应用的可靠性和性能,但在空间任务中还是存在一些缺点(特别是与 TCP 协议相关的)。因此,许多研究者倾向于利用专用的协议来实现,如 CCSDS 委员会的建议,定义了空间环境优化协议。一个主要的问题就是在空间分布式系统(依靠 CCSDS)和地面分布式系统(主要基于 IP)之间的互用性。因此,地面段通信标准是未来太空任务需要面对的主要研究挑战之一。未来几年的流行趋势也是很难预测的,因此建立一个与地面网络相媲美的"空间网"是一个长远的目标。

当前低成本地面站网络各个站经常出现故障,其原因是这样的网络结构都是由很容易出现问题的松散耦合站组成的。地面通信网络中故障能够自动处理,例如若一个互联网路由器出现故障时,其他路由器能够自动重新配置路由表来接替它的任务。在空间应用中,这种自配置能力迄今为止是很少使用的。因此,灵活性和单站失效的补偿机制设计都是必不可少的。由于低成本地面网络中各站之间是彼此兼容的,它一般可以在一定程度上降低规格。目前,面临的主要挑战是采用最新的自动配置和自主网络使系统具有高度灵活性,并充分利用这些网络的分布式特性。

使用低成本的地面站网络极有可能实现新的运行模式。而传统方法仅使用专用链接去实现卫星与地面站的连接,新方法能够利用地面网络作为一个整体去操作卫星。地面网络可视为一个传感器网络,它能够基于地面多点测量确定轨道或链接质量。这种新的运行模式将使卫星操作进入一个新时代,与此同时也将增加额外的挑战难度。除了通信和故障保护功能的技术挑战外,需要进一步解决的问题有:传统地面站网络管理的方法是由单一的机构进行管理,而低成本网络的组织管理是完全分布式的。网络中没有中心实体能访问网络中的所有节点。地面应用的好处和分散控制机制的缺点是众所周知的,考虑其特殊性将理论应用到地面网络仍然是一个大的挑战,另外从行政和法律的角度还对科研院所之间合作提出了新的要求。

11.2 地面站网络

11.2.1 基础设施

太空时代从一开始,就已经把不同卫星操作设施组合在一起作为地面段。地面站网络常与接收站相结合。然而,太空任务中地面网络和附加设施并不总是有明确的区别,这些设施在任务控制中心(MCC)用来负责遥测和遥控航天器,在科学控制中心(SCC)则用于对任务有效载荷的科学研究。这些中心不仅在逻辑上分离,通常它们也分布在不同的地理位置。所有设施一般通过数据网络连接完成数据的收集、交换和归档以及授权访问权限的用户。

在许多太空任务中,都建立了广泛的地面基础设施。可用资源随着时间的推移在逐步升级以支持不同的卫星任务。因此,这些网络和附加设施已经变为一个包含多种网络体系结构和技术的复杂系统。然而,很难得到传统地面站网络一个通用的体系结构。在此对目前在用地面系统的一些例子进行简要概述:ESA 开发的 ESTRACK 系统在 11.1 节已经有所提及,该系统具有 9 个站的中心网络并和其他组织合作以增加地面覆盖面。主要的控制中心位于德国(ESOC 位于达姆施塔特市）。美国的空军卫星控制网络(AFSCN)是一个能够为100颗卫星提供服务的巨大网络,它在世界各地有10个地面站,共22部天线。除了军事卫星运行,它们也用来为发射和早期轨道跟踪提供服务。两个控制中心负责指挥控制相应的卫星。另一个值得关注的地面站网络是深空网络(DSN),这是专门用于完成深空飞行任务,它包含3个与深空探测卫星进行通信的设施,彼此相距大约120°经度(美国、西班牙和澳大利亚)。每个接收位置包含至少4个大型抛物面天线(26～70m)。

在低成本地面站的情况下,不太可能在一个遥远位置处建立专门的任务和科学控制中心。每个地面站源于一个小的卫星项目,地面站自身要执行卫星操作所必须的全部任务,它可看作是一个独立的系统。当把这些站组合到一个网络中,操作中心通过软件应用程序执行任务,并利用互联网进行数据交换。

接下来将论述分布式空间任务下地面段起重要作用的不同方面,特别是分布式任务中大量网络节点对操作模式的影响。

11.2.2 高度分布式地面站网络

分布式空间任务的发展趋势对地面段也提出一些要求。特别在未来任务中,单一任务中包含大量的太空资产,这就要求地面段具有相应的部分。因此,高度分布式的地面站网络需要处理高度分布的空间部分。在这里描述的高度分布式地面网络是指具有大量网络节点的地面站网络,它能够实现多个站同时与分布式太空任务之间的通信。因此,若干通信链路可以在空间和地面之间平行建立。

为了强调高度分散地面网络的需求,在此介绍下QB50任务。QB50项目是一个非常有前途的任务,它依赖于多卫星系统[8],由冯卡门研究所(VKI)发起,并受到许多欧洲专家的支持。QB50的科学目标是完成较低热层下关键参数时空变化的现场测定。测量是由50颗双立方体卫星执行,它们一起由运载火箭发射然后连续分离。所有卫星配有相同的传感器完成数据的获取,彼此相距大约100km。此外还研究了分布式卫星系统的再入过程。比较有意思的是,50个卫星来自50个不同的机构,所以卫星群本身有不同种类。未来地面站网络GENSO将会运行(GENSO的详细描述如下所示),这个项目是非常有科学价值前途的。然而,目前还没有适当的策略对这样一个卫星网络进行高效操作。为了正确操作几乎同一轨道上彼此紧挨着的50颗飞行卫星,利用适当的地面资源以及调度和数据管理(对比11.2.3节)是很关键的。

QB50的任务是用来说明这样一个包括大量航天器的分布式任务地面段的具体要求。除了大量卫星以外,低地球轨道上较短的联系时间(每天仅有5～15min的机会完成5～6次联系)也使得操作更加复杂。另一个问题是,由于卫星轨道高度低,分布式太空任务的生命周期受限。当然,低轨道是特意选择的,更大的卫星通常不运行在这样的低轨道,因为稀薄大气层会大大限制卫星的生命周期。因此,任务有限的生命周期不太可能使用单一地面站在长时间范围内依次与网络中的每一颗卫星通信。从而,如何将空间飞行器收集到的数据有效地传到地球是一个需要解决的问题。最有效的方法是利用高度集成的地面网络站收集来自50个卫星的数据。QB50准备使用GENSO网络,因为它由大量地面站参与,是平行运行多颗卫星的理想平台。

接下来将介绍两个实现高度分布的地面站网络,其主要由低成本的接收站组成。它们通过大量接收站跟踪分布式空间任务,因此非常适合卫星群或编队的操作。

11.2.2.1 卫星操作全球教育网络(GENSO)

卫星操作全球教育网络(GENSO)是由CSA、JAXA、NASA和ESA的教育部门组成的国际空间教育委员会(ISEB)于2006年开始建立。GENSO项目的目标是允许操作者利用网络远程访问卫星,通过地面站进行远程控制并为教育性的地面站实施全球标准。服务器应用程序,也就是所谓的地面站服务器(GSS),安装在每个联网的地面站。任务控制客户端(MCC)主要是由卫星操作者将数据从卫星传到所有者。安全访问由认证服务器授予[9]。从技术角度来看,地面站服务器(GSS)软件主要负责处理硬件设备的接口,如转子和无线电设备。软件库如业余无线电控制库支持大量的COTS组件。操作员可以通过MCC软件对所连接的GSS服务器配置进行控制,它包含了一个图形用户界面,而且还提供了用于卫星运行的定制软件解决方案的接口。卫星操作全球教育网络的大众反响相当不错,很多小型卫星开发人员都对卫星操作全球教育网络感兴趣。目前大约有30多所大学和业余无线电爱好者正在参与早期运营阶段[10]。该项目已经发布了其软件的第一个版本,但目前仍在测试阶段。

11.2.2.2 日本UNISEC集团的地面站网络(GSN)

UNISEC集团的地面站网络工程发起于1998年。日本宇宙航空研究开发机构也参与了ISEB,地面站网络开发者和卫星操作全球教育网络工程进行了紧密合作。该地面站网络是由日本国家层面成立。GSN的目标是利用互联网远程控制功能构建一个基于网络的地面站系统。日本的十多个地面站参加了该项目[11]。试验已经证明皮卫星如何通过使用多个地面站成功地改善其运行状态。GSN系统基于地面站管理服务器(GMS)软件功能包对于地面站硬件设备的远程控制是必不可少的。因为每个地面站具有不同的硬件结构,所以GMS客户端软件接口需要特定的设备驱动程序。客户端和本地地面站硬件之间的数据交换使用Web服务技术,称为W3C,它使用Web标准进行设备之间的通信,这种方式可以实现自主远程控制平台。利用GMS可直接控制硬件设备如TNC或无线电设备。

11.2.3 规划与调度

低地球轨道上的卫星最有限的资源无疑是通信时间。一个卫星和地面站之间的接触窗口由轨道要素和地面站的位置确定。对于 LEO 卫星一般每天仅有 5～15min 实现 5～6 次窗口的联系机会。这意味着两个主要的缺点:首先,卫星每天仅有几分钟的时间是可见的,这将严重限制大量数据的传递;此外,接触窗口受到轨道约束具有固定的开始和结束时间以及地面站在同一时间只服务一个卫星。因此,不同卫星的接触窗口重叠会带来哪颗卫星应首先操作的问题。要分别处理接触窗口重叠的问题,需发挥调度作用。一般情况下调度指的是稀缺资源的分配活动,目的是为了优化一个或更多性能而采取的措施[12]。规划是一个总称,需要制定一系列的操作来实现期望的目标,例如路径或任务规划。由文献[13]可知,调度是规划的一个特例,它的操作已经制定好,唯一需要确定的是可执行的顺序。在某些情况下规划与调度仍然需要手动执行,因此是非常耗时的。如为空军少量追踪站创建一个初步调度需要 5h[14]。在一些大型网络中,创建和优化合适的调度可能会花费数周的时间。在空间应用中各种各样自动调度系统在过去已经研究过了,本节重点关注的是卫星调度域范围。

很多问题都使用到了调度这一术语,这里对空间环境下卫星调度(SRS)问题进行了深入的研究,它被定义为通信天线调度任务请求的一般问题,详见 Schalck[15] 中的介绍。当卫星在地面站的传输范围内时,它只能与地面站通信,这取决于轨道的周期性运行。由于数量庞大卫星和地面站的组合使得建立一个有效的规划是非常复杂的。SRS 的领域可以进一步分为单一资源范围的调度问题(SiRRSP)和多资源范围的调度问题(MuRRSP),其中单一资源范围的调度问题描述了单一地面站对多颗卫星(分配天线)的情况。对多颗卫星分配地面网络的一般问题属于多资源范围的调度问题。如 Burrowbridge 研究所示,当仅考虑低地球轨道卫星[16]时,单一资源范围的调度问题(只有一个地面站)可以在多项式时间内解决。相反,多资源范围的调度问题(需要分配多个地面站)是完全非确定多项式(NP)的[17]。

SRS 调度在许多不同的应用中都有深入的研究,每一应用中都具有特殊的限制或要求,如相关的调度时间跨度和卫星任务类型。比较这些不同的应用结果可知,该算法的性能很大程度上取决于问题的表示和结构。例如,遗传算法能够对 AFSCN 网络中卫星调度问题获得良好的结果,却未能在类似调度问题中得到好的结果。因此,启发式方法和策略不能轻易地从一个应用转到同样问题的一个略加修改的版本中。在空间任务中,目前没有先进的算法能够在所有调度问题上都能提供良好的结果。

经典卫星调度问题(SRS)的目的是增加地面网络的利用率,这对于低成本的地面站网络来说,没有必要,此处目的在于通过共享资源而延长与卫星的接触时间。所有地面站网络的参与者面临以下的问题:地面站网络经常建立在小型卫星项目中,但是由于这些卫星通常都发射入低地球轨道(LEO),可用的通信时间受限制于每天几分钟。通过共享两个机构之间的地面站,可以使双方的卫星接触时间都增加了一倍,这是与传统地面站网络的一个重要区别,基于商业利益而共享地面站,从经济性方面考虑,提高利用率是必要的。低成本的地面站网络主要重点在于灵活性,即期望一个灵活的调度过程。而传统地面站网络必须花费较长时间来建立调度。

最近也已提出了第一个针对低成本地面站网络特殊性的方法:这些也考虑了几个地面站跟踪一个卫星的情况。Preindl 在文献[18]中提出了 GENSO 网络中请求调度的方法。它是在 GENSO 网络中使用基于预约请求的结构。文献[19]中讨论了致力于在高度分布式地面站网络实现灵活调度的类似方法。目前,主要重点在于短时间内创建调度的能力,以满足低成本地面站网络灵活性的需求。

11.2.4 地面站网络的协调和管理

任何地面站网络都是由一些巨大的组件、设备和设施组成,这是一个通过网络连接的复杂的拓扑结构。两种类型的地面站网络,即传统的和低成本的方式都需付出大量的努力来控制和管理整个网络(这里的控制是与地面站网络本身操作相关的,而不是通过地面站网络操作控制卫星)。关于如何组织管理,主要有两种方法:单一机构的集中管理或一些实体以分布式或分散的方式进行协调和管理系统的分布式方案。

集中式和分散式方法都有优点和缺点。尽管集中式服务或功能很容易实现,但它们可能受单点故障(必须采取适当的冗余完成补偿)的影响。另一方面是分散控制策略在一定条件下实现是非常复杂的,需要提供合适的协调和同步方法。例如,一个分散的组织就会出现谁有权限采取决策、分配资源或改变网络行为等问题。特别是当参与者自愿分享它们的资源,集中协调更难实现。分散控制的优点是在故障的情况下能够具有故障弱化和失效保护功能。

传统的地面站网络主要是集中管理的,即通常有一个在顶层的控制机构,如 ESA ESTRACK 系统的欧洲空间操作控制中心(ESOC),该系统能够管理或控制整个网络。又如,ESOC[4]集中管理新的软件或硬件的维护或嵌入。而且 ESTRACK 系统有接入其他地面站网络的接口,能够支持来自其他组织站的 ESTRACK 核心网。这意味着具有用于远程操作的相应接口,并且实现了一定程度的分散管理。

低成本地面网络主要是分散管理的。各个站都通过互联网松散耦合,不能够完全访问地面站硬件本身。远程操作可以通过如 GENSO 或 GSN 等项目提供的各种软件接口实现。然而,没有中心实体关注集体硬件更新或维护操作。每个站都是一个绝大部分自主的站,相关机构可以决定其是否运行或闲置。这需要对地面站有一个更抽象的概念,当一个地面站退出时,它能够被替代(这通常是可行的,因为低成本站具有类似的体系结构）。这点类似互联网路由过程，路由器可以在任何时候忽视它的服务，通过更新路由表可以很容易的由相邻节点弥补。高度分布的地面网络也有类似的功能，当所需的卫星通信窗口存在时，任何地面站都可以完成信号的接收。该方向的研究方法在集群卫星（Cutler）中提出[20]，正如计算机网络中所用到的，它可以使用一个虚拟化的概念来完成地面站对类似网络结构的模拟。

11.3　未来发展

传统卫星操作规划会分配一个地面站来操作一个卫星，而近期提出了使用一个地面站网络来跟踪单个卫星的新想法。因此，传统卫星到接收站的一对一的链接将被一对多的链接（一对多链接当然仅针对接收卫星信号，遥控仍需要采用一对一的链接）取而代之。然而，这些冗余链接不仅用于备份，也可以使用它们来实现分布式管理或链路质量的改善。利用这一原理的两个典型未来应用在下面做简短的描述：

一个想法就是利用地面的多普勒频移测量确定轨道要素。在这种情况下地面站网络可以作为一个传感器网络。利用同步测量确定轨道要素的方法是比较先进的，当前最主要的挑战是使用高度分布的地面网络确定一些以紧密轨道或编队飞行的空间飞行器的轨道。特别是在发射和早期轨道阶段（LEOP），在如GENSO 等地面站网络中基于测量的轨道确定系统可以帮助操作人员。这将对来自如北美防空司令部（NORAD）等其他组织的轨道数据进行补充以实现更准确的跟踪。

另一个应用场景是使用地面网络同步下行链路来检测传输错误。这一原则最初由 Stolarski[21] 提出，从发射机并行接收的比特流进行互相间比对。当检测到传输错误时，采用多数表决来确定正确的位。该算法通过由气象气球上安装发射机和地面上的 3 个接收站进行了验证，事实证明这种机制可以用来降低比特误码率。文献[22]对此进行了更进一步的研究，根据文献表述知该系统能够自动同步低成本地面站网络的数据帧。从一些地面站同时接收到的帧在经过同步过程后，可以用于检测并纠正数据传输错误。在小卫星任务中，主要使用的是 AX.25 通信协议，它不支持前向错误修正，但它包含了一个帧检测序列，能够用来检测数据校正是否成功。

可以预计，未来空间和地面分布式系统将以一个集成的、分布式的、高效的基础设施结构相互补充。从分布网络计算机技术的发展趋势来看，这种高效的鲁棒容错系统备受期待。

参考文献

1. Fisher F, Mutz D, Estlin T, Paal L. Law E, Golshan N, Chien S(1999) The past, present, and future of ground station automation within the DSN. In: Proceedings of the 1999 I. E. aerospace conference, Aspen, CO, pp 315 – 324

2. Wertz J, Larson W(1999) Space mission analysis and design. Microcosm Press, Torrance

3. Wittmann K, Hanowski N(2008) Handbuch der Raumfahrttechnik, chapter Raumfahrt-missionen, pp 41 – 67, no 1. Hanser

4. Maldari P, Bobrinskiy N(2008) Cost efficient evolution of the ESA network in the space era. Space Oper Commun 5:10 – 18

5. Hsiao F – B, Liu H – P, Chen C – C(2000) The development of a low – cost amateur microsatellite ground station for space engineering education. Global J Eng Educ 4:83 – 88

6. Tuli T, Orr N, Zee R(2006) Low cost ground station design for nanosatellite missions. In: AMSAT – NA space symposium, San Francisco

7. Beech W, Nielsen D, Taylor, J. (1997) Ax. 25 link access protocol for amateur packet radio, version 2. 2

8. Muylaert J(2009) An international network of 50 double cubesats for multi – point, in – situ, long – duration measurements in the lower thermosphere(90 – 320 km) and for re – entry research. 7th CubeSat Developers Workshop, April 2010

9. Page H, Preindl B, Nikolaidis V(2008) Genso: the global educational network for satellite operations. In: International astronautical congress 2008, vol B4. 3

10. Page H, Biraud M, Beavis P, Aguado F(2010) Genso: a report on the early operational phase. In: International astronautical congress 2010, Prague, Czech Republic, vol B4. 3. 8

11. Nakamura Y, Nakasuka S(2006) Ground station networks to improve operations efficiency of small satellites and its operation scheduling method. In: AIAA Aerospace Conference Proceedings

12. Leung J(2004) Handbook of scheduling. Chapman & Hall/CRC, Boca Raton

13. Smith D, Frank J, Jonsson A(2000) Bridging the gap between planning and scheduling. Knowl Eng Rev 15:47 – 83

14. Howe A, Whitley D, Barbulcscu L, Watson L(2000)) A study of air force satellite access scheduling. In: World automation kongress, Maui, Hawaii

15. Schalck M(1993) Automating satellite range scheduling. Graduate School of Engineering of the Air Force Institute of Technology, Ohio

16. Burrowbridge S(1999) Optimal allocation of satellite network resource. Master's thesis, Virginia Polytechnic Institute and State University

17. Barbulescu L, Whitley D, How A(2004c) Leap before you look: an effectivc strategy in an over-subscribed scheduling problem. In: Proceedings of National Conference on Artificial Intelligence (AAAI – 04), San Jose, CA, July 2004, pp 143 – 148

18. Preindl B, Seidl M, Mehnen L, Krinninger S, Stuglik S, Machnicki D(2010) A performance com-

parison of different satellite range scheduling algorithms for global ground station networks. In: International astronautical congress 2010, Prague, Czech Republic, vol B4. 7. 1

19. Schmidt M, Schilling K(2009) A scheduling system with redundant scheduling capabilities. In: International workshop for planning and scheduling in space, Pasadena, USA

20. Cutler J(2003) Ground station virtualization. In: The fifth international symposium on reducing the cost of spacecraft ground systems and operations, Pasadena

21. Stolarski M(2009) Distributed ground station system experimental theory confirmation. In: The European ground system architecture workshop(ESAW), Darmstadt, Germany, pp 1 – 12

22. Schmidt M, Schilling K(2010b) Ground station majority voting for communication improvement in ground station networks. In: SpaceOps, Huntsville

第四篇 科研与任务

第12章 分布式任务综述

Maria Daniela Graziano

摘要 本章详细说明了 SAR 干涉和多基 SAR 应用任务的研究,并且介绍了光学遥感对地观测任务和研究。

12.1 绪论

分布式空间系统(DSS)以包含至少两个空间飞行器和一个合作基础设施的方式来改进科学遥感平台可实现的分辨力和覆盖范围[1]。DSS 的一个主要技术挑战是卫星间相对位置的精确控制,间隔距离会影响遥感性能。基于此,从 1965 年开始进行了许多的编队飞行试验。第一次试验是 Gemini 6A 星停靠 Gemini 7 星 5h[2]。这次试验中仅有一个航天器处于主动控制,而另一个航天器是被动停留。在 1997 年,日本 ETS – Ⅶ 是首次"自主"编队飞行任务。该任务由两颗卫星组成,分别命名为"追逐星"和"目标星",以掌握自主交会和空间机器人的基本技术。该任务中目标星位于追踪星 200mm 以外,机械臂用于保持位置,并且成功完成了 3 次自主交会操作[3]。此后,非常多的编队飞行任务或原理演示验证得到发展。

无法用唯一的方法对它们进行分类,但是一个公认规则阐明了纵队队形和集群飞行之间的差异。在集群飞行中,卫星不按照相同的轨迹运动,它们的轨道选择始终是为了保持相对距离为一个常数(或者根据需要改变)。首个完成集群飞行的研究是 Techsat – 21 任务(见 12.3 节),始于 1997 年,当年 AFRL 展示了基于微小卫星可重构编队的创新性任务概念。通常,一个集群由相同的卫星组成,如 Techsat – 21、CanX – 4 – 5、3CSat 或 TICS(见 12.5 节和 12.7 节),但是也对飞行平台上搭载不同载荷的可能性进行了研究,如 F6 或 FASTRAC(见 12.5 节和 12.7 节)。

在纵队队形中,卫星搭载有一个或多个共同的载荷,而航天器则设计成用于实现不同目的。卫星始终按照相同的轨迹运动以提高分辨力和覆盖效果。举例来说,虽然 Terra 的目的在于研究地球系统和气候,而 Aqua 的设计目的是为了测量水分各种状态,但它们具有两套相同的载荷,而且数据可以协同作用来提高分辨力和覆盖范围。此外 LandSat – 7 较 EO – 1(见 12.4 节)早 1min 穿过赤道,即可生成关于地表的历史图像档案。

值得一提的是,ESA 蜂群任务[4]由 3 个相同、高度范围为 400 ~ 550km 的近极轨道的航天器组成。因为有两个航天器在较低高度并排飞行以测量电磁场的东西梯度,而第三个航天器飞行在较高高度,故任务无法被定义为纵队队形或集群飞行。该任务预计在 2012 年中期前发射,将绘制出一幅具有空前的空间和时间精度的地球磁场。

接下来将介绍分布式系统和地球观测相关任务及研究的细节。后续章节将继续完成过去和现在活动的路线图。

12.2 TOPSAT

全球地貌任务,后改名为 TOPSAT[5,6],该任务是由地形科学工作小组[7]提出,验证了可用于许多科学应用的高分辨力 DEM 的有效性。尽管多波束激光测高计已经可以产生有限地表点非常精确的测量,但干涉 SAR 被认为是在全局尺度上获取 DEM 的一个关键技术。此任务是美国/意大利联合计划,其中意大利提供卫星,美国提供载荷。

TOPSAT 搭载干涉 SAR 的主要目的是在少于 6 个月时间内覆盖 90% 地球陆地和大冰原,实现水平分辨力为 30m、水平精度为 10m、垂直精度范围为 1 ~ 3m 的全球高程测量。另外,在所选择的地球陆地和大冰原区域,可以通过激光测高计收集高精度(20cm ~ 1m)的垂直数据。

实现干涉 SAR 的不同解决方案:

- 依赖刚性桁架的 Ka 波段系统。
- 绳索提供垂直基线的 L 波段系统。
- 两颗自由飞行卫星组成水平基线的 L 波段系统。

考虑到干涉仪展开和控制其震动的难度,放弃了第一个选项。由于 TSS – 1 任务的部分失败导致放弃第二个选项。因此,选择在上升点盘旋且具有不规则距离相对轨道的编队,如今被称为轨道倾角无差异的钟摆构型。基线重建精度是最难的技术挑战。事实上,通过 GPS 测量的后处理此精度可以达到 3cm(1990 年早期技术)。

这项任务由于预算限制以及 NASA 将其替换为航天飞机雷达地貌任务而取消。

12.3 Techsat-21

Techsat-21[8,9]是一个由 AFRL 发展的飞行试验,用于评估由卫星群组成的空间稀疏阵列孔径的实用性。

该任务构型由 LEO 近圆轨道上 3 颗相同的微小卫星组成,飞行过程中组成多种构型且相对距离为 100m~5km,并搭载了一个 X 波段二维电子扫描天线。

由于选择微小卫星编队代替了一个大卫星,因此可以增加发射的灵活性、系统的可靠性,并且允许无限制的孔径尺寸和几何关系。

任务主要的雷达模式是动目标显示(MTI),工作时使得每颗卫星发送一个不同的信号并且可以接收其他两颗卫星的信号[10]。由于动目标在角度多普勒域中表现为一个脉冲,因此为了检测动目标需要一个窄天线主波束,而这意味着巨大数量的采样,结果将会导致处理时间难以接受地增加。为了克服这个限制,考虑研究空间欠采样并分析损失旁瓣控制相关联的杂波,结果显示可以通过使用周期性的稀疏阵列来实现更好的目标检测率。因此,由 19 平面元阵列组成的 Techsat-21 基础构型可以通过垂直移动在最大范围内提供最高的增益。阵列布局的目的在于构建三角网络,即由 1 颗卫星在中心,6 颗卫星分布在第一个椭圆上,另外 12 颗卫星分布在更大的椭圆上。每颗卫星沿着椭圆飞行形成一个圆轨道,由此能维持三角网络。阵列的旋转导致了栅瓣结构的连续变化。根据栅瓣结构,选择脉冲重复频率(PRF)使得信号杂波因子最大化,可以解决该问题。

处理、通信、控制功能以及载荷功能可以分布在 3 颗卫星上,即可以将 3 颗卫星当作一个单一的"虚"卫星操作。为了使得 3 个微小卫星作为一个"虚"卫星来工作,必须控制其编队构型和演变。尤其是卫星间标称距离必须维持在其值的10% 以内。数学仿真结果显示编队采用可变连续的小推力可使得跟踪误差达到米级。另外,通过使用载波相位差分 GPS 可以使航天器的相对位置精度达到毫米级,并且要求对姿态主动控制以避免控制力方向的误差。在这类的密集编队中,当相对距离低于定义阈值时,每颗卫星需执行自动防故障距离算法。

该任务预计发射时间为 2004 年,但是因为其遭遇到了"远大于预期的挑战"[11]而重新调整,然后该任务在 2003 年因连续超预算被取消。

12.4 A-Train 和 Morning 星座

在过去的 20 年中,有两个大卫星编队进入轨道中,分别为"上午(Morning)"星座和"午后列车(Afternoon Train)"星座,主要致力于大气和云层特性研究。

图 12.1 表明了卫星间的时间间隔,同时表 12.1 包含了卫星的发射时间和穿越赤道时间。

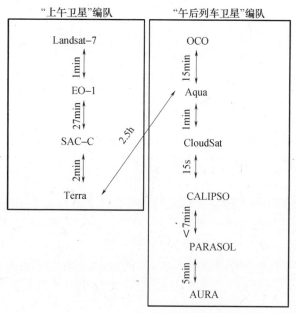

图 12.1 "Morning"和"Afternoon"卫星编队的穿越赤道时间差异

表 12.1 纵队编队卫星:发射日期和穿越赤道时间

卫星	发射日期	穿越赤道时间
Landsat – 7	1999 – 4 – 15	10:01
Terra	1999 – 12 – 18	10:31
EO – 1	2000 – 11 – 20	10:02
SAC – C	2000 – 11 – 20	10:29
Aqua	2002 – 5 – 4	1:30
Aura	2004 – 7 – 15	1:38
Parasol	2004 – 12 – 18	1:33
CloudSat	2006 – 4 – 28	1:31
CALIPSO	2006 – 4 – 28	1:31:15
OCO	计划 2013 年	1:15

"Morning 星座"由 Landsat – 7、EO – 1、SAC – C 和 Terra 组成,从 2001 年 3 月开始这些卫星执行任务,他们穿过赤道的时间范围为 10:00 ~ 10:30。星座提供了:①4 颗卫星的准同时图像获取;②完成了自主导航试验;③测试了 GPS 卫星星座用于大气研究、导航、姿态和轨道控制;④演示验证了多种编队飞行技术。在 2000 年 10 月,CONAE 发布指南,研究星座的可行性应用,包括水文学、荒漠化、城市规划、精确农业、林业、生态学大气层和电离层研究、云层性质等,超过 200 个项

目得到批准。

首颗编队卫星是 Landsat – 7[12]，它是 NASA 地球资源卫星计划的一部分，该计划从 1975 年开始收集地表的光谱信息并创建历史档案。它装备了一台多光谱探测器，也就是增强型专题制图仪（ETM + ），ETM + 具备高分辨力全色宽波段。Landsat – 7 轨道与 EO – 1 卫星相比稍微偏西，并且较 EO – 1 卫星穿过赤道的时间提前 1min。

EO – 1[13] 装载了 3 台观测设备：一台先进陆地成像仪（ALI），首台观测地球的高空间分辨力光谱仪（Hyperion），和一台测量大气中水蒸气成分的高光谱分辨力的光楔成像光谱仪（LAC）。考虑到 Landsat – 7 和 EO – 1 距离接近，Hyperion 7.7km 刈宽和 ALI 37km 刈宽与 ETM + 185km 刈宽在赤道处有重叠，可以允许对同一区域使用不同设备同时进行多种测量。EO – 1 和 Landsat – 7 不仅仅是在两个星座中编队，还作为 SAC – C 和 Terra 的单独任务。

SAC – C[14] 是阿根廷地球观测卫星，装载了 10 种不同的设备，目的是评估荒漠化过程和它们的实时演变来确定和预测农作物情况、监视洪水地区以及研究沿海和河流区域。

Terra[15] 是 NASA 的首颗 EOS 卫星，也称为 EOS AM – 1，目的是观察和测量地球系统的状态并且监视全球环境随时间的变化。该卫星可以提供关于云层的物理属性和辐射属性，痕量气体和火山的测量，改善人类对地球系统和气候影响的检测能力。

Terra 向南运动在 10:30 ~ 10:45 穿过赤道，向北运动在 22:30 ~ 22:45 穿过赤道，它是跟随 Aqua 卫星运动的，Aqua 卫星向南在 13:30 穿过赤道、向北在 1:30 穿过赤道。由于它们数据采集时间分别在上午稍晚时间和下午稍早时间，Terra 和 Aqua 分别被命名为 EOS AM 和 EOS PM。随着 Terra 和 Aqua 星的运行，安装在两个星的两个相同设备 MODIS 和 CERES 可使每日获取数据量较之任意单独卫星数据量翻倍。MODIS 是一个覆盖可见光到热红外的中分辨力成像光谱辐射计，可以提供云层和气溶胶性质的测量及它们对太阳辐射平衡和全球气候的影响。而 CERES 代表着云层和地球辐射能量系统，工作在紫外至热红外的 3 个宽波段，目的是研究地球辐射平衡和从大气层顶到地表的大气辐射。因此这两种设备的协同利用具有重要意义，可提供某些快速变化量的昼夜循环信息，如云层和气溶胶，以及这些变化量每天及长期的统计信息。

Aqua[16] 由 NASA 于 2002 年发射。它具有最早的穿过赤道时间，致力于研究地球/大气层系统的水蒸气。Aqua 携带了一个增强设备载荷，可以测量水蒸气的气态、液态和固态模式，另外可以测量大气和地表的温度、陆地和海洋植被。

Aqua 卫星与 AURA、PARASOL、CloudSat、CALIPSO 和 OCO 等 5 颗卫星实现了编队飞行[16]。由于它们穿过赤道的时间均在下午 1 点左右，因此它们共同组成了下午编队 A – Train。

AURA 和 PARASOL 卫星发射于 2004 年。AURA[16] 目的是研究大气质量、同温层臭氧和气候变化。具体来说,此卫星可以通过高分辨力动态临边探测仪(HIRDLS)扫描水平线并向下观测表面来观测全球温度分布。另外,MLS(微波临边探测)可以测量贯穿同温层和上对流层的破坏臭氧层化学物质以及上层大气层中水汽温室气体的浓度。

PARASOL[16] 是一个法国任务,它可以测量多观测角下全部和多波长的极化光。组合这些数据可以研究由耦合的地表—大气系统反射光状态、大气层中云层和气溶胶的特性、人类活动对大气中气溶胶含量及对其气候变化的影响。它搭载了一台地球反射方向偏振设备(POLDER)以对 3 类不同的偏振进行采样。

下午编队的其他两个组员 CloudSat 和 CALIPSO[17,18] 发射于 2006 年。

CloudSat 是一个美国/加拿大任务,目的是研究云层及其影响地球气候的方式。其携带了一个强大的云剖面雷达(CPR),微波区域的垂直分辨力为 500m,此区域内信号不会明显地被云层衰减,雷达可以探测到全冰云的 90% 和水云的 80%。CloudSat 是首颗用于大气观测的 94GHz 雷达卫星。

CALIPSO 是一个美国/法国联合任务,目的是提高人类对地球气候系统中气溶胶和云层的认识。CALIPSO 的主要设备是云层气溶胶正交极化激光雷达(CALIOP),用于测量气溶胶和云层的垂直剖面,其垂直分辨力为 30cm,水平分辨力为 333m。

下午编队的最后一颗卫星为 OCO。

OCO - 1[19] 卫星在 2009 年发射过程中失败,将被 2013 年发射的 OCO - 2 卫星取代。这颗卫星将在轨观测全球的二氧化碳,其搭载了 3 台光栅光度计以提供相互独立的方法来验证数据和保证高精度。

Glory[20] 卫星也包含在下午编队中,但是其在 2011 年发射失败。计划中其应该提供一个关于气溶胶性质随季节变化、温度是否上升以及人造资源对气候变化影响的深刻认识。

下午编队卫星是紧密编队,能够获取气候变化相关的重要参数,且编队能提供同一区域协作测量。分辨力的差异和覆盖区的大小使得数据协作利用更加困难,也使得编队需要经过精确调整。

12.5　F6

F6(未来、快速、灵活、可分解、自由飞行)项目的主要目的是一个"分解的"航天器的在轨演示[21-25]。该项目由 DARPA 启动,目的是发展用于建造单一大型航天器所必需的技术,包括自由飞行卫星、无线连接技术,以展示系统的可行性和优势,电源和存储模块、通信模块和载荷模块分别安装在不同飞行平台上。已经有许多的优势被确定为此项目的驱动因素:①灵活性,实现某特定目的而添加模块成为可能;②减小风险,模块将由多个运载火箭发射入轨;③产学结合,基于大规模的模块工业化生产;④适应性,意味着系统可按要求改变构型的能力;⑤生存性,即便一个或更多模块的失效,整个任务也可以继续;⑥载荷分离,功能分布在许多平台上。

作为出发点,项目明确的约束包括:每个航天器模块都应少于 300kg 毛重,在最后一个模块发射后要求有 1 年的寿命,应在项目启动后 4 年内完成第一次发射,运载火箭由美国制造并应已经完成至少一次成功发射。

DARPA 已确定了许多技术挑战:网络化,考虑地面作为一个网络节点且节点间进行无线通信,以验证航天器可自主变换网络结构;集群飞行,以验证模块可以在一定范围内被替代且具有防御性星群构形;分布式计算,以验证灵活性和适应性;无线能量传输。

目前一些可行性技术正在研发,多个广泛机构公告书(BAA)已经发布并设立了奖金。该项目本应于 2013 年在轨验证,以测试集群的保持、从集群中移除一个航天器、实时资源共享、编队的自主重构以及躲避碎片的紧急机动。

尽管 F6 航天器是按照功能来分解的,DARPA 同样研究了由相同卫星共同工作来完成一个共同任务的系统的潜力。此项目称为 TICS(微小、独立、协作航天器),计划由同一运载器发射一群小卫星(1~4kg)以完成感知和服务任务。TICS 项目应用之一则是防护对大卫星的直接攻击的保护编队。该项目于 2009 年被取消。

12.6 分布式光学载荷

分布式系统的概念同样已经在光学任务中有应用。

原则上连续大孔径的一般目的很简单[26]:天线孔径数量级从几平方米到十平方米增加到几百平方米到几平方千米光学孔径从几平方米到几百千米。由于存在一个主反射镜(微波或光学)与一个(光学)焦平面的馈送(微波),这类系统的概念与标准系统并没有区别。

连续大孔径的概念是 JPL[26] 探索的一个例子。该创新的概念是由 6 个分离的自由飞行光学模块组成名为 GEOTEL 的系统,该系统可以进行高分辨力地球观测。主反射镜也被称为主静电膜反射器(直径为 25m),由于它是一个蜘蛛网概念所以它是基于未来科技的。在集中和分散感知、测量和控制领域中存在关于(纳米级距离和亚微弧度角度)实时相对运动信息、(亚毫米级)控制及许多挑战的严格约束。除了主反射镜的物镜遮光罩,其他的组成部分也达 100kg(主反射镜)、25kg 和 50kg。

Wertz[27] 提出了一个相似的概念。在该概念中,主反射镜由 96 个、均在近GEO 轨道的、直径为 2m 的、紧密自由漂浮的光学模块组成。主反射镜受到一个在轨运行的物镜遮光罩的保护而免遭日照,遮光罩为 170m 宽、70m 高、聚酰亚胺材料。它可以将主反射镜温度保持在 40K。Wertz 的系统包含许多外部反射镜元件控制单元,这些控制单元可以既用于定位信息也可用于控制设备。

关于光学分布式任务中一个被广泛探索的应用是干涉。干涉的基本结构确定了一定数量的航天器收集器,收集器将光线反射至组合器卫星,并组合光束产生干涉模式。

近几十年进行了许多研究。

Darwin[4] 是一项 ESA 研究,由 4~5 个卫星组成,目的是在其他星体中寻找类地行星并分析其大气成分来发现生命的化学信号。选用 3 颗或 4 颗卫星作为收集器,并采用"零位干涉"的技术将光线反射至中心航天器。此项技术意味着一颗行星的光被延时,然后被合并至"零"星光。此外 Darwin 系统可以作为一台大望远镜工作在"成像模式",其直径为 100m,所有卫星进行编队飞行。此系统中要求相对定位达到一个非常高的精度。研究实际上已经完成,后续的发展尚未预见。

TPF[28] 是一项 NASA 计划,目的是发展小型高灵敏望远镜系统,该系统可以测量类地行星的温度、尺寸和轨道参数。所提出的构型意味着采用迈克逊干涉原理的 4 个直径为 3.5m 的大型望远镜来消除星光,并且仅检测从行星上发出的光。该项目已经被无限期延后了。

SI[29] 是另一项 NASA 计划,目的是增加对太阳/恒星磁活动和磁过程的认知,聚焦于它们在生命起源和恒星演化中的角色。该系统是一个紫外—光学干涉计,干涉计是由 20~30 个、分布在一个虚抛物面上、直径为 1m 的主反射镜组成,可以实现对恒星表面 0.1 毫角秒光谱成像。焦距范围为直径 100m 阵列的 1km 到直径 1000m 阵列的 10km。并建议采用两个组合器以增加系统的冗余,同样建议用一个"基准飞行器"来执行编队的测量。计划在 2020 年末实现该任务。

Symbol – X[30] 任务是一台硬 X 射线指向望远镜,它是基于反射镜、探测器以及两个编队飞行平台,它的近地点高度为 44000km、远地点高度为 253000km 以最优化两个航天器的全局资源。这台具有 20~30m 焦距的光学系统可以聚焦至少 80keV 能量的设备,可以观测到大量与观测时间相关的天体物理学来源。显然,编队飞行要求相对位置的精确控制。为了实现精确控制,在"探测器"航天器上安装激光源用以测量角反射器反射的光束视线角。此外,"探测器"上包含编队导航,同时在非关键任务期间每颗卫星都可以直接和地面通信。不幸地是由于 CNES 预算紧缩,此项目于 2009 年被取消。

12.7　技术展示任务

目前已提出许多用于验证编队飞行技术的任务和措施。接下来,通过介绍一些更具有代表性的验证项目来说明主要的任务目标。

3CSat[31,32] 是一项由亚利桑那州立大学、科罗拉多大学和新墨西哥州立大学联合开发的项目。由于 Sparku、Ralphie 及 Petey 3 颗微纳卫星并不是姿态稳定或者控制的,所以编队构型随着任务的发展退化了。

这项任务主要的目的是获取立体云图像,以验证编队飞行、端—端指令和数据处理,它是首颗将便携式电话技术用于星间通信的任务。由于波音 Delta Ⅳ 重型火箭的重量和空间限制,只在 2004 年发射了其中的两颗。

FASTRAC[33,34] 项目由得克萨斯大学提出、AFRL 资助。该任务由两颗 30kg 的卫星构成:Sara Lily 和 Emma,并于 2010 年发射,该任务目的是研究卫星编队的可行技术。两颗卫星间的唯一区别是 Sara Lily 上携带一个微放电等离子推进器,而 Emma 包含一个测量两颗卫星间距离的微型惯性测量单元。任务的主要技术目的包含对星间通信数据交换的验证、自主推进器操作的验证和在轨实时 GPS 相对导航的验证。另外,分布式地面站网络也被用于卫星间通信。

CanX - 4 和 CanX - 5[35,36] 微纳卫星用于执行自主编队飞行验证任务,由 CanX 提出。以 50m 至 1000m 距离飞行的两颗微纳卫星用来验证精确的编队飞行技术。这些技术包括:不同编队构型的自主实现和保持、DGPS 的高精度相对位置测量、亚米级位置控制、高效燃料算法和星间通信系统。

任务期间,“副星”将执行所有必需的机动来保持编队构型,同时另一颗星“主星”将调整其姿态,使得其与“副星”同时出现在 GPS 卫星的视场中。CanX - 4 和 CanX - 5 的部署计划在 2012 年末执行,采用第一套 XPOD 二级分离系统。此分离系统为一个“玩偶盒”容器,可以从任何运载火箭上通过开门释放机构来发射微纳卫星。

参考文献

1. Leitner J(2002)Distributed space systems:mission concepts,systems engineering,and technology development, systems engineering seminar, April 2, 2002, NASA - GSFC (http://ses. gsfc. nasa. gov/ses_data_2002/020402_Leitner_DSS. pdf)

2. On - line source(2012)http://nssdc. gsfc. nasa. gov

3. On - line source(2012)http://robotics. jaxa. jp

4. On - line source(2012)http://www. esa. int

5. Zebker HA,Farr TG,Salazar RP,Dixon TH(1994)Mapping the world's topography using radar interferometry:the TOPSAT mission. Proc IEEE 82:1774 - 1786

6. D'Errico M,Moccia A, Vetrella S(1994)Attitude requirements of a twin satellite System for the global topography mission. 45th Congress of the international astronautical federation,Jerusalem,Israel,9 - 14 Oct 1994,p 10

7. Topographic Science Working Group(1988)Topographic science working group report to the land processing branch,Earth science and application division,NASA headquarters. Lunar and Planetary Institute,Houston,p 64

8. Martin M, Kilberg S (2001) Techsat 21 and revolutionizing space missions using microsatellite. Fifteenth USU/AIAA, Logan, UT, Aug 2001

9. Burns R, McLaughlin CA, Leitner J et al (2000) TechSat 21: formation design, control, and simulation. In: IEEE Proceedings of aerospace conference, March 2000, Big Sky, MT, vol 7, pp 19 – 25

10. Steyskal S, Franchi M (2001) Pattern synthesis for TechSat21 – a distributed space – based radar system. IEEE aerospace conference, March 2001, Big Sky, MT, vol 2, pp 725 – 732

11. On – line source (2012) http://space. skyrocker. de/doc_sdat/techsat – 21. htm

12. Bryant R, Moran MS, McElroy SA, Holifield C, Thome KJ (2003) Data continuity of earth observing 1 (EO – 1) advanced land imager (ALI) and Landsat TM and ETM +. IEEE Trans Geosci Remote Sens 41 (6): 1204 – 1214

13. Ungar SG, Pearlman JS, Mendenhall JA, Reuter D (2003) Overview of the earth observing one (EO – 1) mission, IEEE Trans Geosci Remote Sens 41 (6): 1149 – 1159

14. Colomb FR, Varotto CF (2003) SAC – C and the AM constellation: three years of achievements. Recent advances in space technologies, Proceedings of International Conference on Recent Advanced in Space Technologies, 2003, Nov 2003, Instanbul, Turkey, pp 20 – 22

15. On – line source (2012) http://terra. nasa. gov/

16. NASA facts, Formation Flying: The Afternoon "A – Train" Satellite Constellation, March 2003, FS – 2003 – 1 – 053 – GSFC

17. On – line source (2012) http://cloudsat. atmos. colostate. edu

18. Stephens GL (2003) The CloudSat mission, geosciences and remote sening symposium. IGARSS'03. In: Proceedings of 2003 I. E. International

19. On – line source (2012) http://space. skyrocket. de/doc_sdat/oco. htm

20. On – line source (2012) http://glory. gsfc. nasa. gov

21. On – line source (2012) http://www. darpa. mil

22. On – line source (2012) http://defensesystems. com

23. O' Neill MG, Yue H, Nag S, Grogan P, de Weck OL (2010) Comparing and optimizing the DARPA system F6 program value – centric design methodologies. In: AIAA SPACE 2010 conference & exposition, Anaheim, CA, 30 Aug – 2 Sep 2010

24. Brow O, Eremenko P (2006) Fractionated space architectures: a vision for responsive space. In: Fourth responsive space conference, Los Angeles, CA, 24 – 27, Apr 2006

25. On – line source: Space and Security, 2001. http://www. spacesecuiry. org

26. Mettler E, Breckenridge W, Quadrelli MB (2005) Large aperture space telescope in formation: modeling, metrology and control. J Astronaut Sci 53 (4): 391 – 412

27. Wertz JR (2004) High resolution structureless telescope. Final report of contract number NAS5 – 03110, Subcontract number 07605 – 003 – 016

28. On – line source (2012) http://www. terrestrial – planet – finder. com/

29. SI – The Stellar Imager, NASA Vision Mission Study Report, 15 Sep 2005. http://hires. gsfc. nasa. gov

30. Ferrando P et al (2006) Simbol – X: mission overview, space telescopes and instrumentation II: ultraviolet to gamma ray. In: Turner, Martin Jl, Günther H. Proceedings of the SPIE, vol 6266,

p 62660F

31. On – line. source(2012) http://space. skyrocket. de/doc_sdat/3csat. htm

32. Chien S, Engelhardt B, Knight R, Rabideau G, Sherwood R, Hansen E, Ortiviz A, Wilklow C, Wichman S (2001) Onboard autonomy on the three corner sat mission. In: International symposium on artificial intelligence, robotics and automation for space (i – SAIRAS 2001), Montreal, CA, June 2001

33. On – line source(2012) http://space. skyrocket. dc/doc_sdat/fastrac – 1. htm

34. On – line source(2012) http://fastrac. ae. utexas. edu

35. On – line source(2012) http://www. utias – sfl. net

36. Orr NG, Eyer JK, Larouche BP, Zee RE(2007) Precision formation flight: the CanX – 4 and CanX – 5 dual nanosatellite mission. In: Proceedings of 21st annual AIAA/USU conference on small satellites, Logan, UT, Aug 2007

第**13**章 TanDEM – X

G. Krieger，M. Zink，M. Bachmann，B. Bräutigam，H. Breit，H. Fiedler，
T. Fritz，I. Hajnsek，J. Hueso Gonzalez，R. König，B. Schättler，D. Schulze，
D. Ulrich，M. Wermuth，B. Wessel，A. Moreira

摘要 TanDEM – X(TerraSAR – X 姊妹星,用于数字高程测量)是一项高度创新的
地球观测任务,它为遥感领域打开了新的纪元。TanDEM – X 由两个编队飞行卫星组
成,每个都装备有 SAR,能以很高的空间分辨力对地球表面成像。同时,两颗卫星形成
了一种特殊的单通 SAR 干涉测量,为灵活的极限选择提供了有利条件。TanDEM – X
首要目标是以前所未有的精度和分辨力(水平方向 12m、垂直方向 2m)获取全球数字
高程模型(DEM)。此外,一些次要目标明确了沿迹干涉和双基 SAR 新技术,它表现出
了任务的更重要价值。TanDEM – X 于 2010 年 6 月成功发射并于当年 12 月份获取数
据。本章简述了 TanDEM – X 任务的概念和成就,总结了主要的数据处理和校准步骤,
并概述了实际性能和任务状态。此外,介绍了一些科学试验结果,展现出未来编队飞
行干涉测量 SAR 任务具有广泛应用的巨大潜力。

13.1 绪论

TanDEM – X 在航天雷达遥感领域开创了新的纪元。单通 SAR 干涉测量在垂
直和沿迹方向具有可调基线,它是通过给 TerraSAR(TSX)增加一颗几乎同样的航
天器来组成的,两颗卫星以近距可控编队阵型飞行(图 13.1)。继 TSX 发射后 3
年,TDX 于 2010 年 6 月升空,同年 12 月两颗卫星运行在典型的垂迹基线(200 ~
400m)轨道上,并在 12m 水平方向以 2m 相对高程精度的指标获取全球数字高程
模型(DEM)。除了任务主要目标,TanDEM – X 还提供了一种可配置 SAR 干涉测
量试验平台以验证新型的 SAR 技术和应用。

数字高程模型(DEM)对很多商业和科学应用来说都是非常重要的[1-3]。例
如,水文学、冰河学、林学和地质学等地球科学领域都要求对地球表面和地形有精
确和最新的信息。数字地图也是可靠导航的前提条件,精度的提高需要跟上全球
定位系统如 GPS 和"伽利略"的发展。原则上,DEM 可以从不同的航空和航天传
感器上得到[4,5]。然而,大量水平方向和垂直方向数据、精度、输出格式、地图规

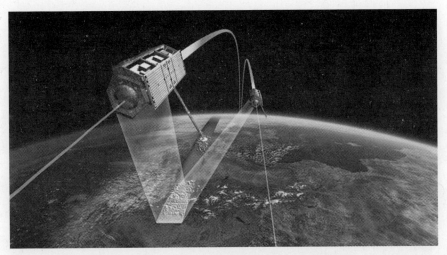

图13.1　TDX和TSX以密集阵形编队飞过欧洲上空

划、时差和分辨力等不同来源获得数据很难有统一的格式和信赖的数据集。因此，航天飞机雷达地形测绘任务（SRTM，文献[6,8]）面临着挑战性目标，即满足同类型和可靠地 DEM 要求并达到DTED-2技术规范。然而鉴于航天飞机的倾斜轨道和测绘几何学，该 DEM 仅覆盖56°S到60°N 的范围，更多的限制则是 X-波段 DEM 在低纬度地区的缺失及 C-波段 DEM 只有降低空间分辨力才向公众开放。大量科学家和潜在客户间的用户调查都已清楚表明了对能够与高分辨力航空 SAR 系统生成的 DEM 比肩的宽广维度覆盖和更高精度的应用需求[3]。表 13.1 对比了 DTED-2 和 TanDEM-X 的 DEM 技术指标。

表 13.1　DTED-2 和 TanDEM-X 对比

要求	描述	DTED-2	TanDEM-X
相对垂直精度	1°×1°单元90%线性点对点误差	12m（坡度<20%） 15m（坡度>20%）	2m（坡度<20%） 4m（坡度>20%）
绝对垂直精度	90%线性误差	18m	10m
相对水平精度	90%圆误差	15m	3m
绝对水平精度	90%圆误差	23m	10m
空间分辨力	独立像素	30m（1 弧度秒@赤道）	12m（0.4 弧度秒@赤道）

　　TanDEM-X 任务的首要目标是产生全球 DEM，此外，一些重要的次要目标为局部 DEM 甚高精度水平（定位精度 6m 及相对垂直精度 0.8m）以及沿迹干涉测量（ATI）的应用如海洋流的测量。沿迹干涉测量也将考虑未来即将探索的创新性应用，它可通过双星中任一星上的多接收天线模式或（和）通过调整 TSX 和 TDX 间的沿迹距离到期望值来进行。两种模式的组合能够为沿迹干涉测量提供 4 个相位

中心。不同的 ATI 模式可用在地面移动目标显示和交通监控中以提升检测、定位和模糊分辨力。另外，TanDEM – X 支持新型 SAR 技术的验证与应用，主要集中在多基 SAR、极化 SAR 测量、数字波束成型、超级分辨力等方面。

TanDEM – X 具有一个宏大的时间进度表来达到任务主要目标。调试阶段后，前两年主要进行全球 DEM 获取，紧接其后 6 个月时间内再获取难以覆盖的区域。仅一年后，90% 的 TanDEM – X DEM 将可使用。前几年的基线几何都是经过优化的以达到 DEM 性能要求。如果基线合适，那么该阶段就包括了有限的科学数据的获取。获取 DEM 之后，需要调整更大的基线以获取局部测量更高精度的 DEM 以及科学试验的探究与验证。

13.2 任务概念

13.2.1 螺旋卫星编队

TanDEM – X DEM 的获取需要双星协同操作、紧密编队阵型飞行。在初步设计阶段就已经研究了一些编队飞行方式[9-13]，最终还是选择了螺旋编队飞行来获取 DEM，如图 13.2 所示[1]。这种编队几何方式意味着异面（垂直轨迹）轨道距离在穿越赤道处以很小的升交点差就能最大以及径向距离在地极处以略微不同的离心矢量就能最大。偏心率/相对倾角矢量距离会引起卫星沿轨道有类螺旋相对运动，并为没有沿迹距离情况提供了最大的主动安全性。因此，即使没有自主控制，螺旋编队本身也能安全运行。此外，对于不同的应用，在预先给定的纬度处优化沿

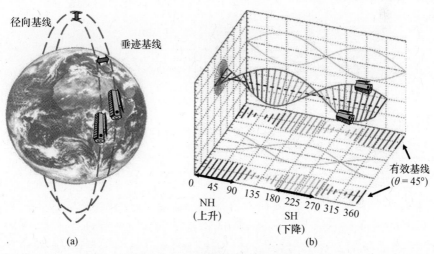

图 13.2　TanDEM – X 螺旋编队

（a）轨道图解；（b）垂迹和径向基线与纬度辅角的函数关系，
纬度位置对应于一个完整的轨道（0°~360°），虚线代表双星中点所选的实际参考轨道。

迹位移是有可能的:垂迹干涉测量对准沿迹干涉的基线,沿迹基线越短越好以确保多普勒频谱的最优重叠同时避免植被区的时间不相关性。沿迹干涉测量或者超分辨力等其他应用都要求沿迹基线在数百米到数千米范围内可选择。卫星编队的微调与保持是通过 TDX 上的专用冷气推进系统来进行的(见 13.3 节)。

螺旋编队通过少量的编队设置就能以稳定的模糊度完成地球的完整绘图[1]。相同的编队能够通过一个半球的上升轨道和另一半球的下降轨道对南纬和北纬地区进行绘制,如图 13.2 右侧所述。为调整基线,可以通过 TDX 的肼推进器进行编队重构机动。小量但频繁的编队保持机动是由 TDX 冷气推进系统来完成的。这些机动都要求能够抵消相对偏心率所引起的自然漂移,其能够导致垂直轨迹基线的额外变化(见 13.6 节)。

13.2.2 干涉测量模式

TanDEM - X 卫星编队获取的干涉测量数据能够以不同的合作模式来完成:双基、单基、双基交换运作,如图 13.3 所示。这 3 种干涉测量结构可能会进一步与不同的 TSX 及 TDX SAR 成像模式如条带模式、扫描模式和聚束模式等组合使用(见 13.3 节)。可使用的 DEM 生成是通过双基条带模式进行的。这种模式使用 TSX 或者 TDX 作为发射机以照射地球表面共同的雷达覆盖区。两颗卫星同时接收散射信号。数据的同步获取双重利用了有效的发送功率,同时能强制避免时间不相关和大气干扰所可能带来的误差。

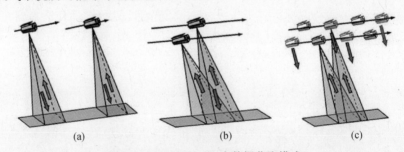

(a)   (b)   (c)

图 13.3 TanDEM - X 中数据获取模式
(a) 追踪单基模式;(b) 双基模式;(c) 双基交换模式。

13.2.3 禁区

生成 DEM 中,TanDEM - X 将一个单基和一个双基雷达成像组合成一个合成 SAR 干涉图。为确保多普勒频谱有足够的重叠,就需要要求双星间的沿迹距离比较小,通常小于 1km。径向和垂直轨迹基线取决于升交角距,且在零至数百米间变化,结果就会存在一个卫星发出的雷达脉冲照射到另一个卫星上。这可能造成干涉或者甚至更坏的情况,即损坏敏感的电子设备。为避免这种风险,在特定的升交角距处,一个卫星的雷达信号发射必须抑制,这就是我们所知的禁区(图13.4)。

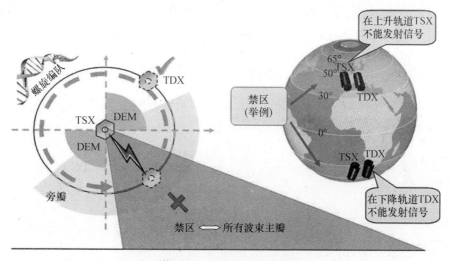

图 13.4   TanDEM - X 禁区

需要注意的是左边图中固定参考系选择在 TSX 上而不是图 13.2 中 TSX 和 TDX 的中点。

TanDEM - X 确保禁区服从双重故障自动防护方法,包括指令上传前的地面检查以及对卫星实时检查以在预先设定的纬度窗口能抑制信号发射(见 13.3 节)。

13.2.4　雷达同步

双基数据采集的特性使用了独立的振荡器来对雷达脉冲进行调制和解调。两个振荡器间的任一点偏差都会引起记录雷达回波的残余调制。文献[14]对双基 SAR 振荡器相位噪声的影响进行了分析,文中指出振荡器噪声可能会在干涉测量阶段和 SAR 聚焦阶段引起显著误差。双基模式下干涉测量相位稳定性的严格要求也因此需要在双 SAR 仪器或者在可选双基模式的操作中有适当的相对相位参考。对于 TanDEM - X,通过双星间彼此雷达脉冲交换建立专用的星间 X 波段同步链路(见 13.3 节)。为此,双基 SAR 数据采集会被一些发射脉冲所打断,而且雷达信号会从主要的 SAR 天线转移到每个航天器上装备的 6 个专用同步角天线之一上,该脉冲就会被依次发射同步脉冲的其他卫星所记录(图 13.5(a))。该技术在没有卫星间实际距离准确信息的情况下考虑到彼此相位参考。在地面上,从记录的同步脉冲中提取校正信号。它抵消了双基 SAR 信号中振荡器所引起的相位误差。文献[15]中研究了这样一个同步链路的性能。图 13.5(b)给出了对不同双向链路信噪比(SNR),同步之后残余相位偏差的预测标准偏差与同步事件重复频率成函数关系。实际中 SNR 随卫星间距离和相对姿态的变化而变化。对于典型的基线小于 1km 的 DEM 数据采集模式,SNR 在 30 ~ 40dB 量级,而且同步频率小于 5Hz 就能达到低于 1°的相位误差。

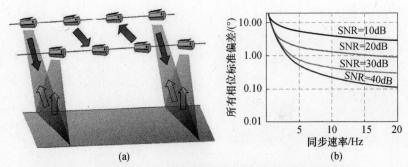

图 13.5　TanDEM – X 卫星通过交流或者雷达脉冲进行同步(a)
以及预测的性能(b)

图中所示性能为以信噪比为参数,同步频率
与整个同步链路相位误差标准偏差之间的函数关系。

13.2.5　干涉测量性能和数据采集规划

雷达干涉测量是基于两个相干雷达信号相位差的估计,它是从时间或(和)空间状态的细微的不同获得的。TanDEM – X 任务通过此方法能以毫米级精度测量出两个卫星到给定散射中心的距离差。散射中心的高度通过几何三角测量从距离差中推导得出。相位转高程程度的敏感性取决于两卫星的距离,大的基线能够增加雷达干涉测量对微小高度变化的敏感度。然而从相位到距离的转变以及从相位差到高程的转变并不是唯一的,因为通过相位得到的距离差测量值和波长是模糊的。雷达干涉测量通过模糊度高度函数来描述该模糊度:

$$h_{amb} = \frac{\lambda r_0 \sin(\theta_i)}{B_\perp} \qquad (13.1)$$

式中:λ 为波长;r_0 为从卫星到散射中心的倾斜距离;θ_i 为电磁波的入射角;$B_\perp$ 为垂直基线。$B_\perp$ 的值可近似通过将连接所有卫星的矢量映射到主星轨道的法平面上然后再映射到垂直视线的平面上。

图 13.6 描述了预估高程精度与地面距离位置和模糊度的函数关系(详见文献[1])。可以看出,模糊度越低(如更大的基线 $B_\perp$)提供的高程精度越高。然而在生成 DEM(相位解缠)中,模糊度越低同样也会增加修正模糊区间选择的困难。为减少这类问题并确保齐次性能,TanDEM – X 将不同模糊高度的采集组合起来。这就需要对螺旋编队参数依次频繁调整,该参数是通过全局优化数据采集方案选择的(见 13.5 节)。优化过程重要的约束除了干涉测量性能、可用燃料、推力循环、星载存储限制、全球 DEM 采集有限时间内的数据下行能力,同样还有能源和热控约束[16-18]。对于无干扰持续的 TanDEM – X 任务来说更大的挑战来自于所有卫星的交错使用。

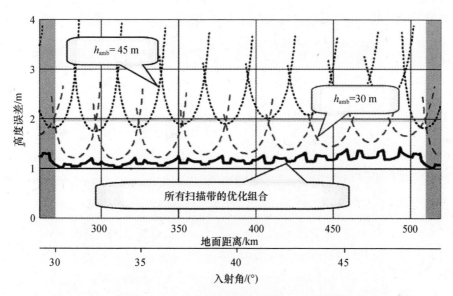

图 13.6　分别对 45m(点)和 30m(虚线)模糊高度预估的高程精度
下实线表示多扫描带组合所产生的误差。假设散射来自于裸礁石和土壤
表面,所有的误差都是在 90% 置信区间的点对点高程误差。TanDEM - X
试运行阶段的首批结果显示出与性能模型良好的符合度。

13.3　空间段

　　TanDEM - X 卫星(TDX)本质上是另一颗 TerraSAR - X 卫星(TSX)[19]。5m 长的卫星结构有个六角形的截面。一端载有 4.8m × 0.8m 的 SAR 天线,其指向地球星下点轨迹右侧。太阳同步昏晨轨道允许太阳帆板的使用,它固定在卫星的向日端。SAR 测量数据通过位于 3.3m 长吊杆顶端的 X 波段天线发送到地面站(图 13.7)。除了基于肼推进系统的 4 个 1N 发动机用于轨道保持外(适用于所有卫星),TDX 上还有高压氮气冷推进系统,它通过 40mN 喷嘴为紧密编队飞行精确相对轨道控制提供必需的小推力。

　　X 波段(9.65GHz)雷达基于有源天线通过一排收发两用模块提供快速电子束偏转以及可编程天线模式(图 13.8)。每个模块都进入一个子阵列,它由两个裂缝波导组成,一个用于水平另一个用于垂直偏振。波导是基于金属化碳纤维加固塑料,以在所有操作条件下提供高度固有稳定性。

　　名义上,仪器运行的 3 种基本模式如下:
- 带状式是标准的运行模式,它能提供 3m 的分辨力以及地面 30km 宽的扫描带。
- 聚束式,在大约 10km × 10km 的视景"斑块"测量中,雷达波束方位角(沿

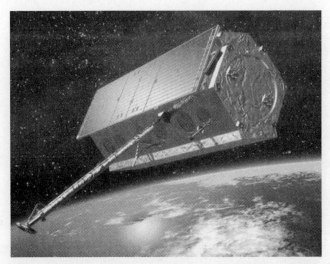

图 13.7　TerraSAR – X 卫星艺术效果图

注意太阳帆板(左上)、带有 X 波段下行天线的吊杆(左下)以及 X 波段雷达天线(右下)。

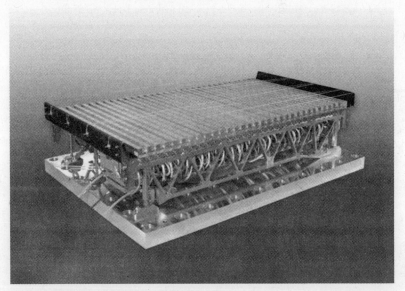

图 13.8　带有 32 个裂缝波导子阵列的 TanDEM – X 天线板

每个子阵列由一个单独的收发(T/R)模块组成。整个 SAR 天线由 12 块板组成。

迹)扫描能将分辨力提高到 1m。

　　● 扫描式,雷达波束高度(垂直航迹)扫描能够达到优于 16m 的分辨力且扫描带宽增加至 100km。

　　SAR 通过天线前端发射/接收信号,同时冗余中心电子系统的使用能够允许单独的雷达接收到每个沿迹半波天线。双接收天线(DRA)模式能够提供偏振测定和沿迹干涉测量。这种结构也通过一些除发射波导以外的发射和接收硬件产生的标准信号提供路由选择。标准信号的地面处理是从最优脉冲压缩复制得到的，幅值修正因子可以提高测量稳定性。

TDX 固态大容量存储器能力是 768Gbit，它是 TSX 的两倍，以支持大量 DEM 数据的采集。在 TanDEM – X 任务准备工作中，TSX 的雷达天线设计可以使"同步脉冲"进行交流，以支持双基运行期间两个 SAR 工具的相干运行。每个卫星上有 6 个同步角天线，由中继放大器的发送—接收模块提供，能够全向覆盖。

TDX 和 TSX 携有由位于波茨坦的德国地球科学研究中心提供的跟踪、掩星、测距（TOR）设备。TOR 由多频集成 GPS 掩星接收机（IGOR）、掩星天线和激光反射器组成。从卫星得到的 IGOR 数据在地面处理过程（见 13.7 节和 13.10 节）需要干涉测量基线的精确测定以生成 DEM。

为进行 DEM 数据采集，需要卫星分开距离在 150m 以内。这就预示着卫星间有碰撞以及雷达天线主波束互相照射的风险。在抵御风险的卫星安全防护中引入了很多安全机制：

● 除了胼推进器的安全模式，另外还有所有卫星上都配置的磁力矩器安全模式。它能避免高度的变化，特别是在安全模式失效的情况下，这种失效是由单个事件异常如辐射所引起的，并不经常性发生，但也能够增加碰撞风险。

● DEM 数据采集是在双基运作中进行的，一个雷达发射，所有雷达接收该信号。在运行过程，雷达信号要分配到卫星中，以确定卫星处于螺旋编队飞行，没有照射同伴卫星的风险。其他卫星的雷达发射在部分轨道是不能进行的，这部分轨道由星载"禁区"逻辑控制通过实际轨道位置确定。地面段也有类似逻辑以避免危险运行。

● 每个 SAR 发射—接收链通过一对同步角天线（每个卫星都有 6 个）转到通信链路中。所谓的同步逻辑电路使用弱接收信号水平的检测来直接阻止雷达发射，一旦同伴卫星出现未预期的轨道位置（如安全模式失效引起或者轨道机动执行故障），这可能引起雷达照射。

● 星间链路接收及解码器是 TDX 上的一个额外硬件。它能允许 TDX"监听" TSX 低速 S 波段遥测数据。一旦 TSX 报告处于安全模式状态，TDX 就会抑制它的雷达发射以预防 TSX 雷达照射风险。

13.4　地面段结构

TanDEM – X 地面段是在现有 TerraSAR – X 地面段基础上建立的[20]，因此能够为两种不同的系统任务提供集成的解决方案：

● 过去一些年全球 DEM 系统的获取和产生。

● 每天以不同的成像和偏振模式提供给商用和科学用户的高分辨力单场景

SAR 产品。

图 13.9 中概述了 TerraSAR‑X 和 TanDEM‑X 联合地面段,由 3 个主要分段组成:

——任务运行段(MOS);

——设备运行和标定段(IOCS);

——载荷地面段(PGS)。

S波段 TT&C地面站	雷达参数和设备 指令生成器 数据采集生成 TerraSAR和TanDEM-X数据 采集指令设置 系统指令生成 双基数据采集结构	X波段数据接收 地面站网络
TSX 监视与 控制系统 / TDX 监视与 控制系统		X波段数据接收 转录/筛选 数据采集译码 数据质量筛选
任务计划 TSX和TDX生成 TerraSAR和TanDEM-X数据 采集时间线 下传数据的处理 热功率建模 同步角选择 数据采集同步警告 双基数据采集开始时间同步 禁区处理	工具表生成器 轨迹数据库 波束表 工具表 禁区计算 振荡频率偏移确定	生产控制 提取与存储
		TerraSAR多模SAR 处理器 (TMSP) L0产品生产及筛选 L1b用户产品生成
	校准 内外部校准 天线模式建模 双基校准 DEM校准算法 基线校准	集成TanDEM-X处理系统 干涉测量质量预检 L0精确筛选 原始DEM生成 CoSSC生成
飞行动力学 TSX参考轨道保持 姿态和轨道结果 TDX螺旋编队保持 机动计划与执行 提供干涉测量基线		
	TanDEM-X采集计划 长期采集计划 (包括近似资源建模) 编队参数计算 采集参数计算	DEM图像镶嵌与 校准处理器
GFZ精确基线确定 提供干涉测量基线		用户服务 (EOWEB)

任务运行段　　　　　　仪器运行与校准段　　　　　有效载荷地面段
(MOS)　　　　　　　　　(IOCS)　　　　　　　　　　(PGS)

图 13.9　TerraSAR‑X 和 TanDEM‑X 联合地面段组成部分

如 13.2 节所述,TanDEM‑X 任务富有挑战性的概念要求 3 个组成部分引入一些新型的和高度创新的元部分[21]:

● TanDEM‑X 采集计划是在 IOCS 中,该部分能够为全球 DEM 制定长期采集计划以及 TanDEM‑X 科学数据采集(见 13.5 节)。为支撑计划,需要增加系统性预测和监视干涉测量性能的新功能(见 13.9 节)。

● IOCS 雷达参数和设备指令产生器能够为双基和干涉测量数据采集设置特

定的设备指令,这就包括双星间交流的同步脉冲的产生和监视。

• IOCS 标定部分用来标定和处理双基及干涉测量模式的特性(见 13.10 节)。

• MOS 任务规划系统能够利用双星增强产生组合的 TerraSAR – X 和 Tan-DEM – X 任务时间表。

• MOS 飞行动力学系统用在 TanDEM – X 编队飞行中,飞行任务对航天器导航和控制提出了新的要求(见 13.6 节)。

• MOS 新增一个精确基线估计部分。基线结果由两个独立实体产生(见 13.7 节)。

• 增加了位于适当地理位置的地面站网络(位于奥伊金斯的 DLR 德国南极接收站、位于加拿大的 DLR 伊努维克卫星站、位于墨西哥的 DLR ERIS 切图马尔站、位于瑞典的合作地面站欧洲空间卫星状况基律纳地面站),在 3 年运行期间共下载了约 350TB 的 TanDEM – X 数据量。

• TanDEM – X SAR 采集数据中系统接收、存储及处理的自动链生成了单独的原始 DEM,且最终的图像镶嵌生成全球 DEM 送入 PGS 中进行。针对此,开发了一种集成的 TanDEM – X 处理器(ITP),它能自动将 TanDEM – X SAR 原始数据处理成原始 DEM(见 13.8 节)。ITP 产生的原始 DEM 进一步由 DEM 图像镶嵌和校准处理系统 MCP 处理成最终的 TanDEM – X DEM 产品(见 13.11 节)。

通过 DLR 的 EOWEB(地球观测网)接入口可以提供给外部用户两种 TanDEM – X产品:MCP 生成的 DEM 片以及 ITP 生成的 CoSSC(已配准单视倾斜距)数据产品,后者用于实现第二阶段任务目标。对 TanDEM – X 产品的分类意味着一份以目录产品形式的系统处理与存储数据。TanDEM – X 任务在 TerraSAR – X 任务基础上的调试与 TerraSAR – X/TanDEM – X 联合地面段的程序运行是和技术系统验证一块进行的。从 2010 年末开始,新型的地面段开始完全运行并成功支撑了整个任务。

13.5 全球 DEM 采集计划

13.5.1 DEM 采集计划简介

为产生具有如 13.1 节所描述特性的全球 DEM,需要采集 10000 多幅干涉测量图像对。这些数据的每次采集必须符合性能要求。TanDEM – X 卫星能够获取约 30km 宽幅的带状式干涉测量图。考虑到 11 天的重复轨道,为覆盖完整的赤道区域,这就需要 9 条临近的测绘带。由于越往北和越往南的地方从一条轨道到下一条轨道的地面距离更小了,因此所要求的邻近测绘带的数目也减少了。图 13.10显示的是直到 2011 年 8 月 TanDEM – X 全球 DEM 所采集的区域。1000 ~ 1500km 距离采集个体数据的合成是很明显的。此外该图还显示出南部地区采集的更早一点,这是由于上升和下降轨道间模糊高度的不对称性作用。这种不对称性来源于赤道处在地球旋转影响下的非零沿迹基线。

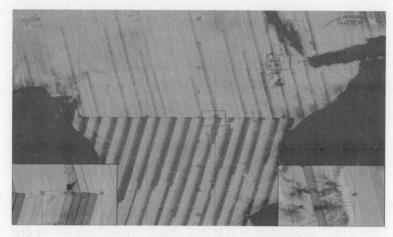

图13.10　(见彩图)TanDEM–X DEM采集图

彩色编码多边形显示的是 2011 年 8 月 26 日之前的 DEM 采集图像。颜色代表着不同的测绘带。左下角的放大图表示赤道处上升和下降采集过程的连接区域。右下角的放大图表示相邻采集区域的重叠。为绘制赤道处完整的区域,总共需要 9 条不同的测绘带。

13.5.2　关键规划参数——模糊高度

采集规划的主要性能参数是模糊高度(HoA),见 13.2.5 节。HoA 越小,相对高度误差也越小。但更困难的是相位解缠。此外,较小的 HoA 会引起服从于量解相关区域的相干损失。因此,TanDEM–X DEM 采集中最优 HoA 的选择需要兼顾各方。

由于整个任务时间允许至少两次全球采集过程,因此可预计每一区域都有两个不同的 HoA 值:

- 第一次采集是在 2011 年进行的,根据地形类型 HoA 为 45～60m,这就确保了鲁棒性相位解缠。
- 第二次采集计划 2012 年完成,HoA 要稍小一点,在 35～45m 之间以提高相对高度误差。

数据获取规划中,必须考虑采集形式以达到要求的 HoA 值。当卫星视角在 28°～44°之间(对应于入射角在 30°到 48°之间)可以取得不同的测绘带。由于有效基线、斜距和入射角不同,HoA 变化取决于视角(见 13.1 节)。此外,当卫星以螺旋编队飞行时,在轨(升交角距)采集形式不断变化(见 13.2 节)。图 13.11 给出了典型 TanDEM–X 螺旋编队中 HoA 的变化。

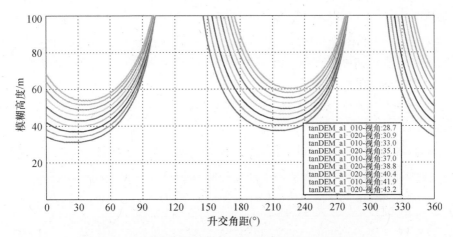

图 13.11　（见彩图）模糊高度与视角和轨道位置的函数关系

（设编队参数为：径向：300m,水平轨迹：250m,天平动角：190°）

13.5.3　采集规划

生成 DEM 采集规划需要考虑有限的卫星资源。主导资源参数是卫星的原始数据下行能力、可用星载内存以及功率/热约束。这些都是需要在 TanDEM – X DEM 采集规划产生过程中要建模和考虑的。

DEM 采集规划的生成有以下几个步骤：

• 第一步：轨道/测绘带组合计算。在该过程中,所要求地面区域（如完整的地球表面）需要转变为一系列轨道位置和需要被采集的对应测绘带。

• 第二步：编队选择。编队参数是由对每个可能的采集计算 HoA 并将其与此次采集的目标 HoA 值比较所得。它由几个不同的编队反复执行直到选出最优编队。

图 13.12 给出了 2011 年第一次采集期间的模糊高度和编队参数。可以看出,由于采集在不同的测绘带和不同的轨道位置,因此编队会产生变化,但 HoA 基本保持不变。2011 年 10 月进入一个很小的编队,这是为了进行那些要求较高 HoA 的复杂地形采集。

• 第三步：精确采集时间确定。确定采集时间中也选择了数据获取。利用点模型的可用资源估计所有可能的采集。点模型考虑了 HoA 等性能方面以及最大采集持续时间等运行约束或者后续执行的可能性。第二步和第三步对于每个重复循环轨道都要执行。结果就得到所有采集的确切时间表。

• 第四步：详细采集参数计算。在采集时间和螺旋编队飞行信息知道的情况下就有可能计算出详细的采集参数。这就会产生采集参数的多种设置,如不同的脉冲重复频率以及不同数据压缩设置,将导致不同的干涉测量性能和卫星/下行链路资源消耗。

- 第五步:高度误差预测。通过 13.2 节所描述的性能模型以及 TanDEM – X 试运行阶段恢复的经验数据,对步骤 4 中的每个采集机会的性能进行预测。

- 第六步:高度误差优化。DEM 采集规划的最后一步是在考虑到可用卫星和下行链路资源、高度误差预测情况下对采集进行最后的选择。图 13.13 显示出经过步骤 6 优化后高度误差的减小。

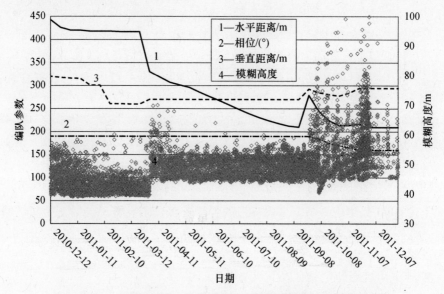

图 13.12 （见彩图）第一次全球 DEM 采集的模糊高度和编队参数
（最大水平和垂直间距、天平动点相位角）

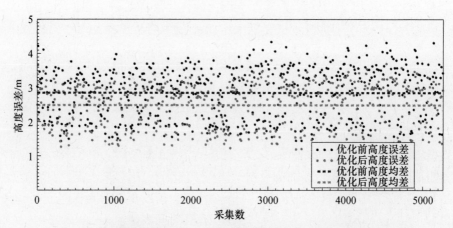

图 13.13 （见彩图）在第一次 DEM 采集年的下半年,对充分利用卫星和
下行链路可用资源的优化前后预估高度误差的对比

324

13.6 编队控制

13.6.1 轨道控制概念

自从 2007 年 6 月开始,TSX 卫星就运行在太阳同步晨昏轨道上(97.44°倾角,514km 高度,冻结偏心率),它以 167 次轨道或者说 11 天的周期循环。TSX 吻切轨道维持在一个目标地面固定参考轨迹中 250m 最大绝对垂直轨迹距离内,在 11 天循环的始末位置具有一些精确的匹配状态,可以利用高度重复数据作为条件[22,23]。用来抵消日月摄动和补偿大气阻力的轨道机动每年需要进行 3 ~ 5 次(轨道平面外),在太阳活动较高期间需要每周进行 3 次(轨道平面内)。在整个 TSX 寿命期间包括与 2010 年发射的 TDX 编队飞行期间,地面控制策略是可预知的。因此,编队采集与保持机动都是专门由 TDX 卫星进行的。

基于近圆低轨以及相互距离在 1km 量级,TDX – TSX 相对运动可以用线性化方程来描述。所用模型是建立在熟知的 HCW 方程上[24],但是把相对轨道要素作为独立参数并考虑 J2 摄动。偏心率和斜坡矢量分量在编队设计也就是螺旋编队中的使用为安全接近操作和干涉测量基线灵活调整提供了可能[13]。

TSX – TDX 编队控制操作的出发点就是 TanDEM – X 采集规划(见 13.5.3 节),它包括了编队方式以及相应规划好的双基 SAR 采集的时间表。在飞行动力学中(FD),目标编队参数在应用到编队控制过程之前先转化为相对轨道要素。图 13.14 描述了第一年中常规 DEM 采集的所有编队飞行方式。

为在飞行动力学中进行相对导航,GPS 导航解算数据的滤波主要是原始伪距和(或)载波相位数据(见 13.7 节)。以这种方式,辅助信息量会大大减少,因此增加了鲁棒性,垂直轨迹(2D,RMS)的有效相对轨道确定精度通常小于 0.5m,沿迹方向通常小于 1m[25]。

为满足所要求的编队控制精度(表 13.2),TDX 必须跟踪 TSX 轨道保持机动以及补偿相对偏心率和倾斜矢量。当采用 4 个 1N 肼推进器进行厘米/秒级绝对轨道保持时,需要 TDX 上两对 40mN 冷气推进器专门进行平面内编队控制,包括抵消不同肼推进器机动执行误差所引起的沿迹漂移。飞行动力学规划过程采取了预防措施来确保任一 TSX 或者 TDX 机动故障时不会产生危险的相对运动[26]。

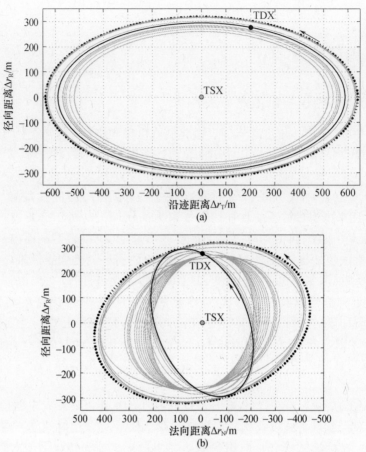

图 13.14　基于 Hill 设计的 TDX－TSX 相对运动演化图:径向/沿迹距离(a)
和径向/法向距离(b)

编队飞行方式运行在 2010 年 12 月(虚线椭圆)到 2011 年 12 月(粗黑椭圆)。
箭头表示相对运动方向。黑色填充圆表示 TDX 在 90°升交角距处的相对运动。

表 13.2　不同运行方式下编队控制性能的期望值和实际值:
径向、法向和沿迹方向的均值/标准偏差

	径向	法向	沿迹
期望值	0. 0/20. 0	0. 0/20. 0	0. 0/200. 0
肼推进的粗地面控制,3 天运行周期,2010 年 8 月~9 月	0. 1/13. 8	0. 0/2. 3	34. 3/140. 6
冷气推进的常规地面控制,24h 运行周期,2010 年 10 月开始	0. 0/5. 2	0. 0/0. 9	－ 0. 2/25. 4
冷气推进的首次 TAFF 试验活动,8h 运行周期,2011 年 3 月	0/2. 8	(0. 0/2. 9)	(－ 4. 7/13. 9)
注:TAFF 并不能异面进行,因此只有径向和沿迹精度能够反映 TAFF 性能			

13.6.2 编队控制性能

在 2010 年 7 月进行 20km 宽编队采集之后(详见文献[27]的采集过程),成功进行了飞行动力学编队保持功能试验。对于可能的任务拓展,由于已经具有较高的控制精度同时为节约有限的冷气资源,在单基试运行阶段的剩余时间段,20km 沿迹编队控制充分利用了 TDX 肼推进系统。以此方式达到的性能(表 13.2)完全能够用来校准单基运行中的 TDX 雷达设备,同时考虑到了每周仅执行两对编队保持机动。

在 2010 年 10 月进行零均值沿迹间距的紧编队之后不久,地基编队控制过程变成完全自主。其后采用冷气推进系统进行日常编队保持机动。尽管该控制概念主要用于保持相对倾斜矢量,但沿迹间距的精确控制也是 SAR 垂迹干涉测量的基础。表 13.2 总结了已达到的优异控制性能。由于相对偏心矢量(如相对运动椭圆倾角)中 J2 摄动引起的漂移,目标相对近地点角距仅能在机动循环中期时刻达到完美的调整。因此,仅当机动循环进一步减少并在 TanDEM – X 自主编队飞行系统(TAFF,详见文献[28])参与下,才能达到更好的径向控制性能,TAFF 利用了星间链路所提供的近乎永久性的实时相对导航。2011 年 3 月进行的第一次 TAFF 活动中,TDX 每天自主规划和执行 3 次编队保持机动对,结果相当完美地完成了机动循环与可达到控制精度之间的关系(表 13.2)。

13.7 精确基线估计

13.7.1 精确相对 3D 导航的 DGPS 方法

5.4.2 节详细解释了确定精确基线的方法。在 TanDEM – X 地面段,德国地球科学研究中心(GFZ)和 DLR 两个科研机构采用了 3 种方法提供基线产品:

(1) GFZ 方案称为基于 EPOS – OC 软件的 GFZ[29]。

(2) GFZ 方案称为基于 BERNESE 软件的 GFZB[30]。

(3) DLR 方案称为基于 FRNS 软件的 MOS[31]。

通过这 3 个独立软件方案,就有可能控制单个方案的质量、监控偏差的长期稳定性以及最后将方案融合成单独一个方案以提高精度。

13.7.2 基线组合

如之前讨论的,TanDEM – X 任务产生 3 个独立基线解算。图 13.15 中描述了全部 3 个方案都要校准和合并。

首先,所有不同方案都是基于偏差值校准的,这些偏差值是从熟悉试验区域专用 SAR 数据采集推断得出的。通过此,基线矢量径向和法向部分的偏差可以确定

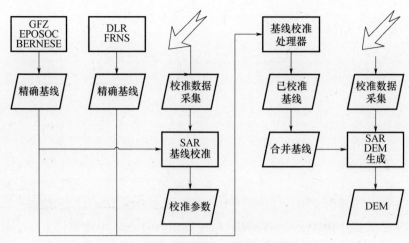

图 13.15　基线产生、校准和合并

和应用。

其次,通过对比 3 个精确基线进行孤立点检测。接下来无关方案可以修正或者排除在下一步之外。

最后,为最小化所有单个方案所固有的随机误差,需要将不同的方案组合起来。由于误差频谱中一些不可恢复的系统内容,组合基线的误差并不能完全如独立误差传播那样呈 3 的平方根次减少。GRACE 任务基线组合试验估计有接近 20% 的提高。

图 13.16 和图 13.17 分别给出了一年期间内 MOS 和 GFZ 基线在径向和法向解算的对比结果。两幅图中方案唯一的不同就是合并过程。图中每个点代表了每个产品偏差也就是对于半天或者接近 44000 偏差来说的均值、标准偏差或者 RMS 值。整个时间段在偏差均值中径向偏差的稳定性显而易见,此处都在零附近。法向偏差的稳定性要比径向的弱些,但是在均值变化率上仍然优于 1mm。图 13.16 和图 13.17 中所述标准偏差都是短时精度的测量,RMS 值也包括偏差。

表 13.3 概述了不同解算偏差的稳定性和精度测量的全局标准偏差。从表 13.3 可以得出,融合基线能够达到 1mm RMS 精度(如果偏差能够正确处理),因此能够满足任务要求。

表 13.3　全部基线结果的稳定性和精度

解算	方向	均值/mm	标准偏差/mm
GFZ – MOS	径向	0.1 ± 0.1	0.9
	法向	1.7 ± 0.3	0.8
GFZB – MOS	径向	− 1.3 ± 0.4	0.8
	法向	− 1.0 ± 0.4	0.5

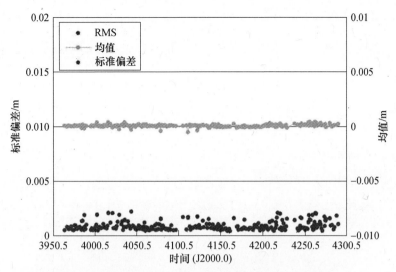

图 13.16　（见彩图）MOS 和 GFZ 基线结果在径向上的对比，
由于较低的平均差，RMS 值和标准偏差几乎一致

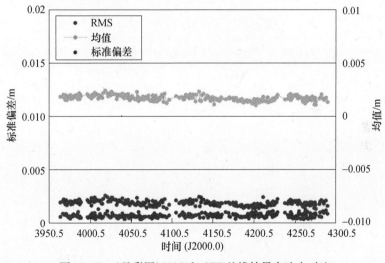

图 13.17　（见彩图）MOS 和 GFZ 基线结果在法向对比

13.8　数据处理

集成 TanDEM－X 处理器（ITP）是载荷数据地面段中 SAR 数据工作流程的核心，负责筛选、聚焦、干涉测量处理以及最后将从两种设备得到的双基原始数据产生"原始"DEM[32－34]。它也用来为科学团体用户产品以不同模式处理试验采集数据。图 13.18 展示了原始 DEM 处理以及过渡 SAR 图像和干涉图的例

子。2010年12月以双基模式采集的数据覆盖了30km×50km的北格陵兰岛部分区域。地形高度从海平面到1750m变化。平面干涉图的每个边缘都对应58m的高度变化。

图13.18　（见彩图）在北格陵兰岛采集的SAR振幅、干涉图和暗色原始DEM场景

13.8.1　处理过程面临的问题

每天有超过500000km²且以3m分辨力采集的地球表面需要处理,以依序进行新的采集。因此,在不依赖于任何外部参考数据或者人作用的情况下,当以完全自主处理和自校准方法保持最高可能精度时,处理系统最主要的就是要达到高吞吐量。最终的DEM对高度精度要求很高,这就表示需要使用很小的模糊高度,使得复杂地形产生大量原始DEM(10%～15%)以显示所谓相位解缠误差区域。在后续任务中这些系统局部高度差是通过对同一区域额外采集进行迭代循环过程而解决的,因此依赖于整个系统校准的精度和稳定性。ITP提供的最终DEM预期在厘米到米范围内仅呈现很小的残余高度偏差,这些都是随后由影像镶嵌和校准处理器辅之以参考高度信息、操作员交互作用以及一致性检验进行测量和补偿的(见13.11节)。对于每个过程,拓展质量分析结果可以用来进行系统性能监视。在接收站,ITP也会对每个下行DEM数据采集进行质量筛选,以对采集规划、归档和系统监视提供快速反馈。

13.8.2 DEM 生成准则

ITP 使用数据自洽性对原始 DEM 进行预校准的方法可以通过 DEM 生成的基本准则来最好的解释:测量地面一个点到太空两个不同但精确知道的位置间的距离。在光学数据处理过程,可以利用这样两个立体图像的视差角。这在雷达成像中是不可能实现的,雷达成像是基于波前信号传播时间变化,并不需足够角分辨力。因此,从图像可见变化的雷达回波接收时间的不同延迟来进行三角测量。这种方式称为雷达图像测量,且很好的建立在较大基线以及对应的肉眼可辨图像变化上。如果垂迹基线足够小,那么两种设备会得到一样的信号谱响应并有非常小的相对变化,而且可以采取更精确的干涉测量方法。由于 SAR 是相干系统,两种设备数据集间相位差得到的每个匹配像素可以很精确地测量出延迟。如 13.2.5 节讲,这类干涉测量相位差是模糊的,且仅能提供以波长为单位循环的相对量程差。

13.8.3 SAR 图像配准

为正确利用高度测量的两种不同观测条件,必须对两幅图像的差分效应进行补偿。只有匹配图像才能从两组 SAR 数据集的固有信噪比中产生最可能的相干——最小相位和高度误差。首先,图像必须重新采样,并对共同网格的相对漂移和配准进行修正,以使对地面同一点成像的主星和从星数据的匹配像素对能够覆盖。除了大规模的轨道漂移(主要在双基聚焦期间补偿),由雷达视差位移所引起的延迟也要与当地地形精确相关。因此它们是不确定的,需要从数据自身测得。不像相对相位那样,残余漂移是很难确定的,因为它们仅是分辨力单元的一部分。ITP 将两幅图像 32×32 采样并使用相等采样块的相干互相关来得到 1/100 量级分辨力(大约为波长)的精确漂移以及在两幅图间进行插值。在不相干数据情况中使用了基于不相干互相关和轨道几何的备份解决方案。但是不仅是空间不匹配需要补偿,不同观测方式和方位波束指向(多普勒中心)也会引起复杂数据的互谱漂移(在距离和方位上)。从一点得到的观测带宽边缘的频谱成分并不会在其他数据集中体现。为不引入额外噪声(降低相干性),数据必须只对匹配频谱部分进行频谱滤波。

13.8.4 双基 SAR 处理

即使具有空间和频谱特别匹配的数据,干涉测量的主要问题是所有设备需要一个常见和稳定的绝对相位参考以修正距离或者高度的相对相位差。在双基 SAR 中,专有设备振荡器就是这样一个参考,但是都是以单基模式采集的,发射和接收信号都是和两种不同的振荡器(解)调制的,会产生偏移甚至更严重的是相位随时间强烈变化和漂移。如 13.2.4 节所述,相对偏移可以通过交换同步脉冲来测量,且在如下详述的过程中补偿。然而,同步脉冲的相位增加了 2π 的模糊度,得到的差分相位偏移模糊度为 π。因此,仅当模糊距离高度具有模糊度一半的全局偏移时,TanDEM－X 双基干涉高度测量才能确定每个像素。下面都用 π 模糊度来表示。

干涉测量和雷达测量利用 SAR 图像对的前提条件是首先对原始数据层有精确的信号修正,其次对相位和像素时间配准具有高度精确的聚焦。最重要的信号修正就是双基通道中相位和时间漂移的补偿,它们都是由两个独立漂移振荡器所引起的,振荡器为像素配准以及用于调制和解调制的载波频率信号提供时间参考。补偿函数的确定是基于双向交换同步脉冲的差分相移测量。SAR 信号和同步信号的时间和相位估计要求在考虑发送机和接收机双动态几何星座的情况下精确地确定信号传播延迟。SAR 回波情况下地面给定一个点,发射机、接收机间的有效几何距离 $\Delta x(t)$ 由递推公式给出:

$$\Delta x(t) = \left\| x_{RX}(t) - x_{TX}\left(t - \frac{\Delta x(t)}{c}\right)\right\| \tag{13.2}$$

并通过迭代计算方案解算,包括轨道状态矢量 $x(t)$ 的插值。双基通道 SAR 原始数据采用差分相位补偿来进行持续修正。通过每个 SAR 回波路径进行分段常值漂移校正来实现差分时间漂移补偿的充分修正。TanDEM－X 中适度的双基采集方式允许 TerraSAR－X 应用线性调频测绘聚焦算法,它是由等效单基距离函数关系的双基计算拓展得到的。因此,真实的双基距离函数 $R(t) = \frac{1}{2}(R_{Tx}(t - \tau(t)) + R_{Rx}(t))$ 可以通过双动态式(13.2)计算得到,单基等效距离函数

$$\tilde{R}(t) = \sqrt{\tilde{R}_0^2 + \tilde{V}^2 \cdot (t - \tilde{t}_0)^2} \tag{13.3}$$

式中描述的参数 $\tilde{R}_0$、$\tilde{V}^2$ 和 $\tilde{t}_0$ 由拟合函数推导出。除了直接拟合距离函数式(13.3),它的平方即一个抛物线也是最优化的。一旦单基等效距离 $\tilde{R}(t)$ 与真实距离 $R(t)$ 相符,不仅可以得到更加精确的方位聚焦参数

$$FM(R) = 2 \cdot \tilde{V}^2/\lambda \cdot R \tag{13.4}$$

还可以获得沿迹变化 $\tilde{t}_0$ 和垂迹变化 $2 \cdot (R_{Tx} - \tilde{R}_0)/c$,它们都是时间域中的雷达测量参考点。

13.8.5　相位解缠

从双基干涉测量相位中产生精确 DEM 的主要任务就是通过解算上述的模糊度来对每个相位值分配它的绝对相位差。第一步就是解缠相位,它是通过图像中的一致路径跟踪相位梯度并以此计算模糊循环。当且仅当相位信息与图像间较大区域关联时上述才有可能,而且这些图像间没有太多相位噪声以及相位斜度小于 π/样值。ITP 为此使用了最小成本流程算法,其中一致性函数代表要跟踪的路径"花费"。大于模糊度的地形高度中像素—像素跳变或者随机相位剩余部分区域

（如不相干水体或者阴影/叠掩）可能导致错误的模糊度分配偏移—相位解缠误差，其中 DEM 部分具有模糊高度准确倍数的错误偏差。对于复杂地形和(或)非相干数据来说，如果解缠中可用信息只有一个唯一的双基采集的相位，这是不可避免的。

13.8.6　绝对相位偏移的确定

第二步就是推导出到解缠过程任意起始点的绝对距离以解决全局偏差，后者通常是通过获取连测点的外部参考信息并处理的途径来完成的。然而 ITP 使用了一种新型方法来从配准交互相关块测量中推导出粗糙的无线电测量绝对距离地图（实际上是未编码的 DEM），以确定整个情况下的绝对相位偏差。仅针对非常相干数据的每个单独块能够产生低于波长的距离分辨力。但是，为了对整个情况下分配偏差，需要对解缠相位(正确的)以及所有相干雷达测量估计的差值进行平均，这会产生亚毫米级偏差精度[35]。如果所有设备的延迟都能准确校准，那么对于将正确的全局 π 模糊度波段分配到干涉测量相位中来说是绰绰有余的。最终，绝对解缠干涉测量相位在地形坐标系上编码成高度信息，它是在考虑到空间变化几何参数特别是对基线数据精度敏感的基础上，通过相位—高度转换函数插值网格的迭代步骤实现的。此外，信号传播对像素定位、相位和高度的任何影响必须考虑在内。除了对所有设备有效的 2～4m 较大对流层距离延迟的标准修正和干涉图的唯一转换外，还可观测到两种设备角间距路径长度中非常小的相差引起的相位失真。这会引起毫米范围的信号延迟(以及相位)差，对应的高度误差在米级距离。

在 TanDEM – X 任务中，为解决 10～30m 量级的 π 模糊度，这就要求毫米级的相对设备测距精度。如此高精度仅当信号和几何处理算法有较高精度时才有可能，它是广泛双基系统校准活动作用的结果(见 13.10 节)。在后期阶段，雷达测量移位和干涉测量相位两种测量法将以不同设备设置下的数百种情形与 ITP 中 SRTM DEM 得到的参考相位相比较，并与处理器得到的延迟和相位修正进行匹配。这些必须与同步基线产品校准一致，该校准能够影响全部。由此，ITP 独立处理过程允许 TanDEM – X 能够以较高精度覆盖陆地表面接近 90% 面积，且能够具有自主绝对高度测量设备，因此可在测距范围内推导出相对于旧参考高度无偏差的米级高度变化(如冰川地域)。

13.8.7　质量控制

其余的问题便是用于偏移量测定和 DEM 质量控制的解缠相位准确性的确定。该任务中使用了雷达测量估计。重复滤波可以局部地比较相位和距离以检测大于 $1km^2$ 区域的解缠误差。然后根据相位偏移量测定进行偏差补偿。如果图像包含大量(约 3%)差异性地带，那么 ITP 产生的 DEM 将存在问题。

13.8.8 多基线相位解缠

当非常小的模糊高度中考虑解缠问题时,整个任务设计要达到较高大基线采集精度。为缓解解缠问题,已研究出双基线相位解缠概念应用到处理环节[36,37]。地球需要以不同的模糊高度至少测绘两次。ITP 过程在事先已处理采集帮助下对每个大型基线采集和解缠相关每个问题进行处理。首轮处理得到的中间产品是配准复杂产品(CoSSC)。新原始数据的重叠数据设置以及旧的 CoSSC 都进行解缠,并推导了相位微分。差分干涉图比两个单独采集($h^{-1}=h_1^{-1}-h_2^{-1}$)具有更大的模糊度。解缠很容易但噪声很大。从干涉图第一次和第二次采集间测得的解缠相位差可以通过解缠相位识别出错误区域。由于对于有问题情况甚至差分干涉图也可能会有解缠误差,因此要用两种干涉测量估计来修正差分相位的模糊带宽。然后这些改进的相位用于修正(仅用于)必要时大型极限干涉图的模糊周期。通过滤波和地区检测算法维持干涉图全分辨力和质量。在图像镶嵌和校准过程之前,由迭代改进干涉图得到的原始 DEM 替代了任一有误的单独采集原始 DEM。图 13.19中总结了整个 ITP 过程工作流程的主要步骤。

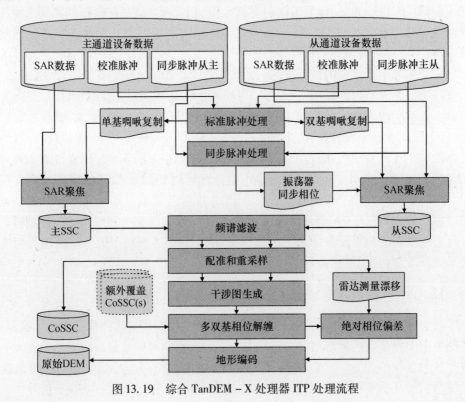

图 13.19 综合 TanDEM - X 处理器 ITP 处理流程

13.9 干涉测量和 DEM 性能监视

对于全部卫星来说,优异的雷达设备性能和稳定性是高质量 SAR 成像的基础,且已经在 2007 年 TSX 和 2010 年 TDX 单基试运行阶段进行了验证[40]。在双基 TanDEM – X 结构中,两个复杂 SAR 图像进行配准和干涉测量处理。干涉测量相位信息转换成高度值,它们是由各自相对高度精度描述的。设备设置和卫星编队参数通过使用专用高度误差仿真器对全局 DEM 采集进行了优化,且在运行任务中能够系统性评估。

影响相对高度精度的主要因素就是每个 SAR 设备无线电测量灵敏性、距离和方位模糊度、量子化噪声、处理和配准误差以及表面和数量解相关,与基线长度成比例缩放[1]。估计干涉测量性能的一个关键量就是相干性,它是 TanDEM – X 通过一个乘积项计算得到的,即

$$\gamma_{Tot} = \gamma_{SNR} \cdot \gamma_{Quant} \cdot \gamma_{Amb} \cdot \gamma_{Coreg} \cdot \gamma_{Geo} \cdot \gamma_{Az} \cdot \gamma_{Vol} \cdot \gamma_{Temp} \quad (13.5)$$

式(13.5)右边表示由有限 SNR(γ_{SNR})、雷达信号量子化(γ_{Quant})、模糊度(γ_{Amb})、有限配准精度(γ_{Coreg})、基线解相关(γ_{Geo})、多普勒频谱的相对偏移(γ_{Az})、体积解相关(γ_{Vol})以及时间解相关(γ_{Temp})所产生的不同的误差源。不同散射特性以及基线和设备配置的改变都会影响相干性。一个起重要作用的就是有限信噪比(SNR),它依赖于雷达设备的灵敏性以及反向反射信号的功率。对于 TanDEM – X,两个设备几乎完全一样,两个干涉测量通道的均值 SNR 产生一个理论相干性[41]

$$\gamma_{SNR} = \frac{1}{1 + SNR_{mean}^{-1}} \quad (13.6)$$

如图 13.20 红线所示。图中给出了相同的结构下 TanDEM – X 干涉图中测得的相干性。测量可分为 4 个主要陆地类型:北方森林和土壤、岩石测试点(蓝色三角及红色棱形)平均要比热带或者雨林所描述地区(绿点)具有更好的性能($\gamma_{Tot} > 0.7$)。后者相干损失主要是由于密集森林区体积解相关的存在。此外,沙漠具有很低的 SNR(红方块)。

在植被区,体积散射是相干损失的主要原因。树木高度大于 40m 的雨林已通过不同的 TanDEM – X 双基采集构型进行测量得到。全球 DEM 采集的典型模糊高度具有相同的范围。基于此信息,植被区的基线方式可以进行优化以达到大于森林高度的模糊高度。图 13.21 进行举例说明,亚马孙雨林(图像下面)的相干改善是非常明显的,然而砍伐区几乎具有同样高的相干性。

双基图像相干性是与相应 DEM 的相对高度精度 Δh 直接相关的,其中高相干值转变为一个低干涉测量相位误差 $\Delta\varphi$,反之亦然。

$$\Delta h = h_{amb} \cdot (\Delta\phi/2\pi) \quad (13.7)$$

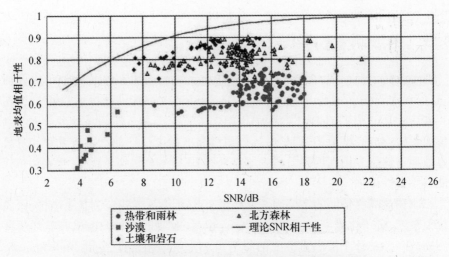

图 13.20　陆地表面关于信噪比(SNR)的干涉测量相干性

红线:仅从 SNR 得到的理论相干性预测。单一值表示 TanDEM – X 干涉图的相干性。

图 13.21　以不同采集方式得到的亚马孙雨林测试点的相干性

低相干性为黑色。左/右:模糊高度:25m/52m,垂迹基线 182m/162m,入射角:29.9°/47.7°。

TanDEM – X 海拔数据的高度误差已经通过对同一地面区域使用相同结构参数进行两次重复 DEM 数据采集间的差来确定。影响该差的主要有两种误差源,且可用频域来描述:低频误差和系统偏差,如轨道误差和高度偏差,这些都可滤掉;高频误差描述了相对垂直高度中的随机误差,它是由于相干损失以及相位解缠问题引起的。相对垂直高度误差来自于高频误差 90% 的分布区间[1]。

---

[1]　由于相对高度精度取决于地形斜度,因此必须采用正确的掩模以区分平坦地形和山体地形。

图 13.22 给出了通过几个测试站点分析以不同方式采集、分类成土壤和岩石地形获取的结果。即使最终的 DEM 通过至少两种全球采集方式组合获取的,但对于一些测试点来说一种采集方式已经足够满足所要求的指标。高度误差估计进行线性拟合表现出良好的 DEM 性能品质要求,如图 13.6 所示:对于 30m 和 45m 的模糊高度分别能预测出 1.7m 和 2.5m 的 90% 的点—点高度误差。

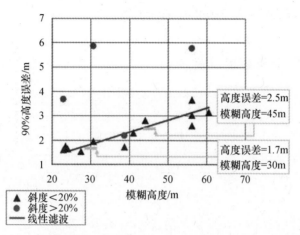

图 13.22 土壤和岩石表面数据采集的相对高度误差(HE)性能概述
斜线表示斜率<20%测量值的线性滤波, ▨▨ 表示特定模糊高度(HoA)的预期性能。

图 13.23 表示 2010 年 12 月到 2011 年 12 月期间对全部处理过的 DEM 数据采集的全球相干地图。完全相干性是通过仅对地表平均得到的。处理过的相干图

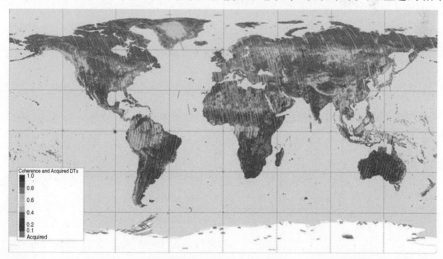

图 13.23 (见彩图)TanDEM - X 在 2010 年 12 月到 2011 年 12 月数据采集的全球相干地图
绿色表示高相干性,黄色表示中等相干性,红色和紫色表示低相干性。
灰色区域表示已采集但在生成相干地图期间仍在处理队列中。

中超过90%都是通过大于0.6均值相干性来描述的,它通常能够保证最终DEM具有足够的品质。低相干测量性能的区域通过处理过程中的低相干性和相位解缠问题进行识别。复杂地形——主要是树木丛生或者多山地区——将通过更大模糊度以及其他视角的专用方式进行重新获取。

13.10 双基和干涉测量系统校准

13.10.1 期望高度误差

InSAR DEM 的高度精度受类噪声衰减的不同误差机制以及更多系统参与的影响。由数量、时间或者SNR解相关(见13.9节)所产生的性能损失会引起类噪声高度误差,其仅能由频谱多视或者空间平均过程进行部分地减轻。通过适当的由不同观测方式采集的一些DEM组合能够有效地减少其他SAR方式的处理效果,如相位解缠误差、阴影或叠掩[1,42]。对类噪声参与情况,在平均过程后Tan-DEM-X误差分配假定了一个1.8m高度误差(90%置信区间)。另外,还有一些系统性非确定性的误差。在发射之前,对TanDEM-X系统的不同部分进行了详细的研究。两种主要的系统误差源已识别出:双基确定误差以及SAR设备漂移。基线确定误差是由卫星间相对GPS位置确定的残余误差以及通过星敏提供姿态信息所得SAR天线相位中心位置的确定精度所引起的。SAR设备主要受到采集期间发射/接收模块升温所引起的温度漂移以及两颗(独立的)卫星干涉测量行为微小差别所引起的初始偏移的影响。这些来源能够引起预期几米的额外高度误差,这将超过2m相对高度误差要求(90%置信区间)。为确定误差量级,必须估计来源的影响并送入仿真工具中。根据仿真结果,建立一个多项式误差模型以估计一个数据采集期间DEM高度误差 g,有

$$g_n(x,y) = a_n + b_n x + c_n y + d_n xy + e_n y^2 + f_n y^3 \qquad (13.8)$$

式中:$a_n \cdots f_n$ 为未知参数;x 为距离向图像点坐标;y 为方位向图像点坐标;n 为采集数;a 为DEM常值偏移;b 为距离向斜度;c,e,f 为方位向坡度和梯度;d 为距离向和方位向转角。

为最小化高度误差,DEM校准工作主要集中在通过基线校准进行基线误差的初始减少[43](见13.7节和13.10.2节)、系统性相位误差的减少以及DEM校准过程多项式参数估计[44](见13.11节)。这些修正使用到了全局分布式测试点、高度参考[45]以及临近采集信息,能够确保TanDEM-X DEM产品最终具有2m相对高度精度(图13.24)。

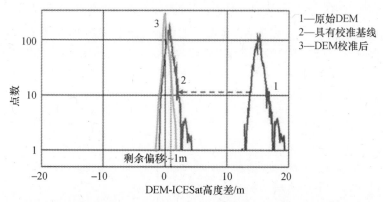

图 13.24　（见彩图）连续校准阶段 TanDEM - X DEM 高度误差柱状图（ICESat 高度用作参考）

13.10.2　基线校准

卫星上的多频 IGOR GPS 接收机提供的 GPS 数据可以通过双差分处理过程确定出基线（见 13.7 节）。相对精度能够在 1mm(1δ) 要求内，但通过该方法可能并不能消除几毫米偏差。通过监视 DEM 中专用全球测试点的平均高度误差，可以描述出与飞行方向垂直的潜在基线偏差[43]。这个过程已经在 TanDEM - X 进行单基试运行阶段得到成功应用，达到了约 2mm(1δ) 的修正精度（图 13.25）。均值附近变化的 2mm 精度包含了残余基线误差、SAR 设备的一些其他误差以及参考高度的有限精度，这些在整个 DEM 误差分配期间都要考虑在内。

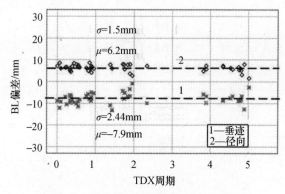

图 13.25　单基试运行阶段估计的基线偏差

13.10.3　设备校准以及外部迟滞

干涉测量所得 DEM 对于模糊高度最初是不确定的。为正确解决该模糊度需要使用雷达测量，它能估计出采集中大块地区的绝对位置和高度（见 13.8 节）。估计是基于雷达信号的传播时间。因此，该技术对微分设备延迟是非常敏感的。这类微分延迟是由不同的接收增益设置、不同带宽、不同的同步角天线结合所引起的,或者取决于信号发射卫星[43]。相关性是由统计的估值以及采集的 DEM 数据专用分析所推导出来的。此外,相对的和微分的对流层效应也会引起 DEM 几米的系统偏差[46]。这些影响都会在干涉测量过程进行补偿。为解决 π 模糊度,对于 99% 的获取部分,测得的雷达测量偏差应该低于 ±7.5mm 的目标区间(大约 ±λ/4),如图 13.26 所示。

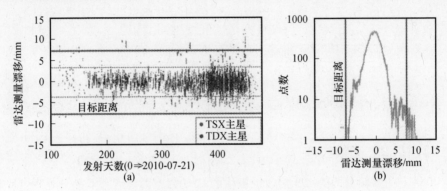

图 13.26　(见彩图)经过参数修正后,在 SRTM 帮助下推导出的
TanDEM - X DEM 雷达测量预估漂移
(a)漂移随时间变化过程;(b)对应的柱状图,漂移标准偏差是 1.8mm。

13.10.4　运行期间的 DEM 稳定性

在采用前面章节提到的修正之后,约 90% 的 DEM 表现出优于 ±10m 的绝对高度误差(图 13.27)[47]。大多数异常值都是由 π 模糊度引起的(见 13.8 节),可以通过再处理过程进行修正。在最终的 DEM 校准过程期间(见 13.11 节),DEM 采集相对彼此以及对照全球分布式 ICESat 参考点进行校准。

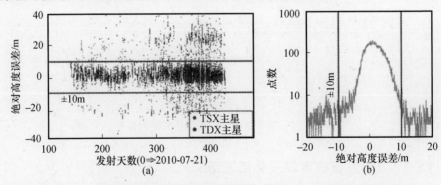

图 13.27　(见彩图)双基运行期间经过基线校准后的 TanDEM - X DEM 和
SRTM(及其他参考)间的绝对高度差
(a)高度差随时间变化情况;(b)对应的柱状图,高度差具有 8.3m 标准偏离。

13. 11   DEM 校准和图像镶嵌

本节介绍了 DEM 处理的最后两步,DEM 校准和 DEM 图像镶嵌。DEM 校准能够对每个数据采集估计出偏差、距离向斜度和方位向坡度。在加权最小二乘块平差中,一些邻近数据采集(上至大陆等级)都是同时校准。这种方法能够保证在数据采集边缘平滑高度过渡。DEM 图像镶嵌将不同的修正过的 DEM 采集合并,同时将产生的 DEM 图像镶嵌和额外的产品层(如振幅镶嵌和高度误差掩模)拼接成一个接一个的等级土工格室。

13. 11. 1   DEM 校准方法

DEM 校准是地面段操作运行"DEM 图像镶嵌和校准处理"的一部分(图 13. 28)[48]。在第一次数据驱动处理过程中(DEM 准备),ITP 成功进行 DEM 生成且产生了一些高度差、水体探测掩层以及一系列校准(拼接)点的测量值。经过交互质量控制,DEM 准备处理器的结果保存在存档系统中(PL)。

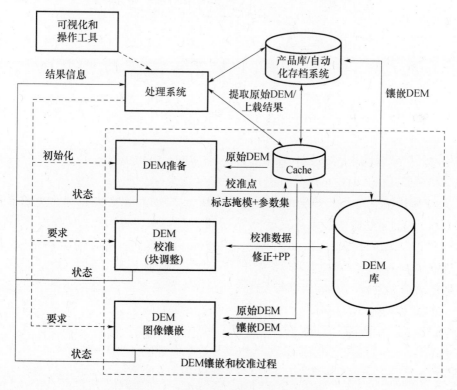

图 13. 28   DEM 校准和镶嵌过程框图[48]

对于 TanDEM - X,ICESat(冰、云和陆地高度卫星)数据用于高度参考(地面控制点,GCP)。通过参考 DEM,ICESat 星载激光高度计数据能够提供非常好的全球覆盖,沿迹有 170m 轨迹距离以及赤道处最大 80km 的地面轨迹距离[49]。根据精度研究[50],对平坦裸露表面所选 ICESat 点的标准偏差低于 2m。因此,需要考虑一些选择准则,如波形峰值的数量和带宽(用于植被指示)以及接收信号标准。为将 ICESat 点和对应的 TanDEM - X 像素组合起来,ICESat 轨迹的所有高度值都要进行平均。此外,邻近 DEM 间至少 3km 宽重叠区的等距连接点作为 DEM 校准的输入(图 13.29)。在连接点处约 1 × 1km 维度的图像块从原始 DEM、振幅和高度误差掩模(HEM)中提取出来。在这些块中,基于之前生成的高度差掩模、水体掩模及阴影掩模/叠掩,将不适合区域排除在外。从剩余"有效"像素中,将高度中值分配给连接点而非均值,这就减少了异常值的影响。整个任务期间,40 个 Mio. 芯片对应有 12TB 需要提取。全部校准点存储在列表中,作为 DEM 校准期间的观测资料。通过这种方式,才有可能在不从存档中读取大量图像数据的情况下校准大量区域。

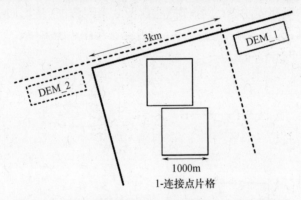

图 13.29　邻近 DEM 间 3km 垂迹重叠中心处的连接片

DEM 校准是在大量连接 DEM 数据采集块上进行的。式(13.8)中多项式修正参数($a_n - f_n$)通过最小二乘平差对 DEM 校准处理器中的每次数据采集都要进行估计[51,52]。该方法假设经过误差函数应用,重叠区域的高度都应该可识别且能从随机噪声中分离。这种方法的优势在于修正参数相对地形类型是独立的。在每一连接点或者 GCP 得到的观测值都是均值高度。对所有观测值,需要对随机模型分别设置精度权重。通过加权最小二乘平差重复估计出未知参数[53]。那些不能有效估计的修正参数将在后续迭代中排除。最后将从平差中得到特性参数。DEM 校准是由操作员进行初始化,操作员同时通过可视化和操作工具(MCP - Vis - OT,见图 13.28 左上部分)监控过程。由于 DEM 根据面向全球数据采集计划进行获取并处理,因此大块 DEM 校准是在完成首次全球采集后进行的。

13.11.2　图像镶嵌—DEM 加权组合

DEM 图像镶嵌处理器的目的就是融合全部 DEM 信息层[54]：DEM、高度误差地图、振幅数据以及熔融水迹像掩模的生成。校准过的修正应用在每个 DEM 中，不同覆盖将通过加权高度均值进行镶嵌[1]：

$$h = \frac{\sum_{k=1}^{K} \dfrac{1}{\sigma_{\mathrm{HEM},k}^2} h_k}{\sum_{k=1}^{K} \dfrac{1}{\sigma_{\mathrm{HEM},k}^2}} \qquad (13.9)$$

式中：σ_{HEM} 为一个海拔的高度误差。

在增强 HEM 值情况下，采用了特殊的边界处理。在高度误差图帮助下，振幅和 HEM 值也进行了融合。经过 DEM 图像镶嵌过程后，所产生的土方格室要进行重复迭代品质控制。附加产生的结果就是所谓的水迹掩模（WAM）。该 WAM 的目的并不是绘制全球水体掩模图，而是为支持 DEM 编辑过程提供额外信息。由于 TanDEM-X DEM 没有进行编辑，干涉测量产品、水体表面将会因低相干性及（或）反向散射出现噪声。

DEM 校准和图像镶嵌方法应用在明尼苏达州（美国）测试站点早期试运行相位采集阶段。镶嵌（图 13.30）与 SRTM 比较，表现出相对于 SRTM 平均 2m 的偏差，但是相对 ICESat 确定点仅有 3cm 偏差。可以明显看出，SRTM 的条带模式没有在 TanDEM-X DEM 中呈现。图 13.31 给出了冰岛的镶嵌 DEM，它是由采集首年 TanDEM-X 数据推导出来的。

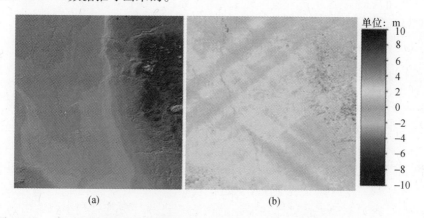

图 13.30　（见彩图）明尼苏达州测试站点 W97N47 土方格室的 TanDEM-X DEM（a）和
3 次数据采集经 DEM 校准和镶嵌后相对 SRTM 的差（b）
右边彩色条带表示 SRTM 和 TanDEM-X 间的高度差。

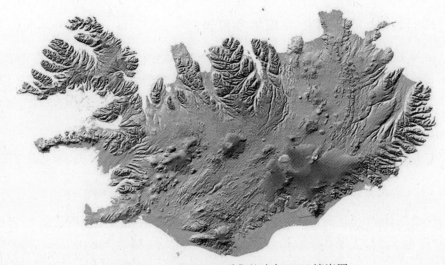

图 13.31　TanDEM - X 采集的冰岛 DEM 镶嵌图

13.12　科学利用和试验结果

除了采集全球 DEM 的主要目标, TanDEM - X 提供了具有特殊数据集的遥感科学群, 以验证在增强生物物理和地球物理参数提取中验证新的双基和多基雷达技术。接来下的内容将对 TanDEM - X 的一些先进性能进行总结, 它能以多种模式和构型运行[1]。TanDEM - X 试运行阶段获取的首次令人兴奋的结果已经验证了双基和多基 SAR 服务于新型和十分强大遥感应用的巨大潜力[55-57]。本节主要是对广泛潜在应用进行简单总结。试验的完整描述以及结果的详细讨论可以参考所附文献。很多试验也许可以奠定未来 SAR 编队飞行任务的基础。

13.12.1　空间对地速度测量

TanDEM - X 具有能够为大面积区域内移动目标提供较高精度的速度测量。它可以通过对比略微不同时间采集到的两幅 SAR 图像的振幅和相位获取(图 13.32)。调整 TDX 和 TSX 卫星间的沿迹距离从近于零到数十千米, TanDEM - X 能够调整对宽速度频谱的适应性, 从低至 1mm/s 高至数百千米每小时。对于给定的纬度和入射角, TanDEM - X 所用螺旋卫星编队甚至使用最小的有效垂迹基线, 因此能够减少速度估计过程中的复杂性。一前一后两颗卫星的每颗都采用多接收天线模式(见 13.3 节)可以进一步增强沿迹干涉测量, 提供了 2.4m 短沿迹基线距离的额外相位中心。短基线和长基线 SAR 数据采集的组合改善了移动目标的探测与定位能力, 解决了快速移动散射体情况下的相位模糊度问题。因此 TanDEM - X 提供了一种分散在沿迹方向的 4 个相位中心的独特 SAR 系统。其潜在应用就是地面移动目标显示(GMTI)、洋流的测量以及海洋冰川漂流与旋转的监视。

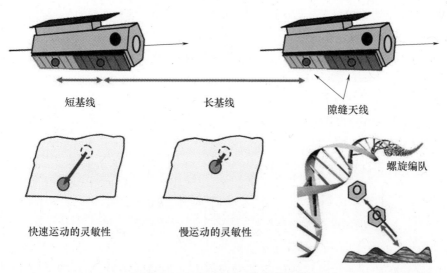

短基线　　　　　　　长基线　　　　　　　隙缝天线

螺旋编队

快速运动的灵敏性　　　　慢运动的灵敏性

图 13.32　TanDEM – X 速度测量

螺旋卫星编队允许卫星间期望沿迹距离能够灵活调整。

此外,每个卫星上的缝隙天线间具有短沿迹基线。

图 13.33 是首个展示出直布罗陀海峡船舶运动的观测图[56]。数据是在单基试运行阶段采集的,卫星间有 20km 的沿迹距离。这个距离对应 2.6s 的时间延迟。通过对比船舶在 TSX 和 TDX SAR 图像中的位置,能以 1km/h 的精度测量出二维

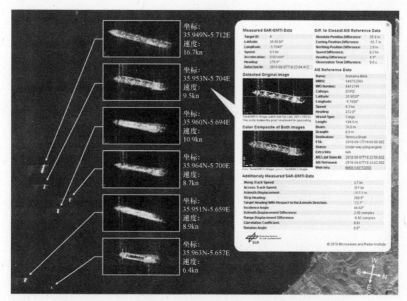

图 13.33　TanDEM – X 单基试运行期间观测到的船舶运动

小图中用不同的颜色描述的 TSX 和 TDX 图像块,可以看出船舶的移动。

估计出的速度与 AIS 参考数据极度相符(右)。(详见文献[56])。

速度矢量(详见文献[56])。速度测量在与从自主识别系统(AIS)获取的独立数据对比中得到验证。

13.12.2 大基线垂迹干涉测量

大基线干涉测量利用了 TSX 和 TDX 雷达设备的高带宽,允许相干数据采集具有高达 5km 甚至更大的垂迹基线。需要注意的是,标称 DEM 数据采集期间需要使用到少于 5% 的最大可能(临界)基线长度。因此,大基线干涉图能够极大地提升高度精度,超过标准 TanDEM - X DEM 品质,但是相关联的低模糊高度通常要求将具有不同基线长度的多干涉图组合起来,以解决相位模糊度,特别在是多坡和多山地形中。进一步的研究,将卫星编队的不同穿越过程中采集的多种大基线 TanDEM - X 干涉图进行对照(图 13.34)。它为垂直场景和结构变化提供了灵敏的测量方法。潜在应用是两极地区将陆架从内陆冰川中分离的地平线的探测、植被增长监测(如农业用地)、高空间分辨力的大气水蒸气绘图、积雪测量或者人类活动(如采伐森林)对环境影响变化。要注意的是,大多数这些组合依赖于两个或更多单次飞越(大基线)垂迹干涉图的对比分析,因此不要求不同飞越间有相干性。相干变化的估值可以得到进一步的信息,由偏振测量信息潜在增加。举例来说,这些可以很好的适用于显示土壤和植被结构的细微变化,以反映出植被增长和损失、冰冻和融化、火灾、人类活动等。因此,重复 TanDEM - X 单次飞越干涉图的组合进入干涉测量和断层摄影 3 - D 和 4 - D SAR 成像的新纪元,ERS - 1/2 对此进行了经典重复飞越 SAR 干涉测量研究。

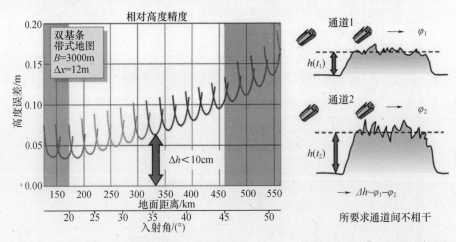

图 13.34　TanDEM - X(垂迹基线 = 3000m,位距 = 12m)大基线 DEM 采集的性能示例图,预计相对高度精度(单点标准偏差)优于 10cm

图 13.35 首次展示出 TanDEM - X 在 2010 年 7 月 16 日对俄罗斯北极地区(十月革命岛)采集的大基线 DEM[57]。DEM 是长期数据采集中的一部分,它使用

复杂指令来获取大基线干涉图,此时 TDX 仍在距 TSX 初始沿迹距离 15700km 处(见 13.6 节)。在数据采集期间,两颗卫星相距 380km,会产生 50s 的时间差。地球旋转会产生一个 2km 的垂迹基线,对应于仅 3.8m 的模糊高度。为提供足够的多普勒频谱重叠,有必要进行斜视运行。图 13.35(a)给出了 DEM 中一个线性块的点—点相对高度误差的预测(曲线 1)和估计(曲线 2)标准偏差。预测误差由相干测量计算得到,估计误差由高通滤波 DEM 块得到[57]。所有结果显示相对高度精度是在 20cm 量级。这表明利用编队飞行 SAR 任务获取分米精度的高分辨力高度信息是具有很大潜力的,因此可以应用到新的遥感领域,其中一个例子就是监视冰川、冰盖、冰原高度变化以确定冰量平衡,为此已经提出了一个专用编队飞行 SAR 任务[58]。

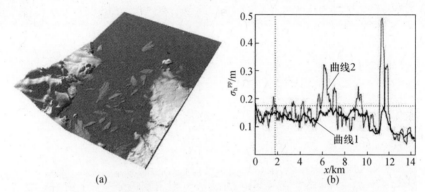

图 13.35　十月革命岛边缘的大基线 TanDEM – X DEM(a)以及沿一个 DEM 片段的点—点高度精度的预测(曲线 1)和估计(曲线 2)值(详见文献[57])(b)

13.12.3　偏振 SAR 干涉测量

偏振 SAR 干涉测量将干涉测量与偏振测量组合起来以单通道方式获取半透大散射体的 3 – D 结构信息[59,60]。一个典型的例子就是植被高度和密度的测量,它奠定了未来全球环境监测编队飞行 SAR 任务的基础。图 13.36 给出了一个干涉测量高度差的例子,它是通过对俄罗斯一块农业用地进行多极 TanDEM – X 聚焦采集得到的。高度差是基于蓄积结构不同偏振路径长度作用的结果。数据是在单基试运行阶段采集的,垂直基线长度为 275m,它验证了农作物高度估计的前景。

不仅农业植被结构同时如北方地区的稀疏森林也可潜在地反演为森林高度。图 13.37 给出了一个森林高度反演的例子。当与激光雷达(H100)测量对比时,RMSE 约为 2m。通过多极观测以单基模式运行采集的数据可以得到森林高度反演[61]。未来的试验将会使用全极化采集方式。

图 13.36 （见彩图）TanDEM-X 偏振 SAR 干涉测量
(a) SAR 图像波幅;(b) HH 和 VV 通道间的干涉测量高度差。

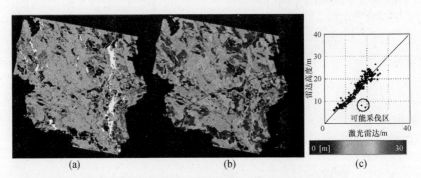

图 13.37 （见彩图）森林地区的偏振 SAR 干涉测量
(a) 瑞典北部北方森林地区林木高度反演;(b) 森林高度激光雷达测量;(c) 验证图。

13.13 结论

　　TanDEM-X 是第一个验证"分布式地球观测系统"的空间任务。如近距离编队飞行、双基 SAR 运行与同步、精确基线确定和校准以及高度复杂处理链等关键技术已经得到实现。复杂的安全机制能够允许 150～1000m 间的典型距离上安全运行。完整系统是从 2010 年 12 月完全运行的。卫星和地面段运行十分良好。TerraSAR-X 卫星上的当前燃料消耗和电池退化要低于指标要求,预期寿命能够延长 2～3 年,换言之,近距离编队飞行能够运行到 2015 年似乎是可行的。

　　TanDEM-X 系统能以前所未有的精度产生全球 DEM。要达到如此水平需要在增加基线距离下至少进行两次全球采集。复杂地形的剩余缺口通过调整编队也将结束。总之,全球 DEM 的采集预计在 2013 年年中完成。在进行全球 DEM 采集的同时,如果有适当的 DEM 优化编队方式,也将进行科学试验。在全球 DEM 过程之后,充分利用螺旋编队的灵活性以验证未来具有前景的 SAR 技术,如沿迹干涉测量、地面运动目标识别和太空数字波束。大垂迹基线也能够以改进的高度精度生成地区 DEM。这些独特的验证和试验也能为未来编队飞行 SAR 任务的发展和设计提供重要信息[62]。

鸣谢　本章作者为 TanDEM－X 的开发团队,在此十分感谢 DLR 和阿斯特里姆公司的全体同仁所给予的热情帮助,是他们实现了这个伟大的任务。Tan－DEM－X 项目受到了德国联邦经济和技术部的部分资助(Förderkennzeichen 50 EE 1035)。

参考文献

1. Krieger G,Moreira A,Fiedler H,Hajnsek I,Werner M,Younis M,Zink M(2009)TanDEM－X:a satellite formation for high resolution SAR interferometry. IEEE Trans Geosci Remote Sens 45: 3317－3341

2. Zebker HA,Farr TG,Salazar RP,Dixon TH(1994)Mapping the world's topography using radar irnerferometry:the TOPSAT mission,Proc IEEE 82:1774－1786

3. Hajnsek I,Moreira A(2006)TanDEM－X:mission and science exploration. In:Proceedings of the European conference on synthetic aperture radar(EUSAR),Dresden,Germany

4. EI－Sheimy N,Valeo C,Habib A(2005)Digital terrain modeling:acquisition,manipulation,and applications. Artech House,London

5. Li Z,Zhu Q,Gold C(2005)Digital terrain modelling. CRC Press,New York

6. Rosen PA,Hensley S,Joughin IR,Li FK,Madsen SN,Rodriguez E,Goldstein R(2000)Synthetic aperture radar interferometry. Proc IEEE 88:333－382

7. Werner M(2001)Shuttle radar topography mission(SRTM):mission overview. J Telecom(Frequenz)55:75－79

8. Rabus B,Eineder M,Roth A,Barnler R(2003)The shuttle radar topography mission-a new class of digital elevation models acquired by spacebome radar. ISPRS J Photogramm Remote Sens 57: 241－262

9. Moreira A,Krieger G,Mittermayer J(2004)Satellite configuration for interferometric and/or tomographic remote sensing by means of synthetic aperture radar(SAR). US patent 6,677,884,application from 5 Jul 2001

10. Moreira A,Krieger G,Hajnsek I,Hounam D,Werner M,Riegger S,Settelmeyer E(2004)TanDEM－X:a TerraSAR－X add－on satellite for single－pass SAR interferometry. In:Proceedings of the geoscience and remote sensing symposium(IGARSS),Anchorage,Alaska

11. Fiedler H,Krieger G(2004)Close formation flight of passive receiving micro－satellites. In:Pro-

ceedings of the 18th international symposium on space flight dynamics, Munich, Germany

12. Fiedler H, Krieger G, Zink M (2006) Constellation and formation flying concepts for radar remote sensing. In: Proceedings of advanced RF sensors for Earth observation, ESA/ESTEC, The Netherlands

13. D'Amico S, Montenbruck O (2006) Proximity operations of formation flying spacecraft using an eccentricity/inclination vector separation. J Guid Contr Dyn 29:554 – 563

14. Krieger G, Younis M (2006) Impact of oscillator noise in bistatic and multistatic SAR. IEEE Geosci Remote Sens Lett 3:424 – 428

15. Younis M. Metzig R, Krieger G (2006) Perfbrmance prediction of a phase synchronization link for bistatic SAR. IEEE Geosci Remote Sens Lett 3:429 – 433

16. Fiedler H, Krieger G, Zink M, Geyer M, Jäger J (2008) The TanDEM – X acquisition timeline and mission plan. In: Proceedings of the European conference on synthetic aperture radar (EUSAR), Friedrichshafen, Germany

17. Fiedler H, Krieger G, Werner M, Reiniger K, Eineder M, D'Amico S, Diedrich E, Wickler M (2006) The TanDEM – X mission design and data acquisition plan. In: Proceedings of European conference on synthetic aperture radar (EUSAR), Dresden, Germany

18. Krieger G, Fiedler H (2007) TanDEM – X mission analysis repoFt. TD – PD – RP – 0012, Oberpfaffenhofen, Germany

19. Pitz W, Miller D (2010) The TernSAR – X satellite. IEEE Trans Geosci Remote Sens 48:615 – 622

20. Buckreuss S, Schättler B (2010) The TerraSAR – X ground segment. IEEE Trans Geosci Remote Sens 48:623 – 632

21. Schättler B, Kahle R, Metzig R, Steinbrecher U (2011) The joint TerraSAR – X/T anDEM – X ground segment. In: Proceedings of the geoscience and remote sensing symposium (IGARSS), Vancouver, Canada

22. Arbinger Ch, D'Amico S, Eincder M (2004) Precise ground – in – the – loop orbit control for low earth observation satellites. In: Proceedings of the 18th international symposium on spaceflight dynamics, Munich, Germany

23. D'Amico S, Arbinger Ch, Kirschner M, Campagnola S (2004) Generation of an optimum target trajectory for the TerraSAR – X repeat observation satellite. In: Proceedings of the 18th international symposium on space flight dynamics (ISSFD), Munich, Germany

24. Clohessy WH. Wiltshire RS (1960) Terminal guidance system for satellite rendezvous. J Aerosp Sci 270:653 – 658

25. Kahle R, Schlepp B, Kirschner M (2011) TerraSAR – X/TanDEM – X formation control-first results from commissioning and routine operations. In: Proceedings of the 22nd international symposium on spaceflight dynamics, Sao Jose dos Campos, Brazil

26. Kahle R, Schlepp B (2010) Extending the TerraSAR – X night dynamics system for TanDEM – X. In: Proceedings of the 4th international conference on astrodynamics tools and techniques, Madrid, Spain

27. Kahle R, Schlepp B, Meissner F, Kirschner M, Kiehling R (2012) The TerraSAR – X/TanDEM – X formation acquisition-from planning to realization. J Astron Sci (accepted)

28. Ardeans JS, D'Amico S, Fischer D(2011) Early flight results from the TanDEM – X autonomous formation flying system. In: Proceedings of the 4th international conference on spacecraft formation flying missions & technologies, St – Hubert, Canada

29. Zhu S, Reigber Ch, Koenig R(2004) Integrated adjustment of CHAMP, GRACE, and GPS Data. J Geodesy 78:103 – 108

30. Dach R, Hugentobler U, Fridez P, Meindl M(2007) Bernese GPS software version 5. 0. Astronomical Institute, University of Bem

31. Kroes R(2006) Precise relative positioning of formation flying spacecraft using GPS. Ph. D. Thesis, Technical University Delft

32. Breit H, Younis M, Balss U, Niedermeier A, Grigorov C, Hueso Gonzalez J, Krieger G, Eineder M, Fritz T(2011) Bistatic synchronisation and processing of TanDEM – X data. In: Proceedings of the geoscience and remote sensing symposium(IGARSS), Vancouver, Canada

33. Breit H, Fritz T, Balss U, Niedermeier A, Eineder M, Yague Martinez N, Rossi C(2010) Processing of bistatic TanDEM – X data. In: Proceedings of the geoscience and remote sensing symposium (IGARSS), Honolulu, USA

34. Fritz T, Rossi C, Yague – Martinez N, Rodriguez – Gonzalez F, Lachaise M, Breit H(2011) Interferometric proceeding of TanDEM – X data. In: Proceedings of the geoscience and remote sensing symposium(IGARSS), Vancourver, Canada

35. Rossi C, Eineder M, Fritz T, Breit H(2010) TanDEM – X mission: raw DEM generation. In: Proceedings of the European conference on synthetic aperture radar(EUSAR), Aachen, Germany

36. Lachaise M, Barnler R, Rodriguez – Gonzalez F(2010) Multibaseline gradient ambiguity resolution to support minimum cost flow phase unwrapping. In: Proceedings of the geoscience and remote sensing symposium(IGARSS), Honolulu, USA

37. Lachaise M, Fritz T, Eineder M(2008) A new dual baseline phase unwrapping algorithm for the TanDEM – X mission. In: Proceedings of the European conference on synthetic aperture radar (EUSAR), Friedrichshafen, Germany

38. Mittermayer J, Schättler B, Younis M(2010) TerraSAR – X commissioning phase execution summary. IEEE Trans Geosci Remote Sens 48:649 – 659

39. Mittermayer J, Younis M, Metzig R, Wollstadt S, Marquez J, Meta A(2010) TerraSAR – X system performance characterization and verification. IEEE Trans Geosci Remote Sens 48:660 – 676

40. Kraus T, Schrank D, Rizzoli P, Bräutigam B(2011) In – orbit SAR performance of TerraSAR – X and TanDEM – X satellites. In: Proceedings of the URSI commission F-open symposium on propagation and remote sensing, Gannisch – Partenkirchen, Germany

41. Zebker HA, Villanenor J(1992) Decorrelation in interferometric radar echoes. IEEE Trans Geosci Remote Sens 30:950 – 959

42. Eineder M, Adam N(2005) A maximum – likelihood estimator to simultaneously unwrap, geocode, and fuse SAR interferograms from different viewing geometries into one digital elevation model. IEEE Trans Geosci Remote Sens 43:24 – 36

43. Hueso Gonzalez J, Walter Antony J, Bachmann M, Krieger G, Zink M, Schwerdt M(2012) Baseline calibration in TanDEM – X to ensure the global digital elevation model quality. ISPRS Journal of

Photogrammetry and Remote Sensing, Theme issue "Innovative applications of SAR interferometry from modern satellite sensors", doi: http://dx. doi. org/10. 1016/j. isprsjprs. 2012. 05. 008

44. Hueso González J, Bachmann M, Krieger G, Fiedler H (2010) Development of the TanDEM – X calibration concept: analysis of systematic errors. IEEE Trans Geosci Remote Sens 48: 7 1 6 – 726

45. Hueso González J, Bachmann M, Schciber R, Krieger G (2010) Definition of ICESat selection criteria for their use as height references for TanDEM – X. IEEE Trans Geosci Remote Sens 48: 2750 – 2757

46. Krieger G, Dc Zan F, Hueso Gonzalez J, Bachmann M, Rodriguez Cassola M, Zink M (2012) Unexpected height offsets in TanDEM – X: explanation and correction. In: Proceedings of the geoscience and remote sensing symposium (IGARSS), Munich, Germany

47. Bachmann M, Hueso Gonzalez J, Krieger G, Schwerdt M, Walter Antony J, De Zan F (2012) Calibration of the bistatic TanDEM – X interferometer. In: Proceedings of the European conference on synthetic aperture radar (EUSAR), Nurember8, Gennany

48. Wessel B, Marschalk U, Gruber A, Huber M. Hahmann T, Roth A, Habermeyer M, Kosmann D (2008) Design of the DEM mosaicking and calibration processor for TanDEM – X. In: Proceedings of the European conference on synthetic aperture radar (EUSAR), Friedrichshafen, Germany

49. Zwally J (2002) ICESat's laser mcaiurcmcnts of polar, ice, atmosphere, ocean, and land. J Geodyn 34: 405 – 445

50. Huber M, Wessel B, Kosmann D, Felbier A, Schwieger V, Habermeyer M, Wendleder A, Roth A (2009) Ensuring globally the TanDEM – X height accuracy: analysis of the reference data sets ICESat, SRTM, and KGPS – tracks. In: Proceedings of the geoscience and remote sensing symposium (IGARSS), Cape Town, South Africa

51. Gruber A, Wessel B, Huber M, Roth A (2012) Operational Tan DEM – X DEM calibration and first validation results. ISPRS Journal of Photogrammetry and Remote Sensing, Theme issue "Innovative applications of SAR interferometry from modern satellite sensors", DOI: http://dx. doi. org/ 10. 1016/j. isprsjprs. 2012. 06. 002

52. Wessel B, Gruber A, Huber M, Roth A (2009) TanDEM – X: block adjustment of interferometric height models. In: Proceedings of ISPRS Hannover workshop "High – resolution earth imaging for geospatial information", Hannover, Germany

53. Mikhail EM (1976) Observations and least squares. IEP, New York

54. TD – GS – PS – 0021, TanDEM – X ground segment DEM products specification document, Issue 1. 7, https:// tandemx – science. dlrdel/Accessed 9 Mar 2012

55. Rodriguez – Cassola M, Prats P, Schulze D, Tous – Ramon N, Steinbrecher U, Marotti L, Nannini M, Younis M, Lopez – Dekker P, Zink M, Reigber A, Krieger G, Moreira A (2012) First bistatic spaceborne SAR experiments with TanDEM – X. IEEE Geosci Remote Sens Lett 9: 33 – 37

56. Baumgartner S, Krieger G (2011) Large along – track baseline SAR – GMTI: first results with the TerraSAR – X/TanDEM – X satellite constellation. In: Proceedings of the geoscience and remote sensing symposium (IGARSS), Vancouver, Canada

57. Lopez – Dekker P, Prats P, De Zan F, Schulze D, Krieger G, Moreira A (2011) TanDEM – X first DEM acquisition: a crossing orbit experiment. IEEE Geosci Remote Sens Lett 8: 943 – 947

58. Börner T, de Zan F, Ldpcz – Dekker P, Krieger G, Hajnsek I, Papathanassiou K, Villano M, Younis

M, Danklmayer A, Dierking W, Nagler T, Rott H, Lehner S, Fügen T, Moreira A (2010) SIGNAL: SAR for ice, glacier and global dynamics. IGARSS 2010, Honolulu, Hawaii

59. Cloude SR, Papathanassiou KP (1998) Polarimetric SAR interferometry. IEEE Trans Geosci Remote Sens 36:1551 – 1565

60. Papathanaisiau K, Cloude S (2001) Single – baseline polarimetric SAR interferometry. IEEE Trans, Geosci Remote Sens 39:2352 – 2363

61. Kugler F, Hajnsek I, Papathanassiou K (2011) Forest parameter characterisation by means of Terra-SAR – X and TanDEM – X (polarimetric and) interferometric data. In: Proceedings of PolInSAR, Frascati, Italy

62. Krieger G, Hajnsek I, Papathanassiou K, Younis M, Moreira A (2010) Interferometric synthetic aperture radar (SAR) missions employing formation flying. Proc IEEE 98:816 – 843

第14章 干涉"车轮"计划

Didier Massonnet

摘要 雷达干涉测量在20世纪90年代获得了很多关注。它的主要产品——干涉图,是以不同时间同一地区的两张雷达图像为基本处理数据,通过求取两幅雷达图像的相位差获得,其时间范围可至几年。相位图是模糊的,像轮廓线,不携带任何数据。它们需要"解缠"(分配一个数字),通常是连续的。几种SAR系统一直致力于干涉的应用。干涉"车轮"的概念,旨在最大化地获得卫星干涉测量数据返回,它具有一个由仅接收信号微卫星组成的廉价星座以及高效的轨道构型,它会尽量少甚至不会干扰到发射机。我们在这里简单描述从设计到产品处理过程的一些特性。最后,我们提出了该设计的一些更先进应用。

14.1 基本原理

只要星载雷达数据可用,干涉技术就能取得成功[1-3]。在以往,这些雷达系统并没有特殊的设计,因此很自然地想到需要对干涉测量进行系统优化。

重复穿越干涉要求严格的重复轨道路径,通常在1km以内,以及平均多普勒重复达到一小部分的天线模式或者其等效频域。这些条件满足应用于雷达卫星的标准轨道和姿态修正规则,所以,唯一能够提升的方法来自于适当的轨道周期,这取决于目标特性。然后干涉产品记录了视差形成地形图、它与轨道距离成比例、给定观测时间内大气无线电层深度变化,以及图像对干涉测量记录期间地形变化。此外,轨道参数不确定性可能会产生"轨道条纹",它很容易通过简单后处理方式消除。

针对地形测量应用,最好是尽可能完全消除随时间变化所产生的影响:同步干涉测量技术是一种解决方案。SRTM任务[4]实现了相距60m长的两个雷达天线。尽管在全球地形测量中成功应用,但其价格昂贵,且持续时间受航天飞机约束,同时由于雷达桅杆运动,产品很难处理。一种方法是可以考虑使用密集编队的两颗相同的卫星,鉴于一个完整的卫星的成本,第二颗晚些发射(以增加任务持续时间)或者在其他当地时间发射(以增加任务重访能力)是较好的方法。此外,这些昂贵资产面临碰撞危险和电磁污染。最后,两个自由飞行卫星的相对位置只在部分轨道才是合适的,而且如果两颗卫星处于活动状态,时间延迟虽然小但不为零。如果它们同时发送遥感数据,甚至可能会造成地面站阻塞。

一个更廉价的解决方案是使用第二颗被动卫星。它几乎完全相同(只是其发射机关闭)除了电磁污染和潜在的时间延迟,具有相同的缺点。它也可以从根本上简化:使用比发射机天线更小的天线,特别是方位方向,否则接收机会和发射机一样笨重且难以发射升空,成本也会随之上升。

如果现在在接收机具有较小的天线,将具有不同参数的两幅雷达图像组合起来是很困难的,特别是在接收机侧会有一个更高的方位模糊比。这是在干涉中的首要法则,即最好是组合两幅"坏"的图像,这比组合一幅"好"和一幅"坏"的图像效果要好。此外,高成本的主动卫星和低成本的跟飞卫星之间还存在碰撞的风险。两颗卫星间的相对位置依然需要保持一定约束。

干涉"车轮"[5]的创新在于具有一些被动卫星并组合了它们的图像。它带来了根本性的改变。主卫星(称为发射卫星)仅作为发射源,它会远远地飞到一组接收机的前面或后面,从而消除碰撞危险。用低级别的图像进行干涉测量,但共享相同的特征。在该项目中接收机可以不与发射机连通,它可以稍后发射升空直到我们确认发射机可靠运行。发射机和接收机之间的关系可以很宽松:只需要发射机程序提前通知接收机以瞄准天线位置。极端情况是,发射机可能没有意识到那些非常分散的接收机的存在。如果发射机受恶意地面信号阻塞,它们可能仍然在运作。如果我们接受"自由设计"原则下的天线反射器,那么接收机可以高度通用:可以想象一下,通过改变一些子系统来适应从 C – 波段到 L 波段的通用设计,那么可以节省超过 90% 的成本。

14.2 轨道构型

一旦我们接受将在被动伴随记录间的比较中获得干涉测量产品这一事实,我们必须选择轨道构型。只有两个接收机的工作方式降低了运作价值。两个接收机会不断改变它们的相对基线(水平方向和垂向)以通过处理纬度带来进行全球地形测绘任务,在执行任务过程中纬度带应该会不断变化。因此,我们建议通过以下方式使用至少 3 个接收机(它们的构建很廉价)。假设接收机与发射机在同一位置开始,给它们其中之——一个沿迹脉冲推力,那么会在后半轨道中产生较高的远地点。第二个脉冲可以恢复发射机轨道的初始半长轴。在这些条件下,接收机仍与发射机同步(相同的轨道周期),看起来是一个以发射机为中心的竖直椭圆,且水平轴是垂直轴的两倍。在一个轨道周期内该椭圆是以发射机为中心具有恒定角速率。剩余两个接收机同样可以如此,但是需要延迟1/3(总的为2/3)轨道周期。如果该椭圆是一个圆,那么这 3 个接收机就可以做一个等边三角形。最后,从发射机位置之前或之后数十千米处开始,而非其当前位置。图 14.1 给出了一个配置的想法。图 14.2 给出了一个轨道配置的概图,其中三角形的一个顶点为接收机。图 14.2 可以首先画一个圆,里面有等边三角形,然后沿水平方向扩展两倍。图 14.2 中两种十分垂直的基线(粗线),对应于垂直对齐三角形的高或水平对齐三角形的边。如果 r 是椭圆的垂直半长轴,两个垂直基线分别为 $1.5r$ 和 $r\sqrt{3}$。特别注意的是,这些值不会相差超过它们几何平均值的 $\pm7.5\%$。我们建立了虚拟天线桅杆,除了那些可以轻易由轨道力学预测的平滑小变化量,它没有位移变化。

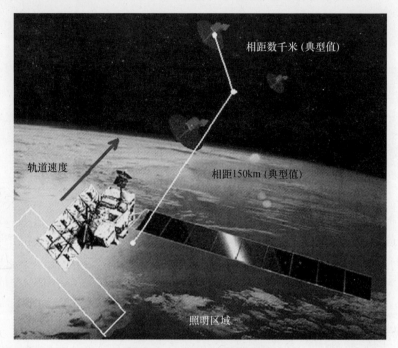

图 14.1 "车轮"干涉概念图

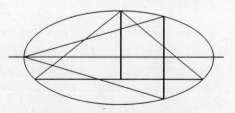

图 14.2 "车轮"基本几何构型

这种轨道构型成本不高。1km 垂直半轴要求 0.5m/s 的总冲量。因此,这种构型在任务期间可以改变或者撤消几次。

目前已提出许多不同的轨道构型以建立足够稳定的基线。有些提出倾角微小变化(创建一个"平"椭圆),有时结合偏心率改变(产生斜椭圆)。由此看来与偏心率不同,除了补偿大气阻力需要消耗燃料,倾角的任何改变也都需要燃料进行校正。"车轮"干涉的"垂直"椭圆似乎是唯一一个没有系统漂移的稳定系统。

详细的研究表明,随着时间推移,任何给定卫星的近地点不会在同一地点保持不变。这是一个缓慢长期运动,它能使"车轮"构型旋转且通常每4个月会产生一个额外旋转。

最后,如果考虑到这3颗卫星在轨道上"转动",当低轨卫星比星座中心卫星运行速度较快时,那么应该逆时针反向旋转。这个特征让我们想起了传统西方电影中使用的车轮,频闪效应会产生逆时针反向旋转,所以该设计由此得名。

14.3 特殊性处理

"车轮"构型产品有一些特点:①理论上发射机发射脉冲时间以及距离采样速率是不知道的;②水平方位模糊度要比在发射机图像中的更大,这是由于方位天线的尺寸通常较小;③由于使用规模较小的天线尺寸,所以信号功率较小;④如果考虑到"车轮"构型的安全距离(通常为100km),这就意味着接收机图像的平均多普勒要更大一些。

最后两点不存在严重问题,因为在雷达处理的初始阶段可以对线性距离变化进行补偿,且无计算或内存开销。信号功率可能会是一个问题,尤其是在寻求超分辨力过程中。然而这个星座的全局天线表面仍比发射机的要高。初步工业研究中主打2.5m直径的圆形反射器天线,总计约15m^2,等于或大于ERS1或RADARSAT天线。

与发射机的同步性问题必须解决。发射机或接收机上的每个本地振荡器都是一个有自己特性(基频和漂移)的时钟,与其他系统如ERS1-2串联数据时在一定程度上存在问题。然而,这种差异在这里被放大。此外,对于接收机来说,如果接收机没有提供脉冲发射开始时间和脉冲重复频率,那么它们也是不知道的。在基本的"车轮"构型设计中会有一个连续的记录,其中包括发射机脉冲。当然,发射机和接收机并不互相瞄准,尽管图解法开销很大,但直接脉冲信号很强,且将被记录下来。如果有必要,可以在发射机方向上增加一个额外的馈电器。由于每个接收机记录了发射机的脉冲且它们的相对位置都是已知的,那么就有可能对该信号进行完美的重建。数据压缩可以避免空白记录时间(如不连续记录脉冲、无信号),因此没必要记录所有的脉冲。

对高水平的图像质量来说,方位模糊度是一个潜在的问题。假设发射机通过一大型天线如24dB结合其照射方法来对抗方位模糊度,那么接收机的小型天线可能在回路上不能提供保护,降低至12dB。没有什么可以消灭融合到接收机图像中的模糊度"能量"。然而,我们将说明模糊度为什么不能导致任何相干合成。因此,干涉产品不会被它们的高等级所影响。原因在于移动现象,这是在SAR处理中一个众所周知的参数[6]。必须修正处理过程中的"抛物线"移动和"线性"移动,以便单一方位上给定距离的目标进一步处理时能分配权值。除了线性移动部分,方位模糊度的作用效果与标称目标方式相同。结果就是,移动根据标称值修正后,模糊值将在一些距离段内传播。很容易理解,模糊目标的距离分辨力将会退化,因为这种传播使得它在距离内模糊。然而,由于在方位处理中该值会穿越一些距离段,因此它不会在单一范围单元内得到全方位带宽,仅只有一部分"方位相位历史数据"。就像多视处理一样,方位方向分辨力也会退化。我们将在下一节看到,距离和方位分辨力的退化会降低典型地区的临界基线组合(见图14.3 中带阴影的矩形与接收机周围的常规矩形)。基线的选择可能会使得标称矩形相交,这就允许相位连接和相干处理,然而与模糊值有关的小矩形则不然。模糊度可能在接收机图像中比发射机中影响更大,但不会对干涉测量产品有影响。同样,在超分辨力测量的情况下它们的分辨力不会提高。

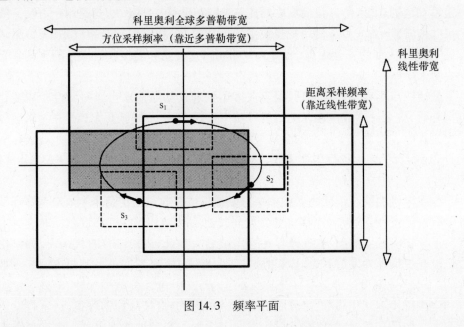

图 14.3　频率平面

14.4　产品

事实上,一个干涉测量"车轮"构型系统产品不仅包含垂迹干涉测量,还包括沿迹干涉测量[7]以及距离和方位上的超分辨力。当产品相干损失与目标几何特征唯一相关,而与任何时变无关时,体积散射也是能够接受的。

在此不再详细的介绍垂迹或沿迹干涉的特点及其相关的量(正交基线、模糊高度、海洋应用中的散斑时间稳定性)。然而,值得一提的是干涉图不仅有两个最佳的图像:即那些在给定时间内形成所选择稳定基线的图像,同时也有第三个接收机的图像。第三幅图像是"免费"赠品,可以给予一定的帮助,例如标称干涉图的相位模式解缠。原始(如未解缠的)干涉图能够显示未被编码的条纹。从某些角度来看在每个条纹后总会隐藏一个未知的整数。该数字通常可以通过持续对整幅图像进行相位解缠操作[8]就可推测出,概率误差较高。如果一个现有的地形模型是精确的在描述条纹的高度差之内,那么它可以用来创建并随之减去一个条纹模型,该模型能够给干涉图带来条纹值,这里不再有模糊度,因此允许精简地形模型。注意到(几乎)固定的"车轮"构型垂直基线 B,第三幅图像可以结合其他两个图像基线,基线总和是 B。对于一个给定入射角的地形应用,模糊度的高度 h(全部地形条纹对应于海拔的变化)与基线成反比,所以,由标记接收机编码的图像以及两幅图像干涉图,得

$$h_{13} = \frac{1}{\frac{1}{h_{12}} + \frac{1}{h_{23}}}$$

两个缠绕干涉可以相加或相减,但只能乘以一个整数的因子,以便对于未知条纹编码能够保持整数。例如,如果将干涉图乘以 2,那么将在现有条纹间额外增加一条,初始条纹数将变成偶数且为中间值,新的条纹数将是奇数。假设任何干涉图可以乘以 $\{2,3,-1,-2,-3\}$(大的整数因子可能会增加太多的噪声),如果 j 和 k 属于以上整数集,那么可以建立任一模糊高度 h:

$$h = \frac{1}{\frac{j}{h_{12}} + \frac{k}{h_{23}}}$$

上式表明[9],h 的选择是很丰富的,总可以找到一个与任何可用的地形模型精度匹配的值,实际上就不再有解缠和相关误差。这一方法需要同步干涉测量,其中条纹是纯粹的地形并且不包括来自于大气层等与基线不相关的信号。

沿迹方向上两点同时采集得到的两幅图像的独立性是通过严格的水平基线来描述的。这样的话接收机间的距离差和给定地面目标随一个脉冲到下个脉冲的波长而变化。对于相干组合来说,两个接收机的沿迹距离必须保持在低于临界水平基线下。以同样的方式定义一个临界垂直基线,在第一个接收机距离像素范围内,第二个接收机所能观测到的距离差,这与一个波长所带来的像素大小不同。再次,对于每个接收机得到的被动图像的相干组合,接收机的垂直距离必须在临界垂直基线之下。

考虑一个卫星轨道平面的矩形区域,以每颗卫星为中心,把临界垂直基线作为高度,把临界水平基线作为宽度。干涉测量产品分辨力是由涉及组合的两个接收机交叉区域所共有的相干部分得到的,分别与方位和距离上交叉的尺寸成反比。同样,交叉区域两个接收机组合图像的分辨力与方位和距离上这些区域集的各自尺寸成反比,如图 14.3 所示。总的来说,如果 ρ 是发射机在距离方向的标称分辨

力,且 α 是两个接收机在非重叠区域的比例,$0 < \alpha < 1$,那么产生的干涉分辨力为 $\frac{\rho}{1+\alpha}$。相同的公式可以应用于方位方向上。如果矩形区域是方位上的两倍大,那么在距离和方位上进行"超级合成"是最有效的,以便匹配轨道椭圆偏心率。由于任何超分辨力处理需要相干工作,也就是相位图像,涉及重建的任何图像区域应该至少与一个其他图像相交。因此,除了更丰富的"车轮"构型(下一章)之外,可实现的分辨力最高是初始分辨力的两倍。

接收机区域和雷达产品分辨力的关系为:图 14.4 中的几何关系可以转换为图 14.3 中的等价频率,其中临界基线可由脉冲重复频率(方位)和线性调频距离的对应带宽所取代。为了简单起见,我们不区分实际带宽和相应的采样频率。图 14.3 阴影区代表干涉图的分辨力,该干涉图是从接收机 1 和 3 得到的图像间形成的。在这个例子中,它的方位分辨力将接近原始图像之一,而其距离分辨力约衰减 2.5 倍,这是因为带宽减少到了标称线性调频的 40%。

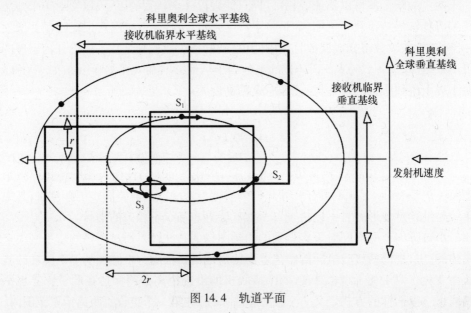

图 14.4　轨道平面

14.5　先进应用

虽然更复杂的结构不可能在首个基本"车轮"构型系统发射前飞行使用,但这些结构还是非常有吸引力的。

在距离上使用合成波段的一个优点是可以超出任何给定带宽的带宽分配。这样的优势对于最小带宽分配的波长来说特别有用。使用所有分配的带宽,例如 L

波段的 80MHz、具有 4 倍超分辨力(至少需要 6 个微卫星永久运行,在轨需要两个同中心的"车轮"构型,参见图 14.4)的系统,将创建一些理论上不存在的图像。特别是将会获得最后距离和(或)方位像素尺寸间非比寻常的比率以及波长。在 80MHz 上应用近乎 4 倍超分辨力,其等价于 300MHz,反过来也就是大约 1/4 的载波频率。在这个例子中,以上的比例约为 4,这意味着利用图像相关性(每个像素大小的相关精度下降到 25% 似乎很容易实现)可以达到相位解缠。这也可以获取一些新的纹理信息,并且可能会使一些军事需求转变向更短波长。

从最初要求使用机会发射机的理念出发,我们可以设想一个无法接收自己的信号的专门设计的发射机,它配备了一个能够实现对方位模糊度强保护的大型天线。这种"只发射"的卫星可以更容易地建立,因为它不必混合强弱信号。它没有数据遥测,它不是离散的而且不易受干扰。

同样,"车轮"构型设计可以利用不必完全偏振测定的发射机来有效地实现全部或部分偏振测定。如果结合体积散射的评估,该方面可以更强大。在同步干涉测量中,相干数字测量的条纹斑点,可能仅仅是源于一个弱信号,这个弱信号可以通过图像振幅或者体积散射确定与否。在后一种情况下,有一个非常简单的想法,如果雷达信号穿透 3m 植被,同时基线建立了 12m 模糊高度(此处值仅是举例),那么一个周期内条纹值在每个像素内的不确定性达到 25%,这将导致局部模糊。通过使用第三幅图像可能会加强对这种模糊的分析(相干),第三幅图像除了提供测定偏振功能,通常额外给出两个模糊高度,这种分析很可能会给植被结构与属性带来史无前例的观点[10]。

最后,在环境调查中,通过沿迹干涉测量进行洋流监视时,方位超分辨力情况下最优方位距离一般并非最优的。我们已经提到,可以以适度燃耗从标称构型中建立一个较小且适当尺寸的"车轮"构型。但是如果我们想要这两项任务永久运行,那么可以添加两个接收机,创建一个小的、额外的"车轮"构型,并使用大"车轮"构型中的一个接收机(见图 14.4,环绕 S_3)。

在"车轮"构型设计下,可以从一个相对简单的基础产生不同的任务。

参考文献

1. Massonnet D,Rossi M,Carmona C,Adragna F,Peltzer G,Feigl K,Rabaute T(1993)The displacement field of the Landers earthquake mapped by radar interferometry. Nature 364:138 – 142

2. Goldstein R,Engelhardt H,Kamb B,Frohlich RM(1993)Satellite radar interferometry for monitoring ice sheet motion:application to an Antarctic ice stream. Science 262:1525 – 1530

3. Massonnct D,Feigl KL(1998)Radar interferometry and its applications to changes in the earth's surface. Rev Geophys 36(4):441 – 500

4. Farr TG,Kobrick M(2000)Shuttle radar topography mission produces a wealth of data. Am Geophys Union EOS 81:583 – 585

5. Massonnet D(2001) Capabilities and limitations of the interferometric cartwheel. IEEE Trans Geosci Remote Sens 39:506 – 520

6. Massonnet D. Souyris JC(2008) Imaging with synthetic aperture radar. EPFL Taylor and Francis. Boca Raton

7. Goldstein R, Zebker H(1987) Interferometric radar measurements of ocean surface currents. Nature 328:707 – 709

8. Ghiglia D, Pritt MD(1998) Two – dimensional phase unwrapping:theory, algorithms and software. John Wiley, New York

9. Massonnet D, Vadon H, Rossi M(1996) Reduction of the need for phase unwrapping in radar interferometry. IEEE Trans Geosci Remote Sens 34(2):489 – 497

10. Cloude S, Papathanassiou K(1998) Polarimetric SAR interferometry. IEEE Trans Geosci Remote Sens 36:1551 – 1565

第 15 章 SABRINA 任务

Antonio Moccia, Marco D'Errico,

Alfredo Renga, Giancarmine Fasano

摘要 SABRINA 任务是一项基于 COSMO/SkyMed 星座并通过干涉测量和大基线模式使用双基 SAR 的双星任务。本章分析了确定的应用和技术以及相对轨迹选择、指向策略和安全性。

15.1 绪论

SABRINA(先进双基和雷达干涉测量应用系统)任务概念基于 BISSAT(双基和干涉 SAR 卫星)卫星和 COSMO/SkyMed 星座中的一颗卫星组成编队飞行。BISSAT 应该装备有 X-波段 SAR,能够和 COSMO/SkyMed 组成双基机构工作。该系统曾设想提高并完成单基 SAR 测量功能以进行大规模地球观测。为实现从数百米到数百千米星间距离和基线所描绘的观测几何,需要设计轨道规划和编队飞行控制。从沿迹和垂直航迹干涉测量到大基线双基观测的如此广域范围内,一系列双基技术需要使用和测试。

BISSAT 任务最初仅是个具有试验性质的小任务[1]。由小卫星组成的首个 BISSAT 概念是从意大利 MITA[2] 平台(质量为 100~300kg)以及 COSMO/SkyMed 任务中简化传感器——单收雷达载荷得来的。在接下来的几年,特别是在 SABRINA 相位 O/A 研究阶段,进行了大量干涉测量、双基试验和应用[3],这就产生了 BISSAT 卫星的另一种定义,它依靠 PRISMA 平台(质量为 400~1500kg),配备相对于第一代 COSMO/SkyMed 结构具有额外特性的雷达系统。这种情况下该任务的试验性质与 COSMO/SkyMed 项目的双重和工业性质相匹配。SABRINA 任务对第二代 COSMO/skyMed 起到了潜在的增强作用。

本章组织如下:15.2 节和15.3 节分别分析了远距离(信号相位差不能使用)和短距离(允许干涉测量技术)的潜在应用和技术。15.4 节总结了相对轨迹设计并分析了指向策略。15.5 节介绍了权衡与安全考虑。

部分研究是在意大利航天局和意大利泰雷兹阿莱尼亚太空公司的资助下完成的。

15.2 大基线双基应用和技术

SABRINA 任务的大基线双基(LBB)阶段需要进行单基—双基数据的收集，且单基和双基传感器的间距要大于临界基线。这种情况下，生成的一对单基—双基 SAR 图像是相位解缠的，且需要考虑的仅有图像间的幅角差(详见第 1 章和第 2 章的临界基线)。SABRINA 任务结构使用这些非相干合成是为了研究和试验一系列 LBB 技术。接下来几节描述了该技术和个别有前景的产品和应用。

在更详细分析 LBB 技术之前，首先强调一些 LBB 观测方式的实用特性。图 15.1 是一个简单参考，其中 Θ_{Tx} 为发射信号的入射角，Θ_{Rx} 为接收入射角，Φ 为平面夹角，β 为双基夹角。此外，Z 为当地目标区域垂直，YZ 为单基发射天线的高程平面。

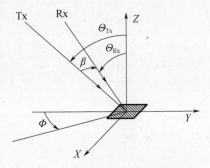

图 15.1　主要的 LBB 观测参数图解

当单基和双基传感器都工作在侧视模式下，近乎平面条件的观测方式(如 $\Phi \approx 0°$ 或者 $\Phi \approx 180°$)能够显著减少双基采集所带来的像素偏移影响[5]，因此可以提高匹配单基—双基结合的质量。此外，根据文献[6]，如果 $\Theta_{Tx} > \Theta_{Rx}$，那么就能提高平面散射系数。同侧($\Phi \approx 0°$)以及反侧($\Phi \approx 180°$)方式都能满足这种结合。然而相反观测时，双基地面测距精度显著降低，而且当地表面的地貌变化会引起双基距离模糊，这就使得照射范围内不同区域的散射信号很难区分。

由于有用预期信号的衰减、相关图像的失真以及关键参考文献的缺乏(特别是关于平面 LBB 观测)，异面方式在 SABRINA 任务框架中处于次要地位。在此基础上，将要研究和试验的所有 LBB 技术都被认为是近乎平面内条件下的观测方法，其中异面基线以及垂边和径向方法是很小的一部分。

表 15.1 总结了已进行的 LBB 分析结果并列出了全部所选技术相关的应用、产品和对系统定义的影响，在下面的分节中将进一步详细说明。

表 15.1　LBB SAR 技术和应用总结

技术	应用	产品	系统主要参数 (运行模式、基线等)	启动标准产品
基于 LBB 雷达信号的雷达测量技术	地形测量	DEM	− 基线大于 130km 的条带式扫描 − 基线不确定性 1m	原始和(或)单视复数

技术	应用	产品	系统主要参数 （运行模式、基线等）	启动标准产品
基于多普勒分析的速度测量	海洋学流速场	流速图	– 基线大于 130km 的条带式扫描 – 卫星天线速度不确定性 0.05m/s – 多普勒中心频率不确定性 1Hz – 姿态角不确定性 10^{-3}	原始和（或）单视复数
海波谱的高分辨力测量	海洋学	波运动图	– 基线大于 200km 的条带式扫描	单视复数和（或）更高水平
LBB 雷达信号 RCS 研究	识别与辨识	– 表面斜度图 – 表面粗糙图 – 农村、城市和森林区域识别图	– 条带模式和聚束模式 – 最小有用双基角 5°~20°	单视复数和（或）更高水平
基于 LBB – SAR 原始数据的姿态确定	图像质量	姿态角测量	条带模式	原始和（或）单视复数
分级与模式识别过程改进	图像质量	COSMO/SkyMed 产品质量改进	条带模式和聚束模式	单视复数或更高水平

15.2.1 基于 LBB 雷达信号的雷达测量

立体雷达测量技术在具有大双基角（大于 10°）的单基—双基 SAR 数据中的应用表明其是一种能够对广泛区域生成 DEM 的鲁棒性方法。实际上单基—双基雷达测量能够避免时间不相干，而且不像 InSAR（SAR 干涉测量）那样不能处理相位域数据，因此它不会受到相位解缠问题的影响而且具有宽松的相对位置要求。例如接下来假设 1m 的基线误差，这大约比通常 InSAR 要求低两个量级。

将通常植被覆盖区或者目标反射回的单基和双基数据组合的实际可能性取决于图像配准的可能性，也就是它们的透射与重采样需在一些共同的参考系中。

在干涉测量中，一个图像像素 1/10 的配准精度或者更高可以轻松达到，如短基线应用。LBB 方法则代表了干涉测量方面完全不同的、崭新的局面。在 LBB 情况中，由于不同的 LBB 散射特性，精确预估的干涉测量配准算法也可能失效。此外，局部坡度和不规则坡度的影响会加剧配准过程失效的风险。这意味着该新算法需要进一步研究。因此，InSAR 仅能在那些有利双基角、地形和表面特征描述的特定区域才能获得相同的配准精度，但是如果性能衰减达到 1/4 像素，就需要在LBB 配准产品中考虑。

从实用角度出发，以及第 1 章所述，LBB 数据确定表面地形有两种不同的

方法:

（1）基于视差方法,其基本原理借鉴了光学摄影测量技术。

（2）真实立体雷达方法,其依赖于雷达和 SAR 采集的特性。

针对两种方法研究了误差分配,并考虑到了 COSMO/SkyMed 以 25°～50°入射角的条带模式运行[8]以及双基传感器以 10°～45°范围双基角(50～550km 基线)、平面内同侧方式采集双基反射波。结果显示基于视差方法的性能在很大程度上取决于配准误差减少的能力:仅 10m 等级的高度精度可以稳健达到。反之,真实立体雷达方法能够达到米级(小于 4m)高度精度,且其精度基本不受基线长度、发射与接收入射角、图像匹配误差的影响。

公开的结果都涉及测量不确定性或者相对精度。考虑到双基单通情况以及有限地面控制点的合理利用,鉴于 DEM 生成的绝对误差,小于 20m 的绝对高度误差是合理的,甚至达到低于或者接近 10m 的更高精度。

图 15.2 给出了美国国家图像测绘局(NIMA)关于 DEM 精度的描述[9],在特定区域满足高精度地形信息(HRTI)-3 规范是具有很大可能性的,但 NIMA 数字地形高程数据(DTED)-2 所受约束条件较少,因此能够在全球范围进行。

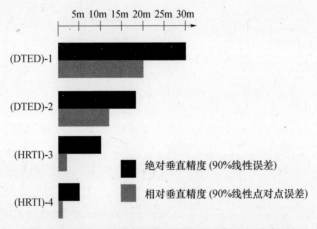

图 15.2　NIMA 规范提供的 DTED 和 HRTI 标准水平

最后,需要着重指出的是公开的结果都是参考从标称的 COSMO/SkyMed 条带模式得出的,更高精度聚束单基—双基图像对的使用可以进一步减少在植被减少区域所需的代价。

15.2.2　基于多普勒分析的速度测量

文献[10]中给出了目标速度两个斜距要素的计算过程。与沿迹干涉测量不同,该过程是基于单基和双基多普勒中心频率的计算以及与单基—双基方式几何中心参数有关的方程,如单基和双基传感器位置/速度矢量、单基/双基斜距。

技术应用随之而来的或者伴随着需要解决的是立体交叉问题,因此类似于先前章节所讲述的关于采集方式和极限确定精度的约束。此外,适用于 SABRINA 任务的误差分配分析如文献[10]所述,文中假设单基和双基卫星天线速度误差为0.05m/s、单基和双基多普勒中心频率误差 1Hz、姿态角误差 0.01°,由此产生的目标速度测量误差低于 1m/s。

该项技术在海洋学中的应用颇具吸引力,它为海波速度和方向地图的产生提供了可能。即使单基/双基采集能够得到高分辨力数据,但最适合的运行方式仍然是条带扫描。

15.2.3　海波谱的高分辨力测量

海洋学应用能够利用 LBB 方式一些理论特性产生高分辨力海波运动地图。事实上,LBB 观测及其单基部分能够潜在的提供:

(1) 不同的布拉格共振海波垂迹成分(因此提供海洋状态的额外信息)。

(2) 宽范围的海波谱,其中使用了一个近似线性 SAR 调制传递函数用于消除散射元素实际位置和它成像位置间的方位偏差(考虑到分辨力单元中长波轨道速度径向部分的均值)。

(3) 减少方位分辨力退化。这是由于合成孔径期间海表平面的瞬时径向速度在一个分辨力单元内。

有效提升该性能与编队飞行轨迹密切相关。实际上关于单基需要较大的基线和双基角来确保双基性能的重大提升。更具体些,根据第 1 章所述模型,250~300km长基线的双基角大约 25°,它能保证 5% 宽的线性区域并减少 10% 的方位偏差退化。同样的,小于 150km 基线的性能提升小于 1%~2%。

15.2.4　LBB 雷达信号的 RCS 研究

陆地目标的单基和双基雷达截面(RCS)的差异代表了估计陆地表面参数的自组网(ad-hoc)技术的出发点。特别是,通过收集大双基角(大于 10°)下的两组单通单基—双基 SAR 数据来产生表面粗糙和介电常数地图。事实上,当通过两个不同的方向观察同一平滑区域时,光滑表面散射是非常不同的,但是随着表面粗糙度的增加,这种可变性随之衰减。此外,通过处理多角度 LBB 采集相同的原理可用来产生不同区域的辨别图,如乡村、城市和植被区。最后,LBB 反射率也可用在斜率确定中,因为文献[12]中已证明 LBB 散射系数与一个单元分辨力内表面斜率的均方根有关。

如上所述,多角度采集需要研究单基—双基 SAR 数据的 RCS。更详细地讲,有用双基角始于 5° 是可能的,但从科学角度来看,为更好地描述双基雷达交互部分,至少需要以 5°~20° 间的不同双基角进行采集。

15.2.5　基于 LBB SAR 原始数据的姿态确定

精确的 SAR 天线指向确定可基于 LBB 雷达回波进行。文献[13]利用了接收信号的多普勒特征来计算航天器的倾斜和偏航姿态角,它是基于滚转的回波振幅分析。既不需要初步的姿态确定,也不要求载有发射雷达的航天器具有即时协作能力。该技术可用于一些应用中,但主要的还是希望能够精确 SAR 天线指向确定,以提高 LBB SAR 数据聚焦。事实上,为产生高质量聚焦 SAR 图像,天线指向是非常重要的,因为它严重影响着合成孔径相干过程的关键参数(例如,多普勒带宽、多普勒中心、多普勒频率速率、距离徙动)以及图像校准(如在观测带上的方向天线增益补偿)。

文献[13]中进行了该技术的试验,它是基于与同步接收和发送天线构型有关的 SIR - C 实时 SAR 数据,因此是在单基重复轨道情形中。试验显示,偏航和倾斜角能够达到 0.01°量级的均方根偏差以及滚转角达到 0.1°量级的均方根偏差,但是对于单通道双基采集来说需要达到更高的性能提升。

在 SABRINA 任务框架下该技术试验的主要目标是验证 SAR 天线指向估计的一种简单技术。它旨在验证基于 SAR 空间遥感的一种新概念,在要求并不严格的任务阶段航天器配有低成本、中等性能姿态敏感器,通过利用雷达设备产生的数据在 SAR 运行期间达到高精度指向。从某些角度讲,它是具有很大的优势的:成本、星载设备数量、功耗、质量,这些对于小平台情况来说是非常重要的。鉴于此,高精度姿态传感器可以作为验证技术的参考测量。

15.2.6　分类和模式识别过程改进

标准单基 COSMO/SkyMed 产品质量得益于 LBB - SAR 积分数据。首先,从反射器得到的信号在单基图像中是十分强的,在 LBB SAR 数据中变得平滑,所以弱信号表现十分明显。因此,更多以及不同的细节可以在 LBB - SAR 图像中检测到,随之提高了组合、单基—双基、映射功能。此外,在发射和接收中不同偏振通道的适当利用可以改善分类和模式识别过程。最后,通过单基—双基、相位解相关、信号的非相干积分可以获得较高的信噪比(SNR)。SNR 的改善必然影响了一些基本的图像质量参数,如几何/无线电测量分辨力以及积分的/峰值的旁瓣比。

15.3　干涉测量与偏振测量的应用

SABRINA 项目规划了基于单基和双基相干组合的一系列技术的实现与验证。这包括沿迹和垂迹跟踪干涉测量、相干分辨力增强、地形测量、极化 SAR 干涉测量,但是不止于这些。一些重要文献表明了这些技术所具有的潜力和挑战,下面的章节就会专门介绍 SABRINA 的这些方面,尤其是沿迹与垂迹干涉测量技术。

15.3.1　沿迹双基测量

沿迹干涉测量计(ATI)建立在两个 SAR 图像的获取上,两张图像在同样的几何观察关系下获得,但是有很小的时间间隔。这完成以后,两个图像的差别来自于场景的变化。尤其是,同一目标的回波之间的相位差可以测得径向速度。沿迹 InSAR 中一个关键的参数是两张图像间的时间延迟,这是由天线、平台速度和收发链的工作模式决定的[14]。特别是,为了避免模糊度和与相位解缠过程有关的问题,相位差不能超过 2π,这就为最合适基线下建立了约束。另外,相位噪声限制了最小可检测的速度。

这项技术可能会应用在如下情况中:

(1) 海洋科学研究与气象建模。为了获得海洋表面变化的明显特征,ATI 系统的入射角越大越好。ATI 得到的非线性、连续洋流测量入射角应该为 35°~45°。海洋表面洋流监测对于分析天气和全球气象也很重要。

(2) 洪流。洪流图表示了经过特别高流量洪水泛滥之后地区的延伸。这些信息有利于保护民众,因为它能立即提供一系列被同样事件破坏的地区和结构。利用一对 SAR 图像之间的干涉测量相干性,可以提高分类、分割和重建彩色图像技术。在海洋应用中采用同样技术,ATI 也有助于得到洪流速度图。

(3) 渔业管理。综合孔径雷达运用在商业捕鱼监测中可以帮助监测非法捕鱼活动,使有限的直升机和巡逻船可以更有效的利用。很多国家有一些大的经济地区很难用有限的巡逻船监视,用 SAR 可以在周期重访计划中监测这些地区,这就使得被监测的船只可以被巡逻船观察到,巡逻船由从 SAR 图像中得到的信息进行指引导航。沿迹干涉测量 SAR 可以监测海洋表面的船等移动目标。在这里,有必要表明沿迹 InSAR 得到的速度测量是与 RCS 得到的不同。结论是:InSAR 可以探测到并不比海洋背景杂波明显的小型船只。如果这样的船在径向有与周围洋流不同的速度分量,那么它们就会在速度图像中表现为一种异常。另一个优点是,如果船的前进方向可以从它的外形或者尾流中得知,那么可以从径向速度中确定真实速度。ATI 图像中两张图像海洋散射可能有很小的关联,但是船只后向扩散中会有大的关联。通过对两次采集进行相关性测量,可以探测船只。

(4) 交通管理。从天空监测交通的情况很少,但是已有第一次这样的试验[15-17]。

表 15.2 给出了每个应用中最好的沿迹基线范围和最佳的 SAR 工作模式。对高速目标的探测需要很短的时间间隔。关于 SABRINA 任务场景,在对整个安全要求不用做出让步的情况下,可以达到很短的沿迹分量(20~100m)以及有意义的垂迹分量。在这种情况下,不同于目标速度,当地地形就可以表现出单双基相位差。当观察海上目标或者海洋区域时,可认为地形的影响不大,但是在地面开发数字高度模型的时候地形因素必须移除。

表 15.2　ATI 技术的应用与结果

应用	结果	最小基线（速度）	最大基线（速度）	SAR 工作模式
海洋研究	洋流监测	15m(28km/h)	40m(11km/h)	扫描 SAR
洪流	洪流速度	10m(70km/h)	15m(28km/h)	条带式/扫描 SAR
洪流	洪流延伸	40m(11km/h)	400m(1km/h)	聚焦式/条带式/扫描 SAR
交通	交通监测	12m(50km/h)	20m(20km/h)	聚焦式/条带式
渔业	船只探测	20m(20km/h)	40m(11km/h)	条带式/扫描 SAR
渔业	（慢）船只监测	200m(2km/h)	400m(1km/h)	条带式/扫描 SAR

15.3.2　垂迹双基 SAR 测量

通过 SABRINA 任务补充并完成 COSMO/SkyMed 测量功能,最重要的就是要处理 DEM 生成。COSMO/SkyMed 任务并没能产生高质量 DEM。表 15.3 给出了 COSMO/SkyMed 产生的地形 DEM 数据精度,这是 COSMO/SkyMed 在最好情况下,用高分辨力聚焦模式获取的 DTED2 地形数据。另外,应该注意的是 COSMO/SkyMed 并不是用来产生国际标准的 DEM,因为通常可达到的相对精度与绝对精度很接近。最后,大范围地区也就是全球的 DTED2 地形数据很难聚合在一起,主要是由于聚焦模式,并且需要获得重复穿越采集中优良的相干值、正确的基线、入射角和地形坡度。

表 15.3　COSMO/SkyMed 干涉测量 DEM 性能[8]

垂直精度	指标	SAR 动作模式			
		聚焦式/m	条带式/m	扫描 SAR（宽）/m	扫描 SAR（大）/m
相对	90%线性点对点误差	12	28	56	123
绝对	90%线性误差	13	28	46	95

COSMO/SkyMed – BISSAT 编队也可以开发成一个可产生高质量 DEM 的单通、垂迹 SAR 干涉测量仪。实际上,同多通情况相比,双基结构中瞬时获取两个图像更有利于 DEM 产生。实际可达性能大幅下降来自于干涉测量图像对的解相关,干涉测量图像对是有时间间隔的,因为观察场景中雷达波长改变了。另外,大气中的人工物品也影响双基结构中两张图像的获取,这归因于视野几何中的同时性和微小差异。类似干扰也会影响图像,尤其是回波信号相位,因此最终的干涉测量结果对它们非常敏感。另外由 LBB 产生的 DEM 和坡度图可以被整合,且可在陡坡地区、不规则地形或者植被的关键地区进行相位解缠过程。

航天器单通垂迹干涉测量得到的 DEM 质量由观察几何关系、编队飞行信息、控制和单双基图像对的相位误差决定。一些误差估计模型可以用来评价 DEM 精度和准确性。一些参考也列在了本书中(见第 2 章例子)。考虑了两者的不同情况,这些方法已运用到 SABRINA 任务中。

（1）在中高质量 DEM 模型的产生过程中,单通双基干涉测量采集的基线代表了临界基线的小部分。

（2）在最高质量 DEM 产生中,由较小的和较大的基线适当结合的多通双基干涉测量数据的获取。

这两种情况中,1mm 基线信息的误差假定 25°相位误差。在单通双基情况时,聚焦式采集所选择的正交基线是 400～700m,条带模式是 200～600m。多通模式时聚焦式所选择的正交基线是 1km,条带模式是 800m。初步分析结论为,SABRINA 任务可以潜在地产生符合 NIMA DTED3 标准的全球数字高程模型,而且在较好条件下的一些特殊地区可以收集到 HRTI4 地形数据。

15.4　任务分析

15.4.1　小基线阶段

15.4.1.1　相对轨迹

为了执行 SAR 干涉测量,提出了很多相对轨迹。TOPSAT[18,19] 是 NASA/ASI 联合项目,是研究这个目标的第一个任务,运用了"平行"轨道的概念,也就是说轨道仅在上升点赤径和通过上升节点时分开。在近些年,Massonnet[20,21] 引入了"车轮"构型概念,它建立在同心率和轨道近地点足够相位校正上,以达到规定的卫星距离。然后,基于升交点赤径和轨道倾角之差的钟摆概念[22] 作为"车轮"构型产生。DLR 还介绍了基于升交点赤径和偏心率之差的螺旋概念[23],这个概念已经被用到 Tandem－X 任务中(见第 13 章),在第 3 章也讨论了。

为进行具有干涉测量功能的意大利 COSMO/SkyMed 任务,Moccia 和 Fasano 大量分析并比较了不同的相对轨迹选择。这个过程是为了确定合适的基线范围,计算可以保证不同编队的有用轨道。Fasano 和 D'Errico 事后进行了更多的分析,考虑到精度和模糊度要求,定义了最优基线,并尝试在沿轨所有纬度都达到这些基线。

在后一种方法的基础上,选择了螺旋编队作为运行方式,同时为了试验自主编队飞行以及多次穿越场景中获取更大的有用基线,文献[24]中推导了编队几何关系。

在这里,我们总结了这些被选来测试编队飞行和双基 SAR 技术(沿迹干涉测量 ATI、垂迹干涉测量 XTI)的相对轨迹:

（1）"车轮"构型 XTI:具有"车轮"构型的双基卫星和 COSMO/SkyMed 卫星,标称偏心率和近地点分离角($\Delta\omega$)为 20.74°。

（2）"车轮"构型 ATI:同上一致,但是近地点分离角为 0.52°。

（3）Δe ATI：同上，但是 $e = 1.169 \times 10^{-3}$。

（4）$\Delta \omega$ ATI：近地点不同的双基卫星（$\omega = 89.9988°$，而不是 $90°$）。

（5）钟摆 ATI：钟摆结构卫星 $\Delta \Omega = 0.0162°$，$\Delta M = -5 \times 10^{-3}$。

（6）螺旋 XTI：$\Delta \Omega = 4.9 \times 10^{-3}$（$\Delta M = 0°$，$\Delta \omega = 0°$）和 $\Delta e = 1.28 \times 10^{-4}$。

如图 15.3 所示，由于在不同轨道阶段内可观察到正纬度和负纬度（上升/下降），因此选择的螺旋编队在可达到的纬度上允许的有效基线范围为 500 ~ 700m。所致结果是，干涉测量性能中的模糊度和分辨力被纬度所限制。高度精度和模糊高度随时间变化关系如图 15.4 所示。

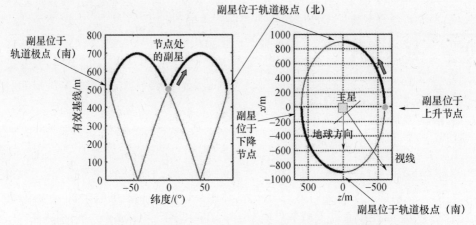

图 15.3　$\Delta \Omega = 0.0049°$ 和 $\Delta e = -1.18 \times 10^{-4}$ 下有效基线与纬度的函数关系

（已获得斯普林格（Springer）科学和商业传媒私人有限责任公司复制许可，
见斯普林格 2009 出版的文献[27]）

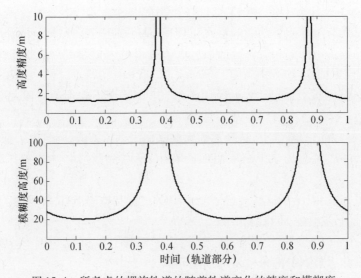

图 15.4　所考虑的螺旋轨道的随着轨道变化的精度和模糊度

15.4.1.2 机动与 ΔV 预算

SAR 干涉测量的相对轨迹要求卫星间距离较小,这可以通过单次发射策略达到。就 COSMO/SkyMed 而言,我们可以操作星座中一个卫星以将其接近后面/前面的卫星(卫星在同一轨道平面上的标称近点角变化是 $90°$)。在后面的情况中,可以建立一种机动策略[28]:如果卫星为了接近前面(后续)卫星必须增加(减少)近点角移动,它必须加速(减速),因此轨道周期必须减小(增加),这就暗示了半主轴的减小(增加)。特别是,机动卫星必须增加(减少)一个给定的时间。因此,机动卫星可以在轨道周期的初始高度上以较低的近地点(较高的远地点)和远地点(近地点)转移到椭圆轨道,这样主导卫星就在一定时间内完成了一次降轨(升轨)。这种途径允许在短时间内执行机动(近似一个标称轨道周期),但是在较大近点角变化情况下会产生较大的半长轴变化并引起较大的 ΔV。为了减小 ΔV 到可接受的水平,必须通过多个轨道周期进行椭圆机动,相应而来的是随时间变化的燃耗。在 COSMO/SkyMed 的情况中,图 15.5 显示了椭圆机动中要求的 ΔV 与时间关系。初步选择 6 天的机动时间为该阶段提供了大约为 19m/s 的首次预估 ΔV。

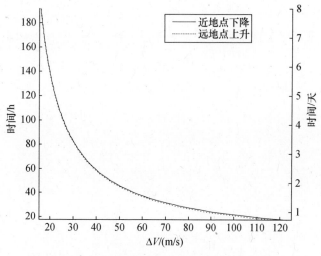

图 15.5　ΔV 与要求到达 COSMO/SkyMed 卫星
后面/前面的机动时间的关系

为了估计执行不同编队飞行和有效载荷操作任务所要求的 ΔV,不同的策略途径已进行研究并建模[28]。它们在所选择的有潜力的干涉测量相对轨迹中的应用表明了对于任何轨迹变化,每秒几米量级的 ΔV 和最大非共面转移都应该进行预算。所有的机动时间都少于 200min。

15.4.2　大基线阶段

15.4.2.1　大基线 BSAR 概念

如前面章节所讨论的,大基线双基 SAR 依赖于两颗飞行卫星,其间距远大于干涉测量所要求的。相对轨迹的选择已在第 3 章讨论(见 3.4.3 节)。这里我们仅重述卫星在水平方向所达到的距离,也就是沿着近似垂直雷达方向。这种条件通常可以通过两个上升节点($\Delta\Omega$)和平面内足够的卫星分离角(Δu)来达到,也就是在两颗卫星节点穿越期间有足够的时间变化。

很明显,大基线双基 SAR 很大程度由叠加收发雷达测绘带的能力也就是两个雷达指向所决定,叠加通常可以通过雷达的电子指向达到,或者通过两颗卫星的姿态机动,或者两者结合。在设计这样的指向时,为了使天线匹配航天器与环境的相对速度,必须考虑到 SAR 卫星通常执行偏航调整机动,以达到减小空气阻力的目的。对于大基线双基 SAR,文献[29]对保证两个雷达测绘带足够重叠的可能性方案进行了一般分析,文献[30]中在与大型 SAR 卫星编队飞行的小型寄生卫星上进行了应用。在 SABRINA 任务的框架中,两个雷达采用同样的指向能力,这归功于它们的有源相控天线能够在高度(最低点外的角度从 23.3°到 43.7°变化)和方位(±3°)上进行电子控制波束。这些功能已经整合到 COSMO/SkyMed 雷达上,以实现不同的雷达工作模式,但是它们还可以用来改变雷达指向以保证测绘带重叠。

当两个雷达都沿视线指向时,可以极大提高测绘带选择的灵活性,如图 15.6 所示,描述了大基线双基 SAR 简单几何构型,两个雷达具有相同高程面。特别是,立体仰角转向能力可以产生一个能选择雷达标称测绘带的可能域(进入区域)。因此,如果所有雷达可以在高程上控制,那么双基访问区域(BAA)还可以定义为一个可以定位所有测绘带的区域。

随着平台间水平距离的增加,BAA 大小会下降。如果 BAA 比雷达实际测绘带大,那么可以在 BAA 内通过 COSMO 和 BISSAT 指向来选择双基目标,否则指向变化会丢失。当后者条件达到零纬度时,沿轨道就可以达到最大的水平距离和双基角。事实上如果水平距离还继续增加,那么在赤道上就不再可能进行双基采集了。该轨道条件称为"最终双基结构"(在"动态"大基线编队的情况下,见 3.4.3 节)。最终,由于相对几何关系的变化,卫星水平距离、双基角和 BAA 也会随着轨道变化。

15.4.2.2　相对轨迹的选择(静态和动态)

如上所述,静态或者最终双基结构称为大基线编队结构,这使得在赤道上的双基观察达到最大双基角。

为达到这样的几何关系,需要确定轨道参数的差异,文献[29]通过对于主动卫星选择最大天底偏角(43.7°)和对被动卫星选择最小天底偏角(23.3°)用数学模型计算得出。当然,如果两颗卫星的滚转机动可以预先得知的话,那么不减小赤

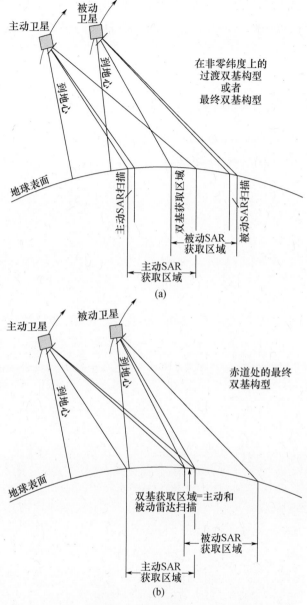

图 15.6 在上升阶段时的双基观察几何关系的定性描述

道覆盖率的情况下卫星距离可以继续增加。如果只考虑高程控制,其中一个需要达到 $\delta\Omega = 3.19°$ 和 $\delta M = 0.65°$。

如果轨道倾角微小变化引起的差分 J_2 影响可以适当利用,那么就可实现从初始用于 SAR 干涉测量的紧密编队到最终的双基构型。中间几何被称为"中介的""漂移的"或者"动态的"双基编队。

如 3.4.3 节中所讨论的,由轨道倾角变化引起的额外沿迹漂移既可以通过周期异常修正,也可以通过良好的半长轴控制以期望的方式来调整沿迹漂移。

当然,异常修正会增加额外的 ΔV,它可以通过采用少量(更长的)修正机动来减少。那么付出的代价就是会产生更大的最大沿迹距离,这就意味着需要更大的姿态/指向角以满足幅宽重叠。

图 15.7 定性地描述了不同的选择,而图 15.8 描述了从密集编队到最终双基编队所需全部 ΔV,它为机动时间的函数并考虑了不同的异常修正策略。

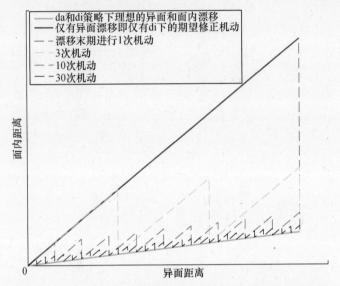

图 15.7 (见彩图)用于达到漂移双基编队的不同策略的定性描述

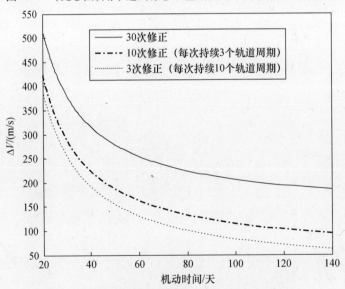

图 15.8 达到最终双基构型所需 ΔV,其为机动时间、
异常相对漂移平面内若干预先修正的函数

实际上,沿迹漂移可以用量级为几米的 δa 来调整,这种轨道修正可以忽略 ΔV 和时间的花费,因此,$\delta i - \delta a$ 组合策略才是产生动态双基构型的最好选择。在选择的测试区域上,它可以用渐增的双基角获取数据。例如,用 0.1° 的 δi 进行漂移 BSAR 编队的 ΔV 消耗是 13m/s。如 3.4.3 节所述,同心率的小差异(量级为 1×10^{-4})可以用来分离极点处的轨道(近地点角为 90°)。当最终双基结构达到时,如果节点漂移必须停止,那么需要另外 13m/s 的 ΔV。

15.4.2.3 相对轨迹的安全建立

当考虑动态大基线 BSAR 编队时,一个关键的方面是机动开始时相对轨迹的安全建立。

事实上,依靠初始的编队几何,在轨道节点上施加单脉冲建立 δi(量级为 0.1°)可以极大地减小径向/垂迹平面的距离。这就会产生碰撞的危险,因为两个轨道会有交叉,且卫星距离也随之仅由沿迹基线控制所决定。

下面考虑 XTI 螺旋作为初始编队几何关系的情况。在到达工作状态的 δi 之前通过采用一个非常小的 δi 来使 $\delta \Omega$ 增加一段时间,可以降低碰撞危险。例如,可以考虑 3 个阶段:

(1)δi 为 0.005°($\delta e = 1.28 \times 10^{-4}$):在垂迹平面上的最小距离略小于 500m (图 15.9)。经过 50 个轨道周期,$\delta \Omega$ 从 0.0049° 变化到 0.007°。

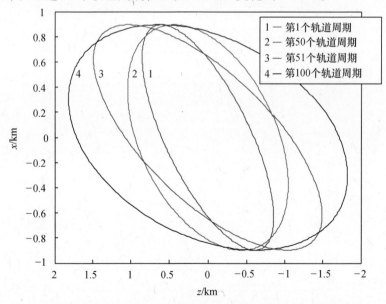

图 15.9 阶段 1 和阶段 2 时在径向/垂迹平面上的相对轨迹投影
(已获得斯普林格(Springer)科学和商业传媒私人有限责任公司
复制许可,见斯普林格 2010 出版的文献[31])

（2）δi 增加到 0.01°：在垂迹平面的最小距离大约为 600m（图 15.9），这个阶段大约持续 50 个轨道周期。

（3）δi 到 0.1°，$\delta a = 9.7$m：漂移编队。1500 个轨道周期后 $\delta\Omega \approx 1.27°$（图 15.10）。

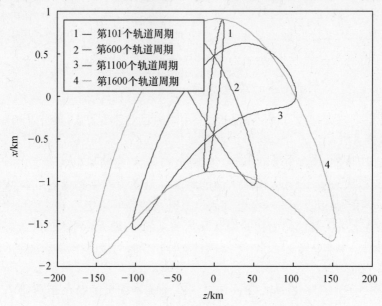

图 15.10　阶段 3 中在径向/垂迹平面内的相对轨迹投影

图 15.11 中明确表明了沿迹方向漂移双基编队的稳定性，这是一个很好的

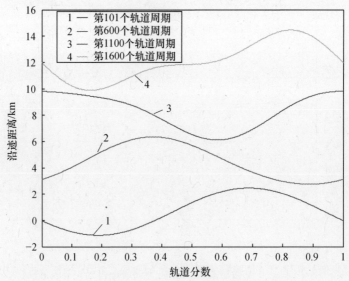

图 15.11　阶段 3 中的沿迹距离

结果,因为每个节点穿越过程中副星仍在主星雷达高程角附近,能够允许可行的指向策略和信噪比(SNR)。值得注意的是,为了确保节点距离增加时被动卫星穿越赤道过程中能够在活跃雷达高程平面附近,这就需要一个确定的沿迹漂移。

15.5 相对距离与安全性

为了分析安全条件,15.4.1.1节和15.4.2节对不同构型卫星编队的时间关系进行了仿真,并对从解析模型推导出的期望形状进行了验证(第3章)。

值得注意的是,一方面,对于干涉测量相对轨迹,在有些情况下最小卫星距离小于100m,在一些情况下是几百米的量级,还有一些是几千米。另一方面,对于大基线,最小距离小于1km,当设立漂移时首次轨道周期内最小距离是几百米,当大BSAR采集时是10km,对于标准的BSAR距离则是大于100km。地面结果中(表15.4)对不同代表性编队飞行域和相对要求进行了初步分类(表15.5)。特别是,下面的经验规则可以使用:(a)对于所考虑区域可以预先得知控制精度比最小距离要小两个量级;(b)相对位置的测量(星载,实时的)至少要比控制精度(假设两个量级)小一个量级。有了这些定义,对于沿迹干涉测量经常是紧密编队飞行,近距离或一般的编队飞行用于垂迹干涉测量。然而,在大基线应用的情况下,编队飞行域逐渐从一般到松散再到更远。

表 15.4 期望距离特性概述

技术	结构	距离特性
垂迹 INSAR	Cartwheel XTI	在 3~6km 之间振荡
	Δe XTI	在 3~6km 之间振荡
	摇摆 XTI	在 300m~2km 之间振荡
	螺旋 XTI	在 1~2.5km 之间振荡
沿迹 INSAR	Cartwheel XTI	在 75~150m 之间振荡
	Δe XTI	在 75~150m 之间振荡
	Δω XTI	在 150m 大致稳定
	摇摆 XTI	在 75m 大致稳定
大基线 BSAR	漂移到 BSAR(阶段 1~2)	在 500m~3.5km 之间振荡
	漂移到 BSAR(阶段 3)	在 500m~几千米时振荡
	漂移到 BSAR	在 10~250km 之间振荡
	静态 BSAR	在 25~400km 之间振荡

表 15.5　编队飞行域和要求的初步分类

最小距离	编队飞行域	控制要求	测量要求
<200m	紧密	1m	1cm
<500m	密集	3m	3cm
>10km	松	10m	10cm
>100km	远	1km	10m

　　很明显,尽管碰撞风险主要取决于相对轨道,但相对距离和碰撞风险也有关系。事实上,如果最小距离只有在每个轨道周期(如轨道交叉点的附近)的一点时间保持的话,系统有足够的时间测量和鉴别可能的危险并及时采取措施来避免。另一方面,如果卫星距离很近的话,系统反应时间可能不足以避免碰撞。但是,即使在这种情况下,也应该考虑到,对于稳定的相对轨道结构,在较短距离时,相对速度是比较小的。因此,事先的保守估计可以避免实际中的风险。

　　在包含仅有 J_2 扰动的第一阶段之后,为了分析那些可能作为安全性增强部分的其他摄动影响,轨道应该经过一个较好的选择过程。例如,大气阻力,它可能是不同轨道参数卫星的主要相对摄动,可作为轨道设计过程的一个设计资源。又如,对于大基线轨道构型,BISSAT 卫星在 COSMO 之前通过轨道拦截方式飞行。因此,BISSAT 弹道系数选的比 COSMO 大时更安全,原因是大气阻力会导致更快的衰退和更快的速度:距离自然而然会增加。同样的考虑适用于"钟摆"轨道结构。

　　对于存在近地点角差异的轨道结构, J_2、 J_3 和阻力扰动的组合效应需要进行分析。例如,COSMO 以稳定的同心率向量在冻结轨道(第一次接近时)上飞行时必须考虑。因此,如果 BISSAT 近地点角度不是90°,那么它的轨道就不会冻结。由于空气动力学因素,弹道系数不好的卫星同心率下降得较快, J_3 作用也应该选取以抵消阻力作用,尽管只是部分 J_3 。因此,如果 BISSAT 有较大的弹道系数,阻力会使同心率较快地下降,这可以通过使 BISSAT 近地点角大于90°,则 J_3 会使得同心率增加,从而进行补偿。

　　那么,对于轨道构型中预料之中的 Δe ,自然增加 Δe 的方式是非常可取的(这自然会增加距离)。为此,弹道系数不好的卫星必须有较小的同心率。最后,螺旋 ATI 结构与 Δe 结构和大基线 BSAR 构型有相似性。表 15.6 总结了这些想法。

表 15.6　为减小碰撞危险的潜在定性策略

结构	技术
Cartwheel XTI Cartwheel XTI $\Delta\omega$ ATI	如果弹道系数比 COSMO 大的话,BISSAT 近地点角名义上大于 90°
螺旋 ATI	如下
Δe ATI Δe ATI	如果 BISSAT 弹道系数大于 COSMO,BISSAT 同心率小于 COSMO
摇摆 ATI 摇摆 ATI 漂移到 BSAR(阶段 1~2) 漂移到 BSAR(阶段 3) 漂移到 BSAR 静态 BSAR	BISSAT 有较大的弹道系数

15.6　结论

以上是由 Naples 大学完成的 SABRINA 任务研究综述。它尤其注重潜在的应用和类似任务中可以使用的雷达技术。然后,描述了轨道设计过程,并讨论了主要的碰撞风险挑战,强调了在轨道环境下为减小风险所采用的可能性策略。SABRINA 任务本来是与 COSMO/SkyMed 星座并行的任务,后来被取消,可能作为 COSMO/SkyMed 接下来任务中的一个部分执行。

参考文献

1. Moccla A,Rufino G,D'Errico M et al(2001) BISSAT:a bistatic SAR for earth observation. Phase A study – final Report,ASI research contract I/R/213/00

2. Sabatini P,Aceti R,Lupi T,Annoni G,Della Vedova F,De Cosmo V,Viola F(2001) MRTA:in – orbit results of the Italian small platform and the first earth observation mission,Hyseo. In:Proceedings of the 3rd international symposium of the IAA on small satellites for earth observation,Berlin,Germany,pp71 – 74

3. Renga A,Moccia A,D'El Tico M et al(2008) From the expected scientific applications to the functional specifications,products and performance of the SABRINA mission. In:IEEE radar conference,Rome,Italy,pp1117 – 1122

4. [Online] available:http://rsdo. gsfc. nasa. gov/images/catalog2010/prima. pdf

5. Moccia A,Renga A(2011) Spatial resolution of bistatic synthetic aperture radar:impact of acquisition geometry on imaging performance. TEEE Trans Geosci Remote Sens 49(10):3487 – 3503

6. Willis NJ(1991)Bistatic radar. Artech House, Boston

7. Renga A, Moccia A(2009)Effects of orbit and pointing geometry of a spaceborne formation for monostatic – bistatic radargrammetry on terrain elevation measurement accuracy. Sensors 9:175 – 195

8. Italian Space Agency(2007)COSMO – SkyMed system description & user guide. ASI – CSM – ENG – RS – 093 – A, p47

9. [Online]available:http:/fearth – info. nga. mil/publications/specs

10. Moccia A, Chiacchio N, Capone A(2000)Spaceborne bistatic synthetic aperture radar for remote sensing applications. Int J Remote Sens 21(18):3395 – 3414

11. Moccia A(2008)Fundamentals of bistatic synthetic aperture radar. In:Chemiakov M(ed)Bistatic radar:emerging technology. Wiley, Chichester

12. Khenchaf A(2001)Bistatic scattering and depolarization by randomly rough surfaces:application to the natural rough surfaces in X – band. Waves Random Media 11(2):61 – 89

13. Rufino G, Moccia A(1997)A procedure for attitude determination of a bistatic SAR by using raw data. 48th international astronautical federation conference. Paper IAF – 97 – B. 2. 04, pp1 – 8

14. Moccia A, Rufino G(2001)Spaceborne along – track SAR interferometry performance analysis and mission scenarios. IEEE Trans Aerosp Electron Syst 37(1):199 – 213

15. Breit H, Eineder M, Holzner J, Runge H, Bamler R(2003)Traffic monitoring using SRTM along – track interferometry. In:Proceedings of the IGARSS03, vol 2, Toulouse, France, 21 – 25 July 2003, pp1187 – 1189

16. Meyer F, Hinz S, Laika A, Barnler R(2005)A – priori information driven detection of moving objects for traffic monitoring by spaceborne SAR. Int Arch Photogram Remote Sens Spat Inf Sci 36:89 – 94

17. Palubinskas G, Runge H(2008)Detection of traffic congestion in SAR imagery. In:Proceedings of Eusar 2008, Friedrichshafen, Germany, p4

18. D'Errico M, Moccia A, Vetrella S(1994)Attitude requirements of a twin satellite system for the global topography mission. In:45th Congress of the international astronautical federation, Jerusalem, Israel, 9 – 14 Oct 1994, p10

19. Zebker HA, Farr TG, Salazar RP, Dixon TH(1994)Mapping the world's topography using radar interferometry:the TOPSAT mission. Proceedings of the IEEE 82:1774 – 1786

20. Massonnet D(2001)Capabilities and limitations of the mterferometric cartwheel. IEEE Trans Geosci Remote Sens 39:506 – 520

21. Massonnet D(2001)The interferometric cartwheel, a constellation of low cost receiving satellites to produce radar images that can be coherently combines. Int J Remote Sens 22:2413 – 2430

22. Krieger G, Fiedler H, Mittermayer J, Papathanassiou K, Moreira A(2003)Analysis of multistatic configurations for spaceborne SAR interferometry. IEE Proc 150:87 – 96

23. Krieger G, Moreira A, Fiedler H, Hajnsek I, Werner M, Younis M, Zink M(2007)TanDEMX:a satellite formation for high – resolution SAR interferometry. Trans Geosci Remote Sens 45(11):3317 – 3341

24. Moccia A, Fasano G(2005)Analysis of spaceborne tandem configurations for complementing COSMO with SAR interferometry. EURASIP J Appl Signal Process 2005(20):3304 – 3315

25. Fasano G, D' Errico M(2006) Relative motion model accounting for J_2 effects: derivation and application to the design of formation – based INSAR missions. In: Proceedings of the 27th IEEE aerospace conference, Big Sky, Montana, 4 – 11 Mar 2006, p12

26. Fasano G, D' Errico M(2006) Design of formation missions for Earth observation: relative motion model, validation, and application. In: Proceedings of the 57th international astronauticai congress. Paper IAC – 06 – C1. P. 8. 1, Valencia, Spain, 2 – 6 Oct 2006

27. Fasano G, D' Errico M(2009) Modeling orbital relative motion to enable formation design from application requirements. Celest Mech Dyn Astron 105(1 – 3):113 – 139

28. D' Errico M, Fasano G (2008) Design of interferometric and bistatic mission phases of COSMO/ SkyMed constellation. Acta Astronaut 62(2 – 3):97 – 111. ISSN 0094 – 5765

29. Moccia A, D' Errico M(2008) Spacebome bistatic synthetic aperture radar, Chap 2. In: Chemiakov M(ed) Bistatic radars: emerging technology. Wiley, Chichester, pp27 – 66. ISBN 978 – 0 – 470 – 02631 – 1

30. Moccia A, D' Errico M(2008) *Bistatic SAR for earrh observation*, Chap 3. In: Chemiakov M(ed) Bistatic radars: emerging technology. Wiley, Chichester, pp67 – 94. ISBN 978 – 0 – 470 – 02631 – 1

31. D' Errico M, Fasano G (2010) Relative trajectory design for bistatic SAR missions. In: Sandau R, Roeser H – P, Valenzuela A(eds) Small satellite missions for Earth observation. Springer, Berlin – Heidelberg, pp145 – 154

第16章 TOPOLEV 和 C-PARAS

Tony Sephton，Alex Wishart

摘要 ESA 资助项目"EO 小型任务先进科技验证概念"的目的是为了评估 EO 任务的一些理念能在如 PROBA 这样的小卫星上兼容实现，这些小卫星可能会从编队飞行中获利。研究结果明确了多个小卫星任务和它们所要求发展成果。Astrium 公司主导该项研究，并由 AStrium SAS、Astrim GmbH、ENVEO、GMV 和 Verhaert 进行资助。在第一阶段初始挑选后，在第二阶段详细分析了 3 个候选者。这 3 个候选者中，两个任务(地形测量校准任务"TOPOLEV"和 C 波段主动雷达卫星"C-PARAS")要求编队飞行来实现单通 SAR 干涉测量，本章会介绍这些内容。

16.1 欧空局 EO 小型任务综述

本章详细介绍协议号为 20395/06/NL/JA 的 ESA 概念研究项目[1]"EO 小型任务的先进科技展示概念"。

该概念研究的目的是为了评估 EO 任务的一些理念能在如 PROBA 这样的小卫星上兼容实现，这些小卫星可能会从编队飞行中获利。这里的"小型任务"是指 150~200kg 的小卫星平台。研究结果明确了多个小卫星任务和它们所要求的发展成果。Astrium 公司主导该项研究，并由 Astrium SAS、Astrim GmbH、ENVEO、GMV 和 Verhaert 进行资助。

概念研究的第一阶段中，为了使 EO 任务在如 PROBA 这样的小卫星上兼容实现，并可能会从编队飞行中受益，提出、评估和排除了大约 40 个思路。这导致在第二阶段中选择了 3 个候选者：地形测量校准任务"TOPOLEV"、C 波段主动雷达卫星"C-PARAS"以及地面气溶胶项目"AERL"。由于"AERL"项目可以不用编队飞行实现，这里不再讨论。

地形测量校准任务(TOPOLEV)的目的是以很高的精度(高度上小于 1m)和高空间分辨力对地形表面和它的温度变化进行绘图。任务聚焦在中低地形，包括水域。该任务概念采用两个以"车轮"配置(细节在后面)近距离编队飞行的卫星实现单通 SAR 干涉测量。主动 SAR(主星)在主平台上操作，只接收 SAR(副星)在第二个卫星上操作。由于地面渗透(如雪、冰、干土壤等)的减小，还有水和其他表面的后扩散信号比较低的雷达频率要高,因此建议采用 Ku 波段(13.6GHz)作为 SAR 频率。该频率所采用天线相对比较小。

在 TOPOLEV 任务中,C - PARAS 是可变的,可作为以"车轮"结构飞行的 3 个小型 SAR 航天器(只可作为接收雷达)的自由飞行的编队,能够提供 C 波段双基地 SAR 观察能力,这需要和能提供场景展示的 GMES Sentinel - 1 共同完成。C - PARAS 的潜在用处包括获得单通多干涉测量(克服陡峭地形的相位解缠问题)、洋流和林业应用的沿迹多基线干涉测量和空间分辨力增强。对于该任务和 TOPOLEV,关键在于准确定位卫星位置和在小型航天器上安装雷达天线。

这两个任务都是为 PROBA 级的小型航天器设计的,尽可能采用传统的平台设备和结构来降低开发成本和提高安全性。驱动器可以适应固定在航天器上相对比较大的不可展开的 SAR 天线。两个任务都设计成使用 VEGA 运载火箭。TOPOLEVHE 和 C - PARAS 分别采用 2 次和 3 次发射,两种情况下大尺寸固定天线意味着要有完整的 VEGA 整流舱体积。这两个任务都在轨道高度为600 ~ 700km,轨道倾斜约为98°的太阳同步轨道上。

两个任务采用飞行编队,因为这样能提供单通 SAR 干涉测量的机会,因而可以避免场景解相关的时间效应和大气相位屏的变化。尽管别的结构也可行(如螺旋),但两种情况下的基线都采用可干涉测量的"车轮"结构。当沿迹分离是最小时,"车轮"结构能使垂迹距离达到最大。每个轨道周期内航天器彼此间的相对运动形成一次"车轮"结构,惯性或者开普勒轨道以此进行设置。视太空应用的地理可行度,"车轮"可提供周期性的垂迹和沿迹基线。需要执行周期机动来维持"车轮"编队,但是该轨道控制是通过地面站指令进行开环控制的。

要获得以下精确的导航信息,包括航天器的绝对位置(精度为 1m 量级)和它们的相对位置(精度为 1mm 量级,卫星相对距离精度为 100 ~ 500m)。对 DEM 品质来说,航天器间的基线测量精度是主要的驱动因素。为了重建视场的几何关系,必须要精确获得基线向量的垂迹部分和径向部分(这意味着不能只采用星间测距敏感器)。为了基线测量,建议使用差分 GPS 技术。在这方面,C - PARAS 略微好于 TOPOLEV,这是因为 C 波段雷达波长比 Ku 波段要长,而精度与波长是成比例的。

绝对 GPS 测量用来确定轨道,精度可以达到 5 ~ 10cm 量级级别。采用激光测距进行精确轨道确定精度可以达到 3cm 量级。其中一个航天器作为参考,认为它的轨道是不变的,其他航天器的轨道可用差分 GPS 测量进行确定,这就可以实现精确基线重建。

每个航天器采集的 GPS 载波相位和伪距测量信息可以下传下来,并在地面按照准确的处理流程实现相对基线确定。基于先前的 GRACE 和 TanDEM - X 任务研究,获得所需的毫米量级精度应该是可行的。

需要指出的是,TOPOLEV 任务和 C - PARAS 任务都还没有实施,尽管 C - PARAS 任务的深入研究已在进行中"地球观察哨兵护航"(主题 1——海洋与冰川)中完成,该任务是由 Astrium 公司主导为 ESA 而做的,其合同号为 AO/1 – 6146/09/NL/FC。

16.2　TOPOLEV 任务

16.2.1　介绍

地形测量校准任务(TOPOLEV,图 16.1)是由 ENVEO 首先提出的,它的目的是以很高的精度(高度上小于 1m)和高空间分辨力绘制地形表面图和地形表面实时变化图。该任务聚焦在中低较缓的地形,包括水域表面。

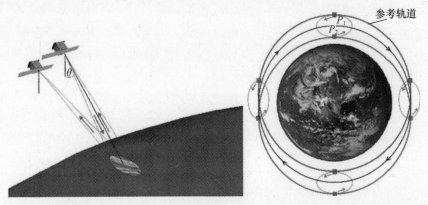

图 16.1　TOPOLEV 任务构型(LHS)和两颗卫星组成的 TOPOLEV 车轮轨道构型概图

高精度测量数据在大量的科学和试验应用中具有很大需求。该任务聚焦在中低较缓地形,包括水域表面,任务的主要目标如下:

首要任务目标

研究地球物理学和环境现象,还有反映地形表面随着时间及时变化过程,时间变化从周到季到年。主要感兴趣的目标包括:

(1) 测量湖泊、河流和湿地的水平面。

(2) 诸如泛滥平原和冲击地形的精确地形绘图以及由侵蚀与沉积过程(应用于地理科学和灾害风险评估)引起的实时变化。

(3) 精确的地理绘图,包括潮汐间的地区、海岸湿地,还有潮汐作用(侵蚀和沉积)导致的实时变化。

(4) 测量大的冰川平衡、冰流和冰帽。

(5) 测量地理结构。

(6) 观测由沉淀和膨胀现象(火山作用、采矿、克斯特地形、冻土等)引起的地形表面变化。

(7) 测量植被的高度。

这些应用一方面要求得到非常精确的地形基础图,另一方面也要求测量地形随时间变化。

第二任务目标

非常准确的数字高度数据的恢复,重点在中低较缓地形,目的在于为其他数据源数据(如 SRTM、TanDEM – X、SPOT stero 等)填补或完善数字高度数据。

此外,该任务目标还在于推进和演示近距离协同编队飞行技术。

TOPOLEV 任务将会是 2010 年 6 月发射的 TanDEM – X 任务的后续。TanDEM – X 与 TerraSAR – X 编队飞行,将通过 3 年时间,提供高精度的 DEM 数据[3]来实现全球地面的覆盖。另外,基于很多不同模式下的系统能力,TerraSAR – X 和 TanDEM – X 能实现很多其他的目标。鉴于对精确重复地形数据具有广泛应用的需求,还需要完成很多工作来实现精确地形绘图任务,例如,TOPOLEV 作为 TanDEM – X 测量任务的后续和补充。

该任务概念利用单通 SAR 干涉测量,其中两个卫星进行近距离"车轮"构型编队飞行。主动 SAR(主星)工作在条带模式上,只接收 SAR(副星)在第二颗卫星上(需要指出的是,为了冗余备份和保持同样的弹道系数,第二颗卫星也将有发射能力)。由于地面渗透(例如雪、冰、干土壤等)的减小,以及水和其他表面的后扩散信号比低雷达频率高,因此建议采用 Ku 波段(13.6GHz)作为 SAR 频率。该频率所采用天线相对较小。

在水域和沼泽地区具有较高的后扩散也是选择 VV 两极化的驱动因素。大气对 Ku 波段影响要比 X 波段严重,但仍然非常小。在多雨地区会使信号衰减,因此在 DEM 过程中需要排除该因素。

16.2.2 需求分析

这个任务主要是测量中低较缓地形的高精度地形数据和实时变化,其目的是用于地理科学和环境监测。该任务还计划用于测量河流、湖泊、蓄水库和湿地的水位。这些应用要求很高精度的地理表面测量。在 (X, Y) 处的空间光栅由目标决定,对于冲积平原、侵蚀地区、火山地区和小冰川等(种类 1 见表 16.1),典型的范围是 25m,对于湿地、湖泊、大的冰流等(种类 2)是 50m。

通常,大地测量结果的目的是为了匹配数字地形高度数据 3 级(DTED – 3)规格。这些不仅要求在 (X, Y) 处有很高的分辨力(12m),相对于地理科学而言,垂直分辨力还有严格的要求。对于地球物理学和水文学的应用来说,垂直精度更重要,然而水平空间可以成比例下降。DTED – 3 主要在军事和商业应用(包括人造目标)中,在这些方面中空间分辨力很重要。

刘宽要求是由研究现象的维度和 DEM 产品结合的数据所决定的。对于这种类型产品,典型的最小幅宽是 20km(目标大于 30km)。

表 16.1　地理科学和地形基础地图的要求

参数	指标	要求
地理科学和高度变化		
空间分辨力	独立像素	25m(第一类);50m(第二类)
相对垂直精度		≤1.0m(最小),≤0.5m(目标)（坡角 <20%）
幅宽	垂迹,km	25km(最小),30km(目标)
DTED－3		
空间分辨力	独立像素	12m(0.3333 弧秒)
绝对水平精度	90% 的圆周误差	<10m
相对水平精度	90% 的圆周误差	<3m
绝对垂直精度	90% 的线性误差	<10m
相对垂直精度	90% 的线性点对点误差超过 1×1°	<2m(<20%)
空间分辨力	独立像素	25m
相对垂直精度		≤1.0m(最小), ≤0.5m(目标)（坡角 <20%）

因为对于考虑的多数目标,表面高度在一定时间内变化非常小,大的地区覆盖可以通过序列轨道实现。对于水体的调查,需要定义一种采样策略。

提出两个轨道段(太阳同步轨道、黎明/黄昏轨道):

(1) 全球校准段(GL 段):91 天的重复轨道(1394 条轨迹)可以在 1 季度内获取近乎全球的陆地区域。这个轨道对应 ICESat 轨道,因此通过 ICESat 数据能提高 TOPOLEV DEM 产品稳定表面的绝对高度精度。这个模式的主要目的是绘制季节或者年度的表面高度变化图,例如冰川、河流平原、湿地、潮汐内地区等。另外,它还可以填补全球 DEM 数据的空缺。

(2) 水文学和地球物理学过程研究(HP 段):15 天的重访周期轨道以较高的实时精度研究特定地球物理学和水文现象(主要与水和冰有关)。该轨道只覆盖部分全球陆地。为了获得各种气候地区的相关数据,需要研究一种采样策略。

TOPOLEV 任务的轨道和传感器指标如表 16.2 ~ 表 16.4 所列。

表 16.2　TOPOLEV 任务的轨道指标

轨道参数	轨道段 GL	轨道段 HP
高度/km	600	628
轨道倾角	97.8°太阳同步轨道	97.9°太阳同步轨道
重访周期/天	91	15
覆盖范围	近乎全球获取	区域陆地表面

表 16.3　研究 TOPOLEV 技术概念的轨道

轨道参数	轨道段 HP
高度/km	628
轨道倾斜	98° 太阳同步轨道
重访周期/天	15
覆盖范围	区域陆地表面

表 16.4　TOPOLEV 传感器指标

参数	选择结果
中心频率	Ku 波段(13.6GHz)
极化率	VV
NESZ	≤ −20dB(Ku 波段)
工作模式	条带模式
设计刈宽	≥25km(目标 30km)
幅宽中心的入射角/(°)	25 ~ 35(范围内)
像素尺寸	3 × 2.5m(方位 × 倾斜范围,单视)

双基 SAR 几何关系的最优正交基线要求是由地形决定的。对于水平和中等地形(任务的主要目标),提出匹配如下基线的卫星内部距离:

- 正交基线(垂迹)400m ± 100m。

得到该基线的主要纬度地区为:

- 北纬 45° ~ 65°的地区。

16.2.3　任务和系统分析

TOPOLEV 是在"车轮"轨道构型中由两个 SAR 航天器构成的星座。在表 16.5 中给出 TOPOLEV 编队设计参数。

表 16.5　TOPOLEV 要求和基线

参数	给定值	评价
航天器数量	2	航天器与同样的弹道系数类似
编队类型	"车轮"半径 500m	编队形状由周期测量决定 (通常是一周期 7 天)
编队间的角度 平面与当地水平面之间(α)	30°	标准"车轮",与视线角要求一致
SC2 同心率	3.43E − 05	
SC1 产生编队	两个航天器的近地点角 = 90°	

参数	给定值	评价
SC2 同心差异	RAAN 差异 = 0	
SC1 产生编队	倾斜差异 = 0.0034°	
轨道高度	628km	
轨道倾角	98°	与太阳同步
地面跟踪重访周期	15 天	
得到有效测量的正交基线：B_n	400m ± 100m	
要求范围内的基线纬度	北纬 40° ~ 82°	SSO 倾斜度为 98°，所以地面跟踪的最大纬度是 82°N
视线角 θ	30°	

图 16.2 中给出了中心航天器和边缘航天器间的视场和基线几何关系。

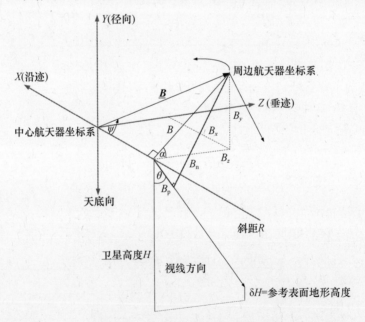

图 16.2 垂迹基线要求的几何关系

"车轮"平面与 (X,Y) 平面在 X 轴上交叉，与 (X,Z) 平面成 α 角。B_p 和 B_n 为基线 B 中平行和正交的部分，θ 为视线方向。"车轮"半径根据轨道参数选择，以便在一个周期内正交基线 B_n 落在理想的范围内，在这个周期内，当角 ψ 约为 90°时，星座在特定纬度上。

名义上，视线角为 30°时，允许"车轮"类型编队。根据选定的"车轮"大小，可计算出轨道外平面距离（B_z 在图 16.2 中）。距离随着参考平面和卫星轨道平面的交叉角的变化而变化。当平面交叉时，最大垂迹距离是零。当卫星在 90°与那个点奇异时取得最大值。在这里，参考平面是编队中心航天器所在的平面。

平面交叉点可以随意选择（如在任意轨道经度上）。对于太阳同步轨道，这意味着交叉点可在 −82°和 +82°之间的任意纬度上。

与参考平面正交的基线在 300～500m 之间。从图 16.3 可以看出，在大约 40°～140°角度中，基线可以通过 500m 的"车轮"半径获得。如果选用较大半径的"车轮"，包含的角度范围将会减小。所选择的最好情况可以使得参考平面和卫星轨道平面在赤道上交叉。从 40°到最高的 82°，再降低到 40°的范围内，可以得到所要求的平面外距离。

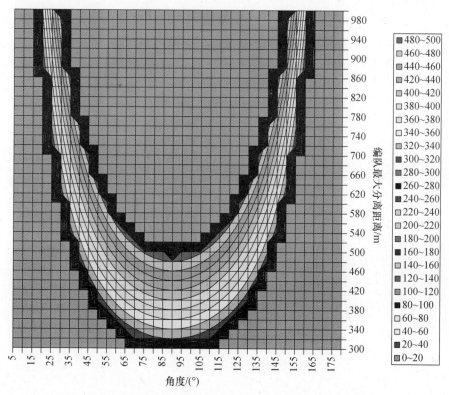

图 16.3　（见彩图）垂直参考面的位移（等高线），其为与参考面（中心轨道平面）的夹角、卫星轨道交角以及所选"车轮"编队（垂直轴）半径的函数

需要指出是选择"车轮"轨道而不是螺旋轨道，是由于主要的 DEM 应用的需求，即当垂迹基线最大时有最小沿迹距离（不同于螺旋轨道，最大沿迹距离对应着最大垂迹距离）。图 16.4 表示两个航天器以及边缘航天器相对于中心航天器的相对运动的情形。在 (X,Y) 平面内的运动通常是椭圆形，X 向的长度是 Y 向长度的两倍。"车轮"和螺旋编队通过垂迹运动和沿迹运动来区分。

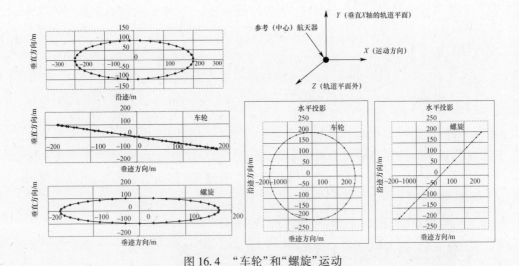

图 16.4　"车轮"和"螺旋"运动

16.2.4　有效载荷及其性能分析

16.2.4.1　SAR 有效载荷

TOPOLEV 上是一个单极化 SAR。这款设备分为以下子系统：

（1）天线，包括缝隙波导发射天线（垂直极化）、交叉馈线和分布网络。

（2）具有接收/发射循环器的射频前端，包括收发电路、校准系统、同步角天线和定位、同步角天线的收发模块（TRM）和同步角天线 1 : 6 级开关。

（3）带有 TWT 和电子功率调节器（EPC）的 HPA。

（4）无线电频率电子设备和中央电子设备，功能包括增减转换器、频率和啁啾发生器、LNA 和限制器、数模转换器、内部振荡器和设备时序控制。

（5）GPS 接收机和天线，包括 GPS 接收盒、GPS 天线和外部 LNA。

（6）固态大容量存储。

在卫星中用来作相位参考的同步角天线是射频前端子系统的一部分。所有的无线电频率设备必须在稳定的温度下工作，尤其是内部振荡器。

16.2.4.2　初步的 SAR 天线布局和预算

这种设备是基于长的（5.4m）和短的沟槽波导天线（0.54m）。为了避免复杂度较高的折叠机制，建议使用一种固定的天线结构。可以用一个织女星火箭发射两颗卫星。

TOPOLEV SAR 天线是主动的沟槽波导天线（与 ERS－1 SAR 天线兼容），它包括安装在同一行上的 8 个单独的控制板，每个控制板由 35 个沟槽波导组成一列。每个沟槽波导会有 44 个沟槽(分布转轨沟槽),是对称供电的和共振的。为了达到必要的表面精度(小于 ±0.5mm),需要进行 CFRP 设计。天线必须固定安装在航天器上(图 16.5)。

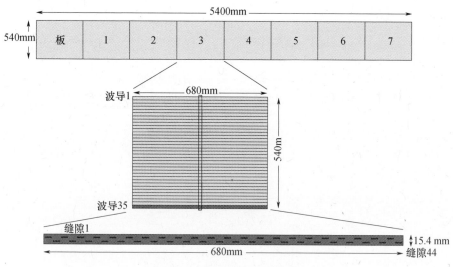

图 16.5　TOPOLEV 天线结构

表 16.6 为 TOPOLEV 有效载荷的特性总结。

表 16.6　TOPOLEV 有效载荷特性

频率,极化率	Ku 波段,VV 极化
测量几何关系	31°入射角,条带,25km 幅宽
关键性能参数	NESZ ≤ − 20dB
质量	81kg(20% 余量)
功率(有效载荷)	峰值 922W/平均 122W(20% 余量)
数据率	254Mb/s(压缩)
数据/轨道	55Gbit(压缩,20% 余量)
遥测	X 波段

16.2.4.3　冗余思想

对于 TOPOLEV 有效载荷,内部冗余是不能预先看到的。但是在卫星发射路径失败的情况下,由于其他卫星(相同的)的出现,内部冗余是存在的。在不影响任务目标的情况下,发射部分可转移到别的卫星上。

16.2.4.4　相位参考

对于干涉测量 SAR,为了保持所需限制内的一致性(图 16.6),在两个自由运行的设备振荡器中,相对相位的漂移必须是互补的。这样的结果是,脉冲重复间隔(PRI)不是同时的,并且对于干涉测量过程有些测量数据是不可用的(图 16.7)。

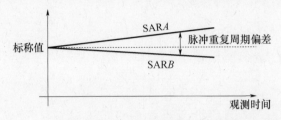

图 16.6　本地振荡器(LO)频率的漂移引起时间上的偏差

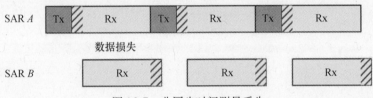

图 16.7　非同步时间测量丢失

对于 TOPOLEV 来说,两颗卫星间(如 TanDEM - X 任务所完成的)具有相位参考。这两颗卫星安装了 6 个角天线,可以收发参考信号。角天线会提供近距离的全方位覆盖,但是通过开关矩阵仅运行那些朝向前后卫星的角天线。

对于双基干涉测量 SAR 结构,一颗卫星发射,两颗都会接收。在周期性间隔中,可以交换用于相位参考的脉冲(5~10 脉冲/s)。在离线地面处理中,可以实现相位和 PRI 时序同步。

参考脉冲与用作 SAR 操作的脉冲具有相同的线性调频信号。由于短距离 HPA 的功率太大,因此需要在 HPA 之前得到线性调频信号,并经过专用的收发模块(TRM)放大。输出功率在 5W 左右。TerraSAR - X/TanDEM - X 已经实现了 10°的相位误差。由于 TOPOLEV 具有较高的频率,因此期望精度能达到 15°。

16.2.4.5　卫星间距离测量

对所需的高精度基线确定而言,使用双频 GPS 接收机。GPS 接收机由接收盒、GPS 天线和小型外部 LNA 组成。TerraSAR - X/TanDEM - X 任务的经验表明,通过 GPS 测量设备与高复杂度轨道模型进行匹配,可以在地面达到所要求的 1mm 基线精度。

两种基线确定的品质是可以达到的:

（1）快速基线确定（快速评估情况）：数据采集后的几个小时内可以获得。

（2）精确轨道确定（足够精度情况）：数据采集后的一个月才可以获得。

对于高精度轨道，需要在很长的时间段内采集轨道数据，并需要对摄动影响进行平均化处理。

16.2.4.6　TOPOLEV 设备性能

SAR 成像要求是由 TOPOLEV 设备完成的，相对高度测量精度能满足大多数情况的需求。对于没有（或很低）体积解相关的表面，土壤和岩石地面的高精度测量就是很典型的例子。表16.7所列为相干预算结果，在最坏情况下的最小相干依然在0.8以上。

表16.7　土壤和岩石的一致性评价

	波束 1	波束 2	评价
SNR	0.856 ~ 0.905	0.849 ~ 0.904	环绕幅宽
满意度	0.995	0.995	
范围和模糊度	0.995	0.993	
配准方位角	0.984	0.984	（假设有10%配准误差）
配准范围	0.984	0.984	（假设有10%配准误差）
体积解相关	1.000	1.000	31°的入射角；假设为3.0dB
时间解相关	1.000	1.000	
处理中丢失	0.985	0.985	（Tandem－X）
总相干	**0.816 ~ 0.856**	**0.808 ~ 0.856**	

更多的模型参数和因而发生的相对误差如表16.8所列。

表16.8　在无坡度的土壤和岩石的相对误差评价

	波束 1	波束 2	评价
高度模糊度/m	12	12	
范围	25 × 25	25 × 25	
地区范围	625	625	
多视	41.4	41.4	
仪器导致的相位误差	15	15	假设90%的偶然性
相对高度误差	**0.25 ~ 0.33**	**0.25 ~ 0.40**	不考虑来自基线的误差
RMS 基线误差/mm	1.0	1.0	
相对高度误差作用	0.89	0.89	90%偶然性
总的相对高度误差/m	**0.89 ~ 0.95**	**0.89 ~ 0.98**	考虑了来自基线的误差

由设备内部相位误差(尤其是两个雷达间不完全同步问题)产生的相对高度误差、信噪比和解相关影响在25km幅宽以内保持0.33m以下。在延长到30km幅宽边缘时最坏情况为0.4m。但是这个误差是由1mm的基线不确定性影响主导的,这种不确定性最终导致总的相对高度误差在为1m以下(图16.8)。

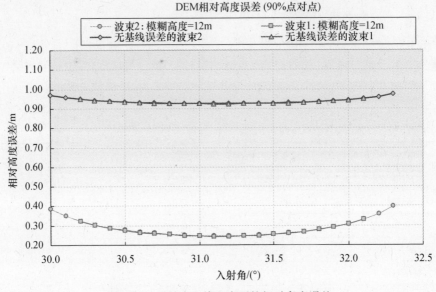

图16.8　无坡度土壤和岩石的相对高度误差

对于有20%斜坡的地形,性能会略微降低(图16.9),但是在25km幅宽内精度依然在1.01m以下。在30km幅宽时,在1.06m以下。两个结果都非常接近所要求的1m。

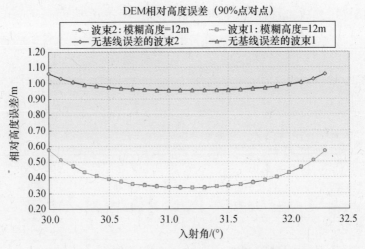

图16.9　坡度为20%的土壤和岩石的相对高度误差

但是某些情况下,例如,水域表面有微风(2m/s),幅宽(25km)的相对高度误差可达到1.25m。延长幅宽(30km)的相对高度误差可达到1.5m,与所要求的1m的相对高度精度相差较多。

16.2.5　任务特征

一些典型场景的调研表明在产生的高精度数字高度模型中实现主要的TOPOLEV任务目标是可行的。基于SAR设计和它的灵敏度,考虑干土和岩石的后扩散特性和各种误差源(包括基线不确定性)研究了干涉测量性能。对于提出的两种DEM产品,DEM-GEODETIC和DEM-GEOSECEN,评估了90%的点对点误差。结果表明基线不确定性是DEM相对高度误差的主要来源,1mm的基线误差会增加大约0.5m的高度误差。

所提出的DEM GEODETIC产品在9.6次独立视数时有12m的水平分辨力。假设基线不确定性是1mm(图16.10),90%的点对点高度误差不大于1.55m。在DTED-3的指标中,高度误差很合适。在稳定的区域中,通过结合从不同高度飞行的两个或多个干涉测量数据,垂直高度误差可以降低到1m以下(图16.11)。

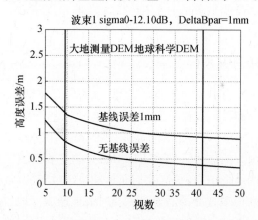

图16.10　裸露土壤和岩石的高度误差取决于视数
(-95%置信反向散射信号,30°入射角,25km扫描带宽,平坦地形)

DEM GEOSCIENCE结果有很多应用,例如在地球科学包括生态学、水文学、侵蚀绘图、冰川运动等。在41.4次独立视数时,有25m的分辨力,90%的点对点高度误差小于1m(在基线不确定度为1mm时)。通过结合来自不同高度飞行的两种干涉测量数据,垂直相对高度误差可以降低到0.6m,当干涉测量数据为5个时,误差会降至0.4m。

16.2.6　关键技术

几乎所有的仪器设备都可以从飞行资产(如 ERS、TerraSAR-X/TanDEM-

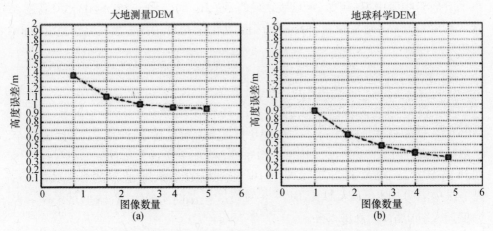

图 16.11　结合 DEM – GEODETIC 和 DEM – GEOSCIENCE 多个数据集
（图像参数相同）和 25km 幅宽的高度误差

X），或者 Sentinel – 1 中得到。唯一需要新开发的部分是沟槽波导雷达天线。这部分需要调研铝的产品性能是否适合（从热稳定性的角度来看）或者是否需要采用 CFRP 技术。

16.2.7　总结与开发

地形数据代表了具有基本重要性的信息，这些信息在很多方面都有用，包括各种地理信息系统、人身安全、基础设施规划，还有建模和理解地球过程。世界大部分情况下，用不到由 TOPOLEV 提供的高精度 DEM。在这方面，TOPOLEV 在填补资料空缺方面起到很大的作用。然而，TOPOLEV 的主要作用还是提供精确的地形信息和随时间变化的地形信息，提高我们对地球系统过程的认识。

地球系统科学的很多方面都需要可靠及时的地球表面地形信息。各种国际事件和项目（如 GEOSS、IGOS、地球观测项目、GMES）都强调及时、稳定、准确、高分辨力的 DEM 数据，希望可以将这些数据不受限制地用于科学界。TOPOLEV 致力于绘制高精度地形数据，将会在满足这些方面起到重大作用。

表 16.9 总结了主要的可利用的全球 DEM 数据集。GTOPO30 是基于多个高度数据源的 1000m 像素尺寸的低分辨力数据集，它是一个全球数据集。

这些数据集精度要比空间应用和其他应用需求的要求低。

GTOPO30、SRTM 和 ASTER – G 都是单一的数据集，不能够随着时间绘制高度变化。把两个数据集的结果结合起来（例如 SRTM 和 ASTER – G）研究高度变化甚至会产生比单一数据集更大的误差，这使得它在大部分应用中是无法使用的。TOPOLEV DEM 相对于这些数据集由一些优势，包括较高的垂直分辨力、有效提高空间分辨力和重复观察能力，这使得它有绘制高度随时间变化的能力。在所提出的两个轨道构型中,TOPOLEV 可以监测地面子集,地理科学阶段的重访周期为 15 天,全球校准阶段访问完整地面的周期为 91 天。这两个阶段都可用于重复测量地形变化。

表 16.9 可用 DEM 的综述

（全球覆盖率——来自 http://www.ersdac.or.jp/GDEM/E/2.html）

	ASTER G – DEM	SRTM(V3)	GTOP030
数据源	ASTER	航天飞机雷达	全世界有 DEM 数据的组织
产生与分布	METI/NASA(计划内)	NASA/USGS	USGS
发射年份	大约 2009(计划内)	2003 ~	1996
数据获取周期	从 2000 年到现在	11 天(在 2000 年)	1000m(30 弧秒)
90% 的 DEM 精度	±10m 到 ±30m	大约 ±16m	大约 ±48m
DEM 覆盖率	83°N 83°S	60°N~56°S	全球
数据丢失区域	由于云层覆盖没有 DEM 数据的地区	地形陡峭的地区	无

16.2.7.1　DEM – GEODETIC 产品

DEM – GEODETIC 产品致力于业务化应用(如建筑方面)和科学应用,要求具有高分辨力的地形数据。该产品有如下特性:像素尺寸为 12m,在水平和斜坡(坡角 <20°)地带 1.55m 以内有 90% 的垂直相对点对点高度精度,在陡峭地形时精度会下降。该产品符合 DTED – 3 指标的要求。在空间分辨力相同的条件下,结合重复通过的结果,可以进一步降低垂直高度误差,例如用两个干涉测量数据集可以把高度误差减少到 1m。DEM – GEODETIC 产品将对地理技术工作、基础设施规划产生重大影响,如交通路线、偏远地区的水力蓄水库、危险地区等,它对地理科学也有用处。全球水准测量阶段将能访问任何地面地区(除了南极内陆)。

16.2.7.2　DEM 地理科学产品

DEM 地理科学产品致力于为很多地理科学领域应用提供准确及时的高度信息,这些领域包括水文学、冰川学、生态学、林业学、湖沼学和海洋学。该产品分辨力为 25m,水平和较缓地形(坡角 <20°)的 90% 的垂直相对点对点高度精度优于 1m。陡峭地区的精度会下降。对比用于科学的 DEM 产品(如 ASTER – G 和 SRTM DEM 数据集),DEM – GEOSCIENC 产品有如下优势:

（1）显著提高了相对和绝对垂直精度(单一数据集精度优于 1m,多个 DEM 数据集融合的精度优于 0.5m)。

（2）有效提高了水平分辨力(25m)。

（3）重复观察能力确保能够准确监测高度的实时变化。

（4）在多山地区由 SAR 成像几何得到的数据空缺很少（在 ARTM 山区很常见）。

对于这款产品，所提出的两个轨道构型都是相关的，这依赖于所研究的现象类型。地理科学阶段可以提供地面子集的 15 天重复观察能力。这种周期性的重访能力对于研究受较大实时变化影响的地球物理学和水文学现象是有用的。这些主要是与水和冰（湖平面、湿地）有关。91 天的重访周期可用于对季度和年度表面高度变化的观察，例如对冰川、冰流、河流平原、潮汐内陆、火山地区、受侵蚀地区等。

16. 3   C – PARAS 任务

16.3.1   介绍

C – PARAS 是另一个提供精确地形测绘的任务，它是以"车轮"构型编队飞行的 3 个小型 SAR 航天器（只带雷达接收机），可以与提供场景照射的 Sentinel – 1 组成编队进行 C 波段双基 SAR 观测。C – PARAS 的潜在用途包括单次扫描（克服陡峭地形的相位解缠问题）时多干涉测量图的采集、洋流和林业应用中的沿迹和多基线干涉测量、空间分辨力增强等。

C – PARAS 的主要任务目标如下：

（1）基本地形图（DEM）产品，目的是填补空白并提高有效的全球 DEM（通过采用单次扫描、多基线干涉测量）。

（2）精确的高程变化图，针对地球科学应用，如火山和地形结构、漫滩、湿地、潮汐带、冰川等，以数周到数年的重复间隔产生精确的 DEM（采用单次扫描、多基线干涉测量）。

（3）通过多基线干涉测量（断层摄影技术和（或）极化干涉合成孔径雷达（PolInSAR）技术）估计森林参数。

（4）通过沿迹干涉测量对洋流、快速移动海洋冰川漂移的运动进行观察。

（5）采用垂迹和（或）沿迹分辨力增强技术生成应用于测绘和地球科学的极高分辨力 SAR 图像产品。

（6）利用双基反射系数改善人造结构（具有丰富的角反射和单向反射特征）的 SAR 图像产品。

在 C – PARAS 编队中，中心航天器 SC1 以约 150km 的沿迹距离跟随 Sentinel – 1 的轨道运动，两个"车轮"航天器 SC2 和 SC3 以 120m 和 480m 为半径绕中心航天器运动，如图 16.12 所示。与 Sentinel – 1 间隔 150km 保证了天底 C – PARAS 接收机能接收 Sentinel – 1 回波，但是超出了干涉测量 SAR 成像的临界基线（图像完全不相关），所以只有 C – PARAS SAR 图像对可以用在干涉测量产品中。3 个航天器使用了周期性的推进策略，以保持编队以及它与 Sentinel-1 的沿迹位置。

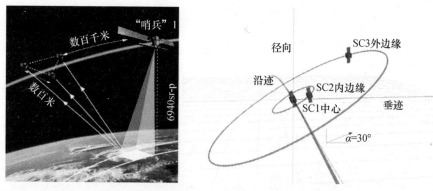

图 16.12　C-PARAS 工作概念与车轮轨道结构

因为 Sentinel-1 空间段是非合作的（设计上原因），因此排除了选用双向同步链接，另外为了建立系统相干性，必须采用其他的办法。尽管各个 USO 名义上有相同的频率，但是不可避免地会受到频率漂移的影响，并会有不同的随机相位噪声。但是可以假设，C-PARAS 可以利用 Sentinel-1 信息和雷达数据库信息。

16.3.2　需求分析

表 16.10 中列出了主要应用中的观测需求。DTED-2 绘图需求与那些全球 DEM 存在数据间隙的大范围区域中 DEM 生成有关（如 SRTM 没有绘制北纬 60°以北地区）。DTED-3 是绘制空间高分辨力的代表性产品。这个需求比较苛刻，但是 C-PARAS 通过采用 Sentinel-1 条带模式作为主模式并应用多基线干涉测量技术是可以达到的。地理科学应用要求有非常高的垂直精度，但是空间需求相对 DTED-3 来说比较宽松。

表 16.10　地理科学和测地应用中的观测要求

参数	指标	要求/评价
地形基础地图 大尺度产品 DTED-2		
空间分辨力	独立像素	30m（地心为 1 弧秒）
绝对水平精度	90% 圆周误差	<23m
绝对垂直精度	90% 线性误差	<18m（目标 <10m）
相对垂直精度	1°×1°时为 90% 线性点对点误差	<12m（坡度小于 20%） （目标 <5m） <15m（坡度大于 20%） （目标 <1m）

（续）

参数	指标	要求/评价
DTED - 3		
空间分辨力	独立像素	12m（地心为0.33弧秒）
绝对水平精度	90%圆周误差	<10m
相对水平精度	90%圆周误差	<3m
绝对垂直精度	90%线性误差	<10m
相对垂直精度	90%线性点对点误差超过1°×10°	<2m（坡度小于20%）
地理科学中的高度变化		
空间分辨力	独立像素	25~50m
相对垂直精度		≤1.0m（坡度小于20%）
		≤3.0m（坡度小于20%）
洋流		
空间分辨力	独立像素	100m
速度	标准偏差	±0.2m/s
海洋冰块漂移（快速）		
空间分辨力	独立像素	50m
速度	标准偏差	±0.1m/s
林业参数		
空间分辨力	独立像素	25m
树木高度	标准偏差	对于h>20m，±2m或者≤10%

洋流、海洋冰块对测量精度要求更为苛刻。海洋冰块典型的偏移速度不大于1m/s。洋流可能会达到比较高的速度，尤其是潮汐比较强的地区。这意味着需要根据观察现象调整要求。

C-PARAS通常的轨道参数由Sentinel-1的轨道所决定，Sentinel-1的轨道参数在表16.11中已详述。

表16.11　Sentinel-1轨道指标

轨道参数	Sentinel-1轨道指标
高度	约700km
类型	近极地与太阳同步
倾斜度	98.183402°
重复周期	12天
下降点的平均当地太阳时间	18:00h（理论上）
覆盖率	全球

由于有碰撞危险，不允许C-PARAS卫星和Sentinel-1近距离操作，因此与Sentinel-1的沿迹距离至少有50km。

使用2颗而不是3颗仅可接收的卫星(以距 Aentinel - 1 很远的沿迹距离)能够形成一个双基单线干涉图,基线由两颗被动卫星的位置所决定。由于没有多基线处理,这样会导致 DEM 品质的一些降低。然而,它作为一种选择,仍然是有用的。

所提出的 C - PARAS 接收机的特性在表16.12中给出。

表 16.12　C - PARAS 敏感器指标

参数	给定值
中心频率	5.405GHz
SAR 模式	只接收
带宽	与 Sentinel - 1 同步
极化率	Co - pol(VV 或者 HH)
等同于 0 NESZ 的噪声	- 23dB
幅宽	不小于 50km(Sentinel - 1 条带模式或者干涉测量宽幅模式的接收信号)
使用 Sentinel 模式[①]	干涉测量的宽幅模式 最小要求:IW1 幅宽 目标:可选的 IW 模式(IW1, IW2 IW3)

① IW1 模式下不能实现全球可访问性,这对于科学和应用来说是个关键约束,最小级别要求仅适用于在轨技术验证

对于主要(垂迹)应用来说,双基 SAR 几何关系的基线要求如下:

(1)3 幅图像对的正交基线(垂迹):150m、450m、600m(±30%)。

(2)仅可接收卫星之间的沿迹距离应该尽量小,这样可以增加相干性、减小方位角频谱的多普勒频移。

(3)能达到该基线的主要纬度带是北纬 45°和 65°之间。

16.3.3　任务和系统分析

C - PARAS 是由 3 颗无源小型 S/C(中心星/追踪星)组成的星座,它在Sentinel - 1 后方 150km 处飞行,接收来自于 Sentinel - 1 的回波形成 SAR 图像(表 16.13)。

表 16.13　C - PARAS 的要求和基线

参数	给定值	评价
航天器数量	3	航天器是一样的(与 Sentinel - 1 差别很大)
Sentinel - 1 轨道高度	693km	3 个 SC 星座沿着 Sentinel - 1 的轨迹运动,距离大约 150km
Sentinel - 1 倾斜度	98°	太阳同步轨道,下降点的平均当地太阳时间 18:00

参数	给定值	评价
Sentinel-1 重复周期	12 天	
编队类型	同轴"车轮"构型： SC1 在中心 SC2 在内边缘： 半径为 130m SC3 在外边缘： 半径为 520m	编队形状是通过周期机动保持的（通常是几天一次）
编队平面与当地水平面的夹角	30°	标准"车轮"构型，与视线要求一致
同心差异 SC1 产生编队	SC1:28E-06 SC2:3.71E-05 所有航天器近地点角度都为90°	
倾斜向量 产生编队的差异	RAAN 差异是 0 SC1:倾斜差异 = 0.00092° SC2:倾斜差异 = 0.0037°	
有效测量的正交基线 B_n	150m,450m,600m，±30%	在 3 个被动航天器之间形成 3 个图像对，也即 SC1-SC2，SC2-SC3，SC1-SC3。注意 Sentinel-1 和被动航天器之间不会形成图像，原因是 Sentinel-1 超出系统基线要求
要求范围内基线的纬度	45~82°N	
视线角(θ)	30°	

根据为 C-PARAS 选择的"车轮"大小可以计算出轨道异面距离。实际上，如果卫星位于轮的轮辐上，可以选择两个同轴的"车轮"构型。

对于 TOPOLEV，参考平面和卫星轨道平面的交叉位置可以随意选择（如在任意的轨道经度）。对于太阳同步轨道，这意味着交叉点可以在大约 -82°~+82°之间的任意纬度上。

在这里，参考面是编队中心航天器的平面。这样的话，与参考面正交的基线如下：

（1）对于内部航天器，在 70m 和 130m 之间，基线可以由 130m 的"车轮"半径得到，角度大约为 35°~145°。

（2）对于内部到外部航天器，在 210m 和 390m 之间，基线可以由 390m 的"车轮"半径得到（外部航天器相对于内部航天器），角度大约为 35°~145°。

（3）对于中心到外部航天器，在 280m 和 520m 之间，基线可以由 520m 的"车轮"半径得到，角度大约为 35°~145°。

如果选择较大半径的"车轮"，那么角度覆盖范围将会减少。

最好的情况是使参考面和卫星轨道面在赤道相交。那么所要求的异面距离在纬度35°最大至85°范围内达到,然后再降至35°。

16.3.3.1 相对 Sentinel – 1 的轨道控制

Sentinel – 1 和 C – PARAS 航天器有不同的面/质比值。C – PARAS 编队设计为通常以 150km 沿迹距离跟随 Sentinel – 1 运动。差动阻力效应将会引起整个编队相对 Sentinel – 1 的漂移。Sentinel – 1 会周期性地执行定点保持机动以便能保持它的平均半长轴。通常间隔是 2 天,且受控制带宽要求所影响。

对 Sentinel 和 C – PARAS 间的相对沿迹控制没有很严格的要求。然而,一般要求沿迹距离应保持在 10% 以内。

差动阻力造成的相对运动可以进行分析。图 16.13 显示了在太阳活动较强时的运动,这时大气阻力影响相对较高。面/质比选择为 0.002 和 0.004。

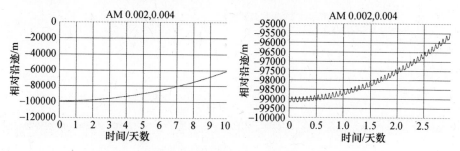

图 16.13 面/质比为 0.002 和 0.004 时 Sentinel – 1 和
C – PARAS 的垂迹运动差,包括了前三天的放大图

漂移为时间的二次方关系意味着,在该例中 2 天时间内沿迹漂移为 1.5km,那么 10 天后将达到近乎 40km。

因此,C – PARAS 定点保持频率应该在 2 ~ 3 天区域内,以保持所设计沿迹位置的 10% 以内。

16.3.4 有效载荷及其性能分析

Sentinel – 1 很有可能在干涉测量宽幅模式(IWS)下工作。这是一种扫描 SAR TOPS 模式,这种模式下 Sentinel – 1 对方位向和高度向波束实行电子控制。为了简化,C – PARAS 在海拔上进行粗糙的机械波束控制,这就使得在任一给定图像序列期间都能对所选择的子测绘带进行成像。在方位上,提出了在偏航方向上进行机械控制,同时通过电子扫描以扫描 SAR 模式跟踪 Sentinel – 1 波束。天线时序控制是由 GPS 平台所决定的。

适合织女星火箭发射的卫星结构已经确认,其建议的天线外形尺寸为 3.6m × 1.4m。这样的天线具有"接收时扫描"(Scan – in – Receive)(一种电子式快速仰角扫描技术,其中接收波束通过图像测绘带扫描并与接收脉冲同步)可达到的性能显示其可以提供大约 -23dB 的灵敏度($\text{NE}\sigma_0$)。对于高精度基线(2mm 内)的确定,将采用双频 GPS 接收机。

图 16.14 中,采用接收扫描的 $3.6\text{m} \times 1.4\text{m}$ 尺寸的天线,IW1、IW2 和 IW3 对应的垂直测绘带 NESZ 模式。最坏情况的 NESZ 如下:

(1) IW1:NESZ $= -23.64\text{dB}$;

(2) IW2:NESZ $= -22.79\text{dB}$;

(3) IW3:NESZ $= -22.97\text{dB}$。

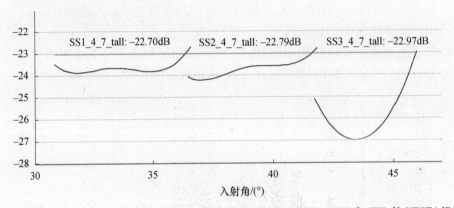

图 16.14 对于 $3.6 \times 1.4\text{m}$ 天线,接收扫描可用时 C – PARAS IW1、IW2 和 IW3 的 NESZ(dB)

16.3.4.1 C – PARAS 有效载荷结构

C – PARAS 载荷是由 Sentinel – 1 有效载荷相关元素的重复使用情况所决定的。这包括大部分接收链、带额外子系统的设备控制器、天线内子系统。额外子系统能够使卫星同步、与 Sentinel 实现直接路径时间同步,天线子系统能实现慢时间方位角扫描(为了跟踪 Sentinel – 1 提供的 TOPS 照射)和快速高度扫描,以实现"接收时扫描"功能。

C – PARAS 有效载荷的主要部分如下:

(1) 主要设备和前端子系统,包括:

● 主要回波接收天线,它带有结合的方位角和高度控制单元。

● 可选的 C – PARAS 天线以及每个 C – PARAS 卫星和 Sentinel – 1 之间直接时间同步链接的电子设备(低噪声放大器、幅度控制天线和绝缘开关)。

● 小型的单极(双极)天线、信号传输放大器、收发开关以及 C – PARAS 卫星星座内部相位同步有关的低噪声放大器。

(2) 主要的回波信号接收链。

(3) 超稳定主振荡器(USO/STALO)。

(4) 频率发生器(产生多个不同时钟和有效载荷需要的内部振荡器)。

（5）雷达设备控制器。

准备发射的整个卫星结构如图16.15所示。主要的有效载荷特性如表16.14所列。由于Sentinel-1在运行IWS模式时提供给任一子测绘带部分的照射会产生能够描述扫描SAR运行的脉冲串,因此在沿迹方向只可以达到中等的空间分辨力(20m)。

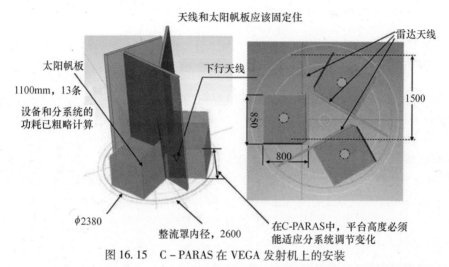

图16.15　C-PARAS在VEGA发射机上的安装

表16.14　C-PARAS有效载荷特性

频率,极化率	C带,VV极化率
测量几何关系	IWS模式,IWS1入射角是30°
关键性能参数	NESZ ≤ -23dB(包括在收到扫描)
质量	111.8kg(20%余量)
功率(有效载荷)	峰值112W/轨道,平均为6.2W(20%余量)
天线尺寸	3600mm×1400mm(固定不可展开)
数据率	<200Mb/s
数据/轨道	35Gbit
遥测	X波段

16.3.4.2　时间和相位同步问题

Sentinel-1不能提供双基操作,所以不像TOPOLEV,它不能直接在C-PARAS和Sentinel-1间建立同步。C-PARAS连续接收记录,地面处理恢复从Sentinel-1信息中的时序。C-PARAS航天器的星间链路可以用作对称交换并记录各个振荡器信号,这可以为地面干涉测量产品生成提供所用的相位补偿信息。

干涉测量产品只可以从被C-PARAS卫星捕捉的SAR图像中产生。尽管

C – PARAS接收机与 Sentinel – 1 上发射机不是相位相干的, 3 个 C – PARAS 接收机间的相对相位差才是影响干涉测量产品的关键因素(注意: C – PARAS 图像不可以同 Sentinel – 4 获取的图像结合, 因为距离超过了临界基线)。C – PARAS 星间链路获得的同步数据使之成为可能, 因为 Sentinel – 1 发射机相关项在从 C – PAR- AS 图像对形成干涉图时可以相互抵消。

C – PARAS 和 Sentinel – 1 之间有两种级别的时序同步:

(1) 在所要求的 Sentinel – 1 工作模式期间能够保证 C – PARAS 获取数据的同步模式(也即 IWS 模式 1)。

(2) 把接收到的雷达回波同从 Sentinel – 1 得到的正确发射脉冲以及距离方位矩阵结构进行校准, 作为 SAR 图像形成的前提, 同时控制 C – PARAS 天线以便它能够有效地捕捉到 Sentinel – 1 反射回波。

模式同步可以通过使用 GPS 时序实现。C – PARAS 与 Sentinel – 1 间的第二级(可选的)同步策略连接事件时序包含在天线内, 以尝试直接接收从 Sentinel – 1 发出的雷达脉冲信号。可以看出这样做是比较困难的, 因为 C – PARAS 和 Sentinel – 1 的相对方位使得 C – PARAS 不能出现在 Sentinel – 1 天线方向图中。每个 C – PARAS 都需要一个低功率的收发系统, 以便每颗 C – PARAS 卫星可以获得另两颗卫星上主振荡器的相对相位信息。

天线控制和数据记录也涉及很多内容。通过航天器滚动可以控制 C – PARAS 天线高程角, 航天器偏航运动可控制天线的方位角, 以抵消地球旋转的影响。另外, 在 IWS 模式时, 必须电子控制 C – PARAS 波束, 使它能跟踪到 Sentinel – 1 扫描 SAR 天线方向图的方位角控制。否则, 敏感度会降低。如果进行"接收时扫描"(SIR)时, 还需在高程方向上进行电子控制。

C – PARAS 处理器可以通过 GPS 数据将它的工作模式同 Sentinel – 1 匹配。然而, C – PARAS 接收机时序控制单元(TCM)不能与 Sentinel – 1 中相应的部分同步, 那么为了匹配发射脉冲 C – PARAS 接收机窗口不太可能达到精确选通, 因为两个 USO 之间不可避免地会有时间漂移。因此, 建议 C – PARAS 接收机仅仅在获取雷达数据时连续记录。数字采样流包含噪声和雷达回波的交替部分。全部数据集都存储下来, 然后传送到地面以便后续处理, 通过使用 Sentinel – 1 数据中详细的时序信息, 可以将距离线采样窗口同传输脉冲精确匹配。

在 Sentinel – 1 的 IWS 模式中, 回波窗口持续时间(测绘周期)通常小于 PRI 的 50%。Sentinel – 1 接收处理器能够访问 TCM 中的精确脉冲时序, 这样便可为回波精确选通其采样接收窗口, 那么与 C – PARAS 中的自由运行系统相比, 从处理器到固态大容量存储器(SSMMM)的平均数据速率将双倍减小。然而, C – PARAS 应该能够定义一种采样接收窗口, 基于它的 GPS 时序和 TCM, 该窗口能准确包迹与给定 IWS 模式有关的脉冲回声, 如图 16.16 所示, 处理器的平均数据速率将会降低 3 倍, 约 200Mb/s。

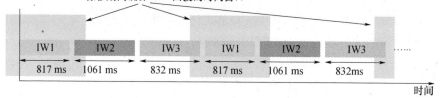

在整个雷达数据采集其至时间
漂移期间确保IMS1回波的时间窗口

图 16.16　捕捉 IWS1 回波的粗略接收时间窗口

尽管如此,在 C-PARAS 的初始运行中,处理器保持了对记录完整数据采集的灵活性。如有必要,可以通过采用较短的数据获取周期或者仅每 3 个轨道周期内采集一次数据以解决下传 TM 约束。一旦系统被证实可用,就可通过以选定的 IWS 模式下的星上窗口进行扩展数据采集。

16.3.5　任务性能

基于不同设置的 SAR 天线设计和它的灵敏度,DEM 生成的干涉测量性能已进行了研究。假设考虑到短植被的反向散射性质以及多种误差源(如基线不确定性),平均反向散射和 90% 概率的两种 DEM 产品(DEM-BASIC 和 DEM-PREC)估计达到 90% 的点对点高度误差。

对于平均反向散射条件下 DEM-BASIC 产品(30m 分辨力和 9 次独立观测)会有 90% 的 3.5m 左右高度误差。在 95% 概率反向散射时,对于使用 3.6m × 1.4m 天线并进行"接收时扫描"的大部分测绘带,90% 的点对点高度误差在 5m 以下。假设基线误差大约为 1mm,IWS1 近程的高度误差增加 0.5m,IWS3 远程高度误差增加 1.5m。

DEM-PREC 产品(90m 的分辨力和 81 个独立观测)在减小空间分辨力的情况下,提高高度精度。忽略基线不准确性,对于进行"接收时扫描"的两个天线来说,90% 点对点误差在 2.1m 以下。基线误差每增加 1mm,IWS1 近程高度误差增加大约 0.5m,IWS3 远程高度误差增加 1m(表 16.15)。

表 16.15　DEM-BASIC 的相对高度误差(600m 基线)

基线误差/mm	灵敏度(NEσ°)/m		
	-23dB	-20dB	-17dB
0	2.8	3.4	4.3
1	3.7	4.2	5.2
2	4.5	5.1	6.1
注:相对于灵敏度基线误差的预估高度误差的总结(σ^0 平均)			

16.3.6　关键技术

C－PARAS 所要求的主要开发工作与雷达天线相关。大于一半的仪器设备可以从以往飞行(如 ERS、TerraSAR－X/TanDEM－X)或者 Sentinel－1 中得到。需要新开发的部件是轻型阵列天线、"接收时扫描"模块和 C－PARAS 卫星内部同步链接天线。

16.3.7　总结与应用

航天器 SAR 系统发射雷达信号的无源利用能够为一系列应用提供有价值的信息。C－PARAS 任务代表了由 3 颗仅接收信号卫星组成的"车轮"构型编队，它充分利用了 Sentinel－1 C 波段 SAR 提供的场景照射信息，生成数字高度模型已确定为最主要的应用。

主要的 C－PARAS 产品是具有不同空间分辨力和垂直分辨力指标的有数字高度模型。准确的、最新的数字高度信息是地理科技很多方面应用的基础，例如水文学、地理学、环境科学、建筑项目、道路规划和供应网路等。精确 DEM 还是高精度卫星地理编码的先决条件。表 16.16 总结了这些主要的全球 DEM 数据集。

表 16.16　可用的 DEM 数据集总览(全球覆盖率)

(来自 http://www.ersdac.or.jp/GDEM/E/2.html)

	ASTER G－DEM	SRTM(V3)	GTOP030
数据源	ASTER	航天飞机雷达	全世界具有 DEM 数据的组织
产生与分布	METI/NASA(计划内)	NASA/USGS	USGS
发布年份	约 2009(计划内)	2003 以后	1996
数据获取周期	从 2000 年到现在	11 天(在 2000 年)	1000m(30 弧秒)
90% 的 DEM 精度	±10 到 ±30m	约 ±16m	约 ±48m
DEM 覆盖率	83°N~83°S	60°N~56°S	全球
数据丢失区域	由于持久云层覆盖而没有 DEM 数据的地区	地形陡峭的地区	无

GTOPO30 是一个基于不同高度数据源、大约 1000m 像素尺寸的全球低分辨力数据集。对于很多应用，这个分辨力和精度是不够的。

SRTM 是 2000 年获得的干涉测量双基 DEM 数据集。尽管在科学领域，SRTM 被广泛应用，但由于雷达布置和阴影，它仍然有很多和数据间隙相关的缺陷，尤其在多山地区。SRTM 的另一个局限性是这个数据集不包括所有的纬度地区。这些地区现在正变得越来越重要，它们对环境变化有重要影响。

ASTER－G DEM 是从 ASTER 立体图像对获得的一个全球 DEM 数据集。尽管它覆盖了南北纬度的 83°,但由于云层覆盖,它仍有数据间隙。随着地区变化,精度也不一样。Toutin[2]估计,对于地理定位,标准的 DEM 产品预期的地理和立体性能是 10~30m,高度精度由 GCP 的数量和质量,还有地区类型决定。

对于 C-PARAS 任务,推荐两种类型的高度数据集:DEM-BASIC 和 DEM-PRECISION。

DEM-BASIC 产品水平网格大小是 30m×30m,在天线 NESZ≤-23dB(如进行"接收时扫描"、大小为 3.6m×1.4m 的天线)以及基线不确定性低于 1mm 的情况下,对于高和低的反向散射地区来说,90% 的点对点垂直高度误差分别为 4.5m 和 6m。这个 DEM 数据强调了对间隙的连续填补和全球 DEM 的提升。尽管垂直精度满足要求,但水平分辨力略微低于 DTED-3 的要求。DETD-3 绘图要求 12m 的水平网格,这与多建筑地区尤其相关。在这些地区之外,30m 的网格大小可满足大多数应用需求。正如先前所见,这款产品将会吸引很多科学和实际上的应用。

DEM-PRECISION 产品的主要用于水平和地势较缓地区,这些地区空间分辨力不如垂直精度重要。DEM 水平网格大小为 90m×90m,对于高和低反向散射质的地区,90% 点对点误差分别是 2m 和 3m(基线不确定性小于 1mm,进行"接收时扫描"天线尺寸是 3.6m×1.4m)。可以预测这款产品将会在中间地形区域代替 DEM-BASIC,这些地区垂直精度比较重要。另外,在地理科学应用方面的重复绘图会是一个重点,例如研究冰川和冰流的体积、绘制冲积沉淀的过程、绘制火山地区的膨胀和萎缩变化等。

相比于 SRTM 和 ASTER-G DEM,C-PARAS DEM 产品会有重大的提升:

(1)与 SRTM 和 ASTER-G DEM 相比,提升了空间精度和垂直 90% 的点对点高度误差。

(2)填补了由 SAR 成像几何关系导致的多山地区的数据间隔。

(3)C-PARAS 具有近乎全球访问的潜力。

(4)C-PARAS 有重复覆盖的潜力,这可以监测高度变化。

由于 C-PARAS 与 Sentinel-1 编队飞行,DEM 产品可直接支持 Sentinel-1 SAR 数据的地理编码过程,还可恢复校准后扩散系数,这些方面需要准确测量入射角。

C-PARAS 的第二个应用包括运用 C-PARAS 成员之间的沿迹干涉测量对来估计移动区域。具有不同沿迹距离的 3 颗卫星可以使得对较大范围速率值的观察成为可能。这样的话,就可以使用沿迹 SAR 干涉测量技术,包括绘制洋流和快速移动海洋冰块速率的应用。

16.4　鸣谢

本章工作是合同号为 20395/06/NL/JA 的 ESA GSP 项目的一部分。项目是由

Astrium 公司执行,得到了来自 Astrium SAS、Astrium GmbH、ENVEO、GMV 和 Verhaert Space 的支持。非常感谢 ESA 项目管理部门的 Karsten Strauch 和 Kristof Gantois,还有包括 Helmut Rott、Thomas Nagler、Bernhard Grafmueller、George Egger、David Hall、Steve Kemble、Alice Robert、Marline Claessens 和 Christina de Negueruela Alemán 在内的技术组的其他人。

附录

缩略语

ACT	垂迹	FOV	视场
ADC	模数转换器	GCP	地面控制点
ADPMS	先进数据和功耗管理系统	GOCI	同步海洋色彩仪器
AERL	陆地悬浮颗粒任务	HPA	高功率放大器
AIT	装配、集成与测试	HPGP	高性能绿色推进剂
AIV	装配、集成与验证	IF	中频
ALT	沿迹	InSAR	干涉测量 SAR
AOCS	姿态与轨道控制系统	IOD	在轨验证
APE	绝对指向误差	ISL	星间链路
ASAR	ENVISAT 先进合成孔径雷达	IWS	干涉测量宽测绘带
AVP	逆速度框图	LEO	低轨
BUP	数据框图	LEOP	发射和早期运行阶段
CFRP	碳纤维复合材料	LHS	左手边
COMS	通信、海洋和气象卫星	LNA	低噪声放大器
C – PARAS	C 波段主动雷达卫星	LO	内部振荡器
DEM	数字高程地图	LST	当地太阳时
DSP	数字信号处理器	LTAN	升交点当地时间
DTAR	分布式目标模糊度比例	MERIS	中等分辨力图像分光仪
DTED	数字地形高程图	MSI	多谱设备
EPC	电力功率调节器	NESZ	噪声等效西格玛零
FDIR	故障检测、隔离与恢复	NRT	近实时
FDS	飞行动力学系统	OLCI	海洋和陆地色彩仪器
FEE	前端电子学	PCDU	功率调节和分配单元
FF	编队飞行	PDGS	载荷数据地面段
FFCC	编队飞行指令与控制	PDHS	载荷数据处理分系统
FM	飞行模式	PLP	载荷框图
FOAMO	泡沫绝缘主振荡器	PM	颗粒物质
FOS	飞行运行段	PoLinSAR	偏振 InSAR

PRI	脉冲重复周期	STR	星追踪器
PROBA	机载自主性项目	TCM	时序控制模块
PSU	电源供应单元	THEOS	泰国地球观测系统
RHS	右手边	TOA	大气顶层
RF	射频	TOPOLEV	地形水准测量任务
ROIC	无线电频率	TOPS	具有先进扫描的地形观测
RPE	读出集成电路		（具有方位扫描的扫描雷达）
S/C	航天器	TRL	技术成熟度水平
SAR	合成孔径雷达	TRM	发射接收模块
SIR	接受扫描	TWT	行波管
SNR	信噪比	USO	超稳定振荡器
SRTM	航天飞机雷达地形测量任务	UTC	世界调整时间
SSMM	固态大容量存储器	VP	速度框图
SSO	太阳同步轨道	WV	水蒸气
STALO	内部稳定振荡器	ZP	天顶面

参考文献

1. EO Smll Mission Study(Phase2)(2009)Study Final Report,ESTEC Contract No.:20395/06/NL/JA,Iss 1 Rev 1,18 Aug 2009,Astrium Ref. EOSM – ASU – RP22

2. Toutin T(2008) ASTER DEMs for geomatic and geoscience applications:a review. Int J Remote Sens 29(7):1855 – 1875

3. Zink M,Krieger G,Fiedler H,Moreira A(2008)The TanDEM – X misson concept. In:Proceedings of the EUSAR 2008 conference,vol 4,Friedrichshafen,2 – 5 June 2008,pp 31 – 34

第 **17** 章　SAR 列车

Jean Paul Aguttes

　　摘要　这一概念是指 N 个独立 SAR 的相干组合,从地面上看这些卫星围绕同一个轨道弧运转。SAR 列车的"信号清洗"模式保持每一个独立的 SAR 天线区域要求不变,并且带来应用于信噪比和模糊性保护的 N 倍优势。编队飞行的主要限制在于卫星轨道的宽度。相对于这些优势来讲, N 倍的整个天线面积是另一限制条件。SAR 列车的"天线稀释"模式使得整个未经改变的天线面积分成 N 个更小的基本天线面积,因此,SAR 优点因素(幅宽与分辨力)成 N 倍增加。关于第一种模式,通道宽度限制增加,沿迹距离在时间和空间需要更为精准。使用相应的扩频波形而非传统的脉冲波形消除了"天线稀释"等级带来的额外轨道限制的主要部分。具有单向发射信号的 N 个可见 SAR 列车能够对相干损失有更好的鲁棒性,并缓解了对编队测量的压力(采用差分 GPS)。此外,由于仅通过单发射 SAR,仍可获得同样的性能,因此全局能源效率提高了 N 倍。然而,由于限制了空间域,天线稀释带来的沿迹距离限制变得更加苛刻,这增强了扩频效益。作为其应用的一部分,该概念以非常低的频率(P 波段)或非常高的高度(监视)避免了 SAR 任务巨大天线规模的问题。

17.1　绪论

　　众所周知,天线面积和功耗是空间 SAR 的主要设计限制,两者都限制了卫星地面覆盖区域的分辨力,这是关键的性能标准,在这里我们将之称为品质因数。

　　存在一个特定的 SAR 尺寸,称为关键尺寸[1],其可在某一特定的天线区域内取得最大的品质因数。对于小的额外品质因数,超过关键尺寸将产生大的额外天线面积(对 +50% 产生 100%),然而,在临界尺寸下为节省足够的天线面积需要牺牲品质因数(对于 -30% 为 -75%)。对于 50° ~ 60° 范围内最大入射角,临界尺寸的品质因数大约是 10000。与天线面积相比,功耗灵敏度对于品质因数在很大程度上是线性的。

　　有一些模式和设计能规避这些限制,尽管它们不能同时减少对天线面积和功耗的限制。

　　SAR 列车是指同一轨道上数个 SAR 的结合,总共有两个目的:

（1）通过将数个 SAR 分散成为几个不同实体，以极大提高功耗或天线面积的实际限制。

（2）消除 SAR 品质因数的障碍，在一个指定的整体天线面积范围内扩大可取得的品质因数。

在地球坐标系下，N 个 SAR 在同一轨道上飞行，这意味着相邻卫星必定通过同一地点。由于地球旋转，所以在地球惯性坐标系下，SAR 分布在不同的轨道平面上。这一时间延迟应该在限制范围内，其引起了反向散射的时间解相关。SAR 并不一定要具有可视性，尽管可视性提供了一种特别的实施案例。

17.2　N 个单基 SAR 组成的纵队

17.2.1　基本优势：能量加法

N 个 SAR 提供 N 个相同合成天线，在不同时间聚焦在一处理点。相同（合成）天线的 N 次穿越使能量预算及信噪比提高了 N 倍。

现在，我们将详细来看如何加深这种理解，并发现这些 SAR 组成的纵队的其他性质和优势。

17.2.2　N 元天线阵列的建模

我们用合成天线为代表，也就是说沿轨道 S 个相同信号采样的加法，信号样本是由沿轨 S 位置处的实际天线接收的，从距离变化到已处理像素的预先校正（SAR 处理过程）。这种修正使得轨道弧度以像素为中心按圆形展开。由此可以认为，N 条合成天线的加法首先是来自不同 SAR 的 N 次采样的加法并经过预先修正，然后是合成 N 次采样沿轨连续位置的加法。该合成采样等同于从单个阵列天线接收的采样，天线阵列 N 元是位于 N 个采样点处 N 个 SAR 的天线。由于具有 SAR 处理修正过程，阵列自动匹配一个以处理像素为导向的模式。基于这种对等，我们认为每一元仅接收其本身发射信号的地面回波，而不接收其他发射信号的地面回波，这已经是一种应用于合成天线的长阵列代表。通过 N 次采样形成阵列的方法并不十分重要，这也证实了信号叠加至最后，全部 NS 采样都会记录并且不会多次计数。

可以考虑一个沿合成天线飞行的固定阵列形式，不管边缘效应（一些元在合成天线之外），假如波形是周期性的（以脉冲波形为例），且合成天线长度是循环多重的。的确，每一个类选元可以被相同的元替代，在它不改变已处理像素或者任何模糊像素的阵列响应时入射。

如图 17.1 所示，该阵列模式能够提供从目标提取的 N 个有用能量的相干叠加，假如天线面积保持不变的话，这将与信噪比提高 N 倍相一致。不过，这将减少模糊量。

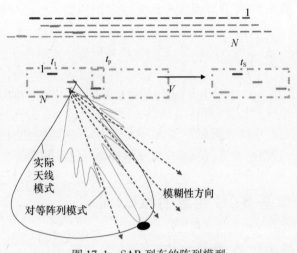

图 17.1　SAR 列车的阵列模型

正如之后所见,在有效阵列形式和/(或)波形(WF)下,对于品质因数提高及基本天线区域减少情况模糊度减少太多以致超过了可容忍值。

17.2.3　随机 SAR 距离与降低模糊性:SAR 列车信号清洗模式

我们称给定 SAR p_0 和脉冲重复频率(PRF)的采样间隔为采样频率。正常情况下,分割长度 V/PRE 要比天线长度的 1/2 稍小。因为 N 脉冲列车并不是同步的,在一段内,因早于或晚于时间延迟$(t_{p_0} - t_p)$而形成了 $N-1$ 其他样本的分布。有时,我们会考虑到带有同一部分的 N 元的阵列模式。

以 V/PRF 对一个合成天线进行正常采样,模糊参数方向由 $k\lambda$ PRF/2V 决定,由于元间距为 V/PRF 的一部分,根据连续元间的距离差是 $k\lambda$ 的一部分,此处模糊度 k 由 N 元阵列接收到。元间距的分布具有随机性,每一个模糊度的 N 贡献值是非相干叠加的,而已处理像素的 N 贡献值却是相干叠加的。随着信噪比呈 N 倍增加,模糊度保护也呈 N 倍增加。

17.2.4　卫星的精确时间空间距离(以 V/PRF 为模):SAR 列车天线面积稀释(AD)和品质因数倍增模式

17.2.4.1　合成天线采样

假设阵列中的空间是固定的,且等于 V/NPRF,换句话说,在它们传输相同样本的时候(并不一定是相同的时间),一个指定的卫星与 $N-1$ 其他任一卫星之间的实空间为 kV/PRF + pV/PRF,其中 K 是不确定的,p 在 1 到 $N-1$ 间变化。合成天线 N 采样叠加使单一合成天线的采样间歇呈 N 倍递减。因而,我们可以使天线

的真实长度以 N 倍减少,使合成天线的长度以 N 倍增加,使方位分辨力以 N 倍提高,而对单一 SAR 的模糊度不产生影响。

17.2.4.2 天线阵列

另一种方式是根据距离偏差分布,模糊度 k 被接收 N 次,那么

$$2pV/\text{PRF} \cdot k\lambda \text{PRF}/2V = pk\lambda/N \quad (0 < p < N-1)$$

当 k 乘以 N,且增加为相干的条件下,这一复杂增加结果是无效的,因此,天线长度以 N 倍减少,天线模式及合成天线长度增加 N 倍,与在单一的 SAR 中得到的模糊性配置相同。但是,由于脉冲重复频率未发生变化,卫星地面覆盖率不变,分辨力以 N 倍提高。

天线长度未减少,由于模糊度的数量被分成 N 份,因此模糊度会降低。与随机距离相比较,这一减少幅度更大。的确,每一模糊度没有 N 倍统计性减少,我们能够完全抑制天线束附近主模糊度,以及旁瓣稳定时剩余模糊能量以 N 倍减少。在这一 SAR 列车概念中,必须在提高品质因数和模糊性保护两方面进行选择。

鉴于阵列模式,我们可以得出相同的结论。考虑一个以 V/PRF 为给定采样间隔的阵列模型,该模型针对 N 个 SAR 中的一半,下一个模型则针对另外一半。在图 17.2 中,可以看到该阵列模式消除了所有的模糊性,除了那些处于阵列栅瓣中的 N 重等级模糊度。

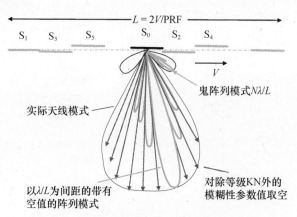

图 17.2　具有精准间距(脉冲波形)的 SAR 列车

时空 SAR 距离的任何不匹配都会影响 kN 以及消除模糊性的品质而且对于通常单一的 SAR 保护来说还会产生额外的模糊性,这就带来后面将提到的 SAR 编队飞行约束问题。

17.2.4.3 概念优势

提高品质因数的基本点在于它使得 N 个第一模糊性存在于真实天线模式中，而不改变整体的模糊预算。这种情况可能是由于分辨力的提高导致天线长度的减少，或 PRF 以 N 倍减少，测绘带以 N 倍增加，在相同范围模糊值条件下，天线高度大小以 N 倍减少。在两种情况下，这与品质提升 N 倍、基本天线面积减小 N 倍相符。天线面积以 N 倍减少会导致由每一天线收集得到的基本采样以 N^2 倍减少。尽管 SAR 列车相干信号增加，但与原来天线面积的每一个 SAR 上可获取的信噪比相比，信噪比将减少 N 倍。

那么就可以总结出这一概念，N 个 SAR 采样的定期交织使得以下 4 点同时成立：

（1）品质因数呈 N 倍增加。

（2）天线面积以 N 倍减少，或者换句话说，将一个未经改变的整体天线面积分散成为 N 个更小的部分。

（3）整体功耗以 N 倍增加，且信噪比以 N 倍降级，或者换句话说，对于相同的信噪比，整体发射功耗以 N^2 增加。

（4）随着品质因数的增加，SAR 数量以 N 倍增加。

需要注意的是，唯一提高品质因数的方式是由 N 个独立的 T/R 天线对地面 N 个覆盖区域并列成像，要求整个天线面积以 N 倍增加。

17.2.5 扩频波形

如图 17.3 所示，在标准的脉冲波形条件下，模糊值集中在尖峰部分，由首次信号引起，这些首次信号在标准单 SAR 的主瓣衰减中需要进行精确的保持。这是 SAR 设计重要性的来源。

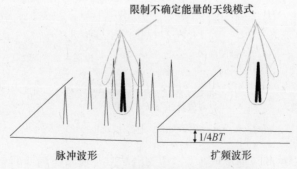

图 17.3 由天线模式观察到的模糊性能量

这里我们可以看到，只有当它们被视作无效（以精确空间时间距离为代价）时，此前的 SAR 列车才使得尖峰在实际模式之内。连续的扩展波形可运用于

SAR,模糊值在所有像素中以低水平分布,当然也受到呈现在实际天线覆盖范围内部分的支配。可以看出,对于单一的 SAR 来讲,这种扩散的模糊参数给品质因数及最小天线面积带来相同的限制。不过,这种关系呈线性分布:在任何像素下(如 SAR 列车阵列模型)可达到的模糊能量的任何减少都以不变的模糊性能使得实际天线覆盖范围和品质因数呈比例性增加,并使天线面积减少。

如果 N 个 SAR 使用非相关波形,对于来自已加工过的像素的 N 贡献值而言,信号增加呈相干性;而对于来自其他任何像素的 N 贡献值来讲,信号增加呈非相干性。这与呈现在每一个像素上的模糊能量以 N 倍减少相符。正如脉冲波形在信号消除(减少模糊性和提高信噪比)和天线稀释(增加品质)两方面有同样的选择,这也同样适用于 SS 波形,此外,天线稀释不会给卫星空间时间距离上带来限制。

当 N 个 SAR 使用同一个波形,阵列模式便很容易理解(图 17.4)。就是说,它和发射相同信号的元一起工作(不必在相同的时间里),例如,以同步距离隔开。比合成天线(SA)更大的阵列长度对应于一些非相关波形的情况。

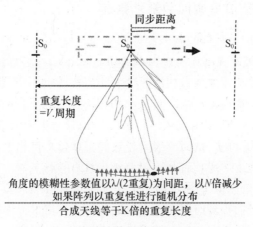

图 17.4 具有单扩散频谱 WF 的 SAR 列车

对于 SA/q 的阵列长度,阵列模式并非那么锐化,且不能保证减少来自已加工过像素周围 q 像素产生的模糊度,因而 SAR 列车的效率受到影响,在不降低模糊参数的前提下,我们无法 N 倍提高实际覆盖。

然而,如果波形式是周期性的,重复性波长为 SA/q,模糊度将集中在范围为 $\pm k \cdot q$ 的像素(关于经过加工的像素),这些都将以 N 倍减少,也就证明这些阵列是随机分布在重复性波形上的(或更多的重复性),这实际上不是很高的编队限制。合成天线也必须是波形重复性的多倍,以保持 SAR 列车在其边缘的性能(见17.2.2节)。

17.3　对编队构型的认识及控制

N 个 SAR 并非准确无误地在地球坐标系的同一个轨道弧度上飞行,即便有,也不准确无误地执行沿该轨道弧度的相对位置任务。我们假设,N 个 SAR 的轨道是随机分布在宽度为 ω 的范围内(3σ)。

17.3.1　SAR 列车轨道实施实例

N 个卫星使用真正的极地轨道,且具有相同的参数,除了升交点和近点角各自的偏差($\Delta\Omega$ 和 ΔM)证实了一种特殊的关系。

T_S 和 T_e 分别为卫星和地球的自转周期,R 为地球半径。假设地球没有自转,在某一特定的高度 L,地球上的轨道间距为 $R\cos(L)\Delta\Omega$。高度为 L,两轨道的时间延迟为 $T_S\Delta M/(2\pi)$,在这一高度,地球自转为 $R\cos(L)T_S\Delta M/T_e$。因此,如果 $T_S/T_e=\Delta\Omega/\Delta M$,这两个卫星将经过同一点。

17.3.2　连续信号增加的基本条件

合成天线中部同等阵列的两个元素形成的矢量由三部分组成:第一部分是速度矢量,由 SAR 处理修正过程对延迟偏差进行修正到已处理像素;第二部分是沿着视线;第三部分是与速度矢量和视线呈正交关系,称为干涉基数 B_{orth}。就第二个部分本身来讲,它在合成天线输出间给出相位差,其通常穿越测绘带的重要部分,很容易通过平均值识别且可以消除,不过,干涉测量基的影响首先必须得到修正。

如果干涉测量基过大,从同一像素获取的采样将不再相干,第一种工作条件是 InSAR 其中之一(垂迹干涉),且与距离分辨力具有直接关系。两个 SAR 必须在与距离单元相同天线的 3dB 孔径之内。由于当前的概念旨在提高信噪比或品质因数,所以可以假定它们都被应用在相当好的分辨力环境下。因而,这一界限并未真正限制应用领域。对于 1m 分辨力和 20° 入射角的 600km 范围内,X 波段内的基数必须小于 10km;L 波段内的基数必须小于 120km。

然而,在这一粗略的界限下,已处理像素的两个 SAR 之间的相位差在穿越测绘带时会产生变化,只有知道地形系数的情况下,相位差才可得到校正。图 17.5 展示了相位差对地形知识精度和干涉基数的敏感度。关于通道中心的参考和实际轨迹,N 个 SAR 中都要修正。与参考轨迹相关的干涉基数是随机性的,具有一个零均值和标准偏差($\omega/6\sqrt{2}$)。得到校正后,高度为 $h(1\sigma)$ 的特定像素的 N 贡献值会有残余相位偏差,其中 RMS 值 ε 等于:

$$\varepsilon=4\pi h\omega/6\sin(i)\,\mathrm{Dist}\lambda\,\sqrt{2}$$

这一相位偏差对 N 贡献值复杂求和模块的影响为

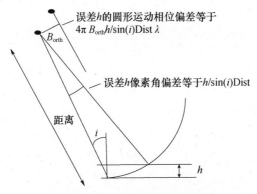

图 17.5　与地形有关的相位偏差

$$\sum \cos(\varepsilon_{\text{p}})/N = e^{-\varepsilon^2/2}$$

假设地形知识精度位于 $\pm 50\text{m}(3\sigma)$ 之间, 糟糕的情况下距离目标很近 (600km), 小入射角为 $20°$, 短波长 (X 波段为 3cm), 如果限制功耗统计作用在 0.5dB, 通道宽度 (3σ) 必定小于 90m。这处于编队飞行的状态下。

干涉基数长度的误差 δB_{orth} 在干涉校正后给出相位误差参数为

$$4\pi \delta B_{\text{orth}} h_{\text{max}}/\sin(i)\,\text{Dist}\lambda$$

在图像中, h_{max} 是指地形高度变化。假定 h_{max} 小于 1000m, δB_{orth} 小于 10cm, 这一误差可以忽略不计。运用差分 GPS 或多里斯 (Doris) 系统, 很容易达到这种精度。

值得注意的是飞行限制是在很糟糕的条件下进行计算的。对能源预算或品质因数的关注通常可应用于很高的入射角及很远的距离。当 Dist = 1500km, $i = 50°$ 时, 通道宽度限制为 500m。如果系统在波段 L 内工作, 宽度限制在 4000m。

17.3.3　降低模糊性的条件(标准脉冲波形)

降低模糊性基于以下事实, 经处理和干涉性校正后, 当已处理像素贡献呈现出相干性, 模糊性参数 k 的 N 贡献是非相干的。轨道上随机性的间隔引出了模糊性贡献路径间的随机性, 通道宽度未具有重大影响。除了那些与好的干涉测量校正相关的通道, 其他情况下不存在通道宽度限制。

17.3.4　改善品质因数与天线稀释的条件(标准波形)

17.3.4.1　沿轨道方向的分配误差的影响

N 个 SAR 的样本并非如 17.2.4 节所描绘的是有规律性地交织的。当采样误差的标准偏差是 $(\alpha/2\pi)V/\text{PRF}$ 时, N 贡献的相位标准偏差为 α rad。如果 1 是该贡献值的模, 消除模糊性受到干扰, 模糊参数 k 的 N 贡献的复杂求和使得 N 个矢量有规律地在相位间分离开，其模块（正或负）就标准偏差 $k\alpha$（$k\alpha$ 为小值）来讲是随机性的。模糊性参数 k 的接收能耗的残余部分为 $Nk^2\alpha^2$。经处理像素的能耗以 N^2 递增，因而模糊性参数 k 的残余保护为 $k^2\alpha^2/N$。

在一个标准非模糊性设计中，当天线位于合成天线的中部，前两个模糊值（前置与后置）与波束前边的第一个空值接近。现在我们要考虑品质因数以 N 倍递增。位于合成天线的中部，在合成孔径内（以前边两个空值进行定义）有 $N-1$ 个前置模糊值和 $N-1$ 个后置模糊值。在沿合成天线的任何位置，$2(N-1)$ 个模糊性参数值中仅有 1/2 呈现在 3dB 天线孔径以内。实际的天线模式使得沿轨道弧度整合在一起的全部残余模糊能量减半。因而，这些 $2(N-1)$ 个模糊性参数值整体残余保护为 $(\alpha^2/N)\sum_{k=1}^{N-1}K^2$。

实际天线形式带来的模糊性参数阵列形式导致的对消剩余（当品质因数以 N 倍递增），就普通的单个 SAR 而言，是一种额外的模糊性。为了使通常情况下要求的多普勒模糊性参数保持在 -25dB 左右不受太大影响，应当将残余保护值控制于 -30dB 的阵列模式范围内。

所受的限制以 N 倍迅速增加，当 $N=2$ 时，所受的限制已非常严格。的确，α 必须小于 $1/22$rad，同步采样必定优于比缺少 138 个采样间隔或一半 N 条天线长度的部分，也就是说，在厘米量级。

然而，当处理一种空间时间的要求时，可以通过将不同 SAR 发射时间锁定在沿轨相对位置精确测量时来进行时间域内的管理。

17.3.4.2 轨迹通道宽度的影响

如果考虑到经处理像素干涉性校正模糊性参数值 k 的高度等于估计的高度，模糊性参数值 k 的 N 贡献的有害结合达到最好状态，基线信息的误差除外，但是，这一贡献值是高于高度误差的。因而，轨迹通道宽度并不影响 17.2.3 节描述的模糊性消除。关于这一估计，高度偏差 H_k 引出了每一个 N 贡献的标准值 ε_k 的随机性相位偏差，即

$$\varepsilon_k = 4\pi H_k \omega / 6\sqrt{2}\ \sin(i)\,\mathrm{Dist}\lambda$$

复杂空值使值为 $N\varepsilon_k^2$ 的模糊性值 k 的接收能量的残余部分和模糊值为 ε_k^2/N 的残余保护值存在。$2(N-1)$ 模糊性值的整体残余保护值为

$$(2/9)(\pi\omega/\sin(i)\,\mathrm{Dist}\lambda)^2\sigma_H^2(N-1/N)$$

$\sigma^2 H$ 等于 $2(N-1)$ 第一模糊性参数值（前置或后置）高度偏差的均方，与考虑干涉性校正下的高度有关。

在 X 波段内，入射角为 $50°$，距离为 1500km，σ_H 等于 50m，当 N 值大，轨道宽度一定小于 32m；当 N 值等于 2 时，轨道宽度小于 23m，以达到要求的残余保护值为 -30dB。宽度值与 λ 和距离成比例。

鉴于对基本的相干信号增加的要求,天线稀释和品质因数提升的应用极大地收紧了对轨道宽度的限制。这也对地形光滑度 σ_H 产生了限制。然而,对品质因数提升主要受限于沿轨约束,$N=2$ 或采用适当波形的两种情况除外。

17.3.4.3 $N=2$ 情形

两颗卫星间距 SD 必定为 $(2K+1)V/2PRF$。

这可以通过锁定 PRF 的距离测量来实现。假设一条 10m 长的天线,采样误差的最大值为 $\pm3.5cm$(见 17.3.4.1 节),当卫星之间距离为 1km 时,该采样误差最大值为 $\pm3.5\times10^{-5}$,这可通过调整相对脉冲重复率进行消除。如此精准的脉冲重复率调整与运行这一工具所要求的粗略性调整不矛盾。采样限制仅依赖于距离测量的精度,当两颗卫星可见时,该精度大约可以达到 1cm。SAR 列车可视性的特殊方面稍后将予讨论。

通道宽度限制及先前出现的地形平滑度限制可以得到消除,因为在 3dB 孔径范围内,任何时间两种模糊性中只存在其中一种。不再基于处理过的像素高度进行干涉性校正,而是基于合成天线开始部位的前置模糊性及末端的后置模糊性高度(线性可变化性校正)。模糊性的消除受到模糊度值的支配(而非整体地形光滑度 σ_H),然而,与那些处理过的像素(不再从干涉误差中校正)的实际高度差异影响相干信号求和,这并不是一个敏感的问题。假定高度 RMS 可减少至 20m(σ_H 等于 20m,见 17.3.4.2 节),那么通道宽度要求为 58m(3σ),处理过的像素与模糊像素之间的高度差 H(方程中的 $3h$,见 17.3.2 节)一定要小于 430m,以上均符合 X 波段内入射角为 50°,距离 1500km 这一条件。这一概念并不局限于十分平坦的区域。

17.3.5 扩频波形的运用

就相干信号增加的局限性而言,扩频波形与脉冲波形并无区别。扩频波形的好处与其模糊性相关,因为这些波形无处不在,且来自于不同相干增加,只要这些波形是非相关的,或者对于同一种波形,只要同步距离在重复长度规模上呈随机性,且合成天线具有多次重复性。与脉冲波形相比,这一条件相当容易实现。这些条件并不受通道宽度的影响,后者仅受到信号增加的限制。正如我们现在所看到的,在 N 个 SAR 于可视情况下,对编队控制要求的显著降低证明了该波形的主要优势。

17.4 可视情况下 N 个 SAR 列车

17.4.1 SAR 列车实施的实例

如之前探讨过的,假设不同轨道间处理过的像素的反向散射及大气延迟均不会发生变化。实际上,两者均会变化,这称为多轨道 SAR 干涉的主要限制,除非轨道间的时间延迟很小。一个含有若干 SAR 的 SAR 列车是突破这种限制的强鲁棒性配置,这也减轻了编队测距的难度。

另一方面,如果所有的 SAR 均进行信号发射,每一条天线将接收 N 个信号,除非使用相应的波形这些信号才可以被分离。一种极端的解决方法是使用单一发射的 SAR。

17.4.2　单一传输的 SAR 列车:T/R 对等列车

如图 17.6 所示,就相位(或范围)往返航程的视角来看,每一组发射机和接收机与位于传输机和接收机两者中间位置的对等 T/R 天线相符。假如发射即为接收,那么对等 T/R 有真值。

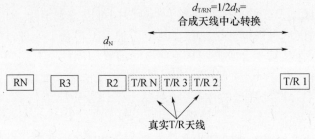

图 17.6　N 个卫星列车 ($N-1$ 颗卫星仅接受信号)

进而我们可以考虑由对等 T/R 形成的对等 SAR 列车。由于对等 T/R 卫星的中点位置,之前分析到的所有编队限制都可以通过因子 2 解除。然而,由于存在单一传输信号,沿轨道空间时间距离标准只适用于空间领域。单一信号传输案例使得这一概念变得十分不可靠(天线稀释与品质因数提升)。基于从相互间距离测量得到的 PRF 锁定,对于两颗卫星的特殊案例,(在 17.3.4.3 节之前)我们已经描述过一种实际时域的解决方案。相对于其他案例而言,这种规律性交叉的限制性使得这一概念变得不太可靠。我们可以想象一种阵列元的权重,以提供一个具有非常低的旁瓣水平的阵列模式和另一种对 SAR 间距比无效方法更不敏感的模糊性降低方法。然而,模糊性的减少如果达到相同的水平,这就要求有大量的额外阵列元和卫星,这对品质因数或 SNR 来讲无任何益处。

保持所有概念品质 N 大于 2 的一种极端方法是使用扩频波形。所有 N 个天线需要在发射天线的引导下进行地面相同区域前向观测。

所有对等合成天线在同一时间开始和结束,但是就那些 T/R 而言,这些对等合成天线以 T 和 R 之间距离的 1/2 进行移动。SAR 的结合只有在对等合成天线相重合的部分方可得到实现,因而,整体长度以实际编队长度或实际编队长度的 1/2 减少。这意味着就合成天线长度来讲,编队长度应保持较小。

传输信号以 N 倍连续增加。尽管存在单一信号传输，NSAR 组合的 SNR 和不可见的 N T/R 列车是相同的。在不可视情况下一个标准列车的所有概念优点在这里也适用，不过，整体传输功耗将以 N 倍减少。

关于扩频波形，其同步距离（见 17.2.5 节）比合成天线长度要小得多。因此，列车优势要求一种周期性的波形及对等 T/R 沿重复长度随机分布，也就是说，实际的接收卫星在两倍的重复长度上随机分布。

17.4.3   可视情况下 SAR 列车的若干次信号发射

可视性列车的所有 SAR 发射、接收并使用非连续性的扩频波形。每一颗信号发射卫星驱动一列 SAR 列车。由于波形是非连续性的，在具有模糊性的非连续添加的 N 个 SAR 间存在一种补充性的连续添加。信噪比以 N 的平方减少，整个天线面积与单个 SAR 相比，小了 N 倍，由此，品质因数以 N 倍递增。关于单个 SAR，整体天线面积被分为 N 份，品质因数以 N 的平方倍增加，然而，对于相同的信噪比，整体功耗（现在分布于 N 个实体上）必定以 N 的三次方倍增加。

17.4.4   一个特殊的实施案例：地面运动目标识别

已经表明，4 个 SAR 的沿轨道编队为提供地面运动目标识别提供了好的方法，并节省了天线面积。的确，地面运动目标识别性能受到 SAR 天线长度的支配，而且 N 条天线的沿轨道编队允许建立一条很长的天线，尽管相比一条真实的长天线，天线之间的间距造成了一些性能方面的降低。由于一个地面运动目标识别 SAR 也同样提供标准的 SAR 产品，通过运用现有 SAR 列车技术（可视情况下的 N 个 SAR），沿轨道编队也能被应用于提高 SAR 的性能。在文献 [6] 中我们使用了两种 SAR 模式。N 个对等 SAR 的天线面积使天线稀释模式成倍扩大，该天线稀释模式将最大入射角上调至某一顶点值，要求单一静止载有合成孔雷达的天线高度增加 N 倍以保持相同的模糊性比率。$N = 2$ 时（因为一列天线稀释 SAR 列车涉及非常严密的间距控制，除了 $N = 2$ 情况下，见之前所讨论），最大入射角由 62° 上升至 71°，就覆盖率和以相同硬件进行再访问而言，这是一种极大的提升。入射角低于单一静止最大入射角 62°，我们可以使用信号清洗 SAR 列车模式。当 $N = 4$ 时（SCSAR 没有严密的间距控制），SNR 或范围比率同时提高 4，此外，模糊性保护也增加 6dB。

17.5   结论与今后研究工作

我们已经展示了 SAR 列车运用多个实体降低功耗或天线面积限制并且在某一特定天线面积内扩大可取得的优点因素的能力。我们已经确认出编队控制与扩频波形相关限制及其解除并延伸这一概念应用。在多个方面仍需要更多的研究工

作,例如:

(1) 带有真正模糊性功能的扩频的实际应用及对同步距离随机性标准的研究。

(2) 与地面运动目标识别相关或针对点目标的优势的应用。

(3) 需要大天线面积(P 波段或大入射角和高度)及高覆盖能力(监测过程)的 SAR 任务的应用。

附录 扩频 SAR

如图 17.3 所示,扩频波形的多普勒或距离模糊函数看起来像一个图钉,窄脉冲被厚度为 $1/4BT$(B 为波段宽度,T 为积分时间)的基底包围,然而在脉冲波形条件下,相同的模糊能量集中于没有基底的分离的脉冲网格中。影响某一特定像素的模糊能量 AE 等于每一像素能量的 $1/4BT$ 倍的和。

我们考虑受污染的像素只是那些呈现在主要波束足迹中的像素。这一数值为

$$(TV/r_{az})(S/r_{rg}) = (TV/r_{az})(2SB\sin(i)/C)$$

式中:V 为地面速度;r_{az} 为方位分辨力;r_{rg} 为距离分辨力,等于 $C/(2\sin(i)B)$;S 为刈宽;AE $= (S/r_{az})(V\sin(i)/2C)$。

以脉冲波形为例,品质因数 S/r_{az} 和最小天线面积直接受到模糊性能的限制。

就脉冲波形而言,存在的不同是线性关系。脉冲波形的尺寸重要性(见 17.1 节)来自于这一事实:第一个侧尖峰(模糊性等级 1)支配着模糊性能量。的确,与其他尖峰不同,除非天线面积急剧增加,优点因素减少,在天线旁瓣的稳定状态不会排斥它们。它们位于该模式更陡峭的部分。

另一不同在于大约为 -20dB 的同一模糊性保护值 AE,那些限制看起来更为严格。确实,S/r_{az} 应当受到 $C/(50V\sin(i))$ 的限制,也就是说,受到脉冲波形 1200 而非 10000 的限制。事实上,实际模糊性比率是模糊性保护的结果,这种模糊性保护是由模糊像素和有用像素间的水平差异决定的。由于普遍的平均效应,可以认为扩频波形的这种水平差异为零值。对于脉冲波形,我们需要更为谨慎,因为其模糊性只集中在四方面(见模糊性等级 1)。假定一种 20dB 的整体辐射,那么这 4 个区域整体上要比低水平像素高 10dB。对脉冲波形进行 20dB 的保护,扩频波形只进行 10dB 的保护,那么可以期望在实际模糊性比率值上得到 10dB 左右的十分接近的统计结果。我们可以得出结论:两种波形对优点因素及最小天线面积造成相同的限制。

值得注意的是就周期性波形来讲,模糊性函数在时间域上以周期 Te 进行复制,基底是一排以 1/Te 为间隔的频率线。至于脉冲波形,传播效应及性质仍然有效,由于在时间域里天线模型只见到唯一重复性(Te≫距离孔径/C),在频率域中有许多线。

另一值得注意的是,这里考虑到的模糊性标准对应成像区域是散射目标的情况。由于所有的模糊性都被分散,一个点目标环境加强了扩频波形的优点。

参考文献

1. Aouttes J P(2001). Radically new design of SAR satellite:short vertical antenna approach. IEEE Trans Aerosp Electron Syst 37(1):50 – 64.

2. Aguttes JP(2002) New designs or modes for flexible space borne SAR. In:Proceedings of the international geoscience and remote sensing symposium(IGARSS 02),Toronto,Canada,June 2002

3. Aguttes JP(2002) The SAR train:along track oriented formation of SAR satellites. In:International symposium formation flying missions and technologies,Toulouse,France,October 2002

4. Aguttes JP(2003) SAR train concept:antenna distributed over N satellites smaller,performance increased by N. In:Proceedings of the international geoscience and remote sensing symposium(IGARSS 03),Toulouse,France,2003

5. Zebker H et al(1994) Mapping the world's topography using radar inteferometry:the TOPSAT mission. Proc IEEE 82(12):1774 – 1786

6. Aguttes IP et al(2006) Romulus:along track formation of radar satellites for MTl(Moving Target Identification) and high SAR performance. In:Proceedings of the international geosci – ence and remote sensing symposium(1GARSS 06),Denver,CO,2006

第18章 P波段分布式SAR

Giancarmin Fasano, Marco D'Errico, Giovanni Alberti,
Stefano Cesare, Gianfranco Sechi

摘要 这一章基于分布式构型和编队飞行技术讨论一个星载 P 波段 SAR 的概念。这种方法在理论上能够克服限制 SAR 系统整体性能的物理约束,这种物理约束导致 P 波段应用必须选用大的天线,并且在卫星的地面覆盖面积和分辨力之间做出取舍。这里提出的 SAR 基于大型发射卫星和一系列轻量化的仅接收平台。这种构造也使得具备多任务能力成为可能。特别地,基于侧视 SAR 数据的森林观测和生态圈估计在理论上能够与近天底干涉冰测量进行整合。首先阐明了载荷的概念,并且依据不确定性和覆盖范围进行了初步的性能分析。然后,依次进行了任务分析、航天器初步设计和编队控制构型的简单描述。

18.1 绪论

一般而言,低频率的微波,尤其是 P 波段被广泛认为具有大范围科学应用的前景:生物圈和生物气候学研究、冰川学、地球物理学等。尽管如此,技术挑战阻碍了低频图像雷达在空间的实现应用,原因是它们要求非常大的天线(P 波段需要 $100m^2$)来实现足够的功率并减少模糊度。此外,对于科学应用安装传统的传感器有强烈的限制。举例来说,对于给定方位模糊度全极化特征用于有效纠正法拉第旋转,但会导致雷达 PRF 成倍增加。因此,为了保持距离模糊度在一个可接受的水平,覆盖面积必须被缩减,这将影响全球覆盖和重访时间能力并伴随有对系统效率的限制。

"Biomass"是 ESA 的 3 个有代表性的地球探测任务之一,现在正处在 A 阶段[1]。该项目基于一个 P 波段的侧视 SAR,并且正在研究不同的概念以满足该任务的科学性要求[2,3],例如大型平面或反射天线。

与"Biomass"任务中预期安装单传感器的方式相比较,一种分布式的 SAR 能够在理论上克服一些限制。如果雷达天线传输的信号被一个多重天线系统接收,同时假设所有卫星都能保证精确的定位和同步性,那么全局系统的 PRF 取决于实际 PRF 和卫星的数量。

在这个结构框架内,本章首先简明概述了 P 波段分布式 SAR 潜在的科学应用方向和分布式载荷概念。其次进行了性能分析、任务设计、编队分型动力学以及平台相关方面的简要讨论。最后,针对基于编队飞行的星载低频 SAR 的主要问题进行了关键的分析。以上研究成果部分来自于 2007 年和意大利空间机构签署的研究合同。

18.2 科学应用

P 波段研究是地球科学研究领域感兴趣的方向,这是由于它的波长(比当前星载 X、C 和 L 波段 SAR 要长)能够穿透具有一定特性(如盐度、湿度等)的森林林冠和冰层。这样的特点可便于以下两方面的科学应用:

- 森林区域的分类和生态估计。
- 冰层探测和地表下分析。

低频 SAR 能够绘制干旱区域地表下几米图像,该能力对陆地相关研究应用的潜力也是值得关注的,例如水文学、地质学、水和油气资源以及考古学。

18.2.1 森林区域分类和生态估计

低频雷达能够有助于重建森林的生态环境,也能监控失调的或是被洪水淹没的森林,因为林冠穿透率很大并且很多地面以上的生态环境都具有的如树干、大树枝等因素都会造成大范围的雷达散射。因此,P 波段后向散射的特性与所谓的"多木"生态结构紧密相关。从这个观点来看,P 波段星载雷达能够提供从热带到寒带森林的全面覆盖,这在用其他更高频段的生态估计中会由于信号饱和问题[4-10]的限制而无法实现,因而也能被用于对多叶生态的评估。生态信息对于满足陆地碳循环科学研究团体的要求是至关重要的,填补了对地球系统耦合模型数据需求的关键空白。在有关文献中很好地记载了从 P 波段后向散射中提取生态信息的逆向技术,该技术已经应用于寒带和热带森林[4,8,9]并且若干航空机载试验已经在经过选择的地点开展。

第一个低于 1GHz 运行的机载 SAR 系统是 AIRSAR(P 波段,440MHz[11]),1987 年开始由 NASA JPL 负责。在过去的几年当中,其他一些系统也被开发并运行于相同的频率,例如 RAMSES 和 E-SAR[11]。一些已经进行的针对大量不同森林生态的机载监测活动表明,交叉—极化水平—垂直(Horizontal - Vertical,HV)反向散射具有最大的动态范围和与生态环境最高的相关性[1]。最近从 BioSAR 飞行活动得出的结果也显示 HH 后向散射在半寒带森林中具有类似的特性,与此相比,L 波段的数据在相关性系数和动态范围方面具有较少的实用性[9]。近期其他用于估计饱和区域生态环境的技术利用到了偏振 SAR 干涉和层析测量技术。

除了生态环境估计,P 波段的森林和非森林区域的显著对比也能实现精确的森林和森林滥伐区域地图的绘制,有助于估计森林的滥伐率以及热带地区的重新生长率。此外,由于更大的林冠穿透率,P波段测量能够给出关于森林洪水泛滥周期的更完善信息。

18.2.2　冰层探测和地表下分析

P波段辐射对于深度达几千米的新生冰层具有穿透能力,因此星载P波段传感器能提供全部南极洲地区的3D图,并包含地表下冰层厚度、冰层形状以及内部分层的信息。需要注意的是,由于测量只能通过机载或者地面的低频雷达进行,当前这些参数的获取还只能限制在少量区域。在另一方面,南极洲地表以下情况了解程度的提高对于气候和海平面研究非常重要,因为大型冰层动力学特性所扮演的角色很关键。

关于低频冰层探测星载实现的首次研究重点关注对地定向的SAR,它能实现对接收到的表面杂乱回波进行抑制并对内部冰层回声进行隔离[12,13]。更细致地看,天线形式采用垂直于轨迹的方向并且沿着轨迹方向进行多普勒滤波能够减少表面杂乱回波。

最近由GISMO项目[14,15]总结的研究成果关注于利用一个垂直于地心方向附近并与轨迹方向垂直的干涉仪来去除表面杂乱回波并保留基本回声的可能性,以便生成一个3D基岩的模型并全面绘制冰层厚度图。最新的测量技术具有应用到分布式传感器系统中的潜力。

地心方向探测和垂直于轨迹方向干涉法观测模式的有效性近来通过格陵兰岛的机载试验都得到证实[16,17],并且结果表明接收通道的数量是达到表面杂乱回波抑制目的的一个关键因素。

18.3　概念发展

18.3.1　分布式载荷概念

在监测技术方面,森林监控和生态估计要求的都是一个常见的侧视SAR几何构型。在这种情况下,分布式载荷被布置于一个准线性编队上,该编队由在地球固连坐标系下沿着相同轨迹运行的许多卫星组成。分布式卫星的基本概念在于提高方位角采样能力,并不影响到距离模糊度[18-21]。这就是分布式的概念在理论上能克服单个SAR系统性能限制的原因。

多平台载荷由许多合作式接收雷达信号的天线组成,这些雷达信号由其中一个或多个天线发射,并在地球表面反射。因此,可以定义一个依赖于实际发射PRF以及接收卫星数量(N_{sat})的"全局"系统PRF。图18.1解释了单个和分布式SAR实现的区别。在传统的SAR概念中(图18.1(a)),合成天线的安装主要考虑因素是雷达天线沿着轨迹方向收集的回波。如果 V 代表卫星速度,获取的信号采样间隔则是 V/PRF。在分布式概念(图 18.1(b)、(c))上,不同的卫星沿着运动轨迹对信号采样有各自的贡献,所以利用星载低传输 PRF 的单颗卫星能够保证相同的方位角采样能力。特别地,在理想情况下,全局 PRF 和 N_{sat} 成直接的正比关系。

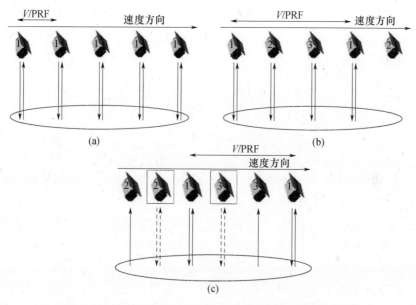

图 18.1 (见彩图)经典单个 SAR 概念(a)和具有多重单基几何构型的分布式 SAR(b)

以及具有多基几何构型的分布式 SAR(c)

用不同颜色表示不同信号传输的瞬间,同名方框和箭头被认为是相同的 SAR 卫星和信号。

分布式概念的主要优势在于方位角模糊度依赖于全局 PRF,距离模糊度依赖于实际传输 PRF[22]。这为扩大传感器的地面覆盖区域和/(或)提高分辨力打好了基础,也把信号比的不确定性保持在可接受的程度。当然,该系统依赖精确的定位信息和编队所有卫星间的同步。实际上,沿运动轨迹方向的定位与方位角采样的一致性相关。并且,每个天线相对较小、单个用处不大,然而组合起来处理接收信号就能得到很好的观测性能。该分布式 SAR 的概念在理论上包括两种不同的配置,分别被定义为多重单基以及多基。

对于多重单基系统,每个天线沿着轨道朝合适的方向发送/接收其自身的信号(图 18.1(b))。多重单基配置的主要优势在于不必对编队进行严格的实时控制。实际上,这里的方位角采样精度是和传输时刻的选择相关的,所以要求获知精确的实时相对位置(非控制)信息。然而,每个天线只需接收其自身发送的信号,所以方位角的 3dB 波瓣不能交叉(忽略旁瓣)。因此,鉴于在 P 波段较大的 3dB 角对应较小天线,所以 200km 即是沿着运动轨迹方向要求的距离。当然,这在相对位置和姿态的确定和控制方面造成了难度(此外引入了一些和波长相关的时间去相关效应)。一个对此的解决方案是对发送机使用不同的正交编码。如果一颗卫星确实不仅能接收其自身的信号,而且也能收到其他卫星的信号,这会极大地增加采样点的数量。

另外一个可能的解决方法在于不同的孔径收到相同的信号(多基配置,见图18.1(c),卫星用方框圈出,和有效的双基相位中心的位置一致)。这种结构的主要缺点是双基相位中心的位置依赖于卫星沿运动轨迹间的距离,所以精确的相对位置实时控制和方位角采样一致性严格相关。在这一框架内,存在一系列处理非一致方位采样的技术[21,23]。

在多基结构中,沿着轨迹基线信号接收卫星的选择是灵活的,并能根据下式进行选择[23]:

$$\Delta x_i = \frac{2V}{\mathrm{PRF}}\left(\frac{i-1}{N_{\mathrm{sat}}} + k_i\right) \quad (i \in \{2,3,\cdots,N_{\mathrm{sat}}\}, k_i \in \mathbf{Z}) \tag{18.1}$$

在多重单基情况下公式相同,并且不需要考虑因数2和信号传输时刻。

在已经进行的研究中,多基构型应当具有一个(大的)带有仅信号发射天线的"母"航天器。线型编队则是由许多"子"微型卫星组成,并带有重量较轻的仅信号接收的天线。这就使得对发送机和接收机分别进行优化成为可能,能避免传输干涉问题,因此可达到更大的 PRF 灵活性。此外,大型天线能以更高的 RF 峰值功率传输 3dB 波瓣,这对提高噪声当量 σ_0 是很重要的。最后,后面将要讨论到,从应用的角度去考虑,该方案更加适合于多目标任务。

18.3.2 初步性能分析

基于该系统的理论,接收机数量、发射机和接收机天线尺寸、处理后的多普勒带宽都可以进行不同选择。一般地,随着卫星数量的增加,可以得到下面的结果:对于给定的模糊度要求,实际的 PRF 降低,地面覆盖宽度增加,单颗卫星的数据率取决于实际 PRF 和期望的地面覆盖率而进行提高或降低。另一方面,大量卫星可用来提高范围和模糊度性能,并保持足够的数据率和地面覆盖率。

基于 P 波段天线实现技术(见范例[3]),合理的选择是使用 0.8λ(波长大约 69cm)间距、作为基本发射/接收单元的 44cm 直径天线贴片,该距离被假设认为是基线。

从卫星工程的角度考虑,使用具有较少片数的小天线是一个不错的选择,但是由于 3dB 角度较大,需要很多数量的卫星来获得满意的性能。将小接收机和大发射天线相结合,就能保证在系统复杂性和性能之间得到一个很好的权衡。

例如,假设发射天线是 9×3 片(方位向 $\times$ 距离向)并且方形接收天线是 3×3 片。考虑一种情形:发射天线的物理尺寸是 $4.8\mathrm{m} \times 1.6\mathrm{m}$,接收天线是 $1.6\mathrm{m} \times 1.6\mathrm{m}$。该配置(理想条件下)可实现的性能总结于表 18.1,表中数据是卫星数量

（4,6,8）的函数。这里需要着重强调的是,所有计算都考虑了完整的全极化。由于大型发射天线方位辐射模式的原因,4 或 6 颗卫星时达到了满意的性能。例如,对于 130km 地面覆盖区域,利用 4 个接收天线就可以达到可接受的分辨力和模糊度。从表 18.1 可以很明显地看出增加接收卫星的数量可以降低发射 PRF,对地面覆盖区域和距离模糊度产生积极的影响,而且能够保证满意的方位角采样能力并因此获得较好的方位模糊比(Azimuth Ambiguity Ratio,AAR)。

表 18.1 范例:4.8m × 1.6m 发射天线、1.6m × 1.6m 接收天线和
不同数量卫星条件下 P 波段 SAR 性能

卫星数量(接收机)	4	6	8
区域(距离向 × 方位向)	3 × 3	3 × 3	3 × 3
接收天线物理尺寸(m,距离向 × 方位向)	1.6 × 1.6	1.6 × 1.6	1.6 × 1.6
"最佳的"发射 PRF(每个极化)/Hz	约 700	约 566	约 425
RAR/dB	− 17, − 10	− 25, − 14	− 32, − 26
AAR/dB	− 10	− 15	− 15
单颗卫星数据率/(Mb/s)	150	170	135
不影响 RAR 的有效幅宽/km	130	180	200
对地指向角(平均)/(°)	25	25	25

图 18.2 和图 18.3 阐明了基于数值计算的函数关系。实际上,图 18.2(对任何 N_{sat} 都成立)显示 AAR 仅仅依赖于全局系统的 PRF,并且需要至少 2700Hz 来获得 − 10dB。如果实际的 PRF 小很多,那么就能在不影响距离模糊度的情况下达到这么高的采样频率,如图 18.3 所示(六个接收机),该图阐述了距离模糊度怎样影响到地面覆盖范围,并且指出了对地心方向回波的影响(图中右侧上部区域)。值得注意的是这些计算考虑了 8 次观察 35m 方位分辨力(举例来说,ESA 的生物量任务预计至少 4 次观察的 50m × 50m 空间分辨力[24])。因此,处理过的多普勒带宽是小天线可达最大带宽的一部分。如果对最大多普勒带宽进行处理,则方位模糊度将变得不能接受。当然,8 颗或者 12 颗卫星的情况下,由于方位角采样的增加,因此在全局系统 PRF 中处理过的多普勒带宽能够扩大,以在不对模糊性能造成较大影响的情况下提高分辨力和(或)观察次数。

应用干涉技术,分布式 P 波段 SAR 潜在地也能将生态估计和冰层监测相联系[14-17]。实际在冰层之上,通过增加经典单基 SAR 图像,足够和由多基 SAR 线性编队生成的另一个 SAR 图像形成一对干涉关系。该应用要求准零天底角:在这些条件下,基于干涉图中空间频率的间隔,基岩回波能从冰层表面回波中分离出来。例

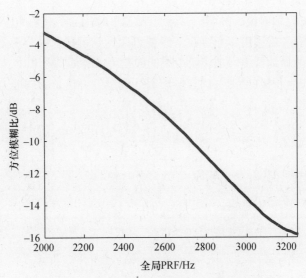

图 18.2 方位模糊比和全局 PRF 的函数关系

（经过 IEEE© 2008 IEEE 允许而重现,见参考文献[25]）

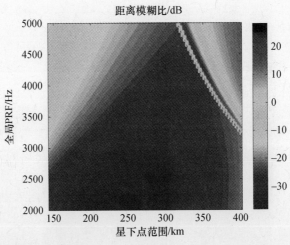

图 18.3 （见彩图）距离模糊比和全局 PRF、星下点方位的函数关系(6 个接收机)

如,图 18.4[25] 采用 50m 水平基线和 3500m 垂直基线表示了冰层和基岩的干涉傅里叶变换。两种频率的间隔有利于消除表面杂波。下面对此进行了更好的解释:将生态估计和冰层监测应用结合的可能性取决于母星能够向车轮构型编队机动(考虑对子星的相对运动)[26]以获得干涉测量数据。

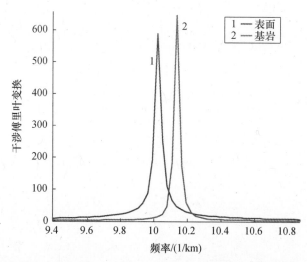

图 18.4　干涉傅里叶变换图($b_y = 50\text{m}$, $b_z = 3500\text{m}$, 地面覆盖 30km, 基岩深度 3700m)

（经过 IEEE ⓒ 2008 IEEE 允许, 见文献[25]）

18.4　任务分析、航天器设计以及编队控制

18.4.1　任务分析

之前的分析表明假设发射天线是 9×3 片（方位向×距离向）, 利用 4 个小接收天线就可使得 130km 幅宽内的分辨力和模糊度达到可接受的程度。基于这些数据, 选择具有单个发射机（"母"卫星）和 4 个接收机（"子"卫星）的编队作为一个技术验证任务的基线构型, 该任务描述如下：设计的基于编队飞行 P 波段 SAR 任务由两个阶段组成：第一阶段主要进行森林检测和生态估计, 第二阶段主要进行冰层监测干涉技术验证。这两个应用要求不同的编队结构, 因此从第一阶段过渡到第二阶段时必须进行重构机动。下面详细阐述不同构型的区别。

基于生态应用的观测要求和载荷的基本性能设计了参考轨道。假设 130km 幅宽, 并需要全球覆盖及要求的高度（550km）, 那么一个适合的选择是高度为 556km 的升、降交点分别为当地时间上午六点和下午六点的太阳同步圆轨道。所设计重复因子是 331/22, 因此在赤道处可获得 22 天的最大重访时间, 对于重复轨道干涉技术的应用, 这被认为是可行的[24]。地面轨迹覆盖的纬度带是 ±82.383°。值得注意的是, 该任务设计的主要目的是森林观测, 因此该轨道也能用于获得冰层探测数据, 但不能对整个南极洲进行干涉测量覆盖。

如前所提及的, 生态估计应用需要许多在地球固连坐标系内沿相同轨迹运行的信号接收卫星组成线性编队。因此, 所有卫星要有相同的地面轨迹。如文献

[27]所述,可以在真近点角和升交点赤经处分开卫星。卫星间沿迹基线大约是200m,该选择是基于对相对导航精度以及碰撞风险规避的折中考虑。子星和母星间的距离是1km。鉴于此,实际上各卫星沿着相同的轨道运行。该编队构型设计的初衷是用于生态估计,但是如果在母星和子星之间为车轮形编队运动,则可适用于对冰层的探测。图18.5所示为任务设计两个阶段的效果示意图。

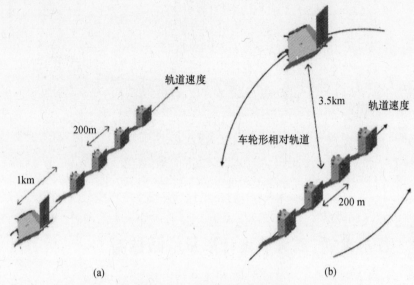

(a) (b)

图18.5 分布式SAR线性编队

(a)和干涉法冰层探测的"车轮"编队;(b)效果示意(非真实比例)。

对于任务第一阶段,基于所选择的编队构型(556km 高度的太阳同步晨昏轨道)对覆盖范围进行了分析,以评估应用所要求的雷达平均轨道工作周期。基于TURC 模型[28]和全球生态地图,制作了受关注地区的二进制经纬度地图(图18.6),并用于轨道递推中以估计对生态估计有用的轨道弧段。图18.7 概述了结果,平均轨道工作周期是10.6%。周期取决于所设轨道重复因子(331/22)。

考虑到目前的冰层探测应用,需要给定轨道极点处的垂直基线(50m)和水平基线(3500m)[25]。这可以通过给母星轨道引入一个小的偏心率(5×10^{-4} 量级),同时采用90°的近地点幅角和极其微小差别的倾角(4×10^{-4}° 量级)来满足。这些修正仅需要极其有限的燃料。相对运动采用50m 异面振荡、轨道面内半长轴为3.5km 和7km 的椭圆形式(图18.8)。值得注意的是车轮形相对运动在理论上和生态应用是吻合的。事实上,从地球重力场微分效应的角度来看编队相当稳定(长期 J_2 项实质上由微小差别倾角引起的不断增加的垂迹振荡构成,这在轨道极点处不会改变观测的几何构型)。相反,必须减小近地点的进动以在轨道极点处保持需要的几何构型,即使微分效应并没有显现。例如,假设在轨道极点处最小的可接受垂直距离大约是 2500m,大多数近地点可在[45°,135°]范围内变动,图 18.9 所示为 $\omega = 45°$ 时的垂直基线和纬度的函数关系。为了避免太大规模的星间链路,整个任务没有考虑采用"车轮"构型。

图 18.6　关注地区(白色表示)的二进制经纬度图
(获得 IEEE © 2008IEEE 允许而复印,见参考文献[25])

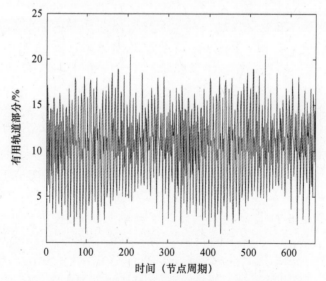

图 18.7　用于生态估计的两个重复周期之间有用轨道部分
(获得 IEEE © 2008IEEE 允许而复印,见参考文献[25])

18.4.2　航天器初步设计

同时对母星和子星进行航天器初步设计工作。母星和子星在轨构型如

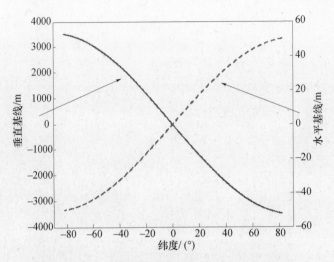

图 18.8 水平和垂直基线和纬度间的函数关系

（获得 IEEE ⓒ 2008IEEE 允许而复印,见参考文献[25]）

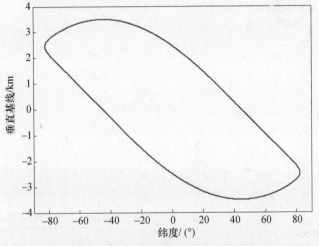

图 18.9 $\omega = 45°$ 时垂向距离与纬度的函数关系

图 18.10所示。母星带有 P 波段的发射/接收雷达,由 9×3 的印制块组成。天线由三块板组成,每板包含 3×3 的印制块:其中心板安装于本体上;另外两块板铰接于中心板上,并在发射时折叠。

卫星配备有六个沿轨道平面展开的太阳电池阵,雷达指向为 25°天底角(生态监测所需)。

Ka 波段发射系统使得高速率载荷对地数据传输成为可能:由两个 Ka 波段发射机、两个行波电子管放大器和可调反射器高增益天线组成。S 波段系统可以确保任何姿态下标准指令—控制(TM/TC)功能发射链路,由两个内置 RF 放大器的

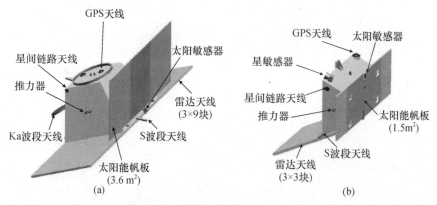

图 18.10　母星(a)与子星(b)示意图

S 波段异频雷达收发机(冗余配置,母航天器应该具有容错特性)、两只覆盖全方位的低增益天线以及内部连接的双工器和开关组成。

两个宽覆盖范围的星间链路(Inter – Satellite Link,ISL)天线使得母星从子星接收 P/L 数据并交换导航数据(通过 GNSS 接收机)用来进行相对位置确定。利用相同的 WiFi 协议(802.11g),两个系统能运行在相同的 RF 波段(2.4GHz)。

通信数据存储于基于 FLASH 的大容量存储器中。在轨数据处理是一个完全集成/模块化网络,带有片上系统处理模组,并采用分层软件结构和网络协议。姿态信息由两个星敏感器、两个太阳敏感器和两个三轴磁强计提供。12 个冷气微推力器用于编队控制和轨道维持。考虑到母星在编队内的核心地位,这种配置具有容错的性质。该配置的总质量大约为 450kg。

每个子星带有一个 P 波段雷达,只用于接收母星发射信号的回波。雷达天线 $(1.5m^2 \times 1.5m^2)$ 有 3×3 的印制矩形块,且被分 1×3 和 2×3 两块板,其中一块在发射时进行了折叠。此卫星带有固定安装的太阳帆板。

收集的 P/L 数据通过两条宽覆盖范围的 ISL 天线传送给母星,该天线也被用于导航数据的交换。子星和地球间的通信采用和两天线相连的单异频雷达收发机组成的简化 S 波段系统。该系统确保任何姿态下的指令—控制(TM/TC)链路。科学数据采用 WiFi 协议通过星间连接传输给母星。

姿态信息由一个星敏感器、两个太阳敏感器和两个三轴磁强计提供。6 个冷气微推进器用于编队控制和轨道维持。

为了最大限度减轻质量,子星采用最小冗余实现(并非单一故障容错)。实际上该任务在即使一个子星失效的情况下仍然能够完成(会有可接受程度的性能下降)。子星总质量大约为 180kg。

基于标准化的通信网络,母星和子星电子设备采用完全集成的模块化系统。与传统的根据功能进行划分的形式不同,公共资源如处理模块(PM)和电源供给模块被各功能共享。结果是不同的任务将分配在有限数量 PM 上。为了实现电子学系统,微型化技术如 ASIC 和片上系统的广泛应用可以大大减少质量和能源的损耗。

18.4.3 编队控制

对 GNC 系统构型和编队控制的初步研究也同步进行。针对两个应用,航天器相对位置控制的要求设为沿迹向 2m 和沿径向、水平坐标 10m。3 个坐标下相对位置(离线)要求为 0.05m。以上要求源于该事实:沿着轨迹方向位置的误差和相位中心位置相关,并因此与方位采样一致。相对姿态误差假设为 0.1°。根据以下控制器结构,这些要求可以得到满足:

- 根据主从结构的航天器间的相对位置控制。
- 相对姿态要求满足:保持每个航天器绝对姿态的精度和相对姿态要求相匹配(绝对姿态精度必须为要求的相对姿态精度的一部分)。

设计的相对位置控制基于:

- GNSS 接收机。
- 卫星间链路(ISL)。
- 基于冷气微推力器的微推进子系统(Micro – propulsion sub – system,MPS)。

GNSS 接收机提供 1Hz 的绝对位置、速度(用于定义姿态控制器的姿态和角速率轨迹)和航天器相对位置、速度信息。编队中各航天器互换 GNSS 测量信息(伪距和载波相位)。这就要求一个分散的 GNSS 处理规划,其中每一个航天器针对实时相对和绝对位置自主处理 GNSS 数据。

GNSS 数据的实时数据处理需和相对位置控制在燃料消耗和精度方面的要求相匹配(相对位置精度优于 0.2m),MPS 提供各方向需要的推力。

对编队控制和运行模式进行了初步研究。设计适用于不同任务阶段的一些 FF 模式(自由飞行模式、安全飞行模式、编队获取模式、编队保持模式)。

自由飞行模式(Free Flying Mode,FFM)是发射分离之后的 FF 模式。航天器间距足够远(大于千米的量级),这样相互间不存在碰撞的风险。每个航天器都在地面的控制下运行。ISL 和相对位置确定根据地面指令要求进行启动,而 FF 控制是非主动式的。

在安全飞行模式(Safe Flying Mode,SFM)下,所有的航天器保持三轴稳定状态,并且完成粗略相对位置确定。该模式下,可以执行碰撞规避机动(Collision Avoidance Maneuvers,CAM)。同时可以执行姿态控制,以及考虑分布式 FF 控制策略。

在编队探测模式(Formation Acquisition Mode,FAM)下,所有航天器协同机动以获得要求的编队几何结构。

最后,编队保持模式(Formation Keeping Mode,FKM)是正常的观测模式。在该条件下,相对位置和编队姿态的闭环控制被激活。

基于 CW 方程[29]，根据状态—变量方法设计了相对位置控制策略。离线仿真证明采用所选择的推进系统和控制律可以满足要求[30]。特别地，径向和迹向位置误差要求为 0.1m，而在线性编队中可以忽略垂迹位置误差。

18.5　展望和结论

尽管本章描述的仍处于纯理论阶段，但一些经验可进行讨论，它们的关注点不局限于科学应用和频段。

研究表明了分布式概念的潜力但同时阐述了将经过评估的技术和短期执行相结合的困难、小卫星微型化与使用、观测性能相比于传统（单基）执行的巨大提升。

实际上，一方面，低频具有对相对位置信息和控制要求较低的优势。这就使得标准的控制算法和技术可以有效运用到编队保持任务当中。另一方面，P 波段有一个不足。从编队的观点来看，要求大型天线保持相对较小的波瓣：使用现有的天线技术意味着相对较大质量，所以很难考虑实施微小卫星的方案。在所讨论研究中，有必要设计一个能够为科学研究提供数据的短期验证任务，因此引入了母航天器的概念，这对于编队来说属于单点故障，因此从系统角度来看不是理想的选择。换句话说，充分利用分布式系统的概念或许需要采用诸如可膨胀式天线等创新技术。

另一个需要强调的重要概念是低频时需要较多数量的接收天线来满足小卫星的性能需求：发射策略（单颗发射或多颗发射）体现着实现系统任务的关键问题。

另一个制约系统实现的因素在于非理想条件下多基–静态配置的性能分析还未得到评估：由于很难清晰地权衡轨道、GNC 系统设计以及应用要求，这就影响了任务设计。此外，保持可接受的信噪比阻碍了天线尺寸的减小。

L 波段频率则能够体现分布式 SAR 概念短期实现的有价值折中办法。实际上，如果考虑 L 波段，就能用小型接收孔径，不再需要全极化，从距离模糊性角度来看具有优势，且对相对位置信息和控制要求仍然较低。当然，L 波段潜在的应用场合和 P 波段有些不同（例如，L 波段辐射不能很好地穿透冰层）。

参考文献

1. Le Toan T, Quegan S, Davidson MWJ, Balzter H, Paillou P, Papathanassiou K, Plummer S, Rocca F, Saatchi S, Shugart H, Ulander L (2011) The BIOMASS mission: mapping global forest biomass to better understand the terrestrial carbon cycle. Remote Sens Environ 115 (11): 2850 - 2860, ISSN 0034 - 4257, 10. 1016/j. rse. 2011. 03. 020

2. Hélière F, Lin CC, Fois F, Davidson M, Thompson A, Bensi P (2009) BIOMASS: a P - band SAR earth explorer core mission candidate. In: Proceedings of the IEEE radar conference, Pasadena, CA,

USA,pp 1 – 6,May 2009

3. Ramongassie S,Castiglioni SK,Lorenzo J,Labiole E,Baudasse Y,Svara C,Luigi C,Heliere F, Mangenot C,Klooster KV,Fonseca N,Diez H,Belot D(2010)Spaceborne P – band SAR for BIO-MASS mission. In:Proceedings of the IEEE international geoscience and remote sensing symposium (IGARSS),pp2880 – 2883,25 – 30 Jul 2010,doi:10. 1109/IGARSS. 2010. 5653156

4. Dobson C et al(1992)Dependennce of radar backscatter on coniferous forest biomass. IEEE Trans Geosci Remote Sens 30(2):412 – 415

5. LeToan T et al(1992)Relating forest biomass to SAR data. IEEE Trans Geosci Remote Sens 30 (2):403 – 411

6. Beaudoin A,Le Toan T,Goze S,Nezry E,Lopes A,Mougin E,Hsu CC,Han HC,Kong JA,Shin RT (1994)Retrieval of forest biomass from SAR data. Int J Remote Sens 15:2777 – 2796

7. Rignot E,Zimmermann R,van Zyl JJ(1995)Spaceborne applications of P band imaging radars for measuring forest biomass. IEEE Trans Geosci Remote Sens 33(5):1162 – 1169

8. Santos JR,Freitas CC,Araujo LS,Dutra LV,Mura JC,Gama FF,Sober LS,Sent' Anna SJS(2003) Airborne P – band SAR applied to the aboveground biomass studies in the Brazilian tropical rainforest. Remote Sens Environ 87(4):482 – 493,ISSN 0034 – 4257,10. 1016/j. rse. 2002. 12 . 001

9. Sandberg G,Ulander LMH,Fransson JES,Holmgren J,Le Toan T(2011)L – and P – band backscatter intensity for biomass retrieval in hemiboreal forest. Remote Sens Environ 115(11):2874 – 2886, ISSN 0034 – 4257,10. 1016/j. rse. 2010. 03. 018

10. Saatchi S,Halligan K,Despain DG,Crabtree RL(2007)Estimation of forest fuel load from radar remote sensing. IEEE Trans Geosci Remote Sens 45(6):1726 – 1740

11. Kramer HJ(2001)Observation of the earth and its environment:survey of missions and sensors,4th edn. Springer – Verlag,Berlin

12. Herique A,Kofman W,Bauer P,Remy F,Phalippou L(1999)A spaceborne ground penetrating radar:MIMOSA. In:Proceedings of the geoscience and remote sensing symposium(IGARSS' 99), Hamburg,Germany,vol 1,28 June – 2 July 1999,pp 473 – 475

13. Bruniquel J,Houpeit A,Richard J,Phalippou L,Dechambre M,Guijarro J(2004) SpacebomeP – band radar for ice – sheet sounding:design and performances. In:Proceedings of the IEEEinternational geoscience and remote sensing symposium(IGARSS' 04),Anchorage,Alaska, USA,vol 5,20 – 24Sep 2004,pp 2834 – 2837

14. Rodriguez E,Freeman A,Jezek K,Wu X(2006)A new technique for interferometric sounding Of ice sheets. In:proceedings of the European conference on synthetic aperture radar(EUSAR),Dresden,Germany

15. Jezek K,Rodríguez E,Gogineni P,Freeman A,Curlander J,Wu X,Paden J,Allen C(2006)Glaciers and ice sheets mapping orbiter concept. J Geophys Res 111 (E6): E06S20. doi: 10. 1029/2005JE002572

16. Jezek K,Gogineni P,Wu X,Rodriguez E,Rodriguez F,Sonntag J,Freeman A,Hoch A,Forster R (2008)Global ice sheet mapping orbiter concept:airborne expenments. In:Proceedings of the 7th European conference on synthetic aperture radar Friedrichshafen,Germany,2008,vol 2,pp99 – 102

17. Jeze KC,Gogineni S,Wu X,Rodriguez E,Rodriguez – Morales F,Hoch A,Freeman A,Sonntag JG

(2011) Two – frequency radar experiments for sounding glacier ice and mapping the topography of the glacier bed. IEEE Trans Geosci Remote Sens 49(3):920 – 929

18. Goodman NA, Sih Chung L, Rajakrishna D, Stiles JM(2002) Processing of multiple receiver spaceborne arrays for wide – area SAR. IEEE Trans Geosci Remote Sens 40(4):841 – 852

19. Goodman NA, Stiles JM(2003) Resolution and synthetic aperture characterization of sparse radar arrays. IEEE Trans Aerosp Electron Svst 39(3):921 – 935

20. Krieger G, Moreira A(2006) Spaceborne bi – and multistatic SAR: potential and challenges. IEE Proc Radar Sonar Navig 153(3):184 – 198

21. Li Z, Bao Z, Wang H, Liao G(2006) Performance improvement for constellation SAR using signal processing techniques. IEEE Trans Aerosp Electron Syst 42(2):436 – 452

22. Curlander JC, McDonough RN (1991) Synthetic aperture radar: systems and signal processing. Wiley, New York. ISBN 047185770X, 9780471857709

23. Krieger G, Gebert N, Moreira A(2004) Unambiguous SAR signal reconstruction from nonuniform displaced phase center sampling. IEEE Geosci Remote Sens Lett 1(4):260 – 264

24. ESA(2006) SOW for the phase 0 study of the six candidate earth explorer core missions, issue 1 revision 0—EOP – SFP/2006 – 09 – 1240, 2006

25. Alberti G, FasanoG, D'Errico M, Cesare S, Sechi G, Cosmo M, Formaro R, Rioli Q(2008) Preliminary performance analysis and design of a distributed P – band synthetic aperture radar. In: Proceedings of IEEE 2008 radar conference, 26 – 30 May 2008, Rome. ISSN: l097 – 5659, Print ISBN: 978 – 1 – 4244 – 1538 – 0 . doi:10. 1109/RADAR. 2008. 4721015

26. Massonnet D(2001) Capabilities and limitations of the interferometric cartwheel. IEEE Trans Geosci Remote Sens 39(3):506 – 520

27. Moccia A, Rufino G(2001) Spaceborne along – track SAR interferometry: performance analysis and mission scenarios. IEEE Trans Aerosp Electron syst 37(1):199 – 213

28. Ruimy A, Saugier B, Dedieu G(1995) TURC—a diagnostic model of terrestrial gross and net primary productivity based on remote sensing data. In: GuyotG(ed.) Proceedings of the international colloquium photosynthesis and remote sensing, Montpellier, France, pp261 – 267, 1995

29. Clohessy WH, Wiltshire RS (1960) Terminal guidance for satellite rendezvous. J AerosP Sci 27 (9):653 – 658

30. Fasano G, Alberti G, D'Errico M, Cesare S, Sechi G, Mazzini L, Pavia P, Torre A, Esposti M. L. , Zin A, Matticari G, Bavaro M, Dionisio C, Cosmo M, Formaro R, Rioli Q(2008) An innovative spaceborne P – band mission based on smal satellites and formation flying technologies. In: Proceedings of the 3 rd international symposium on formation flying, missions and technologies, 23 – 25 Apr 2008, ESA/ESTEC Noordwijk. ISBN 978 – 92 – 9221 – 218 – 6, ISSN 1609 – 042X

第 19 章　重力恢复与气候试验

Michael Kirschner, Franz – Heinrich Massmann,
Michael Steinhoff

摘要　一般而言,GRACE(重力恢复与气候试验)卫星任务很大程度上是基于德国 CHAMP(挑战性的小卫星有效载荷)卫星任务的硬件和经验外加一颗具有超精确星间 K 波段链路的第二颗卫星。自 2002 年 3 月以来,这两个完全一样的航天器在同一轨道上运行,二者相距 220km 左右(误差不超过 50km)。两个卫星各自质量都为 485kg,在初始飞行高度达到 500km 时进入预定轨道。本章首先会对卫星之前所做任务进行简明扼要的回顾,接着讲述主要的科学成果以及卫星在执行试验任务时的运行状况。从飞行动力学角度对构型保持以及卫星换位两方面进行了详细介绍。

19.1　任务回顾

　　GRACE 是由 NASA 和 DLR 联合开展的项目。它由坐落于奥斯汀的得克萨斯大学空间研究中心(UTCSR)、位于波茨坦的德国地理科学研究中心(GFZ)和在帕萨迪纳市的喷气推进实验室(JPL)于 1996 年共同提出。1997 年,美国 NASA 选中这一项目并将其置于新成立的行星地球任务办公室下管理,并称为地球系统科学开拓者计划。这次试验的创新之处在于,主要的研究人员和任务团队在最小的 NASA 直接监管下对开发飞行任务硬件从选择到发射准备状态条件负有最终责任,以完成科研目标并将测量数据尽可能方便地提供给其他地球科学组织团体和普通大众。

　　地球重力场不论在时间还是空间上都是可变的。GRACE 任务中两个孪生卫星执行此次任务的首要目的便是获得地球重力场的不同部分随时间而变化的准确模型。得益于此次重力恢复与气候试验,每相隔 15 到 30 天科学家就会绘制出一个地球重力场的新模型。这是通过使用 K 波段微波追踪系统,测量出这两个共面的、在低空近极地轨道飞行的卫星间的距离变化范围。另外,每个卫星都携带具有地理测量功能的 GPS 和高精度加速计以确保卫星准确定轨、重力数据的空间配准和重力场模型的估计。关于地球重力场的估算,其数据来源于此次试验结果,具有前所未有的准确性,并受到地球质量分布和其在地球系统随时间变化的积分约束。

两颗卫星硬件配置完全相同,据称设计的使用寿命为5年。它们于2002年3月17日在俄罗斯普列谢茨克由呼啸号运载火箭送上太空。而这一使用寿命也意味着它们比之前的卫星寿命延长了一倍。两颗卫星都在高度为490km的同一轨道上,倾角都为89°。继发射和轨道早期阶段的试验之后,计算两颗卫星的轨道也自然而然演化成了此次任务的扫尾工作。在科学数据搜集期间,两台卫星运用K波段追踪彼此,因而二者的方位得到高精度的确定。在卫星的使用寿命期间,它们都会保持在同一平面的轨道内。但由于差动气动阻力作用,沿迹距离会发生变化,这就要求位置保持机动把它们距离控制在170km到270km之间。为了减少科学数据搜集时被打断的状况,每次进行轨道维持的时间至少为30天。

接下来讲述的是迄今所获得的科学成果及与此次重力恢复与气候试验相关的卫星运行状况。

19.2 科学

重力恢复与气候试验的目标在于绘制地球重力场图并检测气候,这次任务被称作"快车"任务。

重力场项目包括静态重力场和动态参数,是进行气候预测的绝佳数据源。

此次试验的另一项与气候有关的目的在于推动气候科学领域的进步。其途径有二:一是通过复原折射率(包括衍生出来的气温和水蒸气轮廓);二是利用卫星测出的GPS电波掩星数据得到的精细的电离层结构。

重力恢复与气候试验在了解地球水循环圈的变化、冰河冰原的消融与形成、海平面上升及其诱因(如冰川消融、热膨胀)以及地质运动(过去的冰川和大地震)方面取得了突破性的进展。

下传的GRACE测量值(K波段位相、加速计、GPS、高度)等仍由GRACE科学数据系统进行处理,它同时负责试验数据的检索、恢复、处理与分配(图19.1)。科学数据系统包括3个中心:坐落于奥斯汀的UTCSR,位于波茨坦的GFZ和在帕萨迪纳市的JPL。超过93%的反演数据已处理为二级数据产品(重力场及其相关产品),并通过美国JPL的PODAAC和德国GFZ的ISDC数据中心传递至用户社区(参照网址http://www.csr.utexas.edu/grace;http://www.gfz-potsdam.de/portal/gfz/Struk-tur/Department+1/sec12/projects/grace)。

19.2.1 重力地图的绘制

地球内部及其表面的各部分质量分布并不均匀。融化的岩石流入地心,水在大陆上流淌并最终流进海洋,空气则处于不断的运动之中。由于一个物体的重力取决于它的质量,地球上不规则的质量分布使得各地重力场都不一样且易随着时间的变化而变化。

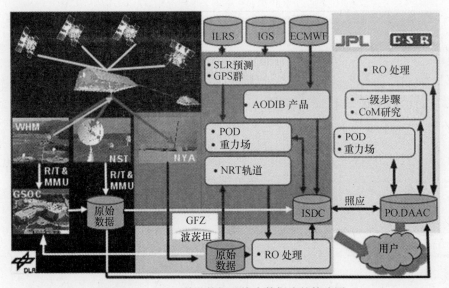

图 19.1　Grace 科学数据系统中数据流的简略图

　　GRACE 卫星任务实现的途径为：地球重力场略强的地方首先影响靠前位置的卫星，使它与尾随的卫星形成略微差别。针对这一情况，GRACE 使用了精确的微波测距系统来测量两颗卫星的距离，在长达近 220km 的距离中，其精度达到了微米级——接近于人类头发宽度的 1/10。

　　测距方法前所未有的精度使得在至少 9 年之间每隔将近 1 个月就对地球重力场进行绘制成为可能。

　　地球重力场模型的参数来源于对卫星和陆地的研究，通过繁琐的数学物理学计算得到。各种静态地球重力模型取的是接下来很长一段时间内每月的平均值，已经由诸多研究机构推算出来（UTCSR、CNES/GRGS、GFZ、AIUB 以及 IGG）。波兹坦重力场模型，又称作"EIGEN‑5C"（欧洲新技术改进型地球重力场模型——结合地面重力场数据），已成为世界上执行诸如 Envisat、ERS‑1/2 以及 GOCE 等不同卫星任务的标准之一[3]。与此同时，"EIGEN‑6C"现已可用，它展示了更高的准确性和分辨力，因为它在卫星数据处理方面采用了更好的新方法，囊括了 GOCE 卫星的数据，并且地表的重力数据准确度也比以前精确（图 19.2）[4]。

　　重力恢复与气候试验所得出的高精度的数据使我们得以对自己的星球有一个更为直观深刻的感受。现在我们可以看一下地球重力场和它的各种状态下的数据，以了解从"地球系统"各种处理中能得出什么结论。

　　把本次试验数据融入地球重力模型使得模型具有了以前无法比拟的精度。重力场的变化可被描述为旋转的椭圆体在大地水准面发生了偏离，或是偏离了常规重力。这些发现为地壳构造板块在地质和地球物理结构方面提供了线索。诸如

图 19.2　（见彩图）2011 年"波茨坦重力场土豆"：水准面基于 Lageos、GRACE 和
GOCE 卫星数据和地面数据（航空重力测量以及卫星测高）[4]

安第斯山脉、喜马拉雅山脉和北大西洋山系的大板块衍生出异常偏高的重力，而西北太平洋海底深处和南美西海岸则出现重力值异常偏低的状况。在今天的重力异常区分布图中，我们可以看出夏威夷是一连串部分海底火山锥中最年轻的环状区。

大地水准面上庞大的山脉和峡谷及重力分布失常现象与地球深处的构造和运动进程有关。例如，西太平洋里和南美西海岸上大地水准面上的隆起是年代久远且质地紧密的海洋岩石圈构成的；而这些地区的海洋岩石圈则逐渐退化成了地幔。大地水准面上的其他制高点和地图上显示的重力失常区一般分布在有炎热物质挤压其上方岩石圈的区域，这些热物质在地幔内部可能会逐渐上升。典型例子就是北大西洋、环冰岛和非洲东南岸出现的这类状况。与印度南岸相对的极深海沟可能就与印度板块岩石圈的北移有关。这种挤压造就了喜马拉雅地块的出现，因此在这种地壳运动中地幔的质量有所减弱。

同样变得显而易见的是，这次试验能够探测出发生过里氏 8.5 级以上地震的地区出现的重力值的变化，如发生于 2004 年 12 月的苏门答腊岛地震。试验的独特之处在于它恢复了形变场的长波成分研究数据。而且试验成果对于研究下陷达上百千米深度地区环境的物质性质具有独特的优势。

大地水准面上的另外一处洼地则是将近 2 万年前的冰川留下的残余物，当时一块厚厚的冰层叠加在了位于加拿大和分诺斯坎迪亚的岩石圈及其上面的地幔上。这块冰在 6000 年前融化，减轻了当地地壳所承受的巨大压力——地壳自那以后就一直在呈上升趋势。

通过应用重力恢复与气候试验所得出的试验数据，在塑造冰川均匀调整模型以及地幔对最后冰川消失的缓慢黏性反应方面现已取得了显著进步。

19.2.2 与气候有关的科学

重力场出现短暂失常现象时相关数据的准确测量为研究天气提供了有效信息。地球上许多天气状况都是由水引导的:海洋环流把热力输送到两极地带,又将冷水运到赤道地区,从而形成了海洋环流。两极地区大块冰层的增减是影响气候的重要因素,而海平面上升的主要原因便是冰川融化(见文献[5])。全球水资源循环取决于大河流域和地下水储备的平衡状态。全球水资源分配的变化对应着地球重力场下水体的再分配。因此,此次试验中地球重力场在不同时间段的模型为监测和研究这些现象作了很好的铺垫。赤道处质量的变化以300km空间分辨力进行测量,不足一月便进行一次。这可推导出一种长期固定的趋势,即短暂的偏差和季节性的变化。

通过这些随时间的变化,地理科学家已经提出关于地球内部动态过程、水体转移过程以及格林兰岛和南极地区冰块及冰川发展的新见解。一方面,在执行重力与气候试验的任务时,科学家首次运用了系统化的和彻底的水、冰等物质移动监测系统,因而展现出了一幅全新的地球内部视图。另一方面,绘制陆地、海洋与空气中水分转移地图所需要的参数是制作气候模型的关键因素。

GRACE首次为全球陆地水资源储备的变化提供了数据(图19.3)。与其他地面或卫星探测系统相比,这些数据在地下水储备、冰层覆盖、河流湖泊和

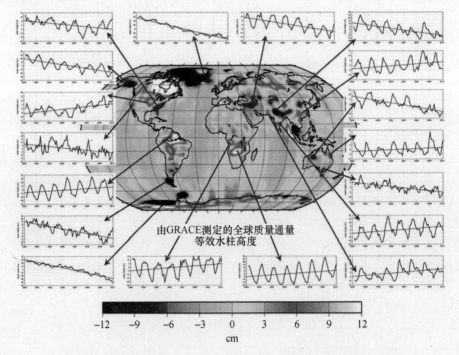

由GRACE测定的全球质量通量
等效水柱高度

图19.3 (见彩图)基于GRACE的有关陆地冰/水平衡的监测(GFZ)

冲击平原的变化方面提供了更全面的信息。对试验数据的分析展现出气候状况的变化(如暴雨天气和气温变化)是如何影响到世界范围内大河流域水资源储备的季节和年度变化值。这也为各种水文模型的对比和修整提供了可能,而这些探寻将用于决策全球性及地区性水循环圈受天气因素诱导所出现的变化。

随着试验时间的延长,可以明显看到格林兰岛和南极冰川的消融速度变化很大,并呈现出不断升高的速率(图19.4)。通过将这次试验的数据结果和通过其他技术得来的数据(如IceSat卫星、全球定位系统)结合在一起,研究人员开始探索完善冰/雪密度模型的可能性以及更好地理解GIA效应。

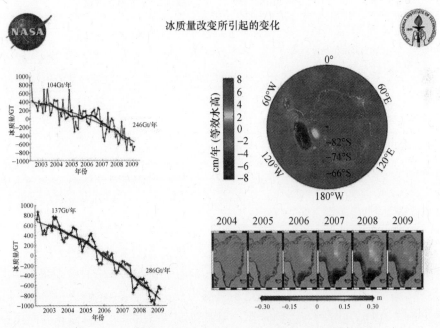

图19.4　(见彩图)南极和格林兰岛冰质量改变所引起的变化

此外,GRACE也为大陆冰层体系(在巴塔哥尼亚、阿拉斯加和中亚地区)将会出现的大规模变化做出估测。同时,试验成果也会用于对永久冻土区的研究。GRACE长期数据记录将增强对其理解,从而提高温暖气候下的冰层变化预测。

追踪卫星上的GPS接收机用于获得GPS电波掩星数据。气象参数(弯曲角、折射率和干燥温度)的全球分布状况垂直剖面为气象服务组织的预测模型提供了数据(图19.5)。自2006年以来,这些数据都被气象组织运用到实践当中。

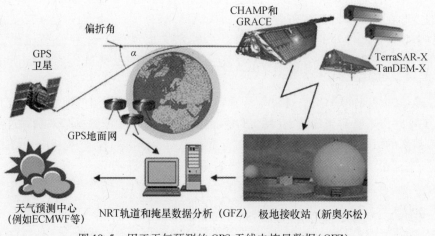

图 19.5　用于天气预测的 GPS 无线电掩星数据（GFZ）

19.3　任务操作

本章讲述了位于奥博珀法芬霍芬的德国空间试验中心执行 GRACE 任务时的运行状况以及所使用的工具和运算法则，同时讲述了针对机载硬件退化所提出的要求。

19.3.1　飞行操作

轨道上的 GRACE 系统由两颗卫星组成。每颗卫星都有两个庞大的存储单元，一个处于运转状态，另一个则用于备用。备用装置在试验中的作用尚未体现出来，但在出现意外状况时，它可以充当短暂的信息储备装置，以避免存储信息的丢失。卫星由德国空间试验中心所控制。威尔海姆和诺伊斯特雷利茨诺地面站作为基线，用于数据转储，位于挪威的新奥尔松地区又增添了一个对地传输站，用于对电波掩星数据的近实时分析以及频率状态的监控，数据可使用两次。

原则上卫星的指令仅由威尔海姆地面站进行规划。由于两颗卫星相距很近，以至于在地面站视线中出现重叠，因此在一次穿越中地面站对卫星的任务分配并不能改变。这意味着在下一次预计的威尔海姆地面站穿越中，任何转储故障都可能发生。

威尔海姆 15m 长的 S 波段抛物线天线不仅具有电波上行传输的基本功能（速度为 4kb/s），也为德国空间试验中心提供了追踪数据，包括角度数据和遥测数据。威尔海姆通过既有的下行遥测，从虚拟通道 0（VC0）中提取出实时数据并从虚拟通道 7（VC7）提取转储数据 HK（分别为 32kb/s 和 1Mb/s）。

诺伊斯特雷利茨站拥有 7.5m 长的抛物线天线，是指定的重要遥感数据接收站。获得下行遥测数据后,接收站能在每次穿越之后分析出内务数据(HK),并用文件传输服务器(FTP)为德国空间试验中心提供内务文件以方便其信息搜集。初始科学数据在站里计算出后便现场存档,并应用于科学数据系统当中以进行更深层次的研究。还有一些地面站用于处理特殊情形。在航天器面临突发状况和紧急情况时,NASA 极地站(PGN)、麦克默多站(NGS)、南极站、斯瓦尔巴特群岛站(SGS)、卑尔根岛站和瓦勒普斯站(WGS)都会提供相应支援。有关遥控(TC)和遥测(TM)对话将会得到支持,而每一次接触都会搜集一些追踪数据,不过存储器管理单元的数据转储是唯一的例外情况。

节能运作

由于执行任务时间较长(几乎是原定计划的两倍),卫星所有电池便会有所损耗(电量流失)。这就使得工程师和操作团队为电池提供额外的电量支持。新工具编译通常都是由电池储量的变化而决定的。

现已确立了这样一种方法,那便是降低加热器装置的温度至相关仪器的冻点附近,从而适应电池功率。

仪器控制单元包含有加速计,自 2010 年年底 β 系数为 0(长阴影期)以来,控制单元已被切断两周了。

星上指令顺序(宏指令)已进行了存档,以便于操作更简单,同时缩短指令发出时间从而适应新要求。

待命服务能更敏锐地捕捉到卫星运行过程中的行为变化,并在第一时间从待命状态进入工作状态。

19.3.2　遥测

GRACE 采用预先包利用标准遥测技术。这意味着卫星上的内务数据(HK)和科学数据(SCI)都通过空间数据系统咨询委员会遥测框架内传输,这一框架包括遥控资源数据包,其又包含 CHAMP 应用包(CAPS)(参考德国研究中心的 CHAMP 网址:http://op. gfz – postdam. de/champ)。

遥测传输框架包含发射/接收数据,是通过虚拟通道 0 进行传输的,而转储数据和空闲帧则会使用虚拟通道 7。框架(帧)的大小固定在 1115Byte 上。

遥测追踪数据包的长度有很多规格,充分利用了信息包分割法。转储数据包则长度固定,以保证数据从在线存储中快速释放。

CAPS 对于每个信息数据包都有一个固定且最大的容量。

包含在框架内的源包运用空间数据系统咨询委员会所定标准的源包表头,却并未携带任何时间信息(时间戳)。源包、CAPS 和遥测参数的时间戳计算都是通过评估专用 GPS 同步时间戳 CAPS 来实现的,并以 1Hz 的频率产生、储存并发送。因此,CAPs 时间戳的精度和系数都是 1s。

GRACE 任务执行过程中将数据主要分为两大类,即内务数据和科学数据,这意味从 PUS 的角度,并不支持诊断性服务。而这两大类数据又可分解为追踪数据和转储数据。不同层次的数据分类都能从源包内和 CAP 表头中体现出来,从而允许合适的地面处理。

在各层次的数据分类中,地面数据处理的数据流会受到不同处理阶段特殊信息和数据包过滤影响。

此外,卫星上的故障检测、隔离和系统重构(FDIR)中所有参数的处理都是在地面上进行的,包括参数的校准。地面 CAP 和参数处理是由 FRAMTEC(检测、遥测和控制框架)进行的。该框架从 CAP 中提取参数值,进行必要的校准和有限检查并提供一切必须信息给系统以展现这些参数值,包括正确的原始值、工程数据、状态、颜色和特殊的格式选择。FRAUTEC 也为通过操作语言(同 C 编程语言相似)从现行的遥测参数和检测参数(直接参数)里获得相关数据提供了一条便捷的方法。

监控 GRACE 卫星实际状态的方法之一就是利用实时图形界面,它被称作 SATMON(卫星监控器),由 FRAMTEC 处理器直接输入。这可以直接通过在控制间的操作实现,甚至也能在家里依赖专门的网站接口(OPS 网,又名操作网)进行。

检查卫星状况和配置的另一种方法就是通过一致性核对器(ConChk),使之能够提前列出参数清单和人们的期望值,并且靠一个按键就能敲定参数范围,例如,在一次穿越开始阶段,就把问题检测所需要的时间缩减到最短。

第三种评定卫星状况的办法比前两者都具体,就是分析下行内务转储数据。它包括一个连续时期内的数据并经由一个称为离线处理器的特定程序进行处理。在离线转储文件接收不久之后就短暂触发离线处理器,它能够在很短时间内处理大量数据,然后缩短卫星故障问题的反应时间。这种离线处理方式一方面使在一个较长时期内对卫星状况进行评定成为可能,另一方面使对卫星问题的检测与分析在很短时间内就可以得到处理。例如,在 GRACE 卫星短暂可见期间出现不可见现象(大概每天会持续 30min 左右)。

19.3.3　遥控

GRACE 指令系统运行在奥博珀法芬霍芬的德国空间运行中心的 GRACE 任务运行段中很重要的一部分。与上一部分描述的遥测系统组成了 GRACE 1 和 GRACE 2 卫星的软件接口。

这一系统是在继承了 GSOC(德国空间试验中心)之前多次任务得来的经验基础之上进行的,不仅仅包括 CHAMP 任务。系统本身是基于核心指令系统,其具有多重任务能力架构。卫星特殊执行控制、接口和数据库方面的要求都由卫星特定软件"插件程序"进行处理。

低轨卫星在地球上一小部分地区随时都能看到,且相对天球以高角速率飞行着。地面与卫星的联系受卫星飞行的持续时间和覆盖范围影响。这意味着指令系统、支撑网络和上传能力要满足以下 3 点：

- 在较短联系期间具有较高指令速率。
- 上传延迟执行指令，例如带有时间标签的遥控序列。
- 传输的遥控指令的校验、纠正接收及储存。

GRACE 项目由两颗卫星组成，二者在遥控指令方面的功能是完全一样的，这使得两颗卫星能够共享使用一个共同的源遥控指令数据库。由于两颗卫星在寿命使用期间都出过这样那样的问题，二者具体的功能又是不一样的。遥控指令需要进行编译、校验，然后分别安装于 GRACE1 号和 2 号指令服务器上。从一次飞行过程可以看出两项指令系统是完全一样的，除了其指令接口所用配色不同。该配色与遥感展示系统所用是一脉相承的。

与 GRACE 卫星相关的大部分指令都来自于 MOS（任务运行段）中两个其它部件的产品，称之为：

- 任务规划：它对应着时间轴和相关具有时间标签的指令的产生。
- 飞行动力学：它进行轨道确定和预测以及姿态确定和机动规划/执行。

GRACE 指令系统然后利用维尔海姆地面站进行接下来的 GRACE 特定指令活动的上传，这些行为包括：

- 带有时间戳的存储器转存以及主星敏感器切换指令（为避免受太阳和月亮影响）。
- 送往星载轨道递推器的两个卫星轨道信息更新指令（每天运行虽然受限于 <120h）。
- 其他源的指令（如某些特殊要求和建议）。

GRACE 操作系统满足操作要求，经过修改以达到 PUS 标准，并能与 CCSDS（空间数据系统咨询委员会）遥控指令的标准保持一致。例如：

部分 1　CCSDS201 频道服务——CLTU。

部分 2　CCSDS202 数据通道——TC - Frames。

部分 2.1　CCSDS202 指令操作程序——COP1。

部分 3　CCSDS203 数据管理频道——TC - Packets。

GRACE 系统基于核心指令系统的设计，尽管并不代表着最新技术，却在过去 20 余年里通过辅助完成大量不同种类的任务而显示了自身的重要性。值此 GRACE 卫星发射 10 周年之际（2012 年），指令系统仍将继续为各类空间任务提供服务直到其退役为止。迄今为止，两颗卫星已在轨运行了 3500 多天，而 GRACE 指令系统向它们发出了超过 1000000 道遥控指令。

19.3.4　姿态轨道控制系统

GRACE 卫星是用于探测地球重力场的仪器之一，它以多种方式直观反映出卫星的姿态轨道控制系统（AOCS）。卫星间距需保持在 220km ±50km 范围内，而飞行姿态需控制在 3 ~ 5mrad 的死区内。卫星载荷运作时的姿态扰动则需尽量降低。科学家为完善卫星而做出的持续微调与改进表明这次的卫星绝不会像其他卫星一样会经历一个常规的运行阶段。卫星已经运行了 9 年,几乎是其他卫星寿命的两倍,少数零件功能退化或是不能再使用。这也就要求进行更多特殊的 AOCS 试验。

19.3.4.1　轨道控制

两颗卫星后面都装有 40mN 的推力器,每个推力器与两个储箱之一相连(连接口处的电磁阀门在试验一开始的时候就处于关闭状态)。若要执行轨道维持机动,机动的类型(高度的升降)则取决于卫星(主星/从星)及其相对高度和距离(这在 19.3.5.1 节中也有所提及)。此外,如果主星要进行轨道抬升机动或是从星进行轨道降低机动,二者都需做一个 180°的偏航转向。倾角的修正则要在节点附近进行 ±90°偏航角转动。

所有的选择和实施方案都不是自主进行的,AOCS 任务包括:

* 在合适的时间控制卫星,使之达到合适的姿态。
* 根据预测出来的压力与温度,将飞行动力学小组提供的 Δv 值转换为推力器打开时间;再将其转换为积分值,然后对 OC 推力器发送控制指令。
* 选择一个还是两个推力器取决于所要求交叉耦合(如倾角控制)以及储箱容量。
* 点火期间实际测量出的压力和温度数值重新计算后续 Δv 值;对所有机动和校准进行管理。

19.3.4.2　姿态控制

两组 6 个 10mN 推力器和每条轴线上的磁力矩器都被用于姿态控制,磁力矩器最大力矩为 $110 Am^2$。每个推力器都与自己本身的储箱相连接,而磁力矩器则缠绕着两圈线以备不时之需。

两航天器的精确定位来自于其每日所上传的两行元素,运行的轨道信息也会反馈给两者。同时,也可设计轨道系下一个固定的姿态偏差。这里的 ACOS 任务包括:

* 协调磁力矩器和推力器的力矩比例。在试验开始阶段,需要不断地调整比例和其他几项操控参数,直到研究人员满意。
* 进行所谓的"磁补偿"以减少磁力矩器和磁强计的交互作用。在执行前,通过将测量和在轨磁场模型相结合,并尝试了几个相对权重,使得干扰影响最小。
* 完善姿态死区以减少推动器的点火次数并平衡每条轴上推力器的循环次数。
* 优化星敏感器控制参数以减少噪声和漏码。

19.3.4.3 其他 ACOS 行为

轨道运动使得主星敏感器每隔 161 天就要改变一次。322 天的周期中在没有月亮的两个星蚀处也会有两次成像以确定"热噪点"的数量。"噪点"反映出虚假的光探测情况,其数量随时间推移而缓慢增加。GRACE2 号卫星上一个相机的降级使得其探测银河极附近的明亮星星成为一个难题,并引出了一个更为详尽的切换方案,这在前面已经提到过。

在这 161 天的周期内,AOCS 安全模型的配置必须要改变三次(即使此模型实际上并没有使用!)

每年会有一次或两次的质心校准。通过依次对每个轴上磁力矩器加电与此同时并禁用推进器后,两颗卫星都处于摆动状态。需要选取特定的轨道位置使干扰最小,结果会导致质量调整机动:GRACE 有 3 个小质量块,可以通过步进电机分别沿 3 个轴移动,因此可以调节重心。

两颗卫星上微波校准工作只在任务开始阶段进行。同样,星敏感器的校准也只在任务早期进行几次测量和调整。

许多部件在任务期间功能有所衰退或者已经完全失去作用。无论在何种情况下,AOCS 运行都会受到直接影响。例如,电池的衰退会影响到惯性测量单元(一种光学陀螺仪)的使用,并要求卫星时常做出偏航机动以使太阳帆板与太阳呈特定的指向。一些 CESS 热敏电阻出现故障需要设计安全模式使得卫星与飞行方向保持一致。然而,尚未有更多的热敏电阻出现问题,因此这一模型尚未付诸实践。

最终建立了一套资源使用的管理方法,最显著的当属燃料消耗管理。设计寿命可以与基于前端或电池退化、轨道降低等其他因素建立的期望寿命相比较(图 19.6)。

19.3.5 飞行动力学

除了一天几次和每周例行执行的典型飞行动力学任务,例如,基于 GPS 导航解决方案数据的轨道确定、开普勒元素等星历文件的产生、地面站上 AOS/LOS 等事件文件等,必须要满足 GRACE 任务的两个专用要求:①保持编队之间的间距为 170~270km;②大约 3 年后进行卫星位置互换。随后的两节将对上述两个方面进行较为详尽的阐述。

19.3.5.1 编队保持

一旦在标称距离(220±50)km 范围内形成初始编队,在重力和非重力的作用下,两个航天器的轨道将自然演变。在很短的时间尺度内(约为 1 轨道周期),相对运动主要受两个作用影响:①离心率的差异,这一差异因受距离和漂移停止策略

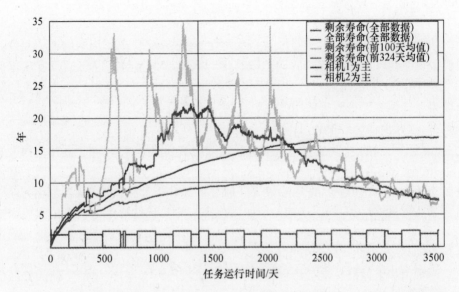

图 19.6 （见彩图）GRACE1 基于燃料耗费的预期寿命与任务已运行时间呈函数关系。红色线和绿色线分别表示整个寿命和剩余寿命。黄色虚线和橙色线分别是根据前 3 个月和 322 天搜集的数据做出的预测。星相机性能的差异表现得非常明显（主要表现在底部；蓝色代表相机 1，淡紫色代表相机 2）。垂直的黑线表明主星和从星转换角色的时刻（最初 GRACE1 是主星，现在是 GRACE2）。

的影响限制在低于 1.4×10^{-4} 范围内，因为这两颗卫星是以与飞行方向呈 $+60°/-120°$ 角度从上面级发射，分离速度约为 $28 \mathrm{cm/s}$ [6]；②偏近点角存在 $1.9°$ 的差异（与小于 2.5×10^{-3} 的偏心率成比例）。

如果平均半长轴之间存在 $\Delta\alpha$ 的差异，沿轨道方向的距离 L 在较长时间内根据下列公式发生变化：

$$\frac{\mathrm{d}L}{\mathrm{d}t} = \alpha \cdot \Delta n = -\frac{3}{2} n \cdot \Delta\alpha \qquad (19.1)$$

大致上每天变化量为 $150 \times \Delta\alpha$。

在整个任务寿命周期内，受到大气层的影响，两个卫星的飞行高度从初始高度 490km 一直降低。与长期衰减同步，施加在卫星上的空气动力学力的非均衡性导致了相对半长轴之间出现差异。尽管卫星的设计呈对称性，其弹道系数（$B = c_D \times A/m$）由于略微的姿态差异（俯仰角和方位，比照图 19.7）呈现出不同。为确保 K 波段链路的视线方向，依据高度和相对距离来讲，要求俯仰角的变化范围为 $0.4° \sim 2.2°$（比照表 19.1）。在所设计的运行状态下，如果两个卫星的质量相同，相关的弹道系数在 $0.14\% \sim 0.32\%$ 范围内变化，这将导致领先的卫星受到更大的阻力，因而有最高的衰减率[7-9]。

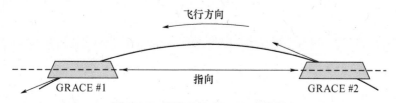

图 19.7　轨道上的 GRACE 卫星群

表 19.1　俯仰角取决于距离和高度

距离/km	100	170	270	500
$H = 300$	0.43	0.73	1.16	2.15
$H = 500$	0.42	0.71	1.12	2.09

不同的弹道系数导致半长轴间差异发生变化(参考文献[10]):

$$\frac{\mathrm{d}\Delta\alpha}{\mathrm{d}t} = -\Delta B \cdot \rho \cdot v^2 \frac{1}{n} = -\Delta B \cdot \rho \cdot \alpha^2 n \qquad (19.2)$$

其中 $v \approx 7.5\mathrm{km/s}$ 为卫星的轨道速度;ρ 为大气密度。

结合式(19.1)和式(19.2),并假设大气密度均衡,L 由下列关系表示:

$$L(t) = L_0 + \frac{3}{4}\frac{1}{\Delta B \cdot \rho \cdot \alpha^2}(\Delta\alpha(t))^2 \qquad (19.3)$$

在这种情况下,距离演变呈现出二次特性。为了使随后的编队保持机动间的时间最大化,相对高度应是相对距离的抛物线关系,能够反映出参考卫星的高度。这就要求两个卫星最初应当位于最大期望距离处,领先卫星的半长轴偏差 $\Delta L_{\max}$ 作为位置保持区域。

$$\Delta\alpha_{\max} = \sqrt{4/3 \cdot \Delta B \cdot \rho \cdot \alpha^2 \cdot \Delta L_{\max}} \qquad (19.4)$$

由于抛物线运动的对称性,当两个半长轴相等时,可以得到最小的间距。在位置保持周期结束时,要进行一次小型机动以增大领先卫星的半长轴,或减小尾随卫星的半长轴。使用式(19.3)和距离宽度 $\Delta L_{\max}$ 允许变化的最大值,可得到位置保持周期的长度,也就是随后校正机动之间的时间间隔(参考文献[6]),即

$$t_{\mathrm{cyc}} = \sqrt{\frac{16}{3}\frac{\Delta L_{\max}}{\Delta B \cdot \rho \cdot \alpha^2 n^2}} \qquad (19.5)$$

与基于式(19.4)和式(19.5)的分析预测(参考表 19.2)相比,以数学轨道递推(参照图 19.8)为基础且于发射前进行的第一周期模拟得出了相似的结果。尽管上述得到的分析模型很好地从总体上阐释了相对运动,但在为期数月的周期长度内,由于密度的实际变化(参照图 19.8),理想的抛物线运动将受到干扰。在卫星不同的姿态运动中,由于 s/c 质量的变化,弹道系数的差异 ΔB 将会受到影响。由于周期长度预计长达一年之久,欧洲航天操作中心(ESOC)每天及每月对太阳能光通量值及其不稳定性的预测应当用于即将到来的轨道维持机动的

规划中。因而,可用的位置保持范围将不会全部使用,以便为难以预测的密度变化留些余量。在整项任务中,除了对 s/c 的质量变化做出了监测,也对相对距离和半长轴差异进行了有规律的监测(参照图 19.9)。与此同时,已经对 $L-\Delta\alpha-$平面可能发生的运动进行了预测,以便于就机动的合适的时间与规模作出决定。

表 19.2　预测和仿真得出漂移周期的比较

	$\Delta B/(\mathrm{m^2/kg})$	$\rho/(\mathrm{kg/m^3})$	α/km	$N(1/\mathrm{s})$	$\Delta L_{\max}/\mathrm{km}$	$\Delta\alpha_{\max}/\mathrm{m}$	$t_{\mathrm{cyc}}/\mathrm{d}$
预测	1.56×10^{-5}	2.35×10^{-12}	6,878	0.0011	100	15.3	185
仿真	可变化	可变化	可变化	可变化	90	15.5	174

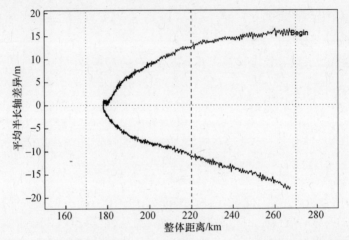

图 19.8　GRACE 航天器从上面级分离后第一个轨道周期相对运动的数学仿真,考虑了实际中太阳辐射通量和大气密度值的差异阻力以及取决于变化倾斜角的弹道系数的影响

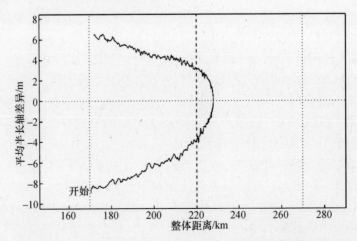

图 19.9　继 2011/02/08 至 2011/08/19 期间的第 17 次编队维持机动后对周期的监测
2005 年交换机动后 GRACE2 成为主航天器(参见下一部分)

458

为了进行适当的机动规划，必须在精度优于 1m 的密切状态中求解单个独立平均半长轴的问题。尽管纯粹的数值平均需要较长的时间间隔来得出适当的结果，但通常来说分析模型并不能提供足够的精度。因而需将两种技术适当结合起来，以便在任何时间内都可以得到有关 GRACE 卫星的平均半长轴信息。最终，在 6 个轨道的时间间隔中，通过使用严格的力模型及最新定位的初始条件将各轨迹进行数值积分。在取样间隔为 10min 的情况下，通过最小二乘方法，最终得到的状态向量符合 SGP4 模型[11,12]。SGP4 轨道模型作为北美防空司令部双线元素集的基础，是基于布劳威尔的理论分析，通过 J2、J3、J4 长期项解释了地球重力场现象，并且假定一个不旋转的大气层，使用功耗密度函数解释了大气阻力现象。使用这种技术在不确定性低于 1m 的条件下得到了平滑度值 $\Delta\alpha$（参照图 19.8 和图 19.9）。

19.3.5.2 通过使用偏心率—倾角矢量分离来完成 GRACE 编队的安全转换

在整个任务中，两颗卫星至少需要进行一次位置转换（主星/从星），主要目的是为了平衡 K 波段雷达表面烧蚀。该任务时间跨度原定为 5 年，在 GRACE 进入的第三个年头时便开始规划 2004 年下半年的位置交换机动。在不增加燃料消耗的情况下，要最大可能地保证卫星位置交换机动的操作安全，它将用到偏心率—倾角矢量分离技术。偏心率—倾角矢量分离这一概念原本是为地球静止轨道卫星的协同定位提出的，但是仍然可以应用于避免低地球轨道卫星接近操作过程中发生撞击风险。不考虑其沿轨道方向的距离，运用相对轨道倾斜角和相对偏心率的某一特定相位和大小，可以确保两个卫星沿径向或垂迹方向最小的位置偏移。如果机动校准或差动阻力模型的不确定性不允许对沿轨道方向的运动做出精准预测，这需要引起特殊关注。同样，可以通过偏心率—倾斜角矢量分离技术降低发生的机动失败风险。

由于自然的轨道摄动，两颗 GRACE 卫星的相对偏心率—倾斜角矢量随时间发生变化，每 47 天获得一个理想的并行构型。在飞经途中，可以通过挑选合适的机动日期来实现两颗卫星的燃料优化及安全分离。通过采用偏心率—倾斜角矢量分离技术，单一的机动能够充分按照 GRACE 1 和 2 的交换要求发起并停止漂移，这将显著降低操作的复杂性和工作量。

低地球轨道卫星的相对运动

航天器编队在低地球轨道上的相对运动可以由著名 CW（或希尔）方程近似得到，希尔方程描述了两颗卫星在协同运动坐标系中沿径向（R 轴），沿轨道方向（T 轴）和垂迹方向（N 轴）的所在位置。一般来讲，相对运动是垂直于轨道平面上由椭圆面内的运动叠加而成的谐波运动。如果两个航天器的半长轴不同，沿轨道方向的线性漂移也是叠加形成的。

由于 CW 方程的笛卡儿公式并未对相对运动的某些方面作出直接的解释,因而对轨道元素差异的描述成为近似分析的首选对象。所以,随着偏心率和倾斜角矢量这一概念的提出,出现了对相对运动的相对偏心率/倾斜角矢量的描述。

偏心率矢量

对于接近圆形的卫星轨道,开普勒要素 e(偏心率)和 ω(近地点幅角)通常用偏心率向量替代:

$$\boldsymbol{e} = \begin{pmatrix} e_X \\ e_Y \end{pmatrix} = e \cdot \begin{pmatrix} \cos\omega \\ \sin\omega \end{pmatrix} \tag{19.6}$$

偏心率矢量不受奇点的影响,非常适合遥感卫星轨道摄动的研究[15]。相对偏心率矢量 $\Delta\boldsymbol{e}$ 可以用两个航天器的差异来表示

$$\Delta\boldsymbol{e} = \boldsymbol{e}_2 - \boldsymbol{e}_1 = \delta e \begin{pmatrix} \cos\varphi \\ \sin\varphi \end{pmatrix} \tag{19.7}$$

这个公式表示在轨道平面内的相对运动。运用著名开普勒轨道模型的偏导[16]可以对轨道元素之间存在的微小差异进行线性展开。由此可得出,相对于 s/c1,s/c2 的相对轨道是沿轨道方向 $\pm 2\alpha\delta e$ 和沿径向 $\pm \alpha\delta e$ 尺寸大小的椭圆形轨道(图 19.10),其中 α 表示(共用的)半长轴。

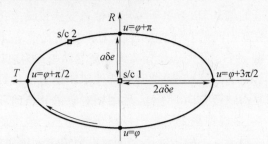

图 19.10 两颗卫星在偏心矢量分离下的相对运动[17]

δe 用来表示相对轨道的测量值,角度 φ 用来定义相对近心点角。无论什么时候平均纬度幅角 $u = \omega + M$ 等于 φ,s/c1 都位于 s/c2 的正下方。随后,只要平均纬度幅角 $u = \varphi + \pi/2$,s/c1 将恰好超过 s/c2,位于前方[17]。

相对倾斜角向量也可以用来描述垂直于轨道平面的两颗卫星的相对运动。这里单位向量 $\boldsymbol{X}_i, \boldsymbol{Y}_i, \boldsymbol{Z}_i (i = 1, 2)$ 用来描述与各个航天器的升交点和轨道平面对齐的坐标系(图 19.11)。这些矢量可以用下列方程中的开普勒要素 i(倾斜角)和 Ω(升交点赤经)来表示,有

$$\boldsymbol{X} = \begin{pmatrix} +\cos\Omega \\ -\sin\Omega \\ 0 \end{pmatrix} \quad \boldsymbol{Y} = \begin{pmatrix} -\cos i\sin\Omega \\ +\cos i\cos\Omega \\ +\sin i \end{pmatrix} \quad \boldsymbol{Z} = \begin{pmatrix} +\sin i\sin\Omega \\ -\sin i\cos\Omega \\ +\cos i \end{pmatrix} \tag{19.8}$$

轨道平面的法线矢量 $\boldsymbol{Z}_2$ 在单位向量 $\boldsymbol{X}_1$、$\boldsymbol{Y}_1$ 上的投影现在可以用来建构相对

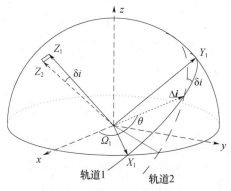

图 19.11　相对倾角向量[17]

倾斜角矢量,即

$$\Delta i = \begin{pmatrix} -Y_1^T & Z_2 \\ +X_1^T & Z_2 \end{pmatrix} = \sin(\delta i) \cdot \begin{pmatrix} \cos\theta \\ \sin\theta \end{pmatrix} \qquad (19.9)$$

该公式可以简化为

$$\Delta i \approx \begin{pmatrix} \Delta i \\ \sin i \Delta\Omega \end{pmatrix} \qquad (19.10)$$

以便用来表示轨道元素间的微小差异。该系数等于有两个轨道平面围成的角度 δi 的正弦值,θ 是 s/c_2 在上升(即 $+Z$)方向(相对升交点)穿过 s/c_1 轨道平面时的纬度参数。

对于小角度 δi,s/c_2 相对于 s/c_1 轨道平面的运动可以再次线性化。使用适当的级数展开(见示例文献[18]),s/c_2 的垂迹运动可以用振幅 $\alpha\delta i$ 和相位角 $u-\theta$ 进行描述[17]。

线性相对运动方程

除了偏心率和倾角矢量差异,半长轴之间的差异 $\Delta\alpha$ 和平均纬度幅角 Δu 对两个航天器的相对运动也会产生影响,这些都导致了沿径向 $\Delta\alpha$ 的系统偏移及每轨 $-3\pi\Delta\alpha$ 的漂移和沿轨道方向 $\alpha\Delta(\omega+M)$ 的恒定偏移。

整体上来看,在一个与径向(R)、沿轨道方向(T)和垂迹方向(N)对准的本地水平坐标系中,s/c_2 相对于 s/c_1 的相对位置矢量 Δr 可以用文献[17]给出的线性方程表示,即

$$\begin{pmatrix} \Delta r_R \\ \Delta r_T \\ \Delta r_N \end{pmatrix} = \alpha \cdot \begin{pmatrix} \dfrac{\Delta\alpha}{\alpha} & 0 & -\Delta e_x & -\Delta e_y \\ \Delta l & -\dfrac{3}{2}\dfrac{\Delta\alpha}{\alpha} & -2\Delta e_y & +2\Delta e_x \\ 0 & 0 & -\Delta i_y & +\Delta i_x \end{pmatrix} \cdot \begin{pmatrix} 1 \\ u-u_0 \\ \cos u \\ \sin u \end{pmatrix} \qquad (19.11)$$

式中:u_0 为轨道要素中初始时刻的纬度幅角;Δl 为两个航天器平均轨道经度之差[17]。

就当前的情况而言,应首选使用相对轨道元素,由于它考虑到短周期摄动,因此可在长期漂移相位下规划经度交换机动。

E/I 矢量分离

E/I 分离矢量这一概念原本是为地球静止轨道(GEO)卫星设计的安全配置,但是也可以应用于 LEO 编队的近距离操作。通常来讲,这一概念主要是考虑两个航天器沿轨道方向距离预测的不确定性要高于沿径向和垂迹方向。由于半长轴和轨道周期的耦合,初始位置和速度的较低不确定性将导致相应的偏移误差和持续增加的沿轨误差。因此,长期相对运动预测对轨道确定误差和机动执行误差极为敏感。

为避免两个航天器由于沿轨道方向位置的不确定性而导致的碰撞,需要两颗卫星在径向和沿迹方向完全分开,这可以通过相对离心率矢量和倾斜角矢量的平行(或反平行)排列实现。

在以上介绍的符号中,对于平行向量 Δe 和 Δi,角度 φ 和 θ 相等。对于这种情况,纬度幅角 $u = \varphi$ 和 $u = \varphi + \pi$ 标志着轨道位置,此处航天器具有最大的径向距离。此外,这些点也代表两个轨道平面的相交线,在相交线上垂迹距离为零。另一方面,$u = \varphi + \pi/2$ 和 $u = \varphi = 3\pi/2$ 定义了一些点,在这些点上径向距离为零,垂迹距离最大化。

在这种情况下,矢量 Δe 和 Δi 成正交关系,在轨道的两个点处径向距离和平面外的距离同时为零(图 19.12(b))。如果在这些点处的沿轨道距离小于卫星沿轨道位置的不确定性,那么发生碰撞的可能性相对来讲很高。

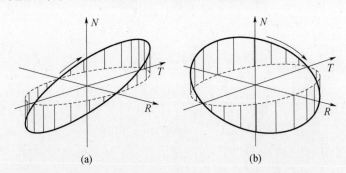

图 19.12 平行(a)以及垂直(b)相对 e 和 i 矢量下的相对运动[17]

如果不存在沿轨道漂移现象(相同的半长轴),对于平行偏心率和倾角矢量来说,径向和垂迹距离可表示为:

$$\begin{pmatrix} \Delta r_R \\ \Delta r_N \end{pmatrix} = \begin{pmatrix} -\alpha \delta e \cos(u - \varphi) \\ \alpha \delta i \sin(u - \varphi) \end{pmatrix} \tag{19.12}$$

相应地,两 s/c 之间的距离总为 $\min(\alpha \delta e, \alpha \delta i)$。这与沿轨方向距离的不确定

性完全无关。由于径向偏移,漂移卫星的阈值将会偏小,但是这可由适当增大偏心率矢量距离得到弥补。

轨道摄动

地球的扁率导致了 LEO 卫星轨道要素各种各样的短周期、长周期、非周期摄动。根据文献[15,19],偏心率矢量的短周期变化主要由二阶系数 $J2 = -C20 = 1.082 \times 10^{-3}$ 决定,并且随纬度幅角 u 进行周期性变化。

平均偏心率矢量为

$$\bar{e} = e - \delta e_{sp} \tag{19.13}$$

可以通过消除短期摄动获得。产生的向量仅随"冻结偏心率"[10,15]矢量进行长周期旋转,有

$$e_G \approx \left(0, -\frac{1}{2}\frac{J_3}{J_2}\frac{R_\oplus^2}{\alpha^2}\sin i\right) \tag{19.14}$$

矢量 e 随矢量 e_G 的旋转周期为

$$T_G = \frac{4}{3}T\frac{\alpha^2}{R_\oplus^2 J_2}\frac{1}{|5\cos^2 i - 1|} \tag{19.15}$$

这一变化周期大约是轨道周期的 1000 倍[15]。

在讨论接近操作时,可以仅考虑长周期偏心率向量的变化

$$\Delta e = \bar{\delta e} \cdot \begin{pmatrix} \cos\bar{\varphi} \\ \sin\bar{\varphi} \end{pmatrix} \tag{19.16}$$

这些都描述了一个以 $\bar{\delta e}$ 为半径的圆,以偏心率矢量平面的原点为中心,以角速度 $\bar{\varphi} = 2\pi/T_G$ 进行运动。

倾角矢量

升交点的倾角和赤经受到两倍于轨道频率[15,19]的短周期摄动。参照图 19.10 的简化图,在极地轨道上短周期摄动现象消失。

在 GRACE 编队倾角约为 89° 的情况下,倾角矢量(图 19.13)的短周期摄动 ($|\Delta\delta i_{sp}| \approx 10^{-6}$) 大约比相对偏心率矢量的相应变化小两个数量级。在规划接近操作过程中使用线性相对运动方程式(19.11)可以忽略短周期摄动。

GRACE 交换机动计划

自 GRACE 任务伊始,GRACE2 一直位于 GRACE1 之后,距离通常为 220km。考虑到两颗卫星当前的燃料平衡,将由 GRACE2 执行所有的轨道机动任务。在 GRACE2 经过 GRACE1 并达到预期的沿轨距离后,可通过降低其半长轴来再次初始化及停止适当的沿轨漂移。在接下来的任务中,GRACE2 将引领编队,GRACE1 尾随其后,保持距离为 220km。

在 2005 年 12 月上旬,位置交换初期,两颗 GRACE 卫星相距 170km。作为交换机动操作的基础,可知 GRACE2 通过降低半长轴来进行每天约 30km 的沿迹漂移。在一周内,GRACE2 将经过 GRACE1,随后引领编队。经度方向上的交换被认

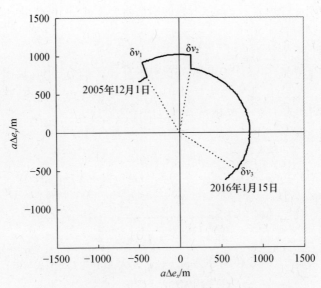

图 19.13　从 2005 年 12 月 1 日至 2006 年 1 月 15 日期间
GRACE 编队平均相对倾角向量的变化

为有利于收集额外的科学数据。在卫星之间间距较小的情况下,K 波段雷达监测对于重力场的高频分量尤其敏感。因而当分离距离达到 70km 时,将漂移量降低为每天大致 3km,在标称操作窗口(220 ± 50)km 之外收集数据。

基于对燃料消耗和科学数据损失之间的权衡,该项目已经确定整个漂移周期为两周。所要求的 2km/每轨的漂移率对应于 200m 的半长轴偏移,并要求切线机动为 11cm/s。

GRACE 任务以优于 5% 的精度执行了几项轨道保持机动。这一性能导致最紧密接近期间中有 8h 的不确定性,使得对相对沿迹位置的精确预测不再可能。在这种情况下必须保证垂迹或沿径向方向保持适当距离。一种选择是消除偏心率矢量的差异,以便两个航天器在飞越期间形成恒定的径向距离。然而,这种方式并不可行,因为交换机动中计划有 Δv,这可能就得要求额外的 4 倍计划速度增量。因此,就成本和操作的复杂性而言,选择了偏心率倾角矢量分离。通过实施这一策略,机动的数量达到最小化,被动安全达到最高水平。

在转换期内,GRACE 编队的相对倾角矢量位于 90° 相位角处,这意味着在接近地球南北极处两个轨道平面相交。在那个时刻,相对倾角使得穿越赤道附近的垂迹距离达到最大值 360m,并且在编队转换过程中几乎保持不变。因而,偏心率和倾角平行向量的配置必须使用适当方向的相对偏心率。如式(19.15)和图 19.14 所示,由于相对偏心率向量的旋转周期为 93 天,因此于 2005 年 12 月 10 日完成并行配置。如图 19.14 所示,机动用于增大相对偏心率,以便在接近过程中使两颗 s/c 的径向距离达到最大值。

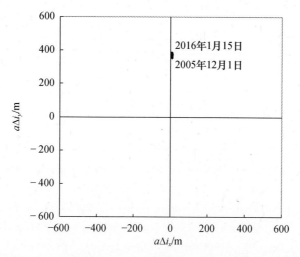

图 19.14　自 2005 年 12 月 1 日至 2006 年 1 月 15 日 GRACE
编队的平均相对偏心率向量的演变

如图 19.15 所示,GRACE2 与 GRACE1 的相对运动轨迹垂直于飞行方向,它是大小为 ±1020m × ±360m、沿径向方向的偏移为 −200m 的椭圆形轨迹(由一个黑点标志)。

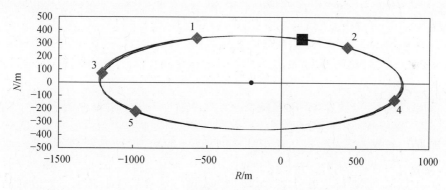

图 19.15　GRACE2 相对 GRACE1 在垂直于飞行方向上最近逼近时刻(2005 年 12 月 10 日 0 ~ 12 时)的测量运动。灰黑色菱形标记了沿迹距离为零的 5 个示例点,黑色方形标记了最紧密方式(431m)的位置点

由半长轴偏移引起的每天 30km 的线性漂移和由相对偏心率引起 ±2km 的沿轨周期性叠加变化导致存在 5 个时间点处两颗 GRACE 卫星之间的沿轨距离为零。但是由于离心率和倾角矢量分离,垂直于飞行方向的距离总是大于 500m,然而,2005 年 12 月 10 日世界标准时间 3∶47 两颗卫星距离最近 431m。

安全飞越期间,GRACE 交换机动的成功执行证实了偏心率和倾角向量分离算法的可行性。可以预测 GSOC 将把偏心率和倾角向量分离方法运用到即将进行的如 TerraSAR – X/TanDEM – X 和 PRISMA 等密集编队飞行任务,在文献[20]中可以找到该方法的解释和应用。

参考文献

1. Fowler W, Bettadpur S, Tapley B(2000) Mission planning for the twin GRACE satellites. AAS/AIAA space flight mechanics meeting, Paper AAS 00 – 164

2. Tapley BD, Bettadpur S, Watkins M, Reigber C(2004) The gravity recovery and climate experiment: mission overview and early results. Geophys Res Lett 31:L09607. doi:10. 1029/2004GL019920

3. Foerste Ch et al(2008) EIGEN – 5C:a new global combined high – resolution GRACE – based gravity field model of the GFZ – GRGS cooperation. EGU2008 – A – 03426

4. Foerste Ch et al(2011) EIGEN – 6:a new combined global gravity field model including GOCE data from the collaboration of GFZ – Potsdam and GRGS – Toulouse. EGU2011 – 3242

5. Velicogna I(2009) Increasing rates of ice mass loss from the Greenland and Antarctic ice sheets revealed by GRACE. Geophys Res Lett 36:19503. doi:10. 1029/2009GL040222

6. Kirschner M, Montenbruck O, Bettadpur S(2001) Flight dynamics aspects of the GRACE formation flying. In:Proceedings of second workshop on satellite constellations and formation flying

7. Seywald H, Kumar RR(1998) GRACE station – keeping strategy. Analytical mechanics associates, Inc. (AMA). Report No. 98 – 3, JPL Contract 961157

8. Mazanek DD, Kumar RR, Seywald H(2000) GRACE mission design:impact of uncertainties in disturbance environment and satellite force models. AAS/AIAA space flight mechanics meeting. Paper AAS 00 – 163

9. AMA and NASA(1998) Ballistic coefficient and station – keeping study for GRACE D. NASA LaRC, AMA Inc

10. Vallado DA(2001) Fundamentals of astrodynamics and applications, 2nd edn. Space Technology Library. Kluwer Academic Publishers

11. Herman J(2009) General description of the TLEGEN software for 2 – line elements generation. FDS – GEN – 1030, Issue 1. 5. DLR/GSOC

12. Montenbruck O(2000) An epoch state filter for use with analytical orbit models of low earthsatellites. Aerosp Sci Technol 4:277 – 287

13. Hoots FR, Roehrich RL(1980) Models for propagation of NORAD element sets. Project Spacecraft Report No. 3. Aerospace Defense Command, United States Air Force

14. Clohessy WH, Wiltshire RS(1960) Terminal guidance system for satellite rendezvous. J Aerosp Sci 270:653

15. Micheau P(1995) Orbit control techniques for low earth orbiting(LEO) satellites. Chap. 13. In:Carrou JP(ed) Spaceflight dynamics. Cépaduès – Èdition, Toulouse

16. Montenbruck O, Gill E(2000) Satellite orbits – models, methods, and application. Springer, Heidelberg

17. Montenbruck O, Kirschner M, D'Amico S, Bettadpur S(2006) E/i – vector separation for safe

switching of the GRACE formation. Aerosp Sci Technol 10(7):628－635

18. Montenbruck O, Pfleger T(2000) Astronomy on the personal computer. Springer, Heidelberg

19. Eckstein MC, Hechler F(1970) A reliable derivation of the perturbations due to any zonal and Tesseral harmonics of the geopotential for near－by circular satellite orbits. ESRO SR－13－1970; ESA, Darmstadt

20. D'Amico S, Montenbruck O(2006) Proximity operations of formation flying spacecraft using an eccentricity/inclination vector separation. AIAA J Guid Contr Dyn 29(3):554－563

21. Stanton R, Bettadpur S, Dunn D, Renner K－P, Watkins M(1999) Science and mission requirements(SMRD) document. Revision B, GRACE Document No. 327－200, JPL D－15928

第20章 下一代重力卫星任务

Stefaho Cesare, Gianfranco Sechi

摘要 继重力卫星任务 GRACE 和 GOCE 的成功经验之后,一些活动正在紧锣密鼓地展开以为"下一代重力任务"(NGGM)做好准备工作。这一任务的目的在于以高空间分辨力(可以与 GOCE 提供的空间分辨力相媲美)及时间分辨力(每周或更长的时间),在长时间跨度内(长达 11 年)对地球重力场的时间变化进行测定。其测量数据在大地测量学、地球物理学、水文、海洋环流及其他众多学科得到广泛应用。执行这一任务最合适的测量技术是低—低卫星跟踪卫星技术,两颗(或更多)卫星在低地球轨道上飞行,形成疏松编队,如同浸没在地球重力场中的质量块。卫星间的距离变化(用激光干涉仪测量获得)和每颗卫星的非重力加速度(用超灵敏加速计测量所得)是获得重力场数据的基础观测量。适合本次任务的卫星编队包括"线形"编队(最简单的一种)、"车轮"编队、"钟摆"型编队(更为复杂,但是从科学性上讲更富有成效),各编队中卫星间距高达 100km。如果所有高度的覆盖率、短重复周期/子重复周期及一直非常强的重力信号能长久兼容,高度 340~420km 的极地圆形轨道将非常适合 NGGM。每一颗卫星应该具备一个复杂的控制系统,能够在紧密的协调下完成多项任务,如轨道维护、队形保持、为加速计提供"无拖曳"的环境、激光束的指向和姿态控制。

20.1 背景介绍

地球重力场测量(或相关参数的测定)一直以来是几项空间任务的目标。例如,LAGEOS 1(发射于 1976 年)和 LAGEOS 2(发射于 1992 年)通过地面空间激光测距来测定轨道轨迹,以允许对重力场球谐扩张的最低系数(J_2,J_3,J_{22},…)及其时间变化获得准确的测定。

CHAMP[1],发射于 2000 年 7 月,运用高低模式下卫星跟踪卫星技术(HL-SST)测绘出地球重力场。飞行高度低于 450km 卫星的位置可利用全球定位系统网络进行准确测定,经处理后可用于将轨道引力摄动与那些非引力摄动分离开来,后者由卫星上带有的加速计进行测量估计得到。

GRACE[2]发射于 2002 年 3 月 17 日,通过运用低低模式下的卫星跟踪卫星技术(LL-SST)证实了地球重力场勘测时间变化的能力。在同一低轨道成对运行的两颗卫星之间的相对距离可通过 K 波段测距系统进行准确测定。此外,通过利用每颗卫星上的加速度计测量结果可以把相对距离的引力摄动与非引力摄动分离开。

GOCE[3](重力场和稳定状态的海洋环流探测)是 ESA 居住星球计划中的首个地球探测核心任务,发射于 2009 年 3 月 17 日,运用梯度测量技术提供了最为精确的地球静止重力场图。沿正交轴(梯度计)排布的三对加速度计测定它们所在位置点之间重力加速度的差异,因而提供了重力梯度的 5 个独立组成部分(重力势能的二次空间导数)。

自 2003 年开始,欧洲航天局促进相关技术的研究,以建立能够发现最适宜测量技术的科学要求,开展相关的技术发展,为 NGGM 确定系统方案。这一任务采用更为先进的测量系统,运用的技术是在地球低轨道上进行疏松编队飞行的成对卫星之间的低低卫星跟踪卫星技术。以下各节将对与卫星轨道,编队和姿态控制相关的关键要求及事宜进行阐述。

20.2 任务目标与测量技术

基于一些极为著名的欧洲地球物理学和大地测量学机构所做贡献,以及一个由意大利泰雷兹·阿莱尼亚宇航公司(TAS-I)为 ESA 开展的针对 NGGM 准备性研究,本次任务确定了科学的目标。这些目标在表 20.1 中以优先顺序列出。表 20.2 所列为有关空间分辨力和最大累计大地水准面误差标准。为了达到地球物理学的应用标准(固体地球科学、冰川学、水文、海洋学、大气环流等),NGGM 必须提供长时间跨度(可能整个太阳周期:长达 11 年)内地球重力场的时间变化,要求具有高空间分辨力(可与 GOCE 提供的空间分辨力相媲美)及高时间分辨力(每周或更长时间),以降低在 GRACE 地球重力场变化的时间序列中发现的高频率现象混叠水平,并提高可观测到的地球物理学信号的分离度。此外,NGGM 应当能够提供从地球重力场每月的解决方案中得到的下列 CGE:

- CGE ≤ 0.1mm,度 $l = 150$(空间分辨力为 133km)
- CGE ≤ 1mm,度 $l = 200$(空间分辨力为 100km)
- CGE ≤ 10mm,度 $l = 250$(空间分辨力为 80km)

从将要监测的地理球谐的波长来看,NGGM 测量波段宽度(MBW)初步可以确定为 1 ~ 100mHz 之间(与沿高度在约 77km 至约 7700km 之间的轨道空间采样相符)。

表 20.1 NGGM 中的优先领域及其空间与时间分辨力和相近的信号幅度

描述	空间分辨力	时间分辨力	大地水准面高度的信号幅度
冰盖融化 (与冰川均衡调整的分离)	100~1000km	季节性 永久性	0.01~1mm/年(永久性)
海平面的季节性及 在较短时间内的 变化的非立体性部分	全球到流域层面	年际 永久性	0.1mm/年(永久性)
较大空间区域内的地表水 (土壤湿度和雪)	10~200km	每小时 季节性	0.05~1cm(季节性)
震后变形	10~200km	次季节性	1mm(次季节性)

表 20.2 月度重力场反演情况下最大 CGE 各项的要求

	分辨率	10000 km	1000 km	200 km	100 km	10 km
	球谐度	$l = 2$	$l = 20$	$l = 100$	$l = 200$	$l = 2000$
CGE	10 mm			3		
	1 mm	2		4		
	0.1 mm		1			

注:灰色格子中的数据与表 20.1 中第一栏中的数据一致。右面的阴影部分标志着对卫星的月度重力场更为真实值的限制。

LL-SST 是正在实施中的唯一可观测的技术,具有能够按照所要求的分辨力来勘测时间变化的重力信号的潜在能力[4,6]。这一技术利用卫星自身充当地球重力场中的"质量块"(见图 20.1)。最根本的观察对象是由重力加速产生的两颗卫星质量中心(COM)的距离变化,Δd_G,正常情况下由以下公式得出

$$\Delta d_G = \Delta d - \Delta d_D \tag{20.1}$$

式中:Δd 为 COM 间的整体距离变化,不论引起变化的原因是什么,均以距离测量来衡定;Δd_G 为由沿线加入 COM 自身的作用于卫星 COM 上非引力的其他力(如阻力)产生的距离变化,即

$$\Delta d_D = \iint \Delta \ddot{d}_D \mathrm{d}t^2, \quad \Delta \ddot{d}_D = D_1 - D_2 \tag{20.2}$$

其中:D_1、D_2 为卫星 COM 的非重力加速度,使用加速度计进行测定。

由成对卫星组成的测量工具可以视为一种具有很长基准线的一维梯度仪。由于卫星间的分离,相比单一卫星上搭载的梯度仪,这一测量工具对感兴趣现象具有很高的灵敏度,尤其是当所在高度高于 GOCE 时,为了用大量可负担得起的推进补偿阻力,花费长久的任务时间是有必要的。事实上,重力势能 V 的次数 l 随轨道半径快速减少:

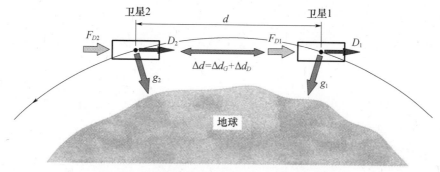

图 20.1　测定地球重力场的 LL – SST 技术的原理

$$V_l \propto r^{-(l+1)} \tag{20.3}$$

因而,该仪器基线必须按比例增加以保持相同的信噪比。

20.3　任务概要与卫星编队

由 TAS – I 设计的 NGGM 的任务方案的特点是具有一或两对卫星。在所有的情况下,卫星轨道都是圆形的或近乎圆形,从而使在该卫星高度监测到的卫星重力场信号近乎连续。

在以单个卫星对为特点的小型卫星任务中,首选轨道倾角为 90°(极地轨道),以避免覆盖不到两极周围地区,冰层质量研究中缺失两极地区是不可取的。在以两颗卫星对为特点的卫星场景中,为地球重力场提供最好的空间与时间取样的倾角为 90°和 63°(本德尔架构[7])。

卫星对的平均轨道高度应当尽可能低(目的是使重力信号强度最大化),以满足长达 11 年的任务时间(轨道高度过低会导致需要大量的推进剂补偿大气阻力)和大约为一个月的重复周期及大约为一周的子周期,并得到快而相同的地球覆盖面。例如,平均高度为 340km(32/503 以 7 到 4 天子周期进行重复)和平均高度为 424km(30/463 以 7 天子周期进行重复)的极地轨道均具有这样的重复周期或子周期,都可能适用于 NGGM。

由一对卫星组成的编队有以下 3 个典型的组态:

(1) 线形(类似珍珠串一样的)编队(图 20.2),这是最简单的编队类型(在 GRACE 中采用),这种模式中卫星沿相同的轨道运转,保持相对距离近乎连续。队列编队的主要局限性在于其强烈的各向异性灵敏度。其实,本任务要求的卫星间距离数据包括卫星位置间的重力差异信息。在极地轨道的线形编队中(单个卫星对的首选倾角),大多数时间卫星都分布在近乎相同的轨道网络内。因此,各项观测对重力场的南北变化(和质量传输)的描述比对东西变化的描述更详尽。这种各向异性的信号结构产生了从 GRACE 测量中获得的众所周知的重力场分辨力南北条纹。通过向极地线形编队增添另一倾斜角为63°的线形编队可以在灵敏度及各向同性方面取得重大的收获(本德尔架构)。

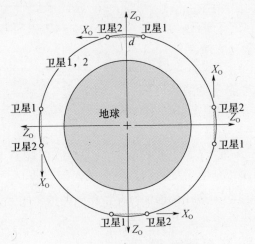

图 20.2　线形编队几何形状

X_0、Y_0、Z_0—LORF 的坐标轴

（2）钟摆形编队(图 20.3)，这种编队是通过结合两个圆形轨道上的两颗卫星得到的，这两个圆形轨道具有略微不同的倾斜角或略微不同的升交点赤经（RAAN）。因而，卫星对卫星队列在平均当地轨道参考坐标（LORF）的 $X - Y$ 平面

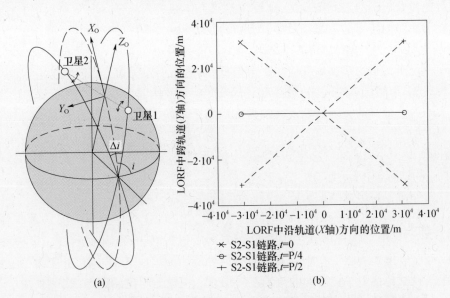

图 20.3　钟摆形编队几何形状的实例(由倾角分离得到)及在平均 LORF 中振幅为 ±45°的卫星间连接如同钟摆一样运动的实例

内(X 为当地水平坐标，Z 为当地垂直坐标，Y 垂直于轨道平面)，形成了钟摆形运动，与轨道周期同步。振荡的角振幅由倾角或 RAAN 的差异决定。钟摆形编队主要捕捉跨轨道和沿轨道的重力信号，为重力场分辨力提供更高的灵敏度及各向同性。当孔径角度为 45°时，极地轨道的单个卫星对将提供可与由两个线形编队组成的本德尔架构相媲美的科学结果。

（3）"车轮"形编队(图 20.4)，这种编队是通过将同一平面、同一时期和相同(或小的)偏心率的轨道上的两颗卫星相结合，形成重合拱点及两侧的近地点和远地点间的连线。结果，卫星之间连线在每个轨道上沿拱点连线方向以振幅为 ±20°摆动两次(在惯性坐标系中几乎保持方向不变)。两颗卫星相互之间好似在圆形轨道的平均 LORF 上沿椭圆形轨道环绕运行(半长轴的比率为 2∶1，周期等于轨道周期)，该圆形轨道与其他卫星的轨道具有相同的周期。"车轮"编队主要捕捉径向和沿轨道重力信号。这种编队提供了与钟摆形编队相似的科学结果，然而却产生了最为复杂的实施问题。

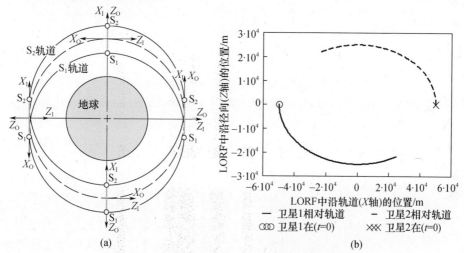

(a)   (b)

图 20.4   "车轮"编队的几何形状和在平均 LORF 中
卫星相对轨道的实例(X_1、Y_1、Z_1 为惯性参考系坐标轴)

在一周和一个月内使用线形编队、"车轮"形编队和钟摆形编队进行的重力场测量，由此得出的累计大地水准面误差以球谐度函数呈现在图 20.5 中。该函数由详尽的数值模拟[4]得出，包括以下编队参数：

• 除钟摆形编队外，其他编队的平均轨道高度为 340km，钟摆形编队有更高的高度选择(424km)。

• 轨道倾斜角：极地轨道适用于所有编队，另外对于本德尔架构的线形编队采用 63°倾角轨道，仅对线形编队测量太阳同步倾斜角。

• 卫星间的平均距离为 75km(在"车轮"形编队中距离在 50km 和 100km 范围

内变化;在钟摆形编队中距离在 62km 和 88km 间变化,最大孔径角度为 ±45°)。

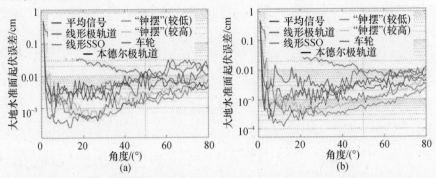

图 20.5 (见彩图)测量时间为一周(a)和一个月(b)的大地水准面累积误差

为保证基本测量对象的某一特定测量精度,在进行单一一周的测量后(该测量可由两队卫星提供得更好、密度更大的全球覆盖率诠释),线形本德尔架构在最低的球谐度上表现出良好的性能。然而,相比之下钟摆形编队的球谐度要高 20 左右。在为期一个月的测量期限内,与线形编队相比,"车轮"形编队和钟摆形编队(后者也位于更高的高度)具有更好的性能。

然而,尽管"车轮"形编队和钟摆形编队就重力场的确定方面具有优势,两者在卫星或工具设计、轨道或姿态控制(包括更高的燃料消耗)方面具有更高的要求。不像在线形编队中卫星在 LORF 中保持固定的姿态(这种编队可以在最小的横截面上达到轨道速度,而且阻力也可以达到最小);在"车轮"形编队和钟摆形编队中,轨道速度的方向绕卫星发生变化,并具有可变化的横截面,这种可变化的横截面在更宽的动态距离上产生更大的阻力。

此外,在线形编队中一颗卫星在其他卫星的参考坐标中保持一个近乎固定的位置,并且可以很容易地通过激光测量进行跟踪。在"车轮"形编队中,半长轴为 100km ~ 50km,相对距离以高达 57m/s 的变化率发生变化,卫星间的连线以振幅为 ±20° 摆动。在钟摆形编队中,平均距离为 75km,卫星间连线的摆动角为 ±45°,相对距离以高达 30m/s 的变化率发生变化。相对距离及角度位置的这些变化对卫星距离系统(这一系统需要处理一种重要的多普勒转变)和姿态控制(保持激光束指向一个移动的目标)提出了具体的设计要求。"车轮"形编队也受到由非地球参考姿态产生的许多问题的影响,如阻力的主要分力在每一轨道周期沿卫星发生变化。此外,卫星间的连线与卫星地球方向在每个轨道周期上两次保持一致,在地球辐射和激光测量间存在潜在的干涉(光学和热)。

可以得出以下结论:线形编队是最容易实施的编队类型(单一线形对在科学上的局限性可以通过本德尔架构得到恢复)。如果最大振幅限制在 10° 与 15° 之间(即使具有如此小的角度,其科学性回报也要优于线形编队),钟摆形编队更为复杂但仍然具有可行性。"车轮"形编队的可行性小。

20.4　有效载荷的要求与设计概要

欲达到 20.2 节描述的 NGGM 的科学目标,要求能够测量星间距离变量 Δd,且误差谱密度不超过图 20.6 所示的限制。这样的性能要求意味着可利用激光干涉仪来代替 GRACE 的 K 波段测距系统。此外,第二个基本观测对象,也就是卫星质量中心非重力相对加速度(Δd_D),测量谱密度误差不超过图 20.7 所示的限制范围,并且按照对 Δd 的要求进行连续界定。这些要求处于 GOCE 任务中运用的加速计范围内。

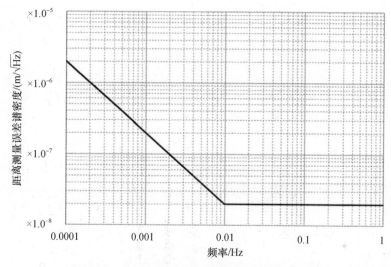

图 20.6　卫星间距(Δd)的测量误差谱密度的上限

NGGM 中符合重力场测量的整套工具在图 20.8 中体现,包括以下几点:

(1)激光干涉仪用于测定理想状态下安装在两颗卫星质量中心处两个反射器之间的距离变化。

(2)一套加速度计用于测定每颗卫星质量中心处的非重力加速度。

(3)辅助性角度测量提供相对于卫星之间连线的卫星方位信息(该信息用于研究从反射器位置到质量中心位置的干涉测量及规划沿卫星间连线的加速度测量)。

(4)辅助性横向计量提供卫星 2 相对于由卫星 1 发出的激光束的横向位移信息,并通过射频卫星间链路反馈给光束指向控制器。

(5)GNSS 接收机用于提供精确的轨道定位信息及卫星间的相对位置(GNSS 测量值通过星间链路在卫星 1 和卫星 2 之间交换)。

(6)星敏感器用于提供卫星的惯性姿态信息。

(7)激光反射器通过来自地面的激光测距精确地进行轨道确定(作为对由

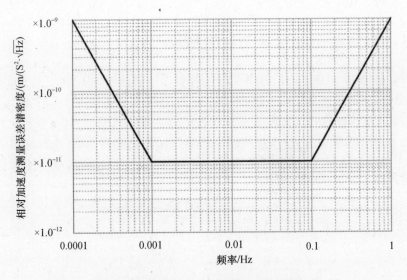

图 20.7　非重力相对加速度的测量误差谱密度的上限(Δd_D)

GNSS 接收机提供信息的补充)。

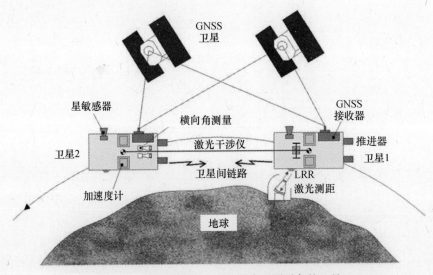

图 20.8　用于测量 LL – SST 基本观测对象的工具

　　星间距离变化测量系统的核心是一种基于反射器配置(由 S_1 传输及 S_2 反射的激光)且通过开/关振幅调制配置进行远程操作的迈克尔逊型差式激光干涉仪(见图 20.9)。换言之,可采用一个转发器方案,由卫星 1 发射且由卫星 2 接收的激光波束通过第二个激光源再生,并在朝卫星 1 发射下一波束前锁相。

　　角度测量由 3 个小型望远镜组成,这 3 个小型望远镜带有位置传感探测器并

476

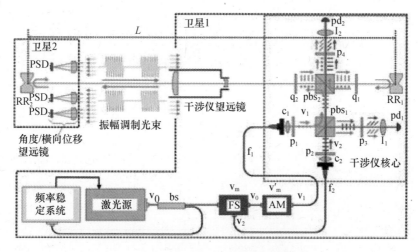

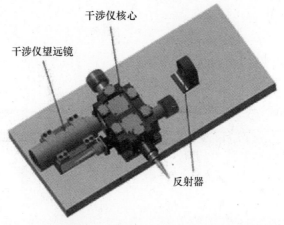

图 20.9 干涉仪的功能方案和配置

且在卫星 2 上以三角形分布。每一个望远镜接收一部分由卫星 1 传输的激光束，测量其入射方向，该入射方向由卫星 2 相对于星间连线（由激光束实现）的方位决定。相同的 3 个望远镜集合测量入射光束截取部分的光功率：卫星 2 相对于激光束轴线的横向位移可以从光功率的不平衡性得出。如同对激光束的振幅进行调制，通过对每一个检测器的输出进行同步解调，可能会消除由杂散光引起的杂散信号。如图 20.10 所示，可以从卫星 2 相对于激光束轴线的横向位移和卫星间绝对距离（由不同的 GNSS 测定）信息获取卫星 1 相对于星间连线的方位信息。

激光干涉仪和角度横向计量设备已经由 TAS－I 和 INRIM 合力研发，模拟试验证实了两种仪器能够符合 NGGM 性能要求的潜在能力。同那些应用于 GOCE 的加速度计一样，这些加速度计能够按照所要求的精度测定卫星质量中心的非重力加速度。如图 20.11 所示的一对微型加速度计能够定位质量中心中的加速测量

477

图 20.10　由卫星 2 相对于激光束轴的横向位移($\Delta Z, \Delta Y$)获取卫星 1
相对于卫星间连线的坐标(θ_1, ϕ_1)的测量原则

点(位于加速度计中心的中间位置),该加速测量点由激光反射器占用。此外,除了质量中心的 3 种线性加速度,它也通过结合由两个加速度计测定的线性加速度或以加速度计水平测定检测质量的角加速度,进而提供了满足角动态控制精度的 3 种卫星角加速度。如图 20.11 所示,加速度计的数量由 2 个增加到 4 个,除了可以更为精确地测定线性加速度和角加速度,另外也可以对重力梯度的两个分量(沿着与星间连接垂直的两个轴)进行测量。

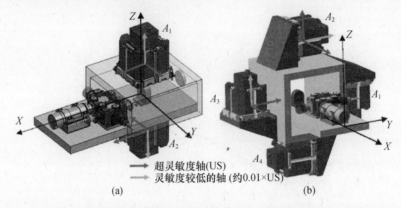

图 20.11　2 个加速度计(a)和 4 个加速度计(b)的排布,X 轴平行于星间连线

激光干涉仪的核心,其望远镜、反射器(两个空心角立方体,顶点重合且两个背面叠放在一起)和加速度计均设立在一个享有相同稳定的机械支撑和同一热控制环境的共同组件中。

两颗卫星上装配有相同的工具组件。通过这样做,假如卫星 1 出现差错阻止干涉仪进行正常操作,通过调换两颗卫星的位置,(也就是说,卫星 2 成为活跃卫星),便可以使得任务照常进行。

20.5　卫星的初步配置

图 20.12 所示为依照 NGGN 预先研究 TAS‐I 定义的卫星初步配置。确定使用这种配置以便于可以运用小型运载火箭,如 Vega、Rockot、Dnepr(两颗相同的卫

星背面相对填补整流罩)同时发射两颗卫星。每颗卫星像一个细长的棱镜,梯形截面面积约为 1.3m。线形编队中该区域也是运动方向投射区域,由此可使大气阻力最小化。在其他编队的几何形状中,卫星的侧面周期性地投射在运动方向,且增加了横截面积。内部设备布局有利于将卫星质量中心放置于接近几何中心的位置,有效载荷舱位于该几何中心。一个略微扩口的通道从始至终贯穿航天器,以便为激光束提供一条畅通的路径。

(a)   (b)

图 20.12　NGGM 卫星的初步配置:太阳能电池部分安装在
卫星主体(a)和仅安装在展开帆板上(b)

太阳能电池可以一部分放置于卫星主体上,一部分放置于展开帆板上,亦或只放置于展开帆板上。由于 NGGM 的参考轨道不与太阳同步,有必要通过改变太阳能电池板或整个卫星的朝向来跟踪观测太阳方位角的季节性变化:绕 X 轴旋转足以在一年内维持太阳帆板的良好受晒。首选第二个方案是由于它避免了各种移动部件的出现,这些移动部件使质量中心移位并且扰乱卫星的微振动环境。

卫星的所有控制功能都是由电推进(选用标准为低推进剂消耗及在低轨道飞行的耐久性)来实现,在一定程度上辅以 3 个磁力矩器以提供绕卫星轴向的力矩,此外,卫星轴并不与地球当地磁场方向一致。基于移动部件的执行器,如反作用飞轮,已被排除,因为它们的机械噪声与加速度计施加的微振动要求不符。两种类型的推进系统已得到确定(图 20.13)。第一种类型推进系统更适用于较低轨道高度(在此高度上大气阻力相对更大),其特点是使用两个不同大小的推进器:主推进器(2 个用于线形编队,4 个用于钟摆形编队)放置于卫星后侧,朝向质量中心以补充沿 X 轴方向的阻力的主要分力;8 个较小型横向推进器分布于 Y - Z 坐标系中(4 个前置,4 个后置),以补充阻力的横向分力及保持卫星指向。第二种卫星推进系统更适用于较低轨道高度,运用 8 个推进器,其中横向分布的推进器大小相同,放置于卫星的前侧与后侧,以便提供沿每一个轴或环绕每一个轴的外力和扭矩。电推进器必须能够提供与 GOCE 所运用的相似的具有可变振幅的外力,以精确地匹配即将得到补偿的外部干扰,旨在确保为加速度计提供一个安静的运行环境。NGGM 的潜在选择,就其尺寸和性能而言,由 Giessen 大学[10]研发的微型射频离子推进器已得到鉴定。

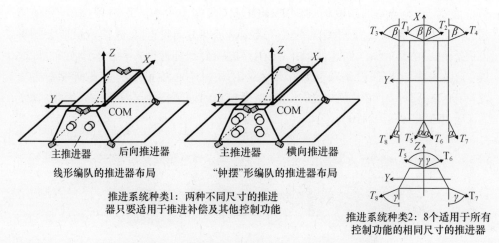

图 20.13 NGGM 推进系统的种类和推进器的布局

左图标注：

Z / X / Y / COM / 主推进器 / 后向推进器

线形编队的推进器布局

Z / X / Y / COM / 主推进器 / 横向推进器

"钟摆"形编队的推进器布局

推进系统种类1：两种不同尺寸的推进器只要适用于推进补偿及其他控制功能

推进系统种类2：8个适用于所有控制功能的相同尺寸的推进器

20.6 NGGM 动力学控制系统

20.6.1 控制要求

每一颗卫星都应当配备有一种控制系统，能够执行以下任务：

• 保持每一颗卫星的轨道高度不变，以补偿由大气阻力（沿卫星轨道的主要非重力外力）造成的延迟。

• 该任务中的卫星编队获取和保持，补偿两颗卫星不同的轨道摄动。

• 当与梯度仪的非理想性（比例因子、敏感轴未对准和耦合）和飞行校准后加速度计的残余非线性耦合时，在与加速度计动态范围和测量性能相兼容的限制条件下，为加速计提供"无拖曳"操作环境，减弱质量中心非重力线性加速度的绝对值和谱密度范围（在特定谱域内）。

• 对由 S_1 发出射向 S_2 的激光束的精瞄的采集与保持。

• 在根据星间距离变化（图 20.6）和非重力加速度（图 20.7）的测量性能设定的限制条件下控制卫星姿态及其角加速度和比率。

按照为保持地面轨迹而建立的重复周期所需的公差对轨道高度进行控制，这一重复周期对于确保整个任务均匀覆盖模式来讲是必需的。重复周期的地面轨迹最大距离与连续周期的地面轨迹的最大距离应当保持在可以达到的最小空间分辨力的部分范围内（见 20.2 节）。几十米范围内的平均高度控制与 NGGM 的需要相兼容，这与应用于 GOCE 中的平均高度相似。

与其他编队飞行任务相比，双卫星编队控制没有那么多严格要求。事实上，由于在 LL－SST 技术中卫星本身充当质量块，在重力场作用下它们应当能够自由运行。实际上,倘若不加以控制,自然的轨道摄动(在重力和非重力条件下)会使卫星偏离最初的编队几何形状,影响重力场取样(如由于星间基线的改变或钟摆形孔径角的最大化)及各种测量(如星间距离会超出激光干涉仪的工作范围)。因而,卫星编队必须通过"适度"控制来紧紧围绕最初的参数进行,这种控制行为不能影响科学测量("疏松编队"的概念)。事实上,这意味着编队控制器应当在低于NGGM MBW(小于1MHz)最小频率的带宽内操作,应当尽可能避免系统地发生在相同频率下的非重力线性加速度(如轨道的频率和倍数),这在加速测量中以"谐"误差呈现,这种"谐"误差将叠加至随机误差。对线形编队和钟摆形编队控制的初步要求的综述见表20.3。

表20.3   线形编队和钟摆形编队的控制要求

参数	要求	评价
卫星间的最大间距	≤100km	由测量仪器的最大工作范围设定
最大间距的变化范围	0%~10%	适用于线形编队和钟摆形编队
钟摆形编队的最大孔径角的变化范围	±5°	与最大间距的要求相结合,这也限制到钟摆形编队中卫星的最小间距
径向方向卫星的相对位移	不大于卫星间距的1%	适用于线形编队和钟摆形编队;与卫星间连线的偏角(约0.6°)相一致
垂迹方向的卫星相对位移	不大于卫星间距的1%	仅适用于线形编队。钟摆形编队的跨轨道运行受到角度和最大间距的限制

天拖曳控制适用于编队中的每一颗卫星;其目标是将卫星质量中心的非重力加速度降低至10^{-6}m/s^2以下(每一个轴),将MBW的谱密度降低至$10^{-8}\text{m/}(\text{s}^2 \cdot \sqrt{\text{Hz}})$(由4个加速度计组成的有效载荷),或低于$5 \times 10^{-9}\text{m/}(\text{s}^2 \cdot \sqrt{\text{Hz}})$(由两个加速度计组成的有效载荷),如图20.14所示。与非重力线性加速度相似,角加速度和绕质量中心的航天器角速率必须限制在最大值(每一个轴上不大于10^{-6}rad/s^2,横滚和偏航不大于10^{-4}rad/s,俯仰不大于$1.2 \times 10^{-3}\text{rad/s}$,等于地球指向姿态的比率)范围内和MBW的谱密度范围内(每一轴上不大于$10^{-8}\text{rad/}(\text{s}^2 \cdot \sqrt{\text{Hz}})$和不大于$10^{-6}\text{rad/s/}(\text{s}^2 \cdot \sqrt{\text{Hz}})$,如此便不会对非重力加速度测量的整体性能产生影响。

卫星1姿态控制负责以不大于$2 \times 10^{-5}\text{rad}$精度(由干涉测量仪的光学链路预算定义出)和低至10MHz频率不大于$2 \times 10^{-6}\text{rad/}\sqrt{\text{Hz}}$稳定度(由具有远场波前畸变的激光波束角晃动耦合引起的激光干涉仪测量得到的距离误差确定范围)将激光波束指向卫星2。就激光束而言,由于使用了反射器,卫星2的对准精度可以放宽至1°。在MBM中,指向稳定性也可以放宽至$10^{-5}\text{rad/}\sqrt{\text{Hz}}$(图20.14)。

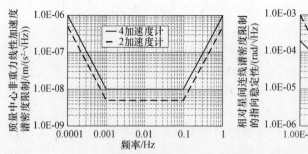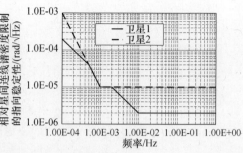

图 20.14　质量中心非线性加速度谱密度的上限(a)
和相对于星间连线的卫星指向的稳定性(b)

20.6.2　控制系统的初步设计及性能

编队控制器设计中的主要难点在于自然控制作用与卫星相对运动相悖,卫星的相对运动是地球重力场重建过程中主要的观测对象。此外,编队控制器理应在无拖曳控制条件下运作,以使额外的推进器推力和推进剂消耗量达到最低。每颗卫星上加速度计测量值都会送入无拖曳控制,为了避免浪费推进剂用于补偿因加速度计间差分偏差和漂移造成的卫星相对位移,应当按照要求估测并消除这些偏差或漂移。另外,为了避免"无拖曳"控制取消编队控制加速度,在无拖曳环节中,后者应当用于"参考"。当然,编队控制加速度也必须满足无拖曳要求。

图 20.15 所示为符合性能要求和以上各种条件的控制系统的架构。每颗卫星都有 3 个独立的线性加速度控制器(每个轴上一个)和相对位置控制器。一种分级控制结构正在运用实施中:由相对位置控制器发出的加速度指令是由线性加速度控制器跟踪的参考加速度曲线。因而,避免线性加速度控制器取消由相对位置控制器发出的加速度指令是必要的。任何情况下,线性加速度控制的参考加速度及其加速度误差都应当符合残余非重力线性加速度的要求(幅度和频谱密度)。这意味着编队控制操作应当在幅度范围内进行,并且以尽可能低的频率下进行应用。

在每一控制步长中(0.1s 内),任一无拖曳控制器以编队控制器加速度指令和加速度测量值作为输入,进而计算作用力指令送入各推进器。基于衰减干扰和加速度计及推进动力学时延组成的离散时间模型,线性加速度控制可以作为线性加速度观测器来实现。通过该观测器可以计算出干扰加速度的单步预测。图 20.16所示为沿 X 轴和 Y 轴的线性加速度控制的灵敏度函数(交叉频率约为 0.3 Hz)。这种控制设计与接下来的 GOCE 无拖曳及姿态控制系统[11,12]采用的方法相同。

为了证明编队控制方案的有效性,有必要回顾一些分析和结果。从一特定的卫星相对位置和速度分析入手,编队几何形状随时间发生变化,原因如下:

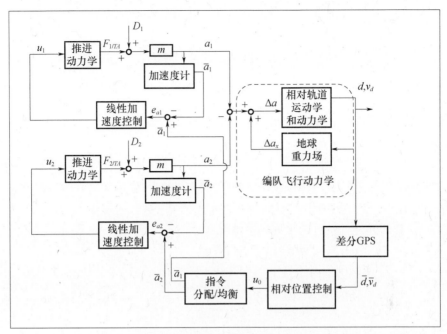

图 20.15　编队和无拖曳控制架构

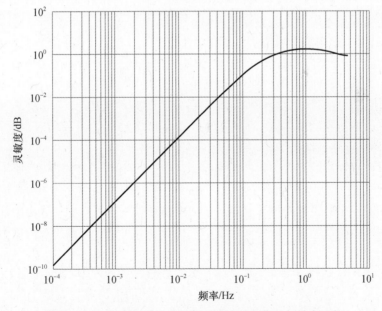

图 20.16　X 轴和 Y 轴上的线性加速度控制器的灵敏度函数

- 由地球重力场引起的微分扰动（像 J2 等的非球形摄动），大气阻力，太阳能辐射压力。

- 无拖曳控制条件下产生的加速度计微分线性加速度偏差。
- 控制系统内各状态变量(相对位置或速度)的非精确初始化。

分析了线形编队和钟摆形编队配置下编队几何形状的演变,结果显示微分加速度偏差是不稳定性的主要根源,这将造成卫星在几天内偏离初始几何形状。由此可以得出清晰的结论,即相对位置控制至少应包括估计和补偿微分偏差的能力。偏差估算器应足够快以测定加速度计微分偏差的低频率漂移,然而,也应当慢些,以便不对本次科学任务相关的频率产生干扰。

由于相对位置控制应当在低频率条件下进行(低于轨道周期的频率),不将 J_2 效应等考虑在内,那么用于设计该控制器的模型可能非常简单。HCW 模型(主要为圆轨道运行,与 J_2 摄动相关的微分效应不予考虑)被认为能够充分应用于综合控制。使用 HCW 模型,可能出现以下情况:

- 沿 X 轴(沿轨道)的残余偏差可以导致:
  - 沿 X 轴的相对位置以二次方式不断变化。
  - 沿 Z 轴的相对位置以线性方式不断变化。
- 沿 Z 轴(沿径向)的残余偏差可以导致:
  - 沿 X 轴的相对位置以线性方式不断变化。
  - 沿 Z 轴的相对位置始终保持在实际偏差所决定的振幅范围内。
- 沿 Y 轴(垂迹)的残余偏差并不会影响 Y 轴相对位置的稳定性,这一相对位置保持在实际偏差所决定的振幅范围内。

结果,用于观测阶段的编队控制变得非常简单。仅对 X 轴(沿轨道)的相对位置进行控制,以保持某一时间范围内的编队几何形状,这一时间范围将通过仿真进行界定和处理。X 轴相对位置控制包括估算微分偏差及补偿偏差。径向(Z 轴)和垂迹(Y 轴)的自由度不需要任何特殊控制,因为高达 $2 \times 10^{-7} \mathrm{m/s^2}$(像 GOCE 这类加速度计预期达到的最大值)的微分偏差会引起 0.15m 的振荡幅度,在控制系统内,该振荡幅度在编队初始化误差范围内可以忽略不计。

相对位置控制的设计与线性加速控制(状态观测器、干扰模型等)使用的方法相同;采样频率定为 0.1Hz,不过该频率可能仍将降低。按照差分 GNSS 技术要求的精度和噪声来测量相对位置和速度。由任意线性加速度控制计算出的线性加速度指令和由姿态控制要求的角加速度指令用于计算每一个控制步长内需由推进器施加的推力。

为了满足这些特殊要求(尤其是非重力线性加速度的谱密度限制),有必要使所有的控制环在线性条件下运行。由于推力器的推力或拉力低于所能产生的最小值,这种饱和度会导致高频残余加速度。在特定要求范围内,为保证所有控制功能得以实施,各种类型的推进器必须具有的性能如表 20.4 所列和图 20.17 所示。

表 20.4　推进器的初步要求

参数	主推进器	横向推进器,线形编队	横向推进器,钟摆形编队	单位
最小推进力	<0.1	0.05	<0.1	mN
最大推进力	>6	>1.0	>2	mN
推力分辨力	<4	0.5	0.5	μN
推力噪声	见图20.17	见图20.17	见图20.17	
升/降时间	<50	<50	<50	ms
转换速率	>2	>0.25	0.5	mN/s
更新指令率	10	10	10	Hz
推力非线性	<2%	<2%	<2%	
寿命	11 年	11 年	11 年	
具体功耗	<30	<40	<40	W/mN

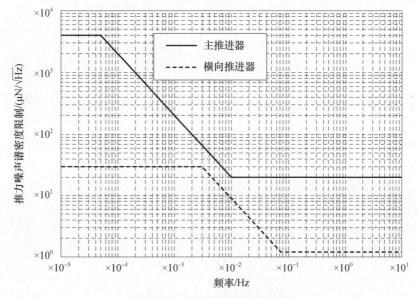

图 20.17　推力噪声谱密度上限

通过使用 GOCE 的端到端(E2E)模拟器对两颗卫星进行性能评估。E2E 模拟器为卫星与空间环境、有效载荷、传感器和执行器之间的环境互动嵌入了非常精准和具有代表性的模型(MSIS90 模型用于计算空气密度,Hickey 模型用于计算小区域范围内空气密度的变化,HWM93 模型描述上层热电离层的水平中性风,源自 φrsted 任务的地球磁场模型,EGM96 为 360 阶地球引力势模型,以及日月星历表)。图 20.18 所示为 75km 基线的线型编队所获得的性能。此外,时间跨度为 60 多天的数据模拟试验证明了已分析过的编队(线形编队和钟摆形编队)保持稳定几何

485

形状的控制能力。

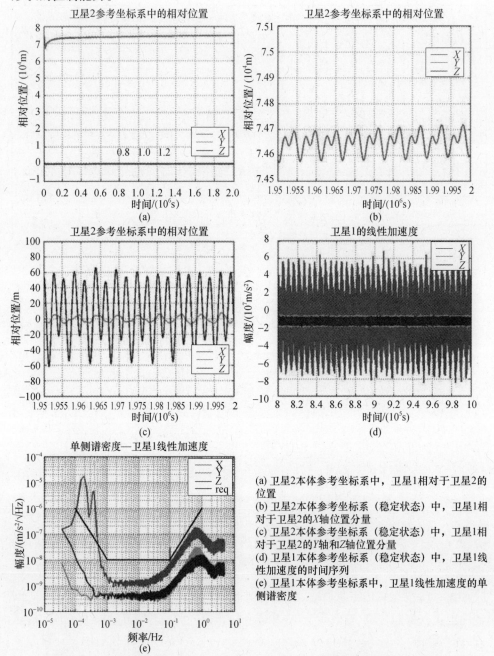

图 20.18 （见彩图）线形编队中关于编队和非重力线性加速度控制的综合结果

(a) 卫星2本体参考坐标系中，卫星1相对于卫星2的位置

(b) 卫星2本体参考坐标系（稳定状态）中，卫星1相对于卫星2的X轴位置分量

(c) 卫星2本体参考坐标系（稳定状态）中，卫星1相对于卫星2的Y轴和Z轴位置分量

(d) 卫星1本体参考坐标系（稳定状态）中，卫星1线性加速度的时间序列

(e) 卫星1本体参考坐标系中，卫星1线性加速度的单侧谱密度

鸣谢 用于撰写本章内容的材料来自于对 NGGM 的预先研究,该项任务由 ESA 发起并资助,意大利泰雷兹·阿莱尼亚宇航公司(团队领导者)执行,并得到

以下分包商及顾问的支持：

- 西班牙德莫斯航天技术公司。
- 荷兰代尔夫特理工大学,代尔夫特地球观测和空间系统研究所。
- 意大利国家计量科学研究院。
- 法国国家航天航空研究中心。
- 意大利米兰理工学院,地球科学系。
- 意大利都灵理工大学,自动化与信息学系。
- 德国慕尼黑技术大学,天文和物理大地测量研究所。
- 卢森堡大学。
- 意大利米兰大学,环境、水力、基础结构和测量工程系,卫星大地测量团队。
- 意大利比萨大学数学系。
- 德国斯图加特大学大地测量学研究所。

缩略语

CGE　Cumulative Geoid Error　累计大地水准面误差

CHAMP　CHAllenging Minisatellite Payload　具有挑战性的小卫星有效载荷

COM　Center of Mass　质量中心

E2E　End – To – End　端至端

ESA　European Space Agency　欧洲航天局

GNSS　Global Navigation Satellite System　全球导航卫星系统

GOCE　Gravity field and Ocean Circulation Explorer　重力场和海洋环流探测

GRACE　Gravity Recovery And Climate Experiment　重力恢复和气候试验

HCW　Hill – Clohessy – Wiltshire　HCW 方程

INRIM　Istituto Nazionale di Ricerca Metrologica　意大利国家计量科学研究院

LL – SST　Low – Low Satellite – Satellite Tracking　低低卫星跟踪卫星

LORF　Local Orbital Reference Frame　当地轨道参考坐标系

MBW　Measurement BandWidth(from 1 to 100 mHz)　测量带宽(1 ~ 100mHz)

NGGM　Next Generation Gravity Mission　新一代重力任务

RAAN　Right Ascension of the Ascending Node　升交点赤经

RIT　Radio – frequency Ion Thruster　射频离子推进器

TAS – I　Thales Alenia Space Italia　意大利泰雷兹·阿莱尼亚宇航公司

参考文献

1. http://op. gfz – potsdam. de/champ/index_CHAMP. html

2. http://op. gfz – potsdam. de/grace/index_GRACE. html

3. http://www. esa. int/esaLP/LPgoce. html

4. Assessment of a next generation mission for monitoring the variations of Earth's gravity. ESA Contract 22643/09/NL/AF, Final Report, Issue 2, 22 Dec 2010

5. Koop R, Rummel R(2007) The future of satellite gravimetry. Final report of the future gravity mission workshop, ESA/ESTEC, Noordwijk, The Netherlands, 12 – 13 Apr 2007

6. Cesare S, Aguirre M, Allasio A, Leone B, Massotti L, Muzi D, Silvestrin P(2010) The measurement of Earth's gravity field after the GOCE mission. Acta Astronaut 67:702 – 712

7. Bender PL, Wiese DN, Nerem RS(2008) A possible dual – GRACE mission with 90 degree and 63 degree inclination orbits. In: Proceedings of the 3rd international symposium on formation flying, missions and technologies, Noordwijk(NL), April 2008

8. Allasio A, Muzi D, Vinai B, Cesare S, Catastini G, Bard M, Marque JP(2009) GOCE: space technologies for the reference earth gravity field determination. In: Proceedings of the European Conference for Aerospace Sciences(EUCASS), Versailles, France

9. Laser interferometry high precision tracking for LEO – ESA contract 20512/06/NL/IA. Summary report, 10 Sep 2008

10. Feili D, Lotz B, Loeb HW, Leiter H, Boss M, Braeg R, Di Cara DM(2009) Radio frequency mini ion engines for fine attitude control and formation flying applications. In: Proceedings of the 2nd CEAS European air & space conference, Manchester, UK, 20 – 26 Oct 2009

11. Sechi G, Buonocore M, Cometto F, Saponara M, Tramutola A, Vinai B, Andrè G, Fehringer M (2011) In – flight results from the drag – free and attitude control of GOCE satellite. IFAC 2011 Congress, Milan

12. Canuto E(2007) Embedded model control: outline of the theory. ISA Traps 46(3):363 – 377

13. Allasio A, Anselmi A, Catastini G, Cesare S, Dumontel M, Saponara M, Sechi G, Tramutola A, Vinai B(2010) GOCE mission: design phases and in – flight experiences, AAS – 10 – 081. In: Proceedings of the 33rd annual AAS guidance and control conference, Breckenridge, CO, 6 – 10 Feb 2010

第 21 章　PRISMA 任务

Simone D'Amico，Per Bodin，Minchel Delpech，Ron Noteborn

摘要　PRISMA 是用于验证编队飞行和在轨服务关键技术的先驱任务。它由在低地球轨道运行的两颗组合发射航天器组成,经过调试阶段后于 2010 年 8 月在空间分离。这次任务旨在为制导、导航和控制算法、新颖的相对导航传感器(GPS、射频、基于视觉的)以及新的推进系统(高性能绿色推进剂、微电机)提供一个独特的在轨试验台。PRISMA 最初由瑞典国家航天局提出,由瑞典 OHB 执行,其中德国航空航天中心、法国航天局、丹麦技术大学为此做出了重要贡献。在对动机、合作伙伴、目标做简要回顾后,本章开始对本次任务进行全面描述,包括航天器平台、编队飞行、交会传感器和执行器及 GNC 重要模式和算法。讨论主要针对:主体任务阶段,包括总进度、验证过程以及任务运行阶段。展示了基于 PRISMA 任务的实际飞行数据及其大量 GNC 试验情况;同时,呈现了星间相对距离从 30km 到接近为 0 全过程的相对导航和控制精度情况。

21.1　绪论

21.1.1　动机

一些航天机构将编队飞行和在轨服务视为先进的科学和商业应用的关键技术[1-3]。设想这些技术的预期效益将带来太空资产的实质爆发时期。尽管不可能完善地列出当下所有的任务,但仍然可以从实际出发将可能的应用领域划分为以下三方面,即空间科学、行星科学和技术发展。与之相关的空间科学学科包括太阳系探索、宇宙起源、结构和演化的天文探索。分布式卫星系统在低行星轨道可以增加和(或)启用遥感任务,如数字高程模型、重力恢复和大气特征。空间技术发展要求具备在轨道上组装结构、再补给和维修轨道平台、捕获并使空间碎片离轨的能力。这些仅是将来可能利用编队飞行和在轨服务等关键驱动技术的几项应用。

同对这些任务进行分类一样,有必要实施机载自主制导、导航、控制功能

（GNC），这些控制功能传统上是以地面参与闭环的方式进行。正是这一方面促使瑞典国家太空委员会（SNSB）和瑞典空间公司空间系统部（SSC）（现今为 OHB – SE）于 2004 年年底构想"原型研究仪器和航天任务技术发展"（PRISMA）[4,5]。确定 PRISMA 的目的为在飞行中测试两颗合作轨道卫星编队飞行和交会的 GNC 软件、传感器和执行器硬件技术[6,7]。2005 年年初 SNSB 批准基本资金支持后，主合作方 OHB – SE 与国内国外取得合作以实施 PRISMA。主合作方邀请那些潜在的参与者就自定义试验一起分配任务时间并分享资源，以便补偿该项目特殊软件和（或）硬件相关的成本耗费。德国航空航天中心（DLR/GSOC）和法国航天局（CNES）响应这一号召，各自研发出 GNC 软件（整合到 OHB – SE 星载软件），以便在任务期内执行专用闭环试验。

21.1.2　合作伙伴

OHB – SE 可以被当作 SNSB 的主合作方，负责任务的整体设计、构建和操作。PRISMA 发展和科学研发过程中 OHB – SE 的主要合作伙伴及其重要贡献列举如下：

• 德国航空航天中心（DLR/GSOC），在 GPS 绝对和相对导航系统方面做出贡献，包括 GPS 硬件（凤凰 – S）和机载导航软件[8,9]。DLR 运用嵌入在整个 GNC 软件中的专用软件进行星载自主编队飞行试验（SAFE）和自主轨道保持试验（AOK）。此外，DLR 负责精确轨道定位（POD）地面验证[12]。

• 法国航天局（CNES），在编队飞行无线电频率传感器（FFRF）及相关软件方面做出贡献。西班牙航天局 CDTI 也参与到 FFRF 仪器的研发中。CNES 通过运用嵌入整体 GNC 软件中的专门软件进行自主编队飞行试验。完整的任务被称为编队飞行在轨测距验证（FFIORD）[13-15]。

• 丹麦技术大学，在基于视觉的传感器（VBS）方面做出贡献[16]。

该项目的其他合作成员列举如下：

• SSC/ECAPS 研发了新颖的高性能绿色推进剂（HPGP）动力系统，作为肼的替换系统[17]。

• SSC/纳米空间公司以 MEMS 技术为基础研发了一种新型的冷气体微推进动力系统。

• 意大利那不勒斯电子系统开发公司（TSD）研发了一种多功能高分辨力彩色数字视频系统（DVS）[19]。

• 瑞典基律纳空间物理学研究所新研发了具有 MEMS 速度过滤器的质谱仪[20]。

本项目的任务和责任分配见图 21.1。

图 21.1　PRISMA 参与者及所做的贡献

21.1.3　目标

PRISMA 主要计划演示自主编队飞行、自导引和交会方案及短距离接近操作。任务目标与具体的试验系列相关,这些试验构成了任务时间表和运行[6,7]。表 21.1 描述了 4 个操作和 4 个设备试验。OHB – SE、DLR 和 CNES 指挥进行了大范围距离和编队几何形状下的闭环控制试验。每一项 GNC 试验均利用了三种星载相对导航传感器中的一种(即 GPS、FFRF 和 VBS)。硬件试验系列包括测试 HPGP 和 MEMS 试验推进系统(SSC)、基于视觉的传感器(DTU)和编队飞行射频测量传感器(CNES/CDTI)。

表 21.1　与 GNC 和硬件相关的试验系列总述(主要目标)

GNC 试验系列	描述	距离/m	主要传感器
自主编队飞行	运用各种制导和控制规律的闭环自主编队飞行获取、保持和重构	5000 ~ 20	GPS/FFRF
自导引和交会	空间在轨装配和火星取样返回自主逼近的模拟	100000 ~ 3	VBS

GNC 试验系列	描述	距离/m	主要传感器
3D 精准接近操作	运用围绕虚拟结构进行的强制运动对在轨服务、检查和装配的技术演示	100 ~ 3	GPS/VBS
最终逼近及撤离机动	验证在轨服务、检查和装配能力的接近方法	3 ~ 0	VBS
硬件试验	描述		责任方
HPGP(绿色推进剂) 微推进(冷气) FFRF(射频) VBS(基于视觉的)	首次飞行演示和在轨验证		SSC/ECAPS SSC/Nanospace CNES/CDTI DTU

除了表 21.1 中的主要目标,也定义了下列几项次要目标:

• 新开发的数据处理系统和具有电池管理电子学的功率调节及配电单元的飞行试验(OHB – SE)。

• 以新模型为基础研发星载软件的建模项目(OHB – SE)。

• 演示单一卫星的自主轨道保持(AOK)任务(DLR)。

• 演示为多运载器任务新开发的地面支持和操作支持设备,RAMSES 系统(OHB – SE)。

• 为电子系统公司开发的数字视频系统提供测试飞行。

• 为瑞典基律纳空间物理学研究所基于 MEMS 研发的离子质谱仪提供测试飞行。

21.2　卫星

21.2.1　航天器平台

PRISMA 空间段由一个命名为 Mango(150kg)的主动服务器或称为小卫星副星和一个命名为 Tango 的被动客户端或称为微卫星主星组成,两者均由 OHB – SE 研发。Mango 的特点为六自由度的自由控制,通过三轴姿态稳定和独立于航天器姿态的 3D 轨道机动能力来达到上述目的。姿态确定和控制分别是以星敏感器和反作用飞轮为基础的。轨道确定与控制分别以 3 种相对导航传感器(GPS、FFRF 和 VBS)和 3 种推进系统(即肼、HPGP 和微推进)为基础。尽管前面提及的传感器和执行器在试验阶段均得到交换使用,主要的相对导航系统是基于 GPS(总是处于活跃状态),并且主要的推进系统是基于肼,带有 6 个推进器和接近 120m/s 的速度 ΔV 能力。Mango 航天器平台和有效载荷运行所需要的电能由两个可展开的太阳能电池板提供,其最大功率为 400W。Mango 主体部分的外形尺寸为750mm ×

750mm×820mm。当展开时,太阳能电池板末端之间的距离为2600mm。

  Tango 卫星有一个简化的、三轴稳定的太阳磁场姿态控制系统,不具有轨道机动能力。Tango 主体部分的尺寸为 570mm×740mm×295mm。Tango 依赖于一个表面安装的太阳能电池板,可提供最大 40W 的电能。航天器操作依赖于 Mango 上 S 波段地面空间链路,这一链路支持 4kb/s 比特率的指令,以高达 1Mb/s 比特率进行遥测。相反,与 Tango 的通信只能依靠 Mango 作为中继进行提供,且利用数据速率为 19.2kb/s 的超高频波段的双向星间链路(ISL)。

  Mango 数据处理系统(DHS)的核心是基于 LEON3 微处理器的航天器控制器。LEON3 采用一种与 SPARC V8 架构一致的 32bit 处理器,这种架构尤其适用于嵌入式应用。与之前的 LEON2 微处理器相比,LEON3 能够识别位翻转,具有容错能力。通过采用爱特梅尔公司的现场可编程门阵列(FPGA)来使 LEON3 提供约为 20MIPS 的性能并且可容纳一个浮点单元(FPU)。平台单元和航天器控制器之间的通信是通过 CAN 总线实现的。PRISMA 系统对所有的重要功能具有专门容错能力。已经建立一个故障、检测、隔离、恢复系统(FDIR),这一系统在众多故障情况下可以使故障自动转换为冗余单元。此外,FDIR 系统可以检测出潜在的碰撞或蒸发风险,以最少的自主机动次数进入一个固有的无碰撞轨道。

  图 21.2 所示分别为发射前于 2010 年 1 月和 6 月拍摄的 PRISMA 分离飞行模型和组合装配图片。为了便于识别,图片中指示了 3 种可用相对导航传感器的重

图 21.2　主卫星 Mango 飞行模型(c)、目标卫星 Tango(b)和组合发射配置(a)
这些图片于 2010 年 1 月拍摄于 SSC 洁净室。该组合航天器图片拍摄
于 2010 年 6 月 PRISMA 装配进俄罗斯第聂伯火箭期间。

要传感元件。Mango 和 Tango 上的 GPS 天线分别被命名为 GPS - M 和 GPS - T。FFRF 天线分别被命名为 FFRF - M 和 FFRF - T。Mango 上的近距和远距 VBS 相机被分别命名为 VBS - S 和 VBS - F。

21.2.2　编队飞行与交会传感器

PRISMA 编队的主要相对导航传感器是基于由 DLR/GSOC 研发的 GPS 导航系统[9]。相对 GPS 充当编队安全模式传感器的角色，以支持如避撞等 FDIR 任务，并作为星载反馈控制器的导航资源以便于实施自主编队飞行和交会试验。在缺乏更高技术水平的仪器的情况下，GPS 为传感器交叉验证、执行器特性、GNC 和试验精度评估提供真正的参考。为此，由 DLR/GSOC 的精密定轨设施对 GPS 原始数据进行事后地面处理，以定期生成日常报告[12]。

基于 GPS 的导航系统由一个硬件结构和一个导航软件组成，前者是以两颗卫星上搭载的相同的凤凰 - S 接收机为基础，后者内嵌在 Mango 上搭载的计算机内来进行实时绝对与相对导航。GPS 硬件如图 21.3 所示。为实现冗余功能，每一卫星都携带有两个独立的凤凰 - S GPS 接收机，这两个接收机在冷冗余配置下运行。每一卫星上的两个 GPS 天线能够提高处理非天顶姿态指向的灵活性，其由最优 GPS 覆盖的机载算法选择，或者是由地面指挥设定。

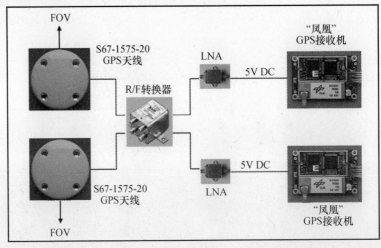

图 21.3　基于 Mango 和 Tango 上相同的凤凰 - S 接收机的冷冗余 GPS 硬件结构

微型凤凰 - S 是一个 12 通道单频 GPS 接收机，该接收机是基于一种商业现成硬件平台，并得到 DLR/GSOC 低轨道使用认证。Mango 和 Tango 每个通道接收机的单频（C/A，L1）伪距和载波相位测量输出都结合了准无电离层观测对象，并由 Mango 星载导航软件通过扩展卡尔曼滤波（EKF）进行处理。已经选择了一种均衡滤波设计，通过严格的数值动力学建模来调整两个航天器的绝对状态[22]。在不需要一个清晰的相对运动模型的情况下，可以通过其绝对状态（以 1Hz 输出）

作差对航天器的相对状态进行简单计算。相对导航的精度由单差载波相位测量决定,然而绝对导航精度是由 GRAPHIC 测量(伪距和载波相位的平均值)的噪声决定。

PRISMA 任务中 CNES 的贡献为 FFIORD 试验[15],其主要目标是进行 FFRF 子系统首次在轨演示。在其一般配置中,计划使用 FFRF 仪器来进行编队飞行任务中 2~4 颗卫星的粗略相对位置。它提供相对位置、速度和视线方向(LOS),以此作为 GNC 的输入值。子系统由 FFRF 终端和编队中每颗卫星上多达 4 组天线组成。一组天线可以是一个三元组(1 个接收/发射主站和 2 个接收从站)或单接收/发射天线。每一个 S 波段的终端均可以以 TDMA 模式向星群中其他卫星(1~3 颗卫星)发射并接收双频信号。距离和角度测量信息是从接收的信号中提取的,用于计算相对位置、速度、视线方向。除提供相对导航测量外,FFRF 子系统还提供了 ISL 作为辅助功能。如图 21.4 所描述,PRISMA 存在两种可以运用的 FFRF 终端配置。Mango 的 FFRF 终端与一个独特的三重天线组相连,然而,Tango 的 FFRF 终端与 3 个独立的接收/发射天线组相连。

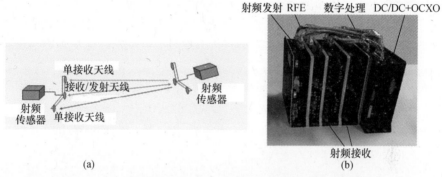

图 21.4　PRISMA 中 FFRF 子系统配置(a)和 FFRF 终端硬件(b)

与 GPS 相似,FFRF 传感器能够传输两种类型的计量信息。RF 原始数据由来自每一个终端的伪代码、相位、δ 相位测量及每个终端的时钟偏差和同伴卫星的相对位置、速度和时间组成。FFRF 传感器的功能由 GNC 星载软件的导航功能补充,该软件通过 EKF 对后者的导航解决方案滤波,EKF 包括相对动力学的直接模型,并估算测量偏差[23]。与 PRISMA 采用的 GPS 系统明显不同,FFRF 导航方法避免了对 GNC 软件原始数据的处理过程,以便于降低与 RF 信号过滤和整周模糊度解算功能相关的复杂性和计算负荷。

PRISMA 任务中 DTU 的贡献是一个基于微 ASC 的完全自动化微型星敏感器(参照图 21.5)[24]。微 ASC 的设计旨在实现高灵活性配置,可以作为 1~4 个位于航天器合适位置和方向的摄像头单元(CHU)的主机,以便获得一种完全冗余的无盲区姿态传感器配置。

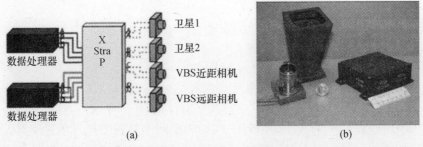

图 21.5 Mango 中星敏感器和 VBS 子系统配置(a)和摄像机头部和数据处理仪器单元(b)

PRISMA 搭载的两个 CHU 被用作标准的姿态参考敏感器。它们的指向是经过甄选的,以便在复杂的绕飞机动中避免太阳、地球和 Tango 飞行器同时致盲。微 ASC 上的第三个端口也配备了一个标准的 CHU。然而,该 CHU 指向前方,以便于在大多数任务阶段都可以观测到 Tango。第四个端口配备一个带有修正的焦距、光圈和电子快门的 CHU,以便能够在强光条件下进行近距离操作。与 Tango 相比,后面这些 CHU 用于 Mango 视觉导航,被命名为 VBS 远距和近距相机。

VBS 数据处理是在微 ASC 中进行的,这是由其在标准操作中庞大的后备处理能力决定的。对 VBS 的描述见文献[25]。这一基本软件具有 4 个不同的操作模式:

- 远距离——各星体和 Tango 在视野中均可观测到。
- 中间距离——Tango 的强光使各星不能被观测到。
- 合作近距离——在视野中可以通过安装在 Tango 主体每个面上的 5 个 LED 观测到 TanGo 的特征。
- 非合作近距离——使用太阳地球反射的自然光照获得的 Tango 的特征与储存在微 ASC 记忆中的 3D 模型数据库相匹配。

近距模式中应用于 GNC 软件的相对位置和姿态信息由 VBS 子系统输出。

21.2.3 推进系统

Mango 卫星配备有一个肼系统、一个 HPGP 系统和一个微型推进系统(分别参照图 21.6 中的红色、绿色和蓝绿色部分)。将肼推进系统选择为标称系统是由于 HPGP 和微型推进系统都是首次在轨演示的新研发结果。

肼推进系统由 6 个指向 Mango 重心的 1 – N 推进器构成,因而具备无转矩平移能力。该推进剂储箱包含可用燃料 11kg,在任务期间提供近乎 120m/s 的 ΔV。点火时间从 0.1s 稳定燃烧状态到高达 2min。该肼系统是由OHB – SE 根据美国主要供应商获得的元件设计的。

HPGP 试验是一种新型推进系统,该系统引进环境友好型无毒的单组元推进剂铵 – 二硝(ADN)燃料,该燃料有望提供 10% 的更大推动力,比肼的密度高

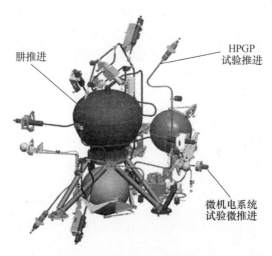

图 21.6　PRISMA 任务的推进系统

30%。该系统在轨性能确实比所有操作模式下肼的在轨性能要高。HPGP 推进系统有两个 1 - N 推进器,这两个推进器也指向重心。如果任一标称推进器不能正常工作,该系统为主要的肼系统提供冗余。推进剂储箱包含 5kg 的有用燃料,在任务期间提供近乎 60m/s 的 ΔV。ECAPS 推动了推进剂本身、兼容 1 - N 推进器和催化剂床等技术研究,几年来一直得到 ESA 的支持,ECAPS 是 SSC 的一家子公司。

微推进系统基于 MEMS 技术,由 SSC 的一子公司纳米空间公司,依照 ESA 和 SNSB 合约研发[18]。该系统具有精确的推力,精度变化范围为 1/10 微牛顿到毫牛顿。该系统可适用于极小且极精准推力的将来任务。其关键元件是一个高尔夫球大小包含一个硅晶片堆叠段的推进器模块,该模块带有 4 个完整且配备有集成流量控制阀、过滤器和加热器的发动机引擎。就比冲而言,推力室中极小的内部加热器能够提高系统的比冲性能。其中的推进剂是氮气。4 个推进器在推进器模块的赤道平面上呈正交分布。

21.3　GNC 试验

21.3.1　分类与 GNC 模式

PRISMA 任务中,由 OHB - SE、DLR、CNES 和 DTU 执行的 GNC 试验计划验证 Mango 相对于 Tango 的闭环相对轨道控制,在控制过程中使用不同的算法和传感器。为了在任务初期使所有参与方能够尽早收获结果,在任务的时间安排上将各试验按照复杂性从低到高进行安排。整体的试验规划与设计由 OHB - SE 管理。DLR 和 CNES 自主编队飞行试验分别基于其各自传感器系统的贡献(分别为 GPS 和

FFRF)。为此,这些合作方共同研发了专门的 GNC 软件,并由 OHB - SE 嵌入 GNC 核心软件中。DTU 运用 VBS 摄像系统高度复杂的功能来支持基于 VBS 系统的试验。

　　如图 21.7 所示,GNC 的主要模式被命名为 Safe 和 AFF。当重新启动 Mango 星载计算机或在一般情况下对平台进行复位时便默认进入安全模式。此外,安全模式是在与各种子系统(如电源系统、热力系统、动力系统和 GNC 等)相关的突发事件及与 Tango 存在高碰撞风险的情况下根据 FDIR 逻辑自动设置的。为了处理这些情况,安全模式本身具有一些子模式,如安全太阳、安全天体、安全轨道模式。安全太阳和安全天体模式可能被视为 ACS 子系统的标准功能模式,然而,安全轨道模式具有独特的多卫星特点,这一特点允许执行轨道控制机动任务,以便运用相对 GPS 作为导航工具来降低与合作轨道航天器发生碰撞的风险。

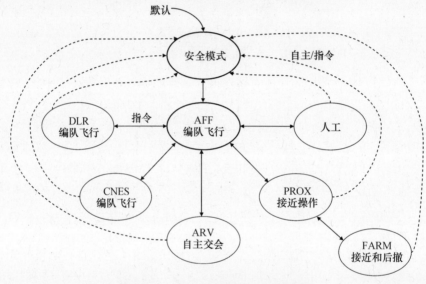

图 21.7　Mango 航天器的 GNC 模式图

　　在标称操作中,AFF 是唯一一个能够通过安全指令进入的 GNC 模式。在模式架构(参照图 21.7)中,AFF 被视为中心节点。其他试验模式(如 DLR、CNES 等)只能通过经由 AFF 过渡传输的指令进行设置,在为其他试验做准备时期或编队待命时期,AFF 也被用作停泊点设计模式。与安全模式相似,AFF 模式也利用 GPS 作为相对导航。其他 GNC 模式激发了由 DLR(DLR 模式)、CNES(CNES 模式)、OHB - SE(PROX 模式、ARV 模式、FARM 模式)提供的试验功能和软件。此外,可以绕开自动化功能,运用手动模式在地面规划并指挥轨道控制机动。表 21.2 完整地总结了 GNC 模式的功能配置。每个 GNC 模式均利用特定的导航和控制功能。虽然许多模式都采用相对 GPS,但 FFRF 和 VBS 仅用于 CNES 模式,并由 OHB - SE 用于 ARV 和 PROX/FARM 模式。取决于所采用的算法和所需的控制跟踪精度,需要少量或频繁地执行轨道控制机动任务。随后的推进器激活工作由一个脉冲或反馈控制功能来触发,这些功能将在下面讨论。

表 21.2　Mango 经精简化的 GNC 模式功能配置

GNC 模式	闭环内使用的功能		OHB – SE
	轨道导航	轨道控制	责任方
安全模式	GPS	脉冲	OHB – SE
AFF 模式	GPS	反馈	OHB – SE
手动模式	—	脉冲	OHB – SE
DLR 模式	GPS	脉冲	DLR
CNES 模式	FFRF	脉冲或反馈	CNES
ARV 模式	VBS	脉冲或反馈	OHB – SE
PROX	GPS/VBS	反馈	OHB – SE
FARM	VBS	反馈	OHB – SE

21.3.2　OHB – SE 模式与关键算法

OHB – SE 负责的 GNC 试验划分为 3 种不同模式,即自主编队飞行(AFF)、接近操作与最终逼近/撤离机动(PROX/FARM)及自主交会(ARV)。AFF 验证了基于 GPS 的被动编队飞行。PROX/FARM 包括在飞行几何限制条件下进行近距离强迫运动操作,其中可以运用 GPS 或 VBS 导航。FARM 模式仅运用 VBS,其设计目的在于展现对接或类似实物递送的最后阶段。能够有效地通过少量机动实现由被动相对轨道向准连续推力作用下强迫运动控制的转换,这也是 OHB – SE 试验的一个目标。ARV 的设计目标是仅使用 VBS 作为导航传感器来验证由几千米到几米距离范围内的自动交会。

在文献[27,28]中可以找到关于所运用算法的详细阐释。AFF 轨道制导功能使用从地面上传的被动目标轨道。当从更高一级模式自动进入 AFF 模式,制导功能也能够生成其被动目标轨道。在这种情况下,将会选择一个"最接近的"被动轨道,AFF 模式将成为一种安全性更高的模式或后备模式。AFF 运用一种基于模型预测控制(MPC)结构的轨道控制功能[29]。就未来多个控制点轨道递推的燃料消耗而言,MPC 功能优化了下一个控制要求。普通椭圆轨道的递推是根据 Yamanaka – Ankersen 方程[30]计算得来的。燃料最优解决方案是由相关简单问题的星载方案得出的。AFF 试验采用相距几千米到大约 10m 的相对轨道。

PROX/FARM 试验由 Mango 围绕 Tango 以接近或低于 10m 距离的强迫运动组成。Mango 围绕以 Tango 的位置为中心的虚拟结构飞行。设计该结构旨在模仿一个大的空间结构,例如国际空间站(ISS),围绕该空间结构绘制了一份飞行图。这份飞行图由一组与允许转换相关的节点组成。根据这些指令转换,制导功能通过运用一种 A 算法[31]根据飞行图找到了最优允许路径。PROX/FARM 的轨道控制与 AFF 使用相同的架构,但是具有不同的传输视野和驱动频率设置。

ARV 试验演示了一次完整的自动交会,Mango 与 Tango 初始相距约 25km。Mango 自主机动到距离 Tango 几十米远的地方,这次试验以 FARM 机动结束,使得 Mango 飞至距离 Tango 不到 1m 远的地方。最后的操作步骤运用上述描述的 PROX/FARM 功能。Mango 对 Tango 实施远距离定位,然后执行一系列轨道调整、接近和自导引机动,最终到达一个相距 Tango 一定距离的地方,使得 VBS 能够传递清晰的距离信息,实现 PROX/FARM 功能交接。ARV 中所进行的全部机动仅使用 VBS 导航,在远距离段这些导航功能仅依靠角度测量。

21.3.3　DLR 模式及其关键算法

星载自主编队飞行试验(SAFE)和 DLR 的自主轨道保持(AOK)试验均是在相同的 DLR GNC 模式下进行的。

SAFE 旨在常规验证被动相对轨道燃料最优的长期自主获取、保持和重构。为此,便采用了一种针对相对轨道要素而言的相对运动便利参数化表示方法。该制导方法运用相对偏心率和倾角向量分离方法来降低碰撞风险,并增加 J2 摄动下的编队被动稳定性[32]。机动的 δV 指令是根据一种分析型脉冲反馈控制函数进行计算的,该函数具有较高的决定性,并且其可忽略的计算负荷使得该函数极为符合星载实施的需要[10,33]。SAFE 试验采用各种编队几何形状,跨越 6km 到最小间距为 30m 的距离范围。

设计 AOK 旨在验证单一航天器升交点经纬度(LAN)的自主控制,其控制精度为 10m(1σ)。进行轨道控制的目标轨道可以从地面上注成为一组所需的 LAN,或者通过运用数据传输星载生成。与 SAFE 相似,机动 δV 均通过分析计算,但是在速度和反速度方向方面局限于轨道修正。

21.3.4　CNES 模式及其关键算法

CNES FFIORD 闭环试验是在 CNES GNC 模式下进行的,运用 FFRF 测量子系统[15]。其主要目标是演示自主交会(RDV,2MT)、相对轨道等待(SBY)和接近操作功能(PROX),如不同距离的位置保持、距轨道的偏移位置、平面内和平面外的低速转换。此外,FFIORD 包括避撞(CA)试验。每一个目标都被转换为 CNES 飞行软件中的一个具体 GNC 函数,其缩写见圆括号内。

对所应用算法的详细阐述参考文献[35,36]。之前提到过的轨道控制函数均适用于 Yamanaka - Ankersen 逆状态转移矩阵,以计算脉冲机动(SBY,2MT)。沿接近 Tango 3 个坐标轴方向的强迫运动控制是基于典型驱动周期为 200s(PROX)的线性二次控制。10km 到 100m 范围内的安全交会或部署是基于诸如 MPC 的方法,具有固定的机动日期和 L2 范数准则,以便使推进剂消耗降至最低。避撞方法的特点是具有两个选项:一是 Tango 和 Mango 之间的相对偏移;二是径向和垂迹方向部分的适当相位调整,以使垂直于飞行方向的平面内分离距离达到最大。

21.3.5 地面验证层

PRISMA POD 设施是基于 DLR 的室内 GPS 高精度轨道定位软件工具（GHOST）设置的。这套软件通常用来支持各项任务（如 GRACE、CHAMP、TerraSAR－X、TanDEM－X、PROBA－2）并且证实了其较高的就绪等级及其提供可靠且精准轨道数据的能力。以下描述的是进行精确轨道定位数据处理的 4 个阶段。

首先，运用低地球轨道的单点定位方案来处理原始 GPS 测量数据，以获得一种运动导航解决方案。运动单点定位的输出结果是一组受米级误差影响的导航点。其次，运用批处理最小二乘过程对该运动解决方案进行动态过滤，这一过程依赖于航天器动态的精准模式。第三点，运用之前计算得出的粗略数据编辑轨道解决方案进行精确的轨道定位。在数据编辑过程中，应用粗略的参考来评估原始测量数据的质量，并选择安全的观测对象。简化动力学定轨（RDOD）计划采用了批量最小二乘滤波器，该滤波器处理伪距和载波相位测量（所谓的 GRAPHIC 测量）的电离层自由组合，对单频接收机来说旨在以米级精度生成轨道数据。最后，卫星相对导航滤波器（FRNS）在数据编辑过程中参考 Mango 和 Tango 精确的轨道产品以提供精准的相对定位信息。该滤波器运用双差载波相位测量最终达到相对定位精度。通过运用 LAMBDA 方法解决了双差载波相位整周模糊度问题[38]。

与典型的空间任务相比，PRISMA 任务对基于 GPS 的导航来说提出了许多技术性的挑战[39]：复杂而迅速变化的姿态情况、密集的推力活动、天线的频繁转换。这种不寻常的复杂性使得精确轨道数据难以在常规条件下生成。这些考虑已经激发实施一种基于浮动模糊预测的中间模型。在这种模式下，载波相位模糊性具有浮动值，这些浮动值在 FRNS 扩展卡尔曼滤波中被简单估测为部分状态向量。这种方法更为有效，但是却是以降低精确度为代价的，当且仅当整周模糊度不能得到成功应用时才采用这种方法。

21.4 项目阶段

21.4.1 总进度

在其整个生命周期内，PRISMA 任务对时间和成本具有严格的限制。初始计划拟定于 2005 年，并制定了一个长达 3 年的目标任务，该项任务预计于 2008 年夏发射[5]。如表 21.3 所列，截止到最终做好准备将 PRISMA 航天器运往发射基地，相对于原计划，实际的任务进度仅仅延迟了 17 个月。由于与发射基地本身相关的政治和环境问题超出 OHB－SE 控制能力，PRISMA 卫星在俄罗斯亚斯内发射基地的真正发射时间近乎延迟了半年之久。

表 21.3　PRISMA 项目原始和实际时间表

项目里程碑	原始计划(2005)	实际时间表(2011)
任务要求审查	2005 年 4 月底	2005 年 4 月底
系统要求审查	2005 年 6 月中旬	2005 年 6 月中旬
初步设计审查	2005 年 11 月	2005 年 11 月
关键设计评审	2006 年 11 月	2007 年 2 月
飞行验收评审	2008 年 3 月	2009 年 5 月
准备运往发射场	2008 年 6 月	2009 年 11 月
从俄罗斯亚斯内发射	2008 年年中	2010 年 6 月 15 日

依照计划来看,距本项目开始不超过 1 年之后,PRISMA B 阶段于 2005 年 11 月以一项初步设计审查(PDR)告终。紧随 PDR 之后的是采购流程、详细的卫星设计和卫星子系统工程模型的实现。于 2006 年 9 月进行了 SSC 实验室的工程模型台架试验,GNC 系统仿真始于 2006 年 10 月,于 2006 年 12 月完成了结构模型的振动试验。

2007 年 1 月成功达到了关键设计审查(CDR)的里程碑,该时间超出计划一个多月。在 2007 年 6 月至 12 月期间完成飞行硬件的运输和试验(也由合作方完成)以及开展装配、集成和测试(AIT)活动,这些活动于 2008 年 4 月完成。在 2008 年 5 月至 10 月期间完成了先进卫星系统测试,之后进行了环境测试(包括振动、热力、循环等),截止时间为 2009 年 2 月。AIT 试验在索尔纳 SSC 工程中心的洁净室中进行。系统级别的环境测试是在阿尔博加 OHB – SE 试验基地附近和法国图卢兹宇航环境工程试验中心进行的。图 21.8 所示为活动期间拍摄的两张照片,其中一张是在天线测试范围内的 Mango 无线电测试模型,拍摄于阿尔博加(参照图 21.8(a));另一张是在空间模拟器太阳光束中的 Mango 和 Tango 飞行模型,拍摄于宇航环境工程试验中心(参照图 21.8(b))。

2009 年年中完成两个阶段的飞行验收审查工作后,宣布已经准备将于 2009 年 11 月把 PRISMA 卫星运往发射基地。最终,于 2010 年 6 月 15 日在俄罗斯亚斯内通过第聂伯火箭成功发射 PRISMA。以发射构型组合在一起的两颗 PRISMA 卫星发射进入标称晨昏轨道,轨道平均高度为 757km,离心率为 0.004,倾角为 98.28°。随后两天的发射和早期操作阶段(LEOP)标志着欧洲自主卫星编队飞行和在轨服务首次技术验证任务的开端。

21.4.2　验证过程

尽管验证和测试过程与单颗卫星项目相似,但仍然需要考虑多卫星任务中涉及的新要素,尤其是在系统级别上[40]。主要的测试验证要素列举如下:

(a)   (b)

图 21.8 在瑞典的阿尔博加天线测试范围内,具有正确几何形状和真实天线的 Mango 无线电测试模型((a),2007 秋季)和在法国图卢兹的空间模拟器内太阳光束中的 Mango 和 Tango 的飞行模型((b),2009 年年初)

- 结构测试模型(STM)被用于验证 Mango 和 Tango 的新结构,两颗卫星的分离系统及推进设备。
- 台架试验模型(BTM)环境已经通过混合与 EM 数据处理和电力系统相关的工程模型(EM)单元和飞行模型(FM)单元来反复调试接口问题并检查基本功能。
- SatLab 软件研发和测试环境。
- 系统功能和性能测试(SFPT)环境。
- 环境测试活动。

软件系统测试通过由 OHB – SE 研发的实时软件验证工具完成,该工具称为 SatLab。该工具由每个航天器计算机板的一个 EM 组成。每颗卫星完整的机载软件都在一台独立的计算机上运行。在真实情况下,这些计算机板都通过一条 CAN 总线与传感器和执行器接口的电子设备相连接。SatLab 环境包括一个名为 SatSim 的模拟器[41],该模拟器模拟接口电子设备,包括所有机载传感器和执行器模型、航天器姿态和轨道动力学、两颗卫星的空间环境。

SFPT 包括一系列在航天器飞行模型上进行的开环和闭环测试。这些测试是基于不同的测试方案,设计这些测试方案旨在用来代表任务的关键阶段,例如最初的采集、调试及不同的试验阶段。许多测试案例都是根据每一个测试方案框架执行的,并用来验证每个方案中使用的机载函数。整个测试设置利用 OHB - SE 开发的命令与检验软件 RAMSES 通过 UDP/IP 网络进行指挥和监控[42]。在 PRISMA 任务中也运用这一系统进行飞行控制。这些测试案例被用作 PLUTO(测试和操作过程中使用者的程序语言)的测试脚本。整个测试设置是高度模块化的,可以进行配置,以包括从循环内的一些机载硬件到带有相应接口电子设备的完整机载数据处理系统中的任意事物。在最为复杂的配置中,测试设置包括代表 FFRF - 传感器的平台单元模拟器(PUSIMS)和一个可以在闭环中动态应用的 DLR RF GPS 信号模拟器(GSS)[43]。为了达到这一目的,SatSim 被修改以便用于从 GSS 接收一个外部时间参考中断信号。图 21.9 所示为该闭环测试设置。基于场景的测试方法也被高度模块化,以便可以在几个不同的方案中使用相同的测试脚本。由于 RAMSES 也被应用于飞行操作,几个测试场景脚本已经发展成为飞行操作程序。

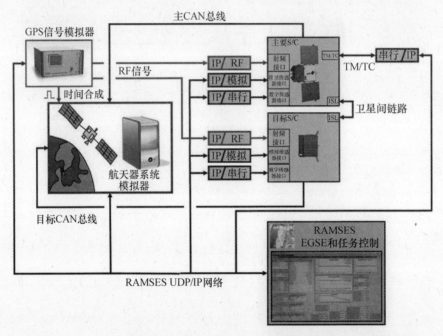

图 21.9　使用 GPS 硬件在环的 Mango 和 Tango 飞行模型的集成 GNC 闭环测试

21.4.3　任务操作

该 PRISMA 任务操作概念经过高度模块化,并且具有高度灵活性。这一功能组织由一个任务控制中心(MCC)和几个试验控制团队(ECT)组成。在大部分任务时间内,MCC 位于瑞典索尔纳 OHB - SE 操作场地,而 ECT 分布在世界不同区域(如 DLR/GSOC、CNES、DTU 等)。自 2011 年 3 月至 7 月接近 5 个月期间,MCC 被复制并且重新放置于 DLR/GSOC,以支持本次任务并延长其生命周期。利用操作概念的灵活性和 DLR/GSOC 的长期经验,PRISMA 任务操作成功地短暂交接给 DLR/GSOC。当时,DLR/GSOC 已经正在执行 GRACE 和 TanDEM - X 编队飞行任务(参照第 19 章和第 13 章)。

MCC 全体工作人员由 1 名任务管理者、3 名任务专家及众多试验员组成,其中试验员人数不确定。以此为底线,在瑞典基律纳欧洲探空火箭发射场地面站进行任务操作,在该地面站平均每天进行 10 次人员接触。作为任务控制中心,DLR/GSOC 成功引进了其他地面站,即德国威尔海姆和加拿大因纽维克。这便允许在相同轨道内规划多个重叠通道,从而与航天器取得长达 30min 的接触。

PRISMA 任务操作包括以下 3 个阶段:

- 发射与早期操作(LEOP)和调试阶段(66 天)。
- 基本任务(388 天)。
- 扩展任务(至任务结束)。

在发射与早期操作和调试阶段,进行了星载设备的初始检验、重要星载函数的验证和导航算法的校准,导航算法包括姿态、速率估计和 GPS 导航。如表 21.4 所列,在调试阶段前 66 天,PRISMA 作为一个整体航天器进行操作,操作过程中 Tango 依然和 Mango 组合一起。鉴于对两个航天器质心间相对位置的了解,这一阶段为验证事后地面生成的精确 GPS POD 产品的质量和精度提供了一个独特的机会。在这一阶段,Mango 上搭载的多数传感器和执行器获得供电和传输第一数据的机会,包括 FFRF、DVS 和推进系统。

表 21.4 自 2010 年 6 月 15 日至 2011 年 9 月 12 日,PRISMA 任务飞行时间表

阶段	活动	起始 (日 - 月 - 年)	结束	持续时间/天	责任方	用途
LEOP 和 调试(66 天)	LEOP	15 - 06 - 10	16 - 06 - 10	2	OHB - SE	—
	联合调试	17 - 06 - 10	14 - 07 - 10	18	OHB - SE	—
	待机操作 (夏季)	05 - 07 - 10	02 - 08 - 10	29	OHB - SE	—
	Tango 分离	03 - 08 - 10	15 - 08 - 10	13	OHB - SE	—
	GPS 校正 1	16 - 08 - 10	19 - 08 - 10	4	DLR	主要
基本任务 (388 天)	HPGP1	20 - 08 - 10	23 - 08 - 10	4	ECAPS	主要
	微推进器 1	24 - 08 - 10	26 - 08 - 10	3	NANOSPACE	主要
	GPS 校准 2	27 - 08 - 10	29 - 08 - 10	3	DLR	主要
	AFF 早期成果	30 - 08 - 10	14 - 09 - 10	16	OHB - SE	主要
	VBS 和 FFRF 验证	30 - 08 - 10	14 - 09 - 10	16	DTU/CENS	次要
	FFRF 初始化	15 - 09 - 10	10 - 09 - 10	3	CNES	主要

阶段	活动	起始 （日－月－年）	结束	持续时间/天	责任方	用途
基本任务 （388 天）	AFC1	20－09－10	05－10－10	16	DLR	主要
	FFRF 包层 1	06－10－10	12－10－10	7	CNES	主要
	HPGP 2/1	13－10－10	14－10－10	2	ECAPS	主要
	PROX GPS1	15－10－10	26－10－10	12	OHB－SE	主要
	FFRF GNC1/1	27－10－10	31－10－10	5	CNES	主要
	限制性 ARV1	01－11－10	10－11－10	10	OHB－SE	主要
	HPGP 2/2	11－11－10	18－11－10	8	ECAPS	主要
	HPGP 3/1	19－11－10	22－11－10	4	ECAPS	主要
	PROX GPS2	07－12－10	13－12－10	14	OHB－SE	主要
	HPGP 3/2	07－12－10	13－12－10	7	ECAPS	主要
	PROX/ FARM VBS1	14－12－10	20－12－10	7	OHB－SE	主要
	待机操作 （圣诞节）	21－12－10	10－01－11	20	OHB－SE	—
	AFF 完成 1	11－01－11	17－01－11	7	OHB－SE	主要
	HPGP 3/3	18－01－11	19－01－11	2	ECAPS	主要
	PROX/ FARM VBS 2	20－01－11	07－02－11	19	OHB－SE	主要
	FFRF 包层 2	08－02－11	11－02－11	4	CNES	主要
	FFRF GNC 1/2	12－02－11	13－02－10	2	CNES	主要
	非限制性 ARV1	14－02－11	24－02－11	11	OHB－SE	主要
	FFRF GNC 2	25－02－11	26－02－11	2	CNES	主要
	非限制性 ARV	27－02－11	09－03－11	14	OHB－SE	主要
	远程用户 FFRF	27－02－11	09－03－11	14	CNES	主要
	FFRF GNC 3	10－03－11	14－03－11	5	CNES	主要
	AFC 2	16－03－11	03－04－11	19	DLR	主要
	限制性 ARV2	04－04－11	06－04－11	3	OHB－SE	主要
	AFF 完成 2	07－04－11	13－04－11	7	OHB－SE	主要
	HPGP 4/1	14－04－11	17－04－11	4	ECAPS	主要
	PROX/ FARM VBS 3	18－04－11	20－04－11	3	OHB－SE	主要
	待机操作 （复活节）	21－04－11	25－04－11	5	OHB－SE	—

阶段	活动	起始 （日－月－年）	结束	持续时间（天）	责任方	用途
基本任务 （388 天）	HPGP 4/2	26 – 04 – 11	01 – 05 – 11	6	ECAPS	主要
	PROX/ FARM VBS 4	02 – 05 – 11	06 – 05 – 11	5	OHB – SE	主要
	HPGP 4/3	07 – 05 – 11	25 – 05 – 11	19	ECAPS	主要
	PROX/ FARM VBS 5	26 – 05 – 11	08 – 06 – 11	14	OHB – SE	主要
	GSOC 试验 1	09 – 06 – 11	17 – 07 – 11	39	GSOC	主要
	AOK	18 – 07 – 11	16 – 08 – 11	30	DLR	主要
	GSOC 试验 2	17 – 08 – 11	23 – 08 – 11	7	GSOC	主要
	HPGP 5	24 – 08 – 11	12 – 09 – 11	20	ECAPS	主要

13 天的准备活动结束后,Tango 与 Mango 于 2010 年 8 月 15 日成功分离。这触发了基于参考 POD 的首次 GPS 导航校正活动。星载导航滤波器的精心调校需要几天的时间,最终更新了扩展卡尔曼滤波器设置。于 2010 年 8 月 27 日和 29 日这些设置被上传到航天器,并在第二 GPS 校准期间得到验证。继对 GPS 相对导航功能进行适当校正之后的是对中心编队飞行 GNC 模式,即 SAFE 和 AFF 的验证和基本任务阶段的正式开始。

至 2011 年 12 月 12 日,基本任务阶段结束(参照表 21.4)。为了实现主要任务目标,已经成功完成了所有相关试验。为了在 ISL 距离范围内(小于 30km)完成大多数不同试验,对 Mango 和 Tango 航天器进行了重新配置。在基于 GPS 的 PROX/FARM – 2 期间,两个航天器分离后于 2011 年 1 月 25 日达到了最小间距。在这一试验中,在强迫运动控制作用下 Mango 从距离 20m 处自动靠近 Tango,在轨道坐标中保持一恒定位置,间距为 2m,时长约 5min,然后返回到更为安全的轨道。

于 2011 年 8 月 16 日,AOK 试验结束之际,Mango 与 Tango 之间达到了最大间距。在这一阶段,不考虑 Tango 的运动,Mango 试图保持其半长轴以跟踪外部参考轨迹。进行为期 30 天的操作后,两颗卫星间的最终偏移导致了沿轨道方向近乎 50km 的距离。

在各种操作范围内和分米到厘米级导航精度条件下,所有星载可用相对导航传感器(GPS、FFRF、VBS)在整个任务阶段均展示了支持相对运动的闭环控制能力。

项目于 2011 年 9 月进入了扩展任务阶段,包括与新旧合作方共同进行额外的操作性 GNC 试验。在本阶段末期,编队将解散,这一阶段任务也包括最后的推进剂消耗活动。为了保证任务的完善性,表 21.4 所列为整个 PRISMA 任务的时间表,自2010年6月15日至基本任务结束时间2011年9月12日。每一个试验段分别用不同的方式标志:活动名称(第二栏)、起始与结束日期(第三和第四栏)、持续时间(第五栏)、试验责任方(第六栏)、试验段优先级的设想用途(最后一栏)。"主要"意味着就相对轨道轨迹而言,责任方有责任管理试验,必要情况下,还应考虑选择Mango航天器的姿态特性。在试验中,责任方对推进系统的使用具有完全控制权限。与之形成鲜明对比,执行客户模式下的试验过程中除了组装一个需要开放的仪器、一个需要激活的软件或一些需要启用的遥测数据包外,没有任何管理试验的可能。当然,这些配置必须在现有电源、数据处理和下行链路预算之内。

21.5 代表性飞行结果

21.5.1 相对导航

在任务开始的前两个月已经对PRISMA基于GPS的导航系统进行调试,在时间表内显示为自2010年6月15日卫星发射开始至2010年8月编队飞行试验时间表正式启用结束。在缺乏一个具有足够技术准备水平和飞行积累的独立的相对导航传感器的情况下,星载GPS导航的特点是主要依靠星载处理过的GPS数据,与事后生成的POD数据进行对比。调试PRISMA GPS导航系统采取的措施包括3个基本步骤:首先,就功能而言,GPS信号采集和载波噪声密度水平对Mango和Tango的GPS硬件系统(参照图21.3)进行检验;其次,当Mango和Tango仍组合在一起时,对地面POD设施的容量和性能进行验证;最后,POD产品使评估实时导航误差和调试星载导航滤波器得以实现,并经过专门校准来取得鲁棒性和精度之间的最佳折中方案[44,45]。

直到基本任务结束,已经完成了基于星载载波相位差分GPS且为期一年半的自主操作,而且在被动相对轨道中进行编队保持和在强迫运动控制作用下进行接近操作过程中均可展示出较高的导航性能。此外,相对GPS与PRISMA任务中其他试验相对导航传感器(FFRF与VBS)之间的交叉对比带来了新颖RF和光学测量系统轨道内厘米级精度校准,这些新系统被视为未来多卫星任务的关键技术。

图21.10提供了典型的导航精度,在PRISMA任务中可以通过载波相位差分GPS达到这一精度。与POD数据相比,产生的相对位置和速度误差分别约为5.12cm和0.21mm/s(3D,均方根),因而这一误差低于任务初期设置的正常误差标准0.2m和1mm/s。值得注意的是,对导航滤波器进行调试在获得可达到的精度过程中起到重要作用,尤其必须认真考虑对测量噪声和经验加速度的先验标准偏差的权衡。作为一种实例,与其他成分相比,在所考虑的方案中应用的滤波器设置在径向引进了相对较大经验加速度。相对动力学的最终宽松约束在径向造成了更大的误差,然而却有利于获得绝对轨道定位精度,其中位置和速度精度分别为

2m 和 7.5mm/s(3D,均方根)。有关基于 GPS 相对导航系统验证精度的更多结果见 5.4.3 节。

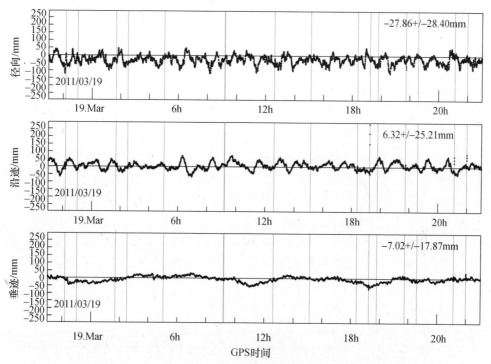

图 21.10　2011 年 3 月 19 日 PRISMA 任务中实时星载导航方案与事后地面精确轨道数据之间的差异。竖直线代表自主编队控制的轨道控制机动。获得的相对位置误差为 5.12cm(3D,均方根)和相对速度误差为 0.21mm/s(3D,均方根)

在整个任务过程中,以渐进的方式通过承载试验以及开环和闭环主要试验对 FFRF 传感器和相关的导航功能进行检验、验证和调试(参考表 21.4)。FFIOED 试验的首次飞行结果在文献[46]中得到呈现。通过利用事后地面 POD 产品对机载相对位置和速度估计的系统对比,评估了 20m 和 30km 间的导航性能。在任务具有代表性操作的整个过程中,验证了不同 GNC 功能(RDV、CA、SBY、PROX,参考 21.3.4 节)和距离范围(由 RDV 中的 7km 降低至 PROX 中的 20m)下的传感器的特性。经评估的导航精度从间距为 20m PROX 中的几厘米(3D,均方根)到间距为 7km RDV 中几米的垂迹误差。在编队分离过程中,距离为 30km 处垂迹误差达到 12m,然而平面内误差不超过 1m(2D,均方根),这说明性能与轨道动力学轴耦合之间具有紧密的联系。正如所预料的,在不同的 GNC 模式中,角度误差并未发生剧烈变化(约 0.1°),但是相对位置误差随距离的增大而增大。主要性能限制因素为 FFRF 可视范围的偏差变化和温度变化,其中视线轴偏差变化是由大角度姿态机动(>30°)中未建模的多路径效应引起的,温度变化会引起围绕视线轴的旋转。初始化和初始收敛过程体现了基于 FFRF 导航的特殊复杂性。如在轨验证所示,在完成整周模糊度解析过程并利用最小二乘滤波进行首次相对状态估计之后,在未进行轨道控制机动的情况下,EKF 在典型的半轨道(3000s)中达到稳定状态的精度。

在 2010 年 8 月至 11 月这一时间段中(参照表 21.4),VBS 传感器用作客户试验。VBS 远场摄像机功能的简要在轨特性可以在文献[47]找到。远距离操作模式中(参照 21.2.2 节),VBS 处理单元能够从众多 VBS 图像中分离出一个单一实体,将其识别为目标卫星,并且在摄像机安装体系或惯性参照系中提供一种视线矢量。当卫星惯性姿态可以从同一张图像中由可视星体进行确定时,方可获得惯性系下的信息。较大间距(约 10km)POD 参考下传感器输出对比对于低于 10000 数据量(ON)的目标亮度能够担任 5-10 弧秒的典型匹配,更大亮度下高达 40-80 弧秒峰值。假定 POD 精度在分米级范围内(2 弧秒),考虑到误差模式与目标强度之间的紧密相关性,这一对比中误差主要来源是相机方位和 VBS 姿态测量视场误差域的信息。目标强度的峰值是在反射物体特定方向上由太阳光反射产生的。当 VBS 远距离图像上的目标尺寸显著增大时,功能和性能均会降低。50m 距离处,视线在几个实体特征间(如散热器和天线)转换,在一定程度上产生系统误差。在不考虑已经确定的局限性和降低的鲁棒性的情况下,基于 VBS 远距离导航已成功进行了 5km 到 30km 距离范围内的自主接近,以移交数百米处的各点(参照 21.5.3 节)。使用 VBS 远距和近距相机在轨拍摄的典型图像如图 21.11 所示。

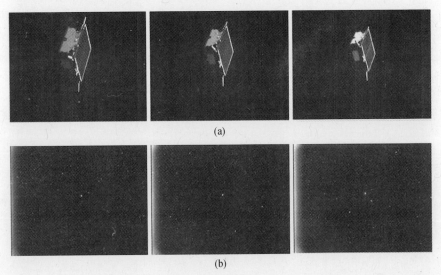

图 21.11　2011 年 10 月 7 日,星间相距 20m 处的 VBS 短程相机图像(a)和 2011 年 10 月 5 日,星间相距 20km 处的 VBS 远程相机图像(b)

2011 年 6 月,在 PROX/FARM VBS 5 个试验段中(参照表 21.4),VBS 近距相机的潜力得到完全利用。在沿轨道方向距离 Tango 10m 处,进行精确的位置保持。

图 21.12 所示为具有事后地面 POD 的 VBS 导航滤波器输出与星载相对 GPS 导航之间的对比。此外,也展示了 VBS 卡尔曼滤波和非滤波星载解决方案之间的差异。首先,图中证明了 VBS 和厘米级参考 POD 之间的一致性。沿径向和垂迹方向发生的小幅度偏移(参照图 21.12 中红线标志),很大程度上可能是由于 Mango 和 Tango 的 VBS 近距相机方向和 GPS 天线相位中心位置的不确定性造成的。其次,在这一方案中,可以看到光学导航的性能比星载相对导航(参照图 21.12 中蓝线标志)的性能好一些。GPS 相对导航解算降低(最大误差为 30cm)是由于频繁的机动,即每 50s 推力器启动一次。事实上,星载 GPS 轨道定位依靠系统动力学的信息,在与扩展卡尔曼滤波采样时间(30s)频率基本相同的情况下,很难结合 δV 机动信息。

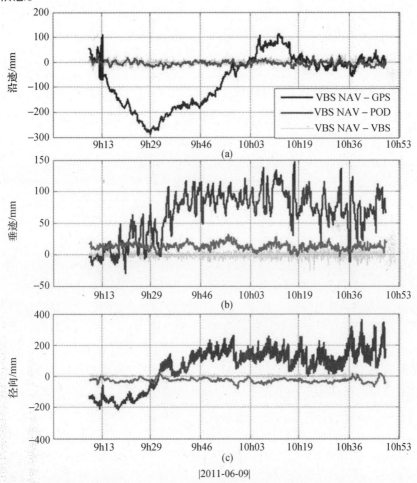

图 21.12 (见彩图)2011 年 6 月 9 日,实时星载 VBS 导航方案(经过滤波)与星载相对 GPS(蓝线)、事后地面 POD(红线)和 VBS 传感器测量输出值(灰线)之间的差异

Mango 与 Tango 相对距离为 10m 时,在强迫运动期间获得厘米级整体导航的一致性

21.5.2 推进系统

HPGP 推进系统的空间飞行验证结果参照文献[48]。2010 年 6 月 23 日和 24 日,即发射后 8 天,对推进系统进行调试。第一次点火序列为 40 个 1% 占空比 100ms 脉冲组成的脉冲串。经由 DLRPOD 地面设施估测的机动证实了 2.1cm/s 的 ΔV 变化,因而宣布 HPGP 已经为操作做好准备。

此后,通过 GPS 精确轨道定位,推进系统所有规划的点火都已成功完成和校准。2011 年 9 月 9 日进行了一次连续点火,这次是 HOGP 推力器在轨点火时间最长的。脉冲的累计次数超过 50000 次,在全部 363 个点火序列中总共消耗了 63% 的推进剂。在空间运行了 15 个月后,并未观察到任何退化的迹象,本飞行试验已经是一次符合实际要求的技术验证。

HPGP 推进系统已经运行在几种点火操作模式,从准稳态(连续点火)到脉冲模式(占空比为 0.15% ~ 50%)、从断调制(占空比为 50% ~ 99%)到单脉冲(极低的占空比)。

在空间测量得到的 HPGP 推力器性能与接近真空试验的地面测量结果相吻合。HPGP 与肼推进系统之间的背对背空间对比显示出 HPGP 比冲和密度比冲的优越性。该对比是在同等推力水平下进行的在准稳态下,任务周期伊始和结束时比肼系统分别提高了 6% 和 12%。在单频模式下,比肼系统分别提高了 10% 和 20%,然而,在脉冲模式下,HPGP 性能与肼性能具有可比性。理论上,HPGP 性能比肼性能的预计提高为 6%,但是在大多数情况下,背对背空间对比结果显示出其更高的性能。

2010 年 8 月 24 日至 28 日进行了微推进试验。该试验是在 mN 范围内验证冷气体微推力器,它具有刻蚀在硅晶片内的高度创新的推进器设计和微型气体管理系统。本次飞行演示是唯一一次 PRISMA 的失败。调试系统时,当打开储气罐和压力调节器间的小型闭锁阀以及推力器时,此时压力好像消失。早在任务初期,就猜测以上情况可能真的已经发生。在任务期间 2 天后的一个 24 小时期间,星载动量管理功能的特殊表现显示出系统存在外部力矩。在此任务初期,微推进器罐的温度略微下降。此外,由精确的地面轨道定位过程估测的经验加速度与所怀疑的气体泄漏的预期结果匹配。不考虑异常情况,微推进团队成功地证明了推进器硬件和控制电子设备如预设的一样正常运行,打开并关闭微阀、管理推力器舱热控制功能。单个推进器已经控制了数百个周期,遥测数据显示出电压、电流和温度的标准数值。然而,不幸地是,由于推进器罐内缺乏压力,将不能进行实际推力演示。2010 年 8 月 28 日停止了各种微推进试验。

21.5.3 闭环轨道控制试验

PRISMA 任务中,由 OHB – SE 进行的 GNC 试验飞行结果可参考文献[47,49,

50]。在此对 3 种专门模式(AFF、PROX/FARM 和 ARV,参照 21.3.2 节)应用所取得的成就进行简要总结。AFF 是唯一的 PRISMA 星载 GNC 模式,在试验阶段后,该模式在扩展时间段中得到常规应用。AFF 模式下的闭环合作卫星编队飞行时间共达 4 个月多。大约 20 天的时间被专门用于进行 AFF 试验,其余时间用于操作性的常规编队飞行,在这些编队飞行试验中 AFF 模式用于支持基于 GPS 导航的其他试验。

目前为止,已经进行了超过 110 次不同的编队重组。操作范围为 30km ~ 10m。图 21.13 总结了 2010 年 8 月至 2011 年 4 月之间 PRISMA 任务中 AFF 模式的完整应用。该图并非要说明单个轨迹的详细信息,而是要直观展示 PRISMA 任务期间基于 GPS 自主编队飞行活动运行范围。与 AFF 模式的脉冲松散轨道控制活动形成鲜明对比,PROX/FARM 操作由 Mango 围绕 Tango 进行的强迫运动飞行组成,运行距离在 50m ~ 2m 范围内变化。该强迫运动或者是直接围绕 Tango 进行,或者是围绕根据 Tango 航天器设置的虚拟结构运行。使用虚拟结构的目的在于模拟围绕带有附属物的庞大物体和禁飞区域进行的飞行,例如 ISS 或哈勃太空望远镜。

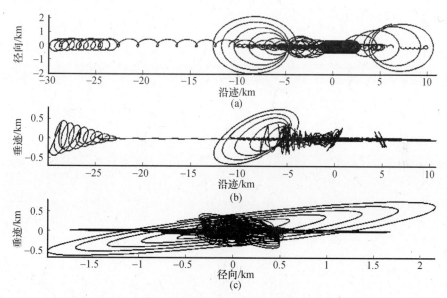

图 21.13 PRISMA 基本任务阶段,Mango 围绕 Tango 飞行的
自主编队飞行轨迹(源自文献[49])

图 21.14 为针对 ISS 的虚拟检查过程。与其他飞行场景相比较,跟踪快速变化且高度非自然的轨迹所要求的 δV 更大(2.4 个轨道周期内 98 次推力的速度增量为 0.97m/s),就基于 GPS 导航、非凸制导优化和非线性控制器行为而言,产生了巨大挑战。

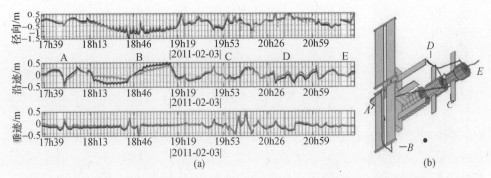

图 21.14　（见彩图）2011 年 2 月 3 日，基于 POD（蓝色线）和星载 GPS 导航（绿色线）的飞行轨迹（b）和相对应的控制跟踪误差（a）。红色竖直线代表机载推进器的激活。Mango 以实际比例出现在轨迹圆弧 B 附近。（源自文献[49]）

该场景下所应用 MPC 区域在径向、沿迹方向、垂迹方向上分别为 0.5m、1.0m、0.5m，控制周期为 150s。如图 21.14 所示，与参考 POD 相比，大多数时间内所取得的控制跟踪误差保持在规定的控制区域内，性能接近 0.5m（3D，均方根）。

最后，在 ARV 模式下 OHB – SE 进行了两项关键试验，以便在 2011 年 4 月至 11 月验证通过光学视觉导航实现对一个被动非合作目标的自主交会[47]。ARV 模式包括目标的初始搜索、随后在 VBS 远距相机视场中对目标定位、若干轨道周期内的仅有角度信息的定轨、两个轨道对于特定控制容差的初始校准、最终沿轨道方向到达分界点。

在距离为 30km 处进行 3 个轨道周期的星载轨道确定之后，已经在轨试验每一项功能，距离目标在线估测误差为 1～2km。在距离为 50m 的分界点处，随后的校准和轨道接近期间距离估测误差降低至 5m 以下。ARV 试验面临的主要挑战是在所有操作范围内虚假或错误传感器数据的鲁棒性。必须对远距离视场内目标的首次错误检测和近距离内 Tango 反射特性造成视线系统误差给予特殊关注。

2010 年 9 月和 2011 年 3 月，由 DLR 实施的 SAFE 闭环试验得到的飞行结果在文献[44,51]进行了讨论。SAFE 已经证明 DLR 的 GNC 子系统具有完全自主建立、保持和重新配置任意基线的能力，能够应用于未来编队飞行遥感领域。所应用的脉冲相对轨道控制方案具有节省燃料及被动安全的特点。此外，相对偏心率和倾角矢量参数化方法对从 GNC 设计、分析和实施，一直到试验规划、操作和后期评估的整个任务阶段都起到了便利的作用。在为期 35 天的飞行试验中，通过远程指令总共规定了 22 种不同的编队类型，在没有地面干涉的情况下，顺利获得了所有编队类型，并进行了精确地保持。编队几何形状跨越了广阔的距离范围，沿轨道方向的平均距离为 0～5km，沿径向和垂迹方向的振荡幅度范围为 0～400m。2011 年 11 月，通过利用反平行相对加速度或倾角向量获得并保持 Mango 与 Tango 之间最小距离为20m。

对于294.7个轨道周期(20.4天)或者试验进度58.3%期间来说每一个构型下精细编队保持的平均持续时间为13.4个轨道周期(22.3h)。平面内控制的机动周期或两次连续机动之间的间隔平均为两个轨道周期。已验证编队保持精度在径向、沿迹方向、垂迹方向100m左右处的1.1m、1.7m、0.1m至沿轨道方向5km处的30.6m、38.0m、1.4m范围内变化。图21.15所示为编队保持过程中具有代表性的控制跟踪误差,该误差明显受到二阶相对动态的影响,这种影响在所采用的相对运动模式下可以被忽略。

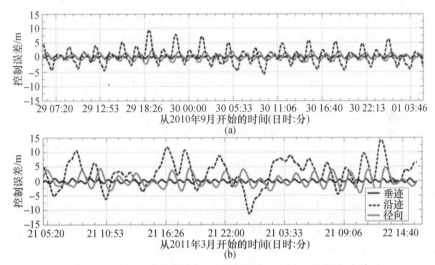

图21.15　通过成对的垂迹(a)和沿迹(b)机动来保持同样
编队的控制跟踪误差(改编自文献[51])

在1.2个轨道周期沿垂迹方向的编队重新配置的主要特点是平均收敛时间,一般来讲,两次垂迹机动足以获得对相对倾角矢量的任何期望校正。沿径向和沿轨道方向的平均收敛时间是相互关联的,相对加速度向量的平均收敛时间长达2.4个轨道周期。2~3组典型的平面内机动足够进入精细编队保持阶段。沿轨道方向的平均重新配置需要更长的收敛时间,平均为3.7个轨道周期。在SAFE模式中,编队保持所需总δV高达38.58cm/s,编队重新配置所需总δV为2.63m/s。SAFE绕飞和检查期间使用DVS相机在轨拍摄的典型图像如图21.16所示。

AOK试验代表DLR的次级任务目标(参照21.3.3节)。2011年7月18日至8月16日成功进行了该试验,并证明了单一航天器精确的自主绝对轨道控制功能。主要性能要求是在LAN上精度控制为10m(1σ),机动预算约束为0.5m/s。6月18日世界标准时间01:00,Mango的位置和速度矢量,正如基于POD过程的GPS估计值,被视为参考轨道生成的初始状态。试验的第一个阶段,AOK验证了参考轨道的获取能力使LAN偏离距离逐渐由300m降低至规定的控制窗范围内。

图 21.16　2011 年 3 月 27 日,SAFE 试验中 Tango 的绕飞与监视
航天器之间距离为 30~60m。(DVS 相机)图像速率为 75s。

收敛阶段之后,达到稳定状态,虽然仍带有微小的差距,但是已经达到了控制精度要求。在精细控制阶段,AOK 试验将 LAN 误差的平均值控制在 $-3.6m$,标准偏差为 9.5m。在整个试验阶段使用的总 δV 为 0.1347m/s。

有关基于 FFRF 导航的 FFIORD 闭环结果的全面讨论参考文献[52,53]。通过 12 天的试验和高达 6m/s 的 δV 配置,已经实现关于功能行为和性能的整体 CNE 目标。交会活动涵盖了从距离 4~7km 到几百米的 6 种方法和一种由 600m 到 5km 的部署。单一交会持续时间和 δV 耗费量分别为 7~14 个轨道周期范围和从 27cm/s 至 9cm/s。分界点的典型交会精度保持在 10m 和 10mm/s 以下,推进剂消耗量与由地面模拟得到的预期值一致。在 40 个轨道周期内,总耗费接近 7cm/s,待机功能(SBY)被激活。经验证的编队保持精度沿垂迹方向平均高达 30cm,沿径向和轨道方向仅有几米。执行机动任务后几秒内,相对轨迹退出规定的禁入区,总共成功执行 4 次避碰机动任务。在 FFIORD 试验中获得的最终导航控制精度由接近操作活动(PROX)加以验证。为了降低由推进系统最小脉冲位产生的局限性(即 100ms 推进器燃烧时间),PROX 设有一个子脉冲模式,在该模式下,推进器可以不同的方式进行操作,以便实现所要求的输入量。一直以来,通过利用推进器的准连续激活(控制周期为 200s)来实现距离为 80m 和 20m 处的位置保持。如图 21.17 所示,基于参考 POD 的导航和控制误差的偏差与标准偏差精确到厘米级。虽然已经利用 FFRF 传感器的理想相对固定指向来减轻温度引起的偏差,但这些 GNC 精度可能是 PRISMA 任务中目前达到的最高精度。

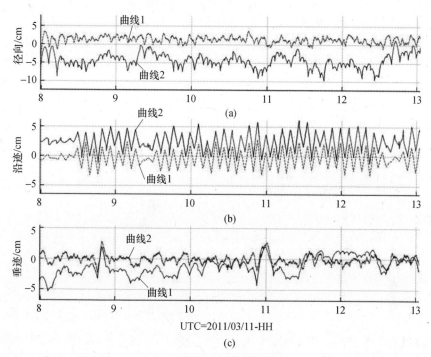

图 21.17 2011 年 3 月 11 日,在子脉冲模式经过激活的情况下,20m 处进行 PROX 活动中得到的基于 POD 的控制跟踪(曲线 2)和星载 FFRF 导航(曲线 1)误差

21.6 结论

前几年进行的轨道部署和成功的飞行验证体现了对自主编队飞行和在轨服务技术日益增长的兴趣。1997 年 ETS – Ⅶ试验开启了首次验证低地球轨道交会对接技术的潮流。2007 年研发的轨道快车向前迈进了更大一步,证明了交会、监视和服务能力。TanDEM – X 发射于 2010 年,构成现今第一个 SAR 干涉仪,涉及距离几百米处的两个编队飞行航天器。

在这种情况下,始于 2010 年 6 月的 PRISMA 任务代表了编队飞行和交会技术发展的最新且最重要的一步。该使命的独创性来源于种类繁多的导航和制导算法以及新的传感器和执行器的集合,以及根据各种复杂的操作方案对无数次飞行任务的自主运行。除了技术方面的突破,PRISMA 代表一种国际化的成功,因为 OHB – SE、DLR、CNES 和 DTU 主导了多边贡献和独立试验。

进行一年多的在轨运行之后,PRISMA 的所有主要和次要目标都得以实现,并在众多学科中取得了重要的成果,现在正对这些成果做进一步深入研究。事实上可以看到,PRISMA 取得了许多突破性的成功。从相对导航的视角来看,PRISMA 试飞了首个基于 GPS 差分载波相位实时导航系统(SAFE)、首个基于 RF 相对测量子系统(FFRF)和一个新颖的基于视觉的闭环相对导航系统(VBS)。甚至是在频繁的轨道机动活动中,相对导航传感器和事后地面精确轨道定位两者之间的交叉对比显示出实时导航的精度已经精确到了分米级。

从执行机构视角来看,PRISMA 开启了首个高性能绿色推进剂推进系统(HPGP),已经证明在类似的推力水平下该系统在特定脉冲方面优于肼推进系统6% ~10%。尽管冷气体箱泄漏使真实的推力演示不能正常进行,但已经证明新型微电子机械推进技术能够像在轨预期一样得以运用。

PRISMA 为编队制导和控制算法提供了一个理想的测试平台。这是首次利用相对轨道要素,尤其是偏心率和倾角向量;对任意被动相对轨道实施自主控制。此外,在稀疏轨道机动、强迫运动准连续控制和避碰活动中,已经对基于 Yamanaka - Ankersen 方程的新颖模式预测控制方案进行了飞行试验。在本任务中也已经对服务航天器与一个被动非合作目标的自主交会的算法进行验证,计算过程中仅使用可见光光学测量方法。

从整体上讲,PRISMA 任务表明,可以使用最先进的传感器自主进行一次完整的低地球轨道编队飞行任务,并且保证位置精度精确到厘米级。功能和性能与第一阶段测量系统预测的结果完全一致。下一批使用这些技术的可能是合作编队飞行项目,如 PROBA –3(ESA),或非合作性在轨服务任务,如 DEOS(DLR)。在先前的案例中,利用 GPS、FFRF 和 VBS 测量方法进行编队采集、保持和避碰活动,然而,将使用光学测量执行精确的机动任务。在之后的案例中,可能利用 GPS 和VBS 相对导航测量方法来支持试验验证、监测和避碰(GPS)以及与一个非合作目标自主交会(VBS)。

PRISMA 试验中获得的飞行数据和使用者的经验对于导航方法设计和相关性能的预测而言都是非常重要的资源。运用各种各样方案中的大量数据信息可以为经模拟推断得出的典型轨道和性能提供代表性的测量结果。不论未来几年其实际用途如何,PRISMA 取得的成果突破了心理障碍,为编队飞行的未来带来希望:在有限的地面支持和合理的成本情况下,已经证明可以使用一种常规的方法来进行近距离卫星保持。其中学习到的经验教训将对未来多卫星项目提供有用的指导。

参考文献

1. Seguela D,Brigitte T,Feuillerac L(2011)DEFI TECHNOLOGIQUE,LE VOL EN FORMATION/Pushing the edge of technology,formation flying. Special report,CNES MAG,no 48,Jan 2011,pp 38 –53.

2. Reinisema D,Thaeter J,Rathkc A,Naumann W,Rank P,Sommer J(2010)DEOS – the German robotics approach to secure and de – orbit malfunctioned satellites from law earth orbits. In:Proceedings of the i – SAIRAS 2010,Sapporo,Japan,29 Aug – 1 Sep 2010.

3. Bristow J,Folta D,Hartman K(2000)A formation flying technology vision. In:Proceedings of the

AIAA space conference, Long Beach, CA. AIAA Paper No. 2000 – 5194.

4. Bergs S, Jakobsson B, Bodin P, Edfors A, Perscon S(2005) Rendezvous and formation flying experiments within the PRISMA in – orbit testbed. In: Proceeding of the ESA GNCS, Louthraki. Greccc.

5. Perssom S, Jacobsson B, Gill E(2005) Prisma – demonstration mission for advanced rendezvous, formation flying technologies and sensors. In: Proceedings of the 56th international astronautical congress, Fukuoka, Japan. IAC – 05 – B5. 6. B. 07, 17 – 21 Oct 2005.

6. Persson S, Veldman S, Bodin P(2009) PRISMA – a formation flying project in implementation phase. Acta Astronaut 65(9 – 10):1360 – 1374. doi:10. 1016/j. actaastro. 2009. 03. 067.

7. Bodin P, Larsson R, Nilsson F, Chasset C, Noteborn R, Nylund M(2009) PRISMA: an in – orbit test bed for guidance, navigation, and control experiments. J Spacecr Rocket 46(3):615 – 623. doi: 10. 2514/l . 40161.

8. Montenbruck O, Markgraf M(2006) User's manual for the phoenix GPS receiver. DLR/GSOC GTN – MAN – 0120, version 1. 7.

9. D'Amico S, Ardaens J – S, Montenbruck O(2009) Navigation of formation flying spacecraft using GPS: the PRISMA technology demonstration. In: Proceedings of the ION – GNSS – 2009, Savannah, USA, 22 – 25 Sep 2009.

10. D'Amico S, De Florio S, Larsson R, Nylund M(2009) Autonomous formation keeping and reconfiguration for remote sensing spacecraft. In: Proceedings of the 21 st ISSFD, Toulouse, France, 28 Sep – 2 Oct 2009.

11. De Florio S, D'Amico S(2009) The precise autonomous orbit keeping experiment on the PRISMA mission. J Astronaut Sci 56(4):477 – 494.

12. Ardaens J S, Montenbruck O, D'Amico S(2010) Functional and performance validation of the PRISMA precise orbit determination facility. In: Proceedings of the ION international technical meeting, San Diego, CA, 25 – 27 Jan 2010.

13. Harr J, Delpech M, Lestarquit L, Seguela D(2006) RF metrology validation and formation flying demonstration by small satellites – the CNES participation on the PRISMA mission. In: Proceedings of the 4S symposium small satellites, systems and services, ESA SP – 625.

14. Lestarquit L, Harr J, Grelier T, Peragin E, Wilhelm N, Mehlen C, Peyrotte C(2006) Autonomous formation flying RF sensor development for the PRISMA mission. In: Proceedings of the ION – GNSS – 2006, Forth Worth, TX, 26 – 29 Sep 2006.

15. Harr J, Delpech M, Grelier T, Seguela D, Persson S(2008) The FFIORD experiment – CNES' RF metrology validation and formation flying demonstration on PRISMA. In: Proceedings of the 3rd international symposium on formation flying, missions and technology, ESA/ESTEC, Noordwijk, The Netherlands, 23 – 25 Apr 2008.

16. Benn M, Jørgensen J L(2008) Short range pose and position determination of spacecraft using a μ – advanced stellar compass. In: Proceedings of the 3rd international symposium on formation flying, missions and technology, ESA/ESTEC, Noordwijk, The Netherlands, 23 – 25 Apr 2008.

17. Anflo K, Möllerberg R(2009) Flight demonstration of new thruster and green propellant technology on the PRISMA satellite. Acta Astronaut 65(9 – 10):1238 – 1249. doi:10. 10 l6/j. actaastro. 2009. 03 .056.

18. Grönland T A, Rangsten P, Nese M, Lang M(2007) Miniaturization of components and systems for

space using MEMS – technology. Acta Astronaut 61 (1 – 6): 228 – 233. doi: 10. 1016/ j. actaastro. 2007. 01. 029.

19. Capuano G, Severi M, Cacace F, Lirato R, Longobardi P, Pollio G, DeNino M, Ippolito M (2008) Video system for prisma formation flying mission. In: Proceedings of the IAA symposium on small satellite systems and services(4S) , Rhodes, Greece, 26 – 30 May 2008.

20. Brinkfeldt K, Enoksson P, W ieser M, Barabash S, Emanuelsson M(2011) Microshutters for MEMS – based time – of – flight measurements in space. In: Proceedings of the 24th international conference on micro electro mechanical systems(MEMS) , doi: 10. 1109/MEMSYS. 200 1 . 5734495.

21. Gaisler J(2001) The LEON processor user's manual, version 2. 3. 7.

22. D'Amico S, Gill E, Garcia M, Montenbruck O (2006) GPS – based real – time navigation for the PRISMA formation flying mission. In: Proceedings of the 3rd ESA workshop on satellite navigation user equipment technologies, NAVITEC' 2006, Noordwijk, The Netherlands, 11 – 13 Dec 2006.

23. Delpech M . Guidotti P – Y, Djalal S, Grelier T, Harr J (2009) RF based navigation for PRISMA and other formation flying missions in earth orbit. In: Proceedings of the 21st ISSFD, Toulouse, France, 28 Sep – 2 Oct 2009.

24. Denver T, Jørgensen J L, Michelsen R, Jørgensen P S(2006) MicroASC star tracker generic developments. In: Proceedings of the 4S Symposium, Sardinia, Italy, Scp 2006.

25. Benn M, Jørgensen J L(2009) Range management of a vision based rendezvous and docking navigation sensor. In: Proceedings of the international astronautical conference (IAC), IAC – 09. C1. 4. 4, 2009.

26. Anflo K, Persson S, Thormölen P, Bergman G, Hasanof T, Grönland T – A, Möllerberg R (2006) Flight demonstration of an AND – based propulsion system. In: Proceedings of the 57th IAC/IAF/ IAA(International astronautical congress) , Valencia. Spain, IAC – 06 – C4. 1. 08 , 2 – 6 Oct 2006.

27. Larsson R, Berge S, Bodin P, Jönsson U(2006) Fuel efficient relative orbit control strageties for formation flying rendezvous within PRISMA. Adv Astronaut Sci, 125: 25 – 40; also American Astronautical Society Paper 06 – 025, Feb 2006.

28. Larsson R, Mueller J, Thomas S, Jakobsson B, Bodin P (2008) Orbit Constellation safety on the prisma in – orbit formation flying test bed. In: Proceedings of the 3rd international, symposium on formation flying, missions and technology, ESA/ESTEC, Noordwijk, The Netherlands, 23 – 25 Apr 2008.

29. Stephen G N, Ariela S(1996) Linear and nonlinear programming. International editions, McGraw – Hill Series in Industrial Engineering and Management Science.

30. Yamanaka K, Ankersen F(2002) New state transition matrix for relative motion on an arbitrary elliptical orbit. J Guid Control Dynam 25(1): 60 – 66.

31. Tillerson M, Inalhan G, How J(2002) Co – ordination and control distributed spacecraft systems using convex optimization techniques. Int J Robust Nonlin Contr 12: 207 – 242.

32. D'Amico S, Montenbruck O(2006) Proximity operations of formation flying spacecraft using an eccentricity/inclination vector separation. J Guid Control Dynam 29(3): 554 – 563.

33. D'Amico S, Gill E, Montenbruck O(2006) Relative orbit control design for the PRISMA formation flying mission. In: Proceedings of the AIAA guidance, navigation and control conference, Keystone,

CO, 21 – 24 Aug 2006.

34. De Florio S, D'Amico S(2009) Optimal autonomous orbit control of remote sensing spacecraft. In: poceedings of the 19th AAS/AIAA space flight mechanics meeting, Savannah, USA, 8 – 12 Feb 2009.

35. Berges J – C, Cayeux P, Gaudel – Vacaresse A, Meyssignac B(2007) CNES approaching guidance experiment within FFIORD. In: Proceedings of the ISSFD 2007, Annapolis, USA.

36. Cayeux P, Raballand F, Borde J, Berges J – C, Meyssignac B(2007) Anti – collision function design and performances of the CNES formation flying experiment on the PRISMA mission. In: Proceedings of the 20th internationals symposium on space flight dynamics, Annapolis, USA, 24 – 28 Sep 2007.

37. Wermuth M, Montenbruck O, Helleputte van T(2010) GPS high precision orbit determination software tools(GHOST). In: Proceedings of the 4th international conference on astrodynamics tools and techniques, Madrid, 3 – 6 May 2010.

38. Teunissen PJG(1995) The least – squares ambiguity decorrelation adjustment: a method for fast GPS integer ambiguity estimation. J Geod 70(1 – 2):65 – 82.

39. Ardaens J – S, D'Amico S, Montenbruck O(2010) Flight results from the PRISMA GPS – based navigation. In: Proceedings of the NAVITEC'2010, 5th ESA workshop on satellite navigation technologies, Noordwijk, The Netherlands, 8 – 10 Dec 2010.

40. Bodin P, Noteborn R, Larsson R, Chasset C(2011) System test results from the GNC experiments on the PRISMA in – orbit test bed. Acta Astronaut 68(7 – 8):862 – 872. doi:10. 1016/j. actaastro. 2010. 08. 021.

41. Nylund M, Bodin P, Chasset C, Larsson R, Noteborn R(2011) SATSIM an advanced real – time multi satellite simulator handling GPS in closed – loop tests. In: Proceedings of the 4th internationnl conference on spacecraft formation flying missions & technologies, St – Hubert, Quebec, 18 – 20 May 2011.

42. Carlsson A(2007) A general control system for both sounding rockets and satellite. In: Proceedings of the 18th ESA symposium on European rockets an balloon programmes and related research, Visby, 3 – 7 June 2007.

43. D'Amico S, De Florio S, Ardaens J S, Yamamoto T(2008) Offline and hardware – in – the – loop validation of the GPS – based real – time navigation system for the PRISMA formation flying mission. In: Proceedings of the 3rd international symposium on formation flying, missions and technology, ESA/ESTEC, Noordwijk, 23 – 25 Apr 2008.

44. D'Armco S, Ardaens J S, DeFlorio S(2010) Autonomous formation flying based on GPS – PRISMA flight results. In: Proceedings of the 6th international workshop on satellite constellation and formation flying, Taipei, Taiwan, 1 – 3 Nov 2010.

45. Ardaens J S, D'Amico S, Montenbruck O(2011) Final commissioning of the PRISMA GPS navigation system. In: Proceedings of the 22nd international symposium on spaceflight dynamics, Sao Jose dos Campos, Brazil, 28 Feb – 4 Mar 2011.

46. Grelier T, Guidotti P Y, Delpech M, Harr J, Thevenet J B, Leyre X(2010) Formation flying radio frequency instrument: first flight results from the PRISMA mission. In: Proceedings of the 5th ESA

workshop on satellite navigation technologies and European workshop on GNSS signals and signal processing(Navitec 2010) ,8 – 10 Dec 2010. .

47. Noteborn R , Bodin P , Larsson R , Chasset C (2011) Flight results from the PRISMA optical line of sight based autonomous rendezvous experiment. In: Proceedings of the 4th international conference on spacecraft formation flying missions & technologies , St – Hubert , Quebec , 18 – 20 May 2011.

48. Anflo K , Crowe B (2011) In – space demonstration of high performance green propulsion and its impact on small satellites. In: Proceedings of the 25th annual AIA/USU conference on small satellites , Logan , UT , 8 – 11 Aug 2011.

49. Larsson R , Noteborn R , Bodin P , D' Amico S , Karlsson T , Carlsson A (2011) Autonomous formation flying in LEO seven months of routine formation flying with frequent reconfigurations. In: Proceedings of the 4th international conference on spacecraft formation flying missions & technologies , St – Hubert , Quebec , 18 – 20 May 2011.

50. Larsson R , D' Amico S , Noteborn R , Bodin P(2011) GPS navigation based proximity operations by the PRISMA satellites – flight results. In: Proceedings of the 4th international conference on spacecraft formation flying missions & technologies , St – Hubert , Quebec , 18 – 20 May 2011.

51. D' Armco S , Ardaens J – S , Larsson R (2011) Spaceborne autonomous formation flying experiment on the PRISMA mission. In: Proceedings of the AIAA guidance , navigation , and control conference , Portland , USA , 8 – 11 Aug 2011.

52. Guidotti P – Y , Delpech M , Berges J – C , Djalal S , Grelier T , Seguela D , Harr J (2011) Flight results of the FFIORD formation flying experiment. In: Proceedings of the 4th international conference on spacecraft formation flying missions & technologies , St – Hubert , Quebec , 18 – 20 May 2011.

53. Delpech M , Guidotti P Y , Grelier T , Seguela D , Berges J – C , Djalal S , Harr J (2011) First formation flying experiment based on a radio frequency sensor: lessons learned and perspectives for future missions. In: Proceedings of the 4th international conference on spacecraft formation flying missions & technologies , St – Hubert , Quebec , 18 – 20 May 2011.

第 22 章　大气科学和技术验证编队飞行

Jian Guo,Daan Maessen,Eberhard Gill

　　摘要　大气科学及技术验证编队飞行(Formation for Atmospheric Science and Technology demostration,FAST)是一个由荷兰代尔夫特理工大学(TU Delft)及中国清华大学合作的荷一中编队飞行任务。FAST 在以下 3 个独立领域显示出首颗国际微小卫星编队飞行任务的潜力:技术验证、地球科学以及空间教育。本章阐述 FAST 任务:描述了不同编队飞行阶段的任务方案,介绍了空间和地面部分的系统设计,着重分析了荷兰方的贡献。同时也分析了一些和自主编队飞行相关的关键技术。

22.1　绪论

　　由许多小卫星编队飞行、构成的空间任务目前常被认为是传统大型复杂单体卫星的一种理论上可行的替代方案。支持编队飞行空间任务的重要依据是空间覆盖率高、功能增强、风险降低、灵活方便以及航天器复杂性减少。

　　本章提供一个小卫星编队的案例。相关信息来自 FAST 任务,荷兰代尔夫特理工大学及中国清华大学自 2007 年就相关技术进行了项目合作[1]。

　　FAST 是一个气象评估任务,针对局部、地区和全球气溶胶数据进行收集,同时对低温层的等高线进行勘测,该任务利用两个编队飞行的微卫星执行。任务的主要目标(重要性不分主次)在于:

　　● 基于不同通信结构的自主编队飞行验证(Demonstrate Autonomous Formation Flying,AFF),分布式推进系统及微系统技术(Micro Systems Technologies,MST)。

　　● 气溶胶特性分析,对冰层高度轮廓变化进行监测,并将这些数据与科学进步反馈相关联。

　　● 教授前沿技术,开拓学生的国际视野并通过学生和工作人员的交换促进技术的繁荣。

　　本章中,呈现了 FAST 任务细节。本章分为五部分:第一部分描述任务方案,着重不同编队飞行阶段和运行模式;第二部分描述了空间和地面部分的系统设计,强调了荷兰方面的贡献;第三部分描述 FAST 任务的科学应用,包括气溶胶特性、冰层高度轮廓随季节的变化,以及两者之间的关联;第四部分处理和自主编队飞行相关联的关键技术问题,对与系统工程相关的设计挑战、星间链路、分布式计算以及合作式控制问题都进行了讨论;第五部分清晰地讨论了 FAST 任务的教育意义和机会。

22.2 任务方案

FAST – D 和 FAST – T 两颗卫星的基本轨道是 650km 高度的太阳同步轨道,升交点的当地时间大约是 10:00。卫星预期将搭载中国火箭进行发射。每颗卫星的预计速度增量开销为 12m/s,这当中包括了允许一颗卫星推进系统 100% 的偶然性失效[2]。两年半的任务被分解为 3 个阶段,每阶段的轨道构型明显不同[3]。下面对轨道构型的原理进行介绍。

22.2.1 阶段 1:LEOP 及初始调试

第一任务阶段是发射和早期运行阶段(Launch and Early Operation Phase, LEOP),具体由发射、入轨、消旋、安全姿态指向模式的获取以及与地面站双向通信的建立。LEOP 阶段之后开始进行为期 1 个月的初始试运行阶段。

在该阶段中,卫星并不组成编队,因此差动气动阻力使得两星间产生一个较大的沿迹距离。一个月以后沿着轨迹方向的分离距离估计为 60km,这就要求以 0.2m/s 的代价进行 bang – bang 编队初始化机动,以着手后续任务阶段。

22.2.2 阶段 2:技术验证

在技术验证模式下,如图 22.1 所示,两颗卫星将要验证自主沿迹距离保持 (1 ± 0.1)km 的能力,通过推进系统分布优化配置并进行自主编队飞行(AFF)来实现。这需要在每个航天器上配置推进系统并建立星间链路。为了实现太阳光照的最大化,卫星将花费超过一天的时间来跨越该任务阶段 200m 的控制窗口。为了维持期望的编队构型,只考虑差动阻力的话,需要 2mm/s 的速度增量以使星间距离回到控制窗口的另一端。

虽然轨道构型并没有为此进行优化设计,但在该任务阶段还是将进行一些先期的科学观测活动。由于星间距离相对较小,所以该任务阶段有利于演示两星间分布式计算试验以及不同卫星上设备的交叉校准。AFF 验证将进行若干星期,随后将会转变为科学阶段所要求的相对构型。

22.2.3 阶段 3:科学观测

在该任务阶段,卫星间沿着迹向的距离将达到 (1225 ± 5.7)km,如图 22.2 所示。编队的自然漂移需要进行大约 100 天,然后才形成这种构型,并总共需要 2m/s 的速度增量、花费 2 天时间实现控制机动。对于 1 年时间的编队保持,仅考虑

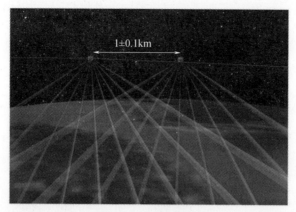

图 22.1　技术验证阶段

差动阻力的情况下,需要约 1.2m/s 的速度增量,同时每 9 天执行一次机动。

　　该任务阶段的轨道构型非常有利于利用两星上配备的分光偏振计执行气象协同观测。该轨道构型结合分光偏振计的 9 个地球观测视场(FOV)使得分光偏振计视场在地球表面出现许多同步交叉和重叠。这对及时反映特定高度和时刻的气溶胶特性有利,也为单次穿越(特别是在赤道附近)期间气溶胶特性所需的多次、多角度地质观测创造了条件。星间距离 ±5.7km 的精度是由 650km 高度上分光偏振计大约 11.4km 的地面像素尺寸计算得出的。

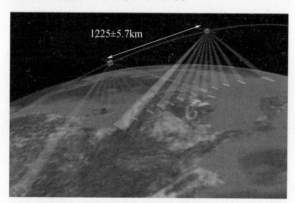

图 22.2　科学观测阶段

22.3　系统设计

　　在这部分,阐述了 FAST 系统设计、系统结构,之后是有关科学载荷(分光偏振计、高度计以及微波辐射计)的信息。FAST-D 系统/子系统设计在 FAST-T 之后进行了分析。地面部分的结构也进行了介绍,并强调了科学数据的处理和分发。

22.3.1　系统结构

FAST 系统结构如图 22.3 所示[4]。就像许多其他空间系统,FAST 系统由空间段和地面段组成。然而,由于编队飞行特性,空间段由 FAST – D 和 FAST – T 两个航天器组成。在编队飞行期间的科学模式和技术验证模式下,两个航天器通过直接的星间链路(ISL)或者地面站建立相互之间的通信联系。分布式的计算和其他技术将会通过 ISL 执行。关于该结构的细节、ISL 以及其他问题的讨论将在本章其余部分进行。

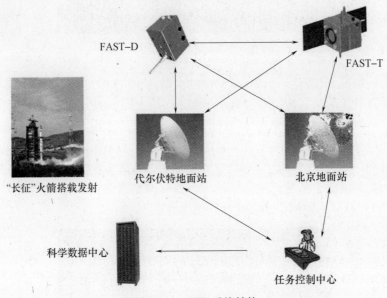

图 22.3　FAST 系统结构

22.3.2　载荷

总共有 3 个科学载荷将会被用于 FAST 任务:荷兰的分光偏振计(在 FAST – D 和 FAST – T 上都配置)、荷兰三维图像激光高度计(SILAT,配置于 FAST – D)及中国双频微波雷达辐射计(DFMRM,配置于 FAST – T)。

22.3.2.1　分光偏振计

分光偏振计载荷的代表就是为星际探索设计的分光偏振计(SPEX),如图 22.4 所示,由荷兰公司和知识学院组成的团队进行开发。SPEX 最终将应用于火星任务,其特别版本 SPEX – FAST 正在设计以运用于 FAST 任务。SPEX – FAST 相对于 SPEX – Mars 的重要的升级之处在于从最初的 7 个行星观测视场和 2 个翼形视场变为 9 个行星观测视场。改动的理由在于 SPEX – FAST 更强调微粒特性分析,因此更侧重于行星观测视场而不是翼形视场。由于 SPEX 精确的全线性旋光分光性能,不需要移动部件或者液晶,所以这种分光偏振计是一个从空间对大气微粒特色性测量的理想工具。当前 SPEX 的光－机械设计(不包括探测器和电子单元)质量为 0.9kg,尺寸 15cm×12cm×6cm。完整的设备预计体积将会达到 1L,质量 2kg,最大消耗功率 2W[5]。

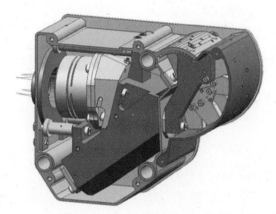

图 22.4　SPEX 光学机构的设计[5]

22.3.2.2　SILAT

如图 22.5 所示,SILAT 是一个高集成的载荷组件,由 3 个独立的工具组成,这些工具包含在热稳定碳化硅结构里:一种新型单光子计数激光高度计(Laser Altimeter,LAT)、高分辨力相机(High Resolution Camera,HRC)以及立体相机(Stereoscopic Camera,SCAM)[6]。它是由一个余弦研究机构领导下的团体开发的。针对 FAST 任务重新设计了设备结构,这种设计与早期针对木星卫星—木卫二的探测任务相比可大幅度降低重量。SILAT 不包含移动的部分,所有冷却设备都是被动式的;只使用了指形冷冻器和散热器。这提高了载荷组件的可靠性,对于空间任务来说是十分重要的。对相机上使用的光学滤镜进行了优化,以适应水的光谱响应。

余弦研究机构已经完成了 LAT 的面包板原型,并且已经成功地在 2010 年早期进行了室内外测试,通过该测试证明了距离测量分辨力优于 15cm[7]。SILAT 的工程模型由具有空间适用性并且能商业现货供应的部件组成,其将要在代尔夫特大学航空实验室进行飞行测试。SILAT 质量为 5.2kg,尺寸为 28cm×28cm×30cm。SILAT 最大的功率消耗为 14W,而 LAT 功率需求达到 12W。

22.3.2.3　DFMRM

DFMRM 是一个 K 波段(23.8GHz)和 Ku 波段测量全球光度/温度数据的设备。当前,中国科学院空间科学和应用研究中心正对 DFMRM 进行开发。DFMRM

图 22.5　SILAT 立体成像激光高度计

设计成 33cm×27cm×20cm 的方盒形状,质量小于 15kg,平均功率消耗小于 20W(峰值功耗小于 25W)。DFMRM 上有两条观测通道:主要通道指向天底方向,次级通道出于校准目的指向背阳面[4]。

22.3.3　航天器

FAST 系统的空间段由两颗卫星组成:FAST－D 和 FAST－T。

22.3.3.1　FAST－D

FAST－D 是荷兰学术机构和工业部门规划的一个 50kg 的微纳卫星[8]。如图 22.6 所示,FAST－D 为 0.5m×0.5m×0.7m 的方形结构;共有 3 个太阳帆板,其中一个安在本体顶面,两个安装在沿着轨迹的表面上。内部结构由多层托盘组成,既可应用于简单的集成又可应用于载荷的装配。在朝顶的表面,安装了载荷探测器的头部和高增益 S 波段数据下传天线,还有低增益遥测和遥控(Telemetry and Tele－Command,TTC)天线。星敏感器的光学头部安装在与轨道平面平行的表面上。

FAST－D 将会是荷兰空间微系统技术(Micro－System Technology,MST)领域成就的一个综合展示。大部分的星上部件已经或正在由荷兰的大学和工业部门开发。例如,由 TNO 开发的无线太阳传感器已经在 Delft－C3 微纳卫星上进行了飞行试验[9]。从这个角度上讲,FAST－D 将不仅仅是一个

图 22.6　FAST－D 卫星

针对 MST 验证的平台,在某种程度上也会是一个微系统(System – of – MicroSystems,SoMS)。

FAST – D 的总体设计思路见图 22.7[10]。子系统设计简要介绍如下:

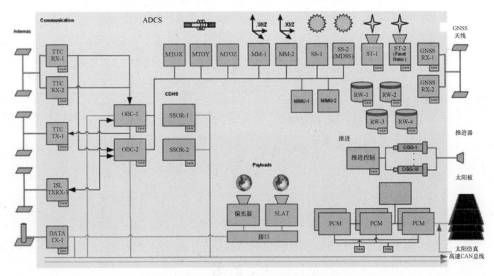

图 22.7 FAST – D 航天器结构示意

从载荷的要求出发,FAST – D 姿态确定和控制子系统(Attitude Determination and Control Subsystem,ADCS)应当具备利用高精度姿态敏感器沿着本体不同轴提供至少 30 角秒精度的姿态信息的能力;并且允许 300 角秒的最小指向精度姿态控制。

利用两个冗余三轴磁强计(MM)进行姿态确定,两个微型太阳敏感器(SS)用于获取粗略信息。为了高精度地定姿,配置了两个微型化的 CMOS 星敏感器(ST)以及两个微型惯性测量单元(MIMU)。

姿态控制利用反作用飞轮(RW)进行,磁力矩器(MTR)用于动量卸载和粗略控制。4 个微型反作用飞轮安装在金字塔构型上,以实现最大控制效率,并且 3 个磁力矩棒按照 *XYZ* 三个方向和本体固连。

一种双环非线性动态逆(Nonlinear Dynamic Invertion,NDI)技术将会采用,它能实现不同飞行模式下非线性系统的灵活控制[8]。这种双环 NDI 技术避免了能引起不必要执行器饱和的强非线性反馈,并通过速率和角度分别控制方法为多种运行模式提供了灵活性。

两个冗余 GNSS 接收机作为轨道确定的绝对导航敏感器。轨道确定的性能通过地面上传精确 GNSS 星历表的方式得以增强。通过星间通信交换导航和姿态数据的方式,获得相对位置和姿态信息。

FAST – D 利用 3 个与本体固连的太阳帆板作为主要的能源来源,并利用 2 个锂离子电池组作为备份能源。每个太阳帆板由初始(Begin-Of-Life,BOL)最小平均效率为 26.8% 的三结砷化镓片组成。电源子系统在 BOL 总共能提供至少 45W 的轨道平均功率,这比需求量多 50%。

指令和数据处理子系统(Command and Data Handling Subsystem,CDHS)由星载计算机(OnBoard Computer,OBC)、数据存储、数据总线以及相关软件组成。FAST-D 上有两个 OBC,其中之一用于内务管理和数据处理,另一个针对 AOCS 和编队飞行。为了防止故障,设计成热冗余。载荷数据被存储于 8GB 的抗辐射固态存储器上。数据总线由用于载荷数据交换的高速总线和用于指令/控制分发的低速总线组成。星载软件主要扮演 3 个功能,即系统引导、内务管理以及 AOCS/FF 处理。

通信子系统也称广播频率(Radio Frequency,RF)子系统,根据载荷数据下传的要求而运行于 S 波段。子系统由两部分组成:

一部分是卫星—地面通信模块,由两个热冗余指令接收机、一个低功率发射机、一个高功率发射机以及相关天线组成。低功率发射机主要用于遥测,高功率发射机主要用于载荷数据下传。然而,考虑发射数据链的冗余设计,这两个发射机能互相备份。两个指令接收机共享两个各自安装方向朝向卫星顶面和底面的贴片天线。低功率发射机负责给另两个贴片天线发送数据。高功率发射机和一个螺旋天线相连。

另一部分是星间通信模块,由收发机和两个贴片天线组成。在 FF 期间,卫星将通过该连接交换诸如位置和姿态等信息。当载荷数据并不准备交换时,只利用低功率收发机(ISL TXRX)和低增益天线。

由于搭载发射要求,FAST-D 应当避免使用危险部件,例如,高能推进系统、高压管路等。同时较大的速度增量需求和航天器的受限体积也限制了 FAST-D 利用常规化学推进技术。一种方法是,FAST-D 使用冷气发生器以替换冷气储罐。

FAST-D 推进子系统由冷气发生器、电子板、轨道控制推力器以及相关的阀门和管道组成。这提供了初始发射入轨修正以及编队保持。冷气发生器由 TNO 和布雷德福德工程中心开发,其包含封装好的固态块状化学物质[11]。一旦点燃,这种固态物质将会分解成需要的气体并在环境温度下离开气体发生器。这种气体发生器相比于气体储罐的主要的优势在于以固态形式存储推进物质。因此,体积可以做到很小,高压储罐和相关的阀门也不再需要,且消除了泄漏的风险,完整推进子系统的质量和体积也经过了优化。

目前氮氧发生器是可用的。针对 FAST-D 选择了合适的氮气发生器,它的气体输出效率相对较高(每千克固体推进剂能在 0.1~15MPa 压力范围内输出 260L 气体),而且其空间适用性已经在 ESA 的 PROBA-2 卫星上进行了空间验证。

FAST-D 结构由常规铝合金制造,并使用了蜂窝板。主要结构由发射分离系统、分离板、电子堆栈、载荷面板、顶板、三个太阳帆板以及一个底板组成。

航天器的总体设计确保所有操作、失效以及安全模式下的热环境平衡。由于利用了冷气发生器,所以不再需要对推进剂罐加热。因此,可通过简单被动的方法达到热控目的。

22.3.3.2 FAST-T

FAST-T 是一个由清华大学开发的小卫星[4]。如图 22.8 所示,FAST-T 是一个 0.75m × 0.75m × 0.73m 的立方体,带有两个固定安装的太阳帆板,总质量小于 130kg。

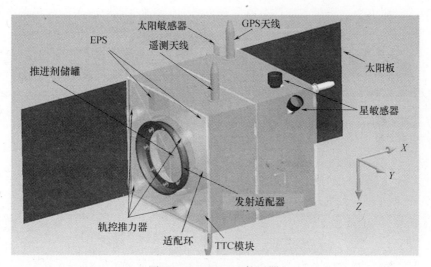

图 22.8 FAST-T 航天器

FAST-T 的主要姿态控制模式是三轴对地稳定,指向精度优于 $0.1°(3\sigma)$,稳定度优于 $0.01°/s(3\sigma)$。万一发生致命性错误,卫星将自主进入安全模式, $-Y$ 轴对日定向,其精度优于 $5°(3\sigma)$,稳定度优于 $0.05°/s(3\sigma)$。

22.3.4 地面部分

根据图 22.3 所示的结构,FAST 地面部分由两个地面站组成:一个是任务控制中心(Mission Control Center,MCC);另一个是科学数据中心(Science Data Center, SDC)。

为了增加星地联系的窗口,规划了两个地理上分布的地面站:一个位于代尔夫特理工大学,另一个在北京。两个地面站都装备了 3m 的抛物面天线并具备同等功能:指令发送、遥测/载荷数据的接收,并作为 ISL 的备份路径。

所有的地面操作都只由 MCC 制定,然后发送到地面站来生成控制指令,所有地面站接收到的数据也首先在 MCC 进行分析。这里对遥测数据进行进一步的处理,然后载荷数据将要送至 SDC。

22.4　科学应用

FAST 任务将要搭载若干创新的小型科学载荷,开展一些领域的研究,包括大气溶胶特性、低温层高度轮廓随季节性的变化以及两者的联系。

22.4.1　气溶胶特性

气溶胶就是悬浮在气体中的极细微固体颗粒或液体微滴。这些微粒的尺寸从 0.001μm 到 100μm 不等。液体微滴为球状,固体微粒具有取决于组成和形成过程的不规则形状。陆地气溶胶的主要类型包括海盐、沙漠尘埃、火山灰和火山硫磺酸以及不同类型的人为气溶胶(如黑碳)。大多数的气溶胶颗粒位于地球的低层大气中,延伸范围达到 1km。气溶胶颗粒对空气质量、天气和气候产生重要的影响。这种影响主要是通过扩散和吸收太阳辐射以及扩散、吸收和散发热辐射来起作用,扮演着云层的浓缩核和化学反应催化剂的角色[12]。

大气溶胶特性很重要,但当前气溶胶强迫的不确定性以及太阳辐射是如此强烈以至于气候模型的评估已经相当不准确[13]。由于散射光偏振的程度和方向对散射微粒的形状和组成很敏感,因此可以较充分应用旋光分光法分析气溶胶特性。然而,以上过程从没有在空间进行过。第一个准备进行该试验的就是 NASA 的 Glory 任务,但在 2011 年 3 月 4 日,该颗卫星和 Taurus XL 火箭分离后未达到预定轨道[14]。

另外,通过编队飞行配置也期望得到关于气溶胶特性的重要科学结论。在 22.2 节部分提到过,在技术验证阶段,由于能及时在相同的时刻测量相同的属性,所以近距离编队飞行能交叉校正不同卫星上的载荷。在科学观测阶段,两个编队飞行航天器之间的距离将会是(1225 ± 5.7)km。这种轨道几何构型使得它自己非常适合于执行分布式协同观测任务,特别是两航天器上带有分光偏振计的情况。这种轨道构型将分光偏振计的 9 个地球观测视场结合起来,形成了分光偏振计视场的很多交叉,并在地球表面形成了一些重叠的分光偏振计视场,见图 22.2。这有利于某一时刻在特定高度及时获取气溶胶特性,在单次穿越(特别是在赤道附近)时也比较容易从多角度对某地理位置进行观测,这对气溶胶特性也是极具意义的。

22.4.2　冰冻圈及沉淀

Shindell 和 Faluvegi 最近的一项研究显示"……气溶胶在整个 20 世纪全球和地区气候变化中扮演着重要角色……北极气候对北半球短暂污染物是很敏感的……我们的计算表明黑碳和对流层对于自 1890 年以来的北极变暖有重要影响……,因此它们对于北极变暖效应的减缓是有针对性的治理目标。此外,它们对于排放控制反应迅速,排放量的减少也间接有利于提高人类和生态系统的健康。"因此最近的大气模型表明了气溶胶(污染物)和北极气候的紧密联系。这些结论的确认也导致全球更多严格的排放控制措施的实施。

这在某种程度上可以由配备了独特载荷的 FAST 任务来完成。虽然 LAT 15cm 高的分辨力并不十分显著,却足以和 HRC、SCAM 配合起来清晰地区分冰/雪和岩石,并监测冰冻圈高度轮廓的季节性变化。当和分光偏振计数据相联系时,该信息能用于调查某种类型的气溶胶和(当地)减少/增加的冰/雪覆盖是否直接相关[3,16]。

由 DFMRM 设备进行的测量能获得以液体和蒸汽形式存在于云层中的水的相关物理参数。这些参数能被用于构造更加精确的降水预测模型,并辅助于用分光偏振计进行的气溶胶对降水影响的深度分析。

22.5　技术挑战

FAST 任务将要利用微卫星验证编队飞行技术,也会在编队飞行中不断产生科学数据。从这一点出发,编队飞行是整个任务的核心,并且许多技术挑战和此相关,特别是运用微卫星的情况。在这部分,4 个关键的技术问题将要进行讨论:①如何构建可用且可靠的基于 MST 的微卫星平台? ②如何在两星之间交换信息? ③如何处理接收到的信息? ④如何利用经过处理的信息?

22.5.1　FAST－D 系统工程学

开发 FAST－D 的技术目标在于构建一个基于 MST 的可用且可靠的微型卫星平台,这是未来构建更加紧凑灵活的 SoMS 纳卫星多任务平台应用的第一步。因此,针对 FAST－D 采纳了以下系统工程体系:

- 扩展对 MST 部件的运用,作为整个平台的一部分。
- 针对高可靠性需求应用冗余设计。
- 针对低成本和短开发时间允许一定程度的技术风险。

22.5.1.1　利用 MST 部件的策略

不像其他一些任务,MST 部件作为有效载荷是用于测试或者技术验证的,FAST－D 广泛应用 MST 部件作为平台组成。然而,有一个需要在运用前考虑的重要问题就是 MST 部件的技术成熟度。

MST 空间应用的技术成熟度仍然被许多常规和小卫星的开发者所怀疑。这是由于许多 MST 部件原本都是针对地面应用开发的,因此不能完全满足空间工业的特殊要求(在性能或者工作环境方面)。而且,空间 MST 部件仍然处于开发初期,未来仍然需要进行许多开发和验证工作。

不成熟的空间 MST 也应用于 FAST - D 的 MST 部件上。目前一些部件仍然处于开发阶段,技术准备水平(Technology Readiness Levels,TRL)相对较低。考虑当前和短期 MST 部件的 TRL,FAST - D 航天器没有设计成紧凑度较高的 SoMS 卫星,而是采用了 MST 和常规技术的组合。例如,搭载于 FAST - D 上的两个星敏感器之一是最新开发的 Facet Nano[17];另一个是已经被一些任务采用的先进恒星罗盘(Advanced Stellar Compass,ASC)。

有一些反对这种组合技术的争论。第一种是关于复杂度的。既然利用了不同类型的部件,关于接口控制的工作量就会显著增加。第二种是由于相对较低 TRL 部件造成的可靠性问题。然而,之前的经验和教训指出微纳卫星任务应当允许低成本和短开发周期带来的一定程度的技术风险。因此,在对成本、计划、复杂度、可靠性和其他因素仔细权衡后,同时考虑最重要的任务技术目标,最终选择这种混合策略应用于 FAST - D。

22.5.1.2　达到高可靠性的策略

虽然允许一定程度的风险,但是依然要意识到尽可能高的可靠性仍然是 FAST - D最重要的技术目标之一。为了达到这一目标,针对关键系统进行了单点故障规避(Single - Point of Failure Free,SPOFF)设计。这里所指关键系统定义为工作在"安全模式"并且由 CDHS、TTC、电子电源子系统(Electrical Power Subsystem,EPS)和粗姿态敏感器/执行器等组成的系统。

关键系统的 SPOFF 设计基于一种组合冗余策略。由于质量和功率所限,采用"功能冗余"作为关键系统冗余的主要方法。这里"功能冗余"表示部件功能能够被其他部件替代(有时会带来效率降低),以防止系统失效;基于此不再需要硬件层面的备份。"功能冗余"的一个例子是 CDHS,其采用了两个处理器,一个用来内务管理和载荷数据处理,另一个用来姿态确定和控制(见图 22.7)。如果两者中任何之一崩溃,另一个将能接管其功能。另一个例子是 TTC,其低功率发射机将能提供载荷数据下行链路的功能,虽然这么做会由于相对低的数据率带来下行链路的效率降低,但是可以防止关键数据发射机失效;数据发射机也能够发送内务管理数据。"功能冗余"也能用于重新配置其他部件。例如,提供给 AOCS 的欠驱动控制算法。即使两个反作用飞轮工作不正常,其余的两个反作用飞轮仍然能够通过欠驱动控制提供三轴稳定的能力。另外,"硬件冗余"被 FAST - D 采用为次要冗余方法。EPS 就是一个"硬件冗余"的很好例子。提供了两套电池充电调节器(Battery Charge Regulator,BCR)、电源调节模块(Power Conditioning Module,PCM)以及电源分布模块(Power Dsitribution Module,PDM),就可以达到全冗余功能。两个热冗余 TTC 接收机也能保证上行链路的 SPOFF。

总的来说,通过协同采用"功能冗余"和"硬件冗余"替代单独利用昂贵空间级别部件,可以取得 FAST - D 的可靠性。

22.5.2 星间信息交互

对于成功的编队飞行任务,最重要的问题是从编队中其他卫星处获得状态信息。通常,这可以通过直接 ISL(RF 或者基于光学)达到目的。然而对于 FAST 任务,提出了星间信息交流的混合策略。

在技术验证模式下,两星间的距离只有 1km,每颗卫星位于另一颗卫星的视线方向上。因此利用直接 ISL 作为标称通信的路径。为了避免技术复杂性,选择了一种基于 RF 的 ISL,能够在自由空间损耗较低的情况下达到相对较高的数据率。因此,这无论对于交换状态信息还是分布式的数据处理都是有益的。这种直接 ISL 原则上也能在两星间利用相同信号进行相对测距。

在科学模式下,两星沿着迹向的距离大致为 1225km,这意味着两颗卫星仍然在彼此的视线上,此时直接 RF ISL 仍然有效。然而,由于自由空间损耗很高,预期数据率仍然较低。

除了直连,地面在环通信路径用于备份[4]。对于这种类型的通信,如图 22.9 所示有两种选择:①一颗卫星发送数据到地面站,然后地面站等待第二颗卫星飞越时将数据发送给它;②一颗卫星发送数据至地面站,然后数据通过互联网传送到另外的地面站,该地面站负责将数据发送给第二颗卫星。在 FAST 任务中,根据最短的时间延迟,选择这两者之一。

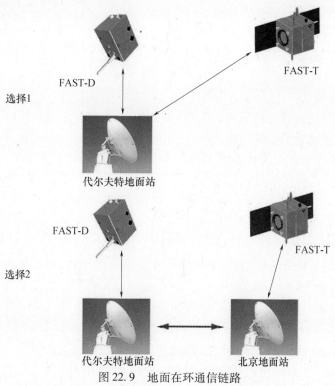

图 22.9 地面在环通信链路

22.5.3　星上信息处理

利用星载信息处理对于小卫星来说有一系列的优势。最重要的一点是提供近似实时的结果以避免将数据发回地面处理带来的成本和限制问题。

为了避免星载处理的主要缺陷,例如针对之前的计算结果星载处理固有的误差不能被消除,FAST 任务采用了一种保守策略:将科学数据星载处理,同时存储于大容量的固态存储器之中。星载处理数据的大部分将会和地面站中的原始数据进行确认。

考虑到技术成熟度,数据处理首先在每颗卫星自己的星载计算机上进行。星载处理的内容包括数据压缩和图像处理。例如,SILAT 选择的数据容量将显著减少(不足原始数据量的 1%),如果由 HRC 和 SCAM 采集的图像能被有效识别,则无用图像就可以在星上删除。

除了通常的"本机"计算,基于空间的分布式计算也将通过 FAST 任务进行验证,以探索完全利用编队飞行小卫星的计算能力进行星载处理的可能性。基于空间分布式计算的概念将利用每颗卫星上的处理器作为一个真实分布式计算机。对于 FAST 任务,这意味着基于包含(至少)两个空间分布式处理器的空间计算机。

考虑这种分布式计算网络的问题类型比较庞大,有密集线性代数问题。这是因为这些操作能利用块算法进行处理,非常适合分布式的和不同类别的系统。FAST 编队飞行的实时轨道确定是一个重要的试验,因为该问题非常大(也就是使用数千观测量的数千个参数),这超出了单个处理器的能力极限。

22.5.4　分布式信息运用

通过星间通信和星载"本机"或者分布式处理,两颗卫星共享接收到的部分数据,且每颗卫星获得另一颗的状态信息,例如,精确的相对位置和姿态。这些信息能被用于实施和编队飞行相关的不同任务。对于 FAST,两个任务具有优先权:推进优化的分布式推进系统以及协同控制。

22.5.4.1　推进优化的分布式推进系统

如果没有编队保持,FAST 编队中的两颗卫星将会由于不同空气阻力和半长轴快速漂移分离。两颗卫星保持精确相对距离是至关重要的(对于技术验证模式是 (1 ± 0.1) km,对于科学模式是 (1225 ± 7.5) km),星间相对距离需要利用推进子系统进行周期性地校正。编队中的每颗卫星都有推进系统,所以实施推进优化的分布式推进系统具有可行性。这意味着通过直接 ISL 的功效,两颗卫星可以自主决定何时哪颗卫星应当点火推进,并据此最小化且选择性地平衡两颗卫星推进剂的消耗。两推进系统也提供了冗余性:即使一个停止工作,另外一个也仍然能够提供编队维持机动的能力。

22.5.4.2　合作式控制

在上部分提到,FAST 将具备推进优化的分布式推进系统,由于点火指令并不是基于单颗卫星状态发出的,所以这要求两颗卫星上具备合作式的推进子系统。此外,两颗卫星对地观测区域有部分重叠,这表明两颗卫星的 AOCS 需要协同工作,以保持相对姿态稳定并执行参考姿态的跟踪。这些问题的共同特征是:不仅位置和姿态而且每颗卫星的行为也应当进行协同和控制。为了解决这些问题,FAST 任务将对合作式控制技术进行研究和验证。

合作式控制是一项允许一组(至少两个成员)卫星合作地确定去哪里、如何执行等的技术。这不是一项新技术,该技术已经通过一系列移动机器人和无人机(Unmanned Aerial Vehicles,UAV)甚至深空任务背景进行了研究[18]。然而,该技术至今还没有在轨验证或者测试。总体上,合作式控制有 3 个方法,即集中式、分散式以及分布式。考虑技术成熟度、任务需求(编队中只有两颗卫星)以及许多其他因素,前两种方法将深入研究,并且最终通过 FAST 任务验证。

22.5.4.3　基于多智能体的体系

为了实施所提出的包括推进优化分布式推进系统和合作式控制,在 FAST 系统架构(见图 22.3)下初步设计了一种基于智能体的体系(见图 22.10)。选择多智能体系统(Multi – Agent System,MAS)的理由不仅是依据研究方面,而且是由于以下因素:

- 自主性——要求两颗卫星至少部分自主。
- 局部认识——虽然两颗卫星对彼此都有一定了解,但是其中任何一颗都没有对系统全局性的认识。
- 分散性——由于地面站覆盖范围有限,故在大多数飞行时间内系统并没有集中式的控制器。
- 灵活性——虽然 FAST 任务至今只有两颗卫星,但实际上它是开放式的架构,也就是未来允许更多卫星加入编队。

如图 22.10 所示,体系在两个层面上具有智能体功能:航天器层面(例如 FAST – D 代理)和功能层面(例如 FF 智能体)。航天器层面的智能体负责发送/接收信息、本地任务规划、指令执行及本地智能体的同步等。每个功能级别智能体都有若干功能。例如,FF 智能体能够规划卫星的运动、估计当前编队参数以及产生编队控制指令。功能层面智能体能够和其他本地功能层面的智能体通信并确定本地行为。

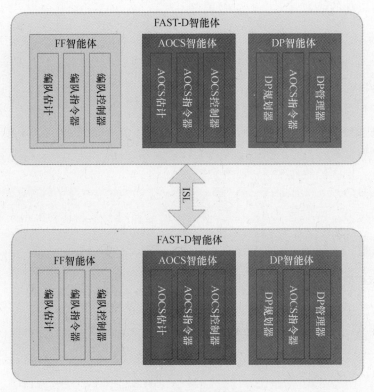

图 22.10　基于 MAS 的体系

22.6　教育机会

除了科学应用和技术验证，FAST 任务也带来了许多教育机会。例如，针对或用于 FAST 开发的技术已经引进到代尔夫特科技大学许多课程中。在这些课程中，学生也被要求进行和 FAST 任务紧密联系的个人或者小组任务。FAST 任务的需求也推动了若干学生正在研究的硕士或者博士论文选题。此外，通过 FAST 任务，代尔夫特理工大学和清华大学的学生也有机会在其他不同文化国家做交换生和论文相关的工作，这也能帮助学生显著开拓国际视野和提高技能。

22.7　结论

本文阐述了荷中合作的 FAST 小卫星编队飞行任务的概念和设计细节。根据不同相对轨道构型和任务阶段分析了任务方案，介绍了空间段和地面段的系统设计，并强调了荷兰方面所作的贡献，也就是分光偏振计、SILAT 以及 FAST – D 航天器。讨论了 FAST 任务的科学应用，编队配置对技术提升的回报也是感兴趣的重点。对诸如系统工程、ISL、分布式计算和合作控制等关键技术挑战也进行了阐述。

FAST 任务具有验证创新性技术的潜力，诸如基于 MST 的敏感器和执行器、验证利用低成本航天器以不同通信结构和分布式推进系统进行自主编队飞行的技术。该 FAST 任务也被期望提供气溶胶特性和低温层高度轮廓监测的重要科学结论。通过单次飞越时不同角度对相同位置的观测方式，编队飞行可以得到气溶胶特性的科学反馈。此外，FAST 任务提供给大学教授前沿技术的教育机会，可以开拓学生的国际视野。因此，FAST 是一个对技术、科学和教育而言都非常关键的编队飞行任务。

参考文献

1. Maessen D C,et al(2008). Preliminary design of the Dutch – Chinese FAST micro – satellite mission. In：Proceedings of small satellite systems and services,Rhodes,Greece,26 – 30 May 2008

2. Maessen DC et al(2008) Increasing system performanace and flexibility：distributed comput – ing and routing of data within the FAST formation flying mission. In：Proceedings of 59th international astronautical congress,Glascow,Scotland,29 Sept – 3 Oct 2008

3. Maessen DC et al(2009) Mission design of the Dutch – Chinese FAST micro – satellite mission. In：Proceedings of 7th IAA symposium on small satellites for earth observation,Berlin. Germany,4 – 8 May 2009

4. Guo J et al(2009) Status of the FAST mission：micro – satellite formation flying for technology,science and education. In：Proceedings of 60th international astronautical congress,Daejeon,South Korea,12 – t6 Oct 2009

5. Snik F,et al(2010) SPEX：the spectropolarimeter for planetary exploration. In：Proceedings of SPIE space telescopes and insrumentation 2010：optical,infrared,and milimeter wave,San Diego,California,USA,June 2010

6. Moon SG et al(2008) Towards a miniaturized photon counting laser altimeter and stereoscopic camera instrument suite for microsatellites. In：Proceedings of 7th IAA symposium on small satellites for earth observation,Berlin,Germany,4 – 8 May 2008

7. Moon SG et al(2010) Results and developments of micropayload prototype activities for use in earth observation and planetary missions. In：Proceedings of small satellite systems and services,Funchal,Maderia,31 May – 4 June 2010

8. Maessen DC et al(2009) Conceptual design of the FAST – D formation flying spacecraft. In：Proceedings of 7th IAA symposium on small satellites for earth observation,Berlin,Germany,4 – 8 May 2009

9. Ubbels WJ et al(2008) First flight results of the Delfi – C3 satellite mission. In：Proceedings of 22nd annual AIAA/USU conference on small satellites,Logan,Utah,USA,11 – 14 Aug 2008

10. Guo J et al(2010) FAST – D：a capable and reliable micro – satellite based on micro system Technology. In：Proceedings of small satellite systems and services, Funchal, Maderia, 31 May – 4

June 2010

11. van der List M et al Applications for solid propellant cool gas generator technology. In: Proceedings of the 4th international spacecraft propulsion conference, sardinia, ltaly, 2 – 9 June2004

12. Gill EKA et al(2010) Atmospheric Aerosol Characterization with the Dutch – Chinese FAST Formation Flylingng Mission. Acta Astronaut 66:1044 – 1051

13. Mishchenko MI et al(2007) Accurate Monitoring of Terrtrial Aerosols and Total Solar IrradianCe: Introducing the Glory Mission. Bulletin of the American Metrorological Society 88:667 – 691

14. NASA, Glory – observing the earth's aerosols and solar irradiance, http://glory. gsfc. nasa. gov/. Retrieved 28 Mar 2011

15. Shindell D, Faluvegi G(2009) Climate Response to Regional Radiative Forcing during the Twentieth Century. National Geographic 2:294 – 300

16. Moon SG et al(2008) A miniaturized laser altimeter and stereo camera for a microsatellite formation mission. In: proceedings of small satellite systems and services, Rhodes, Greece, 26 – 30 May 2008

17. van Breukelen E, et al(2009) Facet nano, a modular star tracker concept for highly miniaturized spacecraft. In: Proceedings of 60th international astronautical congress, Daejeon, South Korea, 12 – 16 Oct 2009

18. Shima T et al(2008) UAV Cooperative Decision and Control: Challenges and Practical Approaches. Society for Industrial Mathematics, PhiladelPhia

第 **23** 章　未来趋势,前景及风险

Marco D'Errico,Eberhard Gill,Antonio Moccia,Rainer Sandau

摘要　过去的几十年里,分布式空间系统概念在包括地球遥感在内的空间应用领域已经得到长足发展。该章将致力于详细分析已经取得的进展和主要关键问题,以总结分布式空间系统的前景和风险。能够为前沿分布式空间任务提供支撑的未来科学活动在本章也进行了讨论。特别地,首先对载荷以及应用进行了分析。然后,对包括模块化和结构在内的导航制导及控制和其他技术挑战进行了探讨。

基于 SAR 的星载雷达任务过去常常采用大型单一航天器来实现,现在通过分布式的方法展现出了强大的技术进展。过去几年进行了许多针对双基地或者多基地雷达系统的研究,这些研究使得该项技术的成熟水平大大提高,特别在双基SAR 方面。

双基 SAR 概念已经进行了研究、发展:如果两雷达相互靠得足够近,就能够利用信号的相位和幅值来支持许多应用方向(干涉法测量技术),或者对较大距离下只利用幅值(基线)。在这两方面,双基 SAR 使得采用标准单基方法不可实现或者有较大限制的应用成为可能。一个显著的例子是采用单基或者双基方法的 SAR干涉数字地形模型。该应用首先进行了理论的论证,然后通过前后执行的 ESAERS – 1 和 ERS – 2 任务和航天飞机雷达地形测量任务进行空间验证。最近,该技术被广泛应用于 TanDEM – X/TerraSAR – X 任务的运行,其中双基 SAR 干涉测量达到了前所未有的高精确度,而这归功于避免时间解相关以及非常高精度地重建基线的可能性。在不同几何配置中,双基 SAR 能够执行沿着迹向的干涉测量,估计出地面目标的速度。在这一领域,依赖雷达频率和期望侦测到的速度范围,采用针对两个自由飞行航天器单个分隔天线(如 TanDEM – X)的解决方案更加可靠。研究并评估了大型基线双基 SAR 的多种应用,主要是针对 SABRINA 任务范围的研究:用雷达激波摄影方法得出的数字地面模型,基于多普勒分析的速度估计、地形特性估计(粗糙度、介电常数及湿度)以及地形坡度图绘制。当前,还未规划大基线双基 SAR 的空间任务,虽然这类应用能够在扩展 TanDEM – X 任务阶段进行开发。

多基 SAR 概念在过去数十年里已经引发了持续关注。多基应用的开发阶段信息可构思为双基 SAR 的集合:SAR 的 X 断层摄影法是主要的例子。该方法能进行半透明体积散射的 3D 成像,并可以对获取到的图像(如森林)进行垂直结构估计。对于非透明散射,SAR 的 X 射线断层摄影方法也非常有用,它能够消除或减少雷达图像顶底位移,而这是雷达成像的常见限制。与单基方法相比,多基 SAR 的 X 射线断层摄影方法和双基 SAR 干涉方法有相同的优点。多基 SAR 也能够用在更多先进的模式下。典型例子为多基 SAR 克服最小天线面积限制的能力,该限制是 SAR 设计的主要限制之一。在这些情形下,多个带有小天线的自由飞行 SAR 能够生成一个虚拟的 SAR,并同时满足地面覆盖率广和几何分辨力高的条件,而单基 SAR 则不会同时满足地面覆盖率和分辨力的要求。一个额外较先进的可能性是构造较大的稀疏孔径。虽然多基 SAR 未来的发展前景可期,但与更简单的双基概念相比其目前的技术成熟度较低,且在近期实施似乎仍有许多问题。

对分布式的载荷概念也进行了研究,包括填充式和稀疏传感器孔径光学载荷。填充式传感器孔径当前集成在大型单体卫星上运行,正研究采用分布式传感器以不同方法对其进行替代。提出了采用静态大型轻质表面组成初级镜(薄膜)、其他光学组件用栓绳相连或编队飞行的方案。同时,对于不采用大型单体孔径的替代方案也进行了研究:一系列小传感器准确地对大型孔径进行采样并基于编队飞行维持正确的几何构型。对稀疏孔径的概念进行了简要研究,但是由于仅仅停留在概念研究的水平,并没有多少实际意义。因此,分布式的光学传感器相比于微波传感器技术成熟性更低。

另一个显著得益于分布式空间结构的领域是重力测定。GRACE 任务已经证明了基于甚高精度星间测距的创新技术对地球重力场瞬时变化的监测能力。这种能力极大增强了重力测定任务的潜力,与传统方面相比开启了新的应用模式。例如,通过对极地冰层质量和水域的水资源分布变化的监测,重力测定数据能用于开展对气候的研究。

如果载荷分布于若干航天器,那么它们之间的相对几何关系对于性能的好坏起到很关键的作用。航天器相对几何位置由轨道动力学决定,因此绝对和相对轨道动力学、编队的获取、保持、避撞就成为任务设计的关键部分。为了满足导航或其他需求,基于从编队设计到在轨实现、从编队控制到编队重构的角度考虑,相对动力学对于任何分布式、基于编队的任务都是十分关键的。早期对编队研究得益于先前的交会对接的研究,长期编队飞行任务要求相关航天器高精度的相对位置和速度的信息处理。

随着 HCW 方程的完善,相对运动建模研究在过去 15 年已经发展到较高成熟水平;但由于开普勒运动和圆轨道的假设,该模型对编队飞行的应用有较大限制。特别地,相对运动建模虽然仍待进一步研究,但目前对于 LEO 小偏心率轨道的应用已经达到可接受的水平。大偏心率轨道的相对运动建模需要额外研究来达到实际操作的适用性。此外，对更高轨道（MEO、GEO）上的相对运动只开展了有限的探索。然而，这些限制并不会对未来短期的任务/应用带来风险，因为这些项目都计划采用常规轨道设计。尽管如此，未来研究的重点仍然是更高轨道（特别是GEO）上的任务。

在相对制导、导航和控制方面，一些连续和离散控制方法已经彻底解决并验证。对于导航，3种主要技术已经或正在发展。基于GPS的相对导航已经通过GRACE任务在轨验证成功。由其可得出：通过伪距测量、载波相位差分技术能够显著提高导航精度；相对位置的测量精度可实时达到厘米量级，而非实时情况下能够达到毫米量级。能够达到这样量级的前提是使用高精度的相对动力学模型，任务允许与推力器活动相关的平滑航天器操作，以及使用了合适的GPS接收机。这些性能一方面开创了自主控制的新前景，另一方面也提高了SAR干涉法测量得到的数字高程模型精度。例如，通过高精度基线重构中的这种功能可保证在其他诸多因素下Tandem-X干涉测量性能。

其他传感器也能提供相对位置信息，利用局部生成无线电频率测距信号（直接顺序扩展频谱信号）提供相对导航方案已经在研究，所使用技术和GNSS系统是类似的。无线电频率相对导航技术和硬件在PRISMA任务中已经在轨验证。最后，光学测量也能用于相对导航，通过先前交会对接任务和之后的PRISMA任务进行了近距离测量验证。对于卫星远距离的相对导航，光学测量也有较大发展前景。特别地，如果在分布式任务周期中卫星距离量级不同，则需要采用多重传感器的方法来保证不同距离范围下的性能。然而，应当认识到与应用于低地球轨道的其他技术相比，特别是当处理微波并可能采用差分过程时基于GPS的导航的巨大成功和广泛使用也开始变得不那么具有吸引力。最后，值得强调的是当相对导航技术达到较高的成熟度后，相对姿态的确定和控制需要进一步研究。

分布式系统显然需要新颖的方法来进行系统设计、开发和运行。特别地，随着相同（或类似）的协同航天器代替单体航天器，模块化成为缩减开支的关键方向。这也使得空间新技术快速入轨成为可能，也使得系统能够适应长周期工程的发展变化，并减少资格认定问题（多个相同的合格模块代替新模块的开发）。模块化因为不用定制因而有很大好处，这对于快速重构成能力的形成十分关键。模块化的方法也简化了设计过程，使得该过程分解为一系列更简单、并行的过程。最后，模块化系统呈现出优异的降级性能，维修容易且仅通过替换所要求部件就能升级。

一方面，如果以简单增加低性能设备数量提高性能的方式实现可重复模块的广泛应用，那么分级模块化仍然有待研究。分级系统实际上很不一样，因为它实际是将子系统装配成为大型系统，且用合适的总线将其连接在一起而成。因此，分级模块化可作为不同子系统组合成的系统进行应用，各子系统依次作为不同级子模块的组合。因为分级模块化能将智能化的思想嵌入并贯穿于整个系统，因此其对分布式系统很有好处。建立在模块化部件和子系统上的结构具有智能化的自我管理和控制功能,使得系统具有不同水平的内部自主权,并且对于星载计算机间的协同或交互提供了更多的可用资源。有两种正在发展的技术支持着这种尝试:数量逐渐增多的小型化和空间适用化的微型电子设备(包括微型控制器)以及多种数据总线的发展(包括空间适用的 CAN 总线),这些技术都适合发展模块化的系统。

自主化本身对于任何将要进行的空间任务都是一个重要的特征,它能够降低任务的花费。如果自主化仍然局限在合理距离范围内运行的两个航天器系统中,那么对于由大数量卫星组成的分布式系统来说,自主化成为一个必要的需求。一些方法已经对编队构型进行了一些分析研究,例如,主—从、虚拟结构及行为,后面的两种都适用于多航天器系统且对于演化环境更加灵活。在这一范围内,多智能体系统似乎更有前景,因为这和交互、自主运行部件的分散化的问题是一致的。虽然如此,必须认识到这种技术在轨运用并不成熟:仅仅在实验室环境下进行了部分测试,因此需要在理论水平上作更远的研究。当考虑分布式系统的自主运行时,必须关注额外方面。对编队控制和载荷运行来说平台需要足够的信息交流,目前研究还不够。因此,有限的无线电通信资源(数据率、功率等)和几何构型条件(相互可视性)对于编队的实施来说是至关重要的。

地面段也是需要重点考虑的内容。地面段的经典方法对通过复杂通信协议进行通信的特定地面设备分配特定任务(S/C 监控和控制;P/L 数据接收和存档;P/L 数据生成和分发)。随着航天器数量的增多,为避免运行成本随之增加,这不可避免地需要简化规模。因此,需要一个本质上的改变将具有新特性网络中的不同任务和设备组合起来。地面系统的关键特性包括:开放系统、自动化、"互联网"技术、多区段运行、地面站网络、增强在轨自主性。

从系统结构的角度来看,分布式空间系统不仅能应用于编队,也可用于星座、星列、星群以及分散卫星系统。星座提供了较大的全球覆盖特性,通常控制精度较低。它们的实施和运行特点至少对于现存的运行于中地球轨道上的 GPS 导航星系统和将要进行的"伽利略"系统来说是已知的。对编队飞行已经研究得较为透彻,它能组成一个具有区域覆盖的分布式空间构型,但是对控制的精度要求较高。编队的一种可替换选择是星列,该方案中载荷被分布在不同卫星上,这些卫星运行在同一轨道上,例如 A - train 任务。不同国家都可以提供星列中的单星,因此其在任务的组织性方面提供了一定的灵活性,同时减轻了任务的风险。任务协同的压力和编队相比是适中的。然而,星列和编队相比,其对某些应用的功能限制也是较多的。换句话说,星列只是单个卫星功能的简单累加,综合集成应用的开发还取决于使用者。对于编队的情况,每个卫星一般只产生有限的输出,但集成系统却能提供更高的性能。

除了经典空间结构,目前正在研究两个新方法:密集和分散航天器。密集航天器由大量相等、高度小型化并且功能有限的航天器构成。密集结构可应用于诸如多点传感中。然而，密集系统各个方面的技术成熟度仍然较低。与此形成鲜明对比的是，分散航天器各部件是异构的，并且单个航天器的功能被分解并分布在结构中不同部件间，最终组成整个（分布式）航天器。分散系统可以针对可靠性和模块化设计开展一些新方法，包括响应度的增强和易损性的下降。它的机遇和挑战目前仍然是有争议的。密集和分散航天器在初期都是创新概念，将来20年必定会显露出价值。

分布式空间系统面临着一系列的系统挑战。对于空间碎片逐步提高的威胁和关注进行避免碰撞风险处理和航天器生命末期管理是一个关键的方面。分布式空间系统通过低风险多次发射进入轨道，推进和操作会增加以实现所设计构型。法律和管理方面正在变得越来越相关，也许代表着分布式空间系统的挑战，例如针对复杂空间结构的频率分配和协调。

最后，虽然分布式空间概念原则上都能够应用于大型、小型航天器，但还是和小型航天器相关性更大，原因如下：系统开销、失效卫星的简单快速更换、逐步提高的飞行技术（对于大型空间系统而言总体上是个问题）。一般而言，小型航天器任务已经成为星载解决方案信息需求的灵活、有力的工具。它们能以有限的开销快速实施，并提供逐步增多的空间应用机会。航天器总线和仪器基于很少或不需要新技术的已优化过的现货供应系统，或者基于新的高技术系统。因此，新的小型先进航天器，包括具有自主运行能力的"智能"卫星的研发不仅开创了以科学为目的的分布式空间系统应用，而且打开了有效的公共和商业服务的局面。利用现货供应技术建立小卫星系统（总线和载荷）的途径降低了经费的开销并提高了响应时间。从这个角度看，和大型复杂航天器相比，小卫星的限制在于：对高功率消耗或者高数据率要求而言，平台功能相对有限；当需要使用大型微波天线或者庞大长望远镜时，平台尺寸相对有限；由于小卫星有限的尺寸和功率能力，单颗卫星平台上的仪器组合选择有限。由于这些原因，小卫星只作为常规地球监视任务的一种补充。

可替代的另一种方案是充分利用正在发展的工程部件小型化技术以及传感器、仪器和航天器总线部组件的微型化技术。微小型化的一个极端例子就是具有数据处理、信号调理、功率调节和通信的集成微机电系统（Integration of micro – electromechanical system，MEMS）促进了专用集成微型仪器（Application Specific Integrated Micro – instruments，ASIM）的应用。这些微纳技术已经产生了纳卫星和皮卫星的概念，在其外表面上构造了具有太阳能电池和天线的椎栈晶圆级 ASIM，形成了空间传感器网络的概念。

低成本小卫星分布式系统技术未来的重点在于发展可用的小型运载火箭、发展具有快速且低成本数据分布方法的小型地面站网络以及低成本的管理和质量保证程序。

总的来看，集成少量航天器的分布式系统在许多领域——主要是双基 SAR 和重力测定任务已经达到较高的成熟度。对于这些系统,已经在轨飞行的任务也不断验证着技术成熟度。

　　未来由大量航天器组成的任务需要新的研究技术和概念验证试验,从工程的角度来说这是一次激动人心的挑战与冒险。然而,从应用的角度说,需要进一步的分析:ⓐ分布式系统的潜力评估;ⓑ为用户群确定的新产品;ⓒ受益于分布式系统概念的应用领域。技术人员、数据使用人员、工程师之间不断增多的交流与合作推动了应用需求、系统和技术能力的相互理解。

内 容 简 介

本书重点对采用分布式航天器进行对地观测的任务进行了系统地阐述,对空间分布式系统的有效载荷、控制系统、星间通信、地面基站等内容进行了详细介绍,并以典型分布式对地观测任务为实例进行了分析和说明。全书共分为 4 篇,第一篇介绍分布式系统的雷达载荷;第二篇全面讨论了天基分布式系统所涉及的相对动力学、制导、导航与控制等技术;第三篇重点论述了分布式对地观测任务中的技术难题,包括系统的自主性、导航能力及通信方法相互之间的制约关系;第四篇重点介绍了目前已上天验证和正在研制中的空间分布式对地观测系统。

本书作为 Springer 空间技术系列图书,内容丰富、全面系统,涉及地球与环境物理学、机械工程学及遥感等多个学科,是一本具有说服力的科技参考书。本书可作为有关专业的大学高年级本科生和研究生的参考书,同时也可为从事航天器 GNC 系统开发的研究人员和工程技术人员提供必要的专业知识和工程借鉴,可指导解决航天分布式系统工程项目中遇到的实际问题。

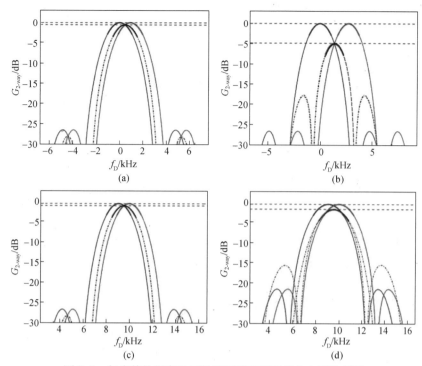

图 2.5　与多普勒频率呈函数关系的双程天线方向图的例子

在所有情况下,蓝色实线和红色实线分别对应最大增益最优主、副方向图。
虚线对应共同多普勒优化模式,3dB 的多普勒频谱用粗线表示。
(a)TanDEM – X 类似的系统,其中 B_{AT} =2km。(b)和(a)一样,但 B_{AT} =6km。
(c)和(a)一样,但独立发射机位于主接收机前方20km。
(d)和(c)一样,但减少了接收天线长度,变为原始大小的一半(2.25m 而不是 4.5m)。

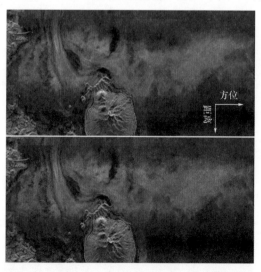

图 2.15　TanDEM – X 在相同强度图像上采集的干涉相位

上部:在相位同步前(较小频率偏移产生的线性相位项已经消除)。底部:使用多斜视处理的相
位校正后。在两种情况下,已经去除了标称的平坦地球项。(由 DLR 微波和雷达研究所的卡索
拉马克罗德里格斯免费提供)。

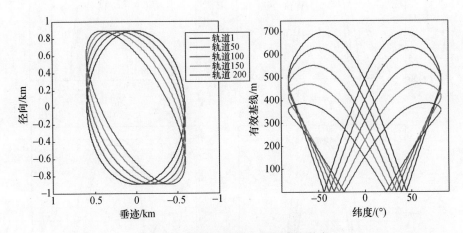

图 3.11　螺旋编队近地点进动的影响

（经 Springer Science + Business Media B. V. © 2009 Springer Published. 许可转载）

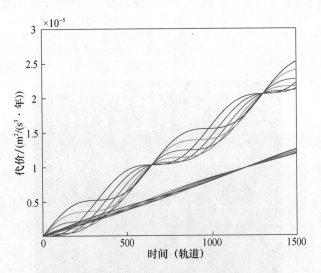

图 4.4　有和没有 $\dot{\alpha}$ 情况下燃耗代价随时间变化，
其中 i_0 = 49.11°,1500 个轨道

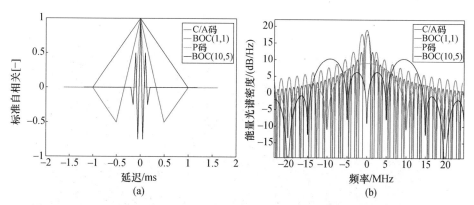

图 6.6　GPS C/A、GPS P(Y)、BOC(1,1)和 BOC(2,1)码的标准自相关和能量光谱

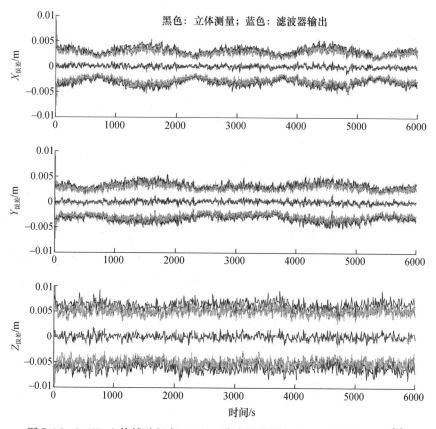

图 7.16　0.1Hz 立体辅助频率、0.01Hz 姿态测量误差时 EKF 性能(10Hz)[5]

图 13.10 TanDEM – X DEM 采集图

彩色编码多边形显示的是 2011 年 8 月 26 日之前的 DEM 采集图像。颜色代表着不同的
测绘带。左下角的放大图表示赤道处上升和下降采集过程的连接区域。右下角的放大
图表示相邻采集区域的重叠。为绘制赤道处完整的区域,总共需要 9 条不同的测绘带。

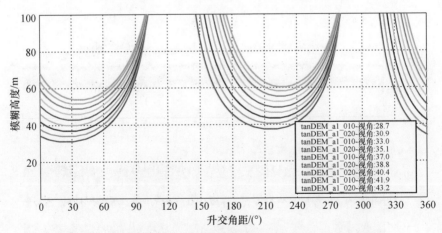

图 13.11 模糊高度与视角和轨道位置的函数关系(设编队参数为:
径向:300m,水平航迹:250m,天平动角:190°)

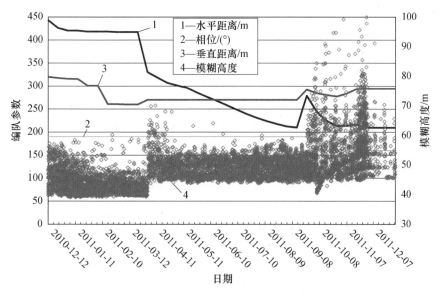

图 13.12　第一次全球 DEM 采集的模糊高度和编队参数
（最大水平和垂直间距、天平动点相位角）

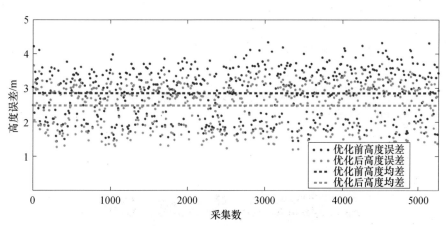

图 13.13　在第一次 DEM 采集年的下半年,对充分利用卫星和
下行链路可用资源的优化前后预估高度误差的对比

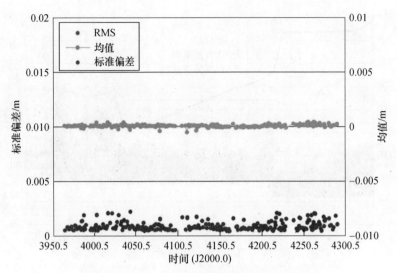

图 13.16　MOS 和 GFZ 基线结果在径向上的对比,
由于较低的平均差,RMS 值和标准偏差几乎一致

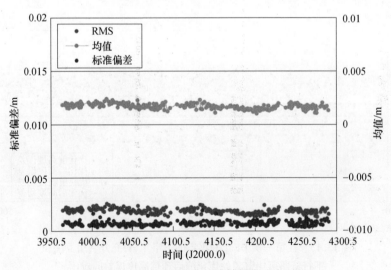

图 13.17　MOS 和 GFZ 基线结果在法向对比

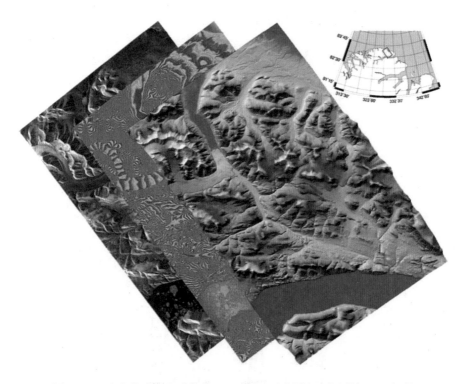

图 13.18　在北格陵兰岛采集的 SAR 振幅、干涉图和暗色原始 DEM 场景

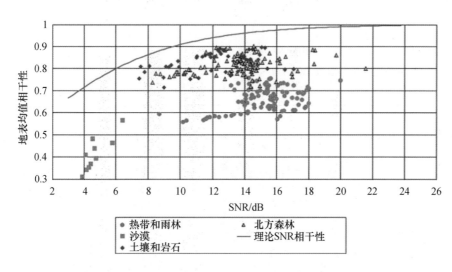

图 13.20　陆地表面关于信噪比(SNR)的干涉测量相干性

红线:仅从 SNR 得到的理论相干性预测。单一值表示 TanDEM – X 干涉图的相干性。

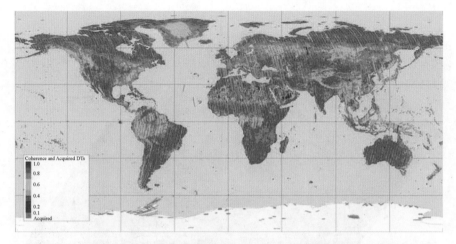

图 13.23 TanDEM – X 在 2010 年 12 月到 2011 年 12 月数据采集的全球相干地图

绿色表示高相干性,黄色表示中等相干性,红色和紫色表示低相干性。

灰色区域表示已采集但在生成相干地图期间仍在处理队列中。

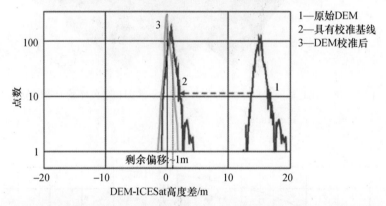

图 13.24 连续校准阶段 TanDEM – X DEM 高度误差柱状图(ICESat 高度用作参考)

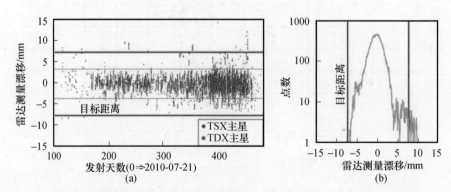

图 13.26 经过参数修正后,在 SRTM 帮助下推导出的 TanDEM – X DEM 雷达测量预估漂移

(a)漂移随时间变化过程;(b)对应的柱状图,漂移标准偏差是 1.8mm。

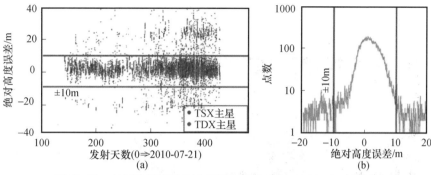

图 13.27 双基运行期间经过基线校准后的 TanDEM - X DEM 和
SRTM(及其他参考)间的绝对高度差

(a)高度差随时间变化情况;(b)对应的柱状图,高度差具有 8.3m 标准偏离。

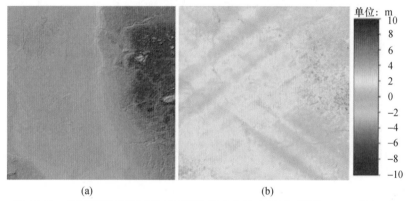

图 13.30 明尼苏达州测试站点 W97N47 土方格室的 TanDEM - X DEM(a)和
3 次数据采集经 DEM 校准和镶嵌后相对 SRTM 的差(b)

右边彩色条带表示 SRTM 和 TanDEM - X 间的高度差。

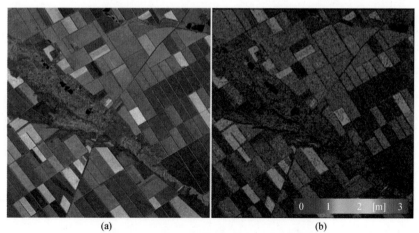

图 13.36 TanDEM - X 偏振 SAR 干涉测量

(a)SAR 图像波幅;(b)HH 和 VV 通道间的干涉测量高度差。

图 13.37　森林地区的偏振 SAR 干涉测量

（a）瑞典北部北方森林地区林木高度反演；（b）森林高度激光雷达测量；（c）验证图。

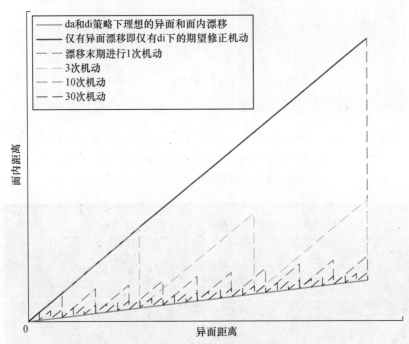

图 15.7　用于达到漂移双基编队的不同策略的定性描述

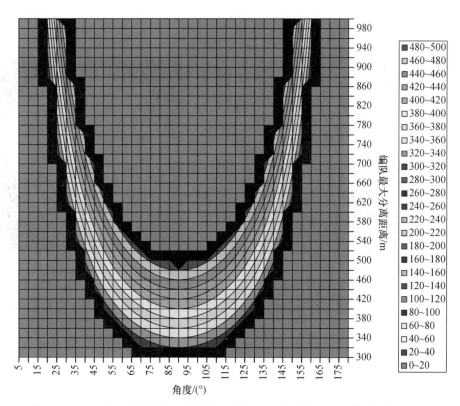

图 16.3 垂直参考面的位移(等高线),其为与参考面(中心轨道平面)的夹角、
卫星轨道交角以及所选"车轮"编队(垂直轴)半径的函数

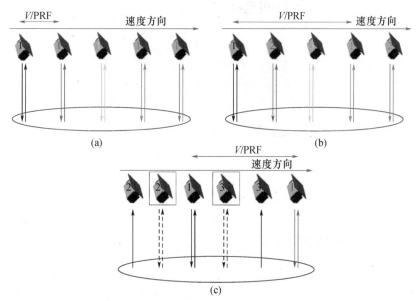

图 18.1 经典单个 SAR 概念(a)和具有多重单基几何构型的分布式 SAR(b)
以及具有多基几何构型的分布式 SAR(c)

用不同颜色表示不同信号传输的瞬间,同名方框和箭头被认为是相同的 SAR 卫星和信号。

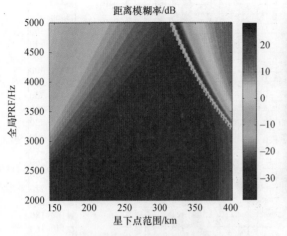

距离模糊率/dB

图 18.3　距离模糊比和全局 PRF、星下点方位的
函数关系(6 个接收机)

图 19.2　2011 年"波茨坦重力场土
豆":水准面基于 Lageos、GRACE 和
GOCE 卫星数据和地面数据(航空
重力测量以及卫星测高)[4]

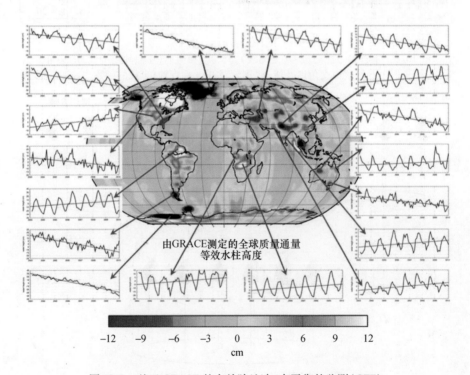

由GRACE测定的全球质量通量
等效水柱高度

−12　−9　−6　−3　0　3　6　9　12
cm

图 19.3　基于 GRACE 的有关陆地冰/水平衡的监测(GFZ)

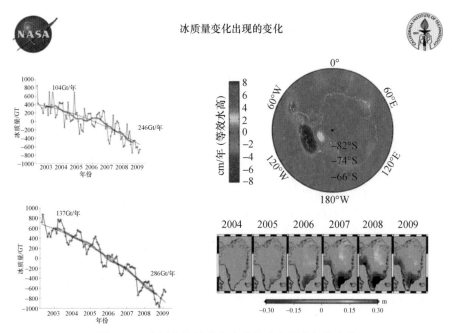

图 19.4　南极和格林兰岛冰质量改变所引起的变化

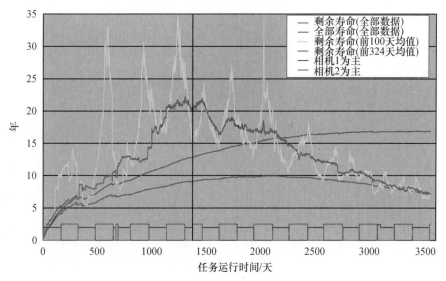

图 19.6　以 GRACE1 基于燃料耗费的预期寿命与任务已运行时间呈函数关系。红色线和绿色线分别表示整个寿命和剩余寿命。黄色虚线和橙色线分别是根据前 3 个月和 322 天搜集的数据做出的预测。星相机性能的差异表现得非常明显(主要表现在底部;蓝色代表相机 1,淡紫色代表相机 2)。垂直的黑线表明主星和从星转换角色的时刻(最初 GRACE1 是主星,现在是GRACE2)。

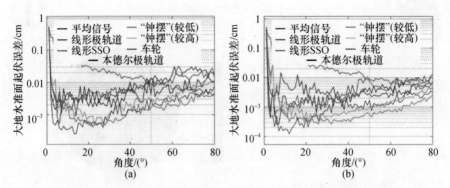

图 20.5　测量时间为一周（a）和一个月（b）的大地水准面累积误差

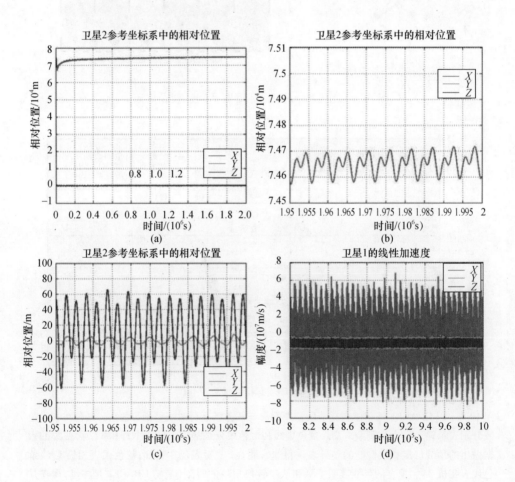

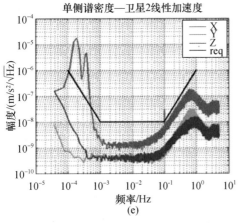

(a) 卫星2 本体参考坐标系中,卫星1相对于卫星2的位置

(b) 卫星2 本体参考坐标系(稳定状态)中,卫星1相对于卫星2的X轴位置分量

(c) 卫星2 本体参考坐标系(稳定状态)中,卫星1相对于卫星2的Y轴和Z轴位置分量

(d) 卫星1本体参考坐标系(稳定状态)中,卫星1线性加速度的时间序列

(e) 卫星1本体参考坐标系中,卫星1线性加速度的单侧谱密度

图 20.18　线型编队中关于编队和非重力线性加速度控制的综合结果

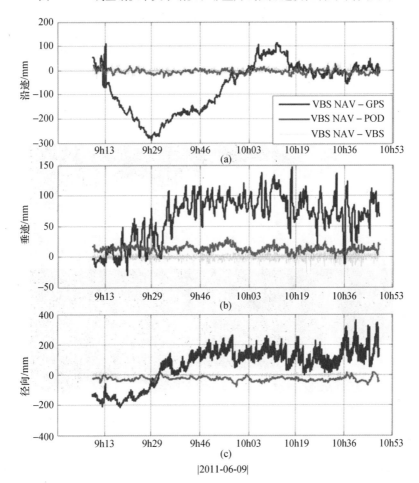

图 21.12　2011 年 6 月 9 日,实时机载 VBS 导航方案(经过滤波)与机载相对 GPS(蓝线)、事后地面 POD(红线)和 VBS 传感器测量输出值(灰线)之间的差异

Mango 与 Tango 相对距离为 10m 时,在强迫运动期间获得厘米级整体导航的一致性

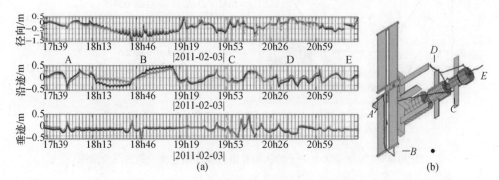

图21.14　2011年2月3日,基于POD(蓝色线)和机载GPS导航(绿色线)的飞行轨迹(b)和相对应的控制跟踪误差(a)。红色竖直线代表机载推进器的激活。Mango以实际比例出现在轨迹圆弧B附近。(源自文献[49])

图21.16　2011年3月27日,SAFE试验中Tango的绕飞与监视
航天器之间距离为30~60m。(DVS相机)图像速率为75s。